Dumas • Gourdon
Maple

Springer
Berlin
Heidelberg
New York
Barcelone
Budapest
Hong Kong
Londres
Milan
Paris
Santa Clara
Singapour
Tokyo

Philippe Dumas • Xavier Gourdon

Maple®

Son bon usage en mathématiques

Springer

Philippe Dumas
Xavier Gourdon
INRIA
Projet ALGORITHMES
Domaine de Voluceau
F- 78153 Le Chesnay Cedex

e-mail : Philippe.Dumas@inria.fr
Xavier.Gourdon@inria.fr

Die Deutsche Bibliothek – CIP-Einheitsaufnahme

Dumas, Philippe:
Maple: son bon usage en mathematique / Philippe Dumas; Xavier Gourdon.- Berlin; Heidelberg; New York; Barcelona; Budapest; Hongkong; London; Mailand; Paris; Santa Clara; Singapur; Tokio: Springer, 1997
ISBN 3-540-63140-2

Le dessin de couverture montre les couples *(n, k)* pour lesquels l'écriture décimale de *n* est un préfixe de l'écriture décimale de 2^k. Les points rouges donnent le premier *k* pour lequel est satisfaite cette relation (cf. pp. 83-85).

ISBN 3-540-63140-2 Springer-Verlag Berlin Heidelberg New York

composé sous TeX par les auteurs
mise-en-page : macros Springer-Tex
maquette de couverture : *Künkel + Lopka*, Heidelberg
imprimé en Allemagne

SPIN 10631316 41/3143-543210-Imprimé sur papier non acide

À Jeanne-Marie

À Laurence

Avant-propos

Le calcul scientifique ne se réduit plus au calcul numérique. Le calcul formel qui n'était encore que balbutiements il y a une vingtaine d'années est devenu un domaine structuré, comprenant une recherche théorique, des réalisations concrètes, une activité commerciale. La phase de mimétisme, vouée à la reproduction des performances d'un calculateur manuel, est terminée et les capacités de calcul actuelles dépassent largement les possibilités humaines. Aussi le calcul symbolique commence-t-il à être reconnu comme un outil performant ayant une contribution spécifique. Il intervient dans l'industrie, encore modestement ; dans la recherche, d'une manière plus marquée ; enfin dans l'enseignement, où son apport pédagogique est indéniable.

*
* *

Un système de calcul formel comme MAPLE propose en fait trois types de calculs : *calcul symbolique*, *calcul numérique* et *calcul graphique*. La raison d'être d'un tel système est évidemment le calcul symbolique, mais ces trois calculs sont complémentaires et chacun contribue à la qualité et l'intérêt du logiciel. L'ensemble permet d'une part une *illustration* de résultats théoriques, d'autre part une *expérimentation* à travers des formules, des valeurs numériques ou des graphiques. Le calcul symbolique et le calcul numérique fournissent une *aide au calcul* souvent utilisée de façon interactive. Enfin le calcul symbolique permet une *automatisation* des calculs mathématiques.

Ces approches variées amènent une nouvelle pratique des mathématiques : le raisonnement reste essentiel mais est motivé ou soutenu par l'expérience. Notre objectif est de présenter ces mathématiques concrètes.

*
* *

Devant les résultats fournis par le logiciel, le néophyte oscille entre l'incrédulité et la confiance excessive. Le calcul numérique et le calcul graphique peuvent impressionner par la manipulation de grands nombres ou la production de dessins complexes. Surtout le calcul symbolique pose question : les résultats fournis sont-ils dignes de crédit ? Quels sont les moyens employés pour les produire ? Notre premier but est de faire comprendre le domaine d'utilisation du logiciel. Pour l'atteindre, nous fournissons une large collection d'exemples, d'exercices et de problèmes qui petit à petit vont permettre au lecteur de se forger une opinion, fondée sur une compréhension réelle de ce qu'est le système. On pourra noter que dans les exercices et problèmes il n'est pas rare que nous laissions planer une ambiguïté en ne précisant pas si la question se résout par la réflexion ou à l'aide de la machine. Ceci est volontaire et la question de fond est bien cette alternative.

Pour que l'utilisation du logiciel permette une meilleure pratique des mathématiques, il importe de travailler dans son esprit. Sinon les problèmes qu'il pose deviennent prépondérants et bientôt insurmontables. Au lieu de remplir sa fonction d'outil, il est alors un obstacle qui empêche d'aborder les questions de mathématiques. Notre deuxième but est donc que l'on puisse oublier le logiciel. On vante souvent MAPLE pour le nombre important de procédures qu'il comprend. Au contraire nous en présentons une partie limitée, facile à apprendre en un délai raisonnable. De plus nous donnons quelques règles de bonne conduite qui éliminent nombre de problèmes syntaxiques que rencontrent les débutants. Ainsi un style d'écriture d'une forte cohérence est mis en place, qui permet de se concentrer sur les problèmes de mathématiques.

*
* *

Le calcul symbolique est lié aux mathématiques de manière interactive. Non seulement il permet de pratiquer les mathématiques d'une manière nouvelle, et nous illustrons abondamment cet aspect ; mais il pose de nouveaux problèmes mathématiques. Essentiellement il demande que les théorèmes deviennent concrets ; l'existence d'un objet doit se traduire en un procédé effectif de construction de cet objet. Par ailleurs l'emploi d'un ordinateur amène naturellement des questions d'algorithmique et d'efficacité. Ces questions sont abordées au travers des exercices et des sujets d'étude, afin de montrer que non seulement la pratique des mathématiques est influencée par l'emploi d'un système de calcul formel, mais encore que la problématique en est modifiée.

*
* *

L'ouvrage est structurée en deux livres. Dans le premier livre nous décrivons la syntaxe et les conseils que nous évoquions plus haut. Notre description est assez détaillée, à la fois pour que le lecteur acquière une certaine aisance et pour qu'il comprenne la raison d'être des règles que nous proposons. Ces règles ont l'aspect suivant :

Règle 0 : L'utilisateur est intelligent ; le logiciel ne l'est pas.

et sont récapitulées dans un code de bonne conduite. De même la petite centaine d'unités syntaxiques ou de procédures que nous considérons comme essentielles forme la matière d'un appendice, baptisé MICROMAPLE. Tous les exemples et exercices traités sont mathématiques et le niveau de connaissances nécessaire est limité de manière que ce premier livre soit abordable par un élève en cours de classe terminale scientifique.

Le second livre est un cours de mathématiques traitant certains points du programme des classes préparatoires au grandes écoles ou du DEUG. Il ne s'agit pas d'un cours complet, loin de là, mais d'un prétexte à illustrer l'usage de MAPLE en mathématiques. Le texte est structuré en chapitres, qui chacun commencent par des rappels ou des compléments de mathématiques en liaison avec l'utilisation du logiciel. Ensuite viennent des exercices et des sujets d'étude. Ceux-ci sont classés en *problèmes* centrés sur le chapitre en cours, et *thèmes* un peu plus ouverts ou plus subtils. Tous les exercices et la majorité des sujets d'étude sont pourvus d'une correction détaillée.

*
*   *

La matière de ce livre peut servir de base à un cours d'une année structurée en deux parties. La première partie, bien que riche, doit être traitée en un délai assez court pour être efficace. Elle verra s'alterner des travaux dirigés fondés sur les exercices et consacrés au sous-ensemble du système que nous avons baptisé MICROMAPLE et des cours portant sur les règles du bon usage. La deuxième partie comprendra essentiellement des travaux dirigés fondés sur les sujets d'étude en liaison avec le cours de mathématiques. Quelques brèves séances de cours seront utiles pour montrer les tours de main nécessaires à une bonne pratique du logiciel.

*
*   *

Différents organismes ou personnes ont concouru à la réalisation de cet ouvrage. L'Institut national de recherche en informatique et automatique et spécialement le Projet ALGORITHMES ont mis à notre disposition des moyens matériels importants. PHILIPPE FLAJOLET, soucieux de l'enseignement du calcul formel dans notre pays, nous a incité à donner des cours sur la pratique du logiciel MAPLE. Ensuite des discussions nombreuses et enrichissantes avec BRUNO SALVY, FRANÇOIS MORAIN, FRÉDÉRIC CHYZAK et les encouragements de VIRGINIE COLLETTE ont accompagné notre réflexion sur l'emploi, l'impact et l'enseignement du calcul formel. Nous sommes particulièrement redevables à BRUNO SALVY qui a répondu patiemment à nos innombrables questions avec précision et clarté et nous a montré la voie à suivre. CATRIONA BYRNE et INGRID BEYER ont représenté la maison d'édition Springer-Verlag avec une compétence sans faille et une exquise amabilité. Nous les remercions tous et toutes chaudement.

*
*   *

Les remarques seront les bienvenues à l'une des adresses suivantes.

Philippe Dumas — Philippe.Dumas@inria.fr
Projet ALGORITHMES
INRIA — Xavier.Gourdon@inria.fr
Domaine de Voluceau
Rocquencourt B.P. 105
78153 Le Chesnay Cedex

De probables corrections, d'éventuels commentaires peuvent être consultés à l'adresse Web suivante : `http://www-rocq.inria.fr/algo/dumas`.

*
*   *

C'est une grande joie que de faire avouer à un automate des vérités que nous ne pourrions atteindre sans lui. Nous vous souhaitons de trouver le même plaisir, la même excitation que nous avons ressentis en préparant ces exercices et ces problèmes.

Les auteurs,
Rocquencourt, le 30 juin 1997

Table des matières

Livre premier. Le système Maple

Livre second. Mathématiques assistées par ordinateur

Livre premier
Le système Maple

Chapitre 1. Présentation du système

1 Initiation

Nous présentons brièvement le fonctionnement du système sans en supposer aucune connaissance. L'interface utilisée dépend de la machine et des configurations choisies, aussi certaines remarques pratiques ne sont elles pas adaptées à votre situation ; il convient alors de modifier légèrement le texte mais ceci ne devrait pas affecter fondamentalement nos affirmations.

Une session MAPLE est ouverte et vous avez devant vous une feuille de travail. Le curseur clignote à la suite de l'invite (*prompt*) >, qui indique que MAPLE est en attente de vos commandes. Pour vérifier que tout est normal dans ce monde, vous tapez

```
1+1;
```

suivi d'un retour chariot obtenu par la touche *Return* ou *Entrée*. Vous obtenez

$$2$$

Vous auriez pu inclure des espaces et des retour-chariots ; ceci aurait provoqué une protestation temporaire du logiciel avec un message *Warning, incomplete statement or missing semi-colon* (Attention, instruction incomplète ou point-virgule manquant), mais n'aurait pas entravé la bonne marche du calcul. Le point-virgule qui termine la commande indique que l'on demande de voir le résultat du calcul ; si ce n'est pas le cas on utilise le deux-points.

Dans les deux instructions suivantes, on considère la racine carrée de 2, puis on demande de l'évaluer en *flottants*, c'est-à-dire d'en donner une approximation décimale. Par défaut le nombre de chiffres est dix.

```
sqrt(2);
```

$$\sqrt{2}$$

```
evalf(");
```

$$1.414213562$$

Remarquez l'utilisation du caractère guillemet, " qui est le nom de la variable contenant le résultat de la dernière évaluation. De même "" et """ contiennent les résultats de la pénultième et de l'antépénultième évaluation. Ainsi

```
evalf("",20);
```

$$1.4142135623730950488$$

fournit-il une approximation de $\sqrt{2}$ avec vingt chiffres décimaux.

L'opérateur **seq** permet de construire des séquences d'expressions, c'est-à-dire des suites finies d'expressions.

```
seq(exp(-k/10*x)*sin(x),k=1..4);
```

$$e^{(-1/10\,x)}\sin(x), e^{(-1/5\,x)}\sin(x), e^{(-3/10\,x)}\sin(x), e^{(-2/5\,x)}\sin(x)$$

Les expressions précédentes définissent des sinusoïdes amorties que nous dessinons, en utilisant l'une des deux commandes (cf. pp. 429–432 pour la version V.3)

```
plot({"},x=0..6*Pi,title=`sinusoides amorties`);
plot(["],x=0..6*Pi,title=`sinusoides amorties`);
```

Notez les accents graves (*backquotes*) qui entourent l'énoncé du titre et le fait que le nombre cher à Archimède est noté **Pi** avec une majuscule. Dans la commande **plot**, les crochets sont utilisés pour les listes de fonctions $[f_1, \ldots, f_n]$, pour les arcs paramétrés $[x, y, t = a..b]$ ou pour les listes de points sous la forme $[[x_1, y_1], [x_2, y_2], \ldots, [x_n, y_n]]$. Par exemple, l'instruction ci-dessous dessine une spirale logarithmique ; notez comment est spécifié l'intervalle de variation du paramètre. L'option **scaling=constrained** permet d'avoir un repère orthonormé.

```
plot([exp(t)*cos(t),exp(t)*sin(t),t=-Pi..2*Pi/3],
                title=`spirale logarithmique`,scaling=constrained);
```

Nous avons obtenu les deux dessins de la figure 1.1.

La procédure **solve** a pour vocation de résoudre des équations. Résolvons l'équation $x^4 + x^2 + 1 = 0$; les racines sont complexes et MAPLE utilise la lettre I majuscule pour désigner le nombre complexe i. L'affectation est notée := alors que = désigne l'égalité.

```
f:=x^4+x^2+1:
solve(f,x);
```

$$-\frac{1}{2}+\frac{1}{2}I\sqrt{3}, -\frac{1}{2}-\frac{1}{2}I\sqrt{3}, \frac{1}{2}-\frac{1}{2}I\sqrt{3}, \frac{1}{2}+\frac{1}{2}I\sqrt{3}$$

Nous aurions pu employer la syntaxe

```
solve(f=0,x);
```

en écrivant explicitement l'égalité à zéro, mais ceci est inutile. À côté de **solve**, il existe de nombreuses procédures de résolution dont le nom a pour radical **solve** et est muni d'un préfixe qui indique le type de la résolution.

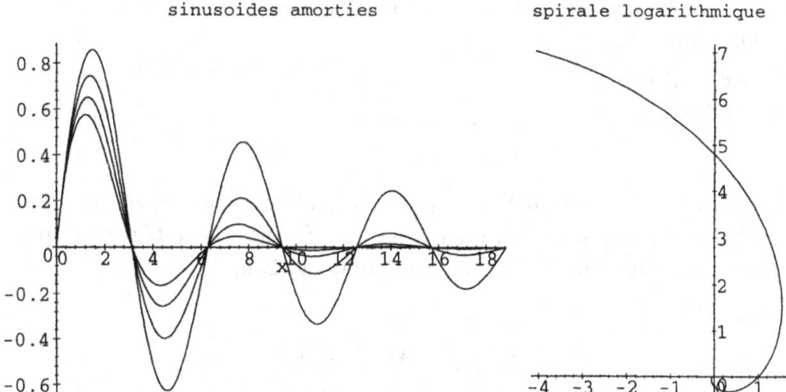

Figure 1.1.

Par exemple **fsolve** résout les équations en flottants, c'est-à-dire cherche des solutions numériques sous forme décimale. A priori la procédure **fsolve** cherche des racines réelles ; ici elles sont complexes et nous devons donc demander explicitement les racines complexes.

```
fsolve(f,x,complex);
```

$$-.5000000000 - .8660254038\,I,\ -.5000000000 + .8660254038\,I,\\ .5000000000 - .8660254038\,I,\ .5000000000 + .8660254038\,I$$

La commande **series** permet de calculer des développements limités. Le développement de la fonction tangente en 0 à l'ordre 19 s'obtient par

```
series(tan(x),x,20);
```

$$x + \frac{1}{3}x^3 + \frac{2}{15}x^5 + \frac{17}{315}x^7 + \frac{62}{2835}x^9 + \frac{1382}{155925}x^{11} + \frac{21844}{6081075}x^{13}\\ + \frac{929569}{638512875}x^{15} + \frac{6404582}{10854718875}x^{17} + \frac{443861162}{1856156927625}x^{19} + O(x^{20})$$

Les commandes **diff** et **int** fournissent la dérivation et l'intégration et **factor** permet de factoriser une expression.

```
expr:=sin(omega*t)*exp(lambda*t);
```

$$expr := \sin(\omega\, t)\, e^{(\lambda\, t)}$$

```
diff(expr,t);
factor(");
```

$$\cos(\omega\, t)\, \omega\, e^{(\lambda\, t)} + \sin(\omega\, t)\, \lambda\, e^{(\lambda\, t)}$$

$$(\cos(\omega\, t)\, \omega + \sin(\omega\, t)\, \lambda)\, e^{(\lambda\, t)}$$

On peut dériver plusieurs fois en répétant la variable et les deux instructions suivantes sont équivalentes.

```
diff(expr,t,t);
diff(expr,t$2);
```

$$-\sin(\omega\, t)\, \omega^2\, e^{(\lambda\, t)} + 2\cos(\omega\, t)\, \omega\, \lambda\, e^{(\lambda\, t)} + \sin(\omega\, t)\, \lambda^2\, e^{(\lambda\, t)}$$

Pour l'intégration, on peut utiliser `int` qui calcule l'intégrale, ou `Int` qui permet de la manipuler sans l'évaluer ; ici on effectue une intégration par parties, puis on change `Int` en `int` en appliquant `value`.

```
int(expr,t);
```

$$-\frac{\omega\, e^{(\lambda\, t)} \cos(\omega\, t)}{\lambda^2 + \omega^2} + \frac{\lambda\, e^{(\lambda\, t)} \sin(\omega\, t)}{\lambda^2 + \omega^2}$$

```
Int(expr,t);
```

$$\int \sin(\omega\, t)\, e^{(\lambda\, t)}\, dt$$

```
student[intparts](",exp(lambda*t));
```

$$-\frac{e^{(\lambda\, t)} \cos(\omega\, t)}{\omega} - \int -\frac{\lambda\, e^{(\lambda\, t)} \cos(\omega\, t)}{\omega}\, dt$$

```
value(");
```

$$-\frac{e^{(\lambda\, t)} \cos(\omega\, t)}{\omega} + \frac{\left(\frac{\lambda\, e^{(\lambda\, t)} \cos(\omega\, t)}{\lambda^2 + \omega^2} + \frac{\omega\, e^{(\lambda\, t)} \sin(\omega\, t)}{\lambda^2 + \omega^2}\right) \lambda}{\omega}$$

Le nombre de commandes fournies par MAPLE est important et il est fréquent que l'on ne connaisse pas la syntaxe d'une commande même si l'on sait qu'elle existe. L'aide en ligne permet de retrouver cette syntaxe. La façon la plus rapide de l'obtenir utilise le point d'interrogation. Ainsi l'instruction

```
?plot
```

ouvre-t-elle une fenêtre d'aide consacrée à la procédure `plot`. On y explique comment tracer un graphique bidimensionnel. À la fin du texte contenu dans cette fenêtre vous trouvez des exemples que vous pouvez tester.

EXERCICE **1.1.** Utilisez la commande `dsolve` pour résoudre l'équation différentielle linéaire du premier ordre

$$xy' + y = \sin x.$$

Pour cela, il faut commencer par survoler la page d'aide (`?dsolve`) et s'inspirer des exemples.

EXERCICE **1.2.** Représentez les graphes des fonctions sinus, identité, $x \mapsto x - x^3/6$ sur l'intervalle $[-\pi/2, \pi]$ à l'aide de la commande `plot`.

EXERCICE **1.3.** Déterminez des développements limités de $\sin(x)$ et de son inverse $1/\sin(x)$ pour x voisin de 0 et vérifiez le résultat en appliquant `series` au produit des deux développements.

EXERCICE **1.4.** Déterminez les racines du cinquième polynôme de Tchebychev de première espèce, T_5, d'abord exactement à l'aide de `solve`, puis numériquement à l'aide de `fsolve`. Le polynôme $T_5(x)$ s'obtient par l'instruction `orthopoly[T](5,x)`.

2 Conseils pratiques

Dans la suite, nous supposons qu'à chaque exemple une nouvelle session commence. En pratique ce n'est pas toujours le cas ; l'instruction

```
restart;
```

est alors utile, qui brise toutes les affectations existantes. Il faut préciser que ceci ne libère pas la mémoire. La seule manière de récupérer la mémoire est de sortir de la session et d'ouvrir une nouvelle session. Disons aussi que dans une même session les différentes feuilles de travail partagent le même état du système. Il est donc illusoire d'ouvrir en parallèle plusieurs feuilles de travail pour utiliser des variables de même nom avec des valeurs différentes (cf. *The Maple Kernel* dans `?worksheet,howto`).

À l'occasion on peut vouloir briser certaines affectations. Si l'on affecte à `x` la valeur 2, cette variable ne peut plus servir de variable d'intégration.

```
x:=2:
int(tan(x),x);

Error, (in int) wrong number (or type) of arguments
```

Dans ce cas l'instruction, où le second `x` est entouré d'accents aigus (ou d'apostrophes – *quotes*),

```
x:='x':
```

va briser le lien entre `x` et 2. On aurait pu aussi utiliser `evaln`.

Les instructions peuvent être disposées sur des lignes consécutives de l'écran, même s'il s'agit de la même ligne d'instructions, en utilisant *Shift* et *Return*, c'est-à-dire ↑ et *Entrée* (`?worksheet`). La distinction entre les instructions sur une ligne et les instructions sur plusieurs lignes n'apparaît pas dans notre texte parce que nous avons décidé de supprimer l'invite >. Nous vous conseillons de grouper sur une même ligne des instructions qui forment une unité syntaxique, une commande. Par exemple une boucle comme

```
for k to 10 do
  diff(1/x,x$k)
od;
```

est écrite sur une ligne (*execution group* dans la terminologie MAPLE). Ceci évite une validation partielle qui provoque des erreurs. Par contre il vaut mieux ne pas grouper plusieurs unités syntaxiques ; s'il y a des erreurs, elles seront ainsi plus faciles à repérer.

Il faut être vigilant sur la syntaxe et, par exemple, ne pas confondre les minuscules et les majuscules, ou encore ne pas confondre l'égalité avec l'affectation. Les messages d'erreur permettent presque toujours de comprendre d'où vient l'erreur ; il est important de les lire. Avec l'instruction suivante, on obtient un message d'erreur et le curseur se positionne juste avant le point-virgule.

```
plot(sin(x,x=0..Pi);

Syntax error, `;` unexpected
```

Cela signifie qu'à partir de cet endroit l'instruction ne peut plus être syntaxiquement correcte. L'erreur est donc avant ce point. Effectivement la parenthèse fermante pour le sinus a été oubliée. La variable `printlevel` peut être utile pour débrouiller une erreur d'une nature plus profonde.

Il est absolument indispensable de se référer aux pages d'aide à l'aide du point d'interrogation ?. Nous venons d'évoquer la variable `printlevel` ; vous vous êtes certainement précipité sur l'aide en tapant

```
?printlevel
```

L'aide en ligne est en fait le seul document qui donne les spécifications des procédures MAPLE (il faut toutefois noter l'existence de [3]). Une page d'aide est usuellement structurée en quatre parties ; la première partie donne la syntaxe ; la deuxième fournit la sémantique ; la troisième donne des exemples ; la quatrième indique des sujets proches. La barrière de la langue ne doit pas vous arrêter ; avec un peu d'application ces pages deviennent faciles à lire car le vocabulaire est limité.

Pour gagner de la place, nous utilisons des instructions imbriquées ; par exemple nous écrirons

```
series(1/convert([seq(1-x^k,k=1..10)],`*`),x,10);
```

ou en MAPLE V.4

```
series(1/mul(1-x^k,k=1..10),x,10);
```

$$1 + x + 2\,x^2 + 3\,x^3 + 5\,x^4 + 7\,x^5 + 11\,x^6 + 15\,x^7 + 22\,x^8 + 30\,x^9 + \mathrm{O}(x^{10})$$

Pour y voir plus clair, n'hésitez pas à remplacer ceci par

```
[seq(1-x^k,k=1..10)];
convert(",`*`);
series(1/convert([seq(1-x^k,k=1..10)],`*`),x,10);
```

De la même façon nous ne montrons pas tous les résultats ; il ne faut pas hésiter à remplacer les deux-points par des point-virgules.

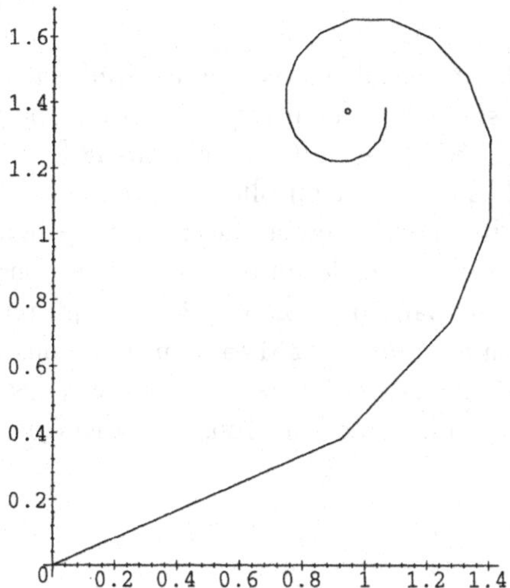

Figure 1.2.

Enfin, il ne faut pas confondre les noms connus du système et les noms que nous inventons. La séquence d'instructions que voici illustre (figure 1.2) la convergence de la suite des

$$s_n = \frac{z}{1} + \frac{z^2}{2} + \frac{z^3}{3} + \cdots + \frac{z^n}{n}$$

avec $z = e^{i\pi/8}$ vers $\dfrac{1}{2}\ln\left(2 - \sqrt{2+\sqrt{2}}\right) + i\,\dfrac{\pi}{8}$.

```
z:=exp(I*Pi/8):
bound:=20:
s:=0:
x[0]:=Re(s):
y[0]:=Im(s):
Z:=1:
for n to bound do
  Z:=evalf(z*Z);
  s:=s+Z/n;
  x[n]:=Re(s);
  y[n]:=Im(s);
od:
pic[brokenspiral]:=plot([seq([x[n],y[n]],n=0..bound)],color=red):
pic[limitpoint]:=plot([[Re(-ln(1-z)),Im(-ln(1-z))]],color=blue,
                                        style=point,symbol=circle):
plots[display]({pic[brokenspiral],pic[limitpoint]},
                                             scaling=constrained);
```

Les noms `z`, `bound`, `s`, `x`, `y`, `Z`, `n`, `pic`, `brokenspiral`, `limitpoint` ont été choisis par nous ; tous les autres noms sont connus de MAPLE.

3 Expressions

La notion d'expression est le concept de base et on manipule sans cesse toutes sortes d'expressions. Ci-dessous nous définissons d'abord un polynôme, puis nous cherchons ses racines ; la réponse est donnée sous la forme d'un *RootOf*, textuellement *racine de*. Pour en savoir plus nous tentons une évaluation numérique, qui nous fournit un nombre complexe. Ensuite nous cherchons l'intersection d'une cubique et du cercle unité ; pour cela nous définissons deux ensembles, à l'aide d'une paire d'accolades (`?set`), qui représentent le système et les inconnues. En appliquant `fsolve` nous obtenons un ensemble qui est constitué de deux éléments ; ces deux éléments sont des égalités, qui nous fournissent un point de l'intersection. Tous les objets rencontrés sont des expressions MAPLE.

```
p:=x^4+x+1;
```

$$p := x^4 + x + 1$$

```
solve(p,x);
```

$$\mathrm{RootOf}(\_Z^4 + \_Z + 1)$$

```
evalf(");
```

$$-.7271360845 - .4300142883\,I$$

```
sys:={x^3-y^3+x*y,x^2+y^2-1};
inc:={x,y};
```

$$sys := \{x^2 + y^2 - 1,\ x^3 - y^3 + x\,y\}$$

$$inc := \{x,\ y\}$$

```
fsolve(sys,inc);
```

$$\{x = .5342308269,\ y = .8453386443\}$$

Une expression MAPLE est un arbre, au sens informatique du terme. Par exemple l'expression

```
expr:=int(1/(1+x^3),x);
```

$$\frac{1}{3}\ln(1+x) - \frac{1}{6}\ln(x^2 - x + 1) + \frac{1}{3}\sqrt{3}\arctan\left(\frac{1}{3}(2\,x - 1)\sqrt{3}\right)$$

est vue comme l'arbre de la figure 1.3. Notez qu'un arbre informatique a sa racine en haut et ses feuilles en bas. Ici la racine est étiquetée par `+` parce que l'expression est une somme.

Démontage des expressions. Le nombre d'opérandes de l'expression, c'est-à-dire le nombre de sous-arbres attachés à la racine, est fourni par la commande `nops`. Dans l'exemple ci-dessus l'expression est une somme de trois termes dont chacun correspond à l'un des sous-arbres attaché à la racine.

```
nops(expr);
```

$$3$$

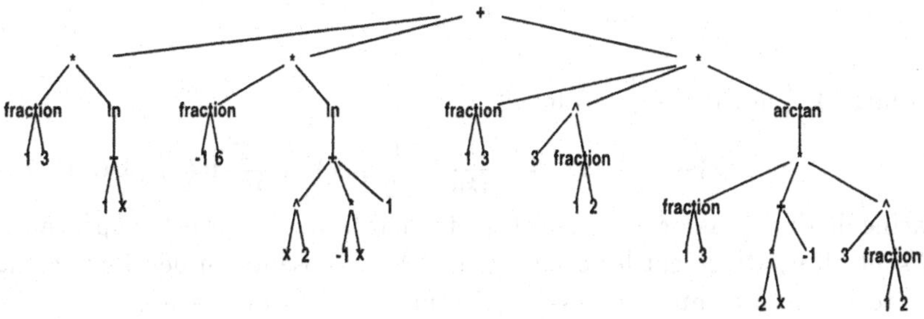

Figure 1.3.

On peut accéder aux différentes composantes de cet arbre en utilisant la commande op (?op). L'expression suivante fournit la séquence constituée d'abord de l'étiquette de la racine de l'arbre, ensuite de la liste des opérandes de l'expression, c'est-à-dire la liste de ses sous-arbres, puis de l'opérande de numéro 2 et enfin de la sous-expression associée au chemin [2, 2, 1] dans l'arbre.

```
op(0,expr),[op(expr)],op(2,expr),op([2,2,1],expr);
```

$$+,$$

$$\left[\frac{1}{3}\ln(1+x), -\frac{1}{6}\ln(x^2-x+1), \frac{1}{3}\sqrt{3}\arctan(\frac{1}{3}\,(2\,x-1)\,\sqrt{3})\right],$$

$$-\frac{1}{6}\ln(x^2-x+1),\ x^2-x+1$$

Il faut comparer ces résultats et l'arbre précédent. Il faut aussi noter que ces résultats peuvent dépendre de la session, en ce sens qu'un même objet peut être rangé différemment en mémoire d'une session à une autre.

Un appel à **series** fournit un résultat dont la structure peut surprendre, car on n'a pas affaire à une somme. Regardons cela sur un exemple.

```
S:=series(sin(x)^x,x):
```

$$S := 1+\ln(x)x+\frac{1}{2}\ln(x)^2x^2+\left(-\frac{1}{6}+\frac{1}{6}\ln(x)^3\right)x^3$$
$$+\left(-\frac{1}{6}\ln(x)+\frac{1}{24}\ln(x)^4\right)x^4+\left(-\frac{1}{180}-\frac{1}{12}\ln(x)^2+\frac{1}{120}\ln(x)^5\right)x^5+O(x^6)$$

```
op(0,S);op(S);
```

$$x$$

$$1, 0, \ln(x), 1, \frac{1}{2}\ln(x)^2, 2, -\frac{1}{6}+\frac{1}{6}\ln(x)^3, 3$$
$$-\frac{1}{6}\ln(x)+\frac{1}{24}\ln(x)^4, 4, -\frac{1}{180}-\frac{1}{12}\ln(x)^2+\frac{1}{120}\ln(x)^5, 5, O(1), 6$$

La racine de l'arbre associé à S est étiquetée par la variable x et les opérandes de S sont alternativement les coefficients et les exposants du développement asymptotique, vu comme un développement suivant les puissances de x.

La structure de table permet de ranger des informations sous la forme de couples (indice, valeur). On crée une table en utilisant **table** avec comme argument une liste d'égalités $i = e$. Les membres gauches i fournissent les indices et les membres droits e fournissent les valeurs de la table. Voici une petite table qui donne quelques équivalents usuels au voisinage de 0.

```
equivalent:=table([sin(x)=x,1-cos(x)=x^2/2,exp(x)-1=x]);
```

$$\mathit{equivalent} := \mathrm{table}([\; e^x - 1 = x,\; \sin(x) = x,\; 1-\cos(x) = \frac{1}{2}x^2 \;])$$

On peut augmenter, ou même créer, la table comme suit.

```
equivalent[ln(1+x)]:=x;
```

$$\mathit{equivalent}_{\ln(1+x)} := x$$

Regardons la structure de cette table (l'utilisation d'**eval** sera expliquée dans la section *Évaluation*).

```
op(0,eval(equivalent));
op(eval(equivalent));
```

$$\mathit{table}$$

$$\left[\exp(x)-1 = x, \sin(x) = x, \ln(1+x) = x, 1-\cos(x) = \frac{1}{2}x^2\right]$$

Les apparences sont trompeuses car la table a deux opérandes (**?nops**) mais la première est vide dans ce cas ; elle pourrait contenir une fonction d'indexation. Cette fonction d'indexation sera par exemple utilisée pour définir une matrice symétrique ou diagonale.

EXERCICE **1.5.** Dessinez l'un des arbres associés à l'expression suivante.

```
int(1/(x^7-x),x);
```

$$-\ln(x)+\frac{1}{6}\ln(-1+x)+\frac{1}{6}\ln(1+x)+\frac{1}{6}\ln(x^2+x+1)+\frac{1}{6}\ln(x^2-x+1)$$

Nous utilisons un article indéfini car l'ordre des opérandes est fixé dans une session mais peut varier d'une session à une autre.

EXERCICE **1.6.** En utilisant `op`, déterminez la structure des expressions suivantes : `3/2`, `I` (le complexe usuel dont le carré vaut -1 vu par MAPLE), `2.1`, `sin(z/2)`, `z=sin(z/2)`.

Pour certaines structures, il existe des raccourcis qui fournissent les opérandes. On peut extraire l'élément d'indice i d'une liste L en utilisant l'instruction

```
L[i];
```

Cette syntaxe est aussi valable pour les séquences et les ensembles.

EXERCICE **1.7.** Testez les commandes suivantes. La première fournit la liste des dérivées successives de la fonction $x \mapsto \exp(-x^2)$ jusqu'à l'ordre 4. Notez l'emploi du dollar **$** qui permet par exemple d'abréger **x,x,x,x** en **x$4**.

```
L:=[seq(factor(diff(exp(-x^2),x$k)),k=1..4)];
op(L);
L[2];
```

Conversion. La procédure `convert` fournit, suivant l'option passée en argument, des conversions qui peuvent être de nature informatique ou mathématique. Dans le premier cas on fabrique une nouvelle expression par un simple jeu syntaxique, qui consiste souvent à changer la racine de l'expression ; c'est par exemple ce qui se produit pour `convert/+` qui additionne les termes d'un ensemble ou d'une liste, ou encore pour `convert/polynom` qui fait passer d'un objet de type `series` à un polynôme tout en évacuant le grand O. Dans le second cas on crée une expression qui est grosso modo mathématiquement équivalente à la précédente ; il en est ainsi de `convert/parfrac` qui décompose une fraction rationnelle en éléments simples ou encore de `convert/trig` qui linéarise les polynômes trigonométriques.

Avant de poursuivre, il faut signaler que nous employons ici un abus de langage. Il existe bien une procédure `convert/parfrac` qui est appelée quand on utilise l'instruction

```
convert(rationalexpr,parfrac,name);
```

mais il n'existe pas de procédure `convert/polynom` appelée par

```
convert(seriesexpr,polynom);
```

Nous nous permettrons cet abus qui permet de désigner commodément le passage d'une option à une procédure.

EXERCICE **1.8.** On demande de tester les commandes suivantes. Précisons que la fonction sécante est l'inverse du cosinus ; de même la fonction cosécante est l'inverse du sinus. La première instruction détermine donc une primitive de la fonction sécante.

```
ci[1]:=int(1/cos(x),x);
ci[2]:=convert(ci[1],tan);
ci[3]:=convert(ci[1],exp);
ci[4]:=convert(ci[2],exp);
ci[5]:=convert(ci[1],sincos);
ci[6]:=convert(ci[3],trig);
```

Recommencez avec des commandes similaires mais en partant de l'intégrale sous forme inerte, **Int**, ce qui revient à écrire l'intégrale sans l'évaluer ; la commande **value** provoque l'évaluation de la forme inerte.

```
cI[1]:=Int(1/cos(x),x);
value(");
cI[2]:=convert(cI[1],tan);
value(");
cI[3]:=convert(cI[1],exp);
value(");
cI[4]:=convert(cI[2],exp);
value(");
cI[5]:=convert(c[1],sincos);
value(");
```

Construction de séquences. La séquence d'expressions est une structure fondamentale et **seq** permet de construire de tels objets (cf. pp. 429–432 pour la version V.3). Par exemple si l'on veut dessiner un décagone régulier, on peut construire la liste des sommets par (**?list**)

```
evalf([seq([cos(k*Pi/5),sin(k*Pi/5)],k=0..10)],4);
```

et il suffit d'utiliser ensuite **plot** pour obtenir le dessin.

Définissons deux matrices carrées A et B de taille n, c'est-à-dire deux tableaux de nombres à n lignes et n colonnes (cf. pp. 429–432 pour la version V.3),

```
n:=3:
A:=matrix(3,3,[[1,2,3],[2,3,4],[4,5,6]]);
B:=linalg[transpose](A);
```

$$A := \begin{pmatrix} 1 & 2 & 3 \\ 2 & 3 & 4 \\ 4 & 5 & 6 \end{pmatrix}$$

$$B := \begin{pmatrix} 1 & 2 & 4 \\ 2 & 3 & 5 \\ 3 & 4 & 6 \end{pmatrix}$$

Cherchons l'ensemble des matrices carrées X telles que $AX = XB$. Dans cette équation, nous utilisons le produit des matrices qui se calcule comme suit : pour obtenir le coefficient qui est dans la ligne numéro i et la colonne numéro j de la matrice produit, on multiplie chaque élément de la ligne i de la première matrice avec l'élément correspondant de la colonne j de la seconde matrice et on additionne les résultats obtenus. Nous définissons d'abord les deux produits en utilisant la multiplication des matrices, notée **&*** et en évaluant le résultat avec **evalm** (page 43) puis nous écrivons que les deux tableaux obtenus ont exactement les mêmes composantes en utilisant **seq**. Nous résolvons le système ainsi défini. Cette résolution dépend de la session et dans une nouvelle session il se peut très bien que la solution ne soit pas paramétrée de la même façon.

```
X:=matrix(n,n):
AX:=evalm(A&*X):
XB:=evalm(X&*B):
S:=solve({seq(seq(AX[i,j]=XB[i,j],j=1..n),i=1..n)},
                              {seq(seq(X[i,j],j=1..n),i=1..n)});
```

$$\begin{aligned}S := \{&X_{1,2} = X_{1,2}, X_{2,2} = X_{2,2}, X_{3,3} = X_{3,3},\\ &X_{2,3} = 6\,X_{3,3} - 10\,X_{1,2} - 7\,X_{2,2}, X_{1,1} = 10\,X_{1,2} - 5\,X_{3,3} + 13/2\,X_{2,2},\\ &X_{1,3} = 7\,X_{3,3} - 13\,X_{1,2} - 8\,X_{2,2}, X_{3,2} = 6\,X_{3,3} - 10\,X_{1,2} - 7\,X_{2,2},\\ &X_{3,1} = 7\,X_{3,3} - 13\,X_{1,2} - 8\,X_{2,2}, X_{2,1} = X_{1,2}\}\end{aligned}$$

```
Xsol:=subs(S,evalm(X));
```

$$Xsol :=$$

$$\begin{pmatrix} 10\,X_{1,2}-5\,X_{3,3}+13/2\,X_{2,2} & X_{1,2} & 7\,X_{3,3}-13\,X_{1,2}-8\,X_{2,2} \\ X_{1,2} & X_{2,2} & 6\,X_{3,3}-10\,X_{1,2}-7\,X_{2,2} \\ 7\,X_{3,3}-13\,X_{1,2}-8\,X_{2,2} & 6\,X_{3,3}-10\,X_{1,2}-7\,X_{2,2} & X_{3,3} \end{pmatrix}$$

La commande **seq** a permis de construire l'ensemble des équations et l'ensemble des inconnues.

La procédure **seq** admet deux syntaxes,

seq(*expression*,*name*=*a*..*b*),

seq(*expression*$_1$,*name*=*expression*$_2$).

Dans le premier cas, *name* est un compteur qui décrit les valeurs a, $a+1$, ..., sans dépasser strictement b. Dans le second, *name* décrit les opérandes de *expression*$_2$ (**?seq**). On peut aussi construire des séquences avec l'opérateur dollar **$** (**?$**) ; en particulier l'expression **expr$n** a pour valeur la séquence où l'expression **expr** est répétée n fois.

Exercice **1.9.** Dans l'exemple précédent, la solution dépend à l'évidence de trois variables arbitraires. Si la taille des matrices ou le nombre de paramètres était plus grand cette constatation ne serait pas aussi aisée. En utilisant l'aide en ligne décortiquez les commandes suivantes qui font apparaître les paramètres de la solution générale.

```
Eseq:=entries(Xsol);
```

$$Eseq := [X_{2,2}], [6\,X_{3,3} - 10\,X_{1,2} - 7\,X_{2,2}], [X_{1,2}], [X_{1,2}], [7\,X_{3,3} - 13\,X_{1,2} - 8\,X_{2,2}], [10\,X_{1,2} - 5\,X_{3,3} + 13/2\,X_{2,2}], [X_{3,3}], [7\,X_{3,3} - 13\,X_{1,2} - 8\,X_{2,2}], [6\,X_{3,3} - 10\,X_{1,2} - 7\,X_{2,2}]$$

```
Eset:=map(op,{Eseq});
```

$$\{10\,X_{1,2} - 5\,X_{3,3} + 13/2\,X_{2,2}, 7\,X_{3,3} - 13\,X_{1,2} - 8\,X_{2,2}, 6\,X_{3,3} - 10\,X_{1,2} - 7\,X_{2,2}, X_{1,2}, X_{2,2}, X_{3,3}\}$$

```
indets(Eset,name);
```

$$\{X_{1,2}, X_{2,2}, X_{3,3}\}$$

EXERCICE **1.10.** Une séquence remarquable est la séquence vide, dénommée `NULL`. Cet objet assez insaisissable intervient un peu partout sans que l'on s'en rende compte. Par exemple au début d'une session la valeur attribuée au guillemet `"` est `NULL`; ensuite `"` a comme valeur le résultat de la dernière évaluation qui n'a pas produit `NULL`; enfin l'existence de cet objet permet de dire que toute procédure MAPLE renvoie quelque chose. Certaines procédures renvoient systématiquement `NULL` comme `print`, `assume` ou `assign`; d'autres le renvoient occasionnellement, comme `solve` en cas d'échec. Testez les commandes suivantes (on suppose que ceci démarre une session).

```
";
print(x);
";
x:=2;
";
x$0;
";
```

EXERCICE **1.11.** On a rencontré plus haut une table

```
equivalent:=table([sin(x)=x,1-cos(x)=x^2/2,exp(x)-1=x]):
```

et on a remarqué que l'on ne voyait que l'une des deux opérandes car l'autre était vide, c'est-à-dire avait la valeur `NULL`. Indiquez une commande qui fait voir cette opérande vide.

Substitution. La procédure **subs** possède plusieurs syntaxes dont la plus simple est

$$\texttt{subs}(e_1 = e_2,\ expression).$$

Elle a pour effet de remplacer chaque occurrence de e_1 dans *expression* par e_2. Par exemple la liste des valeurs du polynôme

```
Euler:=x^2+x+41;
```

$$Euler := x^2 + x + 41$$

sur les entiers de 1 à 39 s'obtient par

```
[seq(subs(x=i,Euler),i=1..39)];
```

$$[43, 47, 53, 61, 71, 83, 97, 113, 131, 151, 173, 197, 223, 251, 281,\\ 313, 347, 383, 421, 461, 503, 547, 593, 641, 691, 743, 797, 853, 911,\\ 971, 1033, 1097, 1163, 1231, 1301, 1373, 1447, 1523, 1601]$$

Elle ne comporte que des nombres premiers [55, p. 111].

Supposons qu'une courbe soit tracée sur une surface, comme l'est la courbe définie par

$$\begin{cases} x = & \cos(\sqrt{2}\,t)(2 + \cos(t)), \\ y = & \sin(\sqrt{2}\,t)(2 + \cos(t)), \\ z = & \sin(t), \end{cases}$$

où t parcourt $\mathbb{R}$, sur le tore donné par le paramétrage

$$\begin{cases} x = & \cos(u)(2 + \cos(v)), \\ y = & \sin(u)(2 + \cos(v)), \\ z = & \sin(v), \end{cases}$$

où u et v parcourent $\mathbb{R}$. Puisqu'il suffit de substituer $\sqrt{2}t$ et t à u et v respectivement pour passer de la surface à la courbe, nous obtenons C à partir de T en utilisant **subs**.

```
T:=[cos(u)*(2+cos(v)),sin(u)*(2+cos(v)),sin(v)];
C:=subs(u=sqrt(2)*t,v=t,T);
```

$$T := [\cos(u)\,(2 + \cos(v))\,, \sin(u)\,(2 + \cos(v))\,, \sin(v)]$$

$$C := [\cos(\sqrt{2}\,t)\,(2 + \cos(t))\,, \sin(\sqrt{2}\,t)\,(2 + \cos(t))\,, \sin(t)]$$

On voit que **subs** admet une syntaxe plus générale que celle que nous avions d'abord présentée. On peut passer en paramètre plusieurs égalités qui correspondent à des substitutions opérées en chaîne sur le dernier argument de

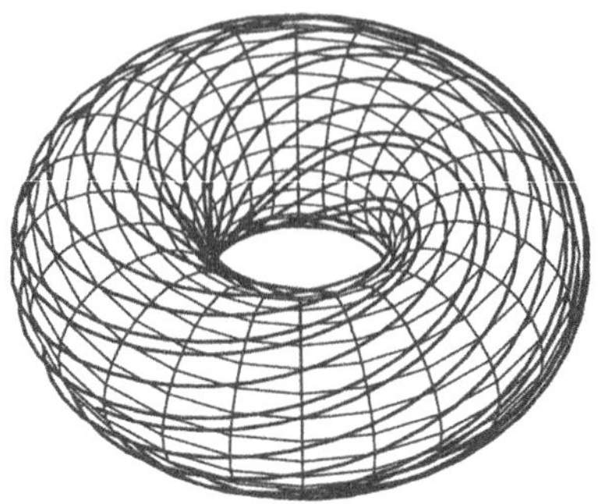

Figure 1.4.

subs. Ensuite les commandes graphiques de MAPLE (?plot/options) permettent d'obtenir le dessin de la figure 1.4.

```
pic[T]:=  plot3d(T,u=0..2*Pi,v=0..2*Pi):
pic[C]:=plots[spacecurve](C,t=0..100,numpoints=1000,thickness=3):
plots[display]({pic[T],pic[C]},scaling=constrained);
```

On peut avoir besoin d'effectuer les substitutions de façon simultanée. Dans ce cas une paire d'accolades fait l'affaire.

```
subs(x=y,y=x,[x,y]);
```

$$[x, x]$$

```
subs({x=y,y=x},[x,y]);
```

$$[y, x]$$

Il existe un autre forme de substitution fournie par la procédure **subsop**. Nous l'évoquerons page 38.

EXERCICE **1.12.** La courbe précédente a la propriété de ne pas se recouper parce que le nombre $\sqrt{2}$ est irrationnel. Que se passe-t-il si l'on utilise un rationnel? Avant de passer à une illustration il convient de lire l'énoncé de l'exercice suivant.

EXERCICE **1.13.** On demande de tracer la courbe paramétrée définie par

$$\begin{cases} x = & t\cos(10t), \\ y = & t\sin(10t), \\ z = & 2t, \end{cases}$$

où t parcourt $\mathbb{R}$ et le cône de révolution qui la supporte défini par

$$\left\{\begin{array}{ll} x = & u\cos(10v), \\ y = & u\sin(10v), \\ z = & 2u, \end{array}\right.$$

où u et v parcourent $\mathbb{R}$. Nous devons avouer que le dessin précédent n'a pas été obtenu par les commandes indiquées. En effet la courbe est exactement tracée sur la surface et la gestion des parties cachées a pour effet de la faire disparaître partiellement ; on obtient un pointillé au lieu d'un tracé net. On a donc décollé la courbe de la surface de façon qu'elle soit clairement à l'extérieur du tore. Précisément on a utilisé les commandes suivantes.

```
T:=[cos(u)*(2+rho*cos(v)),sin(u)*(2+rho*cos(v)),rho*sin(v)];
pic[T]:=plot3d(subs(rho=1,T),u=0..2*Pi,v=0..2*Pi,color=black):
pic[C]:=plots[spacecurve](subs(rho=1.1,u=sqrt(2)*t,v=t,T),
                                        t=0..100,numpoints=1000,
                                        thickness=3,color=black):
plots[display]({pic[T],pic[C]},scaling=constrained);
```

Dans le cas particulier que nous vous demandons de traiter une petite affinité d'axe Oz, de direction xOy et de rapport ρ permettra de décoller la courbe du cône. Précisons que cette affinité a pour expression analytique

$$x' = \rho x, \quad y' = \rho y, \quad z' = z.$$

4 Types

Les expressions MAPLE sont typées et on obtient le type d'un objet par la commande **whattype**.

```
whattype(exp(-x^2/2));
```

$$function$$

Ceci ne fournit que le type de base de l'expression. L'instruction

```
type(expr,t);
```

renvoie *true* si l'expression **expr** est de type **t** et *false* sinon. On voit ci-dessous que l'expression considérée possède plusieurs types.

```
seq([i,type(exp(-x^2/2),i)],i=[function,algebraic,algfun,ratpoly,
                              freeof(x),exp(ratpoly),anything]);
```

$$[function, \mathrm{true}], [algebraic, \mathrm{true}], [algfun, \mathrm{false}], [ratpoly, \mathrm{false}],$$
$$[\mathrm{freeof}(x), false], [e^{ratpoly}, \mathrm{true}], [anything, \mathrm{true}]$$

L'expression est de type *function*, mais aussi de type *algebraic*, ce que l'on pourrait traduire par expression algébrique ; par contre elle n'est pas l'expression d'une fonction algébrique, elle n'est pas une fraction rationnelle, elle n'est pas indépendante de x ; elle est l'exponentielle d'une fraction rationnelle et bien sûr de type *anything*, c'est-à-dire à peu près n'importe quelle expression syntaxiquement correcte (**?function**, ..., **?anything**).

L'usage de **exp(ratpoly)** dans l'exemple précédent montre que l'on peut procéder par reconnaissance de motifs. On parle alors de type structuré (**?type/structured**). Donnons quelques exemples.

```
type(2+3/2*x+x^15,polynom(rational,x));
```

true

```
type(Pi*x+x^5,polynom(numeric));
```

false

L'instruction précédente a produit **false** parce que **Pi** est un nom et n'est pas de type **numeric**, c'est-à-dire n'est pas un entier, un rationnel ou un décimal. Par contre **Pi** est de type **realcons**, ce qui signifie que l'application de **evalf** à **Pi** produit un décimal (**?realcons**).

```
type(Pi*x+x^5,polynom(realcons));
```

true

EXERCICE **1.14.** Évaluez les résultats des appels à **type** donnés ci-dessous. Précisons que le polynôme $X^3 - X + 1$ n'a qu'une racine réelle alors que $X^3 - 3X + 1$ en a trois.

```
type(sqrt(2),numeric);
type(fsolve(x^3-x+1,x),numeric);
type(fsolve(x^3-3*x+1,x),numeric);
type([fsolve(x^3-3*x+1,x)],list(numeric));
type(x:=2,equation);
type(x<=2,relation);
S:=series(sin(x),x):
type(S,'+');
P:=convert(S,polynom):
type(P,'+');
type(toto,name);
type(toto,string);
```

EXERCICE **1.15.** MAPLE teste sans relâche les types des arguments des procédures. On s'en aperçoit si l'on veut bien *tracer* la procédure **type**.

```
trace(type):
convert(327,base,2);
sin(1+I);
evalc(sin(1+I));
```

5 Structures itératives

Les boucles et les constructions similaires sont d'un usage constant et nous allons donc nous appesantir sur ce sujet.

Boucles. Dans le langage MAPLE il existe deux écritures très proches pour les boucles itératives. Voici les deux syntaxes possibles (`?for`) :

for *counter* **from** *start* **by** *step* **to** *end* **while** *condition* **do** *sequence* **od**

for *name* **in** *expression* **while** *condition* **do** *sequence* **od**

Dans le premier cas on utilise un compteur *counter* qui part de la valeur *start* en se déplaçant avec un pas de *step* sans dépasser strictement la valeur *end*; les trois expressions *start*, *step* et *end* doivent avoir des valeurs de type `numeric`; de plus la condition *condition* est testée à chaque entrée de boucle; cette condition doit avoir une valeur de type `boolean`, c'est-à-dire true, false ou FAIL ; à chaque tour de boucle la séquence d'instructions *sequence* est exécutée. Dans le second cas le nom *name* prend successivement pour valeur les opérandes de l'expression *expression*. Si la boucle a été exécutée au moins une fois, *counter* ou *name* valent en sortie la dernière expression qui leur a été affectée.

Presque tous les éléments de cette structure sont optionnels; à l'extrême la commande

```
do od;
```

provoque une boucle infinie. Il est bien rare que tous les paramètres *counter*, *start*, etc., soient spécifiés et les valeurs par défaut sont données comme suit :

for *counter* **from 1 by 1 to infinity while true do NULL od**

for *name* **in** *expression* **while true do NULL od**

Quelques exemples simples feront comprendre le fonctionnement des boucles. Supposons que nous définissions une suite itérative comme celle-ci,

$$\text{pour tout } n, \quad u_{n+1} = u_n^3 - u_n + 1, \qquad u_0 = 1/2.$$

Pour calculer les termes successifs de la suite nous introduisons l'expression de la fonction à itérer.

```
f:=x^3-x+1;
```

$$f := x^3 - x + 1$$

puis nous définissons la suite et chaque terme s'obtient en substituant dans l'expression f la valeur du précédent.

```
u:=0.5;
for n to 4 do u:=subs(x=u,f) od;
```

$$u = .5$$

$$u = .625$$

$$u = .619140625$$

$$u = .6181977168$$

$$u = .6180579261$$

La première valeur affectée au compteur n est 1, la valeur par défaut puisque **from** n'est pas utilisé. Après l'exécution de la boucle le compteur vaut 5, la dernière valeur qui a été testée et qui a provoqué la sortie de boucle puisqu'elle ne satisfait pas la condition imposée. Le compteur n n'est plus utilisable comme nom puisqu'on lui a affecté une valeur qui n'est pas un nom. On pourrait éviter cet effet en brisant le lien crée entre le nom n et la valeur du compteur en sortie de boucle. Les deux syntaxes suivantes remplissent cet office. Dans la première, le n est entouré d'accents aigus (ou d'apostrophes, *quotes*).

```
n:='n';
n:=evaln(n);
```

EXERCICE **1.16.** Testez les boucles suivantes.

```
for theta from 0 by Pi/10 to Pi/2 do sin(theta) od;
for k from 0 to 5 do sin(k*Pi/10) od;
for n to 5 do
  T[n]:=subs(cos(theta)=x,expand(cos(n*theta)))
od;
for n to 5 do
  P[n]:=collect((-1)^n/2^n/n!*diff((1-x^2)^n,x$n),x)
od;
```

L'avant-dernière instruction définit les polynômes de Tchebychev T_n et la dernière définit les polynômes de Legendre P_n.

La seconde syntaxe de boucle permet de parcourir les opérandes d'une expression.

```
expr:=diff((z^2+1)/(z^2-1),z);
```

$$expr := 2\frac{z}{z^2-1} - 2\frac{(z^2+1)z}{(z^2-1)^2}$$

```
for i in expr do antider[i]:=int(i,z) od;
```

$$antider_{2\frac{z}{z^2-1}} := \ln(-1+z) + \ln(1+z)$$

$$antider_{-2\frac{(z^2+1)z}{(z^2-1)^2}} := \frac{1}{-1+z} - \ln(-1+z) - \frac{1}{1+z} - \ln(1+z)$$

L'expression a été dérivée puis chaque terme de la dérivée a été primitivé. En sortie de boucle le nom **i** vaut la dernière opérande de **expr**.

```
i;
```

$$-2\frac{(z^2+1)z}{(z^2-1)^2}$$

Donnons maintenant une illustration des boucles avec un **while**. L'ordre d'une permutation σ est le premier entier k strictement positif pour lequel σ^k est égal à la permutation identique. Pour obtenir l'ordre d'une permutation sur un ensemble fini il suffit d'utiliser une boucle que l'on parcourt tant que la permutation n'est pas l'identité. En sortie l'indice de boucle fournit l'ordre de la permutation. Pour tester cette idée nous utilisons des permutations sur l'ensemble des entiers de 1 à n avec, disons, $n = 10$ et nous tirons une permutation au hasard grâce à la procédure **draw** du *package* **combstruct**.

```
n:=10:
sigma:=combstruct[draw](Permutation(n));
```

$$\sigma := [2, 9, 6, 3, 5, 1, 10, 7, 4, 8]$$

Une permutation σ de l'intervalle d'entiers $[1, n]$ est représentée par la liste des $\sigma(i)$ pour i allant de 1 à n. On veut utiliser la permutation identique e.

```
e:=[seq(i,i=1..n)];
```

$$e := [1, 2, 3, 4, 5, 6, 7, 8, 9, 10]$$

On met dans τ les puissances successives de σ ; on initialise puis on lance la machine. Comme un point-virgule figure derrière le **od**, les calculs intermédiaires sont affichés. On notera au passage la syntaxe <> utilisée pour exprimer la non égalité. La ligne commentée est équivalente à la ligne qui la précède.

```
tau:=sigma:
for k while tau <> e do
  tau:=subs({seq(i=sigma[i],i=1..n)},tau)
 #tau:=[seq(sigma[i],i=tau)]
od;
```

$$\tau :=[9, 4, 1, 6, 5, 2, 8, 10, 3, 7]$$

$$\tau :=[4, 3, 2, 1, 5, 9, 7, 8, 6, 10]$$

$$\tau :=[3, 6, 9, 2, 5, 4, 10, 7, 1, 8]$$

$$\tau :=[6, 1, 4, 9, 5, 3, 8, 10, 2, 7]$$

$$\tau :=[1, 2, 3, 4, 5, 6, 7, 8, 9, 10]$$

```
k;
```

6

Ainsi l'ordre de σ est 6 dans ce cas particulier. L'utilisation des accolades dans le **subs** impose que toutes les substitutions soient effectuées simultanément ; sans cette précaution le résultat est tout à fait décevant.

EXERCICE **1.17.** La moyenne arithmético-géométrique de deux réels strictement positifs a et b est définie comme suit. On pose

$$a_0 = a, \qquad b_0 = b$$

puis

$$a_{n+1} = \frac{a_n + b_n}{2}, \qquad b_{n+1} = \sqrt{a_n b_n}, \qquad \text{pour tout } n.$$

Les deux suites (a_n) et (b_n) convergent très vite vers une limite commune, qui est la moyenne arithmético-géométrique de a et b, notée $\mathrm{M}(a, b)$. On demande de calculer avec vingt chiffres décimaux (`?Digits`) d'une part $1/\mathrm{M}(1, \sqrt{2})$ et d'autre part

$$\frac{2}{\pi} \int_0^1 \frac{dt}{\sqrt{1 - t^4}}.$$

Pour ce faire on utilisera `Int` en conjonction avec **`evalf`**. Rappelons que `Int` est l'intégration inerte qui définit une intégrale, mais ne la calcule pas. L'application d'**`evalf`** à cette intégrale inerte déclenche l'appel d'une procédure de calcul numérique (`?int/numerical`).

EXERCICE **1.18.** La suite des nombres harmoniques

$$H_n = 1 + \frac{1}{2} + \frac{1}{3} + \cdots + \frac{1}{n}$$

croît indéfiniment. Quel est le premier entier n pour lequel est satisfaite l'inégalité $H_n > 10$?

Opérations itératives. On dispose de raccourcis qui évitent d'écrire des boucles pour les opérations répétitives les plus courantes. La commande **`map`** permet d'appliquer une procédure à chaque opérande d'une expression. La procédure peut utiliser plusieurs arguments mais l'effet de **`map`** porte sur le premier. Ci-dessous nous considérons un point mobile M dont la vitesse V est connue et nous le déterminons à une constante près. Notez comment est passée la variable d'intégration en troisième argument.

```
V:=[r*cos(omega*t),r*sin(omega*t),h];
```

$$[r\cos(\omega\, t), r\sin(\omega\, t), h]$$

```
M:=map(int,V,t);
```

$$\left[\frac{\sin(\omega\, t)\, r}{\omega}, -\frac{\cos(\omega\, t)\, r}{\omega}, h\, t\right]$$

Dans le cas précédent la procédure **diff**, contrairement à **int**, aurait pu être appliquée directement à la liste des composantes du vecteur vitesse ; ce n'est pas le cas pour une matrice et on est alors amené à utiliser **map**. Le mouvement de rotation d'un solide autour d'un point peut être paramétré par les angles d'Euler. Ce paramétrage revient à utiliser la matrice R de taille 3×3 que voici [29, p. 385].

```
R:=matrix(3,3):
R[1,1]:=cos(phi)*cos(psi)-cos(theta)*sin(phi)*sin(psi):
R[1,2]:=subs(psi=psi+Pi/2,R[1,1]):
R[2,1]:=subs(phi=phi-Pi/2,R[1,1]):
R[2,2]:=subs(phi=phi-Pi/2,R[1,2]):
R[1,3]:=sin(phi)*sin(theta):
R[2,3]:=-cos(phi)*sin(theta):
R[3,1]:=sin(theta)*sin(psi):
R[3,2]:=sin(theta)*cos(psi):
R[3,3]:=cos(theta):
R:=map(expand,R);
```

$$R := \begin{bmatrix} \cos(\phi)\cos(\psi) - \cos(\theta)\sin(\phi)\sin(\psi) & -\cos(\phi)\sin(\psi) - \cos(\theta)\sin(\phi)\cos(\psi) & \sin(\phi)\sin(\theta) \\ \sin(\phi)\cos(\psi) + \cos(\theta)\cos(\phi)\sin(\psi) & -\sin(\phi)\sin(\psi) + \cos(\theta)\cos(\phi)\cos(\psi) & -\cos(\phi)\sin(\theta) \\ \sin(\theta)\sin(\psi) & \sin(\theta)\cos(\psi) & \cos(\theta) \end{bmatrix}$$

Si l'on veut étudier le champ des vitesses du solide on est amené à dériver la matrice par rapport à φ, ψ ou ϑ. Calculons la dérivée par rapport à φ.

```
diffRphi:=diff(eval(R),phi);

Error, please use map to differentiate tables/arrays
```

Le message est clair.

```
diffRphi:=map(diff,R,phi);
```

$$diffRphi := \begin{bmatrix} -\sin(\phi)\cos(\psi) - \cos(\theta)\cos(\phi)\sin(\psi) & \sin(\phi)\sin(\psi) - \cos(\theta)\cos(\phi)\cos(\psi) & \cos(\phi)\sin(\theta) \\ \cos(\phi)\cos(\psi) - \cos(\theta)\sin(\phi)\sin(\psi) & -\cos(\phi)\sin(\psi) - \cos(\theta)\sin(\phi)\cos(\psi) & \sin(\phi)\sin(\theta) \\ 0 & 0 & 0 \end{bmatrix}$$

La procédure **map** permet d'appliquer une procédure f aux différentes opérandes d'une expression en supposant que ces opérandes vont prendre la place du premier argument de f. Une variante de **map** est **map2** pour laquelle les opérandes prennent la place du deuxième argument de f. Calculons par exemple les dérivées partielles d'ordre 2 de la fonction rationnelle associée à l'expression (**?diff** pour l'emploi des crochets)

```
peano:=x*y*(x^2-y^2)/(x^2+y^2);
```

$$peano := \frac{xy(x^2-y^2)}{x^2+y^2}$$

```
map2(diff,peano,[seq([x$(2-k),y$k],k=0..2)]):
normal(");
```

$$\left[-4\,\frac{xy^3\left(x^2-3\,y^2\right)}{\left(x^2+y^2\right)^3},\ \frac{x^6+9\,x^4y^2-9\,x^2y^4-y^6}{\left(x^2+y^2\right)^3},\ -4\,\frac{x^3y\left(3\,x^2-y^2\right)}{\left(x^2+y^2\right)^3}\right]$$

La procédure **normal** élimine les facteurs communs entre numérateur et dénominateur. On a passé en second paramètre la liste

```
[seq([x$(2-k),y$k],k=0..2)];
```

$$[[x,x],[x,y],[y,y]]$$

Les procédures **select** et **remove** fonctionnent sur le même mode que **map** (cf. pp. 429–432 pour la version V.3). La première conserve les opérandes qui satisfont un certain critère ; la seconde supprime les opérandes qui satisfont le critère. La procédure passée en paramètre doit être à valeurs booléennes et c'est elle qui fournit le critère. Décomposons la fraction $z^{-3}(1-z)^{-3}$ en éléments simples et séparons les parties relatives aux pôles 0 et -1.

```
pf:=convert(1/z^3/(1-z)^3,parfrac,z);
```

$$pf := \frac{1}{z^3}+3\,\frac{1}{z^2}+6\,\frac{1}{z}-\frac{1}{(-1+z)^3}+3\,\frac{1}{(-1+z)^2}-6\,\frac{1}{-1+z}$$

```
select(has,pf,-1+z);
```

$$-\frac{1}{(-1+z)^3}+3\,\frac{1}{(-1+z)^2}-6\,\frac{1}{-1+z}$$

```
remove(has,pf,-1+z);
```

$$\frac{1}{z^3}+3\,\frac{1}{z^2}+6\,\frac{1}{z}$$

EXERCICE **1.19.** On considère la liste de nombres complexes suivante.

```
complexlist:=[seq(evalc(((1+I*3^(1/2))/(3/2))^k),k=0..8)];
```

$$complexlist := \left[1,\ \frac{2}{3}+\frac{2}{3}\,I\,\sqrt{3},\ -\frac{8}{9}+\frac{8}{9}\,I\,\sqrt{3},\ \frac{-64}{27},\ -\frac{128}{81}-\frac{128}{81}\,I\,\sqrt{3},\right.$$
$$\left.\frac{512}{243}-\frac{512}{243}\,I\,\sqrt{3},\ \frac{4096}{729},\ \frac{8192}{2187}+\frac{8192}{2187}\,I\,\sqrt{3},\ -\frac{32768}{6561}+\frac{32768}{6561}\,I\,\sqrt{3}\right]$$

Que faire pour dessiner la ligne polygonale dont les sommets successifs sont les éléments de cette liste (?Re, ?Im) ?

Pour additionner ou multiplier des familles d'expressions on dispose de **add** et **mul** (cf. pp. 429–432 pour la version V.3).

```
add(x[i],i=0..5);
```

$$x_0 + x_1 + x_2 + x_3 + x_4 + x_5$$

```
add(1./n^2,n=1..100);
```

$$1.634983903$$

Il ne faut pas confondre les deux procédures **add** et **mul** avec respectivement **sum** et **product** qui servent à obtenir des formules sans signe somme ou produit. On pourrait utiliser **sum** pour évaluer une somme mais c'est un procédé inefficace car le système tente de trouver une formule sommatoire. Dans l'autre sens **add** ne peut pas fonctionner avec des paramètres formels, comme on le voit ci-dessous.

```
add(k,k=1..n);

Error, unable to execute add
```

```
sum(k,k=1..n):
factor(");
```

$$\frac{1}{2}\,n\,(n+1)$$

On a ainsi obtenu la formule sommatoire

$$\sum_{k=1}^{n} k = \frac{n(n+1)}{2}.$$

EXERCICE **1.20.** Appelons marche ou promenade une suite de points du réseau $\mathbb{Z}^2$ dont le premier est l'origine $(0,0)$ et telle que l'on passe d'un point au suivant en ajoutant l'un des quatre pas élémentaires $(1,0)$, $(0,1)$, $(-1,0)$ ou $(0,-1)$. Par exemple la séquence

$$(0,0),\ (-1,0),\ (-1,1),\ (0,1),\ (-1,1),\ (-1,0),\ (-1,1),$$
$$(0,1),\ (1,1),\ (1,2),\ (0,2)$$

est une marche. On voit que le cinquième point est égal au troisième ; il y a collision. Nous nous intéressons aux marches sans collision et particulièrement au nombre u_n des marches sans collision de longueur n ; la longueur d'une promenade est le nombre de pas effectués depuis l'origine. Dans l'exemple précédent le nombre de points est 11 et la longueur est 10. On a $u_0 = 1$,

$u_1 = 4$ et après quelques instants de réflexions $u_2 = 12$. Pour la longueur 2, on a exclu les quatre marches où l'on avance de l'un des quatre pas élémentaires puis l'on recule du même pas. On veut calculer u_n par énumération. On écrit donc d'abord une procédure `iterate` qui prend en entrée une promenade vue comme une liste de couple d'entiers. Cette procédure renvoie la séquence des promenades augmentées d'un pas élémentaire si cela ne produit pas de collision et ce pour chacun des quatre pas élémentaires. Nous détaillerons plus loin l'écriture des procédures.

```
iterate:=proc(path)
  local directionlist,n,direction,newpoint,T;
  directionlist:=[[1,0],[0,1],[-1,0],[0,-1]];
  n:=nops(path);
  for direction in directionlist do
    newpoint:=[path[n][1]+direction[1],path[n][2]+direction[2]];
    if member(newpoint,path)
    then T[direction]:=NULL
    else T[direction]:=[op(path),newpoint]
    fi;
  od;
  seq(T[direction],direction=directionlist)
end: # iterate
```

Testons cette procédure sur l'exemple suivant ; il y a deux prolongements possibles, les deux autres produisant une collision.

```
PATH:=[[0,0],[1,0],[1,1],[1,2],[0,2],[0,1],[-1,1],[-1,0]]:
iterate(PATH);
```

$$[[0, 0], [1, 0], [1, 1], [1, 2], [0, 2], [0, 1], [-1, 1], [-1, 0], [-2, 0]],$$
$$[[0, 0], [1, 0], [1, 1], [1, 2], [0, 2], [0, 1], [-1, 1], [-1, 0], [-1, -1]]$$

a. On demande de produire dans une boucle la liste des promenades sans collision de longueur n. Pour $n = 0$ la liste est $[[[0, 0]]]$, qui est constituée d'un seule promenade, et pour $n = 1$ elle est

$$[[[0, 0], [1, 0]], [[0, 0], [0, 1]], [[0, 0], [-1, 0]], [[0, 0], [0, -1]]],$$

qui est constituée de quatre promenades. On rangera au fur et à mesure les valeurs de u_n dans une table.

b. Les promenades pour lesquelles on n'utilise que les pas élémentaires $(0, 1)$ et $(1, 0)$ sont certainement sans collision ; il y a donc au moins 2^n et même 4×2^n promenades sans collision de longueur n. Inversement, à chaque pas sauf le premier, on ne peut pas utiliser l'opposé du pas qui vient d'être effectué donc u_n est moindre que $4 \times 3^{n-1}$. On peut donc penser que u_n a un comportement en ρ^n pour un certain ρ entre 2 et 3. Estimez un tel ρ.

EXERCICE **1.21.** Calculez les sommes $\sum_{k=1}^{n} k^p$ pour p allant de 1 à 10 et factorisez les expressions obtenues avec `factor`.

EXERCICE **1.22.** Euler a montré que, pour un entier m et des indéterminées $\lambda_1, \ldots, \lambda_m$, on a pour tout entier k strictement compris entre 0 et m

$$\sum_{i=1}^{m} \lambda_i^k \prod_{\substack{1 \leq j \leq m \\ j \neq i}} \frac{1}{1 - \lambda_i/\lambda_j} = 0.$$

Vérifiez ces formules pour quelques m. Quelle est la valeur du membre gauche si k égale ou surpasse m ?

EXERCICE **1.23.** Pour différentes valeurs de l'entier naturel non nul n, calculez la somme des $1/(pq)$ dans laquelle p et q sont astreints à satisfaire les conditions $1 < p < q \leq n$, $p + q > n$, $\text{pgcd}(p, q) = 1$. Précisons que le pgcd de deux entiers se calcule par `igcd` et que l'on peut additionner les termes d'une liste en lui appliquant `convert/+`.

6 Conditionnement

Le conditionnement est obtenu par la syntaxe suivante

if *condition*$_1$	**then** *sequence*$_1$
elif *condition*$_2$	**then** *sequence*$_2$
elif ...	...
else	*sequence*$_n$
fi	

Seule la partie **if** *condition*$_1$ **then** *sequence*$_1$ **fi** est obligatoire. Les conditions *condition*$_i$ sont des expressions à valeur booléenne ; elles sont testées dans l'ordre et la première qui a la valeur *true* amène l'exécution de la séquence d'instructions associée. Si aucune des conditions n'est satisfaite, la séquence d'instruction associée à l'éventuel **else** est exécutée.

Dans un calcul interactif, le conditionnement n'est guère utilisé qu'à l'intérieur des boucles. Supposons que nous voulions calculer la constante d'Euler γ par sa définition classique

$$\gamma = \lim_{n \to +\infty} H_n - \ln n,$$

où H_n est le nombre harmonique d'indice n

$$H_n = 1 + \frac{1}{2} + \cdots + \frac{1}{n}.$$

Comme ce procédé de calcul est tout à fait inefficace, la convergence n'est sensible que pour de grandes valeurs de n. Si l'on fait afficher tous les termes $H_n - \ln n$ on aura une session remplie de cet affichage sans intérêt ; on va donc seulement afficher les $H_n - \ln n$ pour n multiple de 100 et on procède de la façon suivante. En sortie de boucle la variable **n** a la valeur 1001 et la dernière instruction a pour effet de rendre à **n** sa valeur de nom. Précisons que la flache **-->** est entourée d'accents graves et, à la ligne suivante, le **n** est entouré d'accents aigus.

```
maki:=1000:
s:=0:
for n to maxi do
  s:= s+1./n;
  if (n mod 100)=0 then print(n,'--> ',evalf(s-ln(n))) fi;
od:
n:='n':
```

$$100 --> .582207334$$
$$200 --> .579713585$$
$$300 --> .578881411$$
$$400 --> .578465151$$
$$500 --> .578215334$$
$$600 --> .578048770$$
$$700 --> .577929782$$
$$800 --> .577840534$$
$$900 --> .577771115$$
$$1000 --> .577715578$$

EXERCICE **1.24.** La constante d'Euler γ vaut environ 0.5772156649. Expliquez pourquoi le dernier résultat affiché dans le calcul précédent a la même écriture décimale que γ pour les trois premiers chiffres, puis un chiffre différent, puis deux chiffres semblables. Pour justifier ce phénomène on pourra utiliser la commande **asympt**, qui donne le comportement en $+\infty$ d'une suite ou d'une fonction et la fonction psi, dérivée logarithmique de la fonction gamma d'Euler, qui en MAPLE est connue sous le nom **Psi**. En effet on a l'égalité

$$H_n - \gamma = \Psi(n+1)$$

pour n entier positif; quant à la procédure **asympt** elle s'utilise comme suit :

```
asympt(1/(n^2+1),n);
```

$$\frac{1}{n^2} - \frac{1}{n^4} + O\left(\frac{1}{n^6}\right)$$

EXERCICE **1.25.** Testez les instructions suivantes.

```
maxi:=1000:
s:=0:
  for n to maxi do
```

```
    s:= s+1/n;
  if (n mod 100)=0 then print(n,`--> `,evalf(s-ln(n))) fi;
  od: n:='n':
```

Où est la différence avec les commandes employées plus haut ?

7 Programmation

Un programme MAPLE est une simple accumulation de procédures ou même une suite d'instructions. Voici un programme constitué de deux procédures. Pour l'instant seule sa structure nous importe et il est inutile de le lire en détail puisque nous allons le décrire. Notez cependant le caractère # qui a pour effet de mettre en commentaire toute la fin de ligne qui le suit.

```
expr_to_seq:=proc(expr::anything)
  expr_to_seq_aux([],expr)
end: # expr_to_seq
expr_to_seq_aux:=proc(path,expr)
  local i,n;
  if type(expr,{name,integer})              # termination condition
  then [path,expr]
  else
    n:=nops(expr);                          # recursive call
    [path,op(0,expr)],
      seq(expr_to_seq_aux([op(path),i],op(i,expr)),i=1..n)
  fi
end: # expr_to_seq_aux
```

La première procédure prend en entrée une expression MAPLE de type *anything*, c'est-à-dire n'importe quelle expression MAPLE valide. Le typage est indiqué par un double deux-points (cf. pp. 429–432 pour la version V.3). Elle renvoie la séquence constituée des couples [chemin, étiquette] pour chacun des nœuds de l'arbre associé à l'expression ; autrement dit pour chaque nœud on donne le chemin depuis la racine et l'étiquette du nœud. Précisons que pour la racine le chemin est le mot vide, représenté par la liste vide [ ], et que pour les autres nœuds les chemins sont des listes d'entiers strictement positifs. À titre d'exemple, l'expression

```
expr:=factor(diff(exp(x^2)*(x^2+1),x));
```

$$expr := 2xe^{x^2}(x^2+2)$$

est représentée par l'arbre de la figure 1.5. L'application de la procédure **expr_to_seq** fournit bien la séquence des couples [chemin, étiquette].

```
expr_to_seq(expr);
```

$$[[\,],*],[[1],2],[[2],x],[[3],\exp],[[3,1],\hat{}\,],[[3,1,1],x],[[3,1,2],2],$$
$$[[4],+],[[4,1],\hat{}\,],[[4,1,1],x],[[4,1,2],2],[[4,2],2]$$

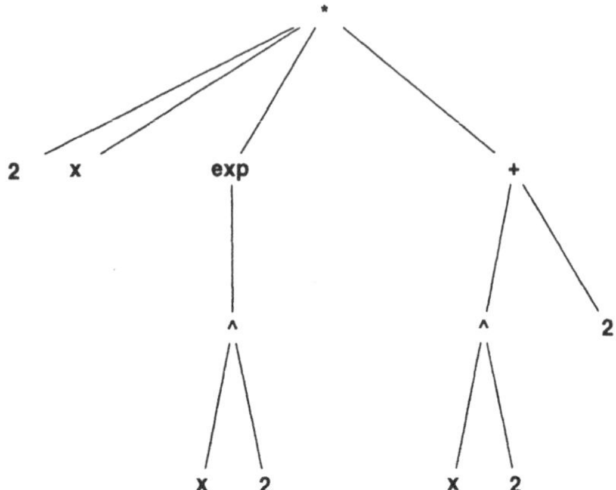

Figure 1.5.

La première procédure ne fait presque rien. Elle dit simplement que pour la racine le chemin est le mot vide et elle appelle la procédure auxiliaire **expr_to_seq_aux**. Celle-ci fonctionne récursivement, c'est-à-dire s'appelle au besoin elle-même, le cas d'arrêt correspondant aux feuilles de l'arbre qui peuvent être étiquetés par des entiers ou des noms (les autres cas ne sont pas traités).

Revenons à l'écriture des procédures ; on voit que la syntaxe est la même que pour les calculs interactifs. Il suffit d'englober une suite de commandes entre un **proc** et un **end** pour obtenir une procédure. Bien sûr il faut aussi passer les paramètres à la procédure et peut-être déclarer des variables locales. De plus le résultat renvoyé par la procédure est simplement le dernier résultat évalué à l'intérieur de la procédure. Pour l'exemple traité, la procédure **expr_to_seq** doit renvoyer la valeur de

$$\text{expr\_to\_seq\_aux}([\,], 2xe^{x^2}(x^2+2)).$$

Comme l'expression passée en second argument à **expr_to_seq_aux** n'est pas de type **name** ou **integer**, la branche **else** du **if** est utilisée et la valeur que doit renvoyer **expr_to_seq_aux** est celle de

$$[[\,],\ *\,], \text{seq}(\text{expr\_to\_seq\_aux}([i], \text{op}(i, 2xe^{x^2}(x^2+2))), i = 1..4)$$

c'est-à-dire après une évaluation partielle des arguments

$$[[\,],\ *\,], \text{expr\_to\_seq\_aux}([1], 2), \text{expr\_to\_seq\_aux}([2], x),$$
$$\text{expr\_to\_seq\_aux}([3], e^{x^2}), \text{expr\_to\_seq\_aux}([4], x^2+2).$$

Ceci provoque de nouveaux appels à **expr_to_seq_aux**. On peut voir tout cela en utilisant (**?trace**)

```
trace(expr_to_seq_aux):
expr_to_seq(expr);
untrace(expr_to_seq_aux):
```

EXERCICE **1.26.** Dans le langage LISP il y a deux sortes d'objets, les atomes et les listes. Les atomes sont des nombres ou des symboles. Une liste

$$(f\ e_1\ \ldots\ e_\ell)$$

s'interprète comme la valeur de l'opérateur f sur les opérandes $e_1, \ldots, e_\ell$. Par exemple la liste

$$(*\ (+\ x\ 2)\ (+\ y\ 5))$$

s'interprète comme le produit de deux expressions Lisp, qui ont respectivement pour valeur la somme de x et 2 et la somme de y et 5 ; la valeur de la liste est donc $(x+2)*(y+5)$, en utilisant la notation infixe usuelle au lieu de la notation préfixe de Lisp.

On demande d'écrire une procédure **maple_to_lisp** qui prend en entrée une expression MAPLE et renvoie une expression à la Lisp, dans laquelle les opérateurs sont en position préfixe. À titre d'exemple, on veut obtenir l'exécution suivante.

```
maple_to_lisp((1-4*x)^(-1/2));
```

$$[\hat{},[+,1,[*,-4,x]],[\mathit{fraction},-1,2]]$$

En-tête de procédure. La déclaration d'une procédure comprend plusieurs parties optionnelles, dont la première est la séquence des paramètres. Ensuite on trouve la séquence des variables locales introduite par le mot **local**, puis la séquence des variables globales introduite par **global** et la séquence des options introduite par **option** ; enfin le corps de la procédure. Regardons par exemple la procédure **student/intparts** qui permet d'effectuer des intégrations par parties (**?interface**).

```
interface(verboseproc=2);
print(student[intparts]);
```

Cette procédure a deux arguments (figure 1.6) ; le premier, F, n'est pas typé et le second, *expr*, est de type **algebraic**. On trouve ensuite la liste des variables locales *f*, *x*, ..., *arglist* ; puis les options, ici le copyright de l'Université de Waterloo. Après quoi on arrive au corps de la procédure. On regarde si l'argument F est de type **function** et plus particulièrement une intégrale, auquel cas on applique l'intégration par parties à l'intégrale donnée par F, le second argument *expr* fournissant le u de la formule usuelle $\int uv' = \ldots$; nous avons supprimé cette partie de code. Si la condition n'est

proc(F, *expr*: : *algebraic*)
  local f, x, a, *top*, b, *bottom*, r, u, *up*, v, *vp*, t, *arglist*;
  option'*Copyright (c) 1992 by the University of Waterloo. All rights reserved.*';
   if type(F, '*function*') **and** member(op(0, F), {'*int*', '*Int*'})
   then
    ...
   elif has(F, {*int*, *Int*}) **then** map($student_{intparts}$, args)
   else F
   fi
 end

Figure 1.6.

pas réalisée on tente d'appliquer l'intégration par parties à chaque opérande de F dans le cas où F comporte une intégrale ; c'est la ligne introduite par *elif*; au passage on note l'utilisation de la variable *args* qui dans une procédure vaut la séquence des arguments. Si rien de cela n'est possible on renvoie F non modifié comme on le voit dans la ligne *else*. Le *fi* est là pour fermer le *if*. Enfin on termine la procédure par un *end* que l'on peut voir comme une parenthèse fermante associée à la parenthèse ouvrante *proc*.

EXERCICE **1.27.** Testez les commandes suivantes.

```
trace(member);
student[intparts](Int(x*exp(x),x),x);
```

EXERCICE **1.28.** On demande d'écrire une procédure qui prend en entrée une liste représentant une permutation des entiers de 1 à n et renvoie l'ordre de celle-ci. L'entier n sera déterminé à l'intérieur de la procédure et on vérifiera que l'argument est du type requis. On s'inspirera de l'exemple traité page 23.

Sortie explicite. Il existe deux syntaxes pour lesquelles le résultat d'une procédure n'est pas la dernière quantité évaluée avant le **end** de la procédure.

La première utilise `RETURN` ; elle n'est pas indispensable, mais permet d'augmenter la lisibilité du code. Essentiellement elle évite qu'un `if fi` n'englobe une très longue partie de code. L'instruction `RETURN` fait immédiatement sortir de la procédure en renvoyant la quantité passée en paramètre à `RETURN`. Considérons par exemple la procédure `convert/confrac` qui convertit une expression en fraction continuée et regardons d'abord son action sur un exemple.

proc(s)
  local k, l, x, c, d, t, i, $diag$, num, den;
  option'*Copyright (c) 1991 by the University of Waterloo. All rights reserved.*';
   if type(s, *series*) **then** x := op(0, s)
   elif type(s, *numeric*) **then**
    RETURN('convert/confrac/numeric'(args))
   elif nargs = 2 **and** type(s, ratpoly(*anything*, args_2)) **then**
    RETURN('convert/confrac/ratpoly'(args))
   elif not type(s, *algebraic*)
    then RETURN(map(procname, args))
   else RETURN(procname(series(args)))
   fi;
   t := convert(s, *polynom*);
    ...
 end

Figure 1.7.

```
convert(series(tan(x),x,10),confrac);
```

$$\frac{x}{1+\dfrac{x^2}{-3+\dfrac{x^2}{5+\dfrac{x^2}{-7+\dfrac{x^2}{9}}}}}$$

On part du développement limité d'une fonction et on obtient une approximation de cette fonction par une fraction rationnelle. Regardons le code de la procédure ou du moins la partie qui nous intéresse ici. Les accents graves qui encadrent le nom de la procédure évitent que celui-ci ne soit vu comme un quotient.

```
interface(verboseproc=2);
readlib('convert/confrac');
```

L'utilisation de la commande `readlib` est expliquée dans le chapitre suivant, page 86.

Après la déclaration des variables locales et de l'option (figure 1.7), on entre dans un `if` où l'on teste le type de l'argument `s`. Pour tous les cas excepté le premier la commande `RETURN` est utilisée, soit en appelant une

proc(*expr*)
  local a;
  option'*Copyright (c) 1992 by the University of Waterloo. All rights reserved.*';
  if nargs $\neq$ 1 **then** ERROR ('*evalm accepts only one argument, an expression*') **fi** ;
  if type(*expr*, ' = ') **then** RETURN(map(*evalm*, *expr*)) **fi** ;
  a := convert(*expr*, '*evalm/array*') ;
  a := 'evalm/evaluate'('evalm/symbolic'(a)) ;
  if has(eval(a, 1), 'a') **then** ERROR ('*unnamed vector or array with undefined entries.*') **fi** ;
  eval(a, 1)
end

Figure 1.8.

procédure spécialisée soit en réappliquant la procédure aux opérandes de l'argument `s`. Du coup le seul cas réellement traité dans la procédure est le premier. Il est clair que les deux premiers `RETURN` pourraient être remplacés par le code des procédures appelées, mais cela rendrait le code de `convert/confrac` plus obscur. On peut toutefois remarquer que la cohérence voudrait que le cas où `s` est de type `series` soit lui aussi traité par appel d'une procédure spécialisée ; dans ce cas le corps de la procédure comporterait seulement un `if fi` et l'emploi de `RETURN` ne serait pas utile.

La seconde syntaxe qui provoque une sortie immédiate d'une procédure est la commande `ERROR`. Elle est utile car il est important pour l'utilisateur qu'une procédure renvoie des messages d'erreur clairs. Regardons le code de la procédure `evalm` qui sert dans le calcul matriciel (figure 1.8).

```
interface(verboseproc=2);
print(evalm);
```

Si nous provoquons une erreur, nous voyons l'effet de la première occurrence de `ERROR` dans le code (`?nargs`).

```
evalm(x,y);

Error, (in evalm) evalm accepts only one argument, an expression
```

Remembrance. Les procédures récursives peuvent être inefficaces parce qu'elles nécessitent des appels répétés. Considérons par exemple la suite (ν_n)

qui fournit le nombre de bits égaux à 1 dans l'écriture binaire d'un entier. On a par exemple $\nu_{13} = 3$ parce que l'écriture binaire de treize $(1101)_2$ comporte trois occurrences du chiffre 1. La conversion en base 2 le montre ; notez que les chiffres sont écrits dans l'ordre inverse de celui que l'on attend.

```
convert(13,base,2);
```

$$[1,0,1,1]$$

On peut définir la suite ν de façon récursive par la procédure suivante.

```
nu:=proc(n::nonnegint)
  if n=0 then 0
  elif type(n,even) then nu(n/2)
  else nu((n-1)/2)+1
  fi
end: # nu
nu(13);
```

$$3$$

Regardons son fonctionnement à l'aide de la procédure `trace`.

```
trace(nu):
nu(13):

{--> enter nu, args = 13
{--> enter nu, args = 6
{--> enter nu, args = 3
{--> enter nu, args = 1
{--> enter nu, args = 0
<-- exit nu (now in nu) = 0}
<-- exit nu (now in nu) = 1}
<-- exit nu (now in nu) = 2}
<-- exit nu (now in nu) = 2}
<-- exit nu (now at top level) = 3}
```

Les différents appels sont empilés puis dépilés, ce qui peut être coûteux. Ici le coût est négligeable parce que le nombre d'appels sur l'entrée n est de l'ordre de $\log_2 n$. Le calcul des n premières valeurs amène à appeler `nu` de nombreuses fois sur les mêmes entrées. Pour mettre ce phénomène en valeur écrivons une nouvelle version de la procédure dans laquelle nous mémorisons le nombre d'appel sur une entrée donnée (`?assigned`).

```
countnu:=proc(n::nonnegint)
  global T;
  if assigned(T[n]) then T[n]:=T[n]+1 else T[n]:=1 fi;
  if n=0 then 0
  elif type(n,even) then countnu(n/2)
  else countnu((n-1)/2)+1
  fi
end: # countnu
for n from 0 to 10 do countnu(n) od:
seq([n,T[n]],n=0..10);
```

[0, 11], [1, 10], [2, 6], [3, 3], [4, 3], [5, 2], [6, 1], [7, 1], [8, 1], [9, 1], [10, 1]

On voit que ν_2 est calculé six fois. Pour éviter ces calculs inutiles MAPLE propose l'option **remember** dans les procédures. La présence de cette option crée une table qui contient les valeurs déjà calculées par la procédure. Cette table de *remember* est l'opérande numéro 4 de la procédure. Récrivons la procédure **nu** avec une option **remember**.

```
remembernu:=proc(n::nonnegint)
  option remember;
  if n=0 then 0
  elif type(n,even) then remembernu(n/2)
  else remembernu((n-1)/2)+1
  fi
end: # remembernu
for n from 0 to 10 do remembernu(n) od:
R:=op(4,eval(remembernu)):
seq([n,R[n]],n=0..10);
```

[0, 0], [1, 1], [2, 1], [3, 2], [4, 1], [5, 2], [6, 2], [7, 3], [8, 1], [9, 2], [10, 2]

Un appel de la procédure provoque la lecture de la table ; si la valeur demandée a déjà été calculée, il n'y pas de nouveau calcul mais une simple lecture de la table. Cette option **remember** est donc intéressante pour les procédures récursives, mais il ne faut pas oublier que l'on remplit ainsi la mémoire et cela peut nuire à l'efficacité tout autant que le fait de recalculer les valeurs. Il faut donc utiliser cette option à bon escient.

Le contenu de la table de *remember* dépend du contexte au moment du calcul. Supposons par exemple que l'on définisse une procédure qui renvoie des valeurs numériques ; les résultats dépendent de la valeur affectée à la variable **Digits**. Si l'on veut augmenter la précision des résultats, il est impératif de vider la table de *remember* pour que les valeurs soient effectivement recalculées. Pour cela on utilise **subsop** qui permet de modifier une opérande d'une expression en utilisant son numéro (**?forget**). Par exemple pour vider la table de *remember* de **remembernu**, on utilisera l'instruction suivante.

```
remembernu:=subsop(4=NULL,eval(remembernu)):
```

EXERCICE **1.29.** Calculez **evalf(Pi,n)** avec **n** tour à tour égal à 20, 10, 50, 20. Entre chaque calcul regardez le contenu de la table de *remember* d'**evalf**.

EXERCICE **1.30.** Une partition d'un ensemble est un découpage de l'ensemble en blocs disjoints. Par exemple

$$\{\{1,2,5,7\},\{3,8,10\},\{4,9\},\{6\}\}$$

est une partition de l'ensemble des entiers de 1 à 10, parce que chacun de ces entiers appartient à exactement l'un des quatre blocs. Le nombre de partitions d'un ensemble fini à n éléments est le n^e nombre de Bell, noté ϖ_n. Par convention $\varpi_0 = 1$ et les ϖ_n sont donnés par la relation de récurrence

$$\varpi_{n+1} = \sum_{k=0}^{n} \binom{n}{k} \varpi_k$$

pour $n \geq 0$. On demande d'écrire une procédure **bell** avec option **remember** qui calcule ces nombres. La série génératrice exponentielle des nombres de Bell est donnée par

$$\sum_{n=0}^{+\infty} \varpi_n \frac{x^n}{n!} = \exp(\exp(x) - 1)$$

et ceci permettra de tester la correction de la procédure par les instructions

```
series(exp(exp(x)-1),x,11);
add(bell(n)/n!*x^n,n=0..10);
```

EXERCICE **1.31.** On demande d'écrire une procédure **directnu** qui calcule directement le nombre de bits égaux à 1 dans l'écriture binaire d'un entier n en utilisant **convert/base** et **convert/+** ou **add**.

Il existe différentes façons d'utiliser l'option **remember**. La suite de Lucas (L_n) est définie par $L_0 = 2$, $L_1 = 1$ et $L_n = L_{n-1} + L_{n-2}$ pour $n \geq 2$. C'est bien sûr une cousine de la suite de Fibonacci. Pour la définir on peut écrire une procédure avec un **if** pour tester si l'entier passé en paramètre vaut 0 ou 1. On peut aussi éviter le test du **if** en procédant comme suit.

```
lucas:=proc(n::nonnegint)
  option remember;
  lucas(n-1)+lucas(n-2)
end: # lucas
lucas(0):=2:
lucas(1):=1:
op(4,eval(lucas));
```

$$\text{table}([\; 0 = 2,\; 1 = 1 \;])$$

Le simple fait d'écrire

```
f(0):=1:
```

crée implicitement une procédure de nom *f* pourvue d'une table de *remember* qui contient la valeur 1 pour l'indice 0. La table de *remember* de la procédure **lucas** comporte au départ les valeurs pour les indices 0 et 1. Comme elle comporte de plus une option *remember* la table va se remplir au fur et à mesure des calculs.

EXERCICE **1.32.** La suite des nombres de Fibonacci (F_n) est définie par

$$F_0 = 1, \quad F_1 = 1, \quad F_n = F_{n-1} + F_{n-2} \quad \text{pour } n \geq 2.$$

La série génératrice des puissances k^e des nombres de Fibonacci est la série

$$\Phi_k(t) = \sum_{n=0}^{+\infty} F_n^k t^n.$$

On a ainsi les égalités

$$\Phi_0(t) = \frac{1}{1-t}, \quad \Phi_1(t) = \frac{1}{1-t-t^2}, \quad \Phi_2(t) = \frac{1-t}{1-2t-2t^2+t^3}.$$

On veut définir une procédure `Phi` qui calcule les séries génératrices Φ_k. Pour cela on utilise la relation de récurrence [27, p. 98]

$$(1 - a_k t + (-1)^k t^2)\Phi_k(t) = 1 + kt \sum_{1 \leq j \leq k/2} (-1)^j \frac{a_{k,j}}{j} \Phi_{k-2j}((-1)^j t),$$

dans laquelle les a_k sont les nombres de Lucas, pour lesquels nous avons déjà défini une procédure de calcul dans le texte, et les $a_{k,j}$ sont donnés par

$$\left(\frac{t^2}{1-t-t^2}\right)^j = \sum_{k=0}^{+\infty} a_{k,j} t^k.$$

Cette dernière relation ne donne pas un moyen de calcul aisé mais si nous notons $\Psi_j(t)$ le membre gauche nous avons tout de suite pour $j \geq 1$

$$\Psi_j(t) = \frac{t^2}{1-t-t^2} \Psi_{j-1}(t),$$

ce qui se développe en

$$\Psi_j(t) = \sum_{\ell \geq 2} F_{\ell-2} t^\ell \sum_{m \geq 0} a_{m,j-1} t^m = \sum_{k \geq 0} t^k \sum_{m=0}^{k-2} F_{k-m-2} a_{m,j-1} = \sum_{k \geq 0} t^k a_{k,j}.$$

Par identification on a donc la formule de récurrence

$$a_{k,j} = \sum_{m=0}^{k-2} F_{k-m-2} a_{m,j-1},$$

valable pour $j \geq 1$. On peut facilement vérifier que ceci est correct pour de basses valeurs de k et j en utilisant `series`.

On demande d'écrire quatre procédures avec option **`remember`** dont la première est la procédure **`lucas`** fournie dans le texte, la deuxième est une procédure **`fibonacci`** qui donne les nombres de Fibonacci, la troisième est une procédure **coeff_a** qui fournit les $a_{k,j}$ et enfin la quatrième est une procédure **Phi** qui fournit les $\Phi_k(t)$. Il est intéressant de comparer les résultats obtenus avec ceux donnés par la boucle (**?convert/ratpoly**)

```
for k from 0 to 4 do
  convert(series(add(fibonacci(i)^k*t^i,i=0..20),t,20),ratpoly)
od;
```

Pour obtenir la borne $k/2$ dans la récurrence sur Φ on utilisera **iquo**.

8 Évaluation

L'évaluation des expressions est récursive et consiste à remplacer chaque variable qui apparaît dans une expression par sa valeur et à appliquer chaque procédure à ses opérandes. Dans cette évaluation, une variable non affectée ou bien affectée à une table ou une procédure est évaluée à son nom ; de plus la règle générale est que chaque opérande d'une procédure est évaluée avant que la procédure ne lui soit appliquée.

Évaluation des tables et des procédures. De façon à ne pas occuper la mémoire par des copies, les tables et les procédures sont évaluées à leur nom. Si `T` est le nom d'une table, l'affectation `U:=T` ne crée pas une copie de la table de nom `T` qui aurait pour nom `U`, mais fait pointer le nom `U` vers le nom `T`. Pour provoquer une évaluation complète on utilise **eval** ; quant à **print** il imprime le résultat fourni par **eval**.

Définissons par exemple une table dont les indices sont les constantes prédéfinies de MAPLE et les valeurs correspondantes les approximations décimales de ces constantes à dix chiffres décimaux.

```
T:=table([seq(c=evalf(c,10),c=constants)]):
T;
```

$$T$$

L'évaluation de `T` ne produit que ce nom. Nous voyons la table avec **print**.

```
print(T);
```

table ([
FAIL = FAIL
false = false
$\gamma = 0.5772156649$
$\pi = 3.141592654$
$Catalan = 0.9159655942$
true = true
$\infty = \infty$
])

On a le même phénomène avec les procédures. Si l'on veut voir la table de *remember* du logarithme `ln`, ce n'est pas

```
op(4,ln);

Error, improper op or subscript selector
```

qu'il faut utiliser car le nom `ln` n'a pas de quatrième opérande, mais la commande suivante (nous supposons que la session vient d'être démarrée, sinon cette table peut contenir d'autres entrées).

```
op(4,eval(ln));
```

$$\begin{aligned}&\text{table}([\\&\quad -1 = I\,\pi\\&\quad -I = -\frac{1}{2}\,I\,\pi\\&\quad 1 = 0\\&\quad I = \frac{1}{2}\,I\,\pi\\&\quad \infty = \infty\\&\quad])\end{aligned}$$

Évaluation dans les procédures. On peut voir l'évaluation de la façon suivante : chaque affectation `x:=e` crée une flèche du nom `x` vers l'expression `e`. L'évaluation consiste à remplacer le nom `x` par ce vers quoi pointe la flèche qui part de `x`, c'est-à-dire `e`. Dans un calcul interactif l'évaluation est complète, ce qui signifie que l'évaluateur suit les flèches autant que faire se peut. Il faut tout de même préciser que pour les tables et les procédures l'évaluation se fait au dernier nom : l'évaluateur suit les flèches tant qu'il rencontre des noms.

À l'intérieur d'une procédure les variables globales sont complètement évaluées. Par contre l'évaluation des variables locales ne se fait qu'à un niveau : l'évaluateur ne suit que la première flèche partant de la variable locale. Ce choix est fait dans un souci d'efficacité. Cependant le guillemet `"`, bien que local, est complètement évalué et on évite donc de l'employer. Sans entrer dans les détails donnons un exemple qui montre les problèmes que ces règles peuvent poser.

```
p[1]:=proc()
  local U,V,W;
  U:=V;
  V:=array(1..2,1..2,[[1,2],[3,4]]);
  linalg[transpose](U)
end: # p[1]
p[1]();
```

$$\begin{pmatrix} 1 & 3 \\ 2 & 4 \end{pmatrix}$$

```
p[2]:=proc()
  local U,V,W;
  U:=V;
  V:=W;
  W:=array(1..2,1..2,[[1,2],[3,4]]);
  linalg[transpose](U)
end: # p[2]
p[2]();
```

```
Error, (in linalg[transpose]) expecting a matrix or vector
```

Dans la procédure p_1 le nom `U` est évalué à un cran car `U` est une variable locale ; ceci produit le nom `V` qui est donc employé dans **`linalg/transpose`** ; comme `V` est le nom d'une matrice, il n'y a pas de problème. Par contre dans p_2 la chaîne est trop longue ; le nom `V` est évalué en le nom `W`. On évacue le problème dans p_3 en provoquant l'évaluation complète par **`eval`**.

```
p[3]:=proc()
  local U,V,W;
  U:=V;
  V:=W;
  W:=array(1..2,1..2,[[1,2],[3,4]]);
  linalg[transpose](eval(U))
end: # p[3]
p[3]();
```

$$\begin{pmatrix} 1 & 3 \\ 2 & 4 \end{pmatrix}$$

EXERCICE **1.33.** On demande de reprendre les trois procédures p_1, p_2, p_3 et de tester leur comportement avec la variable **`tracelast`**, qui contient la dernière erreur rencontrée, et avec l'instruction

```
trace(linalg[transpose]);
```

Procédures de récriture. Certains types d'expression possède une procédure de récriture spécifique. Ainsi la procédure **`evalb`** force l'évaluation des booléens. La procédure **`evalm`** permet de récrire les expressions matricielles sous forme de matrice et fournit une alternative aux procédures du *package* **`linalg`** pour les opérations courantes. Il faut préciser que l'écriture des expressions matricielles requiert d'utiliser l'opérateur neutre **`&*`** comme symbole de la multiplication non commutative.

```
A:=matrix(2,2,[[0,-1],[1,0]]);
```

$$\begin{pmatrix} 0 & -1 \\ 1 & 0 \end{pmatrix}$$

```
B:=subs(x=A,x^2+1);
```

$$B := A^2 + 1$$

```
evalm(B);
```

$$\begin{pmatrix} 0 & 0 \\ 0 & 0 \end{pmatrix}$$

Pour les nombres complexes on dispose d'une procédure de récriture baptisée **evalc**. Explicitons le nombre complexe $(1 - i)(5 + i)^4$ et calculons son argument principal.

```
z:=(1-I)*(5+I)^4;
```

$$z := 956 + 4\,I$$

```
arctan(Im(z),Re(z));
```

$$\arctan\left(\frac{1}{239}\right)$$

Notez le fonctionnement de la fonction **arctan** de MAPLE ; l'expression **arctan(y,x)** s'interprète comme $\mathrm{Arctg}(y/x)$ si x est strictement positif ou plus généralement comme l'argument principal du nombre complexe $x + iy$. L'argument principal de $1 - i$ est $-\pi/4$ et celui de $(5 + i)^4$ est $4\,\mathrm{Arctg}(1/5)$. Le calcul précédent est donc une preuve de la formule de Machin

$$\frac{\pi}{4} = 4\,\mathrm{Arctg}\,\frac{1}{5} - \mathrm{Arctg}\,\frac{1}{239},$$

dans la mesure où les deux termes de cette égalité sont égaux et pas seulement congrus modulo 2π ; ceci se vérifie par **evalf**.

La procédure **evala** réduit l'expression de nombres algébriques, c'est-à-dire de nombres qui sont racines d'équations polynomiales. Elle est utilisée en conjugaison avec **RootOf**. Éliminons le radical qui figure au dénominateur dans $(5 - \sqrt{2})/(3 + \sqrt{2})$.

```
evala((5-sqrt(2))/(3+sqrt(2)));
```

$$-\frac{-5 + \sqrt{2}}{3 + \sqrt{2}}$$

```
evala((5-RootOf(x^2-2))/(3+RootOf(y^2-2)));
```

$$\frac{17}{7} - \frac{8}{7}\,\mathrm{RootOf}(\_Z^2 - 2)$$

On constate que l'utilisation de **RootOf** est nécessaire. De plus le nom utilisé dans **RootOf** pour définir l'équation satisfaite par l'élément algébrique n'a pas d'importance parce qu'il est immédiatement remplacé par le nom `_Z`.

La procédure **alias** permet d'utiliser un nom pour désigner agréablement une expression. Par exemple `I` représente $(-1)^{1/2}$. Une expression qui comporte plusieurs fois le même **RootOf** étant assez lourde à écrire il n'est pas rare que l'on utilise **alias** dans ce contexte. Cependant **alias** ne concerne que l'interface avec l'utilisateur, comme on pourra s'en convaincre par les instructions suivantes.

```
alias(theta=RootOf(_Z^3+_Z+1)):
trace(evala):
evala(1/add(theta^k,k=0..5));
```

EXERCICE **1.34.** Prouvez la formule

$$\frac{\pi}{4} = 5\,\mathrm{Arctg}\,\frac{1}{7} + 2\,\mathrm{Arctg}\,\frac{3}{79}.$$

9 Commandes inertes et opérateurs neutres

Certaines procédures MAPLE ont le grand mérite de n'avoir aucun effet. On peut ainsi transformer des expressions, sans laisser la main au système. Considérons par exemple l'intégrale indéfinie suivante.

```
F[0]:=Int(x^(2*m+1)/(x^2-a^2)^(n+1/2),x);
```

$$F_0 := \int \frac{x^{(2\,m+1)}}{(x^2-a^2)^{n+1/2}}\,dx$$

La procédure `Int`, avec un i majuscule, permet de considérer une intégrale sans la calculer. La commande **value** fait revenir à la forme active. Ici le fait que les paramètres m et n soient formels fait que l'intégrale écrite avec **int** n'est pas plus évaluée que celle avec `Int` ; mais si nous utilisons des valeurs numériques la différence de comportement est claire.

```
G:=subs(n=3,m=2,F[0]);
```

$$G := \int \frac{x^5}{(x^2-a^2)^{7/2}}\,dx$$

```
value(G);
```

$$-\frac{x^4}{(x^2-a^2)^{5/2}} - 4\,a^2\left(-\frac{1}{3}\,\frac{x^2}{(x^2-a^2)^{5/2}} + \frac{2}{15}\,\frac{a^2}{(x^2-a^2)^{5/2}}\right)$$

Cherchons une formule de réduction pour cette famille d'intégrales. La forme inerte avec **Int** permet d'appliquer une intégration par parties sans qu'une évaluation de l'intégrale ne puisse se produire.

```
F[1]:=student[intparts](F[0],x^(2*m)/(x^2-a^2)^n);
```

$$F_1 := -\frac{x^{2\,m}\,(-x^2+a^2)}{(x^2-a^2)^n\,\sqrt{x^2-a^2}} - \int -\frac{\left(2\,\frac{x^{(2\,m)}\,m}{x\,(x^2-a^2)^n} - 2\,\frac{x^{(2\,m)}\,n\,x}{(x^2-a^2)^n\,(x^2-a^2)}\right)(-x^2+a^2)}{\sqrt{x^2-a^2}}\,dx$$

```
F[2]:=map(combine,F[1],power,symbolic);
```

$$F_2 := (x^2-a^2)\,(x^2-a^2)^{-n-1/2}\,x^{2\,m} - \int \sqrt{x^2-a^2}\,\left(2\,(x^2-a^2)^{-n}\,x^{2\,m-1}\,m \right. \left. -2\,n\,(x^2-a^2)^{-n-1}\,x^{2\,m+1}\right)\,dx$$

```
F[3]:=map(combine,F[2],power,symbolic);
```

$$F_3 := (x^2-a^2)^{1/2-n}\,x^{2\,m} - \int \sqrt{x^2-a^2}\,\left(2\,(x^2-a^2)^{-n}\,x^{2\,m-1}\,m \right. \left. -2\,n\,(x^2-a^2)^{-n-1}\,x^{2\,m+1})\right)\,dx$$

```
F[4]:=map(expand,F[3]);
```

$$F_4 := \frac{(x^m)^2\,\sqrt{x^2-a^2}}{(x^2-a^2)^n} - 2\,m\int\frac{\sqrt{x^2-a^2}\,(x^m)^2}{x\,(x^2-a^2)^n}\,dx + 2\,n\int\frac{(x^m)^2\,x}{\sqrt{x^2-a^2}\,(x^2-a^2)^n}\,dx$$

```
F[5]:=map(combine,F[4],power,symbolic);
```

$$F_5 := (x^2-a^2)^{(1/2-n)}\,x^{(2\,m)} - 2\,m\int (x^2-a^2)^{(1/2-n)}\,x^{(2\,m-1)}\,dx + 2\,n\int (x^2-a^2)^{(-n-1/2)}\,x^{(2\,m+1)}\,dx$$

La commande **combine** permet de faire de la simplification et elle est présentée dans la section simplification du chapitre suivant (cf. pp. 429–432 pour la version V.3). Si on note $I_{n,m}$ l'intégrale considérée, on reconnaît dans le membre droit $I_{n,m}$ et $I_{n-1,m-1}$; on a ainsi prouvé la formule

$$(2n-1)\,I_{n,m} = -\frac{x^{2m}}{(x^2-a^2)^{n-1/2}} + 2m\,I_{n-1,m-1}, \qquad n\in\mathbb{Z},\, m\in\mathbb{N}^*.$$

EXERCICE **1.35.** Trouvez une formule de réduction pour l'intégrale

$$I_{n,m} = \int \cos^n x \sin^m x \, dx,$$

en intégrant par parties.

Une commande inerte comme **Int** est aussi utile pour le calcul numérique. Considérons par exemple l'intégrale de Sievert

$$\int_0^{\vartheta} e^{-x \sec \varphi} \, d\varphi,$$

où la fonction sécante, notée sec, est l'inverse du cosinus, $1/\cos$. Cette fonction de x et ϑ est définie pour $|\vartheta| < \pi/2$ et x réel. Cependant nous ne disposons pas d'une expression explicite. Nous pouvons par contre calculer des valeurs numériques pour différents couples (x, ϑ). L'instruction

```
evalf(int(exp(-sec(phi)),phi=0..Pi/4));
```

n'est pas satisfaisante puisque l'on sait d'avance qu'**int** va échouer. Il est donc naturel d'utiliser l'instruction suivante qui va directement provoquer l'appel d'une procédure de calcul numérique.

```
evalf(Int(exp(-sec(phi)),phi=0..Pi/4));
```

$$.2574209601$$

EXERCICE **1.36.** On considère la fonction R définie par

$$R(x) = \int_0^x \frac{\operatorname{Arctg} t}{t} \, dt.$$

L'intégrande se prolonge par continuité en 0 et la fonction R est de classe C^1 sur la droite réelle. Évaluez R en 1 et tracez son graphe sur $[-1, 1]$.

À côté des commandes inertes, des opérateurs neutres (**?neutral**) sont disponibles, qui sont toujours préfixés par l'esperluette & (*ampersand*). On a déjà utilisé un tel opérateur en conjonction avec la procédure **evalm**. On les rencontre aussi en calcul modulaire. En particulier l'élévation à une puissance modulo un entier se fait en utilisant **&^** et non **^**, pour éviter de calculer un grand entier qui serait ensuite réduit.

```
2 &^ (10^6) mod 3^5;
```

$$79$$

EXERCICE 1.37. Tout entier naturel N s'écrit d'une façon unique sous la forme

$$N = \binom{n_1}{1} + \binom{n_2}{2} + \cdots + \binom{n_\ell}{\ell},$$

avec $\ell > 0$ donné et $0 \leq n_1 < n_2 < \cdots < n_\ell$. On demande d'écrire une procédure **binomialdecomposition** qui prend en entrée les deux entiers N et ℓ et renvoie une telle décomposition. On attend une exécution comme celle-ci (**?value**, **?binomial**).

```
binomialdecomposition(22,5);
```

Binomial(7, 5) + Binomial(4, 4) + Binomial(2, 3)
+ Binomial(1, 2) + Binomial(0, 1)

10 Réponses aux exercices

EXERCICE 1.1. L'aide en ligne fournit la syntaxe de **dsolve**. On remarque que le fonction doit être passée en paramètre sous la forme **y(x)** en faisant figurer explicitement la variable indépendante.

```
dsolve(x*diff(y(x),x)+y(x)=sin(x),y);
```

```
Error, (in dsolve) dsolve/inputck1 expects its 2nd argument,
vars, to be of type {function, list, set}, but received y
```

On répond donc à la question comme suit.

```
dsolve(x*diff(y(x),x)+y(x)=sin(x),y(x));
```

$$y(x) = \frac{-\cos(x) + \_C1}{x}$$

Des variables dont les noms commencent par le caractère de soulignement, ici $\_C1$, permettent d'écrire des solutions dépendant de paramètres arbitraires.

EXERCICE 1.2. La commande **plot** permet de dessiner plusieurs graphes de fonction en insérant les expressions dans une liste.

```
plot([sin(x),x,x-x^3/6],x=-Pi/2..Pi);
```

On obtient un graphique où les trois courbes se différencient par leur couleurs. On peut contrôler ces couleurs par une commande de la forme

```
plot([sin(x),x,x-x^3/6],x=-Pi/2..Pi,color=[red,blue,green]);
```

Ici on a utilisé

```
plot([sin(x),x,x-x^3/6],x=-Pi/2..Pi,color=black);
```

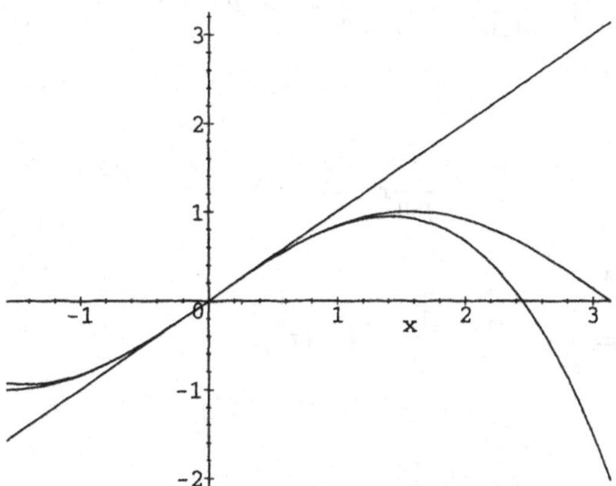

Figure 1.9.

pour obtenir le dessin de la figure 1.9. En MAPLE V.3, on pourrait utiliser la séquence d'instructions suivante.

```
L:=[sin(x),x,x-x^3/6]:
C:=[red,blue,green]:
n:=nops(L):
for i to n do
  pic[i]:=plot(L[i],x=-Pi/2..Pi,color=C[i])
od:
plots[display]({seq(pic[i],i=1..n)});
```

EXERCICE **1.3.** La commande **series** possède un paramètre optionnel qui spécifie l'ordre du calcul. Si ce paramètre n'est pas spécifié la valeur de la variable d'environnement `Order` est utilisée ; par défaut celle-ci a la valeur 6. Comme on le voit ci-dessous la gestion de ce paramètre n'est pas totalement satisfaisante, puisqu'elle ne détermine pas la précision du résultat.

```
series(sin(x),x,10);
```

$$x - \frac{1}{6}x^3 + \frac{1}{120}x^5 - \frac{1}{5040}x^7 + \frac{1}{362880}x^9 + O(x^{10})$$

```
series(sin(x)/x,x,10);
```

$$1 - \frac{1}{6}x^2 + \frac{1}{120}x^4 - \frac{1}{5040}x^6 + \frac{1}{362880}x^8 + O(x^9)$$

```
series(1/sin(x),x,10);
```

$$x^{-1} + \frac{1}{6}x + \frac{7}{360}x^3 + \frac{31}{15120}x^5 + \frac{127}{604800}x^7 + O(x^8)$$

```
series(1/sin(x)-1/x,x,10);
```

$$\frac{1}{6}x + \frac{7}{360}x^3 + \frac{31}{15120}x^5 + \frac{127}{604800}x^7 + O(x^8)$$

Passons à l'acte.

```
s[1]:=series(1/sin(x),x);
```

$$s_1 := x^{-1} + \frac{1}{6}x + \frac{7}{360}x^3 + O(x^4)$$

```
s[2]:=series(sin(x),x);
```

$$s_2 := x - \frac{1}{6}x^3 + \frac{1}{120}x^5 + O(x^6)$$

```
series(s[1]*s[2],x);
```

$$1 + O(x^5)$$

Le résultat est cohérent.

EXERCICE **1.4.** Les polynômes de Tchebychev T_n peuvent être définis par la formule, valable pour tout naturel n et tout complexe φ,

$$\cos(n\varphi) = T_n(\cos\varphi)$$

On obtient ainsi T_5.

```
expand(cos(5*phi));
```

$$16\cos(\varphi)^5 - 20\cos(\varphi)^3 + 5\cos(\varphi)$$

```
subs(cos(phi)=x,");
```

$$16\,x^5 - 20\,x^3 + 5\,x$$

Comme les T_n forment une famille de polynômes orthogonaux classique, on les trouve aussi dans le *package* **orthopoly**.

```
orthopoly[T](5,x);
```

$$16\,x^5 - 20\,x^3 + 5\,x$$

```
solve(",x);
```

$$0, \frac{1}{4}\sqrt{10+2\sqrt{5}}, -\frac{1}{4}\sqrt{10+2\sqrt{5}}, \frac{1}{4}\sqrt{10-2\sqrt{5}}, -\frac{1}{4}\sqrt{10+2\sqrt{5}}$$

```
fsolve("",x);
```

$$0, -.9510565163, -.5877852523, .5877852523, .9510565163$$

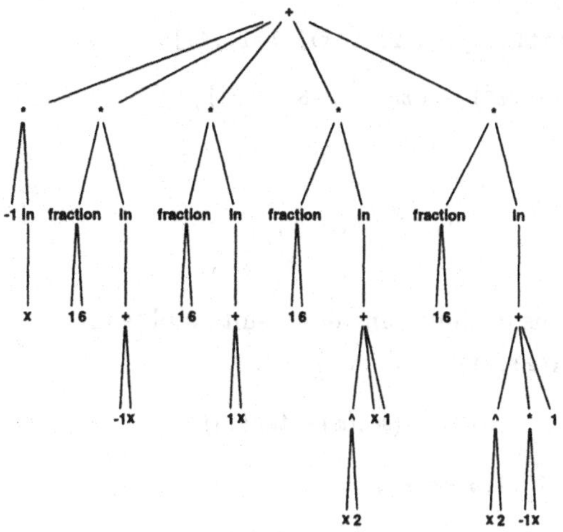

Figure 1.10.

Les racines sont simples et toutes dans $]-1,1[$.

EXERCICE **1.5.** On obtient le dessin de la figure 1.10.

EXERCICE **1.6.** La procédure **op** fournit les réponses attendues, par exemple

```
expr:=3/2;
op(0,expr),op(expr);
```

$$expr := \frac{3}{2}$$

$$\mathit{fraction}, 3, 2$$

```
expr:=I;
op(0,expr),op(expr);
```

$$expr := I$$

$$\hat{\ }, -1, \frac{1}{2}$$

```
expr:=z=sin(z/2);
op(0,expr),op(expr);
```

$$expr := z = \sin\left(\frac{1}{2}z\right)$$

$$=, z, \sin\left(\frac{1}{2}z\right)$$

Exercice **1.7.** On a par exemple

```
L:=[seq(factor(diff(exp(-x^2),x$k)),k=1..4)];
```

$$\left[-2\,x e^{-x^2}, 2\,e^{-x^2}\left(-1+2\,x^2\right), -4\,x e^{-x^2}\left(-3+2\,x^2\right), 4\,e^{-x^2}\left(3-12\,x^2+4\,x^4\right)\right]$$

```
L[2];
```

$$2\,e^{-x^2}\left(-1+2\,x^2\right)$$

Exercice **1.8.** Donnons quelques-uns des résultats obtenus.

```
ci[1]:=int(1/cos(x),x);
```

$$ci_1 := \ln(\sec(x)+\tan(x))$$

```
ci[5]:=convert(ci[1],sincos);
```

$$ci_5 := \ln\left(\frac{1}{\cos(x)}+\frac{\sin(x)}{\cos(x)}\right)$$

L'utilisation de la forme inerte `Int`, fait que l'intégrale n'est pas évaluée.

```
cI[1]:=Int(1/cos(x),x);
```

$$cI_1 := \int \frac{1}{\cos(x)}\,dx$$

```
cI[2]:=convert(cI[1],tan);
```

$$cI_2 := \int \frac{1+\tan(\frac{1}{2}\,x)^2}{1-\tan(\frac{1}{2}\,x)^2}\,dx$$

```
value(");
```

$$2\,\mathrm{arctanh}(\tan(\frac{1}{2}\,x))$$

```
cI[4]:=convert(cI[2],exp);
```

$$cI_4 := \int \frac{1-\dfrac{((e^{(1/2\,I\,x)})^2-1)^2}{((e^{(1/2\,I\,x)})^2+1)^2}}{1+\dfrac{((e^{(1/2\,I\,x)})^2-1)^2}{((e^{(1/2\,I\,x)})^2+1)^2}}\,dx$$

```
value(");
```

$$-2\,I\arctan(e^{(I\,x)})$$

Toutes les expressions rencontrées définissent des fonctions qui sont égales à une constante près dans la partie commune de leurs ensembles de définition. Ces constantes peuvent être complexes.

EXERCICE **1.9.** Une matrice est une table et les valeurs d'une table s'obtiennent par **entries**. De même les indices de la table s'obtiennent par **indices**. On trouve ces renseignements dans la page d'aide commune à ces deux procédures (**?entries**).

```
indices(Xsol);
```

$$[2,2],[3,2],[1,2],[2,1],[3,1],[1,1],[3,3],[1,3],[2,3]$$

La procédure **map** a pour effet (**?map**) d'appliquer à chaque opérande de l'expression la procédure passée en paramètre, ici **op**. L'instruction

```
Eset:=map(op,{Eseq});
```

$$\{10\,X_{1,2} - 5\,X_{3,3} + 13/2\,X_{2,2}, 7\,X_{3,3} - 13\,X_{1,2} - 8\,X_{2,2}, 6\,X_{3,3} - 10\,X_{1,2} - 7\,X_{2,2}, X_{1,2}, X_{2,2}, X_{3,3}\}$$

élimine ainsi les crochets autour de chacun des coefficients de la matrice et on a maintenant l'ensemble des valeurs. On applique ensuite **indets** à **Eset**. On pourrait ici se dispenser de préciser l'option **name** ; cependant **indets** ne renvoie pas simplement l'ensemble des noms qui figurent dans l'expression passée en paramètre ; **indets** voit l'expression comme une expression rationnelle en certaines sous-expressions et renvoie ces sous-expressions (**?indets**). De plus il applique ce traitement à chaque opérande de l'expression.

```
indets((ln(x+sqrt(exp(x)+1))+x)/(x+sin(x*y)));
```

$$\left\{\sin(xy), x, y, e^x, \sqrt{e^x+1}, \ln\left(x+\sqrt{e^x+1}\right)\right\}$$

Précisons que l'on pouvait procéder de façon plus directe avec

```
indets(convert(Xsol,set));
```

mais que **indets** échoue si on l'applique directement à une matrice.

EXERCICE **1.10.** On constate les propriétés annoncées.

EXERCICE **1.11.** On joue sur le fait que la liste vide est visible contrairement à la séquence vide.

```
seq([i],i=eval(equivalent));
```

$$[\,], \left[\left[\exp(x) - 1 = x, \sin(x) = x, 1 - \cos(x) = \frac{1}{2}x^2\right]\right]$$

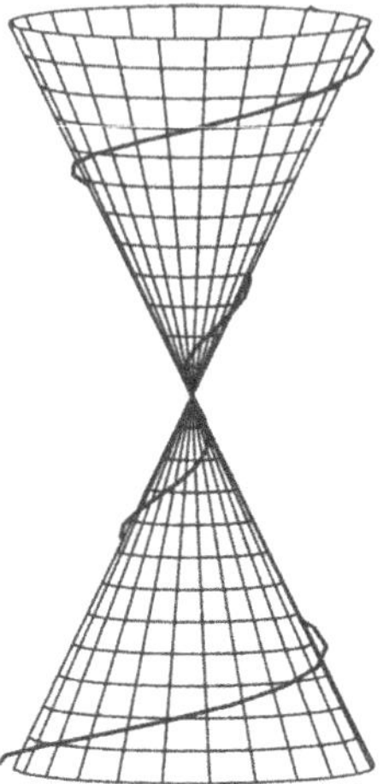

Figure 1.11.

La première opérande, qui est vide ici, permet de passer une fonction d'indexation à **`table`** (**`?table`**).

EXERCICE **1.12.** Si l'on remplace $\sqrt{2}$ par un rationnel r, qui s'écrit p/q avec p et q entiers et premiers entre eux, alors l'arc paramétré est périodique de période $2q\pi$. Pour tracer la courbe associé au rationnel p/q on utilise les commandes fournies dans l'énoncé de l'exercice suivant avec une petite modification sur **`pic[C]`** qui consiste à remplacer $\sqrt{2}$ par p/q.

EXERCICE **1.13.** On définit d'abord le cône en introduisant le paramètre ρ qui permet de sauver l'aspect des choses, puis on trace (figure 1.11).

```
K:=[rho*u*cos(v),rho*u*sin(v),2*u];
pic[K]:=plot3d(subs(rho=1,K),u=-1..1,v=0..2*Pi,color=black):
pic[H]:=plots[spacecurve](subs(rho=1.1,u=t,v=10*t,K),t=-1..1,
                           numpoints=50,thickness=3,color=black):
plots[display]({pic[K],pic[H]},orientation=[70,85],
                                          scaling=constrained);
```

La courbe H est une hélice, ce qui signifie qu'en tout point sa tangente fait un angle constant avec une direction fixe, ici l'axe Oz.

EXERCICE **1.14.** Le type **`numeric`** comprend les entiers, les rationnels et les décimaux et $\sqrt{2}$ n'appartient à aucune de ces catégories, d'où la réponse suivante.

```
type(sqrt(2),numeric);
```

$$\text{false}$$

La procédure **fsolve** renvoie la séquence des racines réelles de l'expression passée en paramètre. Dans le premier cas on obtient donc un nombre décimal, qui est bien de type `numeric`. Par contre dans le second cas on a une séquence de trois nombres décimaux et le nombre d'arguments passés à **type** n'est pas correct, puisqu'il est de quatre et non de deux.

```
fsolve(x^3-x+1,x),type(fsolve(x^3-x+1,x),numeric);
```

$$-1.324717957, \text{true}$$

```
fsolve(x^3-3*x+1,x),type(fsolve(x^3-3*x+1,x),numeric);

Error, wrong number (or type) of parameters in function type
```

Pour éliminer ce problème il suffit de convertir la séquence en liste.

```
type([fsolve(x^3-3*x+1,x)],list(numeric));
```

$$\text{true}$$

Le type `equation` correspond à une égalité, mais ici il y a une erreur de syntaxe car on a utilisé le symbole de l'affectation.

```
type(x:=2,equation);

syntax error, `:=` unexpected:
```

Une inégalité est bien une relation, puisque les relations sont les expressions dont la racine est étiquetée par un symbole d'égalité, d'inégalité large ou stricte ou encore par <> qui se lit *différent de*.

```
type(x<=2,relation);
```

$$\text{true}$$

Remarquez que l'on ne prétend pas que la relation $x \leq 2$ soit vraie, mais qu'il s'agit bien d'une relation.

Une expression de type **series** n'est généralement pas une somme.

```
S:=series(sin(x),x):
op(0,S);
op(S);
```

$$x$$

$$1, 1, -1/6, 3, 1/120, 5, O(1), 6$$

On voit que dans l'arbre associé à S la racine est étiquetée par la variable x et les opérandes sont alternativement les coefficients et les exposants du développement limité. Du coup, la réponse est évidente.

```
type(S,'+');
```

false

Un polynôme est une somme, s'il n'est pas réduit à un monôme.

```
P:=convert(S,polynom):
type(P,'+');
```

true

Les choses ne sont pourtant pas aussi simples, comme vous le montrent les commandes suivantes.

```
series((1+x)^x,x);
lprint(");
series((1+sqrt(x))^x,x);
lprint(");
type(",'+');
```

La structure **series** n'est pas utilisée pour les séries de Puiseux, c'est-à-dire les séries en une puissance rationnelle mais non entière de la variable. Dans l'exemple précédent on a affaire à une série en $x^{1/2}$.

EXERCICE **1.15.** Le *traçage* est arrêté par l'instruction

```
untrace(type);
```

EXERCICE **1.16.** Les deux expressions `Pi/10` et `Pi/2` ne sont pas de type `numeric` car `Pi` est un nom et le type `numeric` comprend les types entiers, rationnels et flottants, autrement dit `integer`, `rational` et `float`. L'exécution de la première instruction provoque donc une erreur.

EXERCICE **1.17.** On fixe le nombre de chiffres décimaux à 25 pour se prémunir des erreurs d'arrondi. Ensuite on utilise une boucle pour calculer les termes des deux suites. Pour ce qui est de l'intégrale on utilise `evalf` appliqué à la forme inerte, puisqu'on ne s'intéresse qu'à la valeur numérique.

```
Digits:=25:
olda:=1.: oldb:=sqrt(2.):
while abs(olda-oldb)>10^(-20) do
  newa:=(olda+oldb)/2;
  newb:=sqrt(olda*oldb);
  olda:=newa;
  oldb:=newb;
od:
M:=(olda+oldb)/2:
1/M;
```

.8346268416740731862814294

```
evalf(2/Pi*Int(1/sqrt(1-t^4),t=0..1));
```

$$.83462684167407318628143\,00$$

La coïncidence est trop parfaite pour être le fruit du hasard [16].

EXERCICE **1.18.** Il suffit d'utiliser une boucle `while`. De plus nous ne cherchons pas à disposer des valeurs exactes des nombres harmoniques, sous forme rationnelle, mais seulement à déterminer le rang à partir duquel ils dépassent la valeur 10. Il suffit donc de les évaluer en flottants par `evalf`, ce qui est beaucoup moins coûteux qu'une évaluation exacte.

```
H:=0:
for n while H<=10 do H:=evalf(H+1/n) od:
n,H;
```

$$12368,\ 10.00004301$$

En sortie de boucle le compteur `n` vaut 1 de plus que la valeur cherchée car la condition a été testée pour la valeur suivante ; cependant le calcul correspondant n'a pas été effectué puisque la condition n'était pas satisfaite. La valeur cherchée est donc 12367 et le nombre harmonique H_{12367} vaut environ 10.00004301.

EXERCICE **1.19.** Il suffit de convertir un nombre complexe $a + ib$, avec a et b réels, en le couple (a, b). On utilise `map` pour réaliser cette transformation sur chaque élément de la liste.

```
complexlist:=[seq(evalc(((1+I*3^(1/2))/(3/2))^k),k=0..8)];
pointlist:=map(proc(z) [Re(z),Im(z)] end,complexlist);
plot(pointlist,scaling=constrained);
```

EXERCICE **1.20. a.** La procédure `iterate` a pour effet de créer les prolongements possibles d'une promenade après avoir vérifié que le nouveau point obtenu n'est pas déjà dans la liste. Pour l'utiliser on initialise la variable `pathlist` et on itère le procédé. Ici on a choisi la valeur 10 comme longueur maximale.

```
T[0]:=1:
pathlist:=[[[0,0]]]:
nmax:=10:
for n to nmax do
  pathlist:=map(iterate,pathlist);
  T[n]:=nops(pathlist)
od:
seq(T[n],n=0..nmax);
```

$$1, 4, 12, 36, 100, 284, 780, 2172, 5916, 16268, 44100$$

Le nombre de marches de longueur n croît très vite avec n et la méthode adoptée n'est pas assez efficace.

b. Pour estimer ρ on calcule le quotient u_{n+1}/u_n.

```
for n from 1 to 9 do evalf(T[n+1]/T[n]) od;
```

Le dernier résultat est $2,710843373$. Une estimation plus précise est $\rho \simeq 2,638$. Dans l'hypothèse où ce ρ existe on sait prouver l'encadrement [60]

$$2,620 \leq \rho \leq 2,696.$$

EXERCICE **1.21.** L'instruction suivante répond à la question.

```
for p to 10 do
    factor(sum(k^p,k=1..n))
od;
```

On constate que les expressions obtenues sont des polynômes et on voit clairement apparaître le facteur $n^2(n+1)^2$ pour les rangs impairs à partir de 3 et le facteur $n(n+1)(2n+1)$ pour les rangs pairs. Ces polynômes sont directement liés au polynômes de Bernoulli (`?bernoulli` et [27, t. 1, p. 164]).

EXERCICE **1.22.** Fixons une valeur pour m ; puis définissons les produits $\prod(1-\lambda_i/\lambda_j)^{-1}$ et les sommes qui nous intéressent.

```
m:=5:
for i to m do
    p[i]:=1/mul(1-lambda[i]/lambda[j],j=1..i-1)
            /mul(1-lambda[i]/lambda[j],j=i+1..m)
od:
for k to m-1 do s[k]:=add(lambda[i]^k*p[i],i=1..m) od:
```

Il suffit maintenant d'appliquer `normal` pour tester si ces fractions rationnelles sont nulles.

```
seq(normal(s[k]),k=1..m-1);
```

$$0,0,0,0$$

En modifiant la dernière boucle `for` on peut contempler les valeurs des sommes pour k plus grand que m.

On pourrait être déçu du fait que le paramètre m ne soit pas traité formellement. Un système de calcul formel n'aime rien tant que les expressions rationnelles, c'est-à-dire celles qui n'utilisent que les quatre opérations élémentaires, addition, soustraction, multiplication, division. Si m possède une valeur numérique les quantités précédentes sont rationnelles et le système est tout à fait performant. Si m est un paramètre formel, les instructions précédentes n'ont plus de sens. On doit recourir aux instructions suivantes.

```
restart:
p:=1/product(1-lambda[i]/lambda[j],j=1..i-1)
          /product(1-lambda[i]/lambda[j],j=i+1..m):
s:=sum(lambda[i]^k*p[i],i=1..m):
```

Les expressions ne sont plus rationnelles et la résolution du problème devient inaccessible. Il est intéressant de comparer les résultats renvoyés dans le premier cas par l'instruction

```
for k to m-1 do indets(s[k]) od;
```

et dans le second cas par

```
indets(s);
```

La procédure **indets** renvoie un ensemble minimal d'expressions en lesquelles l'expression passée en paramètre est rationnelle (**?indets**).

EXERCICE **1.23.** Une première solution consiste à construire la liste de tous les couples (p, q) puis à trier par **select** ceux qui conviennent et enfin à convertir la liste des produits des inverses en somme.

```
for n to 50 do
    convert(map(proc(pair) 1/pair[1]/pair[2] end,
                select(proc(pair)
                              evalb((pair[1]<pair[2])
                         and (pair[1]+pair[2]>n)
                         and (igcd(pair[1],pair[2])=1)) end,
                       [seq(seq([p,q],q=2..n),p=2..n)])),
            `+`)
od;
```

Cette version est peu efficace parce qu'on construit une grosse structure, la liste des couples (p, q) avec p et q entre 2 et n, et on s'empresse d'en évacuer les trois quarts. Ne construisons donc que le quart utile.

```
for n to 50 do
     convert(map(proc(pair) 1/pair[1]/pair[2] end,
                 select(proc(pair)
                           evalb((igcd(pair[1],pair[2])=1))
                         end,
                  [seq(seq([p,q],q=max(p+1,n+1-p)..n),p=2..n)])),
             `+`)
od;
```

On peut aussi employer une boucle, qui évite de construire une grosse structure intermédiaire.

```
for n to 50 do
  s[n]:=0;
  for p from 2 to n do
    for q from max(p+1,n+1-p) to n do
```

```
        if igcd(p,q)=1 then s[n]:=s[n]+1/p/q fi
      od
    od;
  od:
  seq([n,s[n]],n=1..50);
```

Cette dernière façon de procéder est la plus efficace, mais on peut déjà constater un gain important de la première instruction à la deuxième. Le résultat amène à penser que la somme vaut $1/2 - 1/n$.

EXERCICE **1.24.** La procédure **asympt** nous fournit le développement asymptotique classique de H_n.

```
da:=asympt(Psi(n+1),n);
```

$$\ln(n) + \frac{1}{2}\frac{1}{n} - \frac{1}{12}\frac{1}{n^2} + \frac{1}{120}\frac{1}{n^4} + O\left(\frac{1}{n^6}\right)$$

Nous regardons ce que valent les termes pour $n = 1000$.

```
subs(n=1000,da);
```

$$\ln(1000) + \frac{19996666667}{40000000000000} + O\left(\frac{1}{1000000000000000000}\right)$$

Le procédé est trop violent, car MAPLE réduit automatiquement les fractions au même dénominateur. Regardons la structure de **da**.

```
op(0,da),op(da);
```

$$+, \ln(n), \frac{1}{2}\frac{1}{n} - \frac{1}{12}\frac{1}{n^2}, \frac{1}{120}\frac{1}{n^4}, O\left(\frac{1}{n^6}\right)$$

Il s'agit d'une simple somme. Reprenons la substitution.

```
subs(n=1000,O=0,[op(da)]);
```

$$\left[\ln(1000), \frac{1}{2000}, \frac{-1}{12000000}, \frac{1}{120000000000000}, 0\left(\frac{1}{1000000000000000000}\right)\right]$$

```
evalf(");
```

$$[6.907755279, .0005000000000, -.8333333333 10^{-7}, .8333333333 10^{-14}, 0]$$

Notez l'effet de la substitution de 0 à O ; si **x** est de type **numeric** alors **x(y)** a pour valeur **x** ; ainsi $0(1/n^6)$ vaut 0 ; ceci est une façon peu orthodoxe de se débarrasser du grand o dans un développement asymptotique.

On voit que le second terme du développement modifie le quatrième chiffre décimal et que les termes suivants n'importent qu'à partir du septième chiffre.

EXERCICE **1.25.** On a changé l'instruction `s:=s+1./n` en `s:=s+1/n`. Le calcul s'effectue donc avec des rationnels au lieu de nombres décimaux et en sortie de boucle **s** est un rationnel dont le numérateur et le dénominateur ont environ quatre cent trente chiffres décimaux. Dans la mesure où l'on veut un résultat décimal approché, ce calcul exact et coûteux est inutile.

EXERCICE **1.26.** Le code suivant fournit la procédure demandée.

```
maple_to_lisp:=proc(expr::anything)
  local i;
  if type(expr,{name,integer}) then expr
  else [op(0,expr),seq(maple_to_lisp(op(i,expr)),i=1..nops(expr))]
  fi
end: # maple_to_lisp
```

Le lecteur est invité à tester cette procédure et la procédure **expr_to_seq** sur les exemples suivants. Si une erreur se produit il est possible de détecter l'appel qui a provoqué l'erreur en utilisant la variable **tracelast**.

```
n:=evalc((1-2*I)^3);
expr_to_seq(n);
maple_to_lisp(n);

absn:=abs(n);
expr_to_seq(absn);
maple_to_lisp(absn);

exprtrig:=combine(cos(x)^3,trig);
expr_to_seq(exprtrig);
maple_to_lisp(exprtrig);

A:=array(symmetric,1..2,1..2,[(1,1)=x,(1,2)=y,(2,2)=z]);
expr_to_seq(A);
expr_to_seq(eval(A));
maple_to_lisp(eval(A));

B:=array(1..2,1..2,[[a,b],[c,d]]);
expr_to_seq(eval(B));
maple_to_lisp(eval(B));
```

EXERCICE **1.27.** L'exécution met en valeur l'entrée dans la branche **if** de la procédure **student/intparts**. On arrête le *traçage* avec

```
untrace(member);
```

EXERCICE **1.28.** Il suffit de grouper les commandes qui ont été utilisées interactivement en précisant que n s'obtient par **nops**. Il reste cependant deux points à éclaircir. D'abord les variables locales, qui sont, en conservant les notations déjà employées, n, e, τ, k et i, doivent être déclarées.

Ensuite il faut vérifier que l'argument σ donné à la procédure est correct. Une première solution consiste à demander que σ soit une liste d'entiers strictement positifs, puis à vérifier dans la procédure que ces entiers sont distincts deux à deux et forment l'intervalle de 1 à n si n est leur nombre. On obtient ainsi la procédure suivante, où la chaîne de caractères **<>** désigne l'inégalité.

```
permutation_order_1:=proc(sigma::list(posint))
```

```
  local n,e,tau,k,i;
  n:=nops(sigma);
  e:=[seq(i,i=1..n)];
  if {op(sigma)}={op(e)} then
    tau:=sigma;
    for k while tau <> e do tau:=[seq(sigma[i],i=tau)] od;
    k;
  else ERROR(`expected a permutation of [1,`,n,`],
                                       but received`,sigma)
  fi
end: # permutation_order_1
```

Une autre solution consiste à définir un type procédural et à l'utiliser pour passer le paramètre à la procédure (**?type/definition**). Notez l'usage des accents graves (*backquotes*) nécessaire pour que le nom de la procédure ne soit pas évalué comme un quotient.

```
`type/permutation`:=proc(sigma)
  local i;
  type(sigma,list) and
    {op(sigma)}={seq(i,i=1..nops(sigma))}
end: # type/permutation
permutation_order_2:=proc(sigma::permutation)
  local n,e,tau,k,i;
  n:=nops(sigma);
  e:=[seq(i,i=1..n)];
  tau:=sigma;
    for k while tau <> e do tau:=[seq(sigma[i],i=tau)] od;
  k;
end: # permutation_order_2
```

Testons les deux procédures sur une entrée σ qui provoque une erreur.

```
sigma:=[1,2,7,4,5,6];
permutation_order_1(sigma);

Error, (in permutation_order_1) expected a permutation
of [1,, 6,], but received, [1, 2, 7, 4, 5, 6]


permutation_order_2(sigma);

Error, permutation_order_2 expects its 1st argument, sigma,
to be of type permutation, but received [1, 2, 7, 4, 5, 6]
```

La définition du type **permutation** a permis une gestion automatique des erreurs et donc un code plus clair.

EXERCICE **1.29.** On constate que seule la valeur la plus précise qui a été calculée est conservée. À la fin de l'essai on a donc

```
op(4,eval(evalf));
```

table([

π =(3.1415926535897932384626433832795028841971693993751, 50)

])

EXERCICE **1.30.** Le code suivant répond à la question.

```
bell:=proc(n::nonnegint)
  local minus1,k;
  option remember;
  if n=0 then 1
  else
    minus1:=n-1;
    add(binomial(minus1,k)*bell(k),k=0..minus1)
  fi
end: # bell
seq(bell(n),n=0..10);
```

$$[1, 1, 2, 5, 15, 52, 203, 877, 4140, 21147, 115975]$$

La version suivante évite le conditionnement par `if` ; elle consiste à mettre d'emblée la valeur associée à 0 dans la table de *remember*. On a ainsi un traitement agréable des exceptions.

```
bell:=proc(n::nonnegint)
  local minus1,k;
  option remember;
  minus1:=n-1;
  add(binomial(minus1,k)*bell(k),k=0..minus1)
end: # bell
bell(0):=1:
```

EXERCICE **1.31.** Il suffit d'additionner les éléments de la liste fournie par `convert/base` pour obtenir l'expression cherchée. On peut au choix utiliser `convert/+` ou `add` pour réaliser l'addition.

```
directnu:=proc(n::nonnegint)
  #local i;
  convert(convert(n,base,2),'+')
  #add(i,i=convert(n,base,2));
end: # directnu
directnu(13);
```

$$3$$

EXERCICE **1.32.** La procédure `lucas` a été fournie dans le texte. La procédure `fibonacci` lui est tout à fait similaire.

```
fibonacci:=proc(n::nonnegint)
  option remember;
  fibonacci(n-1)+fibonacci(n-2)
end: # fibonacci
fibonacci(0):=1:
fibonacci(1):=1:
```

Pour ce qui est de la procédure `coeff_a` on utilise la formule de récurrence indiquée et le cas de base $j = 0$ qui est évident.

```
coeff_a:=proc(k::nonnegint,j::nonnegint)
  local m;
  option remember;
  if j=0 then
    if k=0 then 1 else 0 fi
  else
    add(coeff_a(m,j-1)*fibonacci(k-m-2),m=0..k-2)
  fi
end: # coeff_a
```

Ici on ne peut pas traiter le cas exceptionnel $j = 0$ hors de la déclaration de la procédure car l'affectation `coeff_a(0,k):=0` fixe la valeur de la procédure sur le couple $(0, k)$ où k est la variable globale de nom k mais ne donne rien pour tous les autres couples et en particulier ceux où le second terme est un entier. Enfin on définit `Phi` par la formule indiquée.

```
Phi:=proc(k::nonnegint)
  option remember;
  normal((1+k*t*add((-1)^j*coeff_a(k,j)/j*
                         subs(t=(-1)^j*t,Phi(k-2*j)),j=1..iquo(k,2)))
                                        /(1-lucas(k)*t+(-1)^k*t^2))
end: # Phi
Phi(0):=1/(1-t):
Phi(1):=1/(1-t-t^2):
```

On obtient les résultats suivants.

```
seq(Phi(k),k=0..3);
```

$$\frac{1}{1-t}, \frac{1}{1-t-t^2}, -\frac{-1+t}{(1+t)(1-3t+t^2)}, -\frac{-1+2t+t^2}{(-1-t+t^2)(-1+4t+t^2)}$$

EXERCICE **1.33.** La procédure `linalg/transpose` utilise une variable locale `A` qui contient la matrice passée en paramètre et une variable locale `B` qui permet de ranger la matrice transposée. Précisément l'instruction

```
for i to m do for j to n do B[i,j]:=A[j,i] od od;
```

remplit la matrice transposée. En *traçant* `linalg/transpose`, on voit que pour p_1, la variable `A` prend la valeur `V` et `V[j,i]` a bien un sens, alors que pour p_2 cela n'en a pas car `V` a pour valeur le nom `W`. Le message d'erreur n'est pas assez explicite car il ne dit pas ce qui a été passé en paramètre dans **linalg/transpose**.

EXERCICE **1.34.** Il suffit d'exprimer les arguments des nombres complexes qui apparaissent dans le calcul suivant.

```
evalc((7+I)^5*(79+3*I)^2);
```

$$78125000 + 78125000\, I$$

On vérifie ensuite qu'il s'agit bien d'une égalité et pas seulement d'une congruence en procédant à une évaluation numérique.

EXERCICE **1.35.** Une formule de réduction pour l'intégrale indéfinie

$$I_{n,m} = \int \cos^n x \sin^m x\, dx$$

est obtenue de la manière suivante.

```
T[0]:=Int(cos(x)^n*sin(x)^m,x);
T[1]:=student[intparts](T[0],cos(x)^n*sin(x)^(m-1));
```

$$T_1 := -\cos(x)^n \sin(x)^{-1+m} \cos(x) \\ - \int - \left(-\frac{\cos(x)^n\, n \sin(x) \sin(x)^{(-1+m)}}{\cos(x)} \right. \\ \left. + \frac{\cos(x)^n \sin(x)^{(-1+m)} (-1+m) \cos(x)}{\sin(x)} \right) \cos(x)\, dx$$

```
T[2]:=expand(T[1]);
T[3]:=combine(T[2],power,symbolic);
```

$$T_3 := -\cos(x)^{(n+1)} \sin(x)^{(-1+m)} - n \int \cos(x)^n \sin(x)^m\, dx \\ - \int \cos(x)^{(n+2)} \sin(x)^{(-2+m)}\, dx + m \int \cos(x)^{(n+2)} \sin(x)^{(-2+m)}\, dx$$

Cette dernière égalité se récrit

$$(n+1) I_{n,m} = -\cos(x)^{n+1} \sin(x)^{m-1} + (m-1) I_{n+2,m-2}.$$

EXERCICE **1.36.** La continuité et la dérivabilité de r en 0 se prouvent en utilisant **series**. Les instructions suivantes donnent les réponses attendues.

```
R:=Int(arctan(t)/t,t=0..x);
```

$$R := \int_0^x \frac{\arctan(t)}{t}\, dt$$

```
evalf(subs(x=1,R));
```

$$.9159655942$$

```
plot(R,x=-1..1);
```

On constate que R est impaire, ce qui est normal puisque r est paire. Les instructions

```
series(R,x,10);
evalf(Sum((-1)^n/(2*n+1)^2,n=0..infinity));
```

peuvent fournir quelques lumières sur la valeur de $R(1)$ mais une preuve reste alors à donner.

EXERCICE **1.37.** Si la procédure renvoie des binomiaux, ceux-ci seront évalués et on retrouvera simplement le nombre N. On emploie donc une procédure inerte **Binomial** qui est implicitement déclarée. Pour le reste l'algorithme glouton détermine le premier binomial $\binom{n_\ell+1}{\ell}$ qui surpasse strictement N et rappelle ensuite la procédure sur la différence entre N et le binomial $\binom{n_\ell}{\ell}$.

```
binomialdecomposition:=proc(N::nonnegint,l::posint)
  local k,counter;
  if N=0 then add(Binomial(k-1,k),k=1..l)
  elif l=1 then Binomial(N,1)
  else for counter while binomial(counter,l)<=N do od;
    Binomial(counter-1,l)
      +binomialdecomposition(N-binomial(counter-1,l),l-1)
  fi
end: # binomialdecomposition
```

Une procédure inerte n'a de sens que si on lui associe une procédure active ; ici la procédure active existe déjà ; c'est la procédure **binomial**. Pour passer de la forme inerte à la forme active, il suffit d'étendre la procédure **value**.

```
`value/Binomial`:=proc(expr)
  subs(Binomial=binomial,expr)
end: # value/Binomial
```

Chapitre 2. Le bon usage

1 Traduction

Une expression MAPLE n'est pas une expression mathématique mais un arbre étiqueté, c'est-à-dire un objet purement syntaxique ; c'est l'utilisateur qui l'interprète et lui donne un sens mathématique. Certaines règles de récriture sont automatiquement appliquées : `1/2-1/3` est récrit en `1/6`, `exp(0)` en `1` et `diff(ln(x),x)` en `1/x` ; ainsi un contenu sémantique est donnée aux expressions. Toutefois `x^2` peut s'interpréter comme l'élévation au carré aussi bien dans les réels que dans les complexes et les propriétés de ces deux applications ne sont pas les mêmes. Un problème de traduction apparaît donc sans cesse et nous allons examiner deux points qui le mettent en valeur.

Formes normales. Il est extrêmement fréquent que l'on soit amené à s'interroger sur la nullité d'une quantité mathématique. Dans la résolution d'une équation du second degré une racine double apparaît si le discriminant est nul ; dans la méthode de Gauss pour la résolution des systèmes linéaires, il faut à chaque pas trouver un élément non nul qui va servir de pivot ; dans l'algorithme d'Euclide de calcul du pgcd on s'arrête au premier reste nul. Les exemples de cette sorte sont innombrables. Cependant une expression MAPLE autre que le zéro peut très bien représenter une quantité mathématique nulle. On le voit bien ci-après.

```
f:=(x^2-y^2)/(x-y)-(x+y);
```

$$f := \frac{x^2 - y^2}{x - y} - x - y$$

Dans ce cas on peut réduire l'expression à 0 en utilisant `normal`.

```
normal(f);
```

$$0$$

Cependant la procédure `normal` n'est pas un remède miracle.

```
r:=(1-2*sin(theta)^2)/(2*cos(theta)^2-1)-1;
```

$$r := \frac{1 - 2\sin(\theta)^2}{2\cos(\theta)^2 - 1} - 1$$

```
normal(r);
```

$$-2\frac{-1+\sin(\theta)^2+\cos(\theta)^2}{2\cos(\theta)^2-1}$$

Dans ce cas la réduction attendue s'obtient par **combine/trig**, qui linéarise le numérateur et le dénominateur de cette expression.

```
combine(r,trig);
```

$$0$$

La procédure **normal** voit une expression comme une fraction rationnelle en certaines sous-expressions, précisément les sous-expressions fournies par **indets**, et simplifie la fraction par le pgcd du numérateur et du dénominateur. On aurait donc pu aussi procéder comme suit.

```
convert(r,tan);
```

$$\frac{1-8\dfrac{\tan(\frac{1}{2}\theta)^2}{(1+\tan(\frac{1}{2}\theta)^2)^2}}{2\dfrac{(1-\tan(\frac{1}{2}\theta)^2)^2}{(1+\tan(\frac{1}{2}\theta)^2)^2}-1}-1$$

```
normal(");
```

$$0$$

Pour chaque type d'expression on doit ainsi appliquer des transformations qui ramènent les expressions à une forme normale. Dans cette *forme normale* toutes les expressions égales à zéro ne possèdent qu'une écriture, à savoir 0. On pourrait aussi demander que chaque objet de la classe considérée soit ramenée à une *forme canonique*, dans laquelle deux objets égaux ont exactement la même écriture. Une fois ramené à une telle forme canonique un objet est reconnu de façon purement syntaxique. Cependant cette demande est coûteuse en calcul et peut-être impossible à satisfaire. Elle est en fait inutile car une forme normale suffit pour tester l'égalité, en vérifiant que la différence des deux objets est nulle.

EXERCICE **2.1.** Indiquez une forme canonique pour les polynômes en une indéterminée x à coefficients des polynômes en $\cos\vartheta$ et $\sin\vartheta$, eux-mêmes à coefficients rationnels. Ramenez à cette forme canonique l'expression suivante (**?collect**).

```
f:=expand((x-2*sin(3*theta))^3-(x+2*cos(2*theta))^3);
```

$$\begin{aligned}f := {} & -24\sin(\theta)\cos(\theta)^2x^2+6\sin(\theta)x^2+192\sin(\theta)^2\cos(\theta)^4x-96\sin(\theta)^2\cos(\theta)^2x\\ & +12\sin(\theta)^2x-512\sin(\theta)^3\cos(\theta)^6+384\sin(\theta)^3\cos(\theta)^4\\ & -96\sin(\theta)^3\cos(\theta)^2+8\sin(\theta)^3-12\cos(\theta)^2x^2+6x^2-48\cos(\theta)^4x\\ & +48\cos(\theta)^2x\ 12x-64\cos(\theta)^6+96\cos(\theta)^4-48\cos(\theta)^2+8\end{aligned}$$

Exercice **2.2.** La procédure **normal** fournit une forme normale pour les fractions rationnelles à coefficients rationnels. Fournit-elle une forme canonique pour ces objets ? Pour se forger une opinion, le lecteur pourra tester les exemples suivants (**?normal**).

```
normal((x^2-1)/((x+2)*(x-2)));
normal((x-1)*(x+1)/(x^2-4));
```

Exercice **2.3.** Les homographies sont les applications h de la forme

$$x \longmapsto \frac{ax+b}{cx+d}, \qquad \text{avec } ad-bc \neq 0.$$

Une définition correcte nécessiterait de poser $h(-d/c)=\infty$ et $h(\infty)=a/c$ si c n'est pas nul, mais nous négligeons ce point. Toutes les expressions qui suivent,

$$H_1 = -1/(x-\sqrt{2}), \qquad H_2 = -2/(2\,x+\sqrt{5}-1),$$

$$H_3 = -1/(x+1), \qquad H_4 = (x(\sqrt{5}-1)-\sqrt{5}+1)/(x\sqrt{5}-x+2),$$

$$H_5 = (x-1)/(x), \qquad H_6 = (x-\sqrt{5+2\sqrt{5}})/(x\sqrt{5+2\sqrt{5}}+1),$$

$$H_7 = (x-\sqrt{3})/(x\sqrt{3}+1), \qquad H_8 = (3\,x-\sqrt{3})/(x\sqrt{3}+3).$$

définissent des homographies h qui sont cycliques en ce sens que la suite des composées

$$h,\ h\circ h,\ h\circ h\circ h,\ h\circ h\circ h\circ h,\ \ldots$$

est périodique. Trouvez les périodes de ces suites, c'est-à-dire le premier entier $\ell > 0$ tel que la composée d'ordre ℓ soit l'identité.

Exercice **2.4.** Indiquez les résultats produits par les commandes suivantes et aussi donnez une commande qui termine le calcul.

```
A:=array(1..2,1..2,[[cos(theta),-sin(theta)],
                    [sin(theta),cos(theta)]]);
B:=subs(x=A,x^2-2*x*cos(theta)+1);
evalm(B);
```

Plus généralement, montrez qu'une matrice 2×2

$$A := \begin{bmatrix} a & b \\ c & d \end{bmatrix}$$

satisfait l'équation du second degré

$$x^2-(a+d)x+(ad-bc)=0.$$

EXERCICE **2.5.** Montrez que les deux nombres algébriques κ_1 et κ_2 définis ci-après sont égaux.

```
alpha:=(1+3^(1/2)+(12)^(1/4))/2:
kappa[1]:=(alpha^3+1)/alpha/(alpha-1);
kappa[2]:=(9+6*3^(1/2))^(1/2);
```

$$\kappa_1 := \frac{(\frac{1}{2}+\frac{1}{2}\sqrt{3}+\frac{1}{2}12^{1/4})^3+1}{(\frac{1}{2}+\frac{1}{2}\sqrt{3}+\frac{1}{2}12^{1/4})(-\frac{1}{2}+\frac{1}{2}\sqrt{3}+\frac{1}{2}12^{1/4})}$$

$$\kappa_2 := \sqrt{9+6\sqrt{3}}$$

On pourra utiliser **radnormal**, **simplify/radical** ou **evala** (cf. pp. 429–432 pour la version V.3).

Représentation des fonctions. Le passage des concepts mathématiques à leur représentation dans le système de calcul formel nécessite une traduction. Presque toujours la traduction se fait naturellement, car les créateurs du système ont donné aux objets MAPLE le nom du concept qu'ils représentent. Nous allons cependant insister sur la représentation des fonctions, au sens fonctions réelles de variables réelles. En effet deux modes de représentations sont implicitement proposés pour ces fonctions : on peut aussi bien utiliser les expressions que les procédures. La fonction polynôme $x \mapsto x^2+1$ est représentée par l'expression `x^2+1` mais aussi par la procédure `proc(x) x^2+1 end` ou encore par la procédure sous forme fléchée `x -> x^2+1`.

La représentation des fonctions par des procédures est tentante parce qu'on mime ainsi le concept de fonction ; cependant cette approche est plus délicate à utiliser que la représentation par des expressions. Considérons par exemple la fonction $x \mapsto 1/x$ et sa représentation par la procédure

```
f:=proc(x) 1/x end:
```

Si l'on veut considérer la dérivée de la fonction, un souci de cohérence demande qu'elle soit définie comme une procédure.

```
f1:=proc(x) diff(f(x),x) end:
```

Hélas, les problèmes surgissent assez vite.

```
f1(x);
```

$$-\frac{1}{x^2}$$

```
f1(2);
```

```
Error, (in f1) wrong number (or type) of parameters
in function diff
```

La procédure **diff** demande que son second argument soit un nom et elle a reçu la valeur 2. On pourrait contourner l'obstacle comme suit.

```
f1:=proc(x) local w; subs(w=x,diff(f(w),w)) end:
```

Cette écriture n'est pas d'un naturel achevé.

Par ailleurs une fonction définie par morceaux comme la fonction g suivante

$$g : x \longmapsto \begin{cases} x-1 & \text{si } x<0, \\ 1 & \text{si } x \geq 0 \end{cases}$$

devrait être représentée par la procédure

```
g:=proc(x)
  if x<0 then x-1
  else 1
  fi
end: # g
```

Une légère déception surgit.

```
diff(g(x),x);

Error, (in g) cannot evaluate boolean
```

La condition qui apparaît dans le **if** ne peut pas être évaluée puisque **x** est un nom. On pourrait sauver la situation en utilisant l'instruction

```
diff('g'(x),x);
```

ou mieux en récrivant la procédure comme suit.

```
g:=proc(x)
  if type(x,numeric) then
    if x<0 then x-1
    else 1
    fi
  else 'g'(x)
  fi
end: # g
```

Ainsi on ne provoque pas d'erreur, mais le résultat de la dérivation n'est peut-être pas celui qui est escompté.

```
diff(g(x),x);
```

$$\frac{\partial}{\partial x} \mathrm{g}(x)$$

La représentation d'une fonction mathématique par une procédure ne consiste pas seulement en l'écriture du code de cette procédure. Il suffit pour s'en convaincre de penser à la procédure **sin** qui représente la fonction sinus. Certes cette procédure est d'abord définie par son code et sa table de *remember*. Mais elle est aussi prise en compte dans **convert**, **expand** et **combine** pour les formules de transformation ; dans **diff**, **int** ou **series** pour le calcul différentiel ; dans **evalf** ou **fsolve** pour le calcul numérique ; dans **dsolve** ou **rsolve** pour la résolution d'équations différentielles ou de récurrences. La définition d'une nouvelle procédure représentant une fonction demande donc d'intervenir dans toutes les procédures usuelles qui font office d'opérateur sur les fonctions.

Il est bien plus simple d'utiliser des expressions et pour les deux fonctions considérées les instructions suivantes.

```
f:=1/x;
f1:=diff(f,x);
```

$$f1 := -\frac{1}{x^2}$$

```
subs(x=2,f1);
```

$$\frac{-1}{4}$$

```
g:=piecewise(x<0,x-1,1);
```

$$g := \begin{cases} x-1 & x<0 \\ 1 & \textit{otherwise} \end{cases}$$

```
g1:=diff(g,x);
```

$$g1 := \begin{cases} 1 & x<0 \\ \textit{undefined} & x=0 \\ 0 & 0<x \end{cases}$$

```
plot(g,x=-1..1);
```

Nous appliquons donc la règle suivante.

Règle 1 : Les fonctions mathématiques sont représentées par des expressions en les fonctions prédéfinies de MAPLE.

Insistons encore sur un point ; la notation fléchée pourrait sembler particulièrement adaptée à la représentation des fonctions. En fait il n'en est rien et ce pour deux raisons. Ces procédures sont particulières dans la mesure où elles comportent les options **operator** et **arrow**, mais elles n'en sont pas moins des procédures. La notation fléchée est directement liée à l'interface et à sa gestion par le *prettyprinter* ; en particulier la flèche n'est affichée que si le corps de la procédure est réduit à une expression, un cas où l'utilisation d'une expression est on ne peut plus naturelle.

2 Gestion des variables

Un système de calcul formel utilise de nombreuses variables puisqu'il pratique un calcul littéral. La majorité de ces variables ne sont pas vues de l'utilisateur (`?unames`, `?anames`, `?ininames`), qui doit donc s'interdire d'utiliser certains types de variables pour éviter des collisions fatales au bon fonctionnement du logiciel. Il en est ainsi de la plupart des variables qui commencent par le caractère de soulignement (*underscore*) ; l'une d'elles est la variable `_Z` utilisée dans `RootOf`.

```
_Z:=1:
int(x,x);

Error, (in RootOf) expression independent of, 1
```

Heureusement, la plupart de ces noms sont protégés (`?protected`). Il reste à l'utilisateur la gestion des noms qu'il crée lui-même et nous allons passer en revue différents aspects de ce problème.

Symboles et variables. Une session MAPLE se déroule dans le temps ; nous voulons dire par là que le point crucial n'est pas la répartition spatiale des instructions dans une feuille de travail, mais l'ordre chronologique dans lequel ces instructions sont exécutées. En pratique il importe donc que les instructions apparaissent dans leur ordre d'exécution. D'autre part cette intervention du temps amène la définition suivante : une *variable informatique*, ou plus brièvement *variable*, est un nom dont la première occurrence figure dans le membre gauche d'une affectation ; une *variable mathématique*, ou *symbole*, est un nom dont la première occurrence figure dans le membre droit d'une affectation. Ainsi une variable mathématique s'apparente à une indéterminée, au sens mathématique du terme, alors qu'une variable informatique est une case mémoire. Il faut noter que certaines affectations sont implicites ; par exemple la variable qui sert de compteur dans une boucle est une variable informatique.

Pour illustrer ces définitions, appliquons la méthode du point fixe à l'équation $x^5 - 5x + 2 = 0$ écrite sous la forme

$$x + \lambda(x^5 - 5x + 2) = x,$$

avec λ bien choisi pour assurer la convergence.

```
p:=x^5-5*x+2:
lambda:=-0.03:
f:=x+lambda*p:
Digits:=20:
w:=-1.7:
for n to 20 do w:=subs(x=w,f) od:
w;
```

$$-1.5820357688927940515$$

La variable **p** apparaît dans le membre gauche de la première affectation, donc **p** est une variable informatique ; par contre **x** apparaît dans le membre droit, donc **x** est un symbole. Ensuite **lambda**, **f**, **Digits** et **w** ont leur première occurrence dans un membre gauche d'affectation, donc sont des variables informatiques, tout comme **n** qui est utilisé comme compteur. La seule variable mathématique, le seul symbole, est le nom **x**.

L'affectation d'une valeur à un symbole le fait changer de statut et le rend inutilisable comme paramètre formel. Pour éviter cet effet catastrophique, nous nous fixons la règle suivante.

Règle 2 : Un symbole n'est pas transformé en variable informatique par une affectation.

Considérons l'équation différentielle linéaire d'ordre 2 suivante, que nous résolvons par **dsolve**.

```
equ:=4*x*diff(y(x),x$2)+2*diff(y(x),x)-y(x);
```

$$equ := 4\,x\,(\frac{\partial^2}{\partial x^2}\,\mathrm{y}(x)) + 2\,(\frac{\partial}{\partial x}\,\mathrm{y}(x)) - \mathrm{y}(x)$$

```
sol:=dsolve(equ,y(x));
```

$$sol := \mathrm{y}(x) = \_C1\,\sinh(\sqrt{x}) + \_C2\,e^{(-\sqrt{x})}$$

Les variables **equ** et **sol** sont des variables informatiques ; en revanche les noms **x**, **y**, **_C1** et **_C2** sont des symboles ; les deux derniers ont été introduits par le système au cours de la résolution. Puisque nous nous interdisons d'affecter une valeur à **y**, nous créons un doublon **Y** qui est une variable informatique.

```
Y[1,0]:=subs(_C1=1,_C2=0,op(2,sol));
```

$$Y_{1,0} := \sinh(\sqrt{x})$$

```
Y[0,1]:=subs(_C1=0,_C2=1,op(2,sol));
```

$$Y_{0,1} := e^{(-\sqrt{x})}$$

La règle que nous venons de fixer n'est pas un pur contentement de l'esprit ; si nous l'appliquons rigoureusement, le fait de remonter dans la session ne pose aucun problème. Nous pourrions modifier l'équation en écrivant

```
equ:=4*x*diff(y(x),x$2)+10*diff(y(x),x)-y(x);
```

et une deuxième exécution se déroulera sans problème. Si nous avions affecté une valeur à **y**, le système aurait protesté.

Accent aigu. Il pourrait arriver qu'une affectation malencontreuse se soit produite. Il existe alors deux moyens de briser cette affectation. Le plus violent est l'instruction

```
restart;
```

$$
\begin{array}{l}
\textbf{proc}(x)\\
\quad \textbf{if}\ \mathrm{nargs} \neq 1\ \textbf{then}\ \mathrm{ERROR}(\text{`}\textit{expecting 1 argument, got }\text{`}.\mathrm{nargs})\\
\quad \textbf{elif}\ \mathrm{type}(x, \text{'complex}(\textit{float})\text{'})\ \textbf{then}\ \mathrm{evalf}(\text{'ln'}(x))\\
\quad \textbf{elif}\ x = 0\ \textbf{then}\ \mathrm{ERROR}(\text{`}\textit{singularity encountered}\text{`})\\
\quad \textbf{elif}\ \mathrm{type}(x, \text{'}\textit{function}\text{'})\ \textbf{and}\ \mathrm{op}(0, x) = \exp\\
\qquad\qquad \textbf{and}\ \Im(\mathrm{op}(1, x)) = 0\\
\qquad \textbf{then}\ \mathrm{op}(1, x)\\
\quad \textbf{elif}\ \mathrm{type}(x, \text{'}\textit{rational}\text{'})\ \textbf{and}\ \mathrm{numer}(x) = 1\ \textbf{and}\ 0 < x\\
\qquad \textbf{then}\ -\ln(\mathrm{denom}(x))\\
\quad \textbf{elif}\ \mathrm{type}(x, \text{'}\textit{constant}^{\textit{numeric}}\text{'})\ \textbf{and}\ \mathrm{signum}(\mathrm{op}(1, x)) = 1\\
\qquad \textbf{then}\ \mathrm{op}(2, x) \times \ln(\mathrm{op}(1, x))\\
\quad \textbf{elif}\ \mathrm{type}(x, \text{"\^{}"})\ \textbf{and}\ (\mathrm{type}(\mathrm{op}(2, x), \text{'}\textit{integer}\text{'})\\
\qquad \textbf{or}\ \mathrm{is}(\mathrm{op}(2, x), \text{'}\textit{integer}\text{'}))\\
\qquad\qquad \textbf{and}\ (\mathrm{signum}(0, \Re(\mathrm{op}(1, x)), 1) = 1\\
\qquad \textbf{or}\ \mathrm{member}(\mathrm{signum}(0, \Im(\mathrm{op}(1, x)), 0), \{-1, 1\}))\\
\qquad \textbf{then}\ \mathrm{op}(2, x) \times \ln(\mathrm{op}(1, x))\\
\quad \textbf{else}\ \ln(x) := \text{'ln'}(x)\\
\quad \textbf{fi}\\
\textbf{end}
\end{array}
$$

Figure 2.1.

qui a pour effet de briser toutes les affectations. Une méthode plus douce pour casser le lien entre la variable et sa valeur, c'est-à-dire pour rendre à la variable son statut de nom, est l'utilisation de l'accent aigu (ou de l'apostrophe, *quotes*) ou d'`evaln`. L'évaluation d'une expression comme

```
''diff(sin(x)/x,x)'';
```

consiste à enlever une paire d'accents aigus autour de l'expression.

$$'\frac{\partial}{\partial x}\, x\sin(x)'$$

```
";
```

$$\frac{\partial}{\partial x}\, x\sin(x)$$

```
";
```

$$\sin(x) + x\cos(x)$$

Ainsi l'instruction

```
for n to 100 do od:
n:='n';
```

a pour effet de rendre à la variable `n`, qui en sortie de boucle a la valeur 101, la valeur qu'est le nom `n`. On pourrait aussi utiliser **`evaln`** qui a un champ d'action plus étendu que la paire d'accents aigus (**`?evaln`**).

L'accent aigu permet aussi de différer une évaluation indésirable. On le voit dans le code de la procédure `ln` (figure 2.1), où la dernière instruction permet de traiter le cas d'un paramètre formel, comme souvent dans les procédures qui réalisent les fonctions mathématiques. L'accent aigu intervient 'a de nombreux endroits dans ce code, toujours dans le but de retarder une évaluation. On voit aussi des accents graves qui délimitent les chaînes de caractères, c'est-à-dire des noms.

Noms indexés. L'utilisateur doit sans cesse inventer des noms, de préférence des noms faciles à interpréter pour que la lecture des instructions soit aisée. Dans beaucoup de situations il nous semble assez efficace et agréable d'utiliser des noms indexés, c'est-à-dire des tables.

D'abord il est fréquent que l'on veuille construire une structure dont on ne connaît pas a priori la taille. Dans ce cas il est pratique de ranger les objets qui vont constituer la structure dans une table et de construire la structure cherchée ensuite. Ceci évite de définir de grosses structures encombrant la mémoire.

Une partition de l'entier n est une suite décroissante d'entiers

$$\lambda = (\lambda_1, \lambda_2, \dots, \lambda_s) \qquad \text{telle que } \lambda_1 + \lambda_2 + \cdots + \lambda_s = n.$$

Voici par exemple les onze partitions de l'entier 6 rangées dans l'ordre lexicographique décroissant.

$$\begin{aligned}[6] \succcurlyeq_{\text{lex}} [5,\ 1] \succcurlyeq_{\text{lex}} [4,\ 2] \succcurlyeq_{\text{lex}} [4,\ 1,\ 1] \succcurlyeq_{\text{lex}} [3,\ 3] \\ \succcurlyeq_{\text{lex}} [3,\ 2,\ 1] \succcurlyeq_{\text{lex}} [3,\ 1,\ 1,\ 1] \succcurlyeq_{\text{lex}} [2,\ 2,\ 2] \succcurlyeq_{\text{lex}} [2,\ 2,\ 1,\ 1] \\ \succcurlyeq_{\text{lex}} [2,\ 1,\ 1,\ 1,\ 1] \succcurlyeq_{\text{lex}} [1,\ 1,\ 1,\ 1,\ 1,\ 1]\end{aligned}$$

Nous voulons énumérer toutes les partitions d'un entier n donné dans l'ordre lexicographique décroissant. La première partition est (n) et la dernière est $(1, \dots, 1)$ avec le sommant 1 répété n fois. Pour passer d'une partition $\lambda = (\lambda_1, \lambda_2, \dots, \lambda_s)$ à la suivante on note qu'il y a deux configurations possibles [13] : ou bien le dernier sommant λ_s est strictement plus grand que 1 et la partition suivante est $(\lambda_1, \lambda_2, \dots, \lambda_s - 1, 1)$; ou bien les sommants λ_s, λ_{s-1}, $\dots$, λ_{s-r+1} sont tous égaux à 1, mais $\lambda_{s-r} = c$ ne vaut pas 1 et la partition suivante s'obtient en remplaçant la queue $(\lambda_{s-r}, \dots, \lambda_s)$ par $(c-1, \dots, c-1, d)$ où d et le nombre d'occurrences α de $c-1$ sont déterminés par les conditions $0 < d \leq c-1$ et $\alpha(c-1) + d = c + r$. Cet algorithme nous permet d'écrire la procédure **nextpartition** qui fait passer d'une partition à la suivante. Sur la dernière partition la procédure renvoie FAIL.

```
nextpartition:=proc(lambda)
  local s,r,c,d,alpha,i;
  s:=nops(lambda);
  for r from 0 to s-1 while lambda[s-r]=1 do od;
  if r=s then FAIL
  else
    c:=lambda[s-r];
    alpha:=iquo(c+r,c-1,d);
    if d=0 then [seq(lambda[i],i=1..s-r-1),seq(c-1,i=1..alpha)]
    else [seq(lambda[i],i=1..s-r-1),seq(c-1,i=1..alpha),d]
    fi
  fi
end: # nextpartition
```

On utilise ensuite la procédure dans une boucle en débutant avec la partition (n). Dans une première version (**#1**), on empile les partitions obtenues dans une variable **lambdaseq**, qui en sortie contient la séquence des partitions de n dans l'ordre lexicographique décroissant. Ceci est inefficace car on crée à chaque pas un nouvel objet dont la taille est 1 de plus que le précédent et tous ces objets prennent de plus en plus de place. La seconde version (**#2**) est meilleure ; on range les partitions dans une table **lambdatable** et en sortie on construit la séquence désirée.

```
N:=10:
lambda:=[N]:                                                    #1
lambdaseq:=[N]:
for k while lambda<>FAIL do
  lambda:=nextpartition(lambda);
  lambdaseq:=lambdaseq,lambda;
od:
lambda:=[N]:                                                    #2
lambdatable[1]:=[N]:
for k from 2 while lambda<>FAIL do
  lambda:=nextpartition(lambda);
  lambdatable[k]:=lambda;
od:
k:=k-2:
seq(lambdatable[i],i=1..k);
```

Nous engageons le lecteur à tester les deux boucles sur les entiers 10, 20, 30.

EXERCICE **2.6.** On demande de calculer d'une part le nombre de partitions de n en sommants impairs et d'autre part le nombre de partitions de n en sommants distincts pour n entre 1 et 20. À titre d'exemple, $(3,1,1,1)$ est une partition de 6 en sommants impairs mais non tous distincts ; $(3,2,1)$ est une partition de 6 en sommants distincts mais pas tous impairs et $(5,1)$ est une partition de 6 en sommants impairs et distincts.

Les noms indexés permettent de gérer facilement des variables même en nombre assez élevé pourvu que l'indexation soit bien choisie. Le *théorème de Pascal* affirme que si l'on se donne six points P_0, P_1, ..., P_5 d'une conique non dégénérée, alors les trois points M_0, M_1 et M_2, qui sont respectivement à l'intersection des droites D_{P_0,P_1} et D_{P_3,P_4}, D_{P_1,P_2} et D_{P_4,P_5}, D_{P_2,P_3} et D_{P_5,P_0} sont alignés. Nous allons vérifier ceci dans le cas d'un cercle et pour ce faire nous utilisons le résultat suivant : soient A_i, $1 \leq i \leq 3$, trois points d'un plan affine repérés par leurs coordonnées (x_i, y_i) dans un repère affine ; alors ces trois points sont alignés si et seulement si le déterminant

$$\begin{vmatrix} x_1 & x_2 & x_3 \\ y_1 & y_2 & y_3 \\ 1 & 1 & 1 \end{vmatrix}$$

est nul. La façon dont nous avons présenté le théorème pousse à utiliser des noms indexés ; si l'énoncé portait sur des points A, B, C, ..., F, nous les aurions renommés pour arriver à la situation présentée. De plus nous avons choisi de numéroter les points de 0 à 5 et non de 1 à 6 pour travailler sur les indices réduits modulo 6. Nous définissons d'abord les six points ; si nous voulions pousser ce système jusqu'à sa limite nous noterions les coordonnées `P[1]` et `P[2]` au lieu de `x` et `y`, mais cela nuirait à la lisibilité des instructions. Nous calculons ensuite des équations pour les trois droites en appliquant le résultat donné plus haut sur l'alignement de trois points ; l'équation `equD[i]` correspond à la droite $D_{P_i,P_{i+1 \bmod 6}}$. Comme les coefficients sont des fonctions trigonométriques, nous les réduisons par `combine/trig` (`?collect`). Enfin nous déterminons les trois points d'intersection et nous vérifions qu'ils sont alignés.

```
for i from 0 to 5 do
  x[i]:=cos(t[i]);y[i]:=sin(t[i])
od:
for i from 0 to 5 do
  equD[i]:=collect(linalg[det](
                     array(1..3,1..3,[[x[i],x[i+1 mod 6],X],
                                     [y[i],y[i+1 mod 6],Y],
                                     [1,1,1]])),
                   {X,Y},distributed,readlib('combine/trig'))
od:
for i from 0 to 2 do
  M[i]:=combine(subs(solve({equD[i],equD[i+3 mod 6]},{X,Y}),
                                                  [X,Y]),trig)
od:
combine(linalg[det](array(1..3,1..3,
                [seq([seq(M[i][j],i=0..2)],j=1..2),[1,1,1]])),
                                                          trig);
```

0

La nullité du déterminant prouve le théorème avec toutefois la réserve suivante : les symboles que nous utilisons sont du point de vue mathématique des indéterminées ; en particulier elles ne satisfont aucune relation de dépendance et les dénominateurs des expressions rencontrées ne peuvent être nuls. Si maintenant nous substituons à ces indéterminées des nombres réels, il se pourrait que certains dénominateurs s'annulent ; ceci n'est pas nécessairement un obstacle à la démonstration mais demande une étude particulière. En tout état de cause, nous avons prouvé le théorème dans le cas générique, suivant la pratique autrefois répandue dans les livres de géométrie.

Enfin les noms indexés permettent de nommer commodément différentes expressions obtenues par des transformations simples ; de plus la souplesse de l'indexation permet au besoin d'insérer des expressions intermédiaires. Nous avons déjà abondamment utilisé cette possibilité dans des séquences de calcul comme celle que voici.

```
quantity[1]:=int(x^2/sqrt(x^2-x+1),x);
```

$$quantity_1 := \frac{1}{2}\,x\,\sqrt{x^2-x+1}+\frac{3}{4}\,\sqrt{x^2-x+1}-\frac{1}{8}\,\mathrm{arcsinh}\left(\frac{2}{3}\,\sqrt{3}\,(x-\frac{1}{2})\right)$$

```
quantity[2]:=convert(quantity[1],ln);
```

$$quantity_2 := \frac{1}{2}\,x\,\sqrt{x^2-x+1}+\frac{3}{4}\,\sqrt{x^2-x+1} - \frac{1}{8}\ln\left(\frac{2}{3}\,\sqrt{3}\,(x-\frac{1}{2})+\frac{2}{3}\,\sqrt{3\,x^2-3\,x+3}\right)$$

```
quantity[3]:=subs(sqrt(3*x^2-3*x+3)=sqrt(3)*sqrt(x^2-x+1),
                         sqrt(x^2-x+1)=y,quantity[2]);
```

$$quantity_3 := \frac{1}{2}\,x\,y+\frac{3}{4}\,y-\frac{1}{8}\ln\left(\frac{2}{3}\,\sqrt{3}\,(x-\frac{1}{2})+\frac{2}{3}\,\sqrt{3}\,y\right)$$

```
quantity[4]:=collect(quantity[3],y);
```

$$quantity_4 := (\frac{1}{2}\,x+\frac{3}{4})\,y-\frac{1}{8}\ln\left(\frac{2}{3}\,\sqrt{3}\,(x-\frac{1}{2})+\frac{2}{3}\,\sqrt{3}\,y\right)$$

```
quantity[5]:=map(factor,quantity[4]);
```

$$quantity_5 := \frac{1}{4}\,(2\,x+3)\,y-\frac{1}{8}\ln\left(\frac{1}{3}\,\sqrt{3}\,(2\,x-1+2\,y)\right)$$

Variables locales. L'utilisation de variables locales permet d'éviter des conflits entre des variables qui seraient utilisées par plusieurs procédures. Une variable à laquelle on affecte une valeur, une variable informatique dans notre terminologie, est considérée comme locale à la procédure. Cependant il n'y a qu'un niveau de variables locales. Il en résulte que si deux procédures sont imbriquées les variables locales de la procédure englobante ne sont pas vues de la procédure englobée.

Illustrons ce problème de visibilité. Nous définissons une transformation sur les pentagones du plan usuel ; à chaque pentagone du plan, c'est-à-dire à chaque liste de cinq points $P_1, \ldots, P_5$, nous associons le pentagone $Q_1, \ldots, Q_5$ où Q_1 est le milieu de P_1 et P_2, Q_2 est le milieu de P_2 et $P_3, \ldots, Q_5$ est le milieu de P_5 et P_1. On itère cette transformation à partir de différents pentagones et il semble que l'on obtienne toujours un pentagone convexe au bout d'un certain nombre d'itérations. Pour tester cette conjecture on écrit la procédure suivante, dans laquelle on a omis de déclarer les variables locales ou globales de façon à provoquer un message de mise en garde.

```
cp:=proc(pentagon::list(list(numeric)))          # main procedure
  if nops(pentagon) <> 5 or
     map(nops,{op(pentagon)})<>{2} then
     ERROR(`expected a list of 5 pairs, but received`,pentagon)
  fi;
  convexprop:=proc(pentagon)                     # auxiliary
    cvxhull:=simplex[convexhull](pentagon);      # procedure
    if {op(cvxhull)}<>{op(pentagon)}             # convexprop
    then false
    else
      for i to 5 do
        member(pentagon[i],cvxhull,'index');
        permutation[i]:=index;
      od;
      convert([seq(permutation[(i mod 5)+1]
                   =(permutation[i] mod 5)+1,i=1..5)],`and`)
      or
      convert([seq(permutation[(i mod 5)+1]
                 =(permutation[i]-2  mod 5)+1,i=1..5)],`and`)
    fi
  end; # convexprop
  transfpentagon:=proc(pentagon)                 # auxiliary
    [seq([seq((pentagon[j][coord]+               # procedure
           pentagon[(j mod 5)+1][coord])/2,      # transfpentagon
          coord=1..2)],j=1..5)]
  end; # transfpentagon
  localpentagon:=pentagon;                       # main part
  for n from 0 to nmax
  while not convexprop(localpentagon) do
    localpentagon:=transfpentagon(localpentagon);

  od;
  if n> nmax then FAIL else n fi
end: # cp

Warning, `convexprop` is implicitly declared local
Warning, `transfpentagon` is implicitly declared local
Warning, `localpentagon` is implicitly declared local
Warning, `n` is implicitly declared local
Warning, `cvxhull` is implicitly declared local
Warning, `i` is implicitly declared local
```

```
Warning, 'permutation' is implicitly declared local
Warning, 'j' in call to 'seq' is not local
Warning, 'coord' in call to 'seq' is not local
```

Les variables qui sont des membres gauches d'affectation sont déclarées locales ; cependant elles ne sont pas toutes locales à la même procédure. Précisément les variables **convexprop**, **transfpentagon** et **localpentagon** sont locales à **cp** ; les variables **cvxhull** et **permutation** sont locales à **convexprop**. D'autre part **n** est locale à **cp** parce que cette variable indexe une boucle **for**. Pour la même raison une variable **i** est locale à **convexprop**. Cependant il existe d'autres variables de nom **i** ; elles figurent dans des **seq** et ne sont pas locales aux procédures où elles apparaissent ; elles sont locales à l'expression **seq**. On constate ceci avec les variables de nom **j** et **coord** pour lesquelles un message signale qu'elles ne sont pas locales ; ceci signifie qu'elles ne sont pas locales à la procédure **transfpentagon** qui les englobe, mais ce ne sont pas non plus des variables globales. D'autre part il y a deux variables globales ; ce sont **index** utilisée dans **member** à l'intérieur de **convexprop** et **nmax** utilisée dans la boucle finale de **cp**.

Pour éviter ces problèmes de visibilité de variables, nous fixons la règle suivante.

Règle 3 : Une procédure n'est pas incluse dans une procédure.

Exercice **2.7. a.** On demande de tester la conjecture évoquée : partant de n'importe quel pentagone et itérant la transformation

```
transfpentagon:=proc(pentagon::list(list(numeric)))
  local j,coord;
  if nops(pentagon) <> 5 or
     map(nops,{op(pentagon)})<>{2} then
     ERROR('expected a list of 5 pairs, but received',pentagon)
  fi;
  [seq([seq((pentagon[j][coord]+pentagon[(j mod 5)+1][coord])/2,
                                          coord=1..2)],j=1..5)]
end: # transfpentagon
```

on arrive au bout d'un nombre fini de pas à un pentagone convexe. Quelle est votre opinion sur cette conjecture ?

b. La transformation qui a été définie sur les pentagones est inversible. On demande d'écrire une procédure **invtransfpentagon** qui réalise l'inverse de **transfpentagon**.

Variables globales. Les variables globales sont visibles par toutes les procédures ; leur gestion est donc délicate, car deux emplois différents du même nom provoquent un conflit.

$$
\begin{array}{l}
\textbf{proc}() \\
\textbf{local}\ t; \\
\textbf{global}\ \_seed; \\
\quad \_seed := \mathrm{irem}(427419669081 \times \_seed,\ 999999999989)\,; \\
\quad t := \_seed\,;\ \mathrm{irem}(t,\ 101) \\
\textbf{end}
\end{array}
$$

Figure 2.2.

MAPLE fournit un générateur pseudo-aléatoire qui utilise une variable globale **_seed** (graine). L'appel **rand(a..b)** renvoie une procédure sans argument qui produit un tirage pseudo-aléatoire dans l'intervalle $[a, b]$. Testons ceci en tirant aléatoirement un point du carré $[0, 100] \times [0, 100]$. Nous définissons deux procédures de tirage, une pour les abscisses et une pour les ordonnées.

```
xrandom:=rand(0..100):
yrandom:=rand(0..100):
seq([xrandom(),yrandom()],i=1..5);
```

$$[70, 76], [37, 82], [29, 56], [42, 47], [21, 41]$$

On pourrait penser avoir défini deux générateurs aléatoires indépendants; en fait il n'en est rien. Reprenons en démarrant une nouvelle session MAPLE, avec **restart** qui suffit ici.

```
random:=rand(0..100);
seq([random(),random()],i=1..5);
```

$$[70, 76], [37, 82], [29, 56], [42, 47], [21, 41]$$

Il suffit de regarder le code de **random** pour comprendre la situation (figure 2.2). (Le code de **rand** n'est pas inintéressant, mais plus subtil car **rand** renvoie une procédure.)
Il n'y a en fait qu'un générateur pseudo-aléatoire associé à une récurrence du premier ordre, car la variable **_seed** est globale. Si maintenant on définit un nouveau générateur aléatoire la valeur de la graine est la valeur actuelle de **_seed**. On notera que l'utilisation de variables globales n'est pas satisfaisante parce qu'en sortie de procédure l'état du système est modifié et cette modification n'est pas visible de l'utilisateur.

EXERCICE **2.8.** Testez la séquence d'instructions

```
_seed:=0;
r:=rand(0..10^6-1);
seq(r(),i=1..10);
```

Variables d'environnement. Parmi les variables globales se distinguent les variables d'environnement. Les plus connues sont **Digits**, **Order** ou **Normalizer**, mais il en existe de nombreuses autres, comme la variable **_EnvAllSolutions** utilisée par **solve** (**?solve**). L'utilisateur peut définir des variables d'environnements ; les noms de ces variables doivent commencer par le préfixe **_Env** et ce sont les seuls noms débutant par le caractère de soulignement qu'il est raisonnable de manipuler (**?envvar**).

> Règle 4 : Hormis les variables d'environnement, aucune variable n'est globale.

EXERCICE **2.9.** Testez les commandes suivantes.

```
solve(sin(x)=cos(x),x);
_EnvAllSolutions:=true:
solve(sin(x)=cos(x),x);
```

Les variables d'environnement ont la propriété de ne pas conserver les modifications qu'on leur fait subir à l'intérieur des procédures. Donnons un exemple de ce comportement avec la variable **Digits** qui contrôle le nombre de chiffres décimaux utilisés par **evalf**.

Le nombre réel $\ln(2)/\ln(10)$ est irrationnel, c'est-à-dire ne s'écrit pas p/q avec p et q entiers. En termes plus choisis, $\ln(2)$ et $\ln(10)$ sont incommensurables. Cette propriété a une conséquence qui peut surprendre : pour tout motif de chiffres décimaux, comme 1234, il existe une puissance de 2 dont l'écriture décimale commence par ce motif; par exemple le nombre à 466 chiffres décimaux

$$2^{1545} = 1234079962583568$$
$$6853530197022864968258109917429481927430961536 2000$$
$$14117844950032387425715323429611774276857683358146$$
$$58451385557493143018662384441849800076621545069229$$
$$76339211508264042389385292783454491808634256386948$$
$$98410792471547440442302065149480780788816083672579$$
$$46946290357904188123346838611951506365629628912183$$
$$92145507484376678992013232644125674897966130878202$$
$$48491400430751649357126680951680933173791984603330$$
$$04137457158413231782093431289270786437293730168832$$

commence par le motif 1234. Si on note n l'entier strictement positif dont l'écriture décimale est le motif choisi, notre affirmation signifie que l'on peut trouver un naturel k et certains naturels ν et r satisfaisant

$$2^k = n\,10^\nu + r, \qquad 0 \leq r < 10^\nu.$$

Pour obtenir le premier k, disons κ_n, qui fournit une telle égalité, il suffit d'écrire une boucle dans laquelle on teste l'égalité entre la tête de 2^k et n. Pour ce faire on utilise **length** qui mesure le nombre de chiffres décimaux d'un entier et le fait que la première opérande d'un flottant est sa mantisse. On obtient ainsi la procédure **pattern** dans laquelle la valeur de **Digits** est ajustée à la taille de n.

```
pattern:=proc(n::posint)
  local l,k;
  l:=length(n);
  Digits:=2*l;                # print(`inside, Digits = `,Digits);
  for k from 0 while
     iquo(op(1,2.^k),10^l)<>n do od;
  k
end: # pattern
```

À dire vrai ceci n'est qu'une ébauche et ne satisfait pas la spécification indiquée. Utilisons la procédure dans l'état où elle est et regardons son influence sur la valeur de **Digits** ; nous enlevons le dièse (#) qui fait que l'instruction d'écriture à l'intérieur de la procédure est en commentaire.

```
Digits:=20:
pattern(100);
print(`outside, Digits = `,Digits);
```

inside, Digits = , 6

196

outside, Digits = , 20

Nous affectons la valeur 20 à **Digits** ; nous entrons dans la procédure où la valeur de **Digits** est 6 ; le résultat de la procédure est renvoyé ; en sortie **Digits** retrouve la valeur 20.

EXERCICE **2.10.** La procédure précédente est critiquable et ce pour plusieurs raisons. D'abord l'expression utilisée pour contrôler la boucle est inadéquate si le bon 2^k a moins de 2ℓ chiffres décimaux ; on le constate en prenant pour n une puissance de 2. D'autre part dans la boucle on calcule la valeur de 2^k indépendamment pour chaque k alors qu'il suffirait d'une multiplication par 2 d'un k au suivant. On demande d'écrire une nouvelle procédure **pattern** qui tienne compte de ces remarques. De plus on demande de produire un graphique de la suite (κ_n).

EXERCICE **2.11.** On sait calculer par récurrence les valeurs de la suite de Fibonacci définie par

$$F_0 = F_1 = 1, \qquad F_n = F_{n-1} + F_{n-2} \quad \text{pour } n \geq 2.$$

Il suffit d'utiliser la procédure

```
fib_exact:=proc(n::nonnegint)
    local oldold,old,new,i;
    oldold:=1;
    old:=1;
      for i from 2 to n do
        new:=oldold+old;
        oldold:=old;
        old:=new;
      od;
    new;
  end: # fib_exact
  fib_exact(0):=1:
  fib_exact(1):=1:
```

Cependant la suite est donnée explicitement par la formule

$$F_n = \frac{\varphi^{n+1} + (-1)^n \varphi^{-(n+1)}}{\sqrt{5}},$$

où φ est le nombre d'or $(1+\sqrt{5})/2$. Le terme $\varphi^{-(n+1)}/\sqrt{5}$ tend très vite vers 0, ce qui fait que F_n est l'entier le plus proche de $\varphi^{n+1}/\sqrt{5}$, comme on le constate ci-dessous.

```
phi:=(1+sqrt(5))/2:
seq([fib_exact(n),evalf(phi^(n+1)/sqrt(5),5)],n=0..10);
```

$$[1, .72364], [1, 1.1709], [2, 1.8947], [3, 3.0658], [5, 4.9606], [8, 8.0272],$$
$$[13, 12.989], [21, 21.016], [34, 34.008], [55, 55.026], [89, 89.038]$$

Ceci fournit un moyen de calculer F_n, à condition d'ajuster le nombre de chiffres décimaux utilisés dans le calcul. On demande d'écrire une procédure **fib_float** qui réalise ce calcul ; on choisira la valeur de **Digits** avec soin de façon que la procédure fonctionne aussi bien sur les petits que sur les grands entiers. De plus on contrôlera les résultats par une procédure **fib_mod** prenant en entrée un entier naturel n et un entier m et renvoyant la valeur de F_n réduite modulo m. On attend l'exécution suivante.

```
fib_float(10^3);
fib_mod(10^3,10^50);
```

$$703303677$$
$$11422815821835254877183549770181269836358732742604$$
$$90508715453711819693357974224949456261173348775044$$
$$92417659910881863632654502236471060120533741212738$$
$$67339111198139373125598767690091902245245323403501$$

$$67339111198139373125598767690091902245245323403501$$

Noms pour les extensions. Le système MAPLE est structuré en plusieurs niveaux. La partie centrale est le noyau écrit dans le langage C ; il ne représente que dix pour cent du système. Le reste du système est écrit dans le langage MAPLE que nous pratiquons sans cesse. Beaucoup de procédures sont directement disponibles mais certaines doivent être lues dans la bibliothèque par la commande `readlib` (`?readlib`) et d'autres font partie des extensions du système, c'est-à-dire des *packages*. Une procédure `titi` du *package* `toto` a pour nom long `toto[titi]`, mais on peut aussi utiliser son nom court `titi` à l'aide de `with`. Illustrons ceci avec le *package* `plots` qui fournit de nombreuses procédures liées au graphisme. Nous avons déjà utilisé la procédure `plots/display`, qui permet de fusionner des dessins, ou `plots/spacecurve`, qui permet de tracer des courbes gauches.

Ce *package*, comme presque tous les *packages*, est en fait une table. Nous le constatons en appliquant `eval` à cette table (nous abrégeons le résultat).

```
eval(plots);
```

table([
complexplot = readlib('*plots/complexplot*')
replot = readlib('*plots/replot*')
animate3d = readlib('*plots/animate3d*')
polyhedraplot = readlib('*plots/polyhedraplot*')
⋮
polygonplot3d = readlib('*plots/polygonplot3d*')
setoptions = readlib('*plots/setoptions*')
])

L'instruction

```
with(plots):
```

a pour effet d'affecter aux noms courts du *package*, c'est-à-dire aux indices de la table, les valeurs correspondantes. En particulier les codes des procédures correspondantes ne sont pas lues dans la bibliothèque ; ils ne seront lus, par `readlib`, qu'à la première utilisation de chacune de ces procédures. On évite cependant d'employer `with` pour éviter les collisions entre noms. Par exemple l'instruction

```
with(linalg):

Warning, new definition for norm
Warning, new definition for trace
```

écrase les anciennes affectations des noms `trace` et `norm`. Du coup on ne peut plus effectuer le *traçage* des procédures.

3 Style

Généricité. Il est fréquent que l'on utilise le système non pour traiter un seul exemple d'un problème mais toute une classe d'exemples. Dans un tel cas il est plus agréable et plus efficace de bien distinguer ce qui est spécifique à l'exemple et ce qui est général dans la classe d'exemples considérés. En pratique on donne d'abord les valeurs des paramètres spécifiques de l'exemple, puis le traitement générique valable pour tous les exemples que l'on veut considérer. Au vu du résultat des instructions spécifiques à l'exemple peuvent être utiles.

Supposons que nous voulions considérer quelques courbes de Lissajous ; il s'agit d'arc définis par un paramétrage de la forme

$$x = A\cos(\alpha t + \varphi), \qquad y = B\sin(\beta t + \psi), \qquad t \in \mathbb{R}.$$

Nous nous limitons à des α, β rationnels, ce qui fait que l'arc est périodique ; de plus nous éliminons les cas dégénérés où $AB = 0$. Pour traiter un exemple nous donnons d'abord ses paramètres spécifiques.

```
A:=1:B:=1:
alpha:=2/5:beta:=1/3:
phi:=0:psi:=Pi/2:
```

Ensuite nous appliquons une méthode générale ; nous déterminons la période de l'arc, qui est essentiellement liée au plus petit commun multiple (`?ilcm`) des dénominateurs des deux rationnels α et β ; nous définissons l'arc paramétré et nous le traçons (figure 2.3).

```
n:=lcm(denom(alpha),denom(beta)):
lissajous:=[A*cos(alpha*t+phi),B*cos(beta*t+psi),t=0..2*n*Pi];
```

$$lissajous := [\cos(\frac{2}{5}\,t),\, -\sin(\frac{1}{3}\,t),\, t = 0..30\,\pi]$$

```
plot(lissajous,scaling=constrained,color=black);
```

Pour tester un autre exemple, il suffit de modifier la partie spécifique.

Dans l'étude des suites réelles définies par itération, c'est-à-dire par une relation de récurrence de la forme

$$u_{n+1} = f(u_n) \quad \text{pour tout } n,$$

où f est une certaine fonction numérique de variable réelle, il est fréquent que l'on dessine le diagramme suivant : ayant déterminé un intervalle I stable par la fonction f, on part du point $(0, u_0)$ où u_0 est choisi dans I ; on trace un segment vertical jusqu'au point (u_0, u_1), puis on joint alternativement les (u_n, u_n) sur la bissectrice des axes et les (u_n, u_{n+1}) sur le graphe de la fonction. Ceci permet de se faire une bonne idée du comportement de la suite

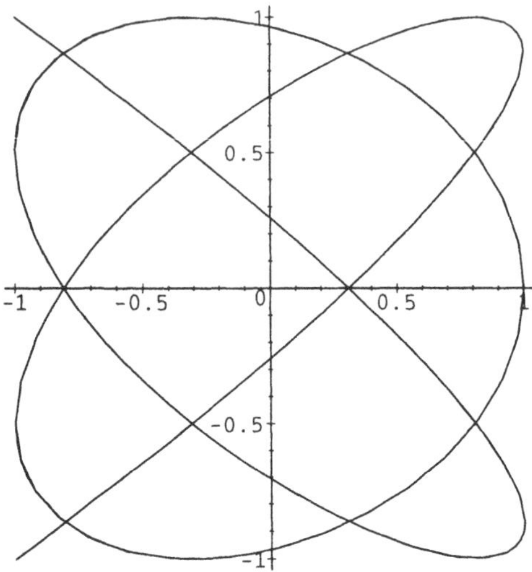

Figure 2.3.

de terme initial u_0. Pour mettre ceci en pratique, nous définissons d'abord une expression de fonction ; nous choisissons un intervalle stable par la fonction, un point initial et aussi le nombre d'itérations que nous allons appliquer. Ceci est la partie spécifique à l'exemple.

```
f:=piecewise(x<1/2,2*x,2*(1-x)):
interval:=0..1:
u0:=1/sqrt(2):
Number:=5:
```

Dans la partie générique, nous définissons d'abord la fenêtre qui limite le diagramme, puis nous traçons la bissectrice des axes et le graphe de la fonction. Ensuite nous traçons la ligne brisée qui passe par les (u_n, u_n), (u_n, u_{n+1}). À la fin nous groupons tous les dessins (figure 2.4).

```
window:=x=interval,y=interval:
bissect:=plot([t,t,t=interval],window):
graph:=plot([x,f,x=interval],window,thickness=3):
u[0]:=evalf(u0):
pt[0]:=[u[0],0]:
for k to Number do
  u[k]:=evalf(subs(x=u[k-1],f));
  pt[2*k-1]:=[u[k-1],u[k]]:
  pt[2*k]:=[u[k],u[k]]:
od:
brokenline:=plot([seq(pt[i],i=0..2*Number)]):
plots[display]({bissect,graph,brokenline},scaling=constrained);
```

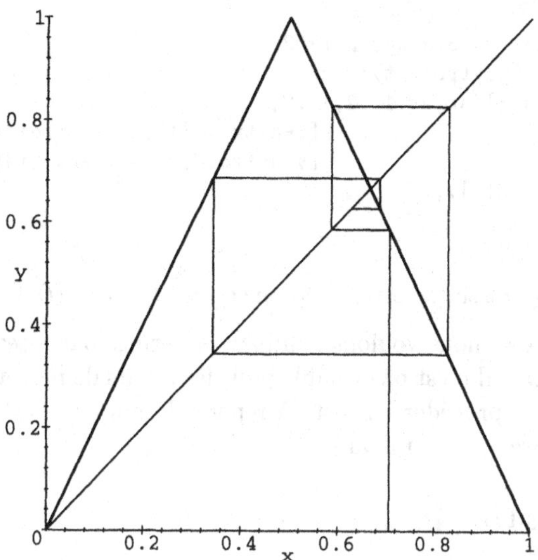

Figure 2.4.

Nous résumons tout ceci en une règle.

Règle 5 : **Une séquence d'instructions est générique.**

Indépendance par rapport à la session. Le rangement en mémoire des expressions MAPLE dépend de la session. L'écriture d'une feuille de travail réutilisable ou tout simplement réexécutable demande donc de rendre toutes les instructions indépendantes de ce rangement. Cette remarque amène une nouvelle règle.

Règle 6 : **Une séquence d'instructions produit un résultat indépendant de la session.**

Nous voulons prouver qu'une astroïde, qui est l'arc défini par le paramétrage

$$x = a\cos^3 t, \quad y = a\sin^3 t, \quad t \in \mathbb{R},$$

possède la propriété remarquable suivante : sur chacune de ses tangentes, les axes découpent un segment de longueur constante. À dire vrai, il faut exclure les tangentes aux points de rebroussement. Nous définissons donc cette astroïde, puis nous écrivons une équation de sa tangente en exprimant le fait que la dérivée de l'arc en est un vecteur directeur, ce qui est correct en les points ordinaires.

```
astroid:=[8*a*cos(t)^3,8*a*sin(t)^3]:
diffastroid:=diff(astroid,t):
equ[1]:=linalg[det](array(1..2,1..2,
                              [[x-astroid[1],diffastroid[1]],
                               [y-astroid[2],diffastroid[2]]])):
equ[2]:=factor(equ[1]);
```

$$equ_2 := 24\,a\cos(t)\sin(t) \times \left(-8\,a\sin(t)\cos(t)^3 - 8\,a\sin(t)^3\cos(t) + y\cos(t) + x\sin(t)\right)$$

L'équation se factorise et nous voulons éliminer les termes parasites, qui traduisent le fait que le calcul n'est pas valable pour les points de rebroussement. Une première façon de procéder consiste à repérer le numéro de l'opérande que nous voulons conserver ; ici il vaut 5.

```
op(equ[2]);
equ[3]:=op(5,equ[2]):
```

$$24,\ a,\ \cos(t),\ \sin(t),\ -8\,a\sin(t)\cos(t)^3 - 8\,a\sin(t)^3\cos(t) + y\cos(t) + x\sin(t)$$

$$equ_3 := -8\,a\sin(t)\cos(t)^3 - 8\,a\sin(t)^3\cos(t) + y\cos(t) + x\sin(t)$$

Mais ceci dépend de la session et le facteur recherché n'aura peut être pas le numéro 5 dans une autre exécution. Une meilleure voie consiste à sélectionner l'opérande qui comporte les lettres x et y.

```
equ[4]:=select(has,equ[2],{x,y}):
equ[5]:=map(combine,equ[4],trig);
```

$$equ_5 := -4\,a\sin(2\,t) + y\cos(t) + x\sin(t)$$

On termine ensuite le calcul, d'ailleurs évident et qui devrait être effectué à vue, pour obtenir la propriété annoncée.

```
sol:=solve({equ[5],x=0},{x,y}):
pt[Ox]:=expand(subs(sol,[x,y])):
sol:=solve({equ[5],y=0},{x,y}):
pt[Oy]:=expand(subs(sol,[x,y])):
combine(add((pt[Ox][i]-pt[Oy][i])^2,i=1..2),trig);
```

$$64\,a^2$$

Une conique d'un plan affine est définie en coordonnées par une équation de la forme

$$Ax^2 + 2Bxy + Cy^2 + 2Dx + 2Ey + F = 0,$$

avec la condition que le triplet (A, B, C) n'est pas le triplet nul ; autrement dit l'équation comporte vraiment des termes du second degré. Nous voulons chercher les coniques qui passent par quatre points donnés, par exemple les points de coordonnées $(2,0)$, $(0,1)$, $(-1,0)$ et $(0,-1)$. Nous définissons l'équation générique des coniques ; les inconnues du problème sont les coefficients de cette équation. Nous écrivons les quatre équations, puis nous résolvons le système.

```
pointset:={[2,0],[0,1],[-1,0],[0,-1]}:
equ:=A*x^2+2*B*x*y+C*y^2+2*D*x+2*E*y+F:
inc:={A,B,C,D,E,F}:
sys:={seq(subs(x=i[1],y=i[2],equ),i=pointset)};
```

$$sys := \{C-2\,E+F,\, C+2\,E+F,\, 4\,A+4\,D+F,\, A-2\,D+F\}$$

```
sol:=solve(sys,inc):
conic:=subs(sol,equ);
```

$$conic := -2\,D\,x^2+2\,B\,x\,y-4\,D\,y^2+2\,D\,x+4\,D$$

Passons à une seconde exécution. Nous reprenons les mêmes instructions, après avoir utilisé l'instruction **restart** pour briser les affectations. Nous constatons que le système d'équations n'est pas rangé de la même façon que dans la précédente exécution.

```
sys:={seq(subs(x=i[1],y=i[2],equ),i=pointset)};
```

$$sys := \{4\,A+4\,D+F,\, A-2\,D+F,\, C+2\,E+F,\, C-2\,E+F\}$$

Du coup, la résolution produit une solution d'aspect différent.

```
sol:=solve(sys,inc):
conic:=subs(sol,equ);
```

$$conic := -\frac{1}{2}\,F\,x^2+2\,B\,x\,y-F\,y^2+\frac{1}{2}\,F\,x+F$$

Si nous voulons utiliser la solution obtenue, il faut donc tenir compte de ces possibles variations.

EXERCICE **2.12.** On demande de déterminer les hyperboles équilatères passant par les quatre points donnés $(2,0)$, $(0,1)$, $(-1,0)$ et $(0,-1)$. On exprimera le fait que la conique est une hyperbole équilatère en écrivant que la partie homogène de degré 2 de l'équation (**?degree**)

$$Ax^2+2Bxy+Cy^2$$

s'annule sur les deux couples $(\cos\vartheta, \sin\vartheta)$ et $(-\sin\vartheta, \cos\vartheta)$ pour un certain ϑ ; ceci exprime le fait que les asymptotes d'une hyperbole équilatère sont perpendiculaires. On testera aussi l'ensemble des quatre points de coordonnées $(2,1)$, $(0,1)$, $(-1,0)$ et $(0,-1)$. On cherchera à la fois la généricité et l'indépendance par rapport à la session.

4 Simplification

Le concept de simplification n'existe pas ; l'exemple suivant, extrait de [5], est à ce titre convaincant ; dans les deux formules

$$\frac{1-x^2}{1-x} = 1+x,$$
$$\frac{1-x^{100}}{1-x} = 1+x+x^2+\cdots+x^{99},$$

la même transformation fait passer du membre gauche au membre droit ; pour la première formule le membre droit est plus naturel alors que pour la seconde le membre gauche semble plus simple. Ainsi on peut dire que la simplification est contextuelle ; suivant les cas on préférera l'une ou l'autre des deux écritures précédentes.

Système et utilisateur. Puisque l'idée de simplification n'est pas intrinsèque, seul l'utilisateur sait de quelle nature est la simplification attendue. C'est donc à lui de pousser le système vers le résultat qu'il désire ou de décider que le résultat est suffisamment clair pour lui.

On veut étudier l'arc paramétré défini par

$$x = \cos^2 t + \ln(|\sin t|), \qquad y = \sin(t)\cos(t)$$

Par symétrie on est ramené dans $]0, \pi/2]$, ce qui permet d'évacuer la valeur absolue. Les points stationnaires s'obtiennent en écrivant que la dérivée de l'arc est nulle.

```
x:=cos(t)^2+ln(sin(t)):
y:=sin(t)*cos(t):
diffx:=combine(diff(x,t),trig):
diffy:=combine(diff(y,t),trig):
solve({diffx,diffy},t);
```

$$\{t = \arctan(\mathrm{RootOf}(2\_Z^2-1), \mathrm{RootOf}(2\_Z^2-1))\}$$

Le résultat obtenu est $t = \pi/4$ (`?arctan`), ce que nous vérifions.

```
eval(subs(t=Pi/4,[x,y,diffx,diffy]));
```

$$\left[1/2+\ln(\frac{1}{2}\sqrt{2}), 1/2, 0, 0\right]$$

Il est inutile de forcer le système à nous dire ce que nous voyons à l'évidence.

EXERCICE **2.13.** En utilisant `student/changevar` vérifiez l'égalité

$$\int_0^1 \frac{dt}{\sqrt{1-t^2}\sqrt{1-mt^2}} = \int_0^{\pi/2} \frac{d\vartheta}{\sqrt{1-m\sin^2\vartheta}}$$

valable pour m dans $[0, 1[$.

Emploi des outils appropriés. On veut vérifier que la fonction argument sinus hyperbolique est formellement impaire. On introduit pour cela l'expression qui la représente,

```
f:=ln(x+sqrt(x^2+1));
```

$$f := \ln\left(x + \sqrt{x^2+1}\right)$$

puis on considère le double de sa partie paire.

```
p[1]:=f+subs(x=-x,f);
```

$$p_1 := \ln\left(x + \sqrt{x^2+1}\right) + \ln\left(x - \sqrt{x^2+1}\right)$$

On tente de regrouper les deux logarithmes, mais cela ne fonctionne pas car cette transformation n'est pas valide pour toute valeur complexe de la variable.

```
combine(p[1],ln);
```

$$\ln\left(x + \sqrt{x^2+1}\right) + \ln\left(x - \sqrt{x^2+1}\right)$$

On précise donc que le calcul est symbolique (cf. pp. 429–432 pour la version V.3).

```
p[2]:=combine(p[1],ln,symbolic);
```

$$p_2 := \ln\left(\left(x + \sqrt{x^2+1}\right)\left(x - \sqrt{x^2+1}\right)\right)$$

On a envie de développer le produit qui est à l'intérieur du logarithme, mais il serait maladroit d'utiliser brutalement **expand**.

```
expand(p[2]);
```

$$\ln\left(x + \sqrt{x^2+1}\right) + \ln\left(x - \sqrt{x^2+1}\right)$$

C'est à l'opérande qui est à l'intérieur du logarithme qu'il faut appliquer **expand**.

```
p[3]:=map(expand,p[2]);
```

$$p_3 := \ln(1);$$

```
p[3];
```

$$0$$

On arrive bien à la conclusion attendue. Cependant tout est affaire de doigté ; imaginons qu'on ait considéré la partie paire au lieu de son double.

```
q[1]:=(f+subs(x=-x,f))/2;
```

$$q_1 := \frac{1}{2}\ln\left(x + \sqrt{x^2+1}\right) + \frac{1}{2}\ln\left(x - \sqrt{x^2+1}\right)$$

```
q[2]:=combine(q[1],ln,symbolic);
```

$$q[2] := \ln\left(\sqrt{x + \sqrt{x^2+1}}\sqrt{x - \sqrt{x^2+1}}\right)$$

Jusqu'ici il n'y a pas de différence de traitement. Par contre l'application de **expand** à l'expression qui est dans le logarithme ne produit rien ; ceci est normal puisqu'elle est déjà développée. Il faut se tourner vers **combine**. Instruit par l'expérience nous cherchons l'option adaptée à la situation ; on pourrait penser à utiliser l'option `sqrt` mais celle-ci n'est pas valide et une racine carrée n'est qu'une élévation à la puissance 1/2. L'option `power` semble une bonne candidate, mais c'est l'option `radical` qui convient. Encore faut-il lui adjoindre l'option `symbolic`.

```
q[3]:=map(combine,q[2],radical,symbolic);
```

$$q_3 := \ln(1)$$

EXERCICE **2.14.** On demande de simplifier les expressions

$$\frac{1+i\,\mathrm{tg}\,\alpha}{1-i\,\mathrm{tg}\,\alpha},\qquad \frac{(1+i)^n}{(1-i)^{n-2}},$$

dans lesquelles α est un réel non congru à $\pi/2$ modulo π et n est un entier.

Simplification hypothétique. MAPLE permet de formuler des hypothèses sur les variables mathématiques grâce à la procédure **assume** (cf. pp. 429–432 pour la version V.3). Calculons par exemple l'intégrale

$$\int_0^{\pi} \frac{dx}{u-\cos x}$$

avec $|u| > 1$, ce qui assure son existence. Un essai naïf fait sentir qu'il est nécessaire de spécifier le signe de u^2-1.

```
int(1/(u-cos(x)),x=0..Pi);
```

$$\frac{\mathrm{csgn}((u+1)\,\overline{\sqrt{(u-1)\,(u+1)}})\,\pi}{\sqrt{u^2-1}}$$

Nous recommençons donc en précisant cette hypothèse.

```
assume(u^2>1):
int(1/(u-cos(x)),x=0..Pi);
```

$$\frac{\mathrm{signum}(u\tilde{}+1)\,\pi}{\sqrt{u\tilde{}^2-1}}$$

Nous atteignons ainsi le résultat,

$$\int_0^{\pi} \frac{dx}{u-\cos x} = \begin{cases} \pi/\sqrt{u^2-1} & \text{si } u>1,\\ -\pi/\sqrt{u^2-1} & \text{si } u<-1. \end{cases}$$

Nous voulons évaluer les intégrales

$$\int_{-\pi}^{\pi} \sin n\vartheta \sin m\vartheta \, d\vartheta$$

pour n et m entiers. Un calcul direct ne prend pas en compte l'hypothèse que n et m représentent des entiers.

```
int(sin(n*theta)*sin(m*theta),theta=-Pi..Pi);
```

$$-2\,\frac{n\cos(\pi\,n)\sin(\pi\,m)-m\sin(\pi\,n)\cos(\pi\,m)}{(n-m)\,(n+m)}$$

Nous la précisons donc explicitement, ce qui fournit le résultat déjà visible dans l'expression précédente.

```
assume(n,integer):
assume(m,integer):
int(sin(n*theta)*sin(m*theta),theta=-Pi..Pi);
```

$$0$$

On notera toutefois que les deux symboles n et m ne sont pas égaux ou opposés et le cas particulier où les deux entiers sont égaux ou opposés n'a pas été traité.

EXERCICE **2.15.** Donnez une expression du produit

$$\prod_{k=1}^{n}\frac{k(k+2)}{k+1}$$

en employant `product` et `simplify/GAMMA`.

EXERCICE **2.16.** On demande de simplifier la somme

$$\cos\left(\frac{\pi}{41}\right)+\cos\left(\frac{3\,\pi}{41}\right)+\cos\left(\frac{5\,\pi}{41}\right)+\cdots+\cos\left(\frac{17\,\pi}{41}\right)+\cos\left(\frac{19\,\pi}{41}\right).$$

EXERCICE **2.17.** Appliquez le changement de variables $t=b\ \mathrm{tg}\,\vartheta$ à l'intégrale

$$\int_0^{\pi/2}\frac{1}{\sqrt{a^2\cos^2\vartheta+b^2\sin^2\vartheta}}\,d\vartheta,$$

dans laquelle a et b sont des réels strictement positifs.

5 Code de bonne conduite

Nous récapitulons ici les règles que nous avons présentées. Il faut les comprendre comme un objectif, une ligne de conduite. Certaines, comme la règle numéro 2 seront totalement respectées ; d'autres, comme la règle numéro 3, sont intenables, car la syntaxe du système nous empêche de les appliquer totalement. Enfin certaines n'ont pas de signification intrinsèque, comme la règle numéro 5 qui dépend de l'étendue du problème que l'on veut traiter.

Règle 0 : L'utilisateur est intelligent ; le logiciel ne l'est pas.

Règle 1 : Les fonctions mathématiques sont représentées par des expressions en les fonctions prédéfinies de MAPLE.

Règle 2 : Un symbole n'est pas transformé en variable informatique par une affectation.

Règle 3 : Une procédure n'est pas incluse dans une procédure.

Règle 4 : Hormis les variables d'environnement, aucune variable n'est globale.

Règle 5 : Une séquence d'instructions est générique.

Règle 6 : Une séquence d'instructions produit un résultat indépendant de la session.

Règle 7 : Toute règle est faite pour être violée.

6 Réponses aux exercices

EXERCICE **2.1.** La forme canonique d'un polynôme est son expression développée, dans la mesure où les coefficients sont eux-mêmes sous une forme canonique ; on doit donc utiliser `collect`.

```
f:=expand((x-2*sin(3*theta))^3-(x+2*cos(2*theta))^3):
collect(f,x);
```

$$(6 - 12\cos(\theta)^2 + 6\sin(\theta) - 24\sin(\theta)\cos(\theta)^2)\,x^2 + \big(-12 + 12\sin(\theta)^2 - 48\cos(\theta)^4 + 48\cos(\theta)^2 + 192\sin(\theta)^2\cos(\theta)^4 - 96\sin(\theta)^2\cos(\theta)^2\big)\,x + 8 - 64\cos(\theta)^6 + 96\cos(\theta)^4 - 48\cos(\theta)^2 + 8\sin(\theta)^3 - 512\sin(\theta)^3\cos(\theta)^6 + 384\sin(\theta)^3\cos(\theta)^4 - 96\sin(\theta)^3\cos(\theta)^2$$

Si le polynôme est à coefficients rationnels, on peut aussi utiliser **expand** mais dans un cas plus général **expand** n'est pas adapté car il développe les coefficients du polynôme, comme on le voit dans l'exemple proposé. On veut aussi ramener les coefficients à une forme canonique. Pour les polynômes trigonométriques, la forme canonique usuelle est la forme linéarisée et on l'obtient par **combine/trig**. Une commande adaptée est donc la suivante.

```
collect(f,x,readlib(`combine/trig`));
```

$$(-6\cos(2\,\theta)-6\sin(3\,\theta))\,x^2+(-6\cos(4\,\theta)-6\cos(6\,\theta))\,x \\ -2\cos(6\,\theta)-6\cos(2\,\theta)-6\sin(3\,\theta)+2\sin(9\,\theta)$$

EXERCICE **2.2.** Les deux exemples montrent clairement que **normal** ne fournit pas une forme canonique ; par contre **normal/expanded** fournit une forme canonique, dans laquelle numérateur et dénominateur sont premiers entre eux et sous forme développée.

```
normal((x^2-1)/((x+2)*(x-2))),
normal((x-1)*(x+1)/(x^2-4)),
normal((x^2-1)/((x+2)*(x-2)),expanded),
normal((x-1)*(x+1)/(x^2-4),expanded);
```

$$\frac{x^2-1}{(x+2)(x-2)},\ \frac{(x-1)(x+1)}{x^2-4},\ \frac{x^2-1}{x^2-4},\ \frac{x^2-1}{x^2-4}$$

EXERCICE **2.3.** Testons par exemple l'homographie h définie par

$$h(x)=-\frac{1}{x-1}.$$

Nous profitons du fait que la procédure **normal** appliquée à une expression rationnelle qui représente l'identité renvoie exactement **x**. Ceci n'est pas valable en général ; si nous devions tester une autre égalité, disons l'égalité avec une expression **f**, nous écririons **while normal(hh-f)<>0** à la place de **while hh<>x** ; du coup l'occurrence de **normal** que l'on voit ci-dessous ne serait plus utile pour le test ; nous la conserverions pour éviter une croissance excessive des expressions.

```
h:=-1/(x-1):
hh:=h:
for k to 10 while hh<>x do hh:=normal(subs(x=h,hh)) od:
k;
```

$$3$$

Ici la période est 3. Pour les homographies proposées on obtient les résultats suivants.

H_1	H_2	H_3	H_4	H_5	H_6	H_7	H_8
4	5	3	5	3	5	3	6

Il est amusant de tester la séquence d'instructions suivante, qui met bien en valeur le rôle de **normal**.

```
hh:=h:
for k to 10 while hh<>x do hh:=subs(x=h,hh) od;
k;
```

EXERCICE **2.4.** Une forme canonique pour les matrices est l'écriture sous forme de tableau. C'est ce que l'on a obtenu par **evalm**. Cependant on n'a une forme canonique que si les coefficients de la matrice sont aussi sous forme canonique. Ici il s'agit de polynômes trigonométriques ; on peut donc utiliser

```
map(combine,",trig);
```

pour conclure que la matrice satisfait l'équation $A^2 - 2\cos(\vartheta)\,A + I_2 = 0$. On procède de la même façon pour le cas général, mais alors les coefficients de la matrice sont des polynômes en les indéterminées a, b, c, d à coefficients rationnels ; on les met donc sous forme canonique en utilisant **collect**, ou **expand** car il s'agit de polynômes à coefficients rationnels.

```
A:=array(1..2,1..2,[[a,b],[c,d]]);
evalm(A^2-(a+d)*A+(a*d-b*c));
map(expand,");
```

EXERCICE **2.5.** On peut être dérouté par la multiplicité des moyens a priori disponibles. La lecture des pages d'aide montre clairement que la procédure **simplify/radical** fonctionne par heuristique — le verbe *to try* revient sans cesse — alors que **radnormal** fournit une forme normale. L'expérience rend ceci évident.

```
alpha:=(1+3^(1/2)+(12)^(1/4))/2:
kappa[1]:=(alpha^3+1)/alpha/(alpha-1):
kappa[2]:=(9+6*3^(1/2))^(1/2):
simplify(kappa[1]-kappa[2],radical);
```

$$-2\Big(-9-3\sqrt{3}-3\,3^{1/4}\sqrt{2}-2\,3^{3/4}\sqrt{2}+\sqrt{9+6\sqrt{3}}+\sqrt{9+6\sqrt{3}}\,3^{3/4}\sqrt{2}+\sqrt{9+6\sqrt{3}}\sqrt{3}\Big)\Big/\Big((1+\sqrt{3}+3^{1/4}\sqrt{2})(-1+\sqrt{3}+3^{1/4}\sqrt{2})\Big)$$

```
radnormal(kappa[1]-kappa[2]);
```

$$0$$

Cependant **radnormal** ne fournit pas une forme canonique [44].

```
radnormal(kappa[1]),radnormal(kappa[2]);
```

$$\frac{9+3\sqrt{3}+3\,3^{1/4}\sqrt{2}+2\,3^{3/4}\sqrt{2}}{1+3^{3/4}\sqrt{2}+\sqrt{3}},\ \sqrt{9+6\sqrt{3}}$$

Quant à **evala**, son emploi n'apporte pas ici de grandes satisfactions. Tout d'abord son utilisation suppose des expressions exprimées par des *RootOfs*, ce que l'on peut atteindre par un **convert/RootOf**; cependant **evala** demande des *RootOfs* indépendants et ceci n'est certainement pas le cas puisque nous voulons obtenir zéro. La procédure **radnormal** est donc l'outil adapté au problème. De plus elle permet aussi de chasser les radicaux figurant au dénominateur si on emploie l'option **rationalized**.

```
radnormal(kappa[1],rationalized);
```

$$\frac{1}{2}3^{3/4}\sqrt{2}+\frac{3}{2}3^{1/4}\sqrt{2}$$

EXERCICE **2.6.** Nous utilisons encore la procédure **nextpartition** et nous définissons deux procédures à valeurs booléennes qui traduisent le fait qu'une partition est à sommants impairs ou à sommants distincts.

```
oddproperty:=proc(lambda)
  local i;
  for i to nops(lambda) do
    if type(lambda[i],even) then RETURN(false) fi
  od;
  true
end: # oddproperty
distinctproperty:=proc(lambda)
  local i;
  for i from 2 to nops(lambda) do
    if lambda[i-1]=lambda[i] then RETURN(false) fi
  od;
  true
end: # distinctproperty
```

Une version plus élégante, compacte et efficace est la suivante :

```
oddproperty:=proc(lambda)
  type(lambda,list(odd))
end: # oddproperty
distinctproperty:=proc(lambda)
  evalb(nops(lambda)=nops({op(lambda)}))
end: # distinctproperty
```

Ensuite nous reprenons la boucle vue dans le texte pour parcourir l'ensemble des partitions d'un entier et sélectionner celles qui satisfont le critère fixé.

```
niceproperty:=eval(oddproperty):
for N to Nmax do
  lambda:=[N];
  lambdatable[0]:=lambda;
  for i while lambda<>FAIL do
    lambda:=nextpartition(lambda);
    lambdatable[i]:=lambda
  od;
  nicecounter[N]:=nops(select(niceproperty,
```

```
                                   [seq(lambdatable[j],j=0..i-2)]));
   od:
```

Nous obtenons le décompte suivant.

```
seq(nicecounter[N],N=1..20);
```

$$1, 1, 2, 2, 3, 4, 5, 6, 8, 10, 12, 15, 18, 22, 27, 32, 38, 46, 54, 64$$

Nous recommençons pour les partitions en sommants distincts et nous obtenons le même résultat [13], [27, t. 1].

EXERCICE **2.7. a.** On peut tester la conjecture de la façon suivante. Dans le carré $[-1000, 1000] \times [-1000, 1000]$, on tire aléatoirement cinq points à coordonnées entières et on applique **cp**. On répète cette expérience un grand nombre de fois.

```
nmax:=15:                       # maximal number of iterations in cp
rp:=rand(-1000..1000):
counter:=0:
to 100 do
  P:=[seq([rp(),rp()],i=1..5)];
  if cp(P)=FAIL then
    counter:=counter+1;
    example[counter]:=P;
    print(P)
  fi
od:
```

La conjecture est fausse comme on le voit en considérant un pentagone régulier étoilé ; dans ce cas on passe par similitude du pentagone à son transformé et celui-ci est donc étoilé non convexe comme le précédent.

b. Notons $P_1, \ldots, P_5$ un pentagone et $Q_1, \ldots, Q_5$ son transformé. Dire que Q_1 est le milieu de P_1 et P_2, signifie que l'on passe de P_1 à P_2 par la symétrie centrale de centre Q_1. Si le pentagone $Q_1, \ldots, Q_5$ est connu cette idée amène à chercher un point P_1 invariant dans la composée des symétries centrales de centre $Q_1, \ldots, Q_5$; cette transformation est elle-même une symétrie centrale donc elle possède un unique point fixe. Une fois P_1 connu tout le pentagone $P_1, \ldots, P_5$ est déterminé. On en tire la procédure suivante.

```
invtransfpentagon:=proc(P::list(list(numeric)))
  local tP,x,y,i,S,newP;
  if nops(P) <> 5 or                                                  #1
    (not convert([seq(evalb(nops(i)=2),i=P)],'and')) then
     ERROR('expected a list of 5 pairs, but received',P)
  fi;
  tP[0]:=[x,y];
  for i to 5 do
    tP[i]:=[2*P[i][1]-tP[i-1][1],2*P[i][2]-tP[i-1][2]]
  od;
  S:=solve({tP[5][1]=x,tP[5][2]=y},{x,y});                           #2
```

```
    newP[0]:=subs(S,[x,y]);
    for i to 5 do
      newP[i]:=subs(x=newP[0][1],y=newP[0][2],tP[i])
    od;
    [seq(newP[i],i=0..4)];
  end: # invtransfpentagon
```

La procédure consiste à vérifier d'abord que les données sont correctes (**#1**) ; ensuite partant du point générique on calcule les images par les symétries, puis on détermine le point fixe (**#2**) ; ce point étant déterminé, on réapplique les symétries pour obtenir les autres points et on renvoie le résultat.

Les deux procédures **transfpentagon** et **invtransfpentagon** utilisent le même typage et la même vérification de la donnée ; il devient donc intéressant de définir un type procédural (**?type/defn**).

```
  `type/pentagon`:=proc(P::list(list(numeric)))
    local i;
    evalb(nops(P)=5 and convert([seq(evalb(nops(i)=2),i=P)],`and`))
  end: # type/pentagon
```

On peut ensuite typer l'argument des deux procédures et ceci évite d'alourdir le code par la vérification de l'argument.

```
  transfpentagon:=proc(P::pentagon)
    ...
  end: # transfpentagon
  invtransfpentagon:=proc(P::pentagon)
    ...
  end: # invtransfpentagon
```

EXERCICE **2.8.** Puisque la graine vaut 0, tous les termes de la suite pseudo-aléatoire sont nuls.

EXERCICE **2.9.** Dans le premier cas on n'obtient que la solution $\pi/4$ alors que dans le second on obtient l'expression $\pi/4 + \pi\_Z\tilde{}$ qui exprime que les solutions sont les $\pi/4 + k\pi$ avec k dans $\mathbb{Z}$ (**?solve**).

EXERCICE **2.10.** On calcule 2^k dans la boucle de façon itérative en utilisant une variable locale et auxiliaire **twotok**. De plus on tient compte de la longueur de la mantisse de **twotok** pour extraire les ℓ premiers chiffres. La valeur de **Digits** est choisie pour donner un résultat correct aussi bien pour les petites valeurs, d'où l'ajout de 5 pour que le nombre de chiffres soit suffisant, que pour les grandes valeurs, d'où le facteur 2 pour parer aux erreurs d'arrondis.

```
  pattern:=proc(n::posint)
    local l,k,twotok,mantissa,m;
    l:=length(n);
    Digits:=2*l+5;
    twotok:=1.;
```

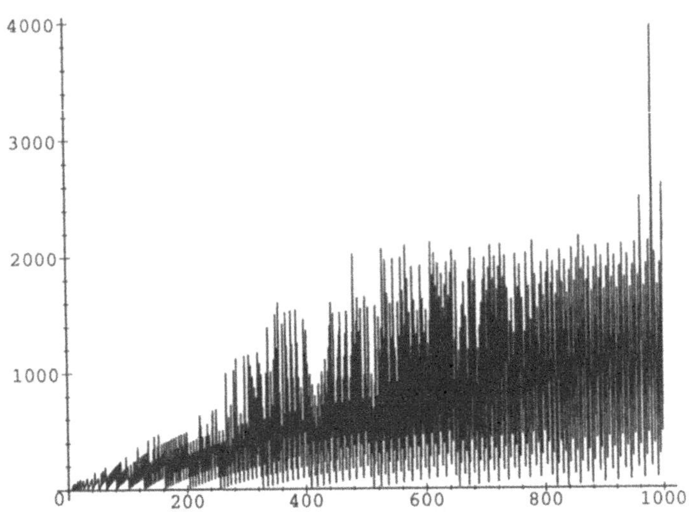

Figure 2.5.

```
    mantissa:=op(1,twotok);
    m:=length(mantissa);
    for k from 0 while iquo(mantissa,10^(max(m-1,0)))<>n do
      twotok:=2.*twotok;
      mantissa:=op(1,twotok);
      m:=length(mantissa);
    od:
    k
  end: # pattern
  plot([seq([n,pattern(n)],n=1..1000)]);
```

La dernière instruction fournit un graphique de la suite (figure 2.5). On notera qu'il est possible d'être plus efficace en inversant le problème.

EXERCICE **2.11.** Puisque F_n est un peu plus petit que φ^{n+1} le nombre de chiffres décimaux de F_n est environ $(n+1)\log_{10}\varphi$. On augmente cette valeur de 10% pour le cas où n est grand de façon à compenser les erreurs d'arrondi et de 5 unités pour le cas où n est petit de façon qu'il y ait assez de chiffres. On a passé $\log_{10}\varphi$ en variable globale car **evalf** garde en mémoire la valeur approchée, qui n'est donc calculée qu'à la première utilisation de la procédure.

```
fib_float:=proc(n::nonnegint)
  global global_log10_phi;
  global_log10_phi:=evalf(log[10]((1+sqrt(5))/2),10):
```

```
  Digits:=round((n+1)*global_log10_phi*1.1+5);
  round(evalf(((1+sqrt(5))/2)^(n+1)/sqrt(5)))
end: # fib_float
```

Une simple variante de `fib_exact` fournit la procédure modulaire demandée.

```
fib_mod:=proc(n::nonnegint,m::integer)
  local oldold,old,new,i;
  oldold:=1 mod m;
  old:=1 mod m;
    for i from 2 to n do
      new:=oldold+old mod m;
      oldold:=old;
      old:=new;
    od;
  new;
end: # fib_mod
fib_mod(0):=1 mod m:
fib_mod(1):=1 mod m:
```

EXERCICE **2.12.** Nous reprenons les instructions données dans le texte. La seule instruction spécifique est celle qui détermine l'ensemble de quatre points. La suite des instructions est générique.

```
pointset:={[2,0],[0,1],[-1,0],[0,-1]}:
equ:=A*x^2+2*B*x*y+C*y^2+2*D*x+2*E*y+F:
inc:={A,B,C,D,E,F}:
sys:={seq(subs(x=i[1],y=i[2],equ),i=pointset)}:
sol:=solve(sys,inc):
conic:=subs(sol,equ);
```

$$conic := -2\,D\,x^2 + 2\,B\,x\,y - 4\,D\,y^2 + 2\,D\,x + 4\,D$$

Pour traiter la question posée, nous extrayons la partie homogène de degré 2 de l'équation et nous écrivons que les deux couples indiqués annulent cette partie homogène. La variable ϑ fait figure de nouvelle inconnue.

```
hom2:=coeff(subs(x=t*x,y=t*y,conic),t,2);
```

$$hom2 := -2\,D\,x^2 + 2\,B\,x\,y - 4\,D\,y^2$$

```
SYS:=map(combine,{subs(x=cos(theta),y=sin(theta),hom2),
                  subs(x=-sin(theta),y=cos(theta),hom2)},trig);
```

$$SYS := \{D\cos(2\,\theta) - 3\,D + B\sin(2\,\theta),\ -3\,D - D\cos(2\,\theta) - B\sin(2\,\theta)\}$$

```
SOL:=solve(SYS,inc union {theta});
```

$$SOL := \{D = 0,\ B = 0,\ \theta = \theta,\ F = F,\ E = E,\ C = C,\ A = A\},$$
$$\{B = B,\ D = 0,\ \theta = 0,\ F = F,\ E = E,\ C = C,\ A = A\},$$
$$\{B = B,\ D = 0,\ \theta = \frac{1}{2}\,\pi,\ F = F,\ E = E,\ C = C,\ A = A\}$$

Nous devons maintenant gérer les solutions obtenues. Pour l'exemple que nous traitons, il y a trois solutions et nous pouvons procéder comme suit.

```
for i to 3 do eqhyper[i]:=subs(SOL[i],conic) od:
seq(eqhyper[i],i=1..3);
```

$$0, 2\,B\,x\,y, 2\,B\,x\,y$$

La condition imposée ne caractérise pas les hyperboles équilatères, puisque nous obtenons une réunion de deux droites perpendiculaires.

Les instructions utilisées ne sont pas satisfaisantes ; en effet si nous passons à l'autre exemple proposé, le nombre de solutions est deux et comme le code précédent n'est pas générique nous récoltons une erreur. Nous reprenons donc dans un style plus générique. On notera l'intérêt qu'il y a d'inclure le résultat d'un appel à **solve** dans une liste.

```
pointset:={[2,1],[0,1],[-1,0],[0,-1]};
...
conic:=subs(sol,equ);
```

$$conic := (2\,D - F)\,x^2 + 2\,(-3\,D + F)\,x\,y - F\,y^2 + 2\,D\,x + F$$

```
hom2:=coeff(subs(x=t*x,y=t*y,conic),t,2);
...
SOL:=[solve(SYS,inc union {theta})];
for i in SOL do
  eqhyper[i]:=factor(subs(i,conic))
od:
EH:={seq(eqhyper[i],i=SOL)};
```

$$EH := \{0,\ F\,(x^2 - 4\,x\,y - y^2 + 2\,x + 1)\}$$

Ensuite nous voulons un résultat net, débarrassé de la fausse solution 0 et sans le paramètre F, qui doit être non nul pour que l'équation soit celle d'une conique ; c'est pourquoi nous avons utilisé **factor** dans l'instruction précédente. De plus nous éliminons les réunions de deux droites.

```
EH:=map2(select,has,EH,{x,y});
EH:=remove(type,EH,`*`);
```

$$EH := \{x^2 - 4\,x\,y - y^2 + 2\,x + 1\}$$

Il faut noter que nous pourrions obtenir des coefficients complexes. De plus les réunions de droites, que nous avons évacuées ne sont pas sans fournir des configurations intéressantes [15, § 17.5]. Nous laissons le lecteur tester les exemples suivants : d'une part l'ensemble des points de coordonnées $(0,0)$, $(1,1)$, $(-1,0)$ et $(0,-1)$; d'autre part l'ensemble des points de coordonnées $(0,0)$, $(1,0)$, $(-1/2, \sqrt{3}/2)$ et $(-1/2, -\sqrt{3}/2)$.

EXERCICE **2.13.** La procédure **student/changevar** s'applique à une intégrale sous forme inerte. On définit donc l'intégrale, on effectue le changement de variables et on aide le système en remplaçant $1 - \sin^2 \vartheta$ par $\cos^2 \vartheta$.

```
J[1]:=Int(1/sqrt((1-t^2)*(1-m*t^2)),t=0..1);
```

$$J_1 := \int_0^1 \frac{dt}{\sqrt{1-t^2}\sqrt{1-m\,t^2}}$$

```
J[2]:=student[changevar](t=sin(theta),J[1],theta);
```

$$J_2 := \int_0^{1/2\,\pi} \frac{\cos\theta}{\sqrt{(1-\sin(\theta)^2)(1-m\,\sin(\theta)^2)}}\,d\theta$$

```
J[3]:=subs(1-sin(theta)^2=cos(theta)^2,J[2]);
```

$$J_3 := \int_0^{1/2\,\pi} \frac{\cos\theta}{\sqrt{\cos(\theta)^2(1-m\,\sin(\theta)^2)}}\,d\theta$$

Cette aide ne suffit pas. Pourtant nous voyons bien que le cosinus est positif dans l'intervalle d'intégration. Sans finesse nous écrivons

```
J[4]:=subs(cos(theta)=1,J[3]);
```

$$J_4 := \int_0^{1/2\,\pi} \frac{1}{\sqrt{1-m\,\sin(\theta)^2}}\,d\theta$$

La substitution précédente est violente ; une voie plus douce est l'instruction (cf. pp. 429–432 pour la version V.3)

```
J[4]:=simplify(J[3],radical,symbolic):
```

EXERCICE **2.14.** On peut procéder comme suit.

```
E[1]:=evalc((1+I*tan(alpha))/(1-I*tan(alpha))):
E[2]:=convert(E[1],sincos):
E[3]:=normal(E[2]):
E[4]:=combine(E[3],trig);
```

$$E_4 := \cos(2\,\alpha) + I\,\sin(2\,\alpha)$$

```
C[1]:=evalc((1+I)^n/(1-I)^(n-2)):
C[2]:=combine(C[1],trig):
C[3]:=simplify(C[2],exp):
C[4]:=factor(C[3]):
C[5]:=simplify(C[4],power):
C[6]:=2*convert(normal(C[5]/2),exp):
C[7]:=expand(C[6]);
```

$$C_7 := -2\,I\,e^{\left(\frac{1}{2}\,I\,n\,\pi\right)}$$

EXERCICE **2.15.** Nous cherchons une expression close pour le produit

$$\prod_{k=1}^{n} \frac{k(k+2)}{k+1}$$

en utilisant **product**. Ceci fait apparaître la fonction gamma d'Euler. Pour simplifier l'expression, nous utilisons donc **simplify/GAMMA**.

```
product(k*(k+2)/(k+1),k=1..n):
simplify(",GAMMA);
```

$$\frac{1}{2}\,\frac{\Gamma(n+3)}{n+1}$$

On peut vouloir revenir à la factorielle qui est plus familière. La simplification passe alors par **expand**.

```
convert(",factorial);
expand(");
```

$$\frac{1}{2}n!(n+2)$$

EXERCICE **2.16.** La solution consiste à généraliser le problème en voyant la somme proposée comme un cas particulier de

$$\sum_{k=0}^{\ell-1}\cos\left(\frac{(2\,k+1)\,\pi}{4\,\ell+1}\right).$$

```
sum(cos((2*k+1)*Pi/(4*l+1)),k=0..l-1):
combine(",trig);
```

$$\frac{1}{2}\,\frac{\sin(2\,\frac{\pi\,l}{4\,l+1})}{\sin(\frac{\pi}{4\,l+1})}$$

```
subs(l=10,");
```

$$\frac{1}{2}\,\frac{\sin(\frac{20}{41}\,\pi)}{\sin(\frac{1}{41}\,\pi)}$$

EXERCICE **2.17.** Les hypothèses sont introduites au fur et à mesure des besoins. Nous avons inclus un *traçage* qui montre le chemin parcouru, mais nous ne montrons pas les sorties produites.

```
K[1]:=Int(1/sqrt(a^2*cos(theta)^2+b^2*sin(theta)^2),
                                                  theta=0..Pi/2):
K[2]:=student[changevar](b*tan(theta)=t,K[1],t):
trace(simplify):
assume(b>0):
K[3]:=simplify(K[2],radical,symbolic);
assume(a>0):
assume(t,real):
K[4]:=simplify(K[3],power,symbolic);
```

$$K_4 := \int_0^\infty \frac{1}{\sqrt{t\tilde{}^2+b\tilde{}^2}\,\sqrt{a^2+t\tilde{}^2}}\,dt\tilde{}$$

Les instructions suivantes auraient produit le même résultat, sans employer d'hypothèses sur les symboles.

```
K[3]:=simplify(K[2],radical,symbolic);
K[4]:=simplify(K[3],power,symbolic);
```

Livre second
Mathématiques
assistées par ordinateur

Chapitre 1. Arithmétique

1 Domaine et outils

L'algèbre générale a pour premier but de dégager les structures communes aux différents ensembles dans lesquels on calcule couramment. Ainsi l'usage des quatre opérations élémentaires, addition, soustraction, multiplication, division, conduit-il aux notions d'anneau et de corps. Le souci de couvrir un large champ amène à limiter les hypothèses. Un anneau peut comporter des *diviseurs de zéro*, c'est-à-dire des éléments a et b non nuls dont le produit ab est nul ; cette situation sera courante dans les anneaux de matrices ; a contrario, on dira qu'un anneau est *intègre* si sa multiplication est commutative et s'il ne possède pas de diviseur de zéro. Un élément non nul n'est pas nécessairement inversible ; ainsi 2 n'est pas inversible dans les entiers ; si tous les éléments non nuls sont inversibles, on a affaire à un corps, comme le corps des rationnels $\mathbb{Q}$ ou le corps des complexes $\mathbb{C}$. Cette approche permet de dégager des arguments généraux et puissants.

Nous allons illustrer cette idée en nous appuyant sur deux concepts fondamentaux de l'algèbre : d'une part la notion d'anneau euclidien, qui permet de traiter de manière uniforme aussi bien l'arithmétique des entiers que celle des polynômes ; d'autre part le concept d'ordre d'un élément dans un groupe, qui est sous-jacent à de nombreux raisonnements arithmétiques et se manifeste par exemple dans la structure du développement décimal d'un rationnel.

Le logiciel permet de donner une version effective de l'arithmétique des entiers et nous utiliserons fortement sa capacité à calculer sur de grands entiers. Le calcul sur les polynômes ne sera pas ici particulièrement mis en valeur, mais il est présent dans tous les chapitres de ce livre ; en effet un système de calcul formel voit toutes les expressions comme des expressions rationnelles en certaines sous-expressions et les règles de calcul sur les polynômes sont sans cesse appliquées.

Anneaux euclidiens. L'anneau des entiers $\mathbb{Z}$ et les anneaux des polynômes sur un corps commutatif, comme $\mathbb{Q}[X]$ ou $\mathbb{C}[X]$, sont euclidiens c'est-à-dire possèdent une *division euclidienne.* Dans chaque cas, on se donne un élément a, le dividende, et un élément non nul b, le diviseur, et on affirme l'existence d'un quotient q et d'un reste r satisfaisant une certaine contrainte ; pour les entiers, cela s'écrit

$$a = bq + r \qquad \text{avec } |r| < |b|\,;$$

pour les polynômes, la formule est

$$a = bq + r \qquad \text{avec } r = 0 \text{ ou } \deg r < \deg b.$$

Dans un cas on utilise la valeur absolue et dans l'autre le degré ; malgré cette différence on attend des propriétés similaires.

Dans tout anneau intègre, on dispose de la divisibilité : a divise b s'il existe c tel que $b = ac$. Une notation plaisante pour exprimer une relation de divisibilité est la congruence ; on écrit $a \equiv b \bmod m$, et on lit *a est congru à b modulo m*, si la différence $a - b$ est divisible par m. Cette relation due à Gauss [35] est tout à fait similaire à l'égalité, d'où son emploi aisé. Plus précisément les hypothèses

$$a_1 \equiv b_1 \bmod m, \qquad a_2 \equiv b_2 \bmod m,$$

impliquent les relations

$$a_1 + a_2 \equiv b_1 + b_2 \bmod m \qquad \text{et} \qquad a_1 a_2 \equiv b_1 b_2 \bmod m.$$

On a par exemple

$$212 \equiv 5 \bmod 3 \qquad \text{et} \qquad X^3 + X + 1 \equiv 1 \bmod X^2 + 1.$$

D'ailleurs une division euclidienne de a par b dont le reste est r fournit la congruence

$$a \equiv r \bmod b.$$

L'élément r s'appelle un *résidu* de a modulo b. Plus généralement tout élément r qui satisfait la congruence précédente est un résidu de a modulo b. Dans le cas des entiers on privilégiera le plus petit résidu positif (`?mod`).

La notion de pgcd, abréviation de *plus grand commun diviseur* est un corollaire immédiat de la divisibilité : pour deux éléments a et b, un pgcd est un élément d qui divise a et b, c'est-à-dire un diviseur commun à a et b ; de plus il est le plus grand en ce sens que tout diviseur commun à a et b divise d. Le caractère euclidien d'un anneau se traduit par l'effectivité des notions arithmétiques ; non seulement on peut définir la notion de pgcd, mais on peut effectivement calculer un tel pgcd. L'algorithme d'Euclide fournit un pgcd par une suite de divisions euclidiennes. À titre d'exemple, calculons d'une part un pgcd des deux entiers 15 et 9 et un pgcd des deux polynômes à coefficients rationnels $X^{15} - 1$ et $X^9 - 1$.

$$\begin{aligned}
15 &= 9 \times 1 + 6 & X^{15} - 1 &= (X^9 - 1) \times X^6 + (X^6 - 1)\\
9 &= 6 \times 1 + 3 & X^9 - 1 &= (X^6 - 1) \times X^3 + (X^3 - 1)\\
6 &= 3 \times 2 + 0 & X^6 - 1 &= (X^3 - 1) \times (X^3 + 1) + 0
\end{aligned}$$

Dans chaque cas le dernier reste non nul est un pgcd ; on notera

$$\mathrm{pgcd}(15, 9) = 3, \qquad \mathrm{pgcd}(X^{15} - 1, X^9 - 1) = X^3 - 1.$$

L'algorithme d'Euclide pourrait se programmer comme suit, à gauche dans le cas des entiers et à droite dans le cas des polynômes (`?irem` et `?rem`).

```
r[0]:=15:
r[1]:=9:
for k while r[k]<>0 do
  r[k+1]:=irem(r[k-1],r[k])
od:
r[k-1];
```

```
r[0]:=x^15-1:
r[1]:=x^9-1:
for k while r[k]<>0 do
  r[k+1]:=rem(r[k-1],r[k],x)
od:
r[k-1];
```

Mais ceci est inutile car les procédures **gcd** pour les polynômes à coefficients rationnels et **igcd** pour les entiers fournissent un pgcd.

```
igcd(15,9),gcd(x^15-1,x^6-1);
```

$$3,\ x^3 - 1$$

Il peut exister plusieurs pgcd pour un couple donné. Par exemple, dans l'anneau des entiers relatifs $\mathbb{Z}$ les pgcd de 12 et 15 sont 3 et -3. Dans ce cas, l'usage est de dire que celui des deux pgcd qui est positif est *le* pgcd. Plus généralement, on passe d'un pgcd à un autre en multipliant par un élément inversible. Dans l'anneau des polynômes en une indéterminée sur un corps commutatif $\mathbb{K}[X]$, les inversibles sont les éléments non nuls de $\mathbb{K}$ et les pgcd sont donc définis à multiplication près par un scalaire non nul. L'usage est de dire que *le* pgcd est celui des pgcd qui a un coefficient dominant égal à 1.

EXERCICE **1.1.** Déterminer le pgcd de $X^n - 1$ et $X^m - 1$, où n et m sont deux entiers naturels non nuls.

Parmi les éléments d'un anneau euclidien certains se distinguent particulièrement ; ce sont les éléments premiers. Un élément est dit *premier* s'il divise l'un des facteurs dès qu'il divise un produit. Une notion connexe est celle d'élément irréductible ; un élément est dit *irréductible* s'il n'admet pour diviseurs que 1 et lui-même aux inversibles près. Dans le cadre des anneaux euclidiens les deux notions coïncident exactement. Dans l'anneau $\mathbb{Z}$, l'entier 3 est divisible par 1, -1, 3 et -3 ; il est donc irréductible, ou premier. On appelle *nombres premiers* les éléments premiers positifs (`?ithprime` ou `?nextprime`). Pour les polynômes la question est plus délicate. Les polynômes irréductibles de $\mathbb{C}[X]$ sont les $X - \alpha$ avec α complexe, à un inversible près c'est-à-dire à multiplication près par un nombre complexe non nul. Pour $\mathbb{R}[X]$, il y a deux types de polynômes irréductibles ; les $X - \alpha$ avec α réel et les $X^2 + pX + q$ avec p et q réels à discriminant $p^2 - 4q$ strictement négatif, et ceci à multiplication près par un réel non nul.

Ces éléments irréductibles sont les briques de base de l'arithmétique puisque tout élément s'écrit d'une façon unique, aux inversibles et à l'ordre près, comme produit d'éléments irréductibles. Dans les entiers la factorisation est fournie par **ifactor** ou **ifactors**. Voici la factorisation des nombres de Fermat $F_n = 2^{2^n} + 1$ pour n entre 1 et 6.

```
seq(ifactor(2^(2^k)+1),k=1..6);
```

$$(5), (17), (257), (65537), (641)(6700417), (67280421310721)(274177)$$

Comme l'a prouvé Euler, le nombre F_5 se factorise en

$$F_5 = 641 \times 6700417.$$

EXERCICE **1.2.** Étudiez la factorisation des entiers $(10^k - 1)/9$ pour k allant de 1 à 50. Ensuite testez la primalité de ces nombres, c'est-à-dire leur qualité d'être ou de ne pas être des nombres premiers (**?isprime**).

EXERCICE **1.3.** Factorisez dans $\mathbb{Q}[X]$ les polynômes $X^n - 1$ pour n allant de 1 à 20 (**?factor**).

EXERCICE **1.4.** Un anneau intègre est euclidien s'il possède une application v définie sur les éléments non nuls et à valeurs dans les entiers naturels, qui est croissante en ce sens que si a divise b alors $v(a)$ est plus petit que $v(b)$, et telle que deux éléments a et b avec b non nul ont une division euclidienne

$$a = bq + r \qquad \text{avec } r = 0 \text{ ou } v(r) < v(b).$$

Nous avons vu que l'anneau des entiers relatifs muni de la valeur absolue, les anneaux de polynômes sur un corps munis du degré sont des anneaux euclidiens. Il en existe d'autres.

a. L'anneau des entiers de Gauss est constitué des nombres complexes de la forme $a+ib$ avec a et b entiers relatifs. Montrez que c'est un anneau euclidien pour le module.

b. Un élément irréductible ne l'est pas nécessairement dans une extension ; ainsi le polynôme $X^2 + 1$ est irréductible dans $\mathbb{Q}[X]$ mais pas dans $\mathbb{C}[X]$. En utilisant la procédure **GaussInt/GIfactor** déterminez les nombres premiers plus petits que 100 qui se *ramifient* dans l'anneau des entiers de Gauss, c'est-à-dire qui ne sont pas irréductibles dans cet anneau (**?GIfactor**).

Théorème de Bézout. On dit que deux éléments sont *premiers entre eux* s'ils ont un pgcd inversible. Deux énoncés permettent de caractériser cette situation. Le premier est le *théorème de Gauss* ; si a est premier avec b et divise bc, alors a divise c. Inversement si pour tout c, l'élément a divise c dès que a divise bc, alors a est premier avec b.

Un second énoncé, plus profond, est le *théorème de Bézout*: si a et b sont deux éléments premiers entre eux alors on peut trouver u et v tels que

$$au + bv = 1\,;$$

inversement une telle relation implique que a et b sont premiers entre eux. Plus généralement, si a et b ont pour pgcd d, on peut trouver u et v tels que

$$au + bv = d.$$

La procédure adéquate est ici **igcdex** pour les entiers et **gcdex** pour les polynômes à coefficients rationnels. La notation **gcdex** abrège *extended greatest common divisor* (plus grand commun diviseur étendu) ; l'extension de l'algorithme d'Euclide consiste à fournir non seulement un pgcd d mais aussi u et v tels que $au + bv = d$. Testons ces deux procédures.

```
igcdex(15,9,u,v),u,v;
```

$$3, -1, 2$$

Le résultat exprime l'égalité

$$(-1) \times 15 + 2 \times 9 = 3$$

et 3 est pgcd de 15 et 9.

```
gcdex(x^3-4,x^4+x^2+1,x,'u','v'),u,v;
```

$$1, -\frac{1}{15}x^3 - \frac{4}{15}, -\frac{1}{15} + \frac{1}{15}x^2$$

Selon la relation de Bézout

$$(X^3 - 4)\left(-\frac{1}{15}X^3 - \frac{4}{15}\right) + (X^4 + X^2 + 1)\left(-\frac{1}{15} + \frac{1}{15}X^2\right) = 1,$$

les deux polynômes $X^3 - 4$ et $X^4 + X^2 + 1$ sont premiers entre eux.

De la même manière l'entier 100 est premier avec le centième nombre premier 541, car les entiers qui ne sont pas multiples d'un nombre premier sont exactement ceux qui sont premiers avec ce nombre premier. On obtient une relation de Bézout comme suit.

```
a:=100:
p:=ithprime(100):
igcdex(a,p,'u','v'),u,v;
```

$$1, 211, -39$$

La relation de Bézout

$$100 \times 211 - 541 \times 39 = 1$$

fournit la congruence

$$100 \times 211 \equiv 1 \bmod 541.$$

Celle-ci montre que l'inverse de 100 modulo 541 est 211. On pouvait aussi obtenir cet inverse comme suit.

```
a^(-1) mod p;
```

$$211$$

EXERCICE **1.5.** On demande de résoudre les quatre équations diophantiennes (L'adjectif *diophantien* signifie que les inconnues sont des nombres entiers.)

$$253\,x - 341\,y = 112, \qquad 121\,x + 345\,y = 10,$$
$$497\,x + 553\,y = 511, \qquad 391\,x + 493\,y = 589,$$

en utilisant **isolve**, **igcd** et **irem** ou **mod**. De cette expérience tirez un énoncé général sur la solution de l'équation $ax + by = c$ dans un anneau euclidien.

EXERCICE **1.6.** On demande de résoudre les congruences suivantes d'inconnues x à la fois avec **isolve** et avec **msolve**.

$$100\,x \equiv 2 \bmod 541, \qquad 551\,x \equiv 703 \bmod 361$$
$$319\,x \equiv 185 \bmod 209, \qquad 403\,x \equiv 52 \bmod 299.$$

De cet essai, tirez un énoncé général sur la résolution de la congruence $ax \equiv b \bmod m$ dans un anneau euclidien. On peut s'aider de l'exercice précédent.

EXERCICE **1.7.** On fixe un entier m au moins égal à 2 et on considère les entiers de 0 à $m-1$; on munit cet ensemble de l'addition et la multiplication réduites modulo m, ce qui signifie que l'on calcule avec des entiers mais en réduisant systématiquement les résultats modulo m. On obtient ainsi l'anneau des entiers modulo m. On peut calculer la table d'addition. Pour voir la table dans la disposition classique d'une table de Pythagore, nous employons le petit procédé qui suit, fondé sur les capacités du *pretty printer*.

```
m:=6:
for x from 0 to m-1 do for y from 0 to m-1 do
  A[x,y]:=x+y mod m
od od:
array(1..2,1..2,
     [[cat(`+ mod `,m),matrix(1,m,[seq(i,i=0..m-1)])],
      [matrix(m,1,[seq(j,j=0..m-1)]),
       matrix(m,m,[seq(seq(A[i,j],j=0..m-1),i=0..m-1)])]]);
```

$$\begin{bmatrix} +\bmod 6 & \begin{bmatrix} 0 & 1 & 2 & 3 & 4 & 5 \end{bmatrix} \\ \begin{bmatrix} 0 \\ 1 \\ 2 \\ 3 \\ 4 \\ 5 \end{bmatrix} & \begin{bmatrix} 0 & 1 & 2 & 3 & 4 & 5 \\ 1 & 2 & 3 & 4 & 5 & 0 \\ 2 & 3 & 4 & 5 & 0 & 1 \\ 3 & 4 & 5 & 0 & 1 & 2 \\ 4 & 5 & 0 & 1 & 2 & 3 \\ 5 & 0 & 1 & 2 & 3 & 4 \end{bmatrix} \end{bmatrix}$$

Cette table se comprend comme suit : dans la ligne 3 et la colonne 4 on voit le résidu de $3+4$ modulo 6 c'est-à-dire 1.

a. Calculez la table de multiplication des entiers modulo m pour m entre 2 et 20. Un diviseur de zéro se manifeste par la présence d'un 0 ailleurs que dans la ligne ou la colonne associées à 0. Dans quel cas y a-t-il des diviseurs de zéro ? L'anneau est un corps si tout élément non nul est inversible, autrement dit si la ligne et la colonne associées à un élément non nul comporte un 1. Dans quel cas a-t-on affaire à un corps ? Prouvez vos assertions.

b. Dans un anneau, les éléments inversibles forment un groupe pour la multiplication. Quels sont les éléments inversibles de l'anneau des entiers modulo m ? On demande de fournir, pour m entre 2 et 20, le nombre d'éléments du groupe des inversibles modulo m. En particulier, combien y a-t-il d'inversibles modulo un nombre premier p ?

Petit théorème de Fermat. Les coefficients binomiaux vérifient la remarquable propriété de divisibilité suivante : si p est un nombre premier, tous les coefficients binomiaux qui figurent dans la ligne numéro p du triangle de Pascal, hormis les deux termes extrêmes, sont divisibles par p. On le constate par exemple pour p égal à 7.

```
p:=7:
seq(binomial(p,k),k=0..p)
```

$$1,\ 7,\ 21,\ 35,\ 35,\ 21,\ 7,\ 1$$

On peut prouver cette propriété en utilisant le théorème de Gauss. On écrit, pour $0 < k < p$,

$$k!\binom{p}{k} = p(p-1)\cdots(p-k+1)$$

et p, qui divise le terme de droite, divise aussi le produit de gauche ; comme il est premier avec tous les entiers strictement plus petits que lui, il est aussi premier avec la factorielle et divise donc le binomial.

Le résultat obtenu peut s'exprimer d'une autre manière ; pour tout entier n, la congruence suivante est satisfaite,

$$(1+X)^p \equiv 1+X^p \bmod p.$$

Cette écriture signifie que l'égalité $(1+X)^p = 1+X^p+k(X)p$ est satisfaite pour un certain polynôme $k(X)$ à coefficients entiers. Le *petit théorème de Fermat* s'énonce ainsi : si p est un nombre premier, alors la congruence

$$a^p \equiv a \bmod p$$

est satisfaite pour tout entier a. On voit que cet énoncé découle par récurrence du résultat précédent en substituant à X les entiers.

Le *théorème de Lucas* est l'assertion suivante : soient p un nombre premier, n et k deux entiers dont les écritures en base p sont

$$n = (n_\ell n_{\ell-1} \dots n_1 n_0)_p, \qquad k = (k_\ell k_{\ell-1} \dots k_1 k_0)_p\,;$$

alors le coefficient binomial $\binom{n}{k}$ est donné modulo p par la formule

$$\binom{n}{k} \equiv \binom{n_\ell}{k_\ell}\binom{n_{\ell-1}}{k_{\ell-1}} \cdots \binom{n_1}{k_1}\binom{n_0}{k_0} \bmod p.$$

Il faut préciser que les deux écritures en base p sont normalisées en ce sens que la plus courte est allongée par des zéros en tête de manière que les deux écritures aient la même longueur. Avec $p = 7$ et n égal à $60 = 1\times49+1\times7+4$, k égal à $30 = 4 \times 7 + 2$ on a ainsi

$$\binom{60}{30} \equiv \binom{1}{0}\binom{1}{4}\binom{4}{2} = 1 \times 0 \times 6 = 0 \bmod 7.$$

Si l'on prend n égal à p, ce qui se traduit par les égalités $\ell = 1$, $n_1 = 1$, $n_0 = 0$, on retrouve le résultat arithmétique du début du paragraphe.

La preuve du théorème de Lucas consiste à calculer $(1+X)^n$ modulo p en utilisant le résultat de l'exercice 1.18, page 124, qui exprime que, modulo p, élever à la puissance p revient à substituer X^p à X. L'écriture en base p de n se traduit par l'égalité

$$n = n_0 + n_1\, p + \cdots + n_{\ell-1}\, p^{\ell-1} + n_\ell\, p^\ell.$$

En calculant modulo p, on a donc

$$\begin{aligned}(1+X)^n &\equiv \prod_{i=0}^{\ell}(1+X)^{n_i p^i} \equiv \prod_{i=0}^{\ell}(1+X^{p^i})^{n_i} \\ &\equiv \prod_{i=0}^{\ell}\sum_{k_i=0}^{n_i}\binom{n_i}{k_i}X^{k_i p^i} \equiv \sum_{k=0}^{n}\prod_{i=0}^{\ell}\binom{n_i}{k_i}X^k,\end{aligned}$$

si k_i est le chiffre d'indice i de l'écriture en base p de l'indice k dans la dernière somme. Pour la dernière égalité, nous avons profité du fait que le binomial $\binom{n_i}{k_i}$ est nul pour k_i strictement plus grand que n_i.

EXERCICE **1.8.** Le théorème de Lucas montre que le tableau des binomiaux réduits modulo p est complètement déterminé par le petit carré des $\binom{\nu}{\kappa}$ avec $0 \le \nu$, $\kappa < p$. Précisément le théorème de Lucas fournit la congruence

$$\binom{pn+\nu}{pk+\kappa} \equiv \binom{n}{k}\binom{\nu}{\kappa} \bmod p.$$

On demande de représenter le tableau des binomiaux modulo p pour de faibles valeurs de p et d'expliquer la structure obtenue. On pourra représenter un tableau de nombres en utilisant `plots/textplot`, ou encore convertir les résidus modulo p en couleurs, utiliser `plots/polygonplot` et représenter les cases du triangle de Pascal par des carrés de couleur. Dans ce second cas, on peut jouer sur le fait que les couleurs sont représentées par des triplets de nombres positifs, comme le montrent les instructions suivantes.

```
readlib(`plot/color`):
print(`plot/colortable`);
```

Pour faire varier les couleurs suivant le résidu, il suffit donc d'associer à chaque résidu un point, disons `x,y,z`, de l'espace des couleurs et de passer à `plots/polygonplot` l'option `color=COLOR(RGB,x,y,z)`.

Ordre d'un élément. Revenons sur le petit théorème de Fermat. Il exprime que le nombre premier p divise le produit $a(a^{p-1}-1)$ pour n'importe quel entier a ; si a n'est pas un multiple de p, il est premier avec p et le théorème de Gauss permet d'affirmer que p divise $a^{p-1}-1$. Ainsi, les entiers a qui ne sont pas multiples de p vérifient la congruence plus précise

$$a^{p-1} \equiv 1 \bmod p.$$

Cette relation montre que a est inversible modulo p, d'inverse a^{p-2}.

L'*ordre* d'un élément a d'un groupe multiplicatif est le plus petit entier non nul ν tel que $a^\nu = 1$, en notant 1 le neutre du groupe. Si un tel entier n'existe pas, l'usage est de dire que a est d'ordre infini. La congruence précédente amène à caractériser les entiers k tels que $a^k = 1$. Supposons que a soit d'ordre fini ν ; un multiple $\nu\ell$ de ν satisfait

$$a^{\nu\ell} = (a^\nu)^\ell = 1.$$

Inversement si un entier k satisfait $a^k = 1$, divisons euclidiennement k par ν, ce qui s'écrit

$$k = \nu\ell + r \qquad \text{avec} \qquad 0 \leq r < \nu.$$

Nous remarquons que

$$a^r = a^{k-\nu\ell} = a^k(a^\nu)^{-\ell} = 1$$

et si r n'est pas nul la définition de ν est contredit. Ainsi k est un multiple de ν. Il en résulte que, pour un élément d'ordre fini ν, les entiers k tels que $a^k = 1$ sont exactement les multiples de ν.

Avec cette notion d'ordre, le petit théorème de Fermat se réexprime de la manière suivante : pour un nombre premier p et un entier a premier avec p, l'ordre de a dans le groupe multiplicatif des inversibles modulo p est un diviseur de $p-1$.

EXERCICE **1.9.** Pour les dix premiers nombres premiers impairs 3, 5, ..., 31 donnez l'ordre de 2 dans le groupe des inversibles modulo p.

EXERCICE **1.10.** Un groupe est *cyclique* s'il est fini et engendré par un seul élément, autrement dit s'il possède un élément g dont l'ordre ν est exactement le nombre d'éléments du groupe. Les éléments du groupe sont alors 1, g, g^2, ..., $g^{\nu-1}$, en supposant que le groupe est multiplicatif; si le groupe est additif, ses éléments sont $0, g, 2g, \ldots, (\nu-1)g$. Pour les entiers n entre 2 et 20 dites si le groupe des inversibles modulo n est cyclique et dans l'affirmative fournissez un générateur g (exercice 1.7, page 114).

Décomposition en éléments simples. Un anneau intègre possède un corps de fractions. Pour l'anneau $\mathbb{Z}$ des entiers relatifs, ce corps est le corps $\mathbb{Q}$ des rationnels ; pour un anneau de polynômes $\mathbb{K}[X]$, il s'agit du corps des fractions rationnelles $\mathbb{K}(X)$. Le caractère euclidien de l'anneau permet de décomposer les fractions en somme de fractions dites simples. L'écriture suivante est une décomposition en éléments simples du rationnel $1/10!$.

$$\frac{1}{10!} = -2 + \frac{1}{2^8} + \frac{1}{2^7} + \frac{1}{2^6} + \frac{1}{2^5} + \frac{1}{2^4} + \frac{1}{2} + \frac{1}{3^4} + \frac{1}{3^3} + \frac{2}{3} + \frac{3}{5^2} + \frac{2}{5} + \frac{1}{7}$$

Mis à part l'entier -2, chaque terme a pour dénominateur une puissance de nombre premier ; quant au numérateur il ne dépasse pas le nombre premier qui figure au dénominateur. Les nombres premiers qui apparaissent correspondent exactement à la décomposition en nombres premiers de l'entier $10!$. Plus généralement un *élément simple* est une fraction de la forme c/p^α satisfaisant les deux conditions suivantes : l'élément p est premier ; l'élément c vérifie $v(c) < v(p)$, en notant v l'application associée à la division euclidienne, c'est-à-dire la valeur absolue pour les entiers et le degré pour les polynômes (exercice 1.4).

Pour déterminer une décomposition en éléments simples, le premier point est de trouver une factorisation du dénominateur en éléments premiers. Dans le cas des fractions rationnelles, la factorisation du dénominateur dépend grandement du corps de nombres utilisé. Le cas le plus simple est celui d'une fraction à coefficients dans le corps $\mathbb{Q}$ que l'on décompose dans $\mathbb{Q}(X)$. La procédure **convert/parfrac** est alors adaptée.

```
f:=x^10/(x^5-1)/(x^2+x+1);
```

$$f := \frac{x^{10}}{(x^5-1)(x^2+x+1)}$$

```
convert(f,parfrac,x);
```

$$x^3 - x^2 + 1 + \frac{1}{15}\frac{1}{x-1} - \frac{1}{5}\frac{3+x-x^2+2x^3}{x^4+x^3+x^2+x+1} - \frac{1}{3}\frac{1+2x}{x^2+x+1}$$

Pour décomposer une fraction rationnelle à coefficients dans $\mathbb{Q}$ sur le corps des complexes, la procédure **convert/fullparfrac** est la plus appropriée.

```
dec:=convert(f,fullparfrac,x);
```

$$dec := x^3 - x^2 + 1 + \left(\sum_{\_\alpha = \%2} \frac{\frac{2}{15}\_\alpha - \frac{1}{15}\_\alpha^2 - \frac{1}{15}\_\alpha^3 + \frac{2}{15}\_\alpha^4 - \frac{1}{15}}{x - \_\alpha} \right) + \left(\sum_{\_\alpha = \%1} \left(-\frac{1}{3} \frac{1}{x - \_\alpha} \right) \right)$$

$$\%1 := \mathrm{RootOf}(\_Z^2 + \_Z + 1)$$

$$\%2 := \mathrm{RootOf}(\_Z^5 - 1)$$

Le résultat utilise la procédure inerte **RootOf** qui permet de représenter les racines d'un polynôme. Dans un cas d'école, les racines s'expriment par radicaux et on peut obtenir une expression plus explicite par la procédure **allvalues**. On applique ensuite à chaque terme la procédure **radnormal** pour simplifier les coefficients.

```
unlikely:=proc(s)
  local sf;
  if has(s,Sum) then
    if op(0,s)=Sum and has(op(2,s),RootOf) then
         add(sf,sf={allvalues(subs(op(2,s),op(1,s)))})
    else map(unlikely,s)
    fi
  else s
  fi
end: # unlikely
unlikely(dec):
map(radnormal,");
```

$$x^3 - x^2 + 1 + \frac{1}{15}\frac{1}{x-1} + \frac{2}{5}\frac{\sqrt{5}-1}{4x - \sqrt{5} + 1 - I\sqrt{2}\sqrt{5+\sqrt{5}}} - \frac{2}{5}\frac{\sqrt{5}+1}{4x + \sqrt{5} + 1 - I\sqrt{2}\sqrt{5-\sqrt{5}}} - \frac{2}{5}\frac{\sqrt{5}+1}{4x + \sqrt{5} + 1 + I\sqrt{2}\sqrt{5-\sqrt{5}}} + \frac{2}{5}\frac{\sqrt{5}-1}{4x - \sqrt{5} + 1 + I\sqrt{2}\sqrt{5+\sqrt{5}}} - \frac{2}{3}\frac{1}{2x + 1 + I\sqrt{3}} - \frac{2}{3}\frac{1}{2x + 1 - I\sqrt{3}}$$

On peut envisager des cas plus complexes (**?parfrac**), mais la décomposition en éléments simples est un concept et non un procédé de calcul. Nous l'emploierons rarement car elle ne conduit pas à des algorithmes du calcul formel. Par exemple l'intégration des fractions rationnelles n'utilise pas la décomposition en éléments simples. En effet celle-ci est fondée sur la factorisation complète du dénominateur, ce qui est coûteux et difficile à gérer. L'intégration des fractions rationnelles emploie des calculs de pgcd, c'est-à-dire l'algorithme d'Euclide qui a le mérite de n'utiliser que les quatre opérations élémentaires, et des calculs de résultants, qui à nouveau reposent sur l'utilisation des quatre opérations élémentaires. Ces résultants (que l'on peut voir comme des déterminants de Sylvester – page 151) fournissent les racines nécessaires pour exprimer la primitive cherchée et la résolution d'équations algébriques n'intervient ainsi qu'en dernière phase [5, 6].

Exercice **1.11.** Nous allons prouver l'existence d'une décomposition en éléments simples pour toute fraction n/d du corps des fractions d'un anneau euclidien (exercice 1.4). La fraction n/d est prise irréductible, ce qui signifie que n et d sont premiers entre eux.

a. En notant la décomposition en éléments premiers du dénominateur d

$$d = p_1^{\alpha_1} p_2^{\alpha_2} \cdots p_\ell^{\alpha_\ell},$$

montrez que l'on peut trouver e, c_1, c_2, ..., c_ℓ satisfaisant l'égalité

$$\frac{n}{d} = e + \frac{c_1}{p_1^{\alpha_1}} + \cdots + \frac{c_\ell}{p_\ell^{\alpha_\ell}},$$

avec la condition $v(c_i) < v(p_i^{\alpha_i})$ pour i entre 1 et ℓ.

b. Soient p un élément premier et c un élément de l'anneau tel que $v(c) < v(p^\alpha)$. Montrez que c s'écrit

$$c = c_\alpha p^\alpha + c_{\alpha-1} p^{\alpha-1} + \cdots + c_1 p + c_0,$$

avec tous les c_i satisfaisant $c_i = 0$ ou $v(c_i) < v(p)$.

c. Prouvez que tout élément du corps des fractions d'un anneau euclidien possède une décomposition en éléments simples.

d. Écrivez une procédure `convert/iparfrac` qui prend en entrée un nombre rationnel et renvoie une décomposition en éléments simples. On utilisera le critère suivant pour la division euclidienne : le reste est positif et strictement plus petit que la valeur absolue du diviseur. On attend l'exécution

```
r:=1/factorial(8):
convert(r,iparfrac);
```

$$-3 + \frac{1}{(2)^7} + \frac{1}{(2)^6} + \frac{1}{(2)^3} + \frac{1}{(2)^2} + \frac{1}{(2)} + \frac{1}{(3)^2} + \frac{1}{(3)} + \frac{4}{(5)} + \frac{6}{(7)}$$

Comme dans `ifactor` la procédure dont le nom est la chaîne de caractères vide, ``, est employée pour renvoyer le résultat. On voit clairement cet emploi ci-dessous.

```
lprint(ifactor(12));

``(2)^2*``(3)
```

Dans le corps de la procédure, il est plus simple d'utiliser `ifactors`.

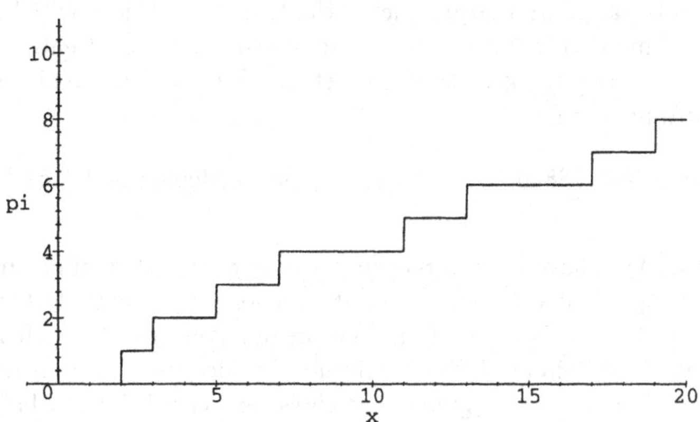

Figure 1.1.

2 Exercices

EXERCICE **1.12.** On note usuellement $\pi(x)$ le nombre de nombres premiers plus petits que le réel x. Le graphe de la fonction pi est représenté sur la figure 1.1.

a. Le crible d'Ératosthène fournit un moyen de calculer $\pi(x)$. Le principe est le suivant : on écrit tous les nombres entiers de 2 à x. Partant de $p = 2$, on raye tous les nombres qui sont des multiples de p en commençant à p^2. Ensuite on recommence en prenant pour p le premier entier qui suit la valeur précédente de p et qui n'est pas rayé. On arrête p à la racine carrée de x. À la fin, les nombres qui ne sont pas rayés sont les nombres premiers inférieurs ou égaux à x. En utilisant cette technique, donnez une version de la fonction pi (`?sqrt`, `?floor`). Donnez les valeurs de $\pi(10^k)$ pour k entre 2 et 5.

b. La méthode précédente a l'inconvénient de prendre beaucoup de place en mémoire puisqu'elle requière un tableau comportant $O(x)$ cases mémoire, en supposant qu'un entier n'occupe qu'une case mémoire. On obtient une variante qui n'utilise que $O(\sqrt{x})$ cases en procédant comme suit. On commence par cribler l'intervalle entre 0 et $\sqrt{x}$ comme précédemment et on garde en mémoire les nombres premiers que l'on a obtenu. Comme on l'a déjà remarqué tout nombre composé plus petit que x est divisible par l'un de ces nombres premiers. Ensuite on crible l'intervalle de $\sqrt{x}$ à x par tranches de largeur $\sqrt{x}$. On demande d'écrire une nouvelle version de la procédure qui mette cette amélioration en pratique. On calculera ensuite les valeurs de $\pi(10^k)$ pour k aussi grand que possible.

EXERCICE **1.13.** On se donne un nombre entier N dont on sait qu'il est primaire, c'est-à-dire qu'il s'écrit p^e, où p est un nombre premier et e un entier naturel non nul. Cependant p et e ne sont pas connus et on veut les déterminer. On demande de fournir une méthode de calcul de p et e basée sur le petit théorème de Fermat ; celui-ci implique que pour tout entier a le nombre premier p divise le pgcd de $a^N - a$ et de N. Combien valent p et e pour les nombres primaires

$$N = 2323073109371884608 01 \quad \text{et} \quad N = 1863550360693924203757\,?$$

EXERCICE **1.14.** On subdivise un cercle en n arcs par n points régulièrement répartis. Ensuite, partant d'un de ces points, on joint les points de k en k jusqu'à ce que la ligne brisée se referme en un polygone régulier. Illustrez la situation par un graphique. Quel est le nombre de côtés du polygone? Combien y a-t-il de polygones réguliers à n côtés (exercice 1.7, page 114)?

EXERCICE **1.15.** Montrez que l'entier $M_q = 2^q - 1$ ne peut être premier que si l'entier q est lui-même premier. La réciproque est fausse comme le montre l'exemple suivant.

```
n:=2^73-1:
ifactor(n);
```

$$(439)\,(9361973132609)\,(2298041)$$

Les entiers $M_p = 2^p - 1$ avec p premier sont les nombres de Mersenne.

a. On demande de fournir la séquence des $(p,\, M_p)$ pour les p tels que $2^p - 1$ soit premier en limitant p aux nombres premiers plus petits que 100.

b. Soit q un diviseur premier du nombre de Mersenne M_p ; montrez que p divise $q - 1$. Le nombre de Mersenne M_{1009} n'est pas premier.

```
p:=nextprime(1000):
M:=2^p-1:
isprime(M);
```

$$\mathit{false}$$

Trouvez un diviseur premier de M_{1009}.

EXERCICE **1.16.** Si nous connaissons un entier modulo un produit $m_1 m_2$, nous le connaissons évidemment modulo m_1 et modulo m_2. Inversement connaissant deux résidus modulo m_1 et modulo m_2, pouvons nous reconstruire un résidu modulo $m_1 m_2$? C'est l'objet du *théorème des restes chinois.*

Pour tirer la situation au clair, nous avons besoin de la notion de ppcm, que nous avons passée sous silence jusqu'ici. Un ppcm de deux éléments a et b d'un anneau intègre est un élément m qui est un *plus petit commun multiple* ; cela signifie que m est un multiple commun à a et à b, c'est-à-dire que a et b divisent m ; et aussi que tout multiple commun à a et b est un multiple de m (`?lcm`). Dans un anneau euclidien deux éléments premiers entre eux admettent leur produit comme ppcm. Ce résultat est un cas particulier de la formule $md = \varepsilon ab$, dans laquelle m est un ppcm de a et b, d est un pgcd de a et b, et ε est un inversible de l'anneau. On peut généraliser la situation à un nombre plus important d'éléments et là encore, dans un anneau euclidien, des éléments premiers entre eux deux à deux admettent leur produit comme ppcm.

a. Forgez vous une opinion sur le problème posé en résolvant les systèmes de congruences suivants à l'aide de `isolve`,

$$\begin{cases} x \equiv 12 \bmod 12, \\ x \equiv 30 \bmod 35\,; \end{cases} \qquad \begin{cases} x \equiv 7 \bmod 10, \\ x \equiv 20 \bmod 25\,; \end{cases}$$

$$\begin{cases} x \equiv 2 \bmod 20, \\ x \equiv 7 \bmod 15\,; \end{cases} \qquad \begin{cases} x \equiv 12 \bmod 28, \\ x \equiv 17 \bmod 45. \end{cases}$$

b. On suppose que les entiers m_1, m_2, ..., m_ℓ sont premiers entre eux deux à deux. Montrez que le système de congruences

$$x \equiv x_i \bmod m_i, \qquad i = 1, 2, \dots, \ell,$$

où les x_i sont donnés, possède des solutions et précisément une solution modulo M, le produit des m_i. On utilisera les nombres $M_i = M/m_i$.

c. La procédure `chrem` met en pratique le théorème des restes chinois (*chinese remainder theorem*, d'où le nom de la procédure). Utilisez la pour résoudre le système suivant [35],

$$\begin{cases} x \equiv 17 \bmod 9, \\ x \equiv -4 \bmod 5, \\ x \equiv -4 \bmod 7, \\ x \equiv 33 \bmod 16. \end{cases}$$

EXERCICE **1.17**. On se donne un entier m qui se factorise en le produit de deux entiers m_1 et m_2 premiers entre eux. On considère un entier a qui est premier avec m et on veut calculer l'ordre de a dans le groupe des inversibles modulo m. D'après le théorème des restes chinois (exercice précédent) cet entier a détermine deux résidus a_1 et a_2 modulo m_1 et m_2 et inversement ces deux résidus déterminent a modulo m. L'entier a_1 est d'ordre ν_1 modulo m_1 et l'entier a_2 est d'ordre ν_2 modulo m_2.

a. On demande l'ordre de a modulo m en fonction de ν_1 et ν_2. D'après le théorème des restes chinois il est directement lié à l'ordre du couple (a_1, a_2) quand on calcule modulo le couple (m_1, m_2). Voici un exemple éclairant, où l'on constate que l'ordre du couple $(2, 3)$ modulo le couple $(15, 14)$ est 12.

```
m[1]:=15:
m[2]:=14:
a[1]:=2:
a[2]:=3:
z[1,1]:=a[1]:
```

```
z[2,1]:=a[2]:
for k from 2 while z[1,k-1]<>1 or z[2,k-1]<>1 do
  z[1,k]:=z[1,k-1]*a[1] mod m[1];
  z[2,k]:=z[2,k-1]*a[2] mod m[2]
od:
seq([z[1,i],z[2,i]],i=1..k-1);
k-1;
```

$$[2, 3], [4, 9], [8, 13], [1, 11], [2, 5], [4, 1], [8, 3], [1, 9], [2, 13], [4, 11], [8, 5], [1, 1]$$

$$12$$

b. Par récurrence, le résultat de la question précédente s'étend au cas où le module m se factorise en un produit d'entiers premiers entre eux $m_1, \ldots, m_\ell$; ainsi le calcul de l'ordre d'un entier a modulo m est ramené au calcul de l'ordre modulo un nombre primaire, c'est-à-dire une puissance de nombre premier p^e. Écrivez une procédure **nu** qui prend en entrée deux entiers a et m et renvoie l'ordre de a modulo m (`?ifactors`). Une erreur sera renvoyée si les deux entiers a et m ne sont pas premiers entre eux.

EXERCICE **1.18.** En utilisant les deux congruences suivantes, dans lesquelles p est un nombre premier,

$$(1+X)^p \equiv 1 + X^p \bmod p, \qquad a^p \equiv a \bmod p,$$

montrez que tout polynôme f à coefficients entiers satisfait la congruence

$$f(X)^p \equiv f(X^p) \bmod p.$$

Vérifiez sur quelques exemples.

EXERCICE **1.19.** Décomposez en éléments simples sur $\mathbb{Q}$ et sur $\mathbb{C}$ les fractions rationnelles suivantes.

$$\frac{1}{X^4+X^2+1}, \quad \frac{1}{X^6-X^2-1}, \quad \frac{1}{X^{12}+1}, \quad \frac{1}{(X^3+1)^4}.$$

3 Problèmes

Développement décimal d'un rationnel. Les nombres rationnels ont un développement décimal périodique ; plus précisément le développement est périodique à partir d'un certain rang. Dans l'exemple suivant nous avons délimité les différentes occurrences du motif qui se répète périodiquement par des virgules. On voit après le point décimal une partie initiale qui ne comporte qu'un chiffre, puis un motif de treize chiffres répété indéfiniment.

```
evalf(333/106,50);
```

$$3.1, 4150943396226, 4150943396226, 4150943396226, 415094340$$

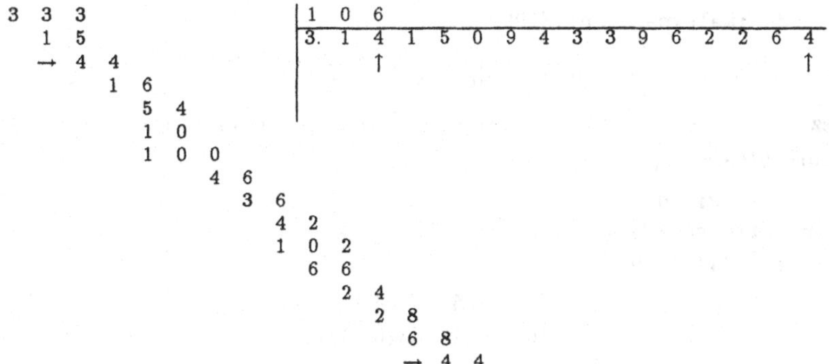

Figure 1.2.

Admettons que l'algorithme de calcul naguère enseigné à l'école primaire fournit bien le développement décimal d'un rationnel p/q. L'usage (figure 1.2) est de disposer le dividende p en haut à gauche et le diviseur q en haut à droite. On obtient à droite sous le trait le début du développement décimal de p/q. La séquence des restes qui figurent dans la partie gauche est une suite d'entiers compris entre 0 et $q-1$; après $q+1$ itérations au plus on rencontrera donc au moins deux fois le même reste et la séquence de calculs se répétera périodiquement. Dans l'exemple, le premier reste que l'on rencontre deux fois est 44 et on peut donc affirmer que la séquence des chiffres va se répéter périodiquement à partir du premier 4.

Dans la suite on ne s'intéresse qu'à la partie décimale des développements, c'est-à-dire à la suite des chiffres qui figure après le point décimal. Autrement dit, on n'utilise pas le rationnel r lui-même mais sa partie fractionnaire, le rationnel s vérifiant $0 \leq s < 1$ et tel que $r - s$ soit entier.

1.a. On demande d'écrire une procédure **decimalexpansion** qui prend en entrée un rationnel r et un entier ℓ et fournit la liste des ℓ premiers chiffres du développement décimal de r. On utilisera **numer**, **denom**, **irem** ou **iquo** mais pas **floor**, **evalf** ou **convert/base**, en mettant en jeu une boucle comportant à chaque pas une multiplication par 10. On attend une exécution comme suit.

```
decimalexpansion(1/2800,20);
```

$$[0, 0, 0, 3, 5, 7, 1, 4, 2, 8, 5, 7, 1, 4, 2, 8, 5, 7, 1, 4]$$

1.b. On demande d'affiner la procédure précédente en une nouvelle procédure **nicedecimalexpansion**; son argument est un rationnel r et elle renvoie la séquence constituée de la partie initiale et du motif qui se répète périodiquement dans le développement décimal de la partie fractionnaire de r. On écrira une procédure dont le coût est en $O(t)$ et non en $O(t^2)$ si t est la période du développement, ou plutôt la somme de la longueur du motif initial et de la période ; pour cela on admettra que le coût pour tester si un élément d'une table est affecté est un $O(1)$ (**?assigned**). On attend l'exécution

```
nicedecimalexpansion(1/2800);
```

$$[0, 0, 0, 3], [5, 7, 1, 4, 2, 8]$$

Donnez les longueurs des motifs pour les développements décimaux des fractions suivantes.

```
x:=evalf(Pi,50):
convert(x,confrac,xx):
seq(xx[i],i=1..6);
```

$$3, \frac{22}{7}, \frac{333}{106}, \frac{355}{113}, \frac{103993}{33102}, \frac{104348}{33215}$$

1.c. Après quelques essais, émettez une conjecture sur la taille de la partie initiale et sur la taille du motif. On pourra tester les fractions suivantes : 1/7, 1/21, 1/42, 1/84, 1/420, 3/140, 11/420, 31/420.

2. Nous avons dit que les rationnels avaient des développements décimaux périodiques à partir d'un certain rang. La réciproque est vraie ; en effet un développement décimal est une série d'une forme particulière ; quitte à multiplier la somme x de la série par une puissance de 10 convenable, on peut supposer que la suite des chiffres qui suivent le point décimal est périodique dès son début ; si la période est t, on a donc une égalité de la forme

$$10^{\mu} x = n + \sum_{k=1}^{+\infty} \frac{m}{10^{kt}},$$

dans laquelle μ, n et m sont des entiers. On en tire

$$10^{\mu} x = n + \frac{m}{1 - 10^{-t}}$$

et ceci montre que x est un rationnel.

2.a. Quels sont les rationnels dont les développements décimaux sont les suivants (`?sum`) ? Comme au début, on a utilisé la virgule pour séparer les différentes occurrences du motif.

$$1.41, 6, 6, 6, 6, 6, 6, 6, 6, \ldots$$
$$1.4, 142857, 142857, 142857, \ldots$$

2.b. Supposons que le développement décimal du rationnel $r = p/q$ est périodique dès après le point décimal. Montrez que la longueur du motif est liée à l'ordre de 10 modulo q.

3.a. On se donne un rationnel $r = p/q$, avec p et q premiers entre eux et $0 < p < q$. Déterminez la longueur de la partie initiale et la longueur du motif du développement décimal de r en fonction des propriétés arithmétiques de q.

3.b. Écrivez une procédure `pleasantdecimalexpansion` qui suit les mêmes spécifications que la procédure `nicedecimalexpansion`, mais s'appuie sur le résultat de la question précédente. Pour déterminer l'ordre d'un entier a

modulo un entier m, les deux entiers étant premiers entre eux, on utilisera la procédure **nu** de l'exercice 1.17. Testez sur les fractions suivantes les deux procédures **nicedecimalexpansion** et **pleasantdecimalexpansion**.

```
x:=evalf(2^(1/2),50):
convert(x,confrac,'xx'):
xx;
```

$$[1, \frac{3}{2}, \frac{7}{5}, \frac{17}{12}, \frac{41}{29}, \frac{99}{70}, \frac{239}{169}, \frac{577}{408}, \frac{1393}{985}, \frac{3363}{2378}, \frac{8119}{5741}, \frac{19601}{13860}, \frac{47321}{33461}, \frac{114243}{80782}, \frac{275807}{195025}]$$

3.c. Déterminez la taille de la partie initiale et la taille du motif pour les développements décimaux des fractions suivantes.

```
x:=evalf(Pi,50):
convert(x,confrac,'xx'):
seq(xx[i],i=7..nops(xx));
```

$$\frac{208341}{66317}, \frac{312689}{99532}, \frac{833719}{265381}$$

4 Thèmes

Nombres de Carmichael. Lorsque N est un nombre premier, le petit théorème de Fermat fournit la formule

$$a^{N-1} \equiv 1 \bmod N \quad \text{pour tout entier } a \text{ premier avec } N.$$

La réciproque de cette condition n'est pas vérifiée : certains nombres entiers N vérifient cette congruence, pour tout entier a premier avec N, et ne sont pas premiers ; on les appelle *nombres de Carmichael*.

1. Nous affirmons que l'entier N est un nombre de Carmichael si et seulement s'il est produit de nombres premiers p distincts deux à deux et tels que, pour chacun de ces nombres p, l'entier $p-1$ divise $N-1$.

1.a. Montrez que la condition précédente est suffisante.

1.b. Admettons que la condition soit aussi nécessaire. Déterminez les nombres de Carmichael inférieurs à 10^5 (`?ifactors`).

2.a. Montrez qu'un nombre de Carmichael possède au moins trois facteurs premiers.

2.b. Nous allons chercher des nombres de Carmichael à trois facteurs. Soit $N = pqr$ un nombre de Carmichael, avec $p < q < r$ des nombres premiers. Si p est fixé, montrez que q et r sont bornés et donnez des bornes explicites.

2.c. Écrivez une procédure qui renvoie l'ensemble de tous les $\{p, q, r\}$ possibles, le facteur premier p étant donné.

2.d. Trouvez tous les nombres de Carmichael à trois facteurs dont le plus petit facteur premier est un nombre premier inférieur ou égal au dixième nombre premier, 29.

2.e. Trouvez tous les nombres de Carmichael à trois facteurs plus petits que 10^6.

3. Nous voulons maintenant construire de grands nombres de Carmichael.

3.a. Soit C un nombre de Carmichael dont la décomposition en facteurs premiers est $C = p_1 \cdots p_r$ et L le ppcm des nombres $p_1 - 1, \ldots, p_r - 1$. On pose $D = (C-1)/L$ et on considère un diviseur F de D tel que $p = FL + 1$ soit un nombre premier. Montrez que pC est un nombre de Carmichael.

3.b. Utilisez le résultat précédent pour générer de grands nombres de Carmichael ; on pourra, par exemple, partir de $C = 23 \times 199 \times 353$. On prendra garde au fait qu'il est irréaliste de demander la factorisation de très grands entiers (`?ilcm`, `?isprime`).

5 Réponses aux exercices

Exercice **1.1.** Quelques essais montrent que le pgcd de ces polynômes à coefficients rationnels est $X^d - 1$ si d est le pgcd de n et m. L'exemple traité dans le texte fait comprendre pourquoi : les calculs du pgcd de n et m d'une part et du pgcd de $X^n - 1$ et $X^m - 1$ d'autre part fonctionnent en parallèle.

Exercice **1.2.** Les deux instructions

```
for k to 50 do readlib(ifactors)((10^k-1)/9) od;
for k to 50 do if isprime((10^k-1)/9) then print(k) fi od;
```

fournissent les réponses attendues, mais on note que la première a bien du mal à terminer, alors que la seconde est rapide. On retiendra que tester la primalité est assez aisé alors que factoriser est coûteux.

Exercice **1.3.** Il suffit d'écrire

```
for n to 20 do factor(x^n-1) od;
```

Les facteurs qui apparaissent sont les polynômes cyclotomiques $\Phi_n(X)$ disponibles par **numtheory/cyclotomic** [20].

Exercice **1.4. a.** Dans l'anneau des entiers relatifs, la division euclidienne

$$a = bq + r \qquad \text{avec } |r| < |b|$$

s'écrit aussi

$$\left|\frac{a}{b} - q\right| < 1\,;$$

on cherche un entier q à une distance strictement plus petite que 1 de la fraction a/b ; il y a un ou deux entiers q possibles suivant les cas. Dans les entiers de Gauss, la même intuition amène à chercher un point du réseau que forment les entiers de Gauss à une distance strictement plus petite que 1 du nombre complexe a/b ; il y a suivant les cas entre un et quatre points possibles. L'existence d'un tel point montre que l'anneau est euclidien.

b. On factorise les nombres premiers entre 1 et 100 avec `GIfactor` ; ensuite le résultat est nettoyé pour le débarrasser des éléments inversibles ± 1, $\pm i$ et le rendre plus lisible. On notera l'emploi de la chaîne vide ``.

```
p[0]:=1:
for i while p[i-1]<100 do
  p[i]:=nextprime(p[i-1]);
  GIfactorization[i]:=[p[i],GaussInt[GIfactor](p[i])]
od:
[seq(GIfactorization[i],i=1..25)]:
subs(``(-1)=1,``(I)=1,``(-I)=1,"):
select(proc(z) evalb(nops(z[2])>1) end,");
```

$$[[2, (1+I)^2], [5, (1+2I)(1-2I)], [13, (-3-2I)(-3+2I)],$$
$$[17, (1-4I)(1+4I)], [29, (5+2I)(5-2I)], [37, (1-6I)(1+6I)],$$
$$[41, (5+4I)(5-4I)], [53, (-7-2I)(-7+2I)], [61, (5-6I)(5+6I)],$$
$$[73, (-3+8I)(-3-8I)], [89, (5-8I)(5+8I)], [97, (9+4I)(9-4I)]]$$

Il semble que 2 et les nombres premiers congrus à 1 modulo 4 se ramifient dans les entiers de Gauss [39, chap. 15].

EXERCICE **1.5.** Dans chaque cas l'équation possède des solutions si et seulement si le pgcd de a et b divise c. En effet notons d le pgcd de a et b. Si nous disposons d'une solution (x, y) alors d, qui divise a et b, divise $ax + by$ c'est-à-dire c. Inversement si d divise c, nous posons $a = d\alpha$, $b = d\beta$ et $c = d\gamma$, ce qui ramène à l'équation $\alpha x + \beta y = \gamma$. Comme α et β sont premiers entre eux, le théorème de Bézout affirme que l'équation possède des solutions.

On peut être plus précis. Si (x_0, y_0) est une solution, alors pour toute solution (x, y) l'égalité

$$\alpha(x - x_0) = \beta(y_0 - y),$$

obtenue par une simple soustraction, et le théorème de Gauss montrent que α divise $y_0 - y$ et que β divise $x - x_0$, puisque α et β sont premiers entre eux. En reportant les égalités $x = x_0 + k\beta$, $y = y_0 - \ell\alpha$ dans l'équation, on trouve $\ell = k$ et les solutions sont donc fournies par

$$x = x_0 + k\beta, \qquad y = y_0 - k\alpha,$$

avec k quelconque dans l'anneau de référence.

EXERCICE **1.6.** Le premier exemple se traite comme suit.

```
isolve(100*x=2+541*k);
```

$$\{x = 422 + 541\,\_N1,\ k = 78 + 100\,\_N1\}$$

```
" mod 541;
```

$$\{k = 78 + 100\,\_N1,\ x = 422\}$$

```
msolve(100*x=2,541);
```

$$\{x = 422\}$$

Les deux procédés fournissent la même solution. Plus généralement, on doit résoudre l'équation

$$ax = b + km.$$

L'exercice précédent dit que cette équation possède des solutions si et seulement le pgcd d de a et m divise b. Si tel est le cas, posons $a = d\alpha$, $b = d\beta$ et $m = d\mu$. Alors les solutions s'écrivent en fonction de l'une d'elles (x_0, k_0),

$$x = x_0 + \ell\mu, \qquad k = k_0 - \ell\alpha,$$

avec ℓ quelconque. Pour ce qui est de la congruence, on a donc une solution modulo μ, c'est-à-dire d solutions modulo m. En particulier il y a exactement une solution si et seulement si a est premier avec m. Dans ce cas l'entier a est inversible modulo m puisque la congruence $ax \equiv 1 \bmod m$ a une solution et la solution de $ax \equiv b \bmod m$ s'écrit $x \equiv a^{-1}b \bmod m$.

EXERCICE **1.7.** Il suffit de remplacer l'addition par la multiplication dans la séquence d'instructions pour obtenir les tables demandées. Si le module m n'est pas premier et s'écrit $m = ab$, les résidus de a et b sont des diviseurs de zéro, ce qui fait que l'anneau n'est pas intègre. Si le module est premier et vaut p, alors tout résidu a qui n'est pas multiple de p, c'est-à-dire qui n'est pas 0 dans le contexte considéré, est premier avec p. Le théorème de Bézout nous montre que ce a est inversible modulo p (exercice précédent). Ainsi tous les éléments non nuls de l'anneau des entiers modulo p sont inversibles et cet anneau est un corps. A fortiori, il est intègre. En effet si dans un corps un élément non nul satisfait $ab = 0$, alors en multipliant par a^{-1} on obtient $b = 0$ et a n'est pas un vrai diviseur de zéro. En tout cas, il y a $p-1$ éléments inversibles modulo p, ce que l'on note $\varphi(p) = p - 1$. La fonction φ est l'indicateur d'Euler (`?phi`). Plus généralement les éléments inversibles modulo m sont les résidus d'entiers premiers avec m et il y en a $\varphi(m)$, par définition de l'indicateur d'Euler φ. Les questions de programmation seront reprises à l'exercice 1.10.

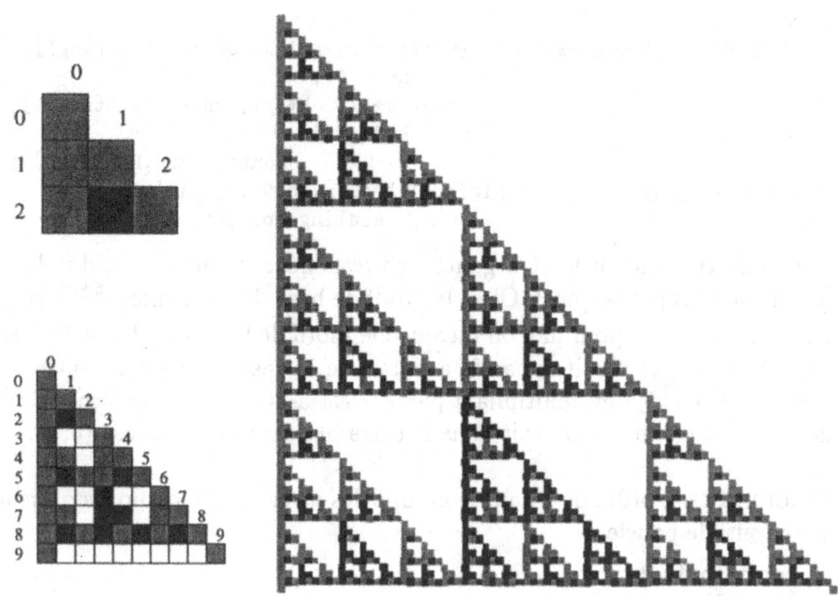

Figure 1.3.

EXERCICE **1.8.** Nous choisissons un nombre premier p, ici 3 ; nous fixons la taille N du tableau des binomiaux réduits modulo p, ici 81, ce qui est assez grand. Ensuite nous décidons d'utiliser les couleurs qui sont sur le segment qui va de blanc à noir ; en fait de couleurs, ce sont donc des nuances de gris. Après quoi, pour chaque couple (n,k) nous colorions un petit carré en position (n,k) avec la couleur associée au résidu du binomial $\binom{n}{k}$ modulo p. Les coordonnées du carré ont un aspect curieux (**#1**) : nous avons tourné le repère pour que le triangle de Pascal soit dans le sens usuel. Pour calculer les coordonnées de la couleur nous profitons du fait qu'on peut multiplier une liste par un nombre (**#2**). À la fin nous fusionnons les dessins, ce qui produit le grand triangle de la figure 1.3. Le blanc correspond à 0, le gris à 1 et le noir à 2. Pour les deux autres triangles, nous avons ajouté le dessin baptisé **pic[text]** qui fournit la numérotation des lignes et des colonnes.

```
p:=3:
N:=81:
a:=[1,1,1]:b:=[0,0,0]:
for n from 0 to N do for k from 0 to n do
  SQ:=[[k,-n],[k,-n-1],[k+1,-n-1],[k+1,-n]];                    #1
  residue:=binomial(n,k) mod p;
  t:=evalf(residue/(p-1));
```

```
    pic[n,k]:=plots[polygonplot](SQ,
              color=COLOR(RGB,op((1-t)*a+t*b)),                        #2
              view=[-2..N+1,-N-1..2]);
  od od:
  pic[text]:=plots[textplot]([seq([-1/2,-n-1/2,convert(n,string)],
                                   n=0..N),
                              seq([k+3/4,-k+1/2,convert(k,string)],
                                   k=0..N)],
                                        font=[TIMES,ROMAN,20]):
  plots[display]({seq(seq(pic[n,k],k=0..n),n=0..N),pic[text]},
                                   scaling=constrained,axes=none);
```

Le petit triangle en haut à gauche correspond aux binomiaux d'indices strictement plus petits que 3. C'est le motif de base. Un binomial $\binom{6+\nu}{\kappa}$ vaut $\binom{\nu}{\kappa}$ modulo 3 ; c'est pourquoi on retrouve le motif de base à partir de la case $(6,0)$. De même ce motif apparaît à partir de la case $(6,6)$. Par contre on passe de $\binom{\nu}{\kappa}$ à $\binom{6+\nu}{3+\kappa}$ en multipliant par 2, c'est-à-dire -1, ce qui échange le gris et le noir comme on le voit dans le carré qui démarre à la case $(6,3)$.

Exercice **1.9.** L'ordre de 2 dans le groupe des inversibles modulo p s'obtient par une simple boucle.

```
for i to 10 do
  p:=ithprime(1+i);
  z:=2;
  for j while z<>1 do z:=2*z mod p od;
  T[i]:=[p,j];
od:
seq(T[i],i=1..10);
```

$$[3, 2], [5, 4], [7, 3], [11, 10], [13, 12], [17, 8], [19, 18], [23, 11], [29, 28], [31, 5]$$

On constate que dans chaque cas l'ordre divise $p-1$, comme l'annonce le petit théorème de Fermat.

Exercice **1.10.** Pour chaque entier n, nous déterminons les éléments inversibles modulo n et nous les rangeons dans la table `G` (**#1**) ; le nombre d'inversibles modulo n est consigné dans la table **CardG**. Ensuite nous parcourons les inversibles modulo n jusqu'à trouver un générateur que nous affectons à **g[n]** (**#2**) ; si nous n'avons pas trouvé de générateur, ce qui signifie que le groupe n'est pas cyclique, **g[n]** contient la valeur *FAIL*. Nous aurions pu utiliser **numtheory/phi** puis parcourir les entiers et, pour ceux qui sont premiers avec n, regarder si leur ordre est égal à $\varphi(n)$, l'indicateur d'Euler de n.

```
for n from 2 to 20 do
  counter:=0;
  for a to n-1 do if igcd(a,n)=1 then
      counter:=counter+1;
      G[n,counter]:=a                                                  #1
    fi
  od;
```

```
    CardG[n]:=counter;
    g[n]:=FAIL;
    for k to CardG[n] while g[n]=FAIL do
      z:=G[n,k];
      for nu while z<>1 do z:=z*G[n,k] mod n od:
      if nu=CardG[n] then
        g[n]:=G[n,k]                                        #2
      fi;
    od;
  od:
  seq([n,g[n]],n=2..20);
```

[2, 1], [3, 2], [4, 3], [5, 2], [6, 5], [7, 3], [8, *FAIL*],
[9, 2], [10, 3], [11, 2], [12, *FAIL*], [13, 2], [14, 3],
[15, *FAIL*], [16, *FAIL*], [17, 3], [18, 5], [19, 2], [20, *FAIL*]

Nous voyons que le groupe des entiers inversibles modulo 20 n'est pas cyclique. Il comporte huit éléments mais aucun n'est d'ordre 8. Bien sûr, chacun a un ordre qui divise 8.

```
  for k to CardG[20] do
    z:=G[20,k];
    for nu while z<>1 do z:=z*G[20,k] mod 20 od:
    NU[20,k]:=nu
  od:
  seq([G[20,k],NU[20,k]],k=1..CardG[20]);
```

[1, 1], [3, 4], [7, 4], [9, 2], [11, 2], [13, 4], [17, 4], [19, 2]

Exercice **1.11.** **a.** L'égalité se récrit

$$n = ed + \sum_{i=1}^{\ell} c_i M_i,$$

en introduisant $m_i = p_i^{\alpha_i}$, $M_i = d/m_i$, pour $i = 1, \ldots, \ell$. Ainsi chaque c_i doit satisfaire la congruence

$$n \equiv c_i M_i \bmod m_i.$$

Puisque les deux éléments m_i et M_i sont premiers entre eux, l'élément c_i est déterminé modulo m_i. Ceci montre l'existence de cette décomposition. Inversement si on dispose de tels éléments c_i alors la congruence

$$n \equiv \sum_{i=1}^{\ell} c_i M_i \bmod d,$$

est satisfaite car les m_i sont premiers entre eux deux à deux et leur ppcm est d. De plus si les c_i sont déterminés, il en est de même de e d'après la congruence précédente.

b. Une suite de $\alpha - 1$ divisions euclidiennes par p donne la formule.

c. Les deux questions précédentes fournissent la réponse.

d. Il suffit de mettre en pratique la démonstration précédente. On calcule la factorisation du dénominateur et on se débarrasse du signe (**#1**) ; pour chaque facteur premier p_i, on détermine m_i, M_i et c_i (**#2**) et on utilise l'écriture en base p pour la deuxième phase du calcul (**#3**). La partie entière e s'obtient par différence (**#4**) ; ce n'est pas la partie entière au sens usuel.

```
'convert/iparfrac':=proc(r::rational)
  local n,d,f,l,i,p,alpha,m,M,c,E,k;
  n:=numer(r);
  d:=denom(r);
  f:=readlib(ifactors)(d)[2];                                      #1
  l:=nops(f);
  for i to l do
    p[i]:=f[i][1];                                                 #2
    alpha[i]:=f[i][2];
    m[i]:=p[i]^alpha[i];
    M[i]:=iquo(d,m[i]);
    c[i]:=modp((n*M[i]^(-1)),m[i]);
    E[i]:=convert(c[i],base,p[i])                                  #3
  od;
  n/d-add(c[i]/m[i],i=1..l)+add(add(                               #4
        E[i][k]/``(p[i])^(alpha[i]-k+1),k=1..nops(E[i])),i=1..l)
end: # convert/iparfrac
```

Exercice **1.12. a.** Nous définissons une table indexée de 2 à x dont toutes les valeurs sont égales à *true*. Un léger raisonnement montre qu'un entier composé a au moins un facteur premier plus petit que sa racine carrée ; ayant trouvé un nombre premier p il est donc inutile de tester la primalité des entiers entre $p+1$ et p^2-1 ; c'est pourquoi le compteur j démarre à p^2. Pour la même raison p ne dépasse pas $\sqrt{x}$ dans le criblage. Ensuite on le fait aller jusqu'à x pour finir de compter les nombres non criblés. On pourrait améliorer un peu la procédure en remarquant que les nombres congrus à 0, 2, 3 ou 4 modulo 6 ne sont pas premiers et qu'il est donc inutile de les cribler. D'autre part le calcul dépend de la valeur de `Digits` ; si la donnée est un entier, ceci n'est guère satisfaisant ; dans cette hypothèse on peut améliorer la procédure en prenant en compte la taille de l'entier (`?length`) pour adapter la valeur de `Digits` et garantir le résultat.

```
pi:=proc(x::numeric)
  local T,p,isqrtx,j;
  if x<2 then RETURN(0) fi;
  for p from 2 to x do T[p]:=true od;
  isqrtx:=floor(sqrt(x));
  for p from 2 to isqrtx do
    if T[p] then
      for j from p*p to x by p do T[j]:=false od
    fi
```

```
    od;
    nops(subs(false=NULL,[seq(T[j],j=2..x)]))
  end: # pi
```

b. Nous reprenons le problème avec la procédure **newpi**. D'abord (**#0**) on calcule les quantités utiles comme les parties entières de $\sqrt{x}$ et de sa racine carrée. Ensuite (**#1**) on crible l'intervalle qui finit à $\sqrt{x}$. Au passage on compte les nombres premiers et on les range dans la table `P`. Ensuite (**#2**) on crible les tranches de $i\sqrt{x}$ à $(i+1)\sqrt{x}$ et ce pour i allant de 2 à $\sqrt{x}$. Le but étant de gagner de la place en mémoire on utilise toujours la même table ; le contenu de la case **k** correspond à l'entier **(i-1)*isqrtx+k**. La dernière tranche est spéciale ; pour éviter de dupliquer le code, ce qui est une source d'erreur puisque toute modification doit être portée deux fois, on préfère déborder au delà de x puis retrancher ce qui a été compté en excès (**#3**).

```
newpi:=proc(x::numeric)
  local isqrtx,isqrtisqrtx,xoverisqrtx,
                                   p,T,counter,j,P,piofisqrtx,i,k;
  if x<2 then RETURN(0) fi;
  isqrtx:=floor(sqrt(x));                                         #0
  isqrtisqrtx:=floor(sqrt(isqrtx));
  xoverisqrtx:=floor(x/isqrtx);                                   #1
  for p from 2 to isqrtx do T[p]:=true od;
  counter:=0;
  for p from 2 to isqrtx do
    if T[p] then
      counter:=counter+1;
      P[counter]:=p;
      for j from p*p to isqrtx by p do T[j]:=false od
    fi
  od;
  piofisqrtx:=counter;                                            #2
  for i from 2 to xoverisqrtx+1 do
    for k to isqrtx do T[k]:=true od;
    for j to piofisqrtx do
      for k from P[j]-irem((i-1)*isqrtx,P[j])
             to isqrtx by P[j] do T[k]:=false
      od
    od;
    counter:=counter
                 +nops(subs(false=NULL,[seq(T[j],j=1..isqrtx)]));
  od;
  counter:=counter                                                #3
           -nops(subs(false=NULL,[seq(T[j-xoverisqrtx*isqrtx],
                                  j=x+1..(xoverisqrtx+1)*isqrtx)]));
  counter
end: # newpi
```

On obtient les valeurs suivantes.

x	10^2	10^3	10^4	10^5	10^6	10^7	10^8
$\pi(x)$	25	168	1229	9592	78498	664579	5761455

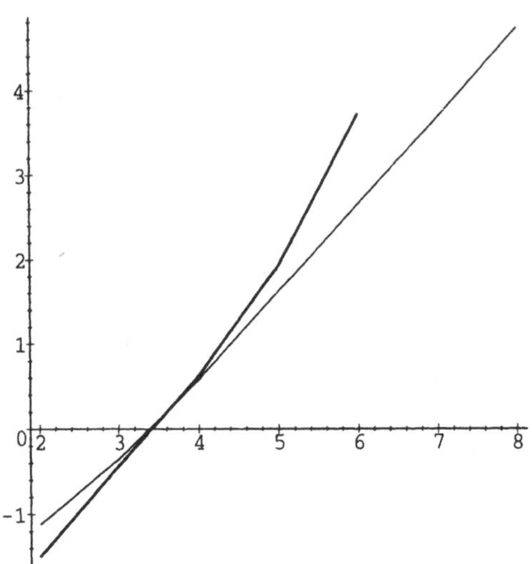

Figure 1.4.

Le coût du calcul compté en nombre d'opérations élémentaires est un $O(x^{1+\varepsilon})$ pour tout $\varepsilon > 0$, aussi bien pour cette nouvelle version de la fonction pi que pour l'ancienne. Le gain vient du fait que le coût en espace est un $O(\sqrt{x})$ pour la nouvelle version au lieu d'un $O(x)$ pour l'ancienne. Ceci influe sur le coût en temps puisque dans cette nouvelle version la machine passe moins de temps à gérer la mémoire pour trouver la place nécessaire. La séquence d'instructions suivante, qui doit être adaptée à la machine utilisée, montre bien ce comportement.

```
for i from 2 to 6 do
  TIME[i]:=time(pi(10^i))
od;
for i from 2 to 8 do
  newTIME[i]:=time(newpi(10^i))
od;
pic[pi]:=plot([seq([i,log[10](TIME[i])],i=2..6)]):
pic[newpi]:=plot([seq([i,log[10](newTIME[i])],i=2..8)]):
plots[display]({pic[pi],pic[newpi]},scaling=constrained);
```

Le graphique de la figure 1.4 montre les temps de calcul des deux procédures en échelle logarithmique. En abscisse on a porté le logarithme décimal de l'entier et en ordonnée le logarithme décimal du temps de calcul. Le trait le plus long correspond à **newpi** ; il est presque droit avec une pente sensiblement égale à 1, ce qui exprime une relation de la forme $\log_{10} T_n = \log_{10} n + c$ ou encore $T_n = 10^c n$. Ceci est satisfaisant puisqu'on retrouve la complexité en nombre d'opérations élémentaires. Par contre le trait qui correspond à `pi` a une pente de plus en plus importante parce que la gestion de la mémoire prend de plus en plus de temps et ceci finit par masquer la complexité théorique. On trouvera dans [56] une étude plus complète de la question et dans [43] une méthode élémentaire, mais fine, qui donne pour le calcul de $\pi(x)$ un coût en temps qui est $O(x^{2/3+\varepsilon})$ et un coût en espace qui est $O(x^{1/3+\varepsilon})$. C'est le premier algorithme pour lequel le coût en temps passe en dessous de $O(x)$.

Exercice **1.13.** D'après le petit théorème de Fermat, nous avons $a^p \equiv a \bmod p$ pour tout entier a ; par récurrence, nous en tirons $a^{p^e} \equiv a \bmod p$; il en résulte que p est un diviseur commun à $a^N - a$ et N. Le nombre primaire considéré est ici

$$N = 232307310937188460801.$$

Pour évaluer p, nous calculons le pgcd de $2^N - 2$ et N. On peut remplacer $2^N - 2$ par le résidu modulo N de $2^N - 2$ et pour calculer ce résidu, on utilise l'opérateur neutre `&^` de manière que le calcul de la puissance se fasse modulo N. Ainsi on ne calcule pas d'abord 2^N ; le procédé serait inefficace et même irréalisable car 2^N possède 7×10^{20} chiffres décimaux.

```
N:=232307310937188460801:
p:=igcd(2&^N-2 mod N,N);
```

$$p := 123457$$

On teste ensuite si p est premier avec la commande `isprime`, puis on calcule la puissance e de p dans N et on trouve $e = 4$.

Pour le nombre primaire $N = 1863550360693924203757$, le pgcd de $2^N - 2$ et de N n'est pas un nombre premier. Il suffit de recommencer l'opération en remplaçant 2 par 3 pour la valeur de a. On trouve finalement $p = 1093$ et $e = 7$.

Exercice **1.14.** On obtient une illustration comme suit.

```
n:=3*4*5;k:=27;
picture[circle]:=plot([cos(t),sin(t),t=0..2*Pi],
                              color=blue):
picture[ptset]:=plot([seq([cos(2*j*Pi/n),sin(2*j*Pi/n)],j=0..n)],
                              style=point,symbol=circle,color=blue):
picture[polygon]:=plot([seq([cos(2*j*k*Pi/n),sin(2*j*k*Pi/n)],
                                              j=0..n)],color=red):
plots[display]({picture[circle],picture[ptset],picture[polygon]},
                                  axes=NONE,scaling=constrained);
```

Le dessin traduit la situation suivante. Dans le groupe des racines n^e de l'unité, appelons ω une racine primitive. Partant de 1, on joint successivement les points ω^k, ω^{2k}, ω^{3k}, jusqu'à revenir en 1. Le nombre de côtés du polygone est donc l'ordre de ω^k. Cet ordre ν est le premier entier strictement positif tel que $\omega^{\nu k} = 1$, c'est-à-dire $\nu k \equiv 0 \bmod n$. La résolution de cette congruence (exercice 1.6) donne $\nu = k/\operatorname{pgcd}(n,k)$.

Pour obtenir un polygone régulier à n côtés, on doit donc prendre k premier avec n, ce qui fournit $\varphi(n)$ possibilités (exercice 1.7). Cependant il faut tenir compte du fait que k et $n-k$ produisent le même polygone. Il y a donc $\varphi(n)/2$ polygones réguliers à n côtés.

EXERCICE **1.15. a.** Pour répondre à la question on emploie **isprime** qui est moins coûteux que **ifactor** [39].

```
op(select(proc(z) isprime(op(1,z)) and isprime(op(2,z)) end,
                                      [seq([n,2^n-1],n=2..100)]));
```

$$[2, 3], [3, 7], [5, 31], [7, 127], [13, 8191], [17, 131071], [19, 524287], [31, 2147483647], [61, 2305843009213693951], [89, 618970019642690137449562111]$$

b. La divisibilité de M_p par q se traduit par la congruence $2^p \equiv 1 \bmod q$. Elle exprime que p est un multiple de l'ordre de 2 dans le groupe des inversibles modulo q ; la primalité de p fait que cet ordre est exactement p. Cependant le petit théorème de Fermat dit que cet ordre divise $q-1$ puisque q est supposé premier ; ainsi p divise $q-1$. Pour trouver un diviseur premier de M_p il suffit donc de tester les nombres de la forme $1+kp$ avec k entier pair ; ceci réduit le travail à effectuer d'un facteur $2p$.

```
p:=nextprime(1000):
M:=2^p-1:
for q from 2*p+1 by 2*p while q^2<=M and irem(M,q)<>0 do od:
q,isprime(q);
```

$$q := 3454817, \; true$$

Un diviseur premier est plus petit que la racine carrée du nombre, d'où la borne que nous utilisons. Cette borne vaut environ 10^{149}, ce qui est inaccessible ; nous avons donc eu de la chance. On pourra s'en convaincre en appliquant la même technique à M_{101}.

EXERCICE **1.16. a.** Nous définissons les modules et les résidus, puis nous résolvons le système. Le dernier système proposé donne les calculs suivants.

```
m[1]:=4*7:m[2]:=3^2*5:
x[1]:=12:x[2]:=17:
isolve({xx=x[1]+k[1]*m[1],xx=x[2]+k[2]*m[2]});
```

$$\{k_1 = 5 + 45\,\_N1,\; k_2 = 3 + 28\,\_N1,\; xx = 152 + 1260\,\_N1\}$$

On constate qu'il y a deux cas : ou bien les deux modules sont premiers entre eux et le système admet toujours une solution, qui est définie modulo le produit m_1m_2 ; ou bien les deux modules ne sont pas premiers entre eux et l'existence de solutions dépend des résidus ; de plus quand une solution existe dans le deuxième cas, elle n'est pas définie modulo le produit m_1m_2, mais modulo le plus petit commun multiple des deux modules.

b. Le point crucial est le fait que M_i est premier avec m_i, puisque M_i est le produit de tous les m_k avec k différent de i et ceux-ci sont premiers avec m_i. Il en résulte que M_i est inversible modulo m_i et pour chaque i on peut trouver un a_i tel que

$$a_iM_i \equiv 1 \bmod m_i.$$

Ceci permet de définir

$$x \equiv \sum_{i=1}^{\ell} a_iM_ix_i \bmod M.$$

Par réduction modulo chacun des m_i, on constate que ce résidu est une solution. Clairement on peut toujours rajouter un multiple de M à une solution et on obtient encore une solution. De plus si on dispose de deux solutions leur différence résout le système de congruences dans lequel tous les x_i sont nuls ; autrement dit cette différence est multiple de chacun des m_i ; comme ceux-ci sont premiers entre eux deux à deux, la différence est multiple de M.

Supposons que deux modules m_1 et m_2 ne soient pas premiers entre eux, mais aient un pgcd d strictement plus grand que 1 ; alors le système

$$\begin{cases} x \equiv x_1 \bmod m_1, \\ x \equiv x_2 \bmod m_2 \end{cases} \quad \text{impose} \quad \begin{cases} x \equiv x_1 \bmod d, \\ x \equiv x_2 \bmod d \end{cases}$$

et il suffit que x_1 et x_2 ne soient pas congrus modulo d pour que le système n'ait pas de solution.

c. Comme Gauss, on trouve que x vaut 3041 modulo 5040.

```
chrem([17,-4,-4,33],[9,5,7,16]),ilcm(9,5,7,16);
```

3041, 5040

EXERCICE **1.17.** La procédure **nu** consiste d'abord en la vérification des arguments, puis en le calcul par itération de l'ordre de a modulo chacun des facteurs primaires de l'entier m ; ces différents ordres sont ensuite fusionnés grâce au théorème chinois pour donner l'ordre de a modulo m.

```
nu:=proc(a::integer,m::nonnegint)
  local F,l,i,z,modulus,Nu,k;
  if igcd(a,m)<>1 then
    ERROR('nu expects its arguments to be coprime integers')
```

```
    fi;
    F:=readlib(ifactors)(m)[2];
    l:=nops(F);
    for i to l do
      z:=a;
      modulus:=F[i][1]^F[i][2];
      for k while z<>1 do z:=z*a mod modulus od;
      Nu[i]:=k
    od;
    ilcm(seq(Nu[i],i=1..l))
  end: # nu
```

EXERCICE **1.18.** Un polynôme $f(X)$ s'écrit

$$f(X) = f_0 + Xg(X),$$

si f_0 est son terme constant et $g(X)$ est un certain polynôme. Si $f(X)$ se réduit à f_0, le résultat est déjà acquis, d'après le petit théorème de Fermat ; sinon on écrit

$$f(X)^p = f_0^p + X^p g(X)^p = f_0 + X^p g(X)^p,$$

le calcul se déroulant modulo p. On est ramené au même problème avec $g(X)$, mais $g(X)$ a un degré inférieur et une récurrence sur le degré suffit.

EXERCICE **1.19.** On peut obtenir les décompositions en éléments simples sur $\mathbb{Q}$ et sur $\mathbb{C}$ de la première fraction comme suit. La procédure **unlikely** a été définie dans le texte.

```
f:=1/(x^4+x^2+1):
convert(f,parfrac,x);
```

$$-\frac{1}{2}\,\frac{x-1}{x^2-x+1}+\frac{1}{2}\,\frac{1+x}{x^2+x+1}$$

```
dec:=unlikely(convert(f,fullparfrac,x)):
map(radnormal,dec,rationalized);
```

$$\frac{1}{6}\,\frac{-3+I\sqrt{3}}{2x-1+I\sqrt{3}}+\frac{1}{6}\,\frac{3+I\sqrt{3}}{-2x+1+I\sqrt{3}} + \frac{1}{6}\,\frac{-3+I\sqrt{3}}{-2x-1+I\sqrt{3}}+\frac{1}{6}\,\frac{3+I\sqrt{3}}{2x+1+I\sqrt{3}}$$

Pour les deux dernières fractions, il n'est pas inutile de glisser dans la séquence d'instructions un **map/evalc** et un **map/factor**.

Chapitre 2. Algèbre linéaire

1 Domaine et outils

Les problèmes linéaires sont les problèmes que l'on sait résoudre. Nous voulons dire par là que les modèles mathématiques amènent des équations et que la circonstance la plus favorable est celle où ces équations sont linéaires. Souvent la première approche d'un problème consiste à le linéariser de force pour le dégrossir, quitte à raffiner ensuite la méthode. Par exemple la méthode de Newton est une méthode de résolution d'équation qui consiste à remplacer l'équation par une équation linéarisée. L'algèbre linéaire a donc un champ d'application très vaste.

Pour ce qui nous concerne, on peut *grosso modo* distinguer trois types de calcul. Le calcul matriciel exact va occuper une grande partie de ce chapitre ; il est certes limité aux cas d'école mais il permet une première compréhension des concepts de l'algèbre linéaire. Il prépare le calcul numérique matriciel, que nous évoquerons dans le prochain chapitre et qui est le deuxième type de calcul. Enfin le troisième type de calcul linéaire est intrinsèque et s'appuie fortement sur les potentialités du calcul formel. Il peut s'appliquer à des suites, des polynômes, des fonctions à travers des récurrences ou des équations différentielles ; son argument essentiel, sans cesse réutilisé, est le suivant : une famille de vecteurs plus nombreuse que la dimension de l'espace vérifie une relation de dépendance.

Syntaxe. La gestion des expressions liées à l'algèbre linéaire est un peu troublante de par la variété et la redondance des moyens fournis. Un objet de type matrice étant aussi de type tableau, on peut hésiter entre les deux procédures **array** et **matrix** pour définir une matrice. Par exemple les deux instructions suivantes ont le même effet (cf. pp. 429–432 pour la version V.3).

```
A:=array(1..2,1..4,[[1,2,3,4],[4,3,2,1]]);
A:=matrix(2,4,[[1,2,3,4],[4,3,2,1]]);
```

$$A := \begin{bmatrix} 1 & 2 & 3 & 4 \\ 4 & 3 & 2 & 1 \end{bmatrix}$$

On pourrait donc préférer utiliser la procédure **matrix**, de syntaxe plus brève, d'autant plus que l'instruction

```
A:=matrix(2,4,[1,2,3,4,4,3,2,1]);
```

est équivalente aux précédentes. Qui plus est, **matrix** accepte en paramètre une procédure qui calcule les coefficients en fonction des indices.

```
B:=matrix(4,3,proc(i,j) i+j end);
```

$$B := \begin{bmatrix} 2 & 3 & 4 \\ 3 & 4 & 5 \\ 4 & 5 & 6 \\ 5 & 6 & 7 \end{bmatrix}$$

Cependant **array** a le mérite d'accepter en paramètre une fonction d'indexation, qui par exemple exprime que la matrice est symétrique, antisymétrique ou creuse (**?indexfcn**).

```
C:=array(1..3,1..3,antisymmetric):
C[3,2]:=p:C[1,3]:=q:C[2,1]:=r:
print(C);
```

$$\begin{bmatrix} 0 & -r & q \\ r & 0 & -p \\ -q & p & 0 \end{bmatrix}$$

Il est donc utile de connaître les deux syntaxes.

Ensuite, de nombreuses opérations apparaissent en doublon avec d'un côté **evalm** et de l'autre le *package* **linalg**. En fait **evalm** se contente d'appeler la fonction correspondante de **linalg**, mais est, disons, plus convivial. Par exemple, les deux instructions suivantes ont le même effet.

```
evalm(A&*B&*C);
linalg[multiply](A,B,C);
```

$$\begin{bmatrix} 50\,r - 60\,q & -40\,r + 60\,p & 40\,q - 50\,p \\ 40\,r - 50\,q & -30\,r + 50\,p & 30\,q - 40\,p \end{bmatrix}$$

On notera l'utilisation de l'opérateur de multiplication non commutative **&***.

Le *package* **linalg** peut paraître rebutant puisqu'il demande une syntaxe plus compliquée, mais il devient indispensable dès que l'on veut appliquer des opérations plus subtiles qu'une simple évaluation matricielle. On trouve pages 444 à 446 une liste des procédures les plus usuelles du *package* **linalg** classées suivant la fonction qu'elles remplissent. On notera que **vector** ne fait que créer un tableau, qui est vu suivant les cas comme un vecteur ligne ou un vecteur colonne (cf. pp. 429–432 pour la version V.3). Ceci peut conduire à des ambiguïtés, qui sont résolues grâce à **linalg/transpose** (**?transpose**).

De plus cette représentation a un impact sur l'affichage et un vecteur, qu'il soit de type ligne ou colonne, est toujours affiché en ligne.

Nous allons illustrer l'emploi du *package* **linalg** par deux exemples. Le premier porte sur la notion de *polynôme minimal* et le second sur ce que l'on appelle les *noyaux itérés*.

Polynôme minimal. En dimension finie un endomorphisme, une matrice carrée si l'on préfère, annule au moins un polynôme non nul. Par exemple un projecteur p annule le polynôme $X^2 - X$ puisqu'il satisfait $p^2 = p$; une symétrie s annule le polynôme X^2-1 puisqu'elle satisfait $s^2 = \mathrm{Id}$. L'argument est simple : si l'espace de référence est de dimension n, alors l'espace des endomorphismes est de dimension n^2 ; la famille

$$\mathrm{Id},\ a,\ a^2,\ \ldots,\ a^{n^2}$$

comporte n^2+1 vecteurs de cet espace de dimension n^2, donc est liée. Ainsi il existe des scalaires non tous nuls $\lambda_0, \lambda_1, \ldots, \lambda_{n^2}$ tels que

$$\lambda_0 \mathrm{Id} + \lambda_1 a + \lambda_2 a^2 + \cdots + \lambda_{n^2} a^{n^2} = 0.$$

Cette égalité exprime qu'il existe un polynôme non nul de degré au plus n^2 qui s'annule sur a.

Pour déterminer un tel polynôme et même le plus simple d'entre eux, on considère la suite de familles $(a^k)_{0\leq k\leq K}$ pour K variant de 0 à n^2. La première, constituée de l'identité, est libre ; la dernière est liée comme nous l'avons déjà noté. Il existe donc un premier indice ν pour lequel la famille $(a^k)_{0\leq k\leq \nu}$ est liée. Puisque ν est ce premier indice la famille précédente $(a^k)_{0\leq k<\nu}$ est libre, ce qui fait qu'il existe exactement une relation de la forme

$$\lambda_0 \mathrm{Id} + \lambda_1 a + \lambda_2 a^2 + \cdots + \lambda_{\nu-1} a^{\nu-1} + a^\nu = 0.$$

En pratique nous nous donnons une matrice carrée A de taille n et nous résolvons successivement le système des n^2 équations en les λ_i avec $0 \leq i < k$ qui traduit l'égalité

$$\lambda_0 I_n + \lambda_1 A + \lambda_2 A^2 + \cdots + \lambda_{k-1} A^{k-1} + A^k = 0.$$

Le premier indice pour lequel le système a une solution, forcément unique, est ν.

```
coeffA:=rand(-10..10):
n:=5:
A:=matrix(n,n,[seq(coeffA(),i=1..n^2)]);
```

$$A := \begin{bmatrix} -4 & 7 & 8 & 10 & -6 \\ -8 & -5 & 7 & 6 & -6 \\ 0 & 5 & -10 & 1 & 1 \\ -3 & -10 & 5 & -4 & -8 \\ -1 & -10 & 2 & 3 & -1 \end{bmatrix}$$

```
sol:=NULL:
for k to n^2 while sol=NULL do
  Equ:=evalm(add(lambda[i]*A^i,i=0..k-1)+A^k);
  Inc:={seq(lambda[i],i=0..k-1)};
  sol:=solve({seq(seq(Equ[i,j],j=1..n),i=1..n)},Inc)
od:
nu:=k-1:
mu:=subs(sol,add(lambda[i]*x^i,i=0..nu-1)+x^nu);
```

$$\mu := 55556 + 2476\,x + 1290\,x^2 + 271\,x^3 + 24\,x^4 + x^5$$

La procédure **linalg/minpoly** aurait fourni le même résultat. Ce polynôme que nous venons d'obtenir apparaît comme le polynôme le plus simple, c'est-à-dire de degré minimal et de coefficient dominant égal à 1, qui s'annule sur l'endomorphisme ou la matrice ; on dit que c'est le *polynôme minimal* de l'endomorphisme ou de la matrice. On montre que son degré n'excède pas n.

EXERCICE **2.1.** Quel est le polynôme minimal d'une matrice antisymétrique quelconque de taille 2, 3 ou 4 ?

Noyaux itérés. Nous considérons un endomorphisme a d'un espace vectoriel de dimension finie E sur un corps $\mathbb{K}$. Plus précisément nous regardons les noyaux des itérés de a, c'est-à-dire les noyaux de ses puissances a^k au sens de la composition. La suite des noyaux est croissante, puisque un vecteur qui annule a^k annule a fortiori $a^{k+1} = a \circ a^k$. On a ainsi une chaîne d'inclusions

$$\{0\} = \mathrm{Ker}(\mathrm{Id}_E) \subset \mathrm{Ker}(a) \subset \mathrm{Ker}(a^2) \subset \cdots \subset \mathrm{Ker}(a^k) \subset \cdots$$

La suite des dimensions de ces noyaux est une suite croissante d'entiers naturels bornée par la dimension de l'espace ; elle est donc stationnaire. On veut comprendre et illustrer ce phénomène.

Les applications linéaires en dimension finie sont appréhendées à travers les matrices. Nous considérons donc une matrice A carrée de taille n et qui représente l'endomorphisme a dans une certaine base. Contrairement à ce que nous faisons souvent nous n'allons pas ici tirer une matrice au hasard ; en effet une matrice prise au hasard est presque sûrement inversible. La méthode n'a d'intérêt que pour une matrice qui n'est pas inversible, comme une matrice $A - \lambda I$ où λ est une valeur propre de A. Pour disposer d'un exemple, nous définissons une matrice par bloc avec **linalg/blockmatrix** ; quant aux blocs, ce sont des matrices compagnes.

```
with(linalg):
P:= companion(x^3+x^2,x):
Q:=companion(x^3,x):
R:=companion(x^3-x^2,x):
Z := matrix(3,3,0):
A:=blockmatrix(3,3,Z,-R,Q,R,Z,-P,-Q,P,Z);

Warning, new definition for norm
Warning, new definition for trace
```

$$A := \begin{bmatrix} 0 & 0 & 0 & 0 & 0 & 0 & 0 & 0 & 0 \\ 0 & 0 & 0 & -1 & 0 & 0 & 1 & 0 & 0 \\ 0 & 0 & 0 & 0 & -1 & -1 & 0 & 1 & 0 \\ 0 & 0 & 0 & 0 & 0 & 0 & 0 & 0 & 0 \\ 1 & 0 & 0 & 0 & 0 & 0 & -1 & 0 & 0 \\ 0 & 1 & 1 & 0 & 0 & 0 & 0 & -1 & 1 \\ 0 & 0 & 0 & 0 & 0 & 0 & 0 & 0 & 0 \\ -1 & 0 & 0 & 1 & 0 & 0 & 0 & 0 & 0 \\ 0 & -1 & 0 & 0 & 1 & -1 & 0 & 0 & 0 \end{bmatrix}$$

Nous calculons les noyaux successifs N_k des puissances de A et leurs dimensions d_k. Nous commençons au rang 0 avec la matrice unité I_n, ce qui donne $d_0 = 0$. Ensuite nous traitons chaque puissance de A à l'aide de la procédure **linalg/nullspace** qui fournit une base du noyau. Après quoi nous regardons la suite des d_k.

```
n:=coldim(A):
M:=array(1..n,1..n,identity):
d[0]:=0:
for k to n do
  M:=evalm(A&*M);
  N[k]:=nullspace(M);
  d[k]:=nops(N[k])
od:
seq(d[k],k=0..n);
```

$$0, 4, 6, 7, 7, 7, 7, 7, 7, 7$$

La suite (d_k) semble bien stationnaire. On peut montrer qu'elle suit d'abord un régime transitoire où elle est strictement croissante, puis atteint, au plus tard pour l'indice n, son régime permanent où elle est constante.

Il est tentant de regarder la suite des noyaux avec l'instruction

```
seq(N[k],k=0..9);
```

dans l'espoir de constater la croissance attendue. (La croissance de la suite des d_k ne suffit pas pour affirmer que la suite des N_k est croissante.) Cependant la procédure **linalg/nullspace** ne fournit pas des bases qui mettent en valeur ces inclusions.

```
N[1];
N[2];
```

$$\{[0, -2, 2, 0, -1, 1, 0, 0, 0], [1, 0, 0, 1, 0, 0, 1, 0, 0],$$
$$[0, 1, 0, 0, 1, 0, 0, 1, 0], [0, 0, -1, 0, 0, 0, 0, 0, 1]\}$$

$$\{[1,\ 2,\ -3,\ 0,\ 0,\ 0,\ 1,\ 0,\ 0],\ [0,\ -2,\ 3,\ 1,\ 0,\ 0,\ 0,\ 0,\ 0],$$
$$[0,\ 0,\ -1,\ 0,\ 0,\ 0,\ 0,\ 0,\ 1],\ [0,\ 0,\ 0,\ 0,\ 1,\ 0,\ 0,\ 0,\ 0],$$
$$[0,\ 1,\ 0,\ 0,\ 0,\ 0,\ 0,\ 1,\ 0],\ [0,\ -2,\ 2,\ 0,\ 0,\ 1,\ 0,\ 0,\ 0]\}$$

La base fournie pour $\mathrm{Ker}(a^2)$ n'apparaît pas comme une sur-famille de celle fournie pour $\mathrm{Ker}(a)$. Nous fabriquons donc une matrice K dont les colonnes d'indices entre 1 et d_k fournissent une base de N_k.

```
if d[1]>0 then
  K:=augment(op(N[1]));
  r:=d[1];
  for k from 2 to n do
    if d[k]>d[k-1] then
      for v in N[k] do
        tmpK:=augment(K,v);
        if rank(tmpK)>r then
          K:=eval(tmpK);
          r:=r+1;
        fi;
      od
    fi
  od
fi:
eval(K);
```

$$\begin{bmatrix} 1 & 0 & 0 & 0 & 1 & 0 & 2 \\ 0 & 0 & 1 & -1 & 0 & 1 & 0 \\ 0 & -1 & 0 & 2 & 0 & 0 & 0 \\ 1 & 0 & 0 & 0 & 0 & 0 & 1 \\ 0 & 0 & 1 & 0 & 0 & 0 & 0 \\ 0 & 0 & 0 & 1 & 0 & 0 & 0 \\ 1 & 0 & 0 & 0 & 1 & 0 & 0 \\ 0 & 0 & 1 & 1 & -2 & 1 & 0 \\ 0 & 1 & 0 & 0 & -3 & 0 & 0 \end{bmatrix}$$

Nous commençons par évacuer le cas où la matrice est inversible, qui fournit la suite nulle. Si la matrice n'est pas inversible nous initialisons K avec la base du noyau de A, et nous introduisons une variable r qui va donner la dimension du noyau courant. Après quoi nous traitons successivement les bases fournies par **linalg/nullspace**; pour éliminer des calculs inutiles nous ne traitons que les indices où il y a croissance stricte de la dimension. Nous pourrions aussi traiter ces cas pour confirmer les inclusions annoncées. Le principe est de comparer le rang de la matrice K et de la matrice obtenue en bordant K par un vecteur qui figure dans la base de N_k. Si la matrice bordée a un rang strictement plus grand que le rang de K, alors on borde K par ce vecteur et on augmente r. On notera l'utilisation de **eval** sur laquelle nous allons revenir ; la procédure **linalg/augment** est utilisée pour construire la matrice K initiale et la matrice bordée et **linalg/rank** fournit son rang. En sortie de boucle on regarde la matrice K.

Par construction, les quatre premières colonnes de K fournissent une base du noyau de l'endomorphisme a associé à A ; les six premières donnent une base du noyau de a^2 et la matrice complète procure une base du noyau de a^3 et de toutes les puissances a^k avec $k \geq 3$. Pour le vérifier, il suffit de multiplier K à gauche par les puissances de A, ou encore de considérer la suite de matrices (M_k) définie par $M_1 = K$ et $M_{k+1} = AM_k$ pour tout k.

```
AK[1]:=K:
for k from 2 to n do AK[k]:=evalm(A &* AK[k-1]) od:
seq(eval(AK[k]),k=1..n);
```

Si l'on regardait la sortie, on verrait que dans la multiplication par A les quatre premières colonnes sont annulées comme prévu et aussi que les deux suivantes sont envoyées sur des combinaisons linéaires des quatre premières, tandis que la dernière a pour image la cinquième. La fois suivante, le même phénomène apparaît : la base de $\text{Ker}(a^{k+1})$ est envoyée dans $\text{Ker}(a^k)$.

Revenons sur l'utilisation de **eval**. Si T est une table, et c'est le cas des matrices, l'affectation

```
S:=T;
```

n'a pas pour effet que les deux noms S et T pointent vers le même objet. Le membre droit de l'affectation est évalué au dernier nom, ici T. En modifiant la table de nom T on modifie donc S qui s'évalue d'abord en T puis en cette table. Dans l'exemple précédent l'instruction

```
K:=tmpK;
```

aurait eu pour effet que K pointe vers **tmpK**. En particulier dès après le premier passage dans la séquence

```
if rank(tmpK)>r then
  K:=tmpK;
  r:=r+1
fi;
```

les deux tables deviendraient égales et les matrices qu'elles représentent auraient le même rang ; on ne repasserait donc jamais plus dans ce conditionnement et l'algorithme serait faux.

Récurrences linéaires à coefficients constants. Dans l'espace des suites complexes, l'opérateur de translation T (l'expression *opérateur linéaire* ou simplement *opérateur* est fréquemment employée quand les espaces vectoriels sont des espaces de fonctions ou de suites) est défini par

$$Tu_n = u_{n+1},$$

pour toute suite u, pour tout entier n. À un polynôme comme

$$f = (X-2)(X+1)^2 = X^3 - 3X - 2,$$

on peut associer l'opérateur

$$f(T) = T^3 - 3T - 2\,\mathrm{Id},$$

en notant Id l'application identique de l'espace des suites. Le noyau S de cet opérateur linéaire est le sous-espace des suites u solutions de l'équation $f(T)u = 0$, ou encore

$$T^3u - Tu - 2u = 0.$$

Autrement dit le noyau est constitué des suites u qui vérifient la récurrence

$$u_{n+3} - 3u_{n+1} - 2u_n = 0, \qquad \text{pour tout } n.$$

Cette récurrence est une récurrence linéaire homogène d'ordre 3. Inversement une telle récurrence est elle-même associée à un opérateur $f(T)$, qui s'exprime comme un polynôme en T. Le polynôme f fournit l'*équation caractéristique* de la récurrence. Ici cette équation est $\lambda^3 - 3\lambda - 2 = 0$ et ses racines 2 et -1 vont apparaître dans l'expression des solutions.

Les solutions de la récurrence sont déterminées par les valeurs initiales de la suite a_0, a_1 et a_2. En termes plus élevés, l'application linéaire *start* qui à une suite de ce noyau S associe le triplet de ses trois valeurs initiales, cette application est un isomorphisme : on définit exactement une suite de S en donnant ses trois valeurs initiales ; il suffit d'utiliser la récurrence pour obtenir les termes de la suite. Il en résulte que le noyau de $f(T)$ est de dimension 3.

La résolution de la récurrence, par les instructions suivantes,

```
f:=(x-2)*(x+1)^2:
rec:=add(coeff(f,x,k)*u(n+k),k=0..degree(f,x));
```

$$rec := -2\,\mathrm{u}(n) - 3\,\mathrm{u}(n+1) + \mathrm{u}(n+3)$$

```
sol:=rsolve({rec,seq(u(k)=a[k],k=0..degree(f,x))},{u(n)});
```

$$sol := \{\mathrm{u}(n) = -(-\frac{1}{18}a_1 - \frac{1}{18}a_3 - \frac{1}{9}a_2)\,2^n$$
$$+ (-\frac{20}{9}a_1 + \frac{7}{9}a_3 - \frac{4}{9}a_2)\,(-1)^n + (\frac{2}{3}a_1 - \frac{1}{3}a_3 + \frac{1}{3}a_2)\,(n+1)\,(-1)^n\}$$

montre qu'une base de ce noyau est constituée des trois suites

$$g_{2,0} : n \mapsto 2^n, \qquad g_{-1,0} : n \mapsto (-1)^n, \qquad g_{-1,1} : n \mapsto (-1)^n n.$$

Précisément la famille de ces trois vecteurs engendre l'espace S d'après l'expression de la solution. De plus cette famille est libre ; car la famille des trois triplets $(g_{\lambda,\nu}(n))_{0\le n\le 2}$, avec $(\lambda,\nu)=(2,0),(-1,0),(-1,1)$, est libre et *start* est un isomorphisme. Ceci se vérifie aisément, à vue ou automatiquement.

```
g:=q^n*n^nu:
matrix(3,3,[seq(subs(n=nn,[seq(subs(i,g),
        i=[{q=2,nu=0},{q=-1,nu=0},{q=-1,nu=1}])]),nn=0..2)]);
linalg[det](");
```

$$-9$$

Le déterminant est non nul donc les trois triplets sont indépendants.

Considérons maintenant la récurrence linéaire d'ordre 3 et non homogène

$$u_{n+3}-3u_{n+1}-2u_n=n, \qquad \text{pour tout } n.$$

Elle est liée à la précédente puisqu'elle utilise le même opérateur $f(T)$. Résoudre cette récurrence, c'est résoudre l'équation linéaire

$$f(T)u=v,$$

en notant v la suite qui à n associe n. Comme pour toute équation linéaire la discussion s'organise comme suit : ou bien le vecteur v n'est pas dans l'image de l'opérateur $f(T)$ et il n'y pas de solution ; ou bien le vecteur v est dans l'image et alors les solutions forment un sous-espace affine de direction le noyau. En d'autres termes, on trouve d'abord une solution et toutes les autres s'obtiennent en ajoutant une solution quelconque de l'équation homogène. Ici l'opérateur $f(T)$ est surjectif, parce que la récurrence

$$u_{n+3}-3u_{n+1}-2u_n=v_n, \qquad \text{pour tout } n,$$

permet de calculer une suite solution de l'équation $f(T)u=v$ pour n'importe quelle suite v. Ainsi il y a des solutions quelle que soit v. Nous les obtenons comme suit.

```
sol:=rsolve({rec=n},{u(n)});
```

$$sol := \{\mathrm{u}(n) = -(-\frac{1}{9}\,\mathrm{u}(0)-\frac{1}{9}\,\mathrm{u}(2)-\frac{2}{9}\,\mathrm{u}(1))\,2^n$$
$$+(\frac{14}{9}\,\mathrm{u}(0)-\frac{4}{9}\,\mathrm{u}(2)+\frac{1}{9}\,\mathrm{u}(1))\,(-1)^n+(-\frac{2}{3}\,\mathrm{u}(0)+\frac{1}{3}\,\mathrm{u}(2)-\frac{1}{3}\,\mathrm{u}(1))\,(n+1)\,(-1)^n$$
$$+\frac{1}{9}\,2^n+(\frac{1}{12}\,n+\frac{1}{12})\,(-1)^n-\frac{7}{36}\,(-1)^n-\frac{1}{4}\,n\}$$

```
remove(has,subs(sol,u(n)),u);
```

$$\frac{1}{9}\,2^n+(\frac{1}{12}\,n+\frac{1}{12})\,(-1)^n-\frac{7}{36}\,(-1)^n-\frac{1}{4}\,n$$

Nous avons distingué une solution particulière et nous voyons que toutes les autres s'obtiennent en ajoutant un élément quelconque du noyau.

EXERCICE **2.2. a.** On demande de déterminer les noyaux des opérateurs linéaires $f(T)$, en notant toujours T l'opérateur de translation, pour les polynômes f que voici,

$$X-2, \quad (X-2)^2, \quad (X-2)^3\,; \qquad X+1, \quad (X+1)^2, \quad (X+1)^3.$$

De cette expérience, conjecturez un résultat général sur les solutions de la récurrence, dans laquelle λ est un nombre complexe non nul,

$$u_{n+\nu} + \binom{\nu}{1}\lambda u_{n+\nu-1} + \binom{\nu}{2}\lambda^2 u_{n+\nu-2} + \cdots \\ + \binom{\nu}{\nu-1}\lambda^{\nu-1}u_{n+1} + \lambda^\nu u_n = 0, \qquad \text{pour tout } n.$$

b. On demande de prouver la conjecture précédente en notant que l'équation s'écrit $(T-\lambda)^\nu u = 0$. On a confondu, comme on le fait souvent, un scalaire α avec l'endomorphisme multiple de l'identité $\alpha\,\mathrm{Id}$; ainsi $T-\lambda$ doit être compris comme $T-\lambda\,\mathrm{Id}$ en notant simplement Id l'identité de l'espace des suites complexes.

c. Résolvez les récurrences linéaires homogènes associées aux polynômes suivants et conjecturez un résultat général.

$$(X+1)(X-1)(X-2), \quad (X-2)^2(X+1), \quad (X^2+1)(X+1)^2.$$

2 Exercices

EXERCICE **2.3.** On veut étudier la structure algébrique de l'ensemble $\mathcal{A}$ des matrices de la forme

$$M = \begin{pmatrix} x+y+z & -x-y & -x-z \\ -x-z & x+y+z & -x-y \\ -x-y & -x-z & x+y+z \end{pmatrix}$$

avec x, y, z réels.

a. Justifiez le fait que cet ensemble $\mathcal{A}$ est un espace vectoriel de dimension finie et donnez en une base, que nous noterons B dans la suite.

b. On demande d'écrire une procédure **decompose** qui prend en entrée une matrice P et une liste L de matrices. La famille des matrices qui apparaissent dans la liste L est supposée libre et ce point n'est pas vérifié dans la procédure. Celle-ci renvoie l'écriture de P comme combinaison linéaire des matrices de L. Si cette écriture n'existe pas, la procédure renvoie *FAIL*.

c. Une *algèbre* est un espace vectoriel muni d'une application bilinéaire définie sur l'algèbre et à valeurs dans l'algèbre. Cette application bilinéaire est le *produit* de l'algèbre. Les matrices carrées sur un corps forment une algèbre si on utilise la structure usuelle d'espace vectoriel et le produit usuel des matrices. Un espace vectoriel euclidien orienté de dimension 3 devient une algèbre si on le munit du produit vectoriel. Tous les adjectifs que l'on accole au mot *algèbre* se réfèrent au produit. Ainsi l'algèbre est associative si le produit est associatif; l'algèbre est commutative si le produit est commutatif; l'algèbre est unifère si le produit possède un élément neutre. L'algèbre des matrices carrées de taille donnée est associative et unifère, mais n'est pas commutative si la taille excède deux. L'algèbre liée au produit vectoriel n'est ni associative, ni commutative et n'est pas unifère. Le corps des complexes apparaît comme une algèbre sur $\mathbb{R}$ qui est associative, commutative et unifère. On définit aussi la notion de *sous-algèbre*; il s'agit d'un sous-espace vectoriel qui est stable par le produit, et qui hérite donc d'une structure d'algèbre. Les fonctions polynômes à coefficients complexes forment une sous-algèbre de l'algèbre des applications de $\mathbb{R}$ dans $\mathbb{C}$. On demande de montrer que $\mathcal{A}$ a une structure d'algèbre et d'étudier ses propriétés.

d. Étudiez de la même façon l'ensemble $\mathcal{Q}$ des matrices de la forme

$$\begin{pmatrix} \alpha + i\delta & \beta + i\gamma \\ -\beta + i\gamma & \alpha - i\delta \end{pmatrix},$$

avec α, β, γ, δ réels.

Exercice **2.4.** On considère deux polynômes à coefficients complexes $f(X)$ et $g(X)$, de degrés respectifs n et m, et on veut caractériser le fait que ces deux polynômes aient une racine commune.

a. Montrez que f et g ont une racine commune si et seulement si leur ppcm a un degré strictement plus petit que $n + m$ (cf. page 122). Traduisez cette condition en une condition de dépendance linéaire entre les polynômes f, Xf, $\ldots$, $X^{m-1}f$, g, Xg, $\ldots$, $X^{n-1}g$.

b. Introduisons les notations plus précises

$$f(X) = f_0 + f_1X + \cdots + f_nX^n, \qquad g(X) = g_0 + g_1X + \cdots + g_mX^m,$$

avec f_n et g_m non nuls. Prouvez que f et g ont une racine commune si et seulement le *déterminant de Sylvester* des deux polynômes est nul. Ce déterminant a la forme suivante dans les cas $n = 2$, $m = 2$ et $n = 2$, $m = 3$. On imagine facilement la structure générale.

$$\begin{vmatrix} f_0 & 0 & g_0 & 0 \\ f_1 & f_0 & g_1 & g_0 \\ f_2 & f_1 & g_2 & g_1 \\ 0 & f_2 & 0 & g_2 \end{vmatrix}, \qquad \begin{vmatrix} f_0 & 0 & 0 & g_0 & 0 \\ f_1 & f_0 & 0 & g_1 & g_0 \\ f_2 & f_1 & f_0 & g_2 & g_1 \\ 0 & f_2 & f_1 & g_3 & g_2 \\ 0 & 0 & f_2 & 0 & g_3 \end{vmatrix}.$$

c. La procédure `linalg/sylvester` fournit une matrice qui est la transposée de celle que nous avons écrite ; ce point est sans importance puisque seule la nullité du déterminant importe. À l'aide de cette procédure donnez une condition nécessaire et suffisante sur les nombres complexes a, b, c, a', b', c' pour que les deux polynômes du second degré aX^2+bX+c et $a'X^2+b'X+c'$ aient une racine commune. Donnez une condition nécessaire et suffisante sur les coefficients pour que les polynômes aX^2+bX+c et X^3+pX+q aient une racine double.

d. On considère les deux coniques d'équation

$$7x^2-7x\,y+7y^2+146x-149y-189=0, \qquad x^2-2y^2-1=0.$$

Formez une équation algébrique satisfaite par les abscisses des points communs aux deux coniques. De là tirez les points communs aux deux coniques.

EXERCICE **2.5.** Les matrices suivantes sont elles diagonalisables sur $\mathbb{C}$ ou sur $\mathbb{R}$?

$$M_1=\begin{pmatrix}-1&0&1&0\\0&1&0&-1\\1&0&-1&0\\0&-1&0&1\end{pmatrix},\qquad M_2=\begin{pmatrix}-1&1&1&1\\0&-1&0&1\\-1&1&0&1\\0&-1&0&0\end{pmatrix},$$

$$M_3=\begin{pmatrix}-2&1&1&1\\0&-2&0&1\\-1&1&2&1\\0&-1&0&2\end{pmatrix},\qquad M_4=\begin{pmatrix}-1&1&0&1\\0&-1&-1&0\\0&1&1&1\\-1&0&0&1\end{pmatrix},$$

$$M_5=\begin{pmatrix}0&1&0&-1\\1&0&-1&0\\0&-1&0&1\\-1&0&1&0\end{pmatrix},\qquad M_6=\begin{pmatrix}-2&-1&0&1\\-1&0&1&2\\0&1&2&3\\1&2&3&4\end{pmatrix}.$$

EXERCICE **2.6.** On considère d'une part la matrice H et d'autre part l'homographie h définies par

$$H=\begin{pmatrix}2&1\\1&2\end{pmatrix},\qquad h(x)=\frac{2x+1}{x+2}.$$

a. Calculez, pour n allant de 1 à 10, les puissances de H pour la multiplication des matrices et les puissances de h pour la composition des fonctions. Expliquez et généralisez.

b. Comparez les points fixes de h et les vecteurs propres de H. Si α et β sont les points fixes de h, montrez la formule

$$\frac{h(x)-\alpha}{h(x)-\beta}=k\frac{x-\alpha}{x-\beta},$$

valables pour les x qui n'annulent pas le dénominateur, le nombre k étant relié aux valeurs propres de H.

3 Problèmes

Matrices et récurrences linéaires. Une récurrence linéaire à coefficients constants,

$$\forall n \geq 0, \quad u_{n+d} = a_1 u_{n+d-1} + a_2 u_{n+d-2} + \cdots + a_d u_n,$$

peut être vue sous forme matricielle. Il suffit de considérer le vecteur ligne et la matrice compagne

$$U_n = \begin{pmatrix} u_n & u_{n+1} & \ldots & u_{n+d-1} \end{pmatrix},$$

$$A = \begin{pmatrix} 0 & 0 & & & 0 & a_d \\ 1 & 0 & 0 & & 0 & a_{d-1} \\ & 1 & 0 & & & \\ & & & \ddots & & \\ & & & 1 & 0 & a_2 \\ & & & & 1 & a_1 \end{pmatrix}.$$

On a alors

$$\forall n \geq 0, \quad U_{n+1} = U_n A$$

et par récurrence

$$\forall n \geq 0, \quad U_n = U_0 A^n.$$

Le terme u_n est la première composante du vecteur ligne U_n ; on peut donc écrire $u_n = U_n \Gamma$ pour tout n, si on note

$$\Gamma = \begin{pmatrix} 1 \\ 0 \\ \vdots \\ 0 \end{pmatrix}.$$

Énonçons le résultat obtenu ; nous considérons une suite à valeurs dans un corps commutatif $\mathbb{K}$ définie par une relation de récurrence linéaire homogène à coefficients constants pris dans $\mathbb{K}$; alors cette suite s'écrit

$$\forall n \geq 0, \quad u_n = \Lambda A^n \Gamma,$$

où Λ est une matrice ligne de taille $1 \times d$, A est une matrice carrée de taille $d \times d$ et Γ est une matrice colonne de taille $d \times 1$.

1. Montrez qu'inversement toute suite définie de cette façon satisfait une relation de récurrence linéaire homogène à coefficients constants.

2. On introduit l'opérateur de translation T défini sur l'espace des suites à valeurs dans $\mathbb{K}$ par la formule

$$\forall v \in \mathbb{K}^{\mathbb{N}}, \forall n, \quad Tv_n = v_{n+1}.$$

Prouvez qu'une suite u satisfait une récurrence linéaire homogène à coefficients constants si et seulement si les images successives de u sous l'action de T, c'est-à-dire les u, Tu, T^2u, ..., T^ku, ... engendrent un espace de dimension finie.

3. Supposons qu'une suite u satisfasse une relation de récurrence linéaire à coefficients constants

$$\forall n \geq 0, \quad u_{n+d} = a_1 u_{n+d-1} + a_2 u_{n+d-2} + \cdots + a_d u_n.$$

Calculer u_{n+d} en fonction des termes précédents $u_{n+d-1}, \ldots, u_n$ demande d multiplications et $d-1$ additions ; le coût du calcul est donc de l'ordre de d opérations élémentaires sur des éléments du corps $\mathbb{K}$. Si nous calculons les n premiers termes de la suite, le coût sera donc de l'ordre de dn opérations élémentaires. On pourrait penser que pour calculer un unique terme de la suite le coût est du même ordre, car il semble que pour calculer un terme il faille calculer tous les précédents. Il n'en est rien.

Puisque le terme général de la suite s'écrit $u_n = \Lambda A^n \Gamma$, nous allons calculer A^n. Si nous procédons naïvement, le coût sera toujours un $O(n)$ et plus précisément en d^3n. Nous allons utiliser l'exponentiation binaire qui est fondée sur l'idée suivante : pour calculer A^n, nous écrivons n en base 2 (`?convert/base`) et nous notons 2^ℓ la plus grande puissance de 2 contenue dans n ; ceci nous fournit une égalité

$$n = \varepsilon_0 + \varepsilon_1 \times 2 + \varepsilon_2 \times 2^2 + \cdots \varepsilon_\ell \times 2^\ell,$$

avec des ε_i égaux à 0 ou 1. Nous calculons les puissances A, $A^2 = A \times A$, $A^4 = A^2 \times A^2$, jusqu'à A^{2^ℓ} et conjointement les A^{ε_0}, $A^{\varepsilon_0} \times (A^2)^{\varepsilon_1}$, ..., jusqu'à A^n. Prenons par exemple $n = 13$; alors l'écriture binaire de n est

$$13 = 8 + 4 + 1 = (1101)_2\,;$$

nous calculons $A_1 = A^2$, puis son carré $A_2 = A^4$ et le carré de celui-ci $A_3 = A^8$, ce qui demande trois multiplications matricielles ; en même temps nous calculons

$$P_0 = A, \quad P_1 = P_0, \quad P_2 = P_1 A_2 = A^5, \quad P_3 = P_2 A_3 = A^{13},$$

ce qui demande deux multiplications matricielles, et nous obtenons ainsi A^{13} avec cinq multiplications et non douze multiplications.

3.a. On demande d'appliquer cette méthode pour calculer F_{10^3}, F_{10^4} et F_{10^5} où (F_n) est la suite de Fibonacci (page 85).

3.b. D'une façon générale, donnez l'ordre de grandeur du coût du calcul du terme d'indice n d'une suite satisfaisant une relation de récurrence linéaire à coefficients constants par cette méthode.

Méthode de Gauss-Jordan. La méthode de Gauss-Jordan est l'une des méthodes les plus basiques qui soit en algèbre linéaire puisqu'elle permet de résoudre les systèmes linéaires, de déterminer le rang d'une matrice ou de calculer l'inverse d'une matrice carrée inversible. Elle repose sur la notion de matrice *échelonnée en lignes.*

Une matrice $M = (m_{i,j})$ de rang r est dite échelonnée en lignes si

- seules ses r premières lignes sont non nulles ;
- la première valeur non nulle de chacune des r premières lignes de M est 1, et si on désigne par (i_0, j_0) sa position, on a $m_{i,j_0} = 0$ pour $i \neq i_0$ et $m_{i_0,j} = 0$ pour $j < j_0$. La colonne d'indice j_0 est dite *distinguée* dans M.

Par exemple, la matrice suivante est échelonnée en lignes.

$$\begin{pmatrix} 1 & 2 & 0 & 3 & 5 & 0 & 1 \\ 0 & 0 & 1 & -2 & 4 & 0 & 0 \\ 0 & 0 & 0 & 0 & 0 & 1 & 3 \\ 0 & 0 & 0 & 0 & 0 & 0 & 0 \\ 0 & 0 & 0 & 0 & 0 & 0 & 0 \end{pmatrix}$$

Ses colonnes distinguées sont celles d'indice 1, 3 et 6.

Toute matrice A peut être réduite à la forme échelonnée en lignes par des opérations élémentaires sur les lignes (ajout d'une combinaison linéaire des autres lignes à une ligne donnée, produit d'une ligne par une constante non nulle, interversion de deux lignes). Par exemple, prenons la matrice

$$A = \begin{pmatrix} 1 & 2 & 1 & 4 & 1 \\ 2 & 4 & 0 & 6 & 6 \\ 1 & 2 & 0 & 3 & 3 \\ 2 & 4 & 0 & 6 & 6 \end{pmatrix} \begin{matrix} L_1 \\ L_2 \\ L_3 \\ L_4 \end{matrix} .$$

Nous repérons dans la première colonne un élément non nul ; ici le coefficient d'indice $(1,1)$ fait l'affaire ; nous l'utilisons comme pivot en effectuant les opérations $L_2 \to L_2 - 2L_1$, $L_3 \to L_3 - L_1$, $L_4 \to L_4 - 2L_1$, ce qui annule les trois derniers termes de la première colonne,

$$\begin{pmatrix} 1 & 2 & 1 & 4 & 1 \\ 0 & 0 & -2 & -2 & 4 \\ 0 & 0 & -1 & -1 & 2 \\ 0 & 0 & -2 & -2 & 4 \end{pmatrix} .$$

La seconde colonne n'est pas distinguée car tous les coefficients à partir de la ligne 2 sont nuls ; nous passons donc à la troisième colonne, qui est distinguée puisqu'elle possède des coefficients non nuls dans les lignes d'indice plus grand que 2. Pour faire apparaître un 1 en position (2,3) nous multiplions la seconde ligne par $-1/2$,

$$\begin{pmatrix} 1 & 2 & 1 & 4 & 1 \\ 0 & 0 & 1 & 1 & -2 \\ 0 & 0 & -1 & -1 & 2 \\ 0 & 0 & -2 & -2 & 4 \end{pmatrix}.$$

Ensuite ce coefficient 1 est utilisé comme pivot pour annuler tous les autres éléments de la colonne ; précisément on applique les transformations $L_1 \to L_1 - L_2$, $L_3 \to L_3 + L_2$, $L_4 \to L_4 + 2L_2$,

$$\begin{pmatrix} 1 & 2 & 0 & 3 & 3 \\ 0 & 0 & 1 & 1 & -2 \\ 0 & 0 & 0 & 0 & 0 \\ 0 & 0 & 0 & 0 & 0 \end{pmatrix},$$

obtenant ainsi une matrice E_A échelonnée en lignes. On peut montrer que la matrice E_A ainsi obtenue est indépendante de la suite de réductions utilisée.

Les procédures **linalg/gaussjord** et **linalg/gausselim** fournies par le système réalisent partiellement la transformation précédente. L'importance de cette méthode de réduction fait que nous allons traiter directement le problème. Le but est à la fois de comprendre le fonctionnement et de déterminer la complexité de calcul de la méthode.

1.a. On demande d'écrire une procédure **echelon** qui accepte une matrice à coefficients rationnels et qui renvoie la matrice échelonnée en ligne définie précédemment. On peut écrire le code de cette procédure à plusieurs niveaux ; on peut par exemple utiliser les procédures **swaprow**, **addrow**, **mulrow** ou **pivot** du *package* **linalg**. Cependant on veut au bout du compte une procédure débarassée de toutes ces procédures superficielles et qui travaille avec des boucles et des affectations sur les coefficients des matrices utilisées. À titre d'exemple voici une procédure **triangularmultiply** qui effectue le produit de deux matrices triangulaires supérieures de même taille en travaillant dans cet esprit. Pour simplifier nous supposons que le caractère triangulaire n'a pas à être vérifié.

```
triangularmultiply:=proc(A::matrix,B::matrix)
  local M,n,i,j,k;
  n:=linalg[coldim](A);
  M:=array(1..n,1..n,sparse);
  for i to n do
    for j from i to n do
      for k from i to j do M[i,j]:=M[i,j]+A[i,k]*B[k,j] od
    od
  od;
  eval(M)
end: # triangularmultiply
```

1.b. Comptez le nombre d'opérations élémentaires (addition, soustraction, multiplication, division) mises en œuvre dans la procédure **echelon**. On est seulement intéressé par les ordres de grandeur et une majoration du coût de calcul ; on se placera donc dans le cas le pire, c'est-à-dire celui qui demande le plus d'opérations.

2.a. Les transformations élémentaires sur les lignes correspondent à des multiplications à gauche par des matrices élémentaires. Utilisez ceci pour établir le résultat suivant : l'application de la méthode de Gauss-Jordan fait passer d'une matrice A inversible de taille n à la matrice unité I_n et les mêmes transformations élémentaires font passer de I_n à la matrice A^{-1}.

2.b. On a ainsi un algorithme de calcul de l'inverse d'une matrice carrée inversible A : on dispose A et I_n pour former une matrice de taille $n \times 2n$ et on lui applique la méthode de Gauss-Jordan ; la matrice (A, I_n) devient la matrice (I_n, A^{-1}) et il suffit d'extraire la partie droite pour obtenir l'inverse. Appliquez ceci à la *matrice de Hilbert*, définie comme suit.

```
n:=10:
H:=matrix(n,n,proc(i,j) 1/(i+j-1) end);
```

Lemme des noyaux. Le *lemme des noyaux* affirme que si S est un espace vectoriel, p est un polynôme qui se factorise en $p = ab$ avec a et b premiers entre eux et L est un endomorphisme de S qui annule p, alors l'espace S admet la décomposition en somme directe

$$S = S_A \oplus S_B,$$

où S_A est le noyau de $A = a(L)$ et S_B est le noyau de $B = b(L)$.

1.a. Donnez une preuve de cet énoncé, fondée sur le théorème de Bézout.

1.b. En affinant la démonstration, exprimez chacun des deux projecteurs π_A et π_B respectivement sur S_A parallèlement à S_B et sur S_B parallèlement à S_A. Nous allons illustrer sur quelques exemples les formules obtenues.

2. Notre premier exemple concerne un endomorphisme d'un espace de dimension finie. En pratique cet endomorphisme est représenté par une matrice ; nous fabriquons donc une matrice dont nous savons par avance qu'elle annule un polynôme p. Pour cela nous considérons la *matrice compagne* C du polynôme p, car la matrice $p(C)$ est la matrice nulle.

```
a:=(x-2)^3:
b:=(x+1)^2:
p:=a*b;
q:=collect(p,x):
d:=degree(q,x):
C:=linalg[companion](q,x);
```

$$p := (x-2)^3\,(x+1)^2$$

$$C := \begin{bmatrix} 0 & 0 & 0 & 0 & 8 \\ 1 & 0 & 0 & 0 & 4 \\ 0 & 1 & 0 & 0 & -10 \\ 0 & 0 & 1 & 0 & -1 \\ 0 & 0 & 0 & 1 & 4 \end{bmatrix}$$

Ensuite nous perturbons la matrice compagne par conjugaison, en comptant que le hasard fera bien les choses.

```
haphazard:=rand(-10..10):
P:=matrix(d,d,[seq(haphazard(),k=1..d^2)]):
if linalg[det](P)=0 then ERROR('P is singular. Try again!') fi;
L:=evalm(P^(-1) &* C &* P);
```

Nous vérifions que la théorie rejoint la pratique et que la matrice L annule bien le polynôme p. L'instruction

```
evalm(subs(x=L,p));
```

renvoie bien la matrice nulle. De la même manière, nous définissons $A = a(L)$ et $B = b(L)$ par

```
A:=evalm(subs(x=L,a)):
B:=evalm(subs(x=L,b)):
```

On demande de déterminer les matrices des deux projecteurs π_A et π_B, en utilisant la procédure de pgcd étendu **gcdex**, puis de vérifier les formules

$$\pi_A^2 = \pi_A, \quad \pi_B^2 = \pi_B, \quad \pi_A\pi_B = 0, \quad \pi_B\pi_A = 0, \quad \pi_A + \pi_B = I_d.$$

Ces formules montrent que π_A et π_B sont les deux projecteurs associés à une décomposition en somme directe. Ensuite on vérifiera les formules $A\pi_A = 0$, $B\pi_B = 0$, qui montrent que $\mathrm{Im}(\pi_A)$ est dans $\mathrm{Ker}(A)$ et $\mathrm{Im}(\pi_B)$ est dans $\mathrm{Ker}(B)$; on montrera aussi que $\mathrm{Ker}(A)$ est dans $\mathrm{Im}(\pi_A)$ et $\mathrm{Ker}(B)$ est dans $\mathrm{Im}(\pi_B)$. Autrement dit on a, comme attendu, les égalités

$$\mathrm{Im}(\pi_A) = \mathrm{Ker}(A), \qquad \mathrm{Im}(\pi_B) = \mathrm{Ker}(B).$$

3. Nous voulons maintenant appliquer le lemme des noyaux dans un autre cadre. L'espace de référence est l'espace des fonctions réelles de variable réelle qui sont de classe C^∞. Dans cet espace nous considérons le sous-espace S des solutions d'une équation différentielle linéaire à coefficients constants. Par exemple, nous considérons l'équation différentielle

$$y^{(\mathrm{v})} - 4y^{(\mathrm{iv})} + y^{(\mathrm{iii})} + 10y'' - 4y' - 8y = 0\,;$$

l'espace des solutions réelles S admet pour base les fonctions

$$\varepsilon_{2,0} : t \mapsto e^{2t}, \quad \varepsilon_{2,1} : t \mapsto te^{2t}, \quad \varepsilon_{2,2} : t \mapsto t^2e^{2t},$$
$$\varepsilon_{-1,0} : t \mapsto e^{-t}, \quad \varepsilon_{-1,1} : t \mapsto te^{-t}.$$

Dans cet espace S l'opérateur de dérivation annule le polynôme

$$p = X^5 - 4X^4 + X^3 + 10X^2 - 4X - 8.$$

Nous voulons déterminer les deux projecteurs annoncés par le lemme des noyaux, sachant que p se factorise en $p = (X-2)^3(X+1)^2$.

Une simple substitution ne suffit pas pour passer de l'algèbre des polynômes à l'algèbre des opérateurs différentiels linéaires et nous utilisons la procédure plus subtile qui suit. Nous élargissons un peu le cadre fixé, en prévision de la dernière question, et nous permettons que p soit un polynôme à coefficients des fractions rationnelles. La procédure **polytodiffop** renvoie une procédure qui va représenter un opérateur différentiel. Nous employons **subs** pour éliminer les problèmes de visibilité des variables locales.

```
polytodiffop:=proc(p,x,t)
  local q,d,opalg,k,z;
  global _z,_opalg;
  if type(p,polynom(ratpoly,x)) then
    q:=collect(p,x);
    d:=degree(q,x);
    opalg :=add(coeff(q,x,k)*'diff'(z,[t$k]),k=0..d);
    subs(_opalg=opalg,z=_z,proc(_z::algebraic) _opalg end)
  else ERROR(`polytodiffop expects its first argument,p, to be
               a polynom in`,x,`with coefficients of type
               ratpoly, but received`,p)
  fi
end: # polytodiffop
```

Voici un exemple qui illustre le fonctionnement de cette procédure.

```
polytodiffop(x^2+1,x,t)(z(t));
```

$$z(t) + (\frac{\partial^2}{\partial t^2} z(t))$$

```
dsolve(polytodiffop(x^2+1,x,t)(z(t)),z(t));
```

$$z(t) = \_C1 \cos(t) + \_C2 \sin(t)$$

Comme dans le chapitre consacré aux équations différentielles, une fonction mathématique est représentée par une procédure ; ainsi la syntaxe est cohérente avec celle employée par **dsolve**.

Nous sommes intéressés par la composition des opérateurs différentiels. Introduisons donc les opérateurs associés à deux polynômes de $\mathbb{Q}[X]$.

```
a:=(x-2)^3:
b:=(x+1)^2:
A:=polytodiffop(a,x,t):
B:=polytodiffop(b,x,t):
A(y(t)),B(y(t));
```

$$-8\,y(t) + 12\,(\frac{\partial}{\partial t} y(t)) - 6\,(\frac{\partial^2}{\partial t^2} y(t)) + (\frac{\partial^3}{\partial t^3} y(t)),$$

$$y(t) + 2\,(\frac{\partial}{\partial t} y(t)) + (\frac{\partial^2}{\partial t^2} y(t))$$

Les trois commandes suivantes produisent le même résultat, qui correspond à la composition des opérateurs différentiels.

```
A(B(y(t)));
eval(subs(y(t)=A(y(t)),B(y(t))));
p:=a*b: P:=polytodiffop(p,x,t): P(y(t));
```

$$-8\,\mathrm{y}(t) - 4\,(\frac{\partial}{\partial t}\,\mathrm{y}(t)) + 10\,\%1 + (\frac{\partial^3}{\partial t^3}\,\mathrm{y}(t)) - 4\,(\frac{\partial^4}{\partial t^4}\,\mathrm{y}(t)) + (\frac{\partial^5}{\partial t^5}\,\mathrm{y}(t))$$

$$\%1 := \frac{\partial^2}{\partial t^2}\,\mathrm{y}(t)$$

3.a. On demande d'illustrer à nouveau le lemme des noyaux, l'opérateur L étant ici l'opérateur de dérivation ∂_t par rapport à la variable courante t restreint au sous-espace S. Précisément on demande de déterminer les deux projecteurs de l'espace S, pris en exemple au début de la question, respectivement sur le noyau de $a(\partial_t)$ et sur le noyau de $b(\partial_t)$, où $a = (X-2)^3$ et $b = (X+1)^2$.

3.b. Traitez de la même façon le cas des deux polynômes

$$a = X^2 - 1, \qquad b = (X^2+1)^2,$$

puis celui des deux polynômes

$$a = t^2X^2 + 1, \qquad b = tX - 1.$$

4 Thèmes

Technique de Sœur Céline. Nous étudions des sommes comme

$$\sum_{k=m}^{n} \binom{n}{k}\binom{k}{m}, \qquad \sum_{k=0}^{n} \binom{n}{k}^3$$

et plus généralement

$$s(n) = \sum_{k=a}^{b} u(n,k)$$

en utilisant la technique de Sister Celine Fasenmyer [53]. Cette technique permet d'exhiber une relation de récurrence linéaire satisfaite par la suite s et dans les cas simples cette récurrence fournit une expression de s.

Une hypothèse fondamentale dans cette technique est la suivante : les deux quotients $u(n+1,k)/u(n,k)$ et $u(n,k+1)/u(n,k)$ s'expriment comme des fractions rationnelles en n et k. Par exemple pour la première somme nous avons

$$\frac{u(n+1,k)}{u(n,k)}=\frac{n+1}{n+1-k},\qquad \frac{u(n,k+1)}{u(n,k)}=\frac{n-k}{k+1-m}.$$

Dans tous les exemples que nous donnons, et bien que cela ne soit pas nécessaire, nous utilisons une suite double u qui est nulle pour k hors d'un intervalle borné dépendant de n ; un exemple typique est celui des coefficients binomiaux $\binom{n}{k}$ qui sont nuls dès que k n'est pas entre 0 et n. Dans une telle circonstance, il est sous-entendu que nous ne donnons à k que des valeurs pour lesquelles $u(n,k)$ n'est pas nul dans les quotients précédents.

La technique de Sœur Céline consiste à déterminer une relation non triviale de dépendance linéaire de la forme

$$\sum_{i=0}^{i_{\max}}\sum_{j=0}^{j_{\max}} a_{i,j}(n)u(n-i,k-j)=0,$$

où les $a_{i,j}(n)$ sont des polynômes en n. L'expression *non triviale* signifie que certains des coefficients $a_{i,j}(n)$ sont non nuls. Nous dirons qu'une telle relation dans laquelle les coefficients ne dépendent pas de k et sont des polynômes en n est *célinienne*. Tentons d'obtenir une relation célinienne pour la première somme. Nous définissons d'abord la suite double, puis nous fixons arbitrairement $i_{\max}$ et $j_{\max}$ à la valeur 1 et nous écrivons une relation de dépendance.

```
u:=binomial(n,k)*binomial(k,m):
imax:=1: jmax:=1:
equ[1]:=add(add(a[i,j]*subs(n=n-i,k=k-j,u),j=0..jmax),i=0..imax):
```

Nous simplifions cette relation en la divisant par $u(n,k)$ et en réduisant au même dénominateur. Nous obtenons ainsi un polynôme en n et k, puisque les quotients de décalées $u(n-i,k-j)$ par $u(n,k)$ sont des fonctions rationnelles de n et k. Nous regroupons les termes suivant les puissances de k.

```
equ[2]:=expand(equ[1]/u);
equ[3]:=collect(numer(equ[2]),k);
```

Nous écrivons que ce polynôme en k est le polynôme nul ; ceci fournit le système qui va déterminer les coefficients $a_{i,j}(n)$.

```
sys:={seq(coeff(equ[3],k,i),i=0..degree(equ[3],k))}:
SOL:=solve(sys,{seq(seq(a[i,j],j=0..jmax),i=0..imax)});
```

$$\left\{a_{1,0}=a_{1,1},a_{0,1}=0,a_{0,0}=-\frac{a_{1,1}\,(n-m)}{n},a_{1,1}=a_{1,1}\right\}$$

Les coefficients obtenus ne sont pas tous nuls ; nous avons donc une relation de dépendance linéaire non triviale. Nous réduisons au même dénominateur et nous ne conservons que le numérateur, ce qui donne après avoir imposé $a_{1,1}=1$ la relation célinienne

$$(m-n)\binom{n}{k}\binom{k}{m}+\binom{n-1}{k}\binom{k}{m}n+\binom{n-1}{k-1}\binom{k-1}{m}n=0.$$

Nous sommons alors pour k allant de 0 à n,

$$(m-n)\sum_{k=0}^{n}\binom{n}{k}\binom{k}{m}+n\sum_{k=0}^{n}\binom{n-1}{k}\binom{k}{m}$$
$$+n\sum_{k=0}^{n}\binom{n-1}{k-1}\binom{k-1}{m}n=0.$$

L'indépendance des coefficients de la relation par rapport à k a permis de mettre ces coefficients en facteur des sommes. Les relations $\binom{n-1}{n}=0$, $\binom{n-1}{-1}=0$ évitent les problèmes de borne et nous obtenons

$$(m-n)s(n)+2ns(n-1)=0.$$

Ce calcul montre que l'on obtient très simplement la récurrence satisfaite par s, dans la mesure où $u(n,k)$ est nul pour k hors de l'intervalle de sommation. Insistons sur ce point : cette nullité permet de voir la somme $s(n)$ comme

$$s(n)=\sum_{k=-\infty}^{+\infty}u(n,k).$$

Du coup le décalage sur k n'a pas d'importance ; quand k varie de $-\infty$ à $+\infty$, les indices décalés $k-j$ varient aussi de $-\infty$ à $+\infty$. Sans cette hypothèse simplificatrice, il faudrait tenir compte des effets de bord. Par exemple pour le cas d'une suite géométrique $u(n,k)=\rho^k$, la récurrence célinienne s'écrit $u(n,k+1)=\rho u(n,k)$; si l'on ne tient pas compte des effets de bord, on obtient la relation fausse $(1-\rho)s(n)=0$, au lieu du classique

$$(1-\rho)s(n)=1-\rho^{n+1}.$$

Ensuite nous appelons **rsolve** pour résoudre la récurrence.

```
rec[1]:=subs(SOL,add(add(a[i,j],j=0..jmax)*s(n-i),i=0..imax)):
rec[2]:=numer(rec[1]):
sol:=rsolve({rec[2]},s(n));
```

$$sol:=\frac{2^n\Gamma(n+1)\Gamma(-m+1)s(0)}{\Gamma(-m+n+1)}$$

Ici la condition initiale est $s(m)=1$, mais nous ne l'avons pas utilisée parce que **rsolve** ne l'accepte pas. Nous déterminons donc $s(0)$ à la main.

```
subs(n=m,sol):
solve("=1,s(0)):
sol:=subs(s(0)=",sol);
convert(",binomial):
combine(",power);
```

$$sol:=\frac{2^n\Gamma(n+1)}{\Gamma(-m+n+1)2^m\Gamma(m+1)}$$

$$2^{(-m+n)}\,\mathrm{binomial}(n,m).$$

Finalement nous avons prouvé la formule

$$\sum_{k=m}^{n} \binom{n}{k}\binom{k}{m} = 2^{n-m}\binom{n}{m}.$$

C'est à dessein que nous employons le verbe *prouver*. Nous n'avons pas seulement vérifié une formule sur des cas particuliers comme le permettrait un système de calcul numérique; nous n'avons pas seulement fourni une vérification de cette formule; nous avons déterminé une forme close de la somme proposée et nous avons donné une preuve de la formule, à savoir la récurrence satisfaite par $s(n)$.

1. Traitez de la même façon les sommes

$$s_1(n) = \sum_{k=0}^{n} \binom{n}{k}, \quad s_2(n) = \sum_{k=0}^{n} \binom{n}{k}^2, \quad s_3(n) = \sum_{k=0}^{n} \binom{n}{k}^3.$$

Dans chaque cas, il convient de choisir des valeurs de $i_{\max}$ et $j_{\max}$ qui fournissent une relation de dépendance non triviale. D'autre part la résolution de la récurrence obtenue n'est pas garantie; si la résolution échoue on se contentera alors de la récurrence.

2. Nous admettons que le résultat suivant est vrai [52].

On considère une suite double

$$u(n,k) = p(n,k)\rho^k \prod_{m=1}^{M} \{(a_m n + b_m k + c_m)!\}^{\varepsilon_m},$$

dans laquelle $p(n,k)$ est un polynôme à coefficients complexes en n et k, ρ est un nombre complexe ou une indéterminée, les a_m, b_m, c_m sont des entiers et ε_m vaut ± 1 pour tout m. Alors il existe des entiers $i_{\max}$ et $j_{\max}$, des polynômes $a_{i,j}(n)$ où i et j varient respectivement entre 0 et $i_{\max}$ et entre 0 et $j_{\max}$ et ces polynômes sont les coefficients d'une relation c'élinienne. De plus il suffit de choisir $i_{\max}$ et $j_{\max}$ satisfaisant l'inégalité

$$(i_{\max}+1)(j_{\max}+1) > \sum_m |a_m| i_{\max} + \sum_m |b_m| j_{\max} + \deg_k p + 1.$$

Montrez que pour chaque entier r la somme de Franel

$$s_r(n) = \sum_{k=0}^{n} \binom{n}{k}^r$$

vérifie une relation de récurrence linéaire à coefficients des polynômes en n.

3. Étudiez les sommes

$$t_1(n)=\sum_{k=0}^{m}\binom{n}{3k},\quad t_2(n)=\sum_{k=0}^{m}(-1)^k\frac{n}{n-k}\binom{n-k}{k}x^{n-2k}.$$

Pour la première l'entier m est la partie entière de $n/3$. Pour la seconde m est la partie entière de $n/2$ et la somme vaut par convention 2 pour $n=0$.

4. Prouvez la formule

$$\sum_{k=0}^{n}4^k\frac{2n+1}{2k+1}\binom{n+k}{2k}\binom{m}{n+k}=\binom{2m+1}{2n}.$$

Vous montrerez que les deux membres de l'égalité satisfont la même relation de récurrence avec les mêmes conditions initiales. Cet exemple rentre-t-il dans la théorie développée précédemment ?

5. Comme dans la question précédente montrez l'égalité

$$\sum_{k=0}^{n}\binom{n+p}{k+p}\frac{(-x)^k}{k!}=\frac{e^x}{n!x^p}D_x^n(e^{-x}x^{n+p}),$$

où D_x désigne la dérivation par rapport à x.

5 Réponses aux exercices

EXERCICE **2.1.** Nous traitons le cas $n=3$ en réutilisant la séquence d'instructions fournie dans le texte. Notez comment est définie une matrice antisymétrique.

```
n:=3:
A:=array(1..n,1..n,antisymmetric):
sol:=NULL:
for k to n^2 while sol=NULL do
  Equ:=evalm(add(lambda[i]*A^i,i=0..k-1)+A^k);
  Inc:={seq(lambda[i],i=0..k-1)};
  sol:=solve({seq(seq(Equ[i,j],j=1..n),i=1..n)},Inc)
od:
nu:=k-1:
mu:=subs(sol,add(lambda[i]*x^i,i=0..nu-1)+x^nu):
collect(mu,x);
```

$$({A_{1,2}}^2+{A_{1,3}}^2+{A_{2,3}}^2)x+x^3$$

Pour simplifier, notons v^2 le coefficient de x. Nous constatons qu'un endomorphisme a antisymétrique en dimension 3 satisfait l'équation $v^2a+a^3=0$ ou encore $a(a^2+v^2)=0$. Il en résulte que a n'est pas inversible, puisque diviseur de zéro, et ceci n'est pas pour nous étonner. En effet dans le cadre réel euclidien un tel endomorphisme s'interprète comme le produit vectoriel avec un vecteur fixé ω et la droite engendré par ω est dans le noyau de l'endomorphisme.

EXERCICE **2.2.** **a.** On peut traiter formellement le paramètre λ du polynôme $(X-\lambda)^\nu$. Par contre il serait malvenu d'utiliser un paramètre formel ν, car on n'aurait plus affaire à une expression polynomiale.

```
f:=(x-lambda)^3:
rec:=add(coeff(f,x,k)*u(n+k),k=0..degree(f,x));
```

$$rec := -\lambda^3\,u(n) + 3\,\lambda^2\,u(n+1) - 3\,\lambda\,u(n+2) + u(n+3)$$

```
sol:=rsolve({rec,seq(u(k)=a[k],k=0..degree(f,x))},{u(n)}):
collect(sol,{n},factor);
```

$$\left\{u(n) = \frac{1}{2}\,\frac{(a_3+\lambda^2\,a_1-2\,\lambda\,a_2)\,\lambda^n\,n^2}{\lambda^3} - \frac{1}{2}\,\frac{\lambda^n\,(5\,\lambda^2\,a_1-8\,\lambda\,a_2+3\,a_3)\,n}{\lambda^3} + \frac{\lambda^n\,(a_3+3\,\lambda^2\,a_1-3\,\lambda\,a_2)}{\lambda^3}\right\}$$

Il apparaît que l'espace des solutions est de dimension ν et admet pour base la famille des suites

$$g_{\lambda,0}: n\mapsto\lambda^n, \qquad g_{\lambda,1}: n\mapsto n\lambda^n, \qquad \ldots \qquad g_{\lambda,\nu-1}: n\mapsto n^{\nu-1}\lambda^n.$$

b. Au vu de l'expérimentation précédente, nous considérons les suites

$$u_n = \lambda^n(c_0+c_1n+\cdots+c_{\nu-1}n^{\nu-1}), \qquad \text{pour tout } n,$$

avec $c_0, \ldots, c_{\nu-1}$ des nombres complexes arbitraires. Elles forment un espace de dimension n et nous savons que le noyau de $(T-\lambda)^\nu$ est de dimension n. Il suffit donc de vérifier que toutes ces suites sont dans le noyau pour conclure que le noyau est exactement constitué de ces suites.

c. Traitons le dernier exemple.

```
f:=(x^2+1)*(x+1)^2:
rec:=add(coeff(f,x,k)*u(n+k),k=0..degree(f,x));
```

$$rec := u(n) + 2\,u(n+2) + u(n+4)$$

```
sol:=rsolve({rec,seq(u(k)=a[k],k=0..degree(f,x))},{u(n)}):
collect(evalc(sol),{cos,sin,n},factor);
```

$$\left\{u(n) = \left(\left(\frac{1}{2}\,a_4+\frac{1}{2}\,a_2\right)n - a_4 - 2\,a_2\right)\cos\left(\frac{1}{2}\,n\,\pi\right) + \left(\left(-\frac{1}{2}\,a_1-\frac{1}{2}\,a_3\right)n + \frac{1}{2}\,a_3 + \frac{3}{2}\,a_1\right)\sin\left(\frac{1}{2}\,n\,\pi\right)\right\}$$

Plus généralement on devine que la factorisation du polynôme en facteur du premier degré

$$f(X) = \prod_{i=1}^{\ell}(X-\alpha_i)^{\nu_i}$$

induit une décomposition en somme directe de l'espace des solutions, chaque racine complexe α_i fournissant un sous-espace de dimension $\nu_i - 1$. Une preuve se fonde sur le lemme des noyaux (page 157).

EXERCICE **2.3. a.** L'ensemble des matrices considérées est l'ensemble des combinaisons linéaires de trois matrices comme le montre l'écriture

$$\begin{pmatrix} x+y+z & -x-y & -x-z \\ -x-z & x+y+z & -x-y \\ -x-y & -x-z & x+y+z \end{pmatrix} =$$

$$x\begin{pmatrix} 1 & -1 & -1 \\ -1 & 1 & -1 \\ -1 & -1 & 1 \end{pmatrix} + y\begin{pmatrix} 1 & -1 & 0 \\ 0 & 1 & -1 \\ -1 & 0 & 1 \end{pmatrix} + z\begin{pmatrix} 1 & 0 & -1 \\ -1 & 1 & 0 \\ 0 & -1 & 1 \end{pmatrix}$$

Cet ensemble est donc un sous-espace vectoriel de l'espace des matrices 3×3 à coefficients réels et les trois matrices, disons B_1, B_2, B_3, en forment un système générateur. De plus la nullité d'une combinaison linéaire des trois matrices donne un système qui se résout à vue et la famille est libre ; c'est donc une base de cet espace vectoriel de dimension 3.

b. Pour décomposer une matrice P sur la base donnée en paramètre on résout le système linéaire qui traduit cette décomposition. Si le système est soluble on renvoie la combinaison correspondante des matrices de la base.

```
decompose:=proc(P,basis)
  local Q,n,d,Equ,coord,i,j,k,sys,inc,sol;
  Q:=evalm(P);
  n:=linalg[coldim](Q);
  d:=nops(basis);
  Equ:=evalm(Q-add(coord[k]*basis[k],k=1..d));
  sys:={seq(seq(Equ[i,j],j=1..n),i=1..n)};
  inc:={seq(coord[k],k=1..d)};
  sol:=solve(sys,inc);
  if sol=NULL then FAIL
  else subs(sol,add(coord[k]*basis[k],k=1..d))
  fi
end: # decompose
```

Testons la procédure sur l'exemple proposé.

```
M:=matrix(3,3,[x+y+z,-x-y,-x-z,-x-z,x+y+z,-x-y,-x-y,-x-z,x+y+z]):
B[1]:=subs(x=1,y=0,z=0,eval(M)):
B[2]:=subs(x=0,y=1,z=0,eval(M)):
B[3]:=subs(x=0,y=0,z=1,eval(M)):
Basis:=[B[1],B[2],B[3]]:
decompose(M,Basis);
```

$$x\,B_1 + y\,B_2 + z\,B_3$$

c. Pour que le sous-espace vectoriel $\mathcal{A}$ de l'espace des matrices 3×3 en soit une sous-algèbre, il suffit qu'il soit stable par le produit des matrices. La procédure **decompose** permet une vérification aisée de cette stabilité.

```
Mu:=subs(x=xi,y=eta,z=zeta,eval(M)):
P:=evalm(M &* Mu):
decompose(P,Basis);
```

$$-x\,\xi\,B_1+(2\,x\,\xi+2\,x\,\eta+2\,y\,\xi+2\,y\,\eta+z\,\eta+y\,\zeta-z\,\zeta)\,B_2$$
$$+(2\,x\,\xi+2\,x\,\zeta-y\,\eta+y\,\zeta+2\,z\,\xi+z\,\eta+2\,z\,\zeta)\,B_3$$

L'associativité n'a pas besoin d'être vérifiée : puisqu'elle est établie dans l'algèbre des matrices, elle est a fortiori satisfaite dans cette sous-algèbre. Dans ce cas particulier, il se trouve que cette sous-algèbre est commutative. On peut le vérifier directement ou utiliser la procédure **decompose**.

```
decompose(M&*Mu-Mu&*M,Basis);
```

$$0$$

Pour que la sous-algèbre possède un neutre, il suffit que le neutre de l'algèbre des matrices soit dans la sous-algèbre, ce que nous vérifions ci-après.

```
Id:=array(1 .. 3,1 .. 3,identity):
decompose(Id,Basis);
```

$$-B_1+B_2+B_3$$

Cette algèbre $\mathcal{A}$ est donc unifère et il est naturel de déterminer ses éléments inversibles. Puisque le neutre de la sous-algèbre est le neutre de l'algèbre des matrices 3×3, un inversible de la sous-algèbre est inversible dans l'algèbre. Nous utilisons d'abord le critère usuel d'inversibilité lié au déterminant.

```
linalg[det](M);
```

$$-3\,x\,y\,z-4\,x^3-3\,x\,z^2-3\,x\,y^2-6\,x^2\,z-6\,x^2\,y$$

La matrice M de coordonnées x, y, z dans la base B_1, B_2, B_3 est inversible dans l'algèbre des matrices carrées si et seulement ce déterminant est non nul. Le triplet $x=-3$, $y=2$, $z=2$ fournit la matrice dont toutes les composantes sont égales à 1 et qui n'est pas inversible. On a ainsi un élément non nul et qui n'est pas inversible, donc l'algèbre $\mathcal{A}$ n'est pas un corps. Par ailleurs il ne suffit pas qu'un élément de $\mathcal{A}$ soit inversible dans l'algèbre des matrices carrées pour être inversible dans $\mathcal{A}$. Il faut de plus que son inverse soit dans $\mathcal{A}$. Le calcul suivant montre qu'il en est bien ainsi.

```
P:=evalm(M^(-1)):
decompose(P,Basis);
```

$$\frac{B_1}{x}-\frac{(2\,x^2+3\,x\,z+2\,z^2+4\,x\,y+2\,y^2+2\,y\,z)\,B_2}{x\,(6\,x\,y+6\,x\,z+3\,y^2+3\,z^2+4\,x^2+3\,y\,z)}$$
$$-\frac{(2\,x^2+3\,x\,y+4\,x\,z+2\,y^2+2\,y\,z+2\,z^2)\,B_3}{x\,(6\,x\,y+6\,x\,z+3\,y^2+3\,z^2+4\,x^2+3\,y\,z)}$$

Nous avons donc complètement caractérisé les matrices inversibles de $\mathcal{A}$. Un argument général montre que ces matrices inversibles forment un groupe pour la multiplication des matrices.

On pourrait s'étonner que l'algèbre $\mathcal{A}$ soit commutative. Introduisons la matrice C suivante, qui est une matrice de permutation circulaire.

```
C:=matrix(3,3,[0,0,1,1,0,0,0,1,0]);
```

$$C := \begin{bmatrix} 0 & 0 & 1 \\ 1 & 0 & 0 \\ 0 & 1 & 0 \end{bmatrix}$$

Le calcul suivant montre que les trois matrices I_3, C et C^2 sont dans l'algèbre $\mathcal{A}$ et qu'elles forment un système générateur puisque les trois matrices B_1, B_2, B_3 s'expriment en fonction de I_3, C et C^2.

```
newBasis:=[Id,C,C^2]:
map(decompose,newBasis,Basis);
```

$$[-B_1 + B_2 + B_3,\ -B_1 + B_2,\ -B_1 + B_3]$$

```
map(decompose,Basis,newBasis);
```

$$[Id - C - C^2,\ Id - C^2,\ Id - C]$$

De plus ces matrices I_3, C et C^2 sont au nombre de 3 et la dimension de l'algèbre $\mathcal{A}$ est 3, donc elles forment une base. Ces trois matrices commutent puisqu'elles sont des puissances de la matrice C et ceci montre que l'algèbre $\mathcal{A}$ est commutative.

d. Les calculs commencent comme suit.

```
B[0]:=array(1..2,1..2,identity):
B[1]:=matrix(2,2,[0,1,-1,0]):
B[2]:=matrix(2,2,[0,I,I,0]):
B[3]:=matrix(2,2,[I,0,0,-I]):
Basis:=[seq(B[i],i=0..3)]:
H:=alpha*B[0]+beta*B[1]+gamma*B[2]+delta*B[3]:
HH:=a*B[0]+b*B[1]+c*B[2]+d*B[3]:
decompose(H&*HH,Basis);
```

$$(\alpha\, a - \delta\, d - \beta\, b - \gamma\, c)\, B_0 + (\alpha\, b - \delta\, c + \beta\, a + \gamma\, d)\, B_1 \\ + (-\beta\, d + \gamma\, a + \alpha\, c + \delta\, b)\, B_2 + (\beta\, c - \gamma\, b + \alpha\, d + \delta\, a)\, B_3$$

On conclut que $\mathcal{Q}$ est une algèbre de dimension 4, qui a une structure de corps non commutatif. Elle réalise le corps des quaternions classiquement noté $\mathbb{H}$.

EXERCICE **2.4. a.** Dire que f et g ont une racine commune, c'est dire que le pgcd de f et g a un degré au moins égal à 1, ou encore que leur ppcm a un degré strictement plus petit que $n + m$. Ce ppcm est à la fois comme un multiple de f et de g, ce qui conduit à une égalité $uf = vg$ avec u un polynôme de degré au plus $m - 1$ et v un polynôme de degré au plus $n - 1$. Comme les polynômes u et v ne sont pas nuls, cette égalité exprime une relation de dépendance linéaire entre les polynômes f, Xf, $\ldots$, $X^{m-1}f$, g, Xg, $\ldots$, $X^{n-1}g$.

b. Si l'on exprime ces $m + n$ polynômes dans la base canonique 1, X, $\ldots$, X^{m+n-1} on obtient $m+n$ vecteurs colonnes qui sont dépendants ; la matrice proposée n'est donc pas inversible et son déterminant, le déterminant de

Sylvester, est nul. Inversement cette nullité induit la dépendance entre ces polynômes.

c. La procédure **linalg/sylvester** fournit aisément la condition nécessaire et suffisante pour que deux polynômes du second degré aient une racine commune.

```
linalg[sylvester](a*x^2+b*x+c,'a''*x^2+'b''*x+'c'',x):
linalg[det](");
```

$$a^2\,c'^2 - a\,b'\,b\,c' + a\,c\,b'^2 - 2\,a\,a'\,c\,c' + a'\,b^2\,c' - a'\,b\,c\,b' + a'^2\,c^2$$

Dans ce cas, l'usage est d'écrire le déterminant de Sylvester sous la forme plus aisée à mémoriser

$$(ac' - ca')^2 - (ab' - ba')(bc' - cb').$$

Dire qu'un polynôme f à coefficients complexes admet α comme racine au moins double, c'est dire que α est une racine commune à f et f'. Il suffit donc de calculer le déterminant de Sylvester de f et f'. Pour le polynôme du troisième degré réduit, le calcul se déroule comme suit.

```
f:=x^3+p*x+q;
linalg[sylvester](f,diff(f,x),x):
linalg[det](");
```

$$4\,p^3 + 27\,q^2$$

La notion de déterminant de Sylvester est reliée aux notions de résultant et de discriminant[46, chap. VI] (**?resultant**, **?discrim**).

d. Nous voyons les membres gauches des équations comme des polynômes en y à coefficients des polynômes en x. Si x est l'abscisse d'un point commun, le système d'équations en y possède des solutions ; ceci équivaut à dire que x annule le déterminant de Sylvester des deux polynômes vus comme des polynômes en y. On forme donc l'*équation aux abscisses* en calculant ce déterminant.

```
f:= 7*x^2-7*x*y+7*y^2+146*x-149*y-189:
g:=x^2-2*y^2-1:
linalg[sylvester](f,g,y);
```

$$\begin{bmatrix} 7 & -149 - 7\,x & 7\,x^2 - 189 + 146\,x & 0 \\ 0 & 7 & -149 - 7\,x & 7\,x^2 - 189 + 146\,x \\ -2 & 0 & x^2 - 1 & 0 \\ 0 & -2 & 0 & x^2 - 1 \end{bmatrix}$$

```
S:=collect(linalg[det]("),x);
```

$$S := 343\,x^4 + 24790\,x^2 + 192627 + 8092\,x^3 - 220668\,x$$

Ensuite on résout cette équation et on se débarrasse des solutions non réelles, car nous ne prenons pas en compte les points complexes des deux courbes. On a ainsi les abscisses des points communs et on reporte ces valeurs pour déterminer les ordonnées.

```
sol:=[solve(S,x)]:
sol:=evalc(sol):
sol:=remove(has,sol,I);
```

$$sol := [3, -17, -\frac{235}{49} + \frac{16}{49}\sqrt{319}, -\frac{235}{49} - \frac{16}{49}\sqrt{319}]$$

```
for s in sol do
  s,op(solve(subs(s,{f,g}),y))
od;
```

EXERCICE **2.5.** Dans chaque cas la procédure **linalg/eigenvects** fournit la réponse. La matrice M_1 possède les valeurs propres simples 2 et -2, et la valeur propre double 0 avec un sous-espace propre de dimension 2, ; la matrice est donc diagonalisable sur $\mathbb{R}$ et sur $\mathbb{C}$. Pour M_2, les valeurs propres sont complexes non réelles et doubles ; les sous-espaces propres ne sont que des droites, donc la matrice n'est pas diagonalisable sur $\mathbb{C}$ et a fortiori sur $\mathbb{R}$. Pour M_3 le même phénomène apparaît, même si les valeurs propres sont réelles. Pour M_4 les valeurs propres sont les quatre racines quatrièmes de l'unité et elles sont simples ; la matrice est donc diagonalisable sur $\mathbb{C}$; puisque les valeurs propres ne sont pas toutes réelles, la matrice n'est pas diagonalisable sur $\mathbb{R}$. Les valeurs propres de M_5 sont réelles et simples sauf une qui est double, mais le sous-espace associé est un plan, donc la matrice est diagonalisable sur $\mathbb{R}$ comme sur $\mathbb{C}$. Le comportement de M_6 est exactement celui de M_5.

EXERCICE **2.6. a.** L'expérimentation suivante nous convainc aisément qu'il existe un lien entre les matrices 2×2 et les homographies.

```
H:=matrix(2,2,[2,1,1,2]):
h:=(2*x+1)/(x+2):
HH:=H:
hh:=h:
for k to 10 do
  HH:=evalm(HH&*H);
  hh:=normal(subs(x=h,hh))
od;
```

En effet nous retrouvons les mêmes coefficients dans les puissances de H et les puissances de h. Pour expliquer ceci nous commençons par un calcul formel.

```
H:=matrix(2,2,[a,b,c,d]):
h:=(a*x+b)/(c*x+d):
`H'`:=matrix(2,2,[`a'`,`b'`,`c'`,`d'`]);
`h'`:=(`a'`*x+`b'`)/(`c'`*x+`d'`);
evalm(H &* `H'`);
```

$$\begin{bmatrix} a\,a' + b\,c' & a\,b' + b\,d' \\ c\,a' + d\,c' & c\,b' + d\,d' \end{bmatrix}$$

```
collect(normal(subs(x='h'',h)),x);
```

$$\frac{(a\,a' + b\,c')\,x + a\,b' + b\,d'}{(c\,a' + d\,c')\,x + c\,b' + d\,d'}$$

Nous voyons poindre un homomorphisme de groupes. D'un côté sont les matrices 2×2 inversibles ; de l'autre sont les homographies. Encore faut il définir convenablement la notion d'homographie. Considérer qu'une homographie est une fonction définie dans le plan complexe privé d'au plus un point ne convient pas. En effet la composée de deux homographies ne serait peut-être pas définie en deux points, la composée de trois homographies ne serait peut-être pas définie en trois points et ainsi de suite. Il est plus simple de compléter le plan complexe par un point noté ∞ et de considérer que l'homographie $h : x \mapsto (ax + b)/(cx + d)$ avec $ad - bc$ non nul est définie par les formules suivantes : si c est nul, alors $h(x)$ vaut $(ax+b)/d$ pour x complexe et $h(\infty)$ est ∞ ; si c n'est pas nul, alors $h(x)$ vaut $(ax+b)/(cx+d)$ pour x différent de $-d/c$ et ∞ et les deux cas particuliers sont traités par les égalités $h(-d/c) = \infty$, $h(\infty) = a/c$. (Il est possible de donner une définition plus élégante des homographies, mais ceci nous entraînerait trop loin.) On peut alors montrer que les homographies forment un groupe de bijections de l'ensemble $\widetilde{\mathbb{C}}$ obtenu en adjoignant ∞ à $\mathbb{C}$. Les formules établies plus haut montrent que le passage de la matrice H à l'homographie h est un homomorphisme de groupes.

b. Il est plus simple de travailler formellement. Nous calculons d'abord les valeurs propres et les vecteurs propres de H ; nous appelons λ et μ les deux valeurs propres.

```
EV:=[linalg[eigenvects](H)]:
lambda:=EV[1][1];
mu:=EV[2][1];
```

$$\lambda := \frac{1}{2}\,d + \frac{1}{2}\,a + \frac{1}{2}\,\sqrt{d^2 - 2\,a\,d + a^2 + 4\,b\,c}$$

$$\mu := \frac{1}{2}\,d + \frac{1}{2}\,a - \frac{1}{2}\,\sqrt{d^2 - 2\,a\,d + a^2 + 4\,b\,c}$$

Par ailleurs nous déterminons les deux points fixes de h et nous les nommons de manière cohérente avec les vecteurs propres de H ; en effet quelques expériences montrent qu'à chaque vecteur propre de coordonnées (u, v) correspond un point fixe u/v.

```
sol:=[solve(h=x,x)];
```

$$sol := [\frac{1}{2}\,\frac{a - d + \sqrt{d^2 - 2\,a\,d + a^2 + 4\,b\,c}}{c},\ \frac{1}{2}\,\frac{a - d - \sqrt{d^2 - 2\,a\,d + a^2 + 4\,b\,c}}{c}]$$

```
if radnormal(sol[1]-op([1,3,1],EV[1])/op([1,3,1],EV[2]))=0
  then alpha:=sol[1]: beta:=sol[2]:
  else alpha:=sol[2]; beta:=sol[1]
fi:
```

Ensuite nous nous intéressons au nombre k annoncé dans le texte. Nous obtenons bien un nombre ce qui prouve l'assertion. Qui plus est ce nombre k apparaît comme le rapport des valeurs propres.

```
k:=normal(((h-alpha)/(h-beta))/((x-alpha)/(x-beta)),expanded):
radnormal(k-lambda/mu);
```

$$0$$

Le calcul que nous venons d'effectuer est formel; les lettres a, b, c, d sont des symboles. Nous n'avons traité que le cas générique, c'est-à-dire celui où la matrice H a des valeurs propres distinctes et le coefficient c n'est pas nul.

Revenons à l'exemple proposé. Grâce à la formule obtenue

$$\frac{h(x)+1}{h(x)-1} = 3\frac{x+1}{x-1},$$

nous voyons qu'à une suite u vérifiant $u_{n+1} = h(u_n)$ pour tout n est associée une suite géométrique v de raison 3 définie par la formule

$$v_n = \frac{u_n+1}{u_n-1}, \qquad \text{pour tout } n.$$

Chapitre 3. Espaces euclidiens

1 Domaine et outils

Des considérations géométriques intuitives sur les notions d'alignement, de droite, de plan ont permis de définir les concepts de l'algèbre linéaire. La notion de produit scalaire fournit un formalisme qui rejoint l'intuition initiale liée à la distance et à l'orthogonalité, mais déborde la géométrie euclidienne et autorise à considérer des questions qui ne sont plus géométriques. Nous allons cependant nous limiter au cadre des espaces euclidiens, c'est-à-dire des espaces réels de dimension finie mini d'un produit scalaire. Ceci n'est qu'une faible partie de l'algèbre bilinéaire qui touche aussi bien à l'étude des coniques que des séries de Fourier.

Pour ce qui est du calcul formel, le seul point nouveau par comparaison au chapitre précédent est l'intervention de la racine carrée due à l'expression de la norme euclidienne. Nous avons choisi d'illustrer deux points qui montre l'impact de cette racine carrée : l'étude des transformations orthogonales en dimension 3 et le calcul numérique matriciel. Pour le premier, le calcul formel va permettre de développer un calcul exact sur les transformations orthogonales et de les caractériser géométriquement. Par contre il apparaîtra clairement que le calcul numérique en flottants est la seule possibilité pour l'algorithmique matricielle.

Transformations orthogonales. Nous voulons mettre au point des procédures de calcul qui permettent de générer les transformations orthogonales en dimension 3. ceci nous amène à quelques rappels sur cette notion. Une *transformation orthogonale* d'un espace euclidien E est un endomorphisme u de E qui conserve le produit scalaire,

$$\forall x, y \in E, \qquad (u(x) \mid u(y)) = (x \mid y)\,.$$

L'emploi d'une base orthonormée fournit la caractérisation matricielle ${}^tAA = I_n$ des *matrices orthogonales* A, si l'espace est de dimension n. Cette égalité traduit le fait qu'une transformation orthogonale change une base orthonormée en une base orthonormée.

Dans un espace euclidien de dimension 3, les transformations se classent suivant la dimension du sous-espace des vecteurs invariants. Si tout vecteur est invariant, la transformation est l'identité. Si le sous-espace des vecteurs invariants est un plan P, la transformation est la réflexion de plan P. Si les vecteurs invariants forment une droite D, la transformation est une rotation d'axe D. Enfin si seul le vecteur nul est invariant, la transformation est la composée d'une réflexion de plan P et d'une rotation d'axe orthogonal à P et d'angle non nul. On voit que cette classification fait la part belle aux réflexions et aux rotations. Nous allons donc successivement étudier ces deux types de transformation.

Une *réflexion* est une symétrie orthogonale s par rapport à un hyperplan. Elle est déterminée par un vecteur non nul n orthogonal à l'hyperplan. Un vecteur quelconque x se décompose alors en une composante λn sur la normale à l'hyperplan et une composante x' sur l'hyperplan. La composante $x' = x - \lambda n$ est orthogonale à l'hyperplan, ce qui fournit l'équation

$$(n \mid x - \lambda n) = 0 \qquad \text{ou encore} \qquad \lambda = \frac{(n \mid x)}{(n \mid n)}.$$

On a ainsi la décomposition sur la somme directe orthogonale fournie par l'hyperplan et sa normale et l'image de x dans la réflexion par rapport à l'hyperplan,

$$x = \left(x - \frac{(n \mid x)}{(n \mid n)}n\right) + \frac{(n \mid x)}{(n \mid n)}n, \quad s(x) = \left(x - \frac{(n \mid x)}{(n \mid n)}n\right) - \frac{(n \mid x)}{(n \mid n)}n.$$

Supposons l'espace de dimension d et muni d'une base orthonormée. En notant S, N et X les matrices associées à s, n et x, la dernière formule se récrit

$$SX = X - 2\,\frac{{}^tNX}{{}^tNN}N.$$

Nous profitons alors d'une remarque simplette mais heureuse ; le produit ${}^tNX$ est un scalaire et nous pouvons le commuter avec la matrice N écrite en dernier. Ainsi X figure à droite et ceci nous donne la matrice S,

$$S = I_d - 2\,\frac{N\,{}^tN}{{}^tNN}.$$

Enhardi par ce succès, nous écrivons la procédure `reflection3d` qui fournit la matrice S en fonction de la matrice N.

```
reflection3d:=proc(normalvector::{list,vector})
  local d,nv;
  if type(normalvector,list) then
    nv:=vector(normalvector)
  else nv:=normalvector
  fi;
  d:=linalg[vectdim](nv);
  if d=0 then
    ERROR(`reflection3d expects its argument normalvector to be
```

```
                         of size>0 but received',eval(normalvector))
    fi;
    evalm(array(1..d,1..d,identity)
              -2/linalg[dotprod](nv,nv)*nv&*linalg[transpose](nv))
  end: # reflection3d
```

Le test suivant nous rassure ; la matrice obtenue est symétrique, ce qui est normal puisqu'une symétrie orthogonale est auto-adjointe et la base est orthonormée ; la trace de la matrice vaut 1, ce qui est cohérent avec le fait que la symétrie admet la valeur propre simple -1 et la valeur propre double 1.

```
  N:=[alpha,beta,gamma]:
  reflection3d(N);
```

$$\begin{bmatrix} 1-2\dfrac{\alpha^2}{\%1} & -2\dfrac{\alpha\,\beta}{\%1} & -2\dfrac{\alpha\,\gamma}{\%1} \\ -2\dfrac{\alpha\,\beta}{\%1} & 1-2\dfrac{\beta^2}{\%1} & -2\dfrac{\beta\,\gamma}{\%1} \\ -2\dfrac{\alpha\,\gamma}{\%1} & -2\dfrac{\beta\,\gamma}{\%1} & 1-2\dfrac{\gamma^2}{\%1} \end{bmatrix}$$

$$\%1 := \alpha^2 + \beta^2 + \gamma^2$$

Passons maintenant aux rotations. Les *rotations* sont les transformations orthogonales qui conservent l'orientation ; ceci signifie que leur déterminant est strictement positif et en fait égal à 1 car une transformation orthogonale a pour déterminant 1 ou -1. Pour la dimension 2, la notion de rotation amène la notion d'*angle orienté* ; un angle orienté n'est rien d'autre qu'une rotation mais les angles orientés forment un groupe additif alors que les rotations forment un groupe pour la composition des applications. Dire que deux vecteurs de même norme non nulle v et v' ont un angle orienté $\hat{\vartheta}$, c'est dire que la rotation d'angle $\hat{\vartheta}$ fait passer de v à v'. En particulier ces angles sont de nature géométrique ; pour leur associer un nombre, les *mesurer*, on oriente le plan. Alors la rotation d'angle $\hat{\vartheta}$ admet pour matrice dans n'importe quelle base orthonormée directe

$$R = \begin{pmatrix} \cos\vartheta & -\sin\vartheta \\ \sin\vartheta & \cos\vartheta \end{pmatrix}$$

et les nombres ϑ possibles sont les *mesures* de l'angle $\hat{\vartheta}$; ces mesures sont définies à 2π près.

Pour la dimension 3 une rotation qui n'est pas l'identité est définie de la manière suivante : elle admet un *axe* qui est une droite D dont tous les vecteurs sont invariants dans la rotation ; dans le plan orthogonal à l'axe elle induit une rotation plane. L'*angle* de la rotation plane est par définition l'angle de la rotation spatiale. Pour définir en pratique une rotation, on se donne un vecteur directeur de l'axe, disons n, et ceci oriente le plan orthogonal. Du coup, on peut mesurer les angles de ce plan et pour se donner l'angle de la rotation il suffit de se donner un réel ϑ. Nous noterons donc $r_{n,\vartheta}$ la rotation d'axe engendré par le vecteur non nul n et dont l'angle a pour mesure ϑ quand on oriente le plan orthogonal à l'axe par le vecteur n. Ceci n'est pas encore assez explicite pour nos besoins ; la formule d'Euler va nous fournir une version effective de cette définition. Supposons le vecteur n unitaire, alors l'image d'un vecteur x par la rotation $r_{n,\vartheta}$ est donnée par

$$r_{n,\vartheta}(x) = (\cos\vartheta)\, x + (1 - \cos\vartheta)\,(n \,|\, x)\; n + (\sin\vartheta)\, n \wedge x.$$

Dans cette formule d'Euler nous utilisons le produit vectoriel dont les propriétés essentielles sont supposé connues. En particulier, nous savons que pour un espace euclidien E orienté de dimension 3, il existe un isomorphisme entre l'espace euclidien E et l'espace des endomorphismes antisymétriques de E. Cet isomorphisme associe à un vecteur ω l'endomorphisme $x \longmapsto \omega \wedge x$. Moyennant une base orthonormée directe, on passe du vecteur colonne à la matrice que voici

$$\begin{pmatrix} p \\ q \\ r \end{pmatrix}, \qquad \begin{pmatrix} 0 & -r & q \\ r & 0 & -p \\ -q & p & 0 \end{pmatrix}.$$

On notera les sauts de cavaliers quand on écrit les lettres p, q, r.

Revenons à la formule d'Euler. L'espace est naturellement structuré en somme directe par l'axe de la rotation et le plan orthogonal. Il suffit de prouver la formule pour un x dans l'une ou l'autre des deux composantes car les deux membres de l'égalité dépendent linéairement de x. Pour un vecteur x colinéaire à n la formule est évidente. Il suffit même de la vérifier pour x égal à n. Pour un vecteur x orthogonal à n, on peut grâce à l'homogénéité des deux applications linéaires supposer que n est de norme 1. La famille $(x, x \wedge n, n)$ est alors une base orthonormée directe. Le membre droit s'exprime dans cette base par $(\cos\vartheta)\, x + (\sin\vartheta)\, n \wedge x$. D'après l'expression dans toute base orthonormée directe du plan, comme $(x, x \wedge n)$, de la matrice de la rotation induite sur le plan par $r_{n,\vartheta}$ (cf. l'expression de la matrice R ci-dessus), nous reconnaissons dans ce vecteur l'image de x par $r_{n,\vartheta}$ et ceci prouve l'égalité cherchée.

EXERCICE **3.1.** On demande d'écrire une procédure `rotation3d` qui prend en entrée un vecteur non nul n et un nombre ϑ et qui renvoie la matrice de la rotation $r_{n,\vartheta}$ dans la base orthonormée de référence. Écrivez la matrice de la rotation la plus générale et calculez sa trace.

Analyse numérique matricielle. Le logiciel est un outil agréable pour la mise en place d'algorithmes de calcul numérique matriciel. Dans un premier temps on l'utilise pour disposer d'une programmation de haut niveau sur de petits exemples, ce qui permet de vérifier que la méthode est correcte et que son fonctionnement est bien compris. De plus cet emploi est plaisant puisqu'on peut tenter un calcul exact ou un calcul en précision arbitraire. Cependant il est irréaliste de vouloir poursuivre le calcul exact car les expressions obtenues deviennent rapidement gigantesques. Ensuite on passe à une programmation efficace en un langage de plus bas niveau comme C ou Fortran.

Pour appuyer nos dires, nous allons entamer l'étude de la méthode de Householder [23, 29]. La donnée est une matrice carrée réelle de taille d que l'on désire trianguler. L'idée de la méthode est la suivante : on considère la première colonne de la matrice qui est un vecteur a de $\mathbb{R}^d$; il existe une réflexion s de matrice S qui envoie ce vecteur a sur le premier vecteur de base e. La matrice produit SM a donc une première colonne qui est nulle à partir de sa deuxième ligne. Illustrons ceci sur exemple ; nous tirons au hasard une matrice carrée M et nous appliquons le procédé ; nous obtenons une matrice de la forme annoncée (le code va être complété plus loin).

```
rr:=rand(-10..10):
d:=4:
M:=matrix(4,4,rr);
for i to d do
  E[i]:=array(1..d,sparse);
  E[i][i]:=1
od:
MM:=M:
for k to d-1 do
  A:=proj(linalg[col](MM,k),k);
  S:=s(A,E[k]);
  MM:=map(radnormal,evalm(S&*MM));
  print(MM);
  print(map(evalf,MM))
od:
```

$$M := \begin{bmatrix} -4 & 7 & 8 & 10 \\ -6 & -8 & -5 & 7 \\ 6 & -6 & 0 & 5 \\ -10 & 1 & 1 & -3 \end{bmatrix}$$

$$\begin{bmatrix} 94\,\dfrac{\sqrt{47}+2}{47+2\sqrt{47}} & -13\,\dfrac{\sqrt{47}+2}{47+2\sqrt{47}} & -6\,\dfrac{\sqrt{47}+2}{47+2\sqrt{47}} & -11\,\dfrac{\sqrt{47}+2}{47+2\sqrt{47}} \\ 0 & -\dfrac{37\sqrt{47}+415}{47+2\sqrt{47}} & -\dfrac{34\sqrt{47}+253}{47+2\sqrt{47}} & -8\,\dfrac{2\sqrt{47}-37}{47+2\sqrt{47}} \\ 0 & 9\,\dfrac{\sqrt{47}-27}{47+2\sqrt{47}} & 6\,\dfrac{4\sqrt{47}+3}{47+2\sqrt{47}} & 4\,\dfrac{10\sqrt{47}+67}{47+2\sqrt{47}} \\ 0 & -3\,\dfrac{11\sqrt{47}+6}{47+2\sqrt{47}} & -\dfrac{38\sqrt{47}-17}{47+2\sqrt{47}} & -28\,\dfrac{2\sqrt{47}+7}{47+2\sqrt{47}} \end{bmatrix}$$

L'algorithme se poursuit en traitant le bloc d'indices entre 2 et d de la nouvelle matrice. Au bout de $d-1$ pas, on obtient une matrice triangulaire. Nous engageons le lecteur à saisir les deux procédures `s` et `proj` définies ci-dessous et à exécuter la boucle précédente pour laquelle nous n'avons montré que le résultat de la première itération. Les deux procédures sont écrites sans précaution, mais elles ne méritent pas un meilleur traitement puisque cette voie est une impasse ; on le constate clairement au vu des résultats.

```
s:=proc(a,e)
  local nu,d,alpha,epsilon,sigma,tau,v;
  nu:=linalg[dotprod](a,a);
  if nu=0 then
    d:=nops(convert(eval(e),list));
    RETURN(array(1..d,1..d,identity))
  fi;
  alpha:=linalg[dotprod](e,a);
  if evalf(alpha)<0 then epsilon:=-1 else epsilon:=1 fi;
  sigma:=epsilon*linalg[dotprod](a,a)^(1/2);
  tau:=1/sigma/(sigma+alpha);
  v:=evalm(a+sigma*e);
  map(radnormal,
evalm(&*()-2/linalg[dotprod](v,v)*v&*linalg[transpose](v)))
end: # s
proj:=proc(v,k)
  local d,i;
  d:=nops(convert(eval(v),list));
  array(1..d,[seq(0,i=1..k-1),seq(v[i],i=k..d)])
end: # proj
```

Il est donc nécessaire de se tourner vers le calcul numérique. Celui-ci pose d'autres problèmes que nous n'étudierons pas [23, 36].

2 Exercices

Exercice **3.2.** Considérons un espace réel muni d'un produit scalaire et une famille libre de vecteurs de cet espace, $(e_n)_{0\leq n\leq N}$ avec N égal à un entier ou à $+\infty$. Le procédé d'orthogonalisation de Schmidt fonctionne comme suit. On pose $f_0 = e_0$, puis les vecteurs f_0, f_1, $\ldots$, f_{n-1} étant déterminés, on définit f_n comme la différence de e_n et de la projection orthogonale de e_n sur le sous-espace engendré par f_0, f_1, $\ldots$, f_{n-1}, qui est d'ailleurs aussi le sous-espace engendré par e_0, e_1, $\ldots$, e_{n-1}.

a. Explicitez f_n en fonction de e_n et de f_0, f_1, $\ldots$, f_{n-1}.

b. Donnez une suite d'instructions qui fournit les f_n pour n allant de 0 à un entier B inférieur à N. On demande un code générique qui permette le traitement uniforme des exemples suivants. Pour le premier, l'espace de référence est $\mathbb{R}^3$ muni de son produit scalaire usuel et la famille comporte les trois vecteurs

$$e_0 = \begin{pmatrix} 1 \\ 0 \\ 0 \end{pmatrix}, \quad e_1 = \begin{pmatrix} 1 \\ 1 \\ 0 \end{pmatrix}, \quad e_2 = \begin{pmatrix} 1 \\ 1 \\ 1 \end{pmatrix}.$$

Dans le deuxième, l'espace de référence est l'espace des polynômes trigonométriques réels ; le produit scalaire est donné par la formule

$$(f \mid g) = \frac{1}{\pi} \int_{-\pi}^{\pi} f(t)g(t)\, dt$$

et la famille est constituée des $t \mapsto \cos^n t$ avec n entier naturel. Dans le troisième, l'espace de référence est constitué des polynômes à coefficients réels de degré strictement plus petit que m et le produit scalaire est donné par la formule

$$(P \mid Q) = \sum_{k=0}^{m-1} P(k)Q(k).$$

EXERCICE **3.3.** Nous avons vu comment construire la matrice d'une transformation orthogonale définie géométriquement. Ici nous adoptons la démarche inverse qui consiste à déterminer la nature géométrique d'une transformation à partir de sa matrice.

L'analyse géométrique d'une transformation orthogonale d'un espace euclidien orienté de dimension 3 donnée par sa matrice A dans une base orthonormée directe peut être conduite comme suit. Si le déterminant de la matrice orthogonale est 1, alors la transformation est l'identité ou une rotation $r_{n,\vartheta}$ et la trace de la matrice vaut $1 + 2\cos\vartheta$. Si cette trace vaut 3 alors la transformation est l'identité. Si elle vaut -1 alors on a affaire à un demi-tour et son axe apparaît comme le noyau de la matrice $A - I_3$. Si la trace est strictement entre 3 et -1 alors la partie antisymétrique, $(A - {}^tA)/2$, de la matrice A est associée à un vecteur n qui dirige l'axe de la rotation. Ceci se voit en utilisant une base adaptée à la rotation. Le vecteur n s'écrit $\nu \sin\vartheta$ avec ν unitaire et cette écriture laisse encore deux possibilités. Si on impose que le nombre ϑ soit dans l'intervalle $]0, \pi[$ alors la valeur de $\cos\vartheta$, dont nous disposons, détermine ϑ et $\sin\vartheta$ est la norme de n, ce qui permet de calculer ν.

Si la matrice A a pour déterminant -1 et la matrice $-A$ est la matrice d'une rotation. Ceci permet d'utiliser l'analyse que nous venons de mener pour les matrices de rotation. Si la matrice $-A$ est la matrice de l'identité, alors A est la matrice de l'opposé de l'identité. Si la matrice $-A$ est la matrice d'un demi-tour $r_{\nu,\pi}$, alors A est la matrice de la réflexion de vecteur normal ν. Si enfin $-A$ est la matrice de la rotation $r_{\nu,\vartheta}$ avec $0 < \vartheta < \pi$, alors A est la matrice de la composée de $r_{-\nu,\vartheta}$ et de la réflexion de vecteur normal $-\nu$.

a. On demande d'écrire une procédure `o3danalysis` qui prend en entrée une matrice orthogonale 3×3 et renvoie les caractéristiques géométriques de la transformation orthogonale sous-jacente. Plus précisément la procédure doit être garantie pour les matrices dont les coefficients sont dans la classe des expressions obtenues à partir des entiers par addition, soustraction, multiplication, division ou extraction de racine carrée. Dans cette classe une forme normale (page 67) s'obtient par la procédure **radnormal**. De plus la nullité d'une matrice peut être testée par la procédure **linalg/iszero**. On veut que l'argument de la procédure soit vérifié et on attend les exécutions suivantes.

```
R1:=rotation3d([1,1,2],Pi):
o3danalysis(-R1);
```

$$\mathrm{Reflection3d}(\left[\frac{1}{6}\sqrt{6},\ \frac{1}{6}\sqrt{6},\ \frac{1}{3}\sqrt{6}\right])$$

```
R2:=rotation3d([1,1,0],Pi/3):
o3danalysis(R2^6),o3danalysis(-R1^2);
```

$$\mathrm{Identity}(3),\ -\mathrm{Identity}(3)$$

```
o3danalysis(-R1&* R2^2);
```

$$\mathrm{Reflection3d}(\left[\frac{1}{18}(-6+\sqrt{3}\sqrt{2})\sqrt{3},\ \frac{1}{18}(\sqrt{3}\sqrt{2}+6)\sqrt{3},\ \frac{1}{3}\sqrt{2}\right])\ \&*$$
$$\mathrm{Rotation3d}(\left[\frac{1}{18}(-6+\sqrt{3}\sqrt{2})\sqrt{3},\ \frac{1}{18}(\sqrt{3}\sqrt{2}+6)\sqrt{3},\ \frac{1}{3}\sqrt{2}\right],\ \frac{2}{3}\pi)$$

b. La procédure **o3danalysis** fait passer d'une matrice orthogonale 3×3 à son interprétation géométrique. On veut disposer dans l'autre sens d'une évaluation de cette forme inerte. On étend donc la procédure **value**.

```
`value/Identity`:=proc(expr)
  subs(Identity=proc(d) array(1..d,1..d,identity) end,expr)
end: # value/Identity
`value/&*`:=proc(expr) evalm(map(value,expr)) end:
```

Il ne reste plus qu'à étendre **value** aux procédures inertes **Rotation3d** et **Reflection3d** pour obtenir l'exécution suivante.

```
value(Rotation3d([0,0,1],Pi/3)&*Reflection3d([1,0,0]));
```

$$\begin{bmatrix} \frac{-1}{2} & -\frac{1}{2}\sqrt{3} & 0 \\ -\frac{1}{2}\sqrt{3} & \frac{1}{2} & 0 \\ 0 & 0 & 1 \end{bmatrix}$$

c. On considère deux rotations r et s et une réflexion σ définies par

$$r = r_{k,2\pi/3}, \qquad s = r_{i,\pi}, \qquad \sigma = s_k,$$

en notant (i, j, k) la base orthonormée directe de l'espace. Autrement dit, avec les notations dont nous disposons, nous définissons trois matrices comme suit.

```
R:=rotation3d([0,0,1],2*Pi/3):
S:=rotation3d([1,0,0],Pi):
Sigma:=reflection3d([0,0,1]);
```

On demande d'expliciter le sous-groupe H engendré par r et s et le sous-groupe G engendré par les trois transformations dans le groupe des transformations orthogonales. Pour cela on commencera par prouver et on utilisera le lemme suivant : Une partie non vide stable finie d'un groupe est un sous groupe. De plus une difficulté inattendue surgit ; MAPLE ne gère pas les ensembles de matrices comme on est en droit de l'espérer ; il faudra donc par une boucle explicite utilisant `radnormal` et `linalg/iszero` tester l'égalité des matrices rencontrées.

3 Problèmes

Méthode de Jacobi. La méthode de Jacobi est une méthode généraliste de calcul des valeurs propres pour une matrice symétrique réelle. L'idée de la méthode est de transformer la matrice symétrique donnée par des rotations dans les plans de coordonnées de façon à annuler les coefficients hors diagonale de la matrice [36, 45].

1. Un pas de la méthode consiste à prendre la matrice symétrique réelle A et deux indices p et q distincts qui déterminent le plan de rotation. La matrice A est conjuguée par une matrice R de rotation dans le plan de coordonnées d'indice le couple (p, q), ce qui fournit une matrice symétrique $B = {}^tRAR$. La rotation est choisie de façon à annuler les coefficients d'indice (p, q) et (q, p) de la matrice A, autrement dit on détermine R par la condition $b_{p,q} = 0$.

1.a. On demande d'établir les formules qui donnent les coefficients de la matrice transformée B en fonction des coefficients de la matrice A, dans l'hypothèse que le coefficient $a_{p,q}$ de la matrice A est non nul. On utilisera d'abord $\cos\vartheta$ et $\sin\vartheta$, où ϑ mesure l'angle de la rotation dans le plan d'indice (p, q). L'usage est d'imposer la condition $-\pi/4 < \vartheta \leq \pi/4$. Ensuite on montrera qu'il est inutile de considérer ϑ lui-même, mais qu'il suffit de déterminer d'abord $\kappa = (a_{q,q} - a_{p,p})(2a_{p,q})^{-1}$, puis $t = \operatorname{tg}\vartheta$ en fonction de κ, ensuite $c = \cos\vartheta$ et $s = \sin\vartheta$ en fonction de t, enfin les coefficients de B en fonction de ceux de A et de t, c et s.

1.b. Écrivez une procédure `rotation` qui prend en entrée une matrice A, deux indices p et q et qui renvoie la matrice B définie ci-dessus. La matrice A est supposée symétrique à coefficients numériques, les deux indices p et q

sont distincts et le coefficient $a_{p,q}$ de A est non nul. Rien de ceci n'est vérifié. On attend l'exécution suivante.

```
A:=matrix(4,4,proc(i,j) i+j end):
rotation(A,1,2);
```

$$\begin{bmatrix} -.162277659 & 0 & .321417318 & .547949220 \\ 0 & 6.162277659 & 6.395052063 & 7.791004533 \\ .321417318 & 6.395052063 & 6 & 7 \\ .547949220 & 7.791004533 & 7 & 8 \end{bmatrix}$$

2.a. Appelons *off* la fonction qui à une matrice carrée réelle associe la somme des carrés des coefficients hors diagonale (*off-diagonal entries*). Comparez les valeurs de $\mathit{off}(A)$ et $\mathit{off}(B)$.

2.b. Dans la méthode de Jacobi classique, on itère la transformation qui fait passer de A à B et à chaque pas on utilise un couple (p, q) qui maximise la valeur absolue des coefficients hors diagonale. En notant $N = d(d-1)/2$, si d est la taille de la matrice A, montrez dans cette circonstance l'inégalité

$$\mathit{off}(B) \leq \left(1 - \frac{1}{N}\right) \mathit{off}(A).$$

Si $A^{(k)}$ est la suite des matrices crées par la matrice de Jacobi classique à partir de $A^{(0)} = A$, montrez que les coefficients hors diagonale des matrices $A^{(k)}$ tendent vers 0 quand k tend vers l'infini. Il resterait à prouver que les coefficients de la diagonale ont eux-mêmes une limite pour conclure que l'on obtient ainsi les valeurs propres de la matrice A [23].

3. La méthode de Jacobi classique demande de comparer les éléments d'une moitié de la matrice pour déterminer le maximum des valeurs absolues et ce pour appliquer seulement un pas de la méthode. On préfère procéder par balayage. On parcourt systématiquement une moitié de la matrice et on applique un pas de la méthode si le coefficient considéré est au dessus d'un certain seuil. On répète ensuite les balayages jusqu'à ce que tous les coefficients hors diagonale soient en dessous d'une certaine borne ε. Cette méthode est la méthode de Jacobi avec seuil. Usuellement le seuil est la moyenne quadratique des coefficients hors diagonale, c'est-à-dire le nombre

$$\sigma = \sqrt{\frac{\mathit{off}(A)}{d(d-1)}}.$$

3.a. On demande d'écrire une procédure `off` qui réalise la fonction *off*.

3.b. Ensuite on demande de fournir une procédure `jacobithreshold` qui prend en entrée la matrice A, la borne ε et le nombre maximal de balayages que l'on s'autorise à employer. La procédure renvoie la matrice transformée. On testera la procédure sur une matrice de Hilbert obtenue comme suit.

```
d:=5:
A:=linalg[hilbert](5);
```

4 Thèmes

Méthode de réduction en carrés de Gauss.

Exprimée en coordonnées, une forme quadratique sur un espace vectoriel de dimension finie n'est rien d'autre qu'un polynôme homogène de degré 2 comme

$$\begin{aligned} Q_1(x,y,z) &= 2x^2 - y^2 + z^2 - xy + yz\,; \\ Q_2(x,y,z) &= xy + yz + zx\,; \\ Q_3(x,y,z) &= y^2 - z^2. \end{aligned}$$

Dire que la base utilisée est orthogonale pour la forme quadratique, c'est dire que la matrice associée est diagonale ou encore que le polynôme s'écrit comme une combinaison linéaire de carrés de formes linéaires indépendantes. Par exemple la matrice associée à la forme quadratique représentée par Q_3,

$$A_3 = \begin{pmatrix} 0 & 0 & 0 \\ 0 & 1 & 0 \\ 0 & 0 & -1 \end{pmatrix},$$

est diagonale et le polynôme Q_3 est une combinaison linéaire des carrés des deux formes linéaires représentées par les deux polynômes homogènes de degré 1

$$\Phi_{3,1}(x,y,z) = y, \qquad \Phi_{3,2}(x,y,z) = z\,;$$

ainsi la base est orthogonale. Par contre la base n'est pas orthogonale pour la forme représentée par Q_1 parce que la matrice associée

$$A_1 = \begin{pmatrix} 2 & -1/2 & 0 \\ -1/2 & -1 & 1/2 \\ 0 & 1/2 & 1 \end{pmatrix},$$

n'est pas diagonale. La forme représentée par le polynôme

$$Q_4(x,y,z) = (x+y+z)^2 - x^2 - y^2 - z^2$$

a bien une écriture en carrés mais les quatre polynômes homogènes de degré 1

$$\Phi_{4,1}(x,y,z) = x+y+z, \quad \Phi_{4,2}(x,y,z) = x, \quad \Phi_{4,3}(x,y,z) = y, \quad \Phi_{4,4}(x,y,z) = z$$

ne sont pas indépendants et la base utilisée n'est pas orthogonale puisque la matrice associée

$$A_4 = \begin{pmatrix} 0 & 1 & 1 \\ 1 & 0 & 1 \\ 1 & 1 & 0 \end{pmatrix}$$

n'est pas diagonale.

1. Gauss a proposé une méthode de réduction en carrés pour les formes quadratiques. Cette méthode se fonde sur deux cas de base. Le premier cas est celui où le polynôme Q qui représente la forme quadratique comporte au moins un terme carré, disons x^2, comme pour Q_1 ou Q_3. Mettant en valeur ce terme on écrit

$$Q = ax^2 + bx + c$$

avec $a \neq 0$ et on utilise l'écriture canonique d'un trinôme du second degré

$$ax^2 + bx + c = a\left(x + \frac{b}{2a}\right)^2 + Q'.$$

Le polynôme Q' ne contient pas la lettre x et $\Phi_1 = x + b/(2a)$ est un polynôme homogène du premier degré qui représente une forme linéaire.

1.a. Écrivez une procédure **gauss1** qui prend en entrée une expression `Q`, un nom `x` et un nom `Q1`. L'expression `Q` est un polynôme du second degré en `x` et on suppose que ceci est réalisé sans le vérifier. La procédure renvoie l'expression associée à $a\,\Phi_1^2$ et affecte à `Q1` l'expression associée à Q' avec les notations ci-dessus. On attend une exécution comme suit.

```
Q:=2*(x[1]+x[2])^2-(x[1]-x[3])^2+x[1]*x[4];
```

$$2\,(x_1 + x_2)^2 - (x_1 - x_3)^2 + x_1 x_4$$

```
gauss1(Q,x[1],'Q1');
```

$$(x_1 + 2\,x_2 + 1/2\,x_4 + x_3)^2$$

```
Q1;
```

$$-2\,{x_2}^2 - 2\,{x_3}^2 - 2\,x_2 x_4 - 4\,x_2 x_3 - 1/4\,{x_4}^2 - x_3 x_4$$

1.b. Le second cas est celui où le polynôme Q est du premier degré en les lettres disons x et y, et comporte le monôme xy ; il s'écrit donc

$$Q = axy + bx + cy + d,$$

avec $a \neq 0$, où a, b, c et d ne dépendent pas de x et y. On notera que les deux cas considérés ne sont pas disjoints a priori. Le coefficient a n'est pas nul et on transforme ceci en

$$Q = a\left(x + \frac{c}{a}\right)\left(y + \frac{b}{a}\right) + Q',$$

où Q' ne dépend pas de x et y. Ensuite on utilise la formule

$$4uv = (u + v)^2 - (u - v)^2,$$

pour remplacer le produit par une écriture en carrés.

Écrivez une procédure **gauss2** qui prend en entrée une expression `Q` et trois noms `x`, `y` et `Q1`. Il est sous-entendu que `Q` représente un polynôme homogène du second degré, qui est du premier degré en `x` et `y`, comme ci-dessus. La procédure renvoie la combinaison adéquate de deux carrés et affecte à `Q1` la différence. On attend l'exécution suivante.

```
Q:=x*y+y*z+z*x;
```

$$xy + yz + zx$$

```
gauss2(Q,x,y,'Q1');
```

$$1/4\ (x + 2\,z + y)^2 - 1/4\ (x - y)^2$$

```
Q1;
```

$$-z^2$$

1.c. Utilisez les deux procédures **gauss1** et **gauss2** pour décomposer en carrés de formes linéaires indépendantes les formes quadratiques données par les polynômes suivants

$$Q_5 = {x_1}^2 + 2{x_2}^2 - 2x_1x_2 + 4x_1x_3 + 8{x_3}^2\,;$$
$$Q_6 = {x_1}^2 + {x_2}^2 - 3{x_4}^2 + 5x_1x_2 - 3x_1x_4 + 2x_2x_4 - 7x_3x_4.$$

1.d. Expliquez pourquoi en un nombre fini de pas, la méthode de Gauss fournit une décomposition en carrés de formes linéaires indépendantes.

2. À chaque pas la méthode laisse un certain choix et on peut donc obtenir différentes décompositions de la même forme quadratique. Cependant le rang de la forme quadratique ne dépend pas de la base utilisée et toutes les écritures obtenues contiennent donc le même nombre de carrés. De plus dans le cas où le corps de base est le corps des réels la loi d'inertie de Sylvester [46] affirme que le nombre p de coefficients strictement positifs et le nombre q de coefficients strictement négatifs dans la combinaison linéaire de carrés indépendants sont intrinsèques. Par exemple on a les deux décompositions

$$\begin{aligned}4xy - 4yz + 4zt - 4zx &\\ &= (z - y + t - x)^2 - (z + y - t + x)^2 + (x + y)^2 - (x - y)^2 \\ &= -(x - t + z)^2 + (x + 2y - t - z)^2 - (2y - t)^2 + t^2.\end{aligned}$$

Elles sont différentes mais comportent toutes les deux quatre termes dont deux ont un coefficient positif et deux ont un coefficient négatif. Le couple (p, q) est la *signature* de la forme quadratique ; ici la signature est $(2, 2)$.

2.a. On demande pour une forme quadratique donnée de fournir toutes les applications possibles de la méthode de Gauss. On testera le cas de la forme exprimée en coordonnées par le polynôme

$$Q_7 = x^2 - y^2 + yz + zt.$$

Pour répondre à la question on pourra utiliser la structure de données suivante : un objet est un quadruplet [*polynom*, *indetslist*, *decomposition*, *path*] et pour l'exemple l'objet initial est le quadruplet $[Q_7, [x, y, z, t], 0, []]$. Plus généralement, *polynom* est un polynôme homogène du second degré en les indéterminées qui constituent la liste *indetslist*. Le quatrième terme *path* est une liste qui indique les différents pas qui ont déjà été appliqués dans la méthode de Gauss ; cette liste contient des monômes de la forme x^2 si l'on a appliqué le premier cas de la méthode en utilisant l'indéterminée x et de la forme xy si l'on a appliqué le second cas en utilisant x et y ; les indéterminées qui apparaissent dans ces monômes ne figurent pas dans la liste *indetslist* et deux monômes ne partagent pas d'indéterminée. Enfin *decomposition* contient la somme des termes carrés déjà obtenus et qui s'expriment en fonction des indéterminées figurant dans les monômes de *path*. On testera ensuite la procédure sur les exemples suivants.

$$Q_8 = x^2 - 2xy\cos(\vartheta) + y^2 ;$$

$$Q_9 = x^2 + (3/2 - 1/2\cos(2\vartheta))\,y^2 + 2yx + 2xz + (1 + \cos(2\vartheta))\,yz + (3/2 - 1/2\cos(2\vartheta))\,z^2 ;$$

$$Q_{10} = (1 - \cos(\vartheta))\,{x_1}^2 + 2\sin(\vartheta)x_1x_2 + (1 + \cos(\vartheta))\,{x_2}^2 - 2\cos(\vartheta)x_1x_3 + 2\sin(\vartheta)x_2x_3 + \sin(\vartheta){x_3}^2.$$

5 Réponses aux exercices

EXERCICE **3.1.** Après quelques vérifications sur les arguments de la procédure (`#1`), on norme le vecteur directeur de l'axe (`#2`) et on applique les formules (`#3`). Précisément, en notant $\widehat{N}$ la matrice antisymétrique associée à la matrice colonne N du vecteur unitaire, la matrice de rotation s'écrit

$$R = \cos\vartheta\, I_3 + (1 - \cos\vartheta)\, N^tN + \sin\vartheta\, \widehat{N}.$$

On a employé l'astuce vue plus haut, page 174, dans le calcul de la matrice de réflexion pour faire apparaître la matrice N^tN.

```
rotation3d:=proc(axisvector::{list,vector},theta)
  local av,d,norm2,n;
  if type(axisvector,list) then                          #1
    av:=vector(axisvector)
  else av:=axisvector
  fi;
```

```
    d:=linalg[vectdim](av);
    if d<>3 then ERROR(`rotation3d expects its argument
                      axisvector to be of size 3 but
                      received`,eval(axisvector))
    fi;
    norm2:=linalg[dotprod](av,av);
    if norm2=0 then ERROR(`rotation3d expects its argument
                      axisvector to be nonzero but
                      received`,eval(axisvector))
    fi;
    n:=av/sqrt(norm2);                                          #2
    evalm(cos(theta)*array(1..3,1..3,identity)                  #3
        +(1-cos(theta))*n&*linalg[transpose](n)
        +sin(theta)*array(1..3,1..3,antisymmetric,
                    [(3,2)=n[1],(1,3)=n[2],(2,1)=n[3]]))
end: # rotation3d
normal(linalg[trace](rotation3d([a,b,c],theta)));
```

$$2\cos(\theta) + 1$$

On retrouve l'expression de la trace pour une matrice de rotation.

EXERCICE **3.2.** **a.** La formule de Fourier donne la réponse,

$$f_n = e_n - \sum_{k=0}^{n-1} \frac{(f_k \mid e_n)}{(f_k \mid f_k)} f_k.$$

Rappelons son origine. La projection orthogonale d'un vecteur sur le sous-espace engendré par les f_ℓ s'écrit comme une combinaison linéaire des f_ℓ ; comme ceux-ci sont orthogonaux deux à deux le coefficient relatif à f_k s'obtient en effectuant le produit scalaire avec f_k.

b. Pour couvrir tous les cas, le plus simple semble être l'utilisation de procédures pour définir la suite de vecteurs et le produit scalaire. Ainsi pour le deuxième exemple, on définit `e` et `scalarproduct` comme suit.

```
e:=proc(n) cos(t)^n end:
scalarproduct:=proc(v,w)
  option remember;
  int(v*w,t=-Pi..Pi)/Pi
end: # scalarproduct
```

La séquence d'instructions suivantes fournit alors la réponse. On peut ensuite appliquer un traitement spécifique à l'exemple.

```
B:=10:
f(0):=e(0);
for n to B do
  f(n):=e(n)-add(scalarproduct(f(k),e(n))
                  /scalarproduct(f(k),f(k))*f(k),k=1..n-1)
od:
for n to B do combine(f(n),trig) od;
```

On notera que les procédures **e** et **f** utilisent implicitement une table de *remember* (page 39).

EXERCICE **3.3. a.** Nous commençons par ramener l'expression matricielle à être une simple matrice par **evalm** puis nous vérifions que la donnée est correcte (**#1**). Ensuite nous considérons le déterminant de la matrice (**#2**). S'il est égal à 1 (**#3**) nous avons affaire à une transformation directe et nous appliquons la méthode exposée dans l'énoncé. On notera l'usage constant de **radnormal** dans les tests ; cependant les occurrences de **radnormal** entre **#a** et **#b** ne sont là que dans un espoir de simplification. Enfin si la transformation est rétrograde (**#4**), nous étudions la matrice opposé et nous en tirons les éléments géométriques de la transformation.

```
o3danalysis:=proc(A)
   local AA,p,q,I3,Delta,tr,v,n2,theta,asp,axisvector,toto;
   AA:=evalm(A);                                                   #1
   p:=linalg[rowdim](AA);
   q:=linalg[coldim](AA);
   if p<>q or p<>3 then
     ERROR(`o3danalysis expects its argument A to be a square
                                 matrix, but received`,eval(AA))
   fi;
   I3:=array(1..3,1..3,identity);
   if not linalg[iszero](map(radnormal,
                                 evalm(AA &* transpose(AA)-I3)))
     then ERROR(`o3danalysis expects its argument A to be an
            orthogonal matrix of size 3, but received`,eval(AA))
   fi;
   Delta:=linalg[det](AA);                                         #2
   if radnormal(Delta-1)=0 then                                    #3
     tr:=linalg[trace](AA);
     if radnormal(tr-3)=0 then Identity(3)
     else
       if radnormal(tr+1)=0 then
         v:=op(1,linalg[nullspace](AA-I3));
         n2:=linalg[dotprod](v,v);
         theta:=Pi
       else
         asp:=evalm((AA-transpose(AA))/2);
         v:=[asp[3,2],asp[1,3],asp[2,1]];
         n2:=linalg[dotprod](v,v);                                 #a
         theta:=arccos(radnormal((tr-1)/2,rationalized))
       fi;
       axisvector:=map(radnormal,evalm(v/sqrt(n2)),rationalized);
       Rotation3d(eval(axisvector),theta)                          #b
     fi
   else                                                            #4
     toto:=o3danalysis(-AA);
     if toto=Identity(3) then -Identity(3)
     elif  op(2,toto)=Pi then Reflection3d(op(1,toto))
     else axisvector:=evalm(-op(1,toto));
```

```
            Reflection3d(eval(axisvector)) &*
                Rotation3d(eval(axisvector),op(2,toto))
        fi
      fi
    end: # o3danalysis
```

b. Pour étendre la procédure **value** comme demandé, une simple substitution syntaxique suffit.

```
    `value/Rotation3d`:=proc(expr)
      subs(Rotation3d=rotation3d,expr)
    end: # value/Rotation3d
    `value/Reflection3d`:=proc(expr)
      subs(Reflection3d=reflection3d,expr)
    end: # value/Reflection3d
```

La classe d'expressions que nous utilisons étant close par les quatre opérations élémentaires et l'extraction de racine carrée, nous pouvons garantir que partant de matrices à coefficients dans cette classe tous les calculs que nous menons vont fournir des matrices à coefficients dans cette classe. Le seul défaut qui subsiste dans cette représentation est le fait qu'il n'y ait pas unicité de l'écriture pour une réflexion car les deux vecteurs unitaires normaux au plan d'une réflexion sont équivalents.

c. Si A est une partie non vide stable et finie d'un groupe, il suffit de prouver qu'elle est stable par passage à l'inverse pour voir que cette partie est un sous-groupe. Considérons un élément particulier a de A et la translation associée γ_a, qui est l'application faisant passer de x à ax dans le groupe. Cette translation laisse la partie A invariante par hypothèse ; comme elle est une bijection du groupe, elle induit une bijection qui envoie A dans lui-même, car A est finie. En particulier, l'équation $ax = a$ a exactement une solution dans A, mais elle possède aussi dans le groupe de référence exactement une solution qui est le neutre e, donc le neutre est dans A. Ensuite l'équation $ax = e$ possède exactement une solution dans A et cette solution est bien sûr a^{-1}, qui appartient à A. Ainsi A est bien un sous-groupe.

Pour ce qui est du calcul, nous rangeons les éléments du sous-groupe dans une table (**#1**). Au départ la table ne contient que les générateurs, qui sont supposés distincts. La variable **globalcounter** donne le nombre d'éléments du groupe déjà répertoriés (**#2**) ; nous considérons tous les produits d'éléments déjà rencontrés et nous les comparons aux éléments connus. Ceci crée de nouveaux éléments et la variable **todocounter** dit combien d'éléments sont à tester dans la prochaine étape (**#3**). Pour tester un nouvel élément d'indice j (**#4**) nous décrivons dans la table de Pythagore du groupe en formation l'équerre constituée des cases d'indice (i_1, i_2) successivement égal à $(j, 1)$, $(j, 2)$, ..., (j, j), $(j-1, j)$, ..., $(1, j)$ (**#5**).

```
    G[1]:=eval(R):                                                #1
    G[2]:=eval(S):
    G[3]:=eval(Sigma):
    globalcounter:=3:                                             #2
```

```
todocounter[1]:=3:
for i while todocounter[i] > 0 do
  todocounter[i+1]:=0;                                         #3
  for j from globalcounter-todocounter[i]+1 to globalcounter do#4
    for k to 2*j-1 do                                          #5
      if k<j then i1:=j; i2:=k else i1:=2*j-k; i2:=j fi;
      g1g2:=evalm(G[i1]&*G[i2]);
      for c to globalcounter while
        not linalg[iszero](map(radnormal,evalm(g1g2-G[c])))
        do od;
      if c > globalcounter then
        globalcounter:=c;
        G[globalcounter]:=eval(g1g2);
        todocounter[i+1]:=todocounter[i+1]+1;
      fi
    od
  od
od:
seq(todocounter[i],i=1..4);
```

$$3,\ 6,\ 3,\ 0$$

La table **todocounter** montre que la première étape a créé six nouvelles matrices, la deuxième étape en a créé trois et à la troisième étape aucune nouvelle matrice n'est apparue, ce qui signifie que nous avons atteint une partie stable, qui a douze éléments. Pour prouver ceci, il a fallu tester cent quarante-quatre produits matriciels.

Nous pouvons regarder l'interprétation géométrique de ces matrices et constater que le groupe G comporte six transformations directes et six transformations rétrogrades, ce qui est normal puisqu'il contient la réflexion σ qui change l'orientation.

```
seq(o3danalysis(G[i]),i=1..globalcounter);
```

$$\mathrm{Rotation3d}([0,\,0,\,1],\,\frac{2}{3}\,\pi),\ \mathrm{Rotation3d}([1,\,0,\,0],\,\pi),\ \mathrm{Reflection3d}([0,\,0,\,1]),$$
$$\mathrm{Rotation3d}([0,\,0,\,-1],\,\frac{2}{3}\,\pi),\ \mathrm{Rotation3d}(\left[\frac{1}{2},\,\frac{1}{2}\sqrt{3},\,0\right],\,\pi),$$
$$\mathrm{Reflection3d}([0,\,0,\,1])\ \&*\ \mathrm{Rotation3d}([0,\,0,\,1],\,\frac{1}{3}\,\pi),$$
$$\mathrm{Reflection3d}(\left[\frac{1}{2}\sqrt{3},\,\frac{1}{2},\,0\right]),\ \mathrm{Reflection3d}(\left[-\frac{1}{2}\sqrt{3},\,\frac{1}{2},\,0\right]),$$
$$\mathrm{Rotation3d}(\left[\frac{-1}{2},\,\frac{1}{2}\sqrt{3},\,0\right],\,\pi),\ \mathrm{Identity}(3),\ \mathrm{Reflection3d}([0,\,1,\,0])$$
$$\mathrm{Reflection3d}([0,\,0,\,-1])\ \&*\ \mathrm{Rotation3d}([0,\,0,\,-1],\,\frac{1}{3}\,\pi)$$

Le sous-groupe des transformations directes est celui qui a été baptisé H. C'est le groupe des symétries ponctuelles de l'une des formes cristallisées de la silice pure SiO_2 (quartz) ou du sulfure de mercure HgS (cinabre). Quant au groupe G, il est associé au cristal de benitoïte [14].

Chapitre 4. Approximation

1 Domaine et outils

La notion d'approximation est à la base de l'analyse et la topologie est après l'algèbre la deuxième mamelle à laquelle s'abreuve le mathématicien. L'idée d'approximation est multiforme et dépend de l'espace de référence. Nous envisageons l'approximation des réels avec l'étude de la continuité des fonctions de deux variables — le système nous aidera par ses possibilités graphiques ; mais aussi avec l'étude des fractions continuées, où nous employons les capacités de calcul à notre disposition. Nous traitons aussi l'approximation uniforme des fonctions, en l'illustrant graphiquement. Enfin nous débutons l'étude du calcul asymptotique, un domaine central de l'analyse d'un usage constant et qui correspond à une idée différente d'approximation. Ce sujet anticipe par certains aspects sur les deux chapitres suivants et la lecture de ce paragraphe doit donc être entamée, puis poursuivie en parallèle à ces deux chapitres. Outre son importance théorique, l'asymptotique des sommes fondée sur la formule d'Euler-Maclaurin nous permet de mettre en valeur les erreurs que produit une mauvaise utilisation du système. Disposer d'une puissance de calcul centuplée ne dispense pas de réfléchir ; au contraire cette capacité nouvelle oblige à une meilleure connaissance théorique qui assure la maîtrise des techniques employées. Enfin l'apport du calcul formel est ici fondamental puisque nous utilisons implicitement les algorithmes de ce domaine scientifique.

Continuité des fonctions de deux variables. Nous nous intéressons ici à la continuité ou aux limites des fonctions de deux variables à valeurs réelles. Pour une telle fonction la continuité en un point $a = (x_0, y_0)$ s'exprime par la formule

$$\forall \varepsilon > 0,\ \exists \eta > 0,\ \forall (x,y) \in \mathcal{D}_f, \quad (|x - x_0| < \eta \text{ et } |y - y_0| < \eta) \Rightarrow |f(x,y) - f(x_0,y_0)| < \varepsilon.$$

Les fonctions polynômes, rationnelles, trigonométriques, exponentielles ou logarithmes sont continues sur leur ensemble de définition. De même les deux fonctions coordonnées $(x,y) \mapsto x$ et $(x,y) \mapsto y$, l'addition et la multiplication sont continues. De plus la composée de deux fonctions continues est continue. Il en résulte qu'une fonction rationnelle à deux variables comme

$$f_1 : (x, y) \longmapsto \frac{x^3 - y^3}{x^2 + y^2}$$

est continue sur son ensemble de définition.

De façon formelle et toujours dans le cadre des fonctions de deux variables à valeurs réelles, le fait que la limite de f en $a = (x_0, y_0)$ suivant A existe et vaille ℓ s'exprime par la formule

$$\forall \varepsilon > 0, \exists \eta > 0, \quad ((x, y) \in A \text{ et } |x - x_0| < \eta \text{ et } |y - y_0| < \eta) \Rightarrow |f(x, y) - \ell| < \varepsilon$$

et se résume en

$$\lim_{\substack{x \to a \\ x \in A}} f(x) = \ell.$$

Il faut noter que l'usage est d'exclure le point a de l'ensemble A. Pour la fonction f_1 nous remarquons que l'utilisation des coordonnées polaires fournit pour ρ non nul et ϑ quelconque

$$f_1(\rho \cos \vartheta, \rho \sin \vartheta) = \rho(\cos^3 \vartheta - \sin^3 \vartheta).$$

La quantité entre parenthèses reste bornée par 2 d'où la majoration

$$|f_1(\rho \cos \vartheta, \rho \sin \vartheta)| \leq 2|\rho|,$$

qui permet de montrer que la limite de f_1 quand (x, y) tend vers $(0, 0)$ en en restant différent (cette locution exprime le fait que l'ensemble A utilisé est le plan privé de l'origine), cette limite donc, est 0.

Les définitions de la continuité et de la limite sont fort proches et il n'est pas difficile de prouver qu'une fonction f est continue en a si et seulement si la limite de f en a suivant le complémentaire de a dans l'ensemble de définition est la valeur $f(a)$ de f en a. Dans l'exemple précédent, on peut prolonger la fonction en posant $f_1(0, 0) = 0$; la nouvelle fonction f_1 est continue en l'origine; on a ainsi réalisé un prolongement par continuité.

Une technique usuelle pour montrer qu'une limite n'existe pas est fondée sur la remarque suivante: si une partie convenable B est incluse dans A, si la limite de f en a suivant A existe et vaut ℓ alors la limite de f en a suivant B existe et vaut aussi ℓ. Prenons par exemple la fonction

$$h : x \mapsto e^{-1/x}.$$

Elle est définie sur $A = \mathbb{R}^*$; prenons d'abord B égal à $]0, +\infty[$; la limite de h en 0 suivant B est ce que l'on appelle usuellement la limite à droite de h en 0; elle existe et vaut 0. Prenons maintenant B égal à $]-\infty, 0[$, ce qui va nous donner la limite à gauche en 0; celle-ci existe dans $\overline{\mathbb{R}}$ et vaut $+\infty$. Nous avons deux valeurs différentes, ou encore la limite n'existe que d'un côté, ce qui fait que la limite de h en 0 n'existe pas.

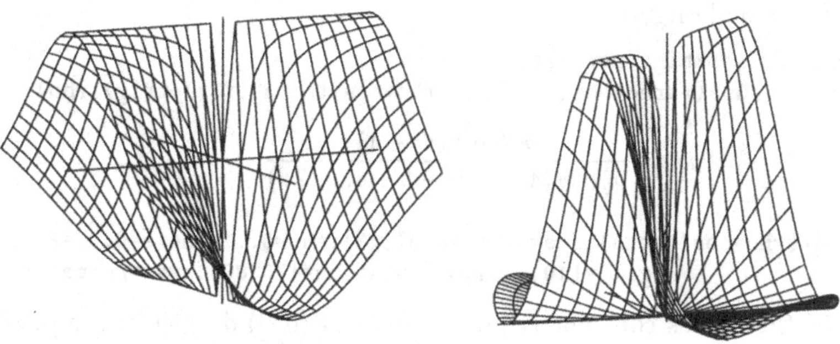

Figure 4.1.

Continuons sur la même idée, mais avec une fonction de deux variables, la fonction rationnelle

$$f_2 : (x,y) \mapsto \frac{x^2-y^2}{x^2+y^2}.$$

Les instructions suivantes fournissent le dessin de gauche de la figure 4.1.

```
f2:=(x^2-y^2)/(x^2+y^2):
plot3d(f2,x=-1..1,y=-1..1,axes=normal,orientation=[65,80]);
```

Nous ressentons bien que la fonction n'a pas de limite en $(0,0)$. Pour le voir nous utilisons pour ϑ réel la droite D_ϑ de vecteur directeur $(\cos\vartheta, \sin\vartheta)$, ou plutôt la droite D_ϑ privée de l'origine, disons D_ϑ^*. En passant en coordonnées polaires nous voyons que la fonction est constante sur D_ϑ^*. En effet nous avons

$$f_2(\rho\cos\vartheta, \rho\sin\vartheta) = \cos^2\vartheta - \sin^2\vartheta = \cos 2\vartheta.$$

Cette expression permet de tracer à nouveau le graphe de la fonction.

```
plot3d([rho*cos(theta),rho*sin(theta),cos(2*theta)],
        rho=0..1,theta=0..2*Pi,grid=[3,65],orientation=[65,80],
                              scaling=constrained,axes=normal);
```

La fonction a une limite suivant chacun des sous-ensembles D_ϑ^* et l'ensemble des valeurs limites est l'intervalle $[-1,1]$. Le fait qu'une fonction ne puisse avoir qu'une limite en un point montre que la limite en $(0,0)$ n'existe pas.

Prenons maintenant la fonction rationnelle

$$f_3 : (x,y) \mapsto \frac{x^2y^2}{x^2y^2+(x-y)^2}.$$

Nous pourrions tracer son graphe en coordonnées cartésiennes comme suit.

```
f3:=(x*y)^2/((x*y)^2+(x-y)^2):
```

```
plot3d(f3,x=-1..1,y=-1..1,orientation=[60,80]);
```

Mais nous préférons passer tout de suite en coordonnées polaires et tracer le dessin de droite de la figure 4.1.

```
g3:=collect(combine(normal(
          subs(x=rho*cos(theta),y=rho*sin(theta),f3)),trig),rho);
```

$$g3 := \frac{\rho^2 (\cos(4\theta) - 1)}{\rho^2 (\cos(4\theta) - 1) - 8 + 8\sin(2\theta)}$$

```
plot3d([rho*cos(theta),rho*sin(theta),g3],rho=0..1,theta=0..2*Pi,
                   grid=[10,100],orientation=[70,80],axes=normal);
```

Son allure suffit à nous convaincre que la limite en $(0,0)$ de f_3 n'existe pas. En effet nous voyons que pour toutes les droites D_ϑ la limite est 0 sauf pour une seule qui donne la limite 1. On peut vérifier que cette dernière correspond à $\vartheta \equiv \pi/4 \mod \pi$ ou encore à l'équation $\sin 2\vartheta = 1$.

Cependant nous empruntons une autre voie en considérant les courbes de niveau de la fonction f_3 ; ce sont les sous-ensembles C_λ du plan définies par l'équation $f_3(x,y) = \lambda$, autrement dit l'ensemble des points où la fonction a pour niveau λ. Nous pourrions les voir avec l'instruction suivante.

```
plots[contourplot]([rho*cos(theta),rho*sin(theta),g3],
                     rho=0..1,theta=0..2*Pi,grid=[10,100],
                        contours=[seq(k/10,k=0..10)],labels=[x,y]);
```

L'origine est un point adhérent à chacune de ces courbes de niveau et la limite en $(0,0)$ de f_3 n'existe pas. En effet la limite de la fonction suivant la courbe de niveau λ est évidemment λ, puisque la fonction est constante sur cette courbe. Il suffit que deux courbes de niveau confluent vers le même point pour que la limite en ce point n'existe pas. On peut désirer une preuve plus formelle. Un peu d'attention montre que la fonction f_3 prend ses valeurs entre 0 et 1 ; c'est évident sur l'expression en coordonnées cartésiennes et sur le dessin. Déterminons la courbe de niveau $\cos\alpha$ en résolvant l'équation polaire par rapport à ρ^2.

```
solve(subs(rho^2=Rho,g3)=cos(alpha),Rho):
factor(");
```

$$-8\,\frac{\cos(\alpha)\,(-1 + \sin(2\theta))}{(-1 + \cos(\alpha))\,(\cos(4\theta) - 1)}$$

L'expression obtenue se factorise en un terme dépendant de α et qui décrit l'intervalle de 0 à $+\infty$ quand α va de 0 à $\pi/2$ et en un terme qui ne dépend que de ϑ. Ceci montre que toutes les courbes de niveau, hormis celle de niveau 1 associée à $\alpha = 0$ — l'expression n'est pas valable dans ce cas — se déduisent par homothétie de l'une d'entre elles. Il suffit d'en étudier une pour conclure que toutes ces courbes confluent vers l'origine pour ϑ tendant vers $\pi/4$ à π près. Ainsi la fonction n'a pas de limite en l'origine.

EXERCICE **4.1.** On demande d'étudier l'existence d'une limite pour les fonctions de deux variables définies par les expressions ci-après aux points de $\mathbb{R}^2$ qui sont à la frontière de leur ensemble de définition,

$$f_4(x,y) = \frac{x^2 y}{x^4+y^2}\,; \qquad f_5(x,y) = x^y\,;$$
$$f_6(x,y) = \frac{\sin(x-y)\sin(x+y)}{x^2-y^2}\,; \qquad f_7(x,y) = \frac{(1-x)(1-y)}{1-xy}.$$

Calcul asymptotique. Trois relations de comparaison sont couramment utilisées : la domination, la prépondérance et l'équivalence ; les notations employées sont respectivement le grand o de Landau, O, le petit o de Landau, o, et le symbole $\sim$. On a par exemple

$$\sin x \underset{x\to 0}{=} x + O(x^3)\,;$$
$$\sin x \underset{x\to 0}{=} x + o(x^2)\,;$$
$$\sin x \underset{x\to 0}{\sim} x.$$

Ces écritures abrègent respectivement les formules

$$\exists C>0,\ \exists \eta>0,\ \forall x, \qquad 0<|x|<\eta \Rightarrow |\sin x - x| \le C|x^3|\,;$$

$$\forall \varepsilon>0,\ \exists \eta>0,\ \forall x, \qquad 0<|x|<\eta \Rightarrow |\sin x - x| \le \varepsilon|x^2|\,;$$

$$\sin x \underset{x\to 0}{=} x + o(x).$$

MAPLE ne propose qu'une relation de comparaison qui est une domination affaiblie, notée encore avec le grand O de Landau. Cette restriction n'est pas gênante si l'on peut calculer des développements asymptotiques avec un nombre arbitraire de termes, ce qui est le cas dans les exemples usuels. Le traitement des développements asymptotiques se fait à travers la procédure **series** (**?series**). On a ainsi le développement au voisinage de 0

```
series(1/sin(t)-1/t,t);
```

$$\frac{1}{6}t + \frac{7}{360}t^3 + O(t^4)$$

D'après la définition des développements asymptotiques, le terme d'erreur doit être un petit o ; si l'on tient à cette condition, on écrit donc

$$\frac{1}{\sin t} - \frac{1}{t} \underset{t\to 0}{=} \frac{t}{6} + \frac{7}{360}t^3 + o(t^3).$$

Si l'on pense, à juste titre, que le terme d'erreur est un $O(t^5)$ on augmente la précision du développement.

```
series(1/sin(t)-1/t,t,8);
```

$$\frac{1}{6}t + \frac{7}{360}t^3 + \frac{31}{15120}t^5 + O(t^6)$$

On peut ainsi écrire

$$\frac{1}{\sin t} - \frac{1}{t} \underset{t \to 0}{=} \frac{t}{6} + \frac{7}{360} t^3 + O(t^5).$$

La procédure **series** utilise des développements en une variable. Ainsi le développement suivant n'est pas vu comme un développement dans un voisinage de 0 à droite suivant l'échelle des $x^k \ln^\ell x$, mais comme un développement suivant les puissances de x à coefficients des puissances de $\ln x$.

```
series(x^sin(x),x);
```

$$\begin{aligned} &1 + \ln(x)\,x + \frac{1}{2}\ln(x)^2 x^2 \\ &\quad + \left(-\frac{1}{6}\ln(x) + \frac{1}{6}\ln(x)^3\right) x^3 + \left(-\frac{1}{6}\ln(x)^2 + \frac{1}{24}\ln(x)^4\right) x^4 \\ &\qquad + \left(\frac{1}{120}\ln(x) - \frac{1}{12}\ln(x)^3 + \frac{1}{120}\ln(x)^5\right) x^5 + O(x^6) \end{aligned}$$

Ceci a deux conséquences. D'abord les termes du développement ne sont pas rangés dans le bon ordre, où chaque terme est négligeable par rapport au précédent ; ensuite la constante impliquée dans le grand o n'est pas une constante mais un polynôme en $\ln x$. Un écriture correcte, obtenue en augmentant la précision pour tester le contenu du grand o, est la suivante.

$$\begin{aligned} x^{\sin x} \underset{x \to 0+}{=} &\ 1 + x \ln x + \frac{1}{2} x^2 \ln^2 x \\ &+ \frac{1}{6} x^3 \ln^3 x - \frac{1}{6} x^3 \ln x + \frac{1}{24} x^4 \ln^4 x - \frac{1}{6} x^4 \ln^2 x \\ &+ \frac{1}{120} x^5 \ln^5 x - \frac{1}{12} x^5 \ln^3 x + \frac{1}{120} x^5 \ln x + O\left(x^6 \ln^4 x\right) \end{aligned}$$

EXERCICE **4.2.** On demande de fournir pour chacune des fonctions g_i définies par les formules suivantes un développement asymptotique au voisinage de 0 comportant au moins dix termes non nuls,

$$g_1(x) = \cos x - \exp(-x^2/2)\,; \qquad g_2(x) = \left(\frac{\cos x}{\operatorname{ch} x}\right)^{1/x^2}\,;$$

$$g_3(x) = (\sin x)^{\operatorname{tg} x}\,; \qquad g_4(x) = \operatorname{Arctg}(x + \sqrt{1 + x^2})\,;$$

$$g_5(x) = \ln^x(1/x)\,; \qquad g_6(x) = \frac{\sqrt{1+x} - \sqrt{1-x}}{\sqrt{1+x} + \sqrt{1-x}}\,;$$

$$g_7(x) = \left(1 + \frac{1}{x}\right)^{\sin x}\,; \qquad g_8(x) = \sin x\, \ln(\operatorname{tg} x).$$

On prendra garde de ranger les termes dans le bon ordre (sans attendre cette mise en ordre du logiciel) et de fournir un terme d'erreur correct au regard des définitions mathématiques.

Formule d'Euler-Maclaurin. À côté de **series** un autre outil nous est proposé, la procédure **asympt**, qui fournit un développement asymptotique au voisinage de l'infini. Cette procédure **asympt** fait essentiellement appel à **series** en utilisant le changement de variables $x \mapsto 1/x$. Cependant elle possède une fonctionnalité supplémentaire qui est l'application de la formule d'Euler-Maclaurin. Cette formule peut s'énoncer comme suit :

> *Soit f une fonction de classe C^∞ sur $[a, b]$ pour a, b entiers avec $a < b$ et $m \in \mathbb{N}^*$, alors*
>
> $$\frac{1}{2}f(a) + f(a+1) + \cdots + f(b-1) + \frac{1}{2}f(b) = \int_a^b f(x)\,dx + \sum_{k=1}^{m} \frac{B_{2k}}{(2k)!}\left(f^{(2k-1)}(b) - f^{(2k-1)}(a)\right) + \frac{1}{(2m+1)!}\int_a^b B^*_{2m+1}(x) f^{(2m+1)}(x)\,dx.$$

Dans cette formule, les B_n sont les nombres de Bernoulli et les B_n^* sont les fonctions de Bernoulli, que nous allons définir. La démonstration de la formule d'Euler-Maclaurin repose sur une intégration par parties ; pour z entier entre a et b, on a d'abord l'égalité

$$\int_z^{z+1} f(x)\,dx = \int_0^1 f(z+t)\,dt = \left[\left(t - \frac{1}{2}\right) f(z+t)\right]_0^1 - \int_0^1 \left(t - \frac{1}{2}\right) f'(z+t)\,dt.$$

Comme on le voit, la fonction constante 1 est primitivée en $t - 1/2$ et non en t comme on pourrait s'y attendre, puis au cran suivant $t - 1/2$ est primitivé en $t^2/2 - t/2 + 1/6$, etc. On introduit ainsi les polynômes $B_n(X)/n!$ et la définition des polynômes de Bernoulli $B_n(X)$ (**?bernoulli**),

- $B_0(X) = 1$;
- pour $n \geq 1$, $B_n'(X) = nB_{n-1}(X)$;
- pour $n \geq 1$, $\displaystyle\int_0^1 B_n(t)\,dt = 0$.

Les nombres de Bernoulli B_n sont les valeurs des polynômes de Bernoulli en 0. Ces propriétés font que la suite des $B_n(X)$ satisfait

- pour $n \neq 1$, $B_n(1) = B_n(0)$.

Grâce à ce dernier point, qui implique que B_3, B_5 et tous les nombres de Bernoulli d'indice impair au moins égal à 3 sont nuls, l'intégrale $\int_0^1 f(z+t)\,dt$ s'exprime uniquement en fonction des valeurs de la fonction f et de ses dérivées aux extrémités de l'intervalle d'intégration. Il suffit ensuite d'additionner les formules obtenues pour aboutir à la formule d'Euler-Maclaurin. Le décalage qui fait passer de l'intervalle $[z, z+1]$ à l'intervalle $[0,1]$ introduit les fonctions de Bernoulli B_n^*. Ces fonctions sont 1-périodiques et coïncident avec les polynômes de Bernoulli entre 0 et 1 ; autrement dit, elles sont données par la formule

$$\forall x \in \mathbb{R}, \qquad B_n^*(x) = B_n(x - \lfloor x \rfloor).$$

À titre d'exemple, prenons la fonction $f : x \mapsto 1/x$, qui est de classe C^∞ sur $]0, +\infty[$ avec

$$\forall x > 0, \qquad f^{(2k-1)}(x) = -\frac{(2k-1)!}{x^{2k}}.$$

Nous obtenons pour $m > 0$ et $n > 1$, en utilisant $a = 1$ et $b = n$,

$$\frac{1}{2} + \frac{1}{2} + \frac{1}{3} + \cdots + \frac{1}{n-1} + \frac{1}{2n} = \ln n + \sum_{k=1}^{m} \frac{B_{2k}}{2k}\left(1 - \frac{1}{n^{2k}}\right) + \int_1^n B_{2m+1}^*(x) \frac{1}{x^{2m+2}}\, dx.$$

Ceci s'écrit encore

$$1 + \frac{1}{2} + \frac{1}{3} + \cdots + \frac{1}{n} - \ln n = \frac{1}{2} + \frac{1}{2n} + \sum_{k=1}^{m} \frac{B_{2k}}{2k}\left(1 - \frac{1}{n^{2k}}\right) + \int_1^n B_{2m+1}^*(x) \frac{1}{x^{2m+2}}\, dx.$$

Nous savons que le terme de gauche a pour limite γ, la constante d'Euler, quand n tend vers $+\infty$. Il en est donc de même du terme de droite et ceci fournit l'égalité

$$\gamma = \frac{1}{2} + \sum_{k=1}^{m} \frac{B_{2k}}{2k} + \int_1^{+\infty} B_{2m+1}^*(x) \frac{1}{x^{2m+2}}\, dx\,;$$

en reportant cette expression de γ, nous obtenons l'égalité

$$1 + \frac{1}{2} + \frac{1}{3} + \cdots + \frac{1}{n} - \ln n = \gamma + \frac{1}{2n} - \sum_{k=1}^{m} \frac{B_{2k}}{2k} \frac{1}{n^{2k}} + \int_n^{+\infty} B_{2m+1}^*(x) \frac{1}{x^{2m+2}}\, dx.$$

Enfin la majoration

$$\left|\int_n^{+\infty} B_{2m+1}^*(x)\frac{1}{x^{2m+2}}\,dx\right| \le \max_{0\le x\le 1}|B_{2m+1}^*(x)|\frac{1}{2m+1}\frac{1}{n^{2m+1}}$$

fournit le développement asymptotique

$$1+\frac{1}{2}+\frac{1}{3}+\cdots+\frac{1}{n}\underset{n\to+\infty}{=}\ln n+\gamma+\frac{1}{2n}-\sum_{k=1}^{m}\frac{B_{2k}}{2k}\frac{1}{n^{2k}}+O\left(\frac{1}{n^{2m+1}}\right)$$

pour tout entier $m \ge 1$. Par exemple, pour $m = 5$, on a le développement

$$1+\frac{1}{2}+\frac{1}{3}+\cdots+\frac{1}{n}\underset{n\to+\infty}{=}\ln n+\gamma$$
$$+\frac{1}{2n}-\frac{1}{12n^2}+\frac{1}{120n^4}-\frac{1}{252n^6}+\frac{1}{240n^8}-\frac{1}{132n^{10}}+O\left(\frac{1}{n^{11}}\right).$$

L'application de la formule d'Euler-Maclaurin soulève deux difficultés. Pour chaque exemple, une certaine constante doit être déterminée par un argument externe au calcul asymptotique. Dans l'exemple précédent, nous avons utilisé le résultat élémentaire

$$\lim_{n\to+\infty} H_n - \ln n = \gamma.$$

Ce problème apparaît clairement avec l'instruction suivante.

```
asympt(Sum(1/k,k=1..n),n);
```

$$\frac{1459}{2520} - O(1) + \ln(n) + \frac{1}{2}\frac{1}{n} - \frac{1}{12}\frac{1}{n^2} + \frac{1}{120}\frac{1}{n^4} + O(\frac{1}{n^6})$$

Ce $O(1)$ cache la constante d'Euler. Dans ce cas particulier, une instruction adéquate est l'une des deux suivantes. Si la somme est évaluée, comme ci-dessous, on ne fait évidemment plus appel à la formule d'Euler-Maclaurin.

```
asympt(sum(1/k,k=1..n),n);
asympt(Psi(n+1)+gamma,n);
```

$$\ln(n) + \gamma + \frac{1}{2}\frac{1}{n} - \frac{1}{12}\frac{1}{n^2} + \frac{1}{120}\frac{1}{n^4} + O(\frac{1}{n^6})$$

Pour évacuer provisoirement ce problème de constante, on peut utiliser la procédure **eulermac** qui a le mérite de fournir un résultat garanti si l'expression passée en paramètre représente une fonction de classe C^∞.

```
readlib(eulermac)(1/k,k);
```

$$\ln(k) - \frac{1}{2}\frac{1}{k} - \frac{1}{12}\frac{1}{k^2} + \frac{1}{120}\frac{1}{k^4} - \frac{1}{252}\frac{1}{k^6} + O(\frac{1}{k^8})$$

Le calcul précédent fournit un développement asymptotique d'une *primitive discrète* de $1/k$, c'est-à-dire d'une suite $F(k)$ vérifiant

$$F(k+1) - F(k) = \frac{1}{k}\,;$$

par addition, ceci donne

$$F(n+1) - F(1) = \sum_{k=1}^{n} \frac{1}{k}$$

et explique l'incohérence apparente des deux développements ci-dessus, qui comportent pour l'un $+1/(2n)$ et pour l'autre $-1/(2k)$. La primitive discrète est définie à une constante près. Il reste ensuite à déterminer cette constante.

La deuxième difficulté vient de la majoration de l'intégrale qui fournit le terme d'erreur. Pour que la formule soit utilisable, il faut que les dérivées successives soient de plus en plus petites. La vérification de ce fait incombe à l'utilisateur.

EXERCICE **4.3.** On demande d'étudier le comportement asymptotique des sommes qui suivent ; on ne cherchera pas à calculer la constante d'Euler-Maclaurin plus explicitement qu'elle n'est donnée par MAPLE

$$\sum_{k=1}^{n} \sqrt{k}\,; \qquad \sum_{k=0}^{n} \frac{1}{k^2+1}\,; \qquad \sum_{k=2}^{n} k \ln k\,;$$

$$\sum_{k=0}^{n} \frac{1}{4k+3}\,; \qquad \sum_{k=0}^{n} \frac{1}{(3k+2)(3k+4)}\,; \qquad \sum_{k=0}^{n} \frac{k^2+1}{k+1}.$$

2 Exercices

EXERCICE **4.4.** Tracez les graphes des fonctions données par les expressions suivantes et étudiez la possibilité de les prolonger par continuité aux points adhérents à leur ensemble de définition.

$\sqrt{x(1-x)}\,\sin\dfrac{1}{x^k(1-x)^k}$, pour x dans $]0,1[$ et $k = 1, 2, 3$;

$x^k \sin\dfrac{1}{x^\ell}$, pour x dans $[-1,1]$ et différent de 0 avec $1 \le k, \ell \le 4$;

$\sin^k(x)\sin\dfrac{1}{\sin^\ell x}$, pour x dans $[-2\pi, 2\pi]$ et non multiple de π avec $1 \le k, \ell \le 4$.

On utilisera l'option `numpoints` de la procédure `plot`.

EXERCICE **4.5.** Évaluez le comportement asymptotique des sommes alternées suivantes,

$$\sum_{k=1}^{n} \frac{(-1)^k}{k}\,; \qquad \sum_{k=1}^{n} \frac{(-1)^k}{2k+1}\,; \qquad \sum_{k=1}^{n} \frac{(-1)^k}{k(2k+1)}\,;$$

$$\sum_{k=1}^{n} \frac{(-1)^k}{k(k+1)(k+2)}\,; \qquad \sum_{k=1}^{n} (-1)^k \frac{k^3+k^2+k+1}{k^3+1}\,; \qquad \sum_{k=2}^{n} (-1)^k k \ln k.$$

EXERCICE **4.6.** On demande de fournir un développement asymptotique pour n tendant vers l'infini des sommes ou des produits suivants,

$$\prod_{k=1}^{n} \left(1 + \frac{1}{k^4}\right); \qquad \prod_{k=1}^{n} \left(1 + \frac{k}{n^2}\right); \qquad \sum_{k=0}^{n} \frac{\cos kx}{2^k}\,;$$

$$\sum_{k=1}^{n} \frac{\ln k}{k}\,; \qquad \sum_{k=1}^{n} \frac{1}{k \ln k}\,; \qquad \sum_{k=2}^{n} \frac{k}{\ln k}.$$

EXERCICE **4.7.** La *valuation* d'un polynôme P, souvent notée $\omega(P)$, est le plus petit des indices des coefficients non nuls du polynôme ; pour le polynôme nul on convient que la valuation vaut $+\infty$ (**?ldegree**).

a. Vérifiez que l'on définit une distance sur l'algèbre $\mathbb{K}[X]$ des polynômes en une indéterminée X à coefficients dans un corps commutatif $\mathbb{K}$ en posant

$$d(P,Q) = 2^{-\omega(P-Q)} \qquad \text{pour } P \text{ et } Q \text{ dans } \mathbb{K}[X]\ ,$$

avec la convention $2^{-\infty} = 0$.

b. La ***division suivant les puissances croissantes*** est définie comme suit. On se donne un polynôme A, un polynôme B dont la valuation est 0 (autrement dit son terme constant est non nul), et un entier naturel n. Alors il existe un polynôme Q et un polynôme S, d'ailleurs définis de manière unique, vérifiant

$$A = BQ + X^{n+1}S.$$

La preuve de cette existence repose sur un algorithme, similaire à celui de la division euclidienne, dans lequel on fait croître la valuation au lieu de diminuer le degré. Le cas de base est celui où A a une valuation strictement plus grande que n ; il suffit alors de renvoyer 0 comme quotient et A comme reste. Sinon, on augmente strictement la valuation de A en soustrayant à A un multiple convenable de B de façon à annuler son terme de plus bas degré. On demande d'écrire une procédure **squo** qui prend en entrée deux polynômes A et B, un entier n, un nom X et optionnellement un nom R (**?nargs**) ; la procédure renvoie le quotient dans la division suivant les puissances croissantes de A par B à l'ordre n, l'indéterminée ayant pour nom X, dans la mesure où les données sont correctes (`?ldegree`). Le dernier argument permet de disposer du reste $X^{n+1}S$. Le code de `quo/field`, obtenu par `readlib`, montre une utilisation de la variable d'environnement `Normalizer` qui permet d'adapter la procédure à différents corps de coefficients. On demande d'appliquer la procédure aux exemples suivants pour lesquels on testera des valeurs de plus en plus grandes de n,

$$B_1 = 1 - X\,; \qquad B_2 = \sum_{k=0}^{5} \frac{(-1)^k x^{2k}}{(2k)!}\,;$$

$$B_3 = \sum_{k=1}^{10} \frac{x^{k-1}}{k!}\,; \qquad B_4 = 1 - 2X\ \cos\vartheta + X^2\,;$$

$$A_5 = X - \cos\vartheta, \qquad B_5 = 1 - 2X\ \cos\vartheta + X^2\,;$$

$$A_6 = 1 - 2X\ \cos\vartheta + X^2\cos 2\vartheta, \qquad B_6 = (1 - 2X\ \cos\vartheta + X^2)^2.$$

Pour les quatre premiers le polynôme A est pris égal à 1. Dans chaque cas, on comparera le résultat avec ce que renvoie l'instruction

```
series(A/B,x,n);
```

c. On fixe les polynômes A et B et on fait varier l'entier n ; les divisions suivant les puissances croissantes de A par B à l'ordre n créent une suite de quotients Q_n. Montrez que la suite (Q_n) est de Cauchy pour la distance d définie au début, mais que cette suite n'est pas convergente.

d. Comment plonger $\mathbb{K}[X]$ dans un espace métrique complet pour que la suite des quotients soit convergente ? L'espace obtenu est l'algèbre des séries formelles.

e. À la page 232 est présentée la méthode de Newton pour la résolution numérique d'équations dont l'inconnue est un réel. Cette méthode n'est pas limitée au cadre numérique. On peut par exemple calculer un inverse dans l'algèbre complète définie à la question précédente. On se donne une série formelle a de valuation nulle et on utilise la suite (x_n) définie par

$$x_0 = a, \qquad x_{n+1} = x_n(2 - ax_n), \quad \text{pour tout } n,$$

comme dans le cas numérique. Montrez que la série a est inversible dans l'algèbre des séries formelles ; que cette suite (x_n) converge vers l'inverse de a dans l'algèbre des séries formelles et d'écrire une procédure `inv` qui prend en entrée une troncature de a à l'ordre N, la précision N à laquelle on désire calculer l'inverse et le nom de l'indéterminée et qui renvoie l'approximation correspondante de l'inverse. Dans la procédure il est plus efficace de doubler la précision du calcul à chaque itération que de la fixer d'emblée à la valeur maximale désirée N. Ceci oblige à alterner la représentation des termes de la suite sous la forme `polynom` et sous la forme `series`. On comparera les résultats avec ceux renvoyés par une instruction de la forme `series(1/f,x,n)` où f est une expression de fonction et n un grand entier.

3 Problèmes

Fractions continuées. Usuellement on approxime un nombre réel par son développement décimal ; une autre méthode tout aussi intéressante est l'algorithme des fractions continuées. On part d'un réel x, on détermine sa partie entière a_0 et sa partie fractionnaire $\delta_0 = x - a_0$; si δ_0 est nul, l'algorithme s'arrête ; sinon on considère $x_1 = 1/\delta_0$ et on détermine sa partie entière que l'on appelle a_1 ; on définit alors la partie fractionnaire δ_1 ; etc. Sur le plan théorique, l'algorithme peut ne pas terminer ; en pratique, on borne le nombre d'itérations. L'algorithme renvoie la liste des a_n, qui s'appellent les *quotients partiels*. Quant aux x_n, ce sont les *quotients complets* ; cette terminologie va petit à petit prendre sens. MAPLE propose une procédure **convert/confrac** qui calcule les quotients partiels. Elle prend en premier paramètre un nombre décimal et le nombre d'itérations est implicitement contrôlé par le positionnement de la variable d'environnement **Digits**.

```
Digits:=12:
Pif:=evalf(Pi):
convert(Pif,confrac,red);
```

$$[3, 7, 15, 1, 292, 1, 1, 1, 2, 1, 4]$$

Les définitions précédentes fournissent les égalités

$$\pi = 3 + \delta_0, \qquad \pi = 3 + \frac{1}{7 + \delta_1}, \qquad \pi = 3 + \cfrac{1}{7 + \cfrac{1}{15 + \delta_2}},$$

$$\pi = 3 + \cfrac{1}{7 + \cfrac{1}{15 + \cfrac{1}{1 + \delta_3}}}, \qquad \pi = 3 + \cfrac{1}{7 + \cfrac{1}{15 + \cfrac{1}{1 + \cfrac{1}{292 + \delta_4}}}}, \ldots$$

Les différentes fractions obtenues en évacuant les δ sont les *réduites* du développement,

$$r_0 = 3, \qquad r_1 = 3 + \frac{1}{7}, \qquad r_2 = 3 + \cfrac{1}{7 + \cfrac{1}{15}},$$

$$r_3 = 3 + \cfrac{1}{7 + \cfrac{1}{15 + \cfrac{1}{1}}}, \qquad r_4 = 3 + \cfrac{1}{7 + \cfrac{1}{15 + \cfrac{1}{1 + \cfrac{1}{292}}}}, \qquad \ldots$$

Le troisième argument de **convert/confrac**, qui est un nom, permet de les obtenir (**?convert/confrac**).

```
seq(red[i],i=1..5);
```

$$3, \frac{22}{7}, \frac{333}{106}, \frac{355}{113}, \frac{103993}{33102}$$

Si un certain δ_n est nul, l'algorithme ne comporte qu'un nombre fini de pas et ceci implique que le réel x est un nombre rationnel. Inversement si x est un rationnel p/q, l'algorithme des fractions continuées est essentiellement l'algorithme d'Euclide appliqué au couple (p,q) et il comporte donc un nombre fini de pas. Nous supposons désormais ce cas écarté.

L'algorithme fait apparaître des fractions continuées comme on le voit ci-dessus, au sens où l'on continue la fraction en l'allongeant sans cesse. Inversement on peut considérer [61] la suite d'homographies associée à une suite (a_n) donnée arbitrairement

$$h_0 : w \mapsto a_0 + w, \qquad h_n : w \mapsto \frac{1}{a_n + w}, \quad \text{pour } n \geq 1$$

et définir la suite des réduites (r_n) par les formules

$$r_0 = h_0(0), \quad r_1 = h_0h_1(0), \ldots, \quad r_n = h_0 \cdots h_n(0), \ldots$$

Une meilleure approche consiste à utiliser des matrices associées aux homographies (exercice 2.6, page 152)

$$H_0 = \begin{pmatrix} 1 & a_0 \\ 0 & 1 \end{pmatrix}, \qquad H_n = \begin{pmatrix} 0 & 1 \\ 1 & a_n \end{pmatrix}, \quad \text{pour } n \geq 1.$$

On a ainsi, pour $n \geq 0$, un vecteur colonne lié à la réduite r_n

$$R_n = H_0H_1 \cdots H_nR_{-1}, \qquad \text{avec} \qquad R_{-1} = \begin{pmatrix} 0 \\ 1 \end{pmatrix}.$$

Tout ceci est formel et les quotients partiels a_n peuvent être des polynômes. Comme nous avons en vue l'approximation des réels, nous supposons dans toute la suite que a_0 est un entier et que les a_n sont, à partir du rang 1, des entiers naturels strictement positifs.

1.a. Montrez que pour $n \geq 1$, le produit $H_0H_1 \cdots H_n$ est donné par la formule

$$H_0H_1 \cdots H_n = \begin{pmatrix} p_{n-1} & p_n \\ q_{n-1} & q_n \end{pmatrix},$$

les p_n et q_n étant fournis par la *récurrence fondamentale*

$$p_n = a_np_{n-1} + p_{n-2}, \qquad q_n = a_nq_{n-1} + q_{n-2} \qquad \text{pour } n \geq 2$$

avec $p_{-1} = 0$, $p_0 = a_0$, $q_{-1} = 1$, $q_0 = 1$. Ainsi la n^{e} réduite r_n de la fraction continuée s'écrit $r_n = p_n/q_n$.

1.b. Prouvez la formule $p_n q_{n-1} - p_{n-1} q_n = (-1)^{n-1}$ pour $n \geq 0$.

1.c. Puisque les a_n sont entiers, il en est de même des p_n et des q_n. Montrez que la fraction p_n/q_n est irréductible.

1.d. Montrez que la suite (q_n) est croissante et même strictement croissante à partir du rang 1. De plus, en notant (F_n) la suite de Fibonacci, la minoration $F_n \leq q_n$ est satisfaite pour $n \geq 0$.

1.e. Prouvez que la suite des réduites (r_n) converge en utilisant le critère de Leibniz sur les séries alternées ou en montrant que les deux suites (r_{2n}) et (r_{2n+1}) sont adjacentes. On peut montrer que pour les nombres irrationnels il y a unicité du développement en fractions continuées. Ainsi l'algorithme des fractions continuées fournit le développement et inversement la donnée d'un développement infini définit un nombre irrationnel.

1.f. On note x la limite de la suite des réduites. En précisant la démonstration précédente, montrez l'encadrement

$$\left| x - \frac{p_n}{q_n} \right| \leq \frac{1}{q_n q_{n+1}} < \frac{1}{q_n^2}.$$

Si le quotient partiel a_n est grand, il en est de même du dénominateur q_n et la réduite d'ordre n donne une bonne approximation du réel x. C'est ce qui se produit pour le nombre π avec le quotient partiel $a_4 = 292$. De plus on montre que les réduites fournissent de bonnes approximations en ce sens que parmi toutes les fractions p/q dont le dénominateur q est inférieur ou égal à q_n, la réduite p_n/q_n est la fraction la plus proche du réel x.

1.g. Les nombres suivants sont rationnels,

$$\frac{1}{\pi^3} \sum_{k=0}^{+\infty} \frac{(-1)^k}{(2k+1)^3}, \qquad \frac{1}{\pi^4} \sum_{k=0}^{+\infty} \frac{1}{(2k+1)^4}, \qquad \frac{1}{\pi^7} \sum_{k=0}^{+\infty} \frac{(-1)^k}{(2k+1)^7}.$$

Devinez leurs valeurs.

2.a. On veut étudier les développements des nombres $\sqrt{D}$ où D est un entier qui n'est pas un carré parfait. On demande d'écrire une procédure **algtoconfrac** qui prend en entrée un nombre algébrique x exprimé par radicaux, un entier N et renvoie la liste des N premiers quotients partiels a_n associés à x. Les quotients complets seront calculés exactement et pour normaliser leur expression on utilisera `radnormal/rationalized` (page 67) ; par contre les quotients partiels seront calculés à l'aide de `floor` qui est fondé sur une évaluation en flottants. On attend les exécutions suivantes.

```
algtoconfrac((1+sqrt(5))/2,10);
```

$$[1, 1, 1, 1, 1, 1, 1, 1, 1, 1]$$

```
algtoconfrac(sqrt(2)+sqrt(3),20);
```

$$[3, 6, 1, 5, 7, 1, 1, 4, 1, 38, 43, 1, 3, 2, 1, 1, 1, 1, 2, 4]$$

2.b. Si l'on applique la procédure **algtoconfrac** aux racines carrées d'entiers qui ne sont pas des carrés, les listes de quotients partiels semblent périodiques. Les nombres qui ont une fraction continuée périodique sont exactement les algébriques réels de degré 2, c'est-à-dire les nombres non rationnels solutions d'une équation du second degré à coefficients rationnels [39]. On demande de montrer le sens facile de cette assertion : si la fraction continuée est périodique alors le nombre est algébrique de degré 2.

2.c. Écrivez une nouvelle version de **algtoconfrac** qui renvoie une séquence constituée de deux listes donnant respectivement la partie initiale de la suite des quotients partiels et le motif qui se répète périodiquement dans cette suite. On attend l'exécution suivante.

```
algtoconfrac(sqrt(15),10);
```

$$[3], [1, 6]$$

Testez des nombres $\sqrt{D}$ variés et émettez une conjecture sur la forme de leur développement en fraction continuée [51, 58]. On pourra utiliser les valeurs $46, 301, 501$ pour D.

2.d. Améliorez encore la procédure **algtoconfrac** en lui donnant un troisième argument optionnel (**?nargs**) qui est un nom et qui en sortie contient les réduites de la fraction continuée, comme dans **convert/confrac**. On peut renvoyer la liste des réduites calculées jusqu'au rang correspondant à une période ou, mieux, renvoyer une procédure qui permet de calculer les réduites de rang arbitraire. Les réduites de $\sqrt{D}$ sont liées à l'équation diophantienne $x^2 - Dy^2 = \pm 1$ puisqu'elles satisfont $p_n^2 - Dq_n^2 = \pm 1$ pour tout n [34, 39].

3.a. On demande de tracer le graphe de la suite $(\sin n)$, c'est-à-dire l'ensemble des couples $(n, \sin n)$ pour n entre 0 et 5000 ; puis de prouver que cette suite diverge.

3.b. Expliquez le dessin précédent ; on pourra commencer par compter le nombre de courbes que l'on voit et par déterminer les abscisses des points de la courbe qui part de l'origine dans le premier quadrant.

Polynômes de Bernstein. D'après le théorème de Weierstrass, toute fonction continue sur un segment s'approxime uniformément par une suite de fonctions polynômes. Une preuve effective de ce résultat repose sur les polynômes de Bernstein.

Pour toute fonction f réelle, complexe ou à valeurs vectorielles, définie sur $[0,1]$ et pour tout entier n, le *polynôme d'approximation de Bernstein* de f d'indice n est donné par les formules

$$B_n^f(x) = \sum_{k=0}^{n} f\left(\frac{k}{n}\right) \beta_n^k(x), \qquad \beta_n^k(x) = \binom{n}{k} x^k (1-x)^{n-k}.$$

1. On demande d'écrire une procédure **bernstein** qui prend en entrée un entier n, une expression f représentant une fonction d'une variable et le nom de cette variable ; elle renvoie l'expression du polynôme de Bernstein

$B_n^f(x)$. À l'aide de cette procédure on tracera conjointement les graphes des fonctions f et B_n^f pour $n = 5$, 10 et 20 avec f donnée par les formules suivantes (**?piecewise**),

$$f_1(x) = |x - 1/2|\,; \qquad f_2(x) = (4x(1-x))^5\,;$$

$$f_3(x) = \sin(10x)\,; \qquad f_4(x) = \begin{cases} 0 & \text{si } x < 1/2, \\ 1 & \text{sinon.} \end{cases}$$

On appliquera la même technique à l'arc paramétré de $[0,1]$ dans $\mathbb{R}^2$ qui est continu, affine par morceaux et qui a pour image le carré de sommets $(1,0)$, $(0,1)$, $(-1,0)$, $(0,-1)$ et $(1,0)$ dans cet ordre.

2.a. Calculez explicitement l'expression

$$\sum_{k=0}^{n} \left(x - \frac{k}{n}\right)^2 \beta_n^k(x).$$

Tirez de là, pour tout $\varepsilon > 0$ et pour tout $x \in [0,1]$, la majoration

$$\sum_{|x-k/n|\geq\varepsilon} \beta_n^k(x) \leq \frac{1}{4n\varepsilon^2},$$

dans laquelle la somme porte sur les indices k pour lesquels est satisfaite l'inégalité $|x - k/n| \geq \varepsilon$.

2.b. Pour une fonction lipschitzienne f sur $[0,1]$, prouvez la relation

$$\sup_{x\in[0,1]} |B_n^f(x) - f(x)| \underset{n\to+\infty}{=} O\left(\frac{1}{n^{1/3}}\right).$$

3. On considère la fonction f définie sur $[0,1]$ par

$$f(x) = \begin{cases} 0 & \text{si } 0 \leq x \leq 1/2, \\ x - 1/2 & \text{si } 1/2 < x \leq 1. \end{cases}$$

3.a. Montrez que B_n^f est croissante et positive sur $[0,1/2]$, puis que la différence $\Delta_n = B_n^f - f$ vérifie la propriété $\Delta_n(x) = \Delta_n(1-x)$ pour x dans $[0,1]$. De là tirez l'égalité valable pour tout $n \in \mathbb{N}^*$

$$\|B_n^f - f\|_\infty \equiv \sup_{x\in[0,1]} |B_n^f(x) - f(x)| = B_n^f(1/2).$$

3.b. Tracez les graphes de f et de B_n^f pour $n = 15$, 30, 60. Déterminez empiriquement l'ordre de convergence de $\|B_n^f - f\|_\infty$ vers 0, c'est-à-dire un exposant α satisfaisant, pour un certain C, l'équivalence

$$\|B_n^f - f\|_\infty \underset{n\to+\infty}{\sim} \frac{C}{n^\alpha}.$$

4. L'expérimentation précédente montre que la convergence est plus rapide que ne le laissait penser le résultat obtenu. On reprend donc la démonstration en introduisant l'entier $\nu = \nu(x, k/n, \varepsilon)$ qui est la partie entière de $|x-k/n|/\varepsilon$; autrement dit, pour x dans $[0,1]$, k entre 0 et n et $\varepsilon > 0$, on a l'encadrement

$$\nu\varepsilon \leq \left|x - \frac{k}{n}\right| < (\nu+1)\,\varepsilon.$$

Montrez que ν vérifie l'inégalité $\nu \leq 1/\varepsilon^2(x-k/n)^2$. En supposant f lipschitzienne, obtenez une majoration de $\|B_n^f - f\|_\infty$ conforme à l'expérience.

4 Thèmes

Phénomène de Runge. Pour approcher une fonction continue f sur un segment I on peut penser à considérer n points $a_1 < \cdots < a_n$ de I, le plus souvent pris équirépartis, et le polynôme d'interpolation $P_n(x)$ de degré moindre que n déterminé par les conditions $P_n(a_j) = f(a_j)$. Cependant l'approximation et l'interpolation sont deux idées distinctes ; il se peut que la suite de polynômes $P_n(x)$ converge uniformément vers f, mais il se peut tout aussi bien que cette convergence n'ait pas lieu. Cette absence de convergence est le *phénomène de Runge*. Nous nous proposons d'illustrer ce phénomène pour la famille de fonctions $f_\alpha : x \mapsto (x^2+\alpha^2)^{-1}$ sur l'intervalle $[-1,1]$ avec les abscisses d'interpolation $a_k = 2k+1/2m$ pour k allant de $-m$ à $m-1$ [30, p. 329]. La formule d'interpolation de Lagrange montre que le polynôme d'interpolation correspondant est

$$Q_m(x) = \sum_{j=-m}^{m-1} \frac{f_\alpha(a_j)\,\omega_m(x)}{(x-a_j)\,\omega_m'(a_j)}, \qquad \omega_m(x) = \prod_{j=-m}^{m-1}(x-a_j).$$

1.a. Prouvez la formule

$$f_\alpha(x) - Q_m(x) = \frac{1}{x^2+\alpha^2}\,\frac{\omega_m(x)}{\omega_n(\alpha i)}.$$

1.b. De là, tirez pour un certain β l'équivalent

$$\log|f_\alpha(1) - Q_m(1)| \underset{m\to+\infty}{\sim} m\beta.$$

2. Ainsi, selon la valeur de α, $|f_\alpha(1) - Q_m(1)|$ converge vers 0 ou diverge géométriquement quand m tend vers l'infini. Déterminez des valeurs numériques approchées de la valeur seuil α_0 des $\alpha > 0$ pour lesquels il y a divergence. Visualisez ensuite les graphes de f_α et de Q_m lorsque $\alpha = 2/5$, $1/2$, $2/3$, 1 pour $m = 10$ (`?interp`).

Solutions asymptotiques. La procédure `solve` peut traiter des équations comportant des séries au sens MAPLE, c'est-à-dire des développements limités, voire plus généralement des développements asymptotiques. Appliquons ceci à l'équation $\operatorname{tg} x = x$. Cette équation possède exactement une solution dans l'intervalle $I_n =]-\pi/2 + n\pi, \pi/2 + n\pi[$, avec n entier. En effet la fonction $F : x \mapsto \operatorname{tg} x - x$ est C^∞ sur son ensemble de définition qui est $\mathbb{R}$ privé de $\pi/2 + \pi\mathbb{Z}$. Sur l'intervalle I_n, avec n entier, sa dérivée est positive et même strictement positive sauf en $n\pi$, donc l'équation possède au plus une solution dans l'intervalle. De plus les limites aux bornes sont les deux infinis et la continuité de la fonction montre par le théorème des valeurs intermédiaires que l'équation a au moins une solution dans I_n. Ainsi l'équation a dans I_n exactement une solution, notée x_n. Il est évident que x_n vaut environ $n\pi + \pi/2$, dès que l'on trace un graphique par l'instruction

```
plot({tan(x),x},x=-0.5..5*Pi,scaling=constrained,
                              view=[-0.5..5*Pi,-3..17]);
```

Donnons une preuve plus formelle. Posons $x = n\pi + \pi/2 + u$, alors l'équation se récrit

$$\operatorname{tg}\left(\frac{\pi}{2} + u\right) = n\pi + \frac{\pi}{2} + u, \quad \text{c'est-à-dire} \quad \operatorname{tg}(u) = \frac{-1}{n\pi + \pi/2 + u},$$

ou encore

$$u = -\operatorname{Arctg} \frac{1}{n\pi + \pi/2 + u}.$$

Puisque x_n est dans I_n, le u correspondant, disons u_n, reste borné dans $]-\pi, 0[$ et l'égalité précédente montre qu'il tend vers 0, comme le membre de droite, quand n tend vers l'infini. Ainsi nous avons

$$u_n \underset{n \to +\infty}{=} o(1), \qquad x_n \underset{n \to +\infty}{=} n\pi + \frac{\pi}{2} + o(1).$$

Nous utilisons une variable u proche de 0 et une variable n proche de l'infini ; nous poserons $n = 1/t$ pour ramener le problème en 0. Nous déterminons un développement asymptotique de u_n et donc de x_n de la façon suivante. L'hypothèse sur n permet les simplifications trigonométriques et la variable d'environnement `Order` permet de contrôler la précision des développements.

```
assume(n,integer):
equ[1]:=subs(x=(2*n+1)*Pi/2+u,tan(x)=x):
equ[2]:=convert(equ[1],sincos):
equ[3]:=expand(equ[2]):
Order:=10:
equ[4]:=map(series,equ[3],u);
```

$$equ_4 := -u^{-1} + \frac{1}{3}u + \frac{1}{45}u^3 + \frac{2}{945}u^5 + \frac{1}{4725}u^7 + O(u^8) = (\pi\, n\tilde{} + \frac{1}{2}\pi) + u$$

```
da:=n*Pi+Pi/2+subs(t=1/n,solve(subs(n=1/t,equ[4]),u));
```

$$da := \pi n^{\sim} + \frac{1}{2}\pi - \frac{1}{\pi n^{\sim}} + \frac{1}{2}\frac{1}{\pi n^{\sim 2}} - \frac{1}{12}\frac{3\pi^2+8}{\pi^3 n^{\sim 3}} + \frac{1}{8}\frac{\pi^2+8}{\pi^3 n^{\sim 4}}$$
$$- \frac{1}{240}\frac{15\pi^4+240\pi^2+208}{\pi^5 n^{\sim 5}} + \frac{1}{96}\frac{3\pi^4+80\pi^2+208}{\pi^5 n^{\sim 6}}$$
$$- \frac{1}{6720}\frac{9344+105\pi^6+4200\pi^4+21840\pi^2}{\pi^7 n^{\sim 7}}$$
$$+ \frac{1}{1920}\frac{7280\pi^2+9344+15\pi^6+840\pi^4}{\pi^7 n^{\sim 8}} + \mathrm{O}(\frac{1}{n^{\sim 9}})$$

Nous avons ainsi un développement au voisinage de $+\infty$ suivant l'échelle des puissances entières de n à la précision $1/n^8$. La syntaxe employée aurait pu être plus concise [2, p. 208].

La méthode employée repose sur la réversion des séries en une variable. On dispose d'une égalité $t = F(u)$ avec u et t proches de 0 et $F(u)$ est une série dont le premier terme est un monôme de degré 1. La réversion des séries fournit une égalité $u = G(t)$. Si d'autres variables sont utilisées, elles sont vues comme des paramètres et c'est à l'utilisateur de leur donner sens et de gérer correctement les relations de comparaison.

1. L'équation qui nous a permis de montrer que u_n a pour limite 0 est une équation de point fixe. Utilisez la pour déterminer une valeur approchée de x_{10} et comparez avec l'approximation numérique qui résulte du développement asymptotique obtenu précédemment.

2.a. Montrez que pour chaque entier $n \geq 2$, l'équation $\sin x = 1/\ln x$ possède exactement une solution x_n voisine de $n\pi$ [19, p. 33].

2.b. Déterminez un développement asymptotique de x_n pour n tendant vers $+\infty$. Il est conseillé de poser $n = 1/t$, $\ln(n\pi) = 1/s$, la variable principale étant t, et de distinguer les cas n pair et n impair. On aboutit à la formule

$$x_n \underset{n\to+\infty}{=} n\pi + \frac{(-1)^n}{\ln(n\pi)} + \frac{(-1)^n}{6\ln^3(n\pi)} + O\left(\frac{1}{\ln^4(n\pi)}\right).$$

3. Les deux équations

$$J\ddot{\vartheta}(t) + B\dot{\vartheta}(t) + S\dot{\vartheta}(t-\tau) + C\vartheta(t) = 0, \qquad y'(t) = y(t-1)$$

sont des équations différentielles avec retard linéaires homogènes à coefficients constants. La première apparaît dans [48] où l'on étudie le mouvement d'un pendule pesant soumis à un frottement fluide — d'où le terme $B\dot{\vartheta}(t)$ — et à un mécanisme de contrôle qui opère avec un certain décalage dans le temps — d'où le terme $S\dot{\vartheta}(t-\tau)$. Par analogie avec l'étude des équations différentielles linéaires homogènes à coefficients constants, il est naturel de chercher des solutions exponentielles. Pour la première équation la recherche d'une solution de la forme $t \mapsto e^{i\omega t}$ amène à l'équation

$$\operatorname{tg}(\omega\tau) = \frac{J\omega^2 - C}{B\omega},$$

similaire à l'équation déjà étudiée $\operatorname{tg} x = x$. Pour la seconde la recherche de solutions exponentielles $t \mapsto e^{st}$ fournit l'équation $s = e^{-s}$ [63].

3.a. La fonction W de Lambert, qui est présentée page 226, n'est pas seulement définie pour des valeurs réelles de la variable, mais aussi pour des valeurs complexes ; son extension au plan complexe fournit ce que l'on appelait autrefois une fonction multiforme : pour une valeur de la variable il y a plusieurs valeurs associées, qui sont ici indexées par un entier. Après lecture de la page d'aide de la procédure `LambertW`, représentez graphiquement les solutions de l'équation $s = e^{-s}$ (`?plots/complexplot`).

3.b. On pose $s = \sigma + it$ avec σ et t réels ; en utilisant les modules des deux membres de l'équation $s = e^{-s}$, montrez que toutes les racines sont à gauche de la racine réelle de l'équation ; qu'elles sont disposées sur une courbe symétrique par rapport à l'axe réel ; et que les branches infinies de cette courbe partent à l'infini comme un graphe d'exponentielle.

3.c. Le dégrossissage précédent amène à poser $\sigma = -x$ avec x positif. Écrivez le système qui caractérise les couples (x, t) associés aux racines. Vérifiez que pour une solution l'ordonnée t est nécessairement proche d'un nombre de la forme $2n\pi - \pi/2$; on pose donc $t = 2n\pi - \pi/2 - u$ et u est positif pour n un peu grand. Récrivez le système en les variables x et u. On introduit $z = e^{-x}$. Estimez grossièrement ce que valent z, x et t en fonction de n, pour n grand.

3.d. On veut déterminer des développements asymptotiques de x et t en fonction de n pour la solution d'indice n de l'équation quand n tend vers $+\infty$. Pour cela nous disposons d'un outil, la réversion des séries en une variable au voisinage de 0. Nous avons introduit z qui est la variable principale, car elle a un comportement dominant par rapport à x ou u ; de plus notre choix fait que z tend vers 0 quand n tend vers l'infini. L'autre variable principale est n ; pour pouvoir travailler au voisinage de 0, nous utilisons une nouvelle variable ν qui vaut $1/n$. Les variables x et u sont vues comme des paramètres. Commencez le calcul en fournissant un développement de u en fonction du produit xz ; injectez le résultat dans l'autre équation du système écrite sous la forme $\nu = F(z, u)$ et qui devient $\nu = G(z, x)$; de là tirez un développement de z en fonction de ν avec des coefficients dépendant de x. En utilisant l'équation $x = -\ln z$, obtenez un développement de x en fonction de ν et donc de n, avec des coefficients en $\ln n$. En reprenant le lien entre t, x et z, trouvez un développement de t en fonction de n avec des coefficients en $\ln n$. En tronquant un peu les résultats, on a les développements

$$x \underset{n \to +\infty}{=} \ln n + \ln(2\pi) - \frac{1}{4n} + \frac{\ln^2 n}{8n^2\pi^2} + \ln(\frac{2\pi}{e})\frac{\ln n}{4n^2\pi^2} + O\left(\frac{1}{n^2}\right),$$

$$t \underset{n \to +\infty}{=} 2n\pi - \frac{\pi}{2} - \frac{\ln n}{2n\pi} - \frac{\ln(2\pi)}{2n\pi} - \frac{\ln n}{8n^2\pi} + O\left(\frac{1}{n^2}\right).$$

Vérifiez le bon accord numérique entre les développements obtenus et les évaluations numériques sur `LambertW` pour n autour de 100.

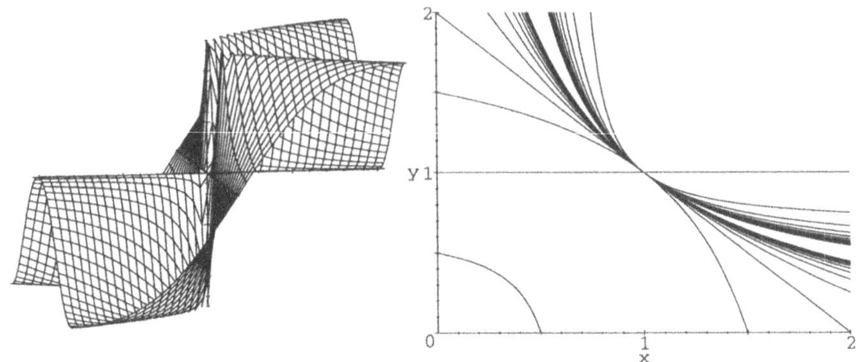

Figure 4.2.

5 Réponses aux exercices

EXERCICE **4.1.** Le tracé de la fonction f_4 suffit à nous convaincre qu'elle ne possède pas de limite en $(0,0)$ (figure 4.2, côté gauche).

```
t:=y/x^2:
f4:=normal(t/(1+t^2)):
plot3d(f4,x=-1..1,y=-1..1,grid=[41,41],
                              axes=normal,orientation=[-10,80]);
```

En fait les paraboles épointées P_λ^* définies par l'équation $y = \lambda x^2$ et privées de l'origine sont chacune dans une courbe de niveau ; comme elles confluent toutes vers l'origine, la fonction ne peut avoir de limite en ce point.

La frontière de l'ensemble de définition de f_5 est l'axe Oy. Le dessin du graphe de f_5 obtenu par l'instruction suivante

```
f5:=exp(y*ln(x)):
plot3d(f5,x=0.05..1,y=-1..1,axes=normal,orientation=[170,80]);
```

fait penser que la limite de f_5 en $(0, y_0)$ dépend du signe de y_0,

$$\lim_{(x,y)\to(0,y_0)} x^y = \begin{cases} 0 & \text{si } y_0 > 0\,; \\ +\infty & \text{si } y_0 < 0. \end{cases}$$

Prouvons par exemple le premier cas ; pour $y > y_0/2$, la majoration, valable pour tout $x > 0$, $x^y < x^{y_0/2}$ montre que x^y est arbitrairement près de 0 dès que y est plus grand que $y_0/2$ et x est inférieur à un certain $\varepsilon > 0$.

Il reste à traiter le cas de l'origine. Le tracé des courbes de niveau de f_5 au voisinage de l'origine par l'instruction suivante

```
plots[contourplot]([x,y,f5],x=0.05..1,y=-1..1,grid=[20,41],
    contours=[seq(k/10,k=1..20)],labels=[x,y],view=[0..1,-1..1]);
```

fait sentir que la limite n'existe pas. En effet l'équation de la courbe de niveau $\lambda > 0$ se résout en $y = \ln(\lambda)/\ln(x)$ et il suffit d'étudier la fonction $x \mapsto 1/\ln(x)$ pour conclure que toutes les courbes de niveau confluent vers l'origine. Cette absence de limite fait que l'on n'emploie jamais la notation 0^0 en analyse ; par contre en algèbre on se permet la convention $0^0 = 1$ parce qu'un exposant est toujours un entier dans le cadre algébrique.

Le tracé du graphe de f_6 par l'instruction

```
f6:=sin(x-y)*sin(x+y)/(x^2-y^2):
plot3d(f6,x=-Pi..Pi,y=-Pi..Pi,grid=[41,41],
                                axes=boxed,orientation=[-15,70]);
```

laisse à penser que f_6 se prolonge par continuité à tout le plan. En effet une petite rotation du repère

```
normal(subs(x=(X+Y)/sqrt(2),y=(X-Y)/sqrt(2),f6));
```

$$\frac{1}{2}\,\frac{\sin(\sqrt{2}\,Y)\sin(\sqrt{2}\,X)}{X\,Y}$$

montre que f_6 est directement liée au sinus cardinal qui est continu sur $\mathbb{R}$.

La fonction f_7 est définie sur le complémentaire de l'hyperbole d'équation $xy = 1$. Pour un point (x_0, y_0) de cette hyperbole et un point (x, y) proche de celui-ci, le produit $(1-x)(1-y)$ reste différent de 0 et garde un signe constant, si (x_0, y_0) n'est pas le point $(1, 1)$. Au voisinage de (x_0, y_0) le dénominateur $1-xy$ est arbitrairement proche de 0 et la fonction a donc une valeur absolue arbitrairement grande. Cependant elle prend dans tout voisinage de (x_0, y_0) des valeurs positives et des valeurs négatives ; elle n'a pas donc pas de limite, même dans $\overline{\mathbb{R}}$, en (x_0, y_0) différent de $(1, 1)$.

Pour étudier le comportement au voisinage de $(1, 1)$, nous étudions les lignes de niveau de f_7.

```
f7:=(1-x)*(1-y)/(1-x*y):
F:=solve(f7=lambda,y);
```

$$F := \frac{-1 + x + \lambda}{-1 + x + \lambda\,x}$$

Les lignes de niveau sont des graphes de fonctions homographiques, c'est-à-dire généralement des hyperboles. On les trace comme suit et ceci fournit le dessin de droite de la figure 4.2. Clairement toutes ces courbes confluent vers le point $(1, 1)$ et la limite en ce point n'existe donc pas.

```
level[-1]:=plot(2-x,x=0..2,y=0..2):
for k from -10 to -3 do
  level[k/2]:=plot(subs(lambda=k/2,F),x=0..2,y=0..2)
od:
for k from -1 to 10 do
  level[k/2]:=plots[display]({
            plot(subs(lambda=k/2,F),x=0..1/(1+k/2)-0.01,y=0..2),
            plot(subs(lambda=k/2,F),x=1/(1+k/2)+0.01..2,y=0..2)})
od:
plots[display]({seq(level[k/2],k=-10..10)});
```

EXERCICE **4.2.** On a par exemple le calcul suivant.

```
series(sin(x)*ln(tan(x)),x,12);
```

$$\ln(x)\,x+(\frac{1}{3}-\frac{1}{6}\ln(x))\,x^3+(\frac{1}{45}+\frac{1}{120}\ln(x))\,x^5 \\ +(\frac{53}{4536}-\frac{1}{5040}\ln(x))\,x^7+(\frac{1}{362880}\ln(x)+\frac{311}{85050})\,x^9 \\ +(-\frac{1}{39916800}\ln(x)+\frac{24601}{19958400})\,x^{11}+O(x^{12})$$

On en tire le développement

$$\sin x\,\ln(\operatorname{tg} x) \underset{x\to 0+}{=} x\ln x-\frac{x^3}{6}\ln x+\frac{x^3}{3}+\frac{x^5}{120}\ln x+\frac{x^5}{45} \\ -\frac{x^7}{5040}\ln x+\frac{53x^7}{4536}+\frac{x^9}{362880}\ln x+\frac{311x^9}{85050} \\ -\frac{x^{11}}{39916800}\ln x+O(x^{11}).$$

Pour se convaincre que MAPLE voit toujours les développements asymptotiques essentiellement comme des développements suivant les puissances de la variable, il n'est pas inutile de tester la séquence suivante.

```
series(ln(1/x)^(1/ln(1/x)),x,10);
asympt(exp(ln(u)/u),u);
subs(u=ln(1/x),");
```

EXERCICE **4.3.** La première question se traite aisément. Le résultat utilise la fonction dzêta (page 258).

```
asympt(sum(k^(1/2),k=1..n),n);
```

$$\frac{2}{3}\frac{1}{(\frac{1}{n})^{3/2}}+\frac{1}{2}\frac{1}{\sqrt{\frac{1}{n}}}+\zeta(\frac{-1}{2})+\frac{1}{24}\sqrt{\frac{1}{n}} \\ -\frac{1}{1920}(\frac{1}{n})^{5/2}+\frac{1}{9216}(\frac{1}{n})^{9/2}+\mathrm{O}((\frac{1}{n})^{13/2})$$

Si l'on emploie **Sum** au lieu de **sum**, ce qui est naturel puisque l'on n'attend pas de formule sommatoire pour la somme considérée, on voit apparaître une somme vide dont la valeur est 0.

La deuxième question peut se traiter comme suit. La somme partielle d'indice n de la série de terme général $(k^2+1)^{-1}$ se calcule par **sum**, ce qui fait apparaître la fonction psi (page 258).

```
sum(1/(k^2+1),k=0..n);
```

$$-\frac{1}{2}I\,\Psi(n+1-I)+\frac{1}{2}I\,\Psi(n+1+I)+\frac{1}{2}I\,\Psi(-I)-\frac{1}{2}I\,\Psi(I)$$

Les deux premiers termes tendent vers 0 quand n tend vers l'infini, ce qui correspond au fait que la série est convergente. Les deux derniers termes fournissent la limite des sommes partielles, c'est-à-dire la somme de la série. En appliquant **asympt**, on les voit donc figurer en premier et ce qui suit ces deux termes correspond à un développement du reste de la série.

```
asympt(",n);
```

$$\frac{1}{2} I\,\Psi(-I) - \frac{1}{2} I\,\Psi(I) - \frac{1}{n} + \frac{1}{2}\frac{1}{n^2} + \frac{1}{6}\frac{1}{n^3} - \frac{1}{2}\frac{1}{n^4} + \frac{1}{6}\frac{1}{n^5} + \mathrm{O}(\frac{1}{n^6})$$

Les deux premiers termes fournissent une valeur réelle. On aurait pu aussi utiliser la somme inerte.

```
asympt(Sum(1/(k^2+1),k=0..n),n);
```

$$\frac{1}{2} - \mathrm{O}(0) + \frac{1}{2}\pi - \frac{1}{n} + \frac{1}{2}\frac{1}{n^2} + \frac{1}{6}\frac{1}{n^3} - \frac{1}{2}\frac{1}{n^4} + \mathrm{O}(\frac{1}{n^5})$$

Le résultat est un peu surprenant. Le $O(0)$ résulte d'une simple substitution de k par l'infini dans la formule obtenue par **eulermac**, comme on pourra s'en convaincre avec l'instruction suivante.

```
readlib(eulermac)(1/(k^2+1),k);
```

De plus on peut se demander si la somme de la série est $1/2 + \pi/2$. Il n'en n'est rien et à nouveau ceci provient de la substitution de 0 et $+\infty$ dans l'expression renvoyée par **eulermac**. La somme est donnée par la formule [47, p. 54]

$$\sum_{n=0}^{+\infty} \frac{1}{a+bn^2} = \frac{1}{2a} + \frac{\pi}{2\sqrt{ab}} \frac{e^{\pi\sqrt{a/b}} + e^{-\pi\sqrt{a/b}}}{e^{\pi\sqrt{a/b}} - e^{-\pi\sqrt{a/b}}},$$

mais ceci ne ressort pas au calcul asymptotique. Il faut d'ailleurs noter que l'expression de la somme à l'aide de la fonction psi renvoyée par MAPLE résulte d'une simple décomposition en éléments simples de la fraction $1/(n^2+1)$ et n'apporte pas de réelle information sur la valeur de cette somme. (Cependant cette écriture permet une évaluation numérique plus rapide.)

Pour la troisième question, la dérivée de la fonction dzêta évaluée en -1 apparaît. La somme indexée de 2 à 0 est une somme vide, donc nulle.

```
asympt(Sum(k*ln(k),k=2..n),n);
```

$$(-\frac{1}{4} + \frac{1}{2}\ln(n))\,n^2 + \frac{1}{2}\ln(n)\,n - \zeta(1, -1)$$
$$+ (\sum_{k=2}^{0} k\ln(k)) + \frac{1}{12} + \frac{1}{12}\ln(n) + \frac{1}{720}\frac{1}{n^2} + O(\frac{1}{n^4})$$

Les trois derniers cas proposés montrent que la procédure **asympt** fonctionne bien pour des sommes partielles de séries dont le terme général est une fonction rationnelle de l'indice. En effet ces sommes s'expriment à l'aide de la fonction psi dont l'asymptotique est connue.

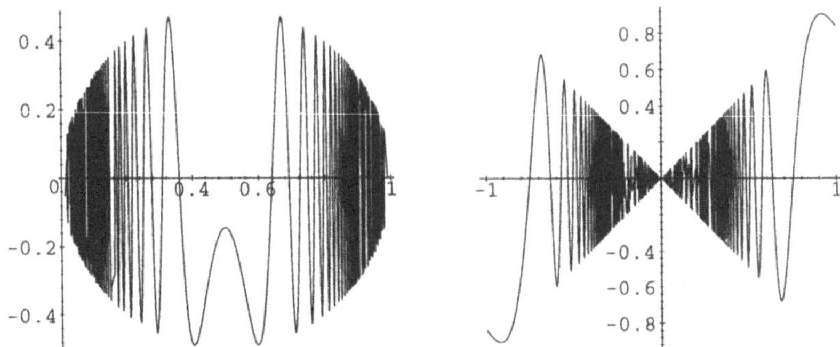

Figure 4.3.

EXERCICE **4.4.** La séquence suivante fournit le dessin de gauche de la figure 4.3.

```
k:=2:
f:=sqrt(x*(1-x))*sin((1/x/(1-x))^k):
plot(f,x=0..1,numpoints=100,scaling=constrained);
```

On constate que la fonction se prolonge par continuité aux bornes de l'intervalle, car le sinus reste borné. On remarque aussi que le graphe est inscrit à l'intérieur d'un disque.

Avec la séquence que voici on obtient le dessin de droite de la figure 4.3. Il y a prolongement par continuité en 0 si et seulement si k est strictement positif.

```
k:=1:
l:=4:
f:=x^k*sin(1/x^l):
plot(f,x=-1..1,numpoints=200,scaling=constrained);
```

On passe du deuxième au troisième exemple, en introduisant une composition par le sinus. Le résultat qualitatif est le même et le comportement en 0 du deuxième exemple apparaît maintenant en tous les multiples de π.

EXERCICE **4.5.** Sauf pour les deux premiers cas très particuliers (page 258), une approche brutale ne produit rien. Il convient de regrouper les termes par deux pour évacuer le caractère alterné de la somme. Pour étudier la somme de terme général $(-1)^k a_k$ nous considérons séparément les deux sommes

$$S_0(m)=\sum_{k=1}^{2m}(-1)^k a_k=-a_1+\sum_{\ell=1}^{m}(a_{2\ell}-a_{2\ell+1})+a_{2m+1},$$
$$S_1(m)=\sum_{k=1}^{2m+1}(-1)^k a_k=-a_1+\sum_{\ell=1}^{m}(a_{2\ell}-a_{2\ell+1})$$

et pour chacune nous calculons un développement asymptotique.

```
a:=1/k/(2*k+1):
u0:=subs(k=2*l,a):
u1:=subs(k=2*l+1,-a):
S1:=subs(l=0,u1)+sum(u0+u1,l=1..m):
da1:=asympt(S1,m);
```

$$da1:=2-\frac{1}{2}\pi-\ln(2)-\frac{1}{16}\frac{1}{m^2}+\frac{7}{64}\frac{1}{m^3}-\frac{17}{128}\frac{1}{m^4}+\frac{133}{1024}\frac{1}{m^5}+O(\frac{1}{m^6})$$

```
S0:=S1+subs(k=2*m+1,a):
da0:=asympt(S0,m);
```

$$da0:=2-\frac{1}{2}\pi-\ln(2)+\frac{1}{16}\frac{1}{m^2}-\frac{3}{64}\frac{1}{m^3}+\frac{1}{64}\frac{1}{m^4}+\frac{3}{1024}\frac{1}{m^5}+O(\frac{1}{m^6})$$

Nous avons ainsi une égalité

$$\sum_{k=1}^{n}(-1)^k a_k=F(n)+O\left(\frac{1}{n^6}\right)\quad\text{avec}\quad F(n)=\begin{cases}F_0(m) & \text{si } n=2m;\\ F_1(m) & \text{si } n=2m+1.\end{cases}$$

La suite $F(n)$ s'écrit encore

$$F(n)=\frac{F_0(n/2)+F_1((n-1)/2)}{2}+(-1)^n\frac{F_0(n/2)-F_1((n-1)/2)}{2}$$

et il suffit de calculer un développement asymptotique de cette dernière quantité pour arriver au résultat désiré.

```
DA0:=subs(m=n/2,da0):
DA1:=subs(m=(n-1)/2,da1):
DA:=asympt((DA0+DA1)/2+(-1)^n*(DA0-DA1)/2,n);
```

$$DA:=2-\frac{1}{2}\pi-\ln(2)+\frac{1}{4}\frac{(-1)^n}{n^2}-\frac{3}{8}\frac{(-1)^n}{n^3}+\frac{1}{4}\frac{(-1)^n}{n^4}+\frac{3}{32}\frac{(-1)^n}{n^5}+O(\frac{1}{n^6})$$

Par curiosité on peut vérifier numériquement la cohérence du résultat. Pour n égal à 10^3, nous attendons un terme d'erreur en 10^{-18}. Nous nous protégeons des erreurs d'arrondi en travaillant avec vingt-cinq chiffres décimaux.

```
evalf(subs(n=1000,remove(has,DA,O))-Sum((-1)^k*a,k=1..1000),25);
```

$$.2192408\ 10^{-18}$$

Pour la somme de terme général $(-1)^k k \ln k$, la formule d'Euler-Maclaurin est appliquée aux deux sommes S_0 et S_1 et il convient d'éliminer les termes parasites liés aux constantes d'Euler-Maclaurin inconnues. Il suffit pour cela de modifier un peu le code comme suit.

```
da1:=select(has,asympt(S1,m),m);
da0:=select(has,asympt(S0,m),m);
```

On pourrait aussi utiliser directement la procédure **eulermac**.

Exercice **4.6.** Pour la première question on utilise la somme des logarithmes.

```
Sum(ln(1+1/k^4),k=1..n):
asympt(",n):
map(radnormal,");
```

$$\frac{179}{1260} - \frac{1}{2}\ln(2) + \frac{1}{2}\sqrt{2}\ln(-2\sqrt{2}+3) + \frac{1}{2}\sqrt{2}\pi - \mathrm{O}(-6480) - \frac{1}{3}\frac{1}{n^3} + \frac{1}{2}\frac{1}{n^4} + \mathrm{O}(\frac{1}{n^5})$$

La constante qui apparaît en tête est tout à fait illusoire et nous nous en débarrassons avant de prendre l'exponentielle.

```
select(has,",n):
asympt(exp("),n);
```

$$1 - \frac{1}{3}\frac{1}{n^3} + \frac{1}{2}\frac{1}{n^4} + \mathrm{O}(\frac{1}{n^5})$$

Ce résultat doit être multiplié par une constante qui est la limite du produit considéré.

Le cas suivant ne rentre pas dans le champ d'application de la formule d'Euler-Maclaurin car le terme général de la somme dépend non seulement de l'indice k mais aussi de la borne n.

```
asympt(Sum(ln(1+k/n^2),k=1..n),n);
```

$$\frac{1}{2} + \frac{1}{3}\frac{1}{n} - \frac{1}{6}\frac{1}{n^2} + \frac{1}{30}\frac{1}{n^3} + O(\frac{1}{n^4})$$

```
asympt(exp("),n);
```

$$e^{(1/2)} + \frac{1}{3}\frac{e^{(1/2)}}{n} - \frac{1}{9}\frac{e^{(1/2)}}{n^2} - \frac{13}{810}\frac{e^{(1/2)}}{n^3} + O(\frac{1}{n^4})$$

Le polynôme trigonométrique se somme exactement, puisqu'on a essentiellement affaire à la progression géométrique $\exp(ikx)/2^k$.

```
sum(cos(k*x)/2^k,k=0..n);
```

$$2\frac{(\cos(x)^2-1)\sin((n+1)x)}{(-5+4\cos(x))\sin(x)2^{(n+1)}} - 2\frac{(-2+\cos(x))\cos((n+1)x)}{(-5+4\cos(x))2^{(n+1)}} + 2\frac{-2+\cos(x)}{-5+4\cos(x)}$$

La somme s'écrit $c_0(x) + c_1(n,x)\,2^{-n}$ avec les coefficients

$$c_0(x) = 2\frac{-2+\cos(x)}{-5+4\cos(x)}, \qquad c_1(n,x) = \frac{\cos nx - 2\cos((n+1)x)}{-5+4\cos(x)}.$$

Le terme $c_0(x)$ est la somme de la série. Cette expression est déjà un développement asymptotique dont les coefficients sont pour le premier une suite constante et pour le second une suite bornée. De tels développements à coefficients variables, comportant par exemple des $(-1)^n$, sont usuels dans l'étude de suites oscillantes [17, p. V.17], [30, chap. III, § 7.6].

Les deux premiers autres cas se traitent sans problème et le résultat provient manifestement de la formule d'Euler-Maclaurin. Le dernier est plus problématique. D'abord on est obligé d'employer explicitement la procédure **eulermac**, parce l'emploi de **asympt** provoque un échec de **series**. Cet échec est normal au vu de ce que renvoie **eulermac**. En effet MAPLE voit toujours les développements asymptotiques comme des développements suivant les puissances de la variable.

```
readlib(eulermac)(k/ln(k),k);
```

$$-\operatorname{Ei}(1,-2\ln(k)) - \frac{1}{2}\frac{k}{\ln(k)} + \frac{1}{12}\frac{1}{\ln(k)} - \frac{1}{12}\frac{1}{\ln(k)^2}$$
$$-\frac{1}{720}\frac{1}{\ln(k)^2k^2} + \frac{1}{120}\frac{1}{\ln(k)^4k^2} - \frac{1}{1008}\frac{1}{\ln(k)^4k^4} + \frac{1}{3024}\frac{1}{\ln(k)^3k^4}$$
$$+\frac{1}{5040}\frac{1}{\ln(k)^2k^4} - \frac{1}{252}\frac{1}{\ln(k)^6k^4} - \frac{1}{252}\frac{1}{\ln(k)^5k^4}$$
$$+\mathrm{O}\Big(-\frac{8400}{\ln(k)^6k^6} - \frac{3360}{\ln(k)^5k^6} - \frac{294}{\ln(k)^4k^6}$$
$$+\frac{308}{\ln(k)^3k^6} + \frac{120}{\ln(k)^2k^6} - \frac{5040}{\ln(k)^8k^6} - \frac{10080}{\ln(k)^7k^6}\Big)$$

Ici le terme Ei(1, $-2\ln(k)$) bloque **series** à cause du logarithme (page 228 pour la définition de l'exponentielle intégrale Ei). Il suffit de remplacer provisoirement ce logarithme $\ln k$ par une variable pour obtenir une réponse.

```
subs(Lnk=ln(k),asympt(-Ei(1,-2*Lnk),Lnk));
```

$$\Big(\frac{1}{2}\frac{1}{\ln(k)} + \frac{1}{4}\frac{1}{\ln(k)^2} + \frac{1}{4}\frac{1}{\ln(k)^3} + \frac{3}{8}\frac{1}{\ln(k)^4} + \frac{3}{4}\frac{1}{\ln(k)^5} + \mathrm{O}\big(\frac{1}{\ln(k)^6}\big)\Big)\,(e^{\ln(k)})^2$$

En comparant les termes obtenus, nous constatons que tous les termes autres que l'exponentielle intégrale apportés par la formule d'Euler-Maclaurin sont négligeables devant ceux qui viennent d'apparaître et qui sont en $k^2/\ln^\alpha k$. Il suffit donc de conserver la dernière expression, que nous devrions corriger en remplaçant k par $n+1$ car **eulermac** fournit un développement asymptotique d'une primitive discrète. Mais ceci fournirait des termes en $n/\ln^\alpha n$ négligeables. De même une constante doit intervenir quand on passe de la primitive discrète à la somme, mais elle est négligeable devant les $n^2/\ln^\alpha n$

qui partent tous à l'infini. Un dernier nettoyage fournit l'expression cherchée.

```
combine(subs(k=n,"),exp);
```

$$\left(\frac{1}{2}\frac{1}{\ln(n)}+\frac{1}{4}\frac{1}{\ln(n)^2}+\frac{1}{4}\frac{1}{\ln(n)^3}+\frac{3}{8}\frac{1}{\ln(n)^4}+\frac{3}{4}\frac{1}{\ln(n)^5}+\mathrm{O}\left(\frac{1}{\ln(n)^6}\right)\right)n^2$$

Exercice **4.7. a.** Le seul point qui pourrait poser problème est l'inégalité triangulaire. On vérifie que pour deux polynômes F et G on a l'inégalité

$$\omega(F+G)\geq\min(\omega(F),\omega(G))$$

et on tire pour trois polynômes P, Q, R

$$d(P,R)\leq\max(d(P,Q),d(P,R))\leq d(P,Q)+d(P,R).$$

On a donc une inégalité plus forte que l'inégalité triangulaire.

b. Voici une procédure qui remplit les conditions imposées.

```
squo:=proc(a,b,n::nonnegint,x::name,r::name)
  local A,B,ldegreeB,lcoeffB,ldegreeA,k,lcoeffA,term,l;
  B:=collect(b,x,Normalizer);
  if B=0 then
    ERROR(`squo expects its second argument b to be a non-zero
                                    polynomial, but received`,b)
  fi;
  ldegreeB:=ldegree(B,x);
  if ldegreeB=FAIL or ldegreeB>0 then
    ERROR(`squo expects its second argument b to be a polynomial
                  with a non-zero constant term, but received`,b)
  fi;
  lcoeffB:=coeff(B,x,0);
  A:=collect(a,x,Normalizer);
  ldegreeA:=ldegree(A,x);
  for k while ldegreeA<n+1 do
    lcoeffA:=coeff(A,x,ldegreeA);
    term[k]:=Normalizer(lcoeffA/lcoeffB)*x^ldegreeA;
    A:=collect(A-term[k]*B,x,Normalizer);
    ldegreeA:=ldegree(A,x);
  od;
  if nargs>4 then r:=A fi;
  add(term[l],l=1..k-1)
end: # squo
```

Par défaut la variable `Normalizer` a pour valeur la procédure `normal` et ceci suffit à traiter les trois premiers exemples. Pour les suivants on change `Normalizer` en `combine/trig`.

```
squo(1,convert(series(cos(x),x,10),polynom),10,x);
```

$$1+\frac{1}{2}x^2+\frac{5}{24}x^4+\frac{61}{720}x^6+\frac{277}{8064}x^8+\frac{421}{30240}x^{10}$$

```
Normalizer:=readlib('combine/trig'):
squo(1-2*x*cos(theta)+x^2*cos(2*theta),
                                    (1-2*x*cos(theta)+x^2)^2,4,x,r);
```

$$1 + 2\,x\cos(\theta) + 3\,x^2\cos(2\,\theta) + 4\cos(3\,\theta)\,x^3 + 5\cos(4\theta)\,x^4$$

On obtient systématiquement la partie régulière du développement limité de A/B à l'ordre $n-1$. La division suivant les puissances croissantes fournit une technique de calcul de développement limité. Avec la métrique que nous avons définie un monôme est d'autant plus proche de 0, c'est-à-dire petit au sens de la métrique, que son exposant est grand ; de même dans les développements limités plus un monôme a un grand exposant et plus ce monôme est négligeable. La métrique utilisée fournit donc une version algébrique de la notion de développement limité.

c. Par construction même on passe de Q_n à Q_{n+1} en ajoutant un monôme de degré $n+1$. Pour deux entiers k et ℓ, avec k strictement plus petit que ℓ, la valuation de $Q_k - Q_\ell$ vaut donc au moins $k+1$ et cette majoration montre que la suite (Q_n) est de Cauchy, puisqu'avec $\kappa = \log_2(1/\varepsilon)$ on a la formule

$$\forall\varepsilon > 0,\ \exists\kappa,\ \forall\ell > k > \kappa,\ d(Q_k, Q_\ell) < \varepsilon.$$

Cependant la suite ne peut pas converger dans l'espace des polynômes. En effet si la suite convergeait vers un polynôme $\overline{Q}$, pour n plus grand que le degré de $\overline{Q}$ la valuation de $Q_n - \overline{Q}$ serait constante, égale à la valuation de Q, et non pas arbitrairement grande, ce qui nie le fait que $Q_n - \overline{Q}$ tende vers le polynôme nul.

d. Pour que la suite (Q_n) converge nous sommes amenés à augmenter $\mathbb{K}[X]$ en lui adjoignant des polynômes qui ne se terminent pas ; cela s'appelle des séries formelles [21]. On les définit comme les polynômes : ce sont des suites de coefficients ; mais on enlève la contrainte que ces coefficients soient nuls à partir d'un certain rang. L'addition, la multiplication externe et la multiplication se définissent par les mêmes formules et on obtient une algèbre notée $\mathbb{K}[[X]]$; la notion de valuation se définit sans changement et la formule pour la distance est encore valable. De plus on étend l'écriture des polynômes ; la suite (u_n) est codée par la somme formelle

$$\sum_{n=0}^{+\infty} u_n X^n.$$

Les résultats fournis pas **squo** amènent par exemple la formule

$$\frac{1 - 2X\ \cos\vartheta + X^2\cos 2\vartheta}{1 - 2X\ \cos\vartheta + X^2} = \sum_{n=0}^{+\infty}(n+1)X^n\ \cos n\vartheta\,;$$

autrement dit la suite de polynômes Q_n fournie par la division suivant les puissances croissantes de A par B converge vers le quotient de A par B dans l'algèbre des séries formelles. On peut montrer que ces séries convergent au sens de la métrique que nous utilisons. Il reste cependant encore un point à vérifier : l'espace métrique $\mathbb{K}[[X]]$ est complet, contrairement à l'espace $\mathbb{K}[X]$. Nous laissons ceci au lecteur en lui faisant toutefois remarquer qu'une suite de Cauchy dans cet espace est une suite (F_n) de séries formelles qui a la propriété suivante : pour tout entier N, toutes les séries de la suite ont à partir d'un certain rang les mêmes monômes pour les degrés inférieurs à N.

e. L'équation $ab = 1$ d'inconnue b s'explicite en un système triangulaire infini dont les inconnues sont les coefficients b_n de la série formelle b. En posant

$$a = \sum_{n=0}^{+\infty} a_n X^n, \qquad b = \sum_{n=0}^{+\infty} b_n X^n,$$

le système débute par les équations

$$\begin{aligned} a_0 b_0 &= 1, \\ a_0 b_1 + a_1 b_0 &= 0, \\ a_0 b_2 + a_1 b_1 + a_2 b_0 &= 0, \\ a_0 b_3 + a_1 b_2 + a_2 b_1 + a_3 b_0 &= 0. \end{aligned}$$

L'hypothèse $a_0 \neq 0$ fait qu'il possède une unique solution.

Notons $\varphi : x \mapsto 2x - ax^2$ la fonction employée dans l'itération de Newton ; l'égalité $\varphi(x) - b = a(x - b)^2$ montre que la suite (x_k) définie par

$$x_0 = 1/a_0, \qquad x_{k+1} = \varphi(x_k) \bmod x^{2k+2}$$

est telle que la valuation de $x_k - b$ double à chaque pas ; elle converge vers b par le choix de la valeur initiale [18, 42]. On en tire la procédure **inv** et les deux instructions suivantes permettent de la tester.

```
inv:=proc(b,n,x)
  local B,y,k;
  if type(b,series) then
    B:=convert(b,polynom)
  else
    B:=b
  fi;
  y:=1/coeff(B,x,0);
  readlib(ilog);
  for k to ilog[2](n)+1 do
    y:=series((2-B*y)*y,x,2^k+2);
    y:=convert(y,polynom);
  od;
  series(y,x,n+1)
end: # inv
inv(series(cos(x),x,101),101,x);
series(1/cos(x),x,101);
```

Chapitre 5. Fonctions d'une variable réelle

1 Domaine et outils

La locution *système de calcul formel* est la traduction de l'américain *computer algebra system*. Cette dernière terminologie a le mérite de la clarté : un système de calcul formel ne met pas en pratique l'analyse mais l'algèbre. L'ingénieur ne procède pas différemment qui calcule formellement en s'affranchissant de ces petites considérations mathématiques réservées à l'enseignement. D'ailleurs l'apprentissage de l'analyse est lui-même essentiellement fondé sur l'acquisition de mécanismes algébriques ; après quelques définitions sur les notions de limite, de dérivée ou d'intégrale, on apprend des règles de calcul sur la dérivée d'un produit ou d'un quotient, sur l'intégration par parties ou le changement de variables. Ainsi un système de calcul formel fournit un traitement algébrique de l'analyse et c'est l'utilisateur qui interprète les calculs avec l'esprit de l'analyse. Nous illustrons ceci avec le calcul de primitives de fonctions rationnelles.

Les systèmes de calcul formel prennent petit à petit la place des formulaires et des tables numériques. Ceci suppose que les fonctions classiques soient connues du système et que de bons algorithmes de calcul numérique soient employés. Par ailleurs l'utilisateur doit être capable d'interpréter les résultats fournis par le système et ceci l'oblige à posséder une culture mathématique qui, il y a peu, était réservée aux mathématiciens, physiciens ou ingénieurs pratiquant l'analyse classique ou l'analyse numérique. Pour résoudre cette difficulté, nous allons présenter diverses fonctions classiques. Deux procédés usuels qui fournissent de nouvelles fonctions seront illustrés ; il s'agit d'une part de la notion de fonction réciproque, d'autre part de la notion d'intégrale dépendant d'un paramètre.

Primitives de fonctions rationnelles. Pour qui a déjà pratiqué à la main le calcul de primitives le résultat suivant est tout à fait spectaculaire.

```
f1:=1/(x^6-1)^3;
F1:=int(f1,x);
```

$$f1 := \frac{1}{(x^6-1)^3}$$

$$
\begin{aligned}
F1 := &-\frac{1}{432}\,\frac{1}{(-1+x)^2}+\frac{5}{144}\,\frac{1}{-1+x}+\frac{55}{432}\ln(-1+x)\\
&+\frac{1}{432}\,\frac{1}{(1+x)^2}+\frac{5}{144}\,\frac{1}{1+x}-\frac{55}{432}\ln(1+x)-\frac{55}{864}\ln(x^2+x+1)\\
&-\frac{55}{432}\sqrt{3}\arctan(\frac{1}{3}(2x+1)\sqrt{3})-\frac{1}{1296}\,\frac{45x-39}{x^2+x+1}+\frac{1}{144}\,\frac{1}{(x^2+x+1)^2}\\
&+\frac{55}{864}\ln(x^2-x+1)-\frac{55}{432}\sqrt{3}\arctan(\frac{1}{3}(2x-1)\sqrt{3})\\
&+\frac{1}{1296}\,\frac{-45x-39}{x^2-x+1}-\frac{1}{144}\,\frac{1}{(x^2-x+1)^2}
\end{aligned}
$$

Le calcul est fondé sur un algorithme mieux mis en valeur dans l'exemple suivant.

```
f2:=1/(x^3-x-1)^3;
F2:=int(f2,x);
```

$$f2 := \frac{1}{(x^3-x-1)^3}$$

$$
\begin{aligned}
F2 := &\frac{-\frac{208}{529}-\frac{492}{529}x+\frac{171}{1058}x^2+\frac{405}{529}x^3+\frac{453}{1058}x^4-\frac{243}{529}x^5}{x^6-2x^4-2x^3+x^2+2x+1}\\
&+(\sum_{\_R=\%1}\_R\ln(x-\frac{3507806935}{498716271}\_R^2-\frac{250810538}{166238757}\_R-\frac{67232290}{55412919}))\\
&\%1 := \mathrm{RootOf}(6436343\,\_Z^3+1665387\,\_Z-98037)
\end{aligned}
$$

La fraction rationnelle donnée est ici à coefficients dans le corps $\mathbb{Q}$. Un extension de corps est effectuée pour permettre d'exprimer la primitive ; cette extension est définie à l'aide d'un *RootOf.* Elle a la propriété d'être minimale, en ce sens que l'algorithme introduit juste ce qu'il faut de nouveaux nombres pour pouvoir exprimer la primitive. D'autre part une extension différentielle a lieu, puisqu'on n'a pas seulement affaire à des expressions rationnelles. Les logarithmes introduits sont vus comme de nouveaux symboles ; leur seul mérite est de satisfaire la formule

$$D_x \ln(x-\alpha) = \frac{1}{x-\alpha},$$

en notant D_x la dérivation par rapport au symbole x.

Il reste à interpréter ce résultat formel du point de vue mathématique. Pour les concepteurs du système, les expressions de fonctions représentent des fonctions de variable complexe ; nous les voyons ici comme des fonctions de variable réelle. Ce hiatus est masqué par le fait que les logarithmes sont pour beaucoup réexprimés à l'aide des fonctions de variable réelle usuelles.

```
convert(F1,ln);
```

$$-\frac{1}{432}\frac{1}{(-1+x)^2}+\frac{5}{144}\frac{1}{-1+x}+\frac{55}{432}\ln(-1+x)+\frac{1}{432}\frac{1}{(1+x)^2}$$
$$+\frac{5}{144}\frac{1}{1+x}-\frac{55}{432}\ln(1+x)-\frac{55}{864}\ln(x^2+x+1)$$
$$-\frac{55}{864}I\sqrt{3}(\ln(1-\frac{1}{3}I(2x+1)\sqrt{3})-\ln(1+\frac{1}{3}I(2x+1)\sqrt{3}))$$
$$-\frac{1}{1296}\frac{45x-39}{x^2+x+1}+\frac{1}{144}\frac{1}{(x^2+x+1)^2}+\frac{55}{864}\ln(x^2-x+1)$$
$$-\frac{55}{864}I\sqrt{3}(\ln(1-\frac{1}{3}I(2x-1)\sqrt{3})-\ln(1+\frac{1}{3}I(2x-1)\sqrt{3}))$$
$$+\frac{1}{1296}\frac{-45x-39}{x^2-x+1}-\frac{1}{144}\frac{1}{(x^2-x+1)^2}$$

On peut introduire toute constante non nulle dans les logarithmes sans changer le fait d'avoir une primitive formelle.

```
diff(ln(x-alpha),x),diff(ln(C*(x-alpha)),x),
```

$$\frac{1}{x-\alpha},\ \frac{1}{x-\alpha}$$

Du coup le calcul suivant

```
f3:=1/(x^2-x-1);
F3:=int(f3,x);
convert(F3,ln);
```

$$f3 := \frac{1}{x^2-x-1}$$

$$F3 := -\frac{2}{5}\sqrt{5}\,\mathrm{arctanh}(\frac{1}{5}(2x-1)\sqrt{5})$$

$$-\frac{2}{5}\sqrt{5}\,(\frac{1}{2}\ln(\frac{1}{5}(2x-1)\sqrt{5}+1)-\frac{1}{2}\ln(1-\frac{1}{5}(2x-1)\sqrt{5}))$$

s'interprète par la formule

$$\int\frac{dx}{x^2-x-1}=\frac{\sqrt{5}}{5}\ln\left|\frac{1-\frac{1}{5}(2x-1)\sqrt{5}}{\frac{1}{5}(2x-1)\sqrt{5}+1}\right|$$

sur chacun des trois intervalles

$$]-\infty,\alpha[,\quad]\alpha,\beta[,\quad]\beta,+\infty[,\qquad \text{avec } \alpha=\frac{1-\sqrt{5}}{2},\ \beta=\frac{1+\sqrt{5}}{2}.$$

puisque l'on peut à loisir multiplier les arguments des logarithmes par -1 pour pouvoir les interpréter comme des fonctions de variable réelle, alors que l'expression fournie par **int** ne prend sens que sur le deuxième intervalle puisqu'elle comporte un argument tangente hyperbolique.

EXERCICE **5.1.** Donnez les primitives

$$\int \frac{dx}{x^4 - 3x^2 - 1}, \qquad \int \frac{dx}{(-7x^2 - 4x + 10 + x^3)^2}$$

par une écriture mathématiquement correcte sur chaque intervalle de leur ensemble de définition.

Fonctions réciproques. De nombreuses fonctions usuelles sont définies comme fonction réciproque. On rencontre d'abord les fonctions racines n^e, puis l'exponentielle que l'on peut définir comme réciproque du logarithme, ensuite les fonctions réciproques de la trigonométrie circulaire. Dans chaque cas l'introduction d'une fonction réciproque revient à considérer comme acquise la résolution d'une certaine équation dépendant d'un paramètre. Une fonction réciproque est en quelque sorte une formule abréviative qui évite de redire sans cesse ce qu'est l'objet considéré ; ainsi pour x dans l'intervalle $[-1, 1]$, l'arc sinus de x est l'α de $[-\pi/2, \pi/2]$ satisfaisant l'équation $\sin \alpha = x$. À partir de ces cas de base, d'autres équations sont traitées ; ainsi l'équation

$$\operatorname{ch} x = a,$$

avec a réel et plus grand que 1 a-t-elle pour solutions $\pm \ln(a + \sqrt{a^2 - 1})$, qui s'expriment à l'aide d'un logarithme. Par commodité, on introduit aussi des fonctions réciproques en doublon ; les racines de l'équation précédente s'écrivent aussi $\pm \operatorname{Argch} a$. Le logiciel emploie les noms américains de ces fonctions et on verra plutôt des cosh, arccosh, tan ou des arctan (`?inifcn`).

La fonction W de Lambert — tel est ici son nom — est définie par l'équation

$$y \exp(y) = x.$$

Autrement dit nous posons $y = \mathrm{W}(x)$ si y est solution de l'équation précédente, dans laquelle x est un paramètre réel et l'inconnue y est réelle. Ceci n'a de sens que si l'équation a une solution et si cette solution est unique. Il convient donc d'étudier la fonction de variable réelle φ définie par la formule

$$\varphi(t) = t \exp(t).$$

La dérivée, le sens de variation, les limites sont évidents (figure 5.1, tracé fin). La fonction étant continue mais non monotone, une coupure est nécessaire. Il est assez naturel de choisir l'intervalle $[-1, +\infty[$ et de considérer la fonction induite par φ sur cet intervalle ; cette fonction induite est continue strictement croissante donc possède une fonction réciproque continue définie sur l'image de l'intervalle c'est-à-dire sur $[-1/e, +\infty[$. La fonction réciproque sera pour nous la fonction W de Lambert. Son graphe est représenté sur la figure 5.1 (tracé épais).

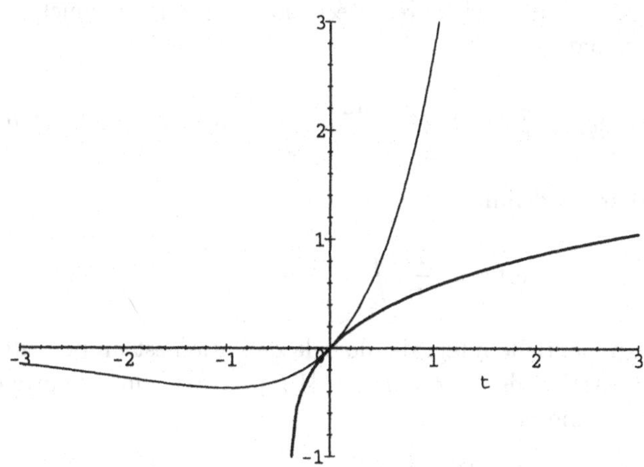

Figure 5.1.

Puisque la fonction W est connue du système, sous le nom **LambertW**, les opérations raisonnables que l'on peut lui appliquer s'effectuent sans problème. Les comportements au voisinage de $-1/e$ ou 0 sont par exemple connus de **series** (cf. page 210). Les fonctions liées à W deviennent donc accessibles très simplement.

EXERCICE **5.2.** On désire étudier le comportement de la fonction W de Lambert au voisinage de $+\infty$. On note $y = \mathrm{W}(x)$ c'est-à-dire $y\exp(y) = x$ ou encore $y = \ln x - \ln y$ avec x et y positifs.

a. Montrez l'encadrement $1 < y < \ln x$ et l'égalité asymptotique

$$y \underset{x \to +\infty}{=} \ln x + O(\ln \ln x).$$

b. Déterminez un développement asymptotique de $y = \mathrm{W}(x)$ au voisinage de $+\infty$ en procédant itérativement par substitution et utilisation de **asympt**.

Intégrales dépendant d'un paramètre. Les fonctions *élémentaires* sont les fonctions polynômes ou rationnelles, les fonctions exponentielles ou logarithmes, les fonctions trigonométriques circulaires ou hyperboliques, et toutes celles que l'on obtient par addition, soustraction, multiplication, division, composition ou clôture algébrique des précédentes [5], [2, p. 231]. À côté des fonctions élémentaires se trouvent d'autres fonctions d'un usage constant qui sont les fonctions spéciales. Les plus essentielles sont d'une part les fonctions de Bessel, que nous évoquerons au chapitre 7, et d'autre part les fonctions eulériennes, que nous allons étudier ici. Ces fonctions spéciales possèdent souvent une représentation intégrale ; une telle représentation est particulièrement efficace puisqu'on dispose de théorèmes simples sur la continuité, la dérivabilité de fonctions ainsi représentées. Par exemple les fonctions de Bessel sont données par

$$J_\nu(z) = \frac{1}{\pi}\int_0^\pi \cos(z\sin\vartheta - \nu\vartheta)\,d\vartheta - \frac{\sin\nu\pi}{\pi}\int_0^{+\infty} \exp(-z\,\mathrm{sh}\,t - \nu t)\,dt\,;$$

la fonction d'erreur est définie par

$$\mathrm{erf}\,z = \frac{2}{\sqrt{\pi}}\int_0^z e^{-t^2}\,dt.$$

Citons encore l'exponentielle intégrale dont la définition est un peu subtile. Il existe plusieurs versions de cette fonction [10, p. 228] ; l'une d'entre elles est la fonction E_1 définie par

$$E_1(z) = \int_z^{+\infty} \frac{e^{-t}}{t}\,dt \qquad \text{avec } z > 0.$$

On considère aussi la fonction Ei définie par

$$\mathrm{Ei}(x) = \mathrm{v.p.}\int_{-\infty}^{x} \frac{e^t}{t}\,dt \qquad \text{avec } x > 0.$$

Dans cette deuxième version, l'intervalle d'intégration comprend le point 0 où la fonction a une limite infinie, ce qui peut troubler. L'abréviation v.p. qui précède le symbole d'intégration se lit *valeur principale de Cauchy* et s'explicite par la formule

$$\mathrm{Ei}(x) = \lim_{\varepsilon\to 0}\left\{\int_{-\infty}^{-\varepsilon} \frac{e^t}{t}\,dt + \int_\varepsilon^x \frac{e^t}{t}\,dt\right\}.$$

Chacune des deux intégrales a une limite infinie quand ε tend vers 0 mais la somme des deux a une limite finie. Cette deuxième fonction Ei est prise en compte par le système sous le nom `Ei`.

L'intégrale eulérienne de seconde espèce, notée usuellement par un gamma majuscule, peut être définie par la formule

$$\Gamma(z) = \int_0^{+\infty} e^{-t}t^{z-1}\,dt.$$

Cette intégrale impropre ne pose de problème qu'en zéro car la relation

$$e^{-t}t^{z-1} = e^{-t/2} \times e^{-t/2}t^{z-1} \underset{t\to+\infty}{=} o(e^{-t/2})$$

montre que l'intégrale est convergente en $+\infty$. Si un complexe z s'écrit $x+iy$ avec x et y réels, l'égalité

$$e^z = e^{x+iy} = e^x \times e^{iy}$$

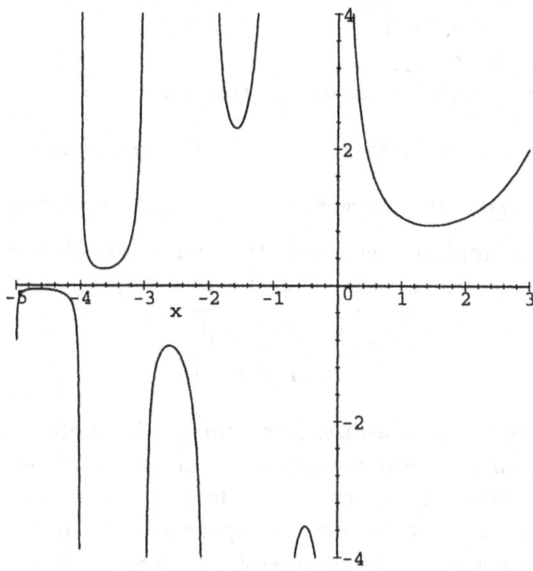

Figure 5.2.

donne le module de e^z, qui est e^x. Avec cette remarque l'équivalent

$$\left|e^{-t}t^{z-1}\right| \underset{t\to 0}{\sim} t^{x-1}$$

montre que l'intégrale converge en 0 dès que la partie réelle de z est strictement positive.

La raison d'être de cette intégrale eulérienne est la suivante. Une intégration par parties fournit la formule

$$\Gamma(z+1) = z\Gamma(z),$$

ce qui avec la formule $\Gamma(1) = 1$ donne pour tout entier naturel n l'égalité

$$\Gamma(n+1) = n!.$$

On a ainsi une extension de la factorielle. De plus on peut montrer que parmi toutes les extensions de la factorielle, celle-ci est la plus raisonnable [17].

D'autre part la formule $\Gamma(z+1) = z\Gamma(z)$ permet d'étendre la fonction gamma aux nombres complexes de partie réelle négative qui ne sont pas des entiers négatifs; si le complexe z a une partie réelle comprise entre $-k-1$ et $-k$, on écrit

$$\Gamma(z) = \frac{\Gamma(z+k+1)}{z(z+1)\cdots(z+k)}.$$

Nous obtenons le graphe de la fonction gamma, restreinte aux réels, par la séquence suivante (figure 5.2).

```
window:=[-5..3,-4..4]:
picture[0]:=plot(GAMMA(x),x=0..3,view=window):
for k to 5 do
  picture[k]:=plot(GAMMA(x),x=-k..-k+1,view=window,numpoints=100)
od:
plots[display](seq(picture[k],k=0..5),scaling=constrained);
```

La présence des asymptotes verticales est liée à la formule précédente, puisqu'on tire directement de celle-ci l'équivalence asymptotique

$$\Gamma(z) \underset{z \to -k}{\sim} \frac{(-1)^k}{k!(z+k)}.$$

Bien sûr, nous venons d'utiliser la continuité de gamma en 1. Effectivement cette fonction est continue et même de classe C^∞. Il suffit de prouver cette assertion à droite de 0 ; en effet la formule qui permet l'extension à gauche de 0, fournira tout de suite la régularité de la fonction de ce côté. Pour parvenir au résultat, il est naturel de se tourner vers les théorèmes de continuité et de dérivabilité liés à la convergence dominée. Une dérivation formelle sous le signe somme fournit à l'ordre n l'intégrale

$$\int_0^{+\infty} e^{-t} t^{x-1} \ln^n t \, dt.$$

L'application des théorèmes nécessite de trouver pour chaque n une fonction dominante ; pour cela nous restreignons la variable réelle x à un intervalle $]a, A[$ avec $0 < a < A < +\infty$. Nous avons ainsi la majoration

$$\left|e^{-t} t^{x-1} \ln^n t\right| \leq \begin{cases} e^{-t} t^{a-1} |\ln t|^n & \text{si } 0 < t \leq 1, \\ e^{-t} t^{A-1} |\ln t|^n & \text{si } 1 \leq t < +\infty \end{cases}$$

et l'expression de droite fournit une fonction intégrable sur $[0, +\infty[$. Avec n égal à 0, on a ainsi la continuité de gamma sur $[a, A]$ car l'intégrande est une fonction continue de deux variables ; on pourrait même accepter une variable complexe z en l'obligeant à rester dans la bande verticale limitée par a et A. On poursuit par récurrence sur n et on conclut en notant que les résultats sont indépendants de a et A.

Les propriétés précédentes sont intégrées au système, qui utilise aussi la dérivée logarithmique de la fonction gamma dont le nom est psi pour exprimer les dérivées de gamma. Nous retrouverons cette fonction au prochain chapitre (page 258). Un changement de variables simple fournit pour un nombre complexe z de partie réelle strictement positive l'égalité

$$\Gamma(z) = 2 \int_0^{+\infty} e^{-t^2} t^{2z-1} \, dt.$$

En particulier $\Gamma(1/2)$ vaut le double de l'intégrale de Gauss,

$$\Gamma(1/2) = 2\int_0^{+\infty} e^{-t^2}\,dt = \sqrt{\pi}.$$

La formule fondamentale vue au début fournit à partir de cette valeur en 1/2 les valeurs aux demi-entiers. Pour ce qui est de l'asymptotique le système connaît la formule de Stirling.

```
asympt(ln(GAMMA(x)),x);
```

$$(\ln(x)-1)\,x+\ln(\sqrt{2}\,\sqrt{\pi})-\frac{1}{2}\ln(x)+\frac{1}{12}\frac{1}{x}-\frac{1}{360}\frac{1}{x^3}+\mathrm{O}(\frac{1}{x^5})$$

Enfin la formule des compléments

$$\Gamma(z)\Gamma(1-z) = \frac{\pi}{\sin\pi z},$$

avec laquelle on retrouve $\Gamma(1/2)$, et la symétrie de la fonction psi induite par cette formule

$$\Psi(1-z)-\Psi(z) = \pi\operatorname{cotg}\pi z$$

sont connues du système ; elles sont au besoin prises en compte par `simplify` et `combine/Psi`.

EXERCICE **5.3.** On demande d'évaluer les intégrales suivantes en commençant par l'instruction

```
trace(GAMMA):
```

de manière à constater l'intervention de la fonction gamma,

$$\int_0^{+\infty}\sqrt{x}e^{-x^3}\,dx\,; \qquad \int_{-\infty}^{+\infty}\exp(xt-e^t)\,dt\,; \qquad \int_0^{+\infty}xe^{-x^4}\,dx\,;$$

$$\int_{-\infty}^{+\infty}e^{-2x^2+x-1}\,dx\,; \qquad \int_0^{+\infty}\frac{t^3}{(1+t)^{9/2}}\,dt\,; \qquad \int_0^{+\infty}\frac{t^{1/3}}{(1+2t)^{7/4}}\,dt.$$

Le résultat peut utiliser la fonction bêta, l'intégrale eulérienne de première espèce, que l'on définit au choix par l'une des deux expressions suivantes

$$\mathrm{B}(x,y) = \int_0^1 t^{x-1}(1-t)^{y-1}\,dt = 2\int_0^{\pi/2}\cos^{2x-1}\vartheta\,\sin^{2y-1}\vartheta\,d\vartheta.$$

Elle est liée à l'intégrale eulérienne de première espèce, la fonction gamma, par la formule

$$\mathrm{B}(x,y) = \frac{\Gamma(x)\Gamma(y)}{\Gamma(x+y)}.$$

2 Exercices

EXERCICE **5.4.** La méthode de Newton est une méthode locale de résolution d'une équation. Newton expose sa méthode en 1669 de la façon suivante [22]. Il part de l'équation $x^3 - 2x - 5 = 0$, et d'une solution approchée $x_0 = 2$. Il substitue ensuite x par $2 + h$ dans l'équation, ce qui lui donne

$$h^3 + 6h^2 + 10h - 1 = 0.$$

Le terme en h est supposé petit, de sorte que $h^3 + 6h^2$ devient négligeable, et Newton remplace la dernière équation par l'équation linéaire $10h - 1 = 0$, ce qui lui fournit l'approximation $h = 0.1$. La valeur $x_1 = 2 + h = 2.1$ devient ainsi une meilleure approximation de la solution de l'équation. Il itère ensuite la méthode à partir de x_1, ce qui fournit la suite d'approximations

$$x_2 = 2.094568121, \quad x_3 = 2.094551482, \quad x_4 = 2.094551482.$$

Comme on le voit, la convergence de la suite (x_n) est très rapide.

En termes plus modernes, cette technique consiste à résoudre l'équation linéarisée autour de l'approximation courante. À partir d'une approximation x_n d'une solution de l'équation $f(x) = 0$, l'équation $f(x_n + h) = 0$ est remplacée par l'équation linéarisée $f(x_n) + hf'(x_n) = 0$ et cette dernière équation fournit la nouvelle approximation

$$x_{n+1} = x_n - \frac{f(x_n)}{f'(x_n)}.$$

Cette formule a été mise en évidence par Joseph Raphson en 1690, et on lui donne le nom de *formule de Newton-Raphson.* L'interprétation géométrique est simple ; elle consiste à approximer la fonction par sa tangente.

a. Montrez que si x_n est dans un voisinage d'une solution $\overline{x}$ de l'équation $f(x) = 0$ avec f de classe C^2 et si $f'(\overline{x})$ n'est pas nul, alors l'itérée x_{n+1} de Newton vérifie

$$x_{n+1} - \overline{x} = O\left((x_n - \overline{x})^2\right).$$

On a affaire à une convergence *quadratique* de (x_n) vers $\overline{x}$: le nombre de décimales est asymptotiquement doublé à chaque itération.

b. Les algorithmes de calcul sur les nombres flottants réalisent les opérations élémentaires comme la somme, la différence et le produit. Montrez comment l'itération de Newton-Raphson permet, à partir de ces seules opérations élémentaires, de calculer l'inverse d'un nombre flottant. On demande d'écrire une boucle qui mette en pratique cette méthode.

c. Sous les mêmes contraintes, fournissez un moyen de calculer la racine carrée et montrez que l'on peut se passer du calcul de l'inverse pour cette opération. Illustrez la méthode en calculant les cent premiers chiffres décimaux de $\sqrt{2}$, sans utiliser l'évaluation de la racine carrée fournie par le logiciel.

d. Généralisez au calcul de la racine k^e d'un réel strictement positif.

Exercice **5.5.** La donnée est une fonction continue f définie sur un segment $[a, b]$ et qui vérifie $f(a)f(b) < 0$. Le théorème des valeurs intermédiaires assure l'existence d'au moins une solution $\overline{x}$ de l'équation $f(x) = 0$ dans $]a, b[$. Pour approcher cette solution, on peut procéder par dichotomie: on calcule $f(c)$ où c est le milieu de l'intervalle. Si $f(c)$ est nul l'algorithme termine. Sinon le procédé est itéré à partir de l'intervalle $[a, c]$ dans le cas $f(a)f(c) < 0$ ou à partir de l'intervalle de $[c, b]$ sinon. À chaque étape, la longueur de l'intervalle est la moitié de la précédente, ce qui assure la convergence du processus. Le test d'arrêt porte sur la longueur de l'intervalle.

a. On demande d'écrire une procédure **dichotomy** qui mette en œuvre cet algorithme. On peut donner en argument la précision ou mimer le comportement de la procédure **fsolve** qui fournit un résultat dont la précision dépend de la variable **Digits**. Testez la procédure avec la fonction $x \mapsto x^2 - 2$ sur l'intervalle $[0, 2]$.

b. La méthode précédente est robuste car elle converge dès que les données sont correctes ; de plus elle offre non seulement une approximation, mais aussi un encadrement de la solution. Son point faible est sa lenteur : une trentaine d'itérations est nécessaire pour approcher $\sqrt{2}$ à 10 chiffres significatifs à partir de l'intervalle $[0, 2]$. Toujours dans l'hypothèse $f(a)f(b) < 0$, une autre idée consiste à considérer l'intersection de la droite affine qui passe par les points du graphe de f d'abscisses a et b. On obtient ainsi une valeur c qui approxime la racine de l'équation. Le procédé est itéré sur l'intervalle $[a, c]$ ou $[c, b]$ selon le signe de $f(a)f(c)$ et s'arrête dès que l'intervalle obtenu est assez court. Cette méthode s'appelle *méthode de Lagrange* ou encore *méthode de la sécante*. Écrivez une procédure **secant** qui réalise cet algorithme, puis comparez la avec la procédure **dichotomy** sur le calcul de $\sqrt{2}$.

Exercice **5.6.** L'exercice 5.4 a montré que la méthode de Newton est un procédé efficace de résolution d'une équation à une inconnue. Le but de cet exercice est de la généraliser à des équations en plusieurs inconnues. Nous nous limitons à la dimension 2 pour simplifier.

Nous considérons une fonction de classe C^1 définie dans un ouvert de $\mathbb{R}^2$,

$$F : (x, y) \mapsto \begin{pmatrix} f(x, y) \\ g(x, y) \end{pmatrix}.$$

Si le point $X = (x, y)$ est proche d'une solution $\overline{X}$ du système d'équations $F(X) = 0$, la formule de Taylor donne les égalités

$$f(x + h, y + \ell) = f(x, y) + \left(\frac{\partial f}{\partial x}(x, y)\, h + \frac{\partial f}{\partial y}(x, y)\, \ell\right) + o(\sqrt{h^2 + \ell^2})$$

$$g(x + h, y + \ell) = g(x, y) + \left(\frac{\partial g}{\partial x}(x, y)\, h + \frac{\partial g}{\partial y}(x, y)\, \ell\right) + o(\sqrt{h^2 + \ell^2})$$

Autrement dit, avec $H = (h, \ell)$, la formule de Taylor s'écrit

$$F(X+H) = F(X) + J(X)H + o(H)$$

où $J(X)$ est la matrice jacobienne de F en X (`?linalg/jacobian`). L'approximation de $F(X+H)$ par $F(X)+J(X)H$ permet de linéariser l'équation $F(X+H) = 0$ en $F(X)+J(X)H = 0$. On en tire l'égalité $H = J(X)^{-1}F(X)$. Ceci fournit l'itération de Newton en plusieurs variables : partant d'une approximation X_0 d'une solution du système $F(X) = 0$, on considère la suite d'approximations (X_n) définie par

$$X_{n+1} = X_n - J(X_n)^{-1}F(X_n).$$

Sous des conditions générales du même type que celles de l'exercice 5.4, la convergence est quadratique. Utilisez la méthode de Newton pour calculer une bonne approximation de la solution du système

$$\begin{cases} x^2 + y^2 & = & 1 \\ x^3 + y^3 & = & 3xy \end{cases}$$

en partant de l'approximation $(x_0, y_0) = (1., 0.)$. Le test d'arrêt portera sur une norme du vecteur $F(X)$ mesurée grâce à `linalg/norm`.

EXERCICE **5.7.** On veut définir une fonction E de variable réelle par la formule

$$E(x) = x^{x^{x^{\cdot^{\cdot^{\cdot}}}}}.$$

a. Donnez un sens à cette écriture ; déterminez l'ensemble de définition de la fonction E.
b. Étudiez la convergence de la suite (u_n) définie par $u_0 = 1$, $u_{n+1} = x^{u_n}$, où x est un réel strictement positif donné, en liaison avec la fonction E que vous avez définie. On peut forger son opinion en traçant un graphique comme celui de la figure 2.4, page 89.

EXERCICE **5.8.** On demande dans chacun des cas suivants d'étudier la convergence de la suite de fonctions et la convergence de la suite d'intégrales associées en liaison avec les notions de convergence uniforme ou de convergence dominée,

$$u_n(x) = e^{-x}\frac{x^n}{n!}, \qquad U_n = \int_0^{+\infty} e^{-x}\frac{x^n}{n!}\,dx\,;$$

$$v_n(x) = \frac{\sin \pi x}{1+x^n}, \qquad V_n = \int_0^{+\infty} \frac{\sin \pi x}{1+x^n}\,dx\,;$$

$$w_n(x) = n^\alpha x(1-x^2)^n, \qquad W_n = \int_0^1 n^\alpha x(1-x^2)^n\,dx.$$

Pour le dernier cas on discutera suivant la valeur du réel α.

3 Problèmes

Polynômes à puissances creuses. Un polynôme de degré d a un carré de degré $2d$. Si les $d+1$ coefficients du polynôme sont non nuls on s'attend à ce que presque tous les $2d+1$ coefficients du carré soient non nuls. Plus généralement si un polynôme a N coefficients non nuls on s'attend à ce que son carré ait plus que N coefficients non nuls. Pourtant il existe des polynômes sur lesquels on observe le phénomène inverse. Dans la suite nous notons $Q(N)$ la valeur minimale du nombre de termes non nuls dans le carré d'un polynôme comportant N termes non nuls. Cette quantité dépend du corps dans lequel sont pris les coefficients ; nous considérons essentiellement le cas des polynômes à coefficients rationnels.

1.a. Écrivez une procédure **count** qui prend en entrée un polynôme p et un nom x et compte le nombre de coefficients non nuls dans p vu comme un polynôme en x. On veut que le résultat soit garanti pour des polynômes en x à coefficients rationnels.

1.b. À l'aide de cette procédure, on peut mener le test suivant

```
R:=1+2*x-2*x^2+4*x^3-10*x^4+50*x^5+125*x^6:
collect(R^2,x);
```

$$1+44\,x^5+506\,x^6+220\,x^7+12500\,x^{11}+15625\,x^{12}+4\,x$$

```
count(R,x),count(R^2,x);
```

$$7,7$$

qui fournit l'inégalité $Q(7) \leq 7$. Quelle inégalité obtient on avec le polynôme

$$C=(x^2+2x-2)(x^{15}+4x^{12}-8x^9+32x^6-160x^3+896)\,?$$

2. Dans cette question on se livre à une expérimentation sur des polynômes pleins de degré d. L'adjectif *plein* signifie que les $d+1$ coefficients du polynôme sont non nuls.

2.a. On veut considérer les parties à ν éléments constituées d'entiers pris entre m et n. On demande d'écrire une séquence de calcul comportant une boucle qui affecte successivement à une variable ces différentes parties dans l'ordre lexicographique (`?combinat,choose`). Par exemple avec $m=10$, $n=15$, $\nu=3$, on attend l'énumération

$$\{10,11,12\} \preccurlyeq_{\text{lex}} \{10,11,13\} \preccurlyeq_{\text{lex}} \{10,11,14\} \preccurlyeq_{\text{lex}} \{10,11,15\} \preccurlyeq_{\text{lex}} \{10,12,13\} \preccurlyeq_{\text{lex}} \{10,12,14\} \preccurlyeq_{\text{lex}} \cdots \preccurlyeq_{\text{lex}} \{13,14,15\}.$$

2.b. Considérons le polynôme générique de degré d,

$$F=f_0+f_1x+f_2x^2+\cdots+f_dx^d.$$

Son carré $G=F^2$ s'écrit

$$G = g_0 + g_1 x + g_2 x^2 + \cdots + g_{2d-1} x^{2d-1} + g_{2d} x^{2d},$$

avec $g_0 = f_0^2$, $g_1 = 2f_0 f_1$, etc. Nous voulons choisir F de manière que G ait le plus possible de coefficients nuls. Les $d+1$ coefficients de F fournissent $d+1$ degrés de liberté ; cependant la multiplication de F par une constante non nulle ne change pas le problème et il n'y a donc réellement que d degrés de liberté. Imposer que δ coefficients de G soient nuls revient à lier les coefficients de F par δ contraintes. On peut s'attendre à ce qu'il reste alors $d - \delta$ degrés de liberté en supposant δ plus petit que d. Puisque nous cherchons à rendre le carré le plus creux possible, nous allons imposer que d coefficients de G soient nuls. Un instant de réflexion montre que si nous imposons la nullité de g_0, g_1, g_{2d-1} ou g_{2d} la situation dégénère. Nous imposerons donc que d coefficients de G d'indice entre 2 et $2d-2$ soient nuls. On demande d'écrire une séquence de calcul fondée sur la séquence de la question précédente avec $m = 2$, $n = 2d-2$, $\nu = d$ et qui fournisse les polynômes pleins de degré d dont le carré comporte au moins d coefficients nuls. On utilisera **solve** pour résoudre le système algébrique qui détermine les polynômes solutions. Pour $d = 4$, on trouve une famille qui se réduit essentiellement à

$$F = -4 + 4x + 2x^2 + 2x^3 - x^4.$$

Pour $d = 5$, il n'y aucune solution. Pour $d = 6$ on trouve apparemment quatre familles de solutions ; l'une se réduit en fait au premier exemple fourni dans le texte ; par spécialisation, on obtient des polynômes à coefficients réels mais aussi à coefficients complexes non réels.

3. On veut montrer que le quotient $Q(N)/N$ prend des valeurs plus petites qu'environ 3/4 pour une infinité de N. Suivant Rényi [54], on note $S_N(x)$ la partie régulière du développement limité de la fonction $x \mapsto \sqrt{1+2x}$ au voisinage de 0 à l'ordre $N-1$; ainsi $S_N(x)$ est un polynôme de degré $N-1$,

$$S_N(x) = 1 + x + a_2 x^2 + \cdots + a_{N-1} x^{N-1}.$$

3.a. En utilisant $S_N(x)$, montrez l'inégalité $Q(N-1) \leq N+1$.

3.b. Le développement de $\sqrt{1+2\lambda_N x}$, avec λ_N égal à $\sqrt{a_{N-1}/a_{N+1}}$, à un ordre au moins égal à $N+1$ s'écrit

$$\sqrt{1+2\lambda_N x} = 1 + b_{N,1} x + b_{N,2} x^2 + \cdots + b_{N,N-1} x^{N-1} \\ + b_{N,N} x^N + b_{N,N+1} x^{N+1} + \cdots$$

et les deux coefficients $b_{N,N-1}$, $b_{N,N+1}$ sont liés. On considère le polynôme réciproque de degré $2N$

$$P_N(x) = 1 + b_{N,1} x + b_{N,2} x^2 + \cdots + b_{N,N-1} x^{N-1} + b_{N,N} x^N + \cdots + x^{2N}.$$

À l'aide de ce polynôme montrez l'inégalité $Q(2N) \leq 2N+1$.

3.c. On introduit maintenant le polynôme

$$A_{4N+1}(x) = P_5(x)S_N(3x^4).$$

Montrez l'inégalité $Q(4N+1) \leq 3N+7$.

À l'aide de l'inégalité $Q(29) \leq 28$ et de la formule $Q(MN) \leq Q(M)Q(N)$, Erdös a montré [33] qu'il existe une constante positive C et un réel α strictement entre 0 et 1 tels que pour tout N l'inégalité

$$Q(N) \leq CN^\alpha$$

soit satisfaite, ce qui est beaucoup plus fort que ce que nous avons obtenu. Coppersmith et Davenport ont étendu ce résultat pour les polynômes à coefficients réels élevés à une puissance quelconque, en utilisant le théorème des fonctions implicites [28].

Arithmétique d'intervalles. Le calcul par intervalles est apparu dans le souci de contrôler les erreurs numériques du calcul flottant sur ordinateur. Nous allons voir que cette technique peut être avantageusement appliquée à la résolution d'équations [12, 49, 50].

1. Le calcul par intervalles étend naturellement celui des nombres réels. Pour tout opérateur binaire $\Theta = +, \times, -, \ldots$ et deux intervalles réels I et J, il suffit d'écrire

$$I\Theta J = \{z\,;\ \exists(x,y) \in I \times J,\ z = x\Theta y\}.$$

Nous ne manipulerons dans la suite que des intervalles fermés bornés dont les bornes sont des rationnels.

1.a. On demande d'écrire des procédures `addI`, `multiplyI` qui prennent en entrée deux intervalles et qui en renvoient respectivement la somme et le produit. On utilisera la représentation `a..b` des intervalles de MAPLE. On demande également d'écrire une procédure `powerI` qui prend en entrée un intervalle I et un entier positif n et qui renvoie l'intervalle I^n, image de I par l'élévation à la puissance n.

1.b. Ces opérations de base sur les intervalles vont permettre de calculer un encadrement de l'image d'un intervalle par tout polynôme p à une indéterminée. Par exemple, pour $p(x) = x(x - 2x^2)$, on a

$$\begin{aligned} p([0,1]) &\subset [0,1] \times ([0,1] - [2,2] \times [0,1]^2) \\ &= [0,1] \times ([0,1] - [0,2]) = [0,1] \times [-2,1] = [-2,1]. \end{aligned}$$

Cet encadrement de l'image dépend de la représentation choisie pour le polynôme. Par exemple, la nouvelle représentation $p(x) = x^2(1 - 2x)$ fournit le meilleur encadrement

$$p([0,1]) \subset [0,1]^2 \times ([1,1] - [2,2] \times [0,1]) = [0,1] \times [-1,1] = [-1,1].$$

Écrivez une procédure récursive `imageI` qui prend en entrée un polynôme à une indéterminée, un intervalle, et qui renvoie un intervalle contenant l'image de cet intervalle par le polynôme *en travaillant directement à partir de sa représentation formelle* (`?op` ou `?type`).

1.c. L'encadrement de l'image d'une fonction polynôme varie selon l'expression qui la représente. En expérimentant sur quelques polynômes, comparez l'encadrement de l'image obtenu avec l'expression développée du polynôme et celui obtenu avec la représentation de Hörner (`?convert/horner`). Justifiez le phénomène observé.

2. Pour une expression polynomiale $f(x)$ nous savons obtenir un intervalle contenant l'image $f(I)$ d'un intervalle I par f. De plus la représentation de Hörner est la plus efficace pour réaliser cette opération. Cet intervalle, associé à la représentation de Hörner, nous le noterons désormais $f\{I\}$.

Partant d'un intervalle donné I, nous voyons que si 0 n'appartient pas à $f\{I\}$ alors l'équation $f(x) = 0$ n'a pas de solution dans I. Si par contre 0 est dans $f\{I\}$, une subdivision de I par son milieu, en deux sous intervalles I_0 et I_1 de longueur moitié de celle de I, amène à recommencer récursivement ce test d'exclusion sur I_0 et I_1. En arrêtant le processus dès que la longueur des intervalles devient plus petite qu'une certaine valeur ε fixée à l'avance, on obtient en fin de compte une collection de petits intervalles *suspects* en dehors desquels on est assuré que l'équation proposée n'a pas de solution.

2.a. On demande d'écrire une procédure récursive **`easysolveI`** qui réalise l'algorithme que nous venons de décrire. Appliquez la aux polynômes rationnels suivants sur $I = [0, 1]$, en arrêtant le processus dès que les longueurs des intervalles suspects deviennent strictement inférieures à $\varepsilon = 1/100$,

$$p_0(x) = 2x^2 - 1\,; \qquad p_1(x) = x - x^2\,; \qquad p_2(x) = x^5 + x - 1.$$

2.b. La méthode précédente a l'inconvénient d'avoir une convergence linéaire, c'est-à-dire une convergence en ρ^n. Nous présentons maintenant une technique qui permet une convergence quadratique, c'est-à-dire en ρ^{2^n}. Le principe est une généralisation aux intervalles de la méthode de Newton et repose sur le résultat suivant : si l'encadrement $f'\{I\}$ de l'image de la dérivée de f ne contient pas 0, alors f admet au plus une solution sur I. De plus, en notant $m(I)$ le point milieu de I, son zéro potentiel est nécessairement dans l'intervalle intersection de I et de l'intervalle N défini par l'égalité

$$N = m(I) - \frac{f(m(I))}{f'\{I\}}.$$

Prouvez ce résultat et tirez de là une procédure de résolution **`solveI`**. Cette procédure prendra en entrée une expression polynomiale f à coefficients rationnels, un intervalle rationnel I et une valeur seuil ε ; elle renverra une liste d'intervalles suspects de longueur strictement plus petite qu'ε. On marquera les intervalles réellement suspects, c'est-à-dire ceux dont on ne sait pas s'ils contiennent zéro, une ou plusieurs solutions. Les intervalles non marqués contiendront une et une seule solution. On attend l'exécution suivante.

```
solveI(x/4-x^2+x^3,x,0..2, 10^(-2));
```

$$[[0..\frac{15715233}{1099511627776}], [\frac{255}{512}..\frac{511}{1024}, \mathit{Suspect}], [\frac{511}{1024}..\frac{1}{2}, \mathit{Suspect}],$$
$$[\frac{1}{2}..\frac{513}{1024}, \mathit{Suspect}], [\frac{513}{1024}..\frac{257}{512}, \mathit{Suspect}]]$$

4 Thèmes

Intégration par parties. L'intégration par parties apparaît souvent comme le *deus ex machina* de l'analyse élémentaire. Nous voulons montrer comment cette technique de calcul peut fournir, dans une classe raisonnable de fonctions, des développements asymptotiques d'intégrales selon des règles précises. Commençons par un exemple en étudiant le comportement en $+\infty$ de l'exponentielle intégrale définie par la formule

$$E_1(z) = \int_z^{+\infty} \frac{e^{-t}}{t}\, dt \qquad \text{avec } z > 0.$$

Appliquons l'intégration par parties à l'expression qui définit E_1 de manière à faire apparaître un terme $e^{-t} \times t^{-2}$ qui à l'infini tend plus vite vers 0 que le terme $e^{-t} \times t^{-1}$.

```
E1:=Int(exp(-t)/t,t=z..infinity):
J:=student[intparts](E1,1/t);
```

$$J := \frac{e^{(-z)}}{z} - \int_z^{\infty} \frac{e^{(-t)}}{t^2}\, dt$$

Nous pouvons raisonnablement penser que le premier terme fournit un équivalent de $E_1(z)$ quand z tend vers $+\infty$. Enhardi par ce premier succès, nous poussons l'expérience plus loin.

```
for k from 2 to 5 do J:=student[intparts](J,1/t^k) od:
J;
```

$$\frac{e^{(-z)}}{z} - \frac{e^{(-z)}}{z^2} + 2\,\frac{e^{(-z)}}{z^3} - 6\,\frac{e^{(-z)}}{z^4} + 24\,\frac{e^{(-z)}}{z^5} - \int_z^{\infty} 120\,\frac{e^{(-t)}}{t^6}\, dt$$

L'exponentielle e^{-t} tendant vite vers 0 à l'infini, il est plausible que la dernière intégrale soit de l'ordre de e^{-z}/z^5, ce qui amène la formule

$$E_1(z) \underset{z\to+\infty}{=} \frac{e^{-z}}{z} - \frac{e^{-z}}{z^2} + 2\frac{e^{-z}}{z^3} - 6\frac{e^{-z}}{z^4} + O\left(\frac{e^{-z}}{z^5}\right).$$

La méthode entrevue dans l'exemple précédent pose plusieurs problèmes que nous allons successivement examiner. Tout d'abord on peut se demander s'il faut considérer

$$\int_z^{+\infty} \frac{e^{-t}}{t}\, dt \qquad \text{ou} \qquad \int_a^{z} \frac{e^{-t}}{t}\, dt,$$

pour un a strictement positif. La réponse est simple : si l'intégrale impropre

$$\int_a^{+\infty} f(t)\,dt$$

est convergente le reste de l'intégrale doit être pris en compte ; si l'intégrale est divergente l'intégrale partielle doit être considérée. Cette intégrale partielle s'écrit respectivement dans le premier cas et dans le second cas

$$\int_a^x f(t)\,dt = \int_a^x f(t)\,dt, \qquad \int_a^x f(t)\,dt = \int_a^{+\infty} f(t)\,dt + \int_{+\infty}^x f(t)\,dt.$$

Dans chaque cas on a affaire à une intégrale fonction de sa borne supérieure.

Ensuite, l'application de l'intégration par parties était ici naturelle. C'est le point le plus délicat de la méthode et nous allons le développer plus loin. Ceci nous amènera à préciser la classe de fonctions considérées.

Enfin des énoncés permettant de passer du comportement de l'intégrande au comportement de l'intégrale partielle sont nécessaires pour traiter l'intégrale qui subsiste après quelques intégrations par parties et qui va fournir le terme d'erreur. Nous commençons par éclaircir ce point.

1. Nous considérons d'une part une fonction complexe f et d'autre part une fonction réelle strictement positive g ; ces deux fonctions sont supposées continues sur un intervalle de la forme $[a, +\infty[$. De plus on fait l'hypothèse que ces deux fonctions sont liées par la relation de comparaison

$$f(t) \underset{t\to+\infty}{=} O(g(t)).$$

1.a. Montrez que si l'intégrale impropre $\int_a^{+\infty} g(t)\,dt$ est divergente alors les intégrales partielles de f et g sont liées par la relation

$$\int_a^x f(t)\,dt \underset{x\to+\infty}{=} O\left(\int_a^x g(t)\,dt\right).$$

1.b. Montrez que si l'intégrale impropre $\int_a^{+\infty} g(t)\,dt$ est convergente alors les restes des intégrales de f et g sont liés par la relation

$$\int_x^{+\infty} f(t)\,dt \underset{x\to+\infty}{=} O\left(\int_x^{+\infty} g(t)\,dt\right).$$

Ces résultats se généralisent aux autres relations de comparaison.

Nous considérons une fonction g de classe C^1 et strictement positive sur un intervalle $[a, +\infty[$. Le point clé de la méthode est la comparaison de la dérivée logarithmique g'/g et de la fonction inverse $t \mapsto 1/t$ en l'infini. Dans le but d'obtenir des résultats effectifs et bien que cela ne soit pas nécessaire du point de vue théorique, nous nous limitons aux fonctions g de la forme

$$g(x) = \exp(P(x))x^\alpha \ln^\beta x,$$

où $P(x)$ est un pseudo-polynôme

$$P(x) = c_1 x^{\gamma_1} + c_2 x^{\gamma_2} + \cdots c_r x^{\gamma_r}, \qquad \gamma_1 > \gamma_2 > \ldots > \gamma_r > 0.$$

Certaines constantes qui apparaissent dans ces formules peuvent être nulles. On pourra ainsi utiliser les fonctions

$$\frac{e^{x^2}}{x}, \qquad e^{-x^3} x \ln^2 x, \qquad \frac{x^{3/2}}{\ln x}, \qquad \frac{e^{-x^3-x^2-x}}{\ln^4 x}.$$

La classe de fonctions considérées est l'ensemble des fonctions f qui admettent un développement asymptotique au voisinage de l'infini dans l'échelle de comparaison que constituent les fonctions g précédentes.

2. La dérivée logarithmique de g est donnée par

$$\frac{g'(x)}{g(x)} = c_1\gamma_1 x^{\gamma_1 - 1} + \cdots + c_r\gamma_r x^{\gamma_r - 1} + \frac{\alpha}{x} + \frac{\beta}{x \ln x}.$$

2.a. Dans l'hypothèse où $g'(x)/g(x)$ est équivalent à α/x au voisinage de l'infini avec α différent de -1, étudiez la convergence de l'intégrale impropre

$$\int_a^{+\infty} g(t)\,dt$$

et prouvez la relation de comparaison

$$\int_a^x g(t)\,dt \underset{x\to+\infty}{\sim} \frac{xg(x)}{\alpha+1}, \qquad \int_x^{+\infty} g(t)\,dt \underset{x\to+\infty}{\sim} -\frac{xg(x)}{\alpha+1}$$

suivant qu'il y a divergence ou convergence de l'intégrale impropre. Donnez explicitement un terme de reste à l'aide d'une intégrale.

On note que dans le cas où α est égal à -1, une primitive de la fonction g est connue.

2.b. On suppose maintenant que la constante c_1 est non nulle. Il convient alors de considérer la fonction $h = g/g'$, dont on notera qu'elle est bien définie au voisinage de $+\infty$; elle est même de classe C^∞. Une intégration par parties fournit l'égalité

$$\int g(t)\,dt = \int g'(t)h(t)\,dt = g(x)h(x) - \int g(t)h'(t)\,dt.$$

Montrez que l'égalité précédente donne un équivalent de l'intégrale partielle de g ou du reste de l'intégrale suivant qu'il y a divergence ou convergence, avec un terme de reste effectif.

3. Nous nous donnons une fonction f définie et continue sur un intervalle $[a, +\infty[$ et nous cherchons un développement asymptotique pour une primitive de f. On pourrait s'étonner que nous parlions de primitive alors que nous n'avons considéré jusqu'ici que des intégrales. Le motif est simple : nous n'avons pas de moyen de gérer les constantes, donc nous les négligeons. Nous faisons l'hypothèse que la fonction f admet un développement asymptotique par rapport à l'échelle des fonctions g que nous avons considérées. Pour obtenir un développement de la primitive de f (nous nous permettons l'article défini puisque nous travaillons à une constante près), nous développons f dans l'échelle, puis nous traitons chaque terme en appliquant les résultats de la question précédente. Ceci fournit un début de développement et de nouvelles intégrales dont les intégrandes s'expriment encore dans l'échelle. Il suffit de traiter à nouveau ces intégrales. On arrête le processus quand la précision désirée est atteinte. De manière que tous les calculs soient effectifs, nous faisons l'hypothèse que toutes les constantes α, β, c_i, γ_i, qui apparaissent dans les fonctions de l'échelle sont des nombres rationnels ; autrement dit, nous réduisons l'échelle et la classe de fonctions considérées.

3.a. Nous devons d'abord traiter les fonctions de l'échelle. On demande d'écrire une procédure **crack** qui prend en entrée une expression représentant une fonction g de l'échelle et le nom de la variable et qui renvoie une séquence constituée de l'expression de la dérivée logarithmique de g et des parties $c_1\gamma_1 x^{\gamma_1-1}+\cdots+c_r\gamma_r x^{\gamma_r-1}$, α/x et $\beta/(x\ln x)$ de g'/g. Pour démonter l'expression de g'/g il est possible d'utiliser **select** et **limit**. On attend les exécutions suivantes.

```
g:=exp(x^2)*x/ln(x):
crack(g,x);
```

$$\frac{2\,x^2\ln(x)+\ln(x)-1}{\ln(x)\,x},\ 2\,x,\ \frac{1}{x},\ -\frac{1}{\ln(x)\,x}$$

```
g:=1/x:
crack(g,x);
```

$$-\frac{1}{x},\ 0,\ -\frac{1}{x},\ 0$$

On prendra bien soin de distinguer une somme de produits d'un simple produit pour démonter correctement l'expression de g'/g (**?type/+**).

3.b. Un pas élémentaire de la méthode est essentiellement une intégration par parties d'une fonction g de l'échelle. On demande d'écrire une procédure **integrationbyparts** qui prend en entrée l'expression de g, le nom de la variable et la séquence renvoyée par **crack** ; la procédure renvoie une liste de deux éléments : d'abord l'équivalent obtenu dans la question 2, ensuite l'intégrande de l'intégrale fournie dans cette même question et qui correspond au terme de reste. On attend l'exécution suivante.

```
g:=exp(x^2)*x/ln(x):
integrationbyparts(g,x,crack(g,x));
```

$$\left[\frac{e^{(x^2)}\,x^2}{2\,x^2\ln(x)+\ln(x)-1},\ \frac{1}{2}\,\frac{e^{(x^2)}}{\ln(x)\,x}+e^{(x^2)}\,\mathrm{O}(\frac{1}{x^3})\right]$$

Ce résultat exprime les égalités

$$\int \frac{te^{t^2}}{\ln t}\,dt = \frac{x^2e^{x^2}}{2x^2\ln x + \ln x - 1} + \int f(t)\,dt,$$

$$f(x) \underset{x\to+\infty}{=} \frac{e^{x^2}}{2x\ln x} + O\left(\frac{e^{x^2}}{x^3}\right).$$

4. Il faut maintenant assembler les procédures précédentes en une procédure **intasympt** qui prend en entrée une expression représentant une fonction f développable dans l'échelle, un nom et un entier qui gouverne la précision du développement. Ce dernier argument est optionnel (**?nargs**). On ne demande pas plus de soin dans l'usage de cet entier que n'en propose **series**. La procédure renvoie un développement comme suit.

```
f:=1/ln(x):
DAIntf:=intasympt(f,x,10);
```

$$DAIntf := \frac{x}{\ln(x)} + \frac{x}{\ln(x)^2} + 2\frac{x}{\ln(x)^3} + 6\frac{x}{\ln(x)^4} + 24\frac{x}{\ln(x)^5} + 120\frac{x}{\ln(x)^6} + 720\frac{x}{\ln(x)^7} + 5040\frac{x}{\ln(x)^8} + 40320\frac{x}{\ln(x)^9} + 362880\frac{x}{\ln(x)^{10}} + 3628800\frac{\mathrm{O}(1)\,x}{\ln(x)^{11}}$$

```
f:=exp(-x^2):
DAIntf:=intasympt(f,x);
asympt(",x);
```

$$DAIntf := -\frac{1}{2}\frac{1}{e^{(x^2)}\,x} + \frac{1}{4}\frac{1}{e^{(x^2)}\,x\,(x^2+1)} - \frac{1}{8}\frac{1}{e^{(x^2)}\,x^3\,(x^2+2)} + \frac{\mathrm{O}(1)}{e^{(x^2)}\,x^7}$$

$$\frac{-\frac{1}{2}\frac{1}{x} + \frac{1}{4}\frac{1}{x^3} - \frac{3}{8}\frac{1}{x^5} + \mathrm{O}(\frac{1}{x^7})}{e^{(x^2)}}$$

L'aspect un peu curieux des termes d'erreurs tient au fait que nous ne voulons pas appliquer **asympt** en sortie de procédure qui ruinerait tous nos efforts ; pour le premier exemple, on obtiendrait seulement $O(x)$. On demande de fournir un développement asymptotique au voisinage de l'infini — et à constante près — pour les primitives des fonctions définies par les expressions suivantes,

$$f_1(x) = 1\,; \quad f_2(x) = x^{3/2}\,; \quad f_3(x) = e^x/x\,;$$

$$f_4(x) = e^{\sqrt{x}}/x\,; \quad f_5(x) = e^{-x}/x\,; \quad f_6(x) = \mathrm{Arctg}(x)/\sqrt{x}\,;$$

$$f_7(x) = \frac{\exp(x^3 - x^2 - x)}{\ln(x^2+x)^4}\,; \quad f_8(x) = x^2\exp\left(\frac{1}{1+x}\right)^{1/2}.$$

5 Réponses aux exercices

Exercice **5.1.** La première fonction rationnelle a deux pôles réels, qui sont $\pm\sqrt{6+2\sqrt{13}}/2$, et il y a donc trois intervalles en jeu. Sur chacun d'eux, il faut choisir une constante. On trouve la formule

$$\int \frac{dx}{x^4-3x^2-1} = -\frac{2}{13\sqrt{13}} \frac{\operatorname{Arctg}\left(\dfrac{2x}{\sqrt{-6+2\sqrt{13}}}\right)}{\sqrt{-6+2\sqrt{13}}} - \frac{\sqrt{13}}{13\sqrt{6+2\sqrt{13}}} \ln\left|\frac{2x+\sqrt{6+2\sqrt{13}}}{2x-\sqrt{6+2\sqrt{13}}}\right| + C(x),$$

où C est une fonction constante sur chacun des trois intervalles de l'ensemble de définition. De même on obtient

$$\int \frac{dx}{(-7x^2-4x+10+x^3)^2} = -\frac{1}{225}\frac{1}{x-1} - \frac{8}{3375}\ln|x-1| + \frac{4}{3375}\ln|x^2-6x-10| + \frac{1523\sqrt{19}}{2436750}\ln\sqrt{\left|\frac{(2x-6)\sqrt{19}+38}{(2x-6)\sqrt{19}-38}\right|} - \frac{1}{17100}\frac{46x-290}{x^2-6x-10} + C(x),$$

où C est une fonction constante sur chacun des quatre intervalles de l'ensemble de définition.

Exercice **5.2. a.** Nous suivons la voie tracée dans [19, p. 25]. La fonction φ que nous avons utilisée pour définir W est strictement croissante sur $[0,+\infty[$ et si nous imposons la contrainte $x > e$, l'inégalité

$$\varphi(1) = e < x < x\ln x = \varphi(\ln x) \qquad \text{donne} \qquad 1 < \mathrm{W}(x) < \ln x.$$

On en tire la majoration grossière

$$\mathrm{W}(x) \underset{x\to+\infty}{=} O(\ln x)$$

et par report dans l'équation $\mathrm{W}(x) = \ln x - \ln \mathrm{W}(x)$, la relation un peu plus précise

$$\mathrm{W}(x) \underset{x\to+\infty}{=} \ln x + O(\ln\ln x).$$

b. Nous exploitons l'idée qui consiste à reporter une estimation dans l'équation pour obtenir une estimation plus précise [2, p. 207].

```
Y[0]:=lnx:
for n to 6 do Y[n]:=asympt(subs(y=Y[n-1],lnx-ln(y)),lnx) od:
subs(lnx=L[1],ln(L[1])=L[2],"):
map(collect,asympt(",L[1]),L[2]);
```

$$L_1 - L_2 + \frac{L_2}{L_1} + \frac{1}{2}\frac{{L_2}^2}{{L_1}^2} - \frac{L_2}{{L_1}^2} + \frac{1}{3}\frac{{L_2}^3}{{L_1}^3} - \frac{3}{2}\frac{{L_2}^2}{{L_1}^3} + \frac{L_2}{{L_1}^3} + \frac{1}{4}\frac{{L_2}^4}{{L_1}^4} - \frac{11}{6}\frac{{L_2}^3}{{L_1}^4}$$
$$+ 3\frac{{L_2}^2}{{L_1}^4} - \frac{L_2}{{L_1}^4} + \frac{1}{5}\frac{{L_2}^5}{{L_1}^5} - \frac{25}{12}\frac{{L_2}^4}{{L_1}^5} + \frac{35}{6}\frac{{L_2}^3}{{L_1}^5} - 5\frac{{L_2}^2}{{L_1}^5} + \frac{L_2}{{L_1}^5} + \mathrm{O}(\frac{1}{{L_1}^6})$$

Pour alléger l'écriture, nous avons noté $L_1 = \ln x$ et $L_2 = \ln\ln x$. Nous engageons le lecteur à comparer graphiquement la fonction et son développement.

EXERCICE **5.3.**

Même si le résultat de l'évaluation ne contient pas explicitement la fonction gamma, le *traçage* montre clairement son intervention. On obtient les résultats suivants,

$$\int_0^{+\infty} \sqrt{x}e^{-x^3}\,dx = \frac{1}{3}\sqrt{\pi}\,; \qquad \int_{-\infty}^{+\infty} \exp(xt - e^t)\,dt = \Gamma(x), \quad x > 0\,;$$
$$\int_0^{+\infty} xe^{-x^4}\,dx = \frac{1}{4}\sqrt{\pi}\,; \qquad \int_{-\infty}^{+\infty} e^{-2x^2+x-1}\,dx = \frac{1}{2}e^{-7/8}\sqrt{2\pi}\,;$$
$$\int_0^{+\infty} \frac{t^3}{(1+t)^{9/2}}\,dt = \frac{32}{35}\,; \qquad \int_0^{+\infty} \frac{t^{1/3}}{(1+2t)^{7/4}}\,dt = 2^{-4/3}\,\mathrm{B}\left(\frac{4}{3}, \frac{5}{12}\right).$$

EXERCICE **5.4.** **a.** Compte tenu de l'égalité $f(\overline{x}) = 0$, la formule de Taylor avec reste de Lagrange appliquée à f en $\overline{x}$ fournit $f(x) = (x - \overline{x})f'(\overline{x}) + O(x - \overline{x})^2$. On a $f'(x) = f'(\overline{x}) + O(x - \overline{x})$, donc on peut également écrire

$$f(x) = (x - \overline{x})f'(x) + O(x - \overline{x})^2.$$

Cette formule appliquée à $x = x_n$ donne $x_{n+1} - \overline{x} = O(x_n - \overline{x})^2$.

b. La formule de Newton-Raphson appliquée à $f(x) = a - 1/x$ s'écrit

$$x_{n+1} = x_n - \frac{f(x_n)}{f'(x_n)} = 2x_n - ax_n^2.$$

À partir d'une première approximation x_0, cette suite permet une convergence quadratique vers $1/a$, solution de $f(x) = 0$, en effectuant seulement des produits et des soustractions.

En voici une illustration qui permet le calcul de cent décimales de $1/\pi$. La valeur initiale est une approximation assez grossière de $1/\pi$ pour laquelle le calcul de l'inverse est peu coûteux. La convergence est quadratique et il est inutile de travailler avec la précision maximale tout au long du calcul; c'est ainsi que la valeur de `Digits` est successivement doublée jusqu'à sa valeur maximale.

```
N:=100:
MaxDigits:=N+5:
a:=evalf(Pi,MaxDigits):
epsilon:=10^(-N):
```

```
Digits:=2:
x:=evalf(1/a):
while MaxDigits<Digits or abs(a*x-1)>epsilon do
  Digits:=min(2*Digits,MaxDigits):
  x:=2*x-a*x^2 od:
x;
```

.31830988618379067153776752674502872406891929148091
28974953346881177935952684530701802276055325061719
12146

c. La même technique appliquée à la fonction $f(x) = a - x^2$ fournit une suite qui converge rapidement vers $\sqrt{a}$; elle est définie par la récurrence

$$x_{n+1} = \frac{x_n}{2} + \frac{a}{2x_n}.$$

Cette dernière possède néanmoins l'inconvénient d'imposer le calcul d'inverses. Il est plus efficace de construire d'abord une suite convergeant vers $1/\sqrt{a}$ selon la méthode de Newton-Raphson appliquée à $f(x) = a - 1/x^2$; elle est définie par la récurrence

$$x_{n+1} = \frac{3}{2}x_n - \frac{a}{2}x_n^3,$$

qui malgré les apparences ne comporte pas de division. Le résultat est ensuite multiplié par a pour donner $\sqrt{a}$. Voici une illustration de ce schéma de calcul avec $a = 2$ qui calcule cent décimales de $\sqrt{2}$.

```
a:=2:
x:=0.5:
N:=100:
MaxDigits:=N+5:
Digits:=2:
epsilon:=10^(-N):
while Digits<MaxDigits or abs(x*x-1/2)>epsilon do
  Digits:=min(2*Digits,MaxDigits):
  x:=1.5*x-0.5*a*x^3
od:
x:=2*x;
```

$x :=$ 1.41421356237309504880168872420969807856967187537694
80731766797379907324784621070388503875343276415727
3501

d. Pour la racine k^e, le même principe appliqué à la fonction $f(x) = a - 1/x^k$ fournit la suite

$$x_{n+1} = \frac{k+1}{k}x_n - \frac{a}{k}x_n^{k+1}$$

qui converge vers $\alpha = a^{-1/k}$. Si x_n est la valeur en sortie de boucle, on calcule $x_n^{k-1}a$ qui fournit une approximation de $\alpha^{k-1}a = a^{1/k}$. Précisons que la valeur de $1/k$ est précalculée.

EXERCICE **5.5.** **a.** La procédure suivante répond à la question.

```
dichotomy:=proc(f,x::name,I::range)
  local oldDigits,a,b,c,fa,fb,fc,eps;
  oldDigits:=Digits;
  Digits:=Digits+3;
  a:=evalf(op(1,I));
  b:=evalf(op(2,I));
  fa:=evalf(subs(x=a,f));
  fb:=evalf(subs(x=b,f));
  if fa*fb>=0 then ERROR(`input does not satisfy the hypothesis,
                                                  f(a)*f(b)<0`)
  fi;
  eps:=(1+abs(a)+abs(b))*10^(-oldDigits);
  while  b-a>eps do
    c:=0.5*(a+b);                                                   #a
    fc:=evalf(subs(x=c,f));
    if fc=0 then RETURN(evalf(c,oldDigits)) fi;
    if fa*fc<0 then b:=c
    else a:=c: fa:=fc fi;                                           #z
  od;
  evalf(0.5*(a+b),oldDigits)
end:
```

b. Il suffit de modifier la formule qui donne c en fonction de a et b. La nouvelle formule est

$$c = \frac{af(b) - bf(a)}{f(b) - f(a)}.$$

Nous utilisons toujours cette formule dans le contexte $f(b)f(a) < 0$ donc $f(b) - f(a)$ est différent de 0 et la formule est bien correcte. La procédure **secant** s'obtient facilement à partir de **dichotomy** en remplaçant les lignes entre **#a** et **#z** de la boucle **while** par les lignes suivantes

```
    c:=(a*fb-b*fa)/(fb-fa);                                         #a
    fc:=evalf(subs(x=c,f));
    if fc=0 then RETURN(evalf(c,oldDigits)) fi;
    if fa*fc<0 then b:=c; fb:=fc
    else a:=c: fa:=fc fi;                                           #z
```

Dans le calcul de $\sqrt{2}$ à partir de l'intervalle $[0, 2]$, le nombre d'itérations diminue de moitié.

EXERCICE **5.6.** On utilise la procédure **linalg/jacobian** pour calculer la matrice jacobienne et **linalg/norm** pour le test d'arrêt.

```
F:=vector([x^2+y^2-1,x^3+y^3-3*x*y]):
invJ:=evalm(linalg[jacobian](F,[x,y])^(-1)):
X:=vector([1.,0.]):
FX:=subs(x=X[1],y=X[2],eval(F)):
while (linalg[norm](FX) > 10^(2-Digits)) do
  X:=evalm(X-subs(x=X[1],y=X[2],evalm(invJ&*FX))):
```

```
    FX:=subs(x=X[1],y=X[2],eval(F)):
  od:
  eval(X);
```

$$[0.9502187912,\ 0.3115834540]$$

EXERCICE **5.7. a.** L'écriture proposée amène à chercher une fonction f qui satisfait $f(x) = x^{f(x)}$. Ceci suppose de discuter l'équation $y = x^y$ d'inconnue y et de paramètre x réel strictement positif. Nous sentons que les solutions sont liées à la fonction W.

```
solve(y=exp(y*ln(x)),y);
```

$$-\frac{\mathrm{LambertW}(-\ln(x))}{\ln(x)}$$

La solution fournie par MAPLE ne doit pas trop nous influencer ; en effet nous savons que la définition de W résulte d'un choix arbitraire. L'intérêt de cette solution est de mettre en valeur une récriture naturelle de l'équation étudiée sous la forme

$$y = \exp(y \ln x) \qquad \text{ou encore} \qquad -y \ln x \exp(-y \ln x) = -\ln x.$$

Avec $u = -y \ln x$ et $v = -\ln x$ nous voyons réapparaître l'équation $\varphi(u) = v$ qui a amené la définition de la fonction W. Cependant il est plus simple de récrire l'équation sous la forme $x = y^{1/y}$ c'est-à-dire

$$x = \exp\left(\frac{\ln y}{y}\right).$$

Il est alors aisé de résoudre la question en s'appuyant sur la fonction qui à t associe $t^{1/t}$. Le tracé de son graphe (figure 5.3) montre que l'on doit procéder à une coupure en $t = e$. On peut alors raisonnablement définir deux fonctions solutions du problème ; l'une, E, est définie sur $\left]0, e^{1/e}\right]$ et à valeurs dans $]0, e]$; l'autre, E', est définie sur $\left]1, e^{1/e}\right]$ et à valeurs dans $[e, +\infty[$. Eisenstein a étudié la fonction E et a montré [32] que cette fonction s'exprime sous la forme

$$E(x) = \sum_{n=0}^{+\infty} (n+1)^{n-1} \frac{\ln^n x}{n!} \qquad \text{pour } e^{-1/e} < x \leq e^{1/e}.$$

Cette égalité donne une expression de W grâce au lien vu plus haut.

b. La définition de la suite (u_n) par les relations

$$u_0 = 1, \qquad u_{n+1} = \exp(u_n \ln x) \quad \text{pour tout } n$$

avec x strictement positif est correcte et la suite ne prend que des valeurs strictement positives. Comme la fonction exponentielle de base x, qui à t associe x^t, est continue, la suite ne peut converger que vers un point fixe de

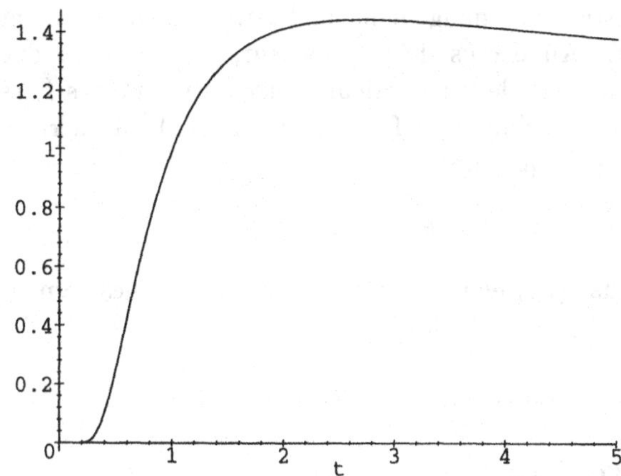

Figure 5.3.

cette fonction. Ceci nous ramène à la question précédente, où nous avons vu que l'équation de point fixe n'a de solution que pour x entre 0 et $e^{1/e}$; la suite ne peut donc pas converger si x est strictement plus grand que $e^{1/e}$ — elle diverge alors vers $+\infty$. Si x est entre 0 et 1 elle peut converger vers $E(x)$ et si x est entre 1 et $e^{1/e}$ elle peut converger vers $E(x)$ ou $E'(x)$.

Le cas $x = 1$ est trivial. Si x est strictement plus grand que 1, l'exponentielle de base x est strictement croissante et l'inégalité

$$1 < t \leq E(x) < E'(x) \qquad \text{fournit} \qquad x < x^t \leq E(x) < E'(x)\,;$$

l'intervalle $]1, E(x)]$ est fixe dans la transformation. Ceci montre que la suite est monotone et aussi qu'elle ne peut pas converger vers $E'(x)$. De plus sur l'intervalle $[1, E(x)]$, l'exponentielle de base x est plus grande que l'identité ; en effet ceci est vrai pour t égal à 1 et s'il existait un point où l'inégalité soit strictement dans l'autre sens, on aurait pas continuité un point fixe autre que $E(x)$, ce qui n'est pas. Il en résulte que la suite est croissante et puisqu'elle est majorée, elle converge nécessairement ; ce ne peut être que vers $E(x)$. On aurait pu aussi remarquer que la dérivée de l'exponentielle de base x reste majorée par $E(x)\ln x$ dans l'intervalle $[1, E(x)]$ et ce nombre $E(x)\ln x$ est strictement plus petit que 1. La conclusion vient alors de l'inégalité des accroissements finis et du théorème du point fixe.

Passons au cas où x est strictement plus petit que 1. Dans ce cas l'intervalle $[0, 1[$ reste fixe par l'exponentielle de base x qui est décroissante dans cet intervalle. Il en résulte que les deux suites extraites (u_{2n}) et (u_{2n+1}) sont monotones de sens contraires ; comme elles sont bornées, elles convergent toutes les deux. Cependant il n'y a pas de raison a priori que leurs limites soient égales.

Ceci nous pousse à déterminer les points fixes de la fonction qui à t dans $[0,1]$ associe x^{x^t}, suivant les valeurs de x lui-même dans $[0,1]$. Quelques tracés de cette fonction nous montrent un changement qualitatif de comportement pour x environ égal à 0.07. Au dessus de cette valeur, le seul point fixe est $E(x)$; par contre en dessous de cette valeur, deux autres points fixes apparaissent. Le cas limite est celui où la fonction a en $E(x)$ une dérivée égale à 1 ; ceci se traduit par l'équation

$$x^{x^t} x^t \ln^2 x = 1 \qquad \text{avec} \qquad t = E(x).$$

La propriété de définition de $E(x)$ et la prise en compte des signes ramène cette équation à

$$E(x) = \frac{-1}{\ln x} \qquad \text{ou encore} \qquad \mathrm{W}(-\ln x) = 1.$$

La valeur limite est donc $\overline{x}$ égal à e^{-e}.

Dans le cas où x est strictement plus petit que $\overline{x}$, un petit raisonnement fondé sur le théorème des valeurs intermédiaires nous montre que l'exponentielle de base x itérée deux fois possède bien deux points fixes et que la suite (u_n) ne converge pas vers $E(x)$. Dans le cas contraire, l'absence de points fixes autres que $E(x)$ n'est pas prouvée et nous nous contenterons ici de l'évidence graphique ; ceci étant admis, la suite (u_n) converge vers $E(x)$.

EXERCICE **5.8.** Nous commençons par regarder le comportement de $u_n(x)$ pour n grand.

```
assume(x>0);
assume(n,posint);
u:=x^n/n!*exp(-x):
asympt(u,n,1);
```

$$\left(\frac{1}{2}\,\frac{e^{(-x^{\sim})}\sqrt{2}\sqrt{\frac{1}{n^{\sim}}}}{\sqrt{\pi}} + \mathrm{O}\big((\frac{1}{n^{\sim}})^{3/2}\big)\right) x^{\sim n^{\sim}} \,(\frac{1}{n^{\sim}})^{n^{\sim}}\, e^{n^{\sim}}$$

Clairement la suite tend vers 0, car ex est plus petit que n quand n est assez grand. Affinons en évaluant la norme uniforme de u_n.

```
factor(diff(u,x));
```

$$-\frac{x^{\sim n^{\sim}}\, e^{(-x^{\sim})}\,(-n^{\sim} + x^{\sim})}{x^{\sim}\, n^{\sim}!}$$

La fonction positive u_n atteint son maximum pour x égal à n. Nous substituons cette valeur et nous estimons ce maximum.

```
asympt(subs(x=n,u),n,1);
```

$$\frac{1}{2}\,\frac{\sqrt{2}\sqrt{\frac{1}{n^{\sim}}}}{\sqrt{\pi}} + \mathrm{O}\big((\frac{1}{n^{\sim}})^{3/2}\big)$$

La norme uniforme de u_n a un comportement en $1/\sqrt{n}$ donc il y a convergence uniforme vers 0. Cependant l'intégrale est impropre et le théorème de convergence uniforme ne s'applique pas pour une telle intégrale. Tournons nous donc vers la convergence dominée; nous cherchons à majorer $u_n(x)$ en un point x par le choix d'un entier n qui donne la plus grande valeur possible.

```
factor(diff(u,n));
```

$$\frac{x^{\sim n^\sim}\, e^{(-x^\sim)}\,(\ln(x^\sim)-\Psi(n^\sim+1))}{n^\sim!}$$

Mettons en valeur le fait que $\Psi(n+1)$ se comporte en $\ln n$.

```
asympt(",n,1);
```

$$\left(\frac{1}{2}\,\frac{e^{(-x^\sim)}\,(\ln(x^\sim)-\ln(n^\sim))\,\sqrt{2}\sqrt{\frac{1}{n^\sim}}}{\sqrt{\pi}}+\mathrm{O}\big((\frac{1}{n^\sim})^{3/2}\big)\right)\,x^{\sim n^\sim}\,(\frac{1}{n^\sim})^{n^\sim}\,e^{n^\sim}$$

Les variations de $u_n(x)$ par rapport à n dépendent de la place de n par rapport à x et nous avons un maximum pour n proche de x. Nous évaluons la valeur de ce maximum, ce qui nous fournit une fonction approximativement dominante pour la suite (u_n).

```
dominant:=subs(n=x,u);
```

$$dominant := \frac{x^{\sim x^\sim}\, e^{(-x^\sim)}}{x^\sim!}$$

Nous nous convainquons de la justesse de nos vues en comparant graphiquement la suite et la fonction dominante (figure 5.4). Pour de petites valeurs de n la majoration est fausse, mais pour de grandes valeurs, elle devient acceptable.

```
plot([seq(subs(n=nn,u),nn=0..10),dominant],x=0..10,
                              color=black,thickness=[1$11,3]);
```

Pour appliquer le théorème de convergence dominée, la fonction dominante doit être intégrable. Nous considérons donc son comportement à l'infini.

```
asympt(dominant,x,1);
```

$$\frac{1}{2}\,\frac{\sqrt{2}\sqrt{\frac{1}{x^\sim}}}{\sqrt{\pi}}+\mathrm{O}\big((\frac{1}{x^\sim})^{3/2}\big)$$

Par comparaison à une intégrale de Riemann, la fonction dominante n'est pas intégrable. Le chemin suivi montre que l'on ne peut pas espérer trouver de fonction dominante essentiellement plus petite que celle-ci, donc le théorème de convergence dominée ne peut être utilisé. Pour éclaircir la situation nous évaluons l'intégrale baptisée U_n.

```
int(u,x=0..infinity);
```

$$\frac{\Gamma(n^\sim)\,n^\sim}{n^\sim!}$$

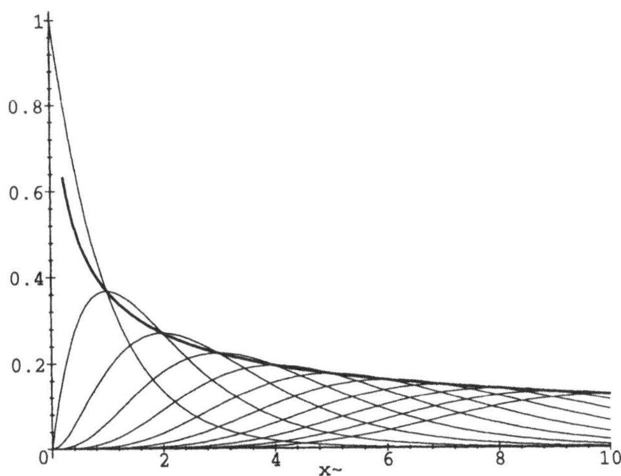

Figure 5.4.

La suite des intégrales est constante de valeur 1 alors que la suite de fonctions converge vers 0 ; il est donc normal qu'aucun théorème ne s'applique. Quant à cet exemple, il se comprend comme suit : on étale un tas de sable sur la demi-droite $[0, +\infty[$; la hauteur du tas tend vers 0, mais la quantité de sable reste constante.

Pour la suite (v_n) un dessin suffit à nous ouvrir les yeux.

```
u:=sin(Pi*x)/(1+x^n):
plot([seq(subs(n=nn,u),nn=0..10)],x=0..10,color=black,
      thickness=[1$9,3]);
```

La suite (v_n) est constituée de fonctions intégrables sur $[0, +\infty[$ et converge vers la fonction v_∞ définie par

$$v_\infty(x) = \begin{cases} \sin \pi x & \text{si } 0 \leq x \leq 1, \\ 0 & \text{si } x > 1. \end{cases}$$

De plus la suite admet pour fonction dominante la fonction $v_{\max}$ continue par morceaux intégrable sur $[0, +\infty[$ définie par

$$v_{\max}(x) = \begin{cases} 1 & \text{si } 0 \leq x \leq 1, \\ 1/(1+x^2) & \text{si } x > 1. \end{cases}$$

Le théorème de convergence dominée s'applique et fournit

$$\lim_{n \to +\infty} \int_0^{+\infty} \frac{\sin \pi x}{1+x^n} \, dx = \int_0^1 \sin \pi x \, dx = \frac{2}{\pi}.$$

La suite (w_n) converge simplement vers 0 sur $[0,1]$ car on a essentiellement affaire à une suite géométrique et le terme n^α n'y change rien. Étudions la convergence uniforme, en déterminant les points critiques et le maximum de la fonction positive w_n puis un équivalent de la norme uniforme de w_n.

```
w:=n^alpha*x*(1-x^2)^n:
diff(w,x):
xi:=[solve(",x)];
```

$$\xi := [\frac{1}{\sqrt{1+2\,n}}, -\frac{1}{\sqrt{1+2\,n}}]$$

```
subs(x=xi[1],w);
```

$$\frac{n^\alpha\,(1-\frac{1}{1+2\,n})^n}{\sqrt{1+2\,n}}$$

```
asympt(remove(has,",alpha),n,3);
```

$$\frac{1}{2}\sqrt{2}\,e^{(-1/2)}\sqrt{\frac{1}{n}} - \frac{1}{16}\sqrt{2}\,e^{(-1/2)}\,(\frac{1}{n})^{3/2} + \mathrm{O}((\frac{1}{n})^{5/2})$$

Un équivalent de la norme uniforme de w_n est donc donné par la formule

$$\|w_n\|_\infty \underset{n\to+\infty}{\sim} \frac{n^{\alpha-1/2}}{\sqrt{2e}}.$$

Il y a donc convergence uniforme vers 0 si et seulement si α est strictement plus petit que 1/2.

Pour ce qui est de la convergence dominée, nous tentons de trouver une fonction dominante en choisissant n en fonction de x.

```
factor(diff(w,n));
```

$$\frac{n^\alpha\,x\,(-(x-1)\,(x+1))^n\,(\alpha+\ln(-(x-1)\,(x+1))\,n)}{n}$$

```
select(has,",ln);
```

$$\alpha+\ln(-(x-1)\,(x+1))\,n$$

```
nu:=solve(",n);
```

$$\nu := -\frac{\alpha}{\ln(-(x-1)\,(x+1))}$$

```
dominant:=subs(n=nu,w);
```

$$dominant := (-\frac{\alpha}{\ln(-(x-1)\,(x+1))})^\alpha\,x\,(1-x^2)^{(-\frac{\alpha}{\ln(-(x-1)\,(x+1))})}$$

Contrairement au premier exemple traité, la fonction obtenue domine vraiment la suite. Nous regardons si cette fonction est intégrable sur l'intervalle $]0,1[$, en supposant α strictement positif puisque le problème est réglé par la convergence uniforme pour α inférieur à $1/2$.

```
series(dominant,x=1,2);
```

$$(-\frac{\alpha}{\ln(x-1)+\ln(-2)})^{\alpha}\, e^{(-\alpha)} + \mathrm{O}(x-1)$$

La fonction dominante se prolonge par continuité en 1 (le problème des signes dans les logarithmes est illusoire), donc elle donne une intégrale faussement impropre à la borne 1. L'étude en la borne 0 est un peu laborieuse car il faut guider le logiciel.

```
convert(dominant,exp);
```

$$e^{(\ln(-\frac{\alpha}{\ln(-(x-1)\,(x+1))})\,\alpha)}\, x\, e^{\left(-\frac{\ln(1-x^2)\,\alpha}{\ln(-(x-1)\,(x+1))}\right)}$$

```
simplify(",ln);
```

$$(-\frac{\alpha}{\ln(-(x-1)\,(x+1))})^{\alpha}\, x\, e^{(-\alpha)}$$

```
subs(ln(-(x-1)*(x+1))=series(ln(-(x-1)*(x+1)),x),");
```

$$\left(-\frac{\alpha}{-x^2 - \frac{1}{2}\,x^4 + \mathrm{O}(x^6)}\right)^{\alpha} x\, e^{(-\alpha)}$$

On voit poindre pour la fonction dominante l'équivalent $\alpha^{\alpha}e^{-\alpha}/x^{2\alpha-1}$. Cette fonction est donc intégrable sur $]0,1[$ si et seulement si α est strictement plus petit que 1. Le théorème de convergence dominée s'applique alors.

Prenons maintenant le problème dans l'autre sens en évaluant directement la suite d'intégrales. Ceci est généralement impossible, d'où l'intérêt des théorèmes de convergence, mais ici l'évaluation se passe sans problème.

```
assume(n,posint):
int(w,x=0..1);
```

$$\frac{1}{2}\,\frac{n^{\sim\alpha}}{n^{\sim}+1}$$

La limite des intégrales est l'intégrale de la limite si et seulement si α est strictement plus petit que 1 et ce résultat a été fourni par le théorème de convergence dominée. Le théorème de convergence uniforme n'a fourni qu'un résultat plus faible.

Chapitre 6. Séries

1 Domaine et outils

Le concept de série comme celui d'intégrale repose sur une extension de la notion de somme. Depuis le tout début de l'analyse il a permis d'exprimer des réponses aux différents problèmes rencontrés comme la résolution d'équations différentielles, l'évaluation numérique des fonctions, l'étude du comportement des suites. Le domaine est donc foisonnant. Il est usuellement structuré suivant le type de séries considérées et c'est ainsi que nous l'aborderons. Le calcul formel permet d'amplifier les calculs jusqu'ici effectués à la main et d'obtenir des résultats inaccessibles sans lui. Surtout il fournit des algorithmes de décision : pour un problème donné, ou bien une solution existe et l'algorithme la donne, ou bien le problème n'a pas de solution et l'algorithme le détecte. Par exemple l'algorithme d'Abramov permet de décider si une relation de récurrence à coefficients polynomiaux possède des solutions rationnelles [9].

Comme dans le chapitre précédent, un minimum de culture mathématique est nécessaire pour employer le logiciel. Les quatre écritures ci-dessous ont chacune leurs mérites,

$$\ln\frac{1}{1-z}=\sum_{n=1}^{+\infty}\frac{z^n}{n}=z\,{}_2F_1\left(\begin{matrix}1,1\\2\end{matrix}\,\middle|\,z\right)=z\int_0^1\frac{dt}{1-tz},$$

et aucune n'est à privilégier. Si dans cet exemple on passe de manière quasi automatique d'une écriture à l'autre, il n'en est pas de même sur des exemples guère plus compliqués. L'utilisateur doit donc connaître ces liens et nous allons présenter quelques séries classiques et les domaines où elles interviennent.

Séries numériques. L'étude d'une série numérique commence par l'étude de sa convergence. On peut distinguer trois approches complémentaires à ce problème : la première méthode consiste à déterminer un développement asymptotique du terme général ; la deuxième repose sur l'application de règles particulières, comme le critère de d'Alembert, adaptées à des situations bien précises ; enfin la troisième est fondée sur une compréhension approfondie du problème et l'utilisation de tours de main. Il est clair qu'un système qui tend à automatiser les calculs ne peut pas apporter beaucoup dans ce dernier cas. Par contre pour les deux premiers on peut raisonnablement traiter des classes d'exemples de façon quasi-automatique.

Considérons par exemple la série de terme général

$$u_n = \frac{1}{n^2} \sum_{k=1}^{n-1} \frac{1}{k},$$

c'est-à-dire $u_n = H_{n-1}/n^2$. Nous obtenons un développement asymptotique de u_n comme suit.

```
asympt(sum(1/k,k=1..n-1)/n^2,n);
```

$$\frac{\ln(n) + \gamma}{n^2} - \frac{1}{2} \frac{1}{n^3} - \frac{1}{12} \frac{1}{n^4} + O(\frac{1}{n^6})$$

Nous avons ainsi

$$u_n \underset{n \to +\infty}{=} o\left(\frac{1}{n^{3/2}}\right),$$

ce qui, par comparaison avec une série de Riemann, implique la convergence de la série associée.

La série

$$\sum_{k=1}^{+\infty} \frac{(-1)^{k-1}}{k} \operatorname{Arctg} kx$$

comporte un paramètre réel x, ce qui amène une discussion. Si x est nul, le terme général est nul et la convergence de la série est assurée ; sinon, l'imparité du terme général permet de supposer que x est positif strictement. Un développement asymptotique s'obtient comme suit.

```
assume(x>0):
asympt(arctan(k*x)/k,k);
```

$$\frac{1}{2} \frac{\pi}{k} - \frac{1}{x\tilde{}\, k^2} + \frac{1}{3} \frac{1}{x\tilde{}^3 k^4} + O(\frac{1}{k^6})$$

Le premier terme du second membre de l'égalité

$$\frac{(-1)^{k-1}}{k} \operatorname{Arctg} kx \underset{k \to +\infty}{=} \frac{\pi}{2} \frac{(-1)^{k-1}}{k} + O\left(\frac{1}{k^2}\right)$$

fournit une série convergente d'après le critère de Leibniz et le second donne une série convergente par comparaison avec une série de Riemann. Ainsi la série considérée est convergente pour tout réel x.

Exercice **6.1.** Étudiez la convergence des séries suivantes,

$$\sum_{n=1}^{+\infty} \left[\frac{1}{n} - \ln\left(1 + \frac{1}{n}\right)\right]; \qquad \sum_{n=1}^{+\infty} \frac{(2n)!}{n!\,(2n+1)} \sum_{k=0}^{n-1} \frac{1}{2k+1};$$

$$\sum_{n=0}^{+\infty} \frac{(4n+1)!^2}{(2n+1)!^3}; \qquad \sum_{n=2}^{+\infty} \frac{n^\alpha}{\sum_{k=2}^{n} \ln^2 k}.$$

Dès qu'une série est reconnue comme convergente, évaluer sa somme devient le problème crucial. Dans certains cas heureux on est capable d'exprimer exactement la somme, en introduisant au besoin de nouvelles fonctions ; par exemple on a

$$\sum_{n=1}^{+\infty} \frac{1}{n^2} = \zeta(2) = \frac{\pi^2}{6}, \qquad \sum_{n=1}^{+\infty} \frac{1}{n^3} = \zeta(3), \qquad \sum_{n=1}^{+\infty} \frac{1}{n^4} = \zeta(4) = \frac{\pi^4}{90},$$

en utilisant la fonction dzêta de Riemann, dont nous parlerons au paragraphe suivant. MAPLE propose la procédure **sum** qui peut fournir la somme d'une série comme dans l'exemple suivant.

```
S:=sum(1/(3*k+2)/(3*k+4),k=0..infinity);
```

$$S := \frac{1}{2} - \frac{1}{18}\pi\sqrt{3}$$

Outre que **sum** ne réussit pas aussi bien qu'on pourrait l'espérer car le problème de la sommation est délicat et on ne dispose d'algorithmes que pour certaines classes d'expressions, la réponse qu'il fournit ne s'interprète pas toujours aisément. Nous reviendrons sur ce point dans le paragraphe sur les séries entières.

EXERCICE **6.2.** Évaluez les sommes des séries convergentes suivantes.

$$\sum_{k=0}^{+\infty} \frac{1}{(3k+2)(3k+5)}; \qquad \sum_{k=1}^{+\infty} \frac{1}{k(2k+1)(k+1)};$$

$$\sum_{k=1}^{+\infty} \frac{1}{k^4(k+1)^4}; \qquad \sum_{k=0}^{+\infty} \frac{1}{(4k+1)^2(4k+3)^2}.$$

Les techniques d'analyse développées depuis trois siècles ont fourni des moyens souvent ingénieux d'évaluer la somme d'une série. Si toutefois nous ne parvenons pas à une formule exacte nous pouvons tenter une évaluation numérique ; la procédure **add** est alors le bon outil, mais son emploi suppose une étude préalable garantissant que l'évaluation numérique produit une bonne approximation.

Séries de fonctions. Les séries les plus classiques sont certainement les séries entières et les séries de Fourier, qui font l'objet de paragraphes ultérieurs. Une famille de séries de fonctions très utilisée en théorie des nombres est celle des *séries de Dirichlet*

$$\sum_{n=1}^{+\infty} \frac{a_n}{n^s},$$

où la variable s est complexe. L'usage est d'écrire ce s sous la forme $s = \sigma + it$ avec σ et t réels. On montre que la convergence de la série en un point

$s_0 = \sigma_0 + it_0$ implique sa convergence dans tout le demi-plan à droite de s_0 défini par l'inéquation $\sigma > \sigma_0$. Il existe donc un plus petit nombre réel σ_c tel que la série converge en tous les points du demi-plan d'inéquation $\sigma > \sigma_c$. Ce nombre σ_c peut valoir $-\infty$ ou $+\infty$ et s'appelle l'*abscisse de convergence* de la série. On définit de la même façon l'*abscisse de convergence absolue* σ_a en étudiant la convergence absolue de la série. Pour la série de Dirichlet

$$\sum_{n=1}^{\infty} \frac{(-1)^{n-1}}{n^s}$$

les abscisses de convergence et de convergence absolue valent 0 et 1.

La fonction *dzêta de Riemann* est la somme de la série de Dirichlet

$$\zeta(s) = \sum_{n=1}^{\infty} \frac{1}{n^s}.$$

Elle apparaît dans certains résultats renvoyés par des procédures comme **sum** ou encore **series**. Son abscisse de convergence vaut 1. Dans ce cas σ_c et σ_a sont égales car les coefficients sont positifs. Comme toutes les fonctions sommes d'une série de Dirichlet, elle est indéfiniment dérivable sur la demi-droite réelle $]\sigma_c, +\infty[$, dans ce cas $]1, +\infty[$. Par ailleurs, on sait que la valeurs de dzêta sur un entier naturel pair non nul $2n$ est le produit de π^{2n} par un rationnel, ce que l'on constate sur les exemples donnés plus haut.

Une compagne de la fonction dzêta est la fonction *dzêta alternée*

$$\zeta_a(s) = \sum_{n=1}^{\infty} \frac{(-1)^{n-1}}{n^s}.$$

Nous savons qu'elle est définie pour $\sigma > 0$. Elle est liée à la fonction dzêta par l'égalité valable pour $\sigma > 1$

$$\zeta_a(s) = (1 - 2^{1-s})\zeta(s).$$

Cette formule permet de prolonger la fonction dzêta sur le demi-plan d'inéquation $\sigma > 0$ privé du point $s = 1$. On montre que la fonction dzêta se prolonge à tout le plan complexe privé de ce point.

La fonction psi est définie comme la dérivée logarithmique de la fonction gamma (page 228) :

$$\Psi(s) = \frac{\Gamma'(s)}{\Gamma(s)}.$$

La formule de Weierstrass, valable pour tout réel s non entier négatif,

$$\frac{1}{\Gamma(s)} = se^{-\gamma s} \prod_{n=1}^{+\infty} \left[\left(1 + \frac{s}{n}\right) e^{-s/n}\right],$$

et une dérivation du logarithme de $\Gamma(s)$ fournissent une série de fonctions de somme la fonction psi,

$$\Psi(s+1)+\gamma=\sum_{n=1}^{+\infty}\left(\frac{1}{n}-\frac{1}{n+s}\right).$$

Ce résultat est connu du système. Il montre que la fonction psi prolonge la suite des nombres harmoniques H_n et il explique que la fonction psi intervienne dans la sommation des suites rationnelles (exercice 6.2).

Sommation de séries entières. En ce qui concerne les séries entières, on rencontre essentiellement deux problèmes. Ou bien on dispose d'une série entière et on veut déterminer son rayon de convergence et sa somme ; ou bien on dispose d'une fonction développable et on cherche son développement en série entière au voisinage d'un point. Considérons par exemple la série entière

$$\sum_{n=1}^{+\infty}\frac{x^n}{n(n+1)};$$

son rayon de convergence est 1, par exemple en application du critère de d'Alembert. On peut déterminer sa somme comme suit.

```
F:=sum(x^n/n/(n+1),n=1..infinity);
```

$$F:=\frac{1}{2}\,x\,(2\,\frac{1-x}{x}-2\,\frac{\ln(1-x)\,(x-1)}{x^2}-\frac{-2\,x+2}{x-1})$$

Simplifions le résultat obtenu.

```
collect(F,ln(1-x),normal);
```

$$1-\frac{\ln(1-x)\,(x-1)}{x}$$

La série hypergéométrique de Gauss est la série entière

$$\sum_{n=0}^{+\infty}\frac{(a)_n(b)_n}{(c)_n}\frac{z^n}{n!}$$

avec $(x)_n$, le symbole de Pochhammer appelé aussi factorielle montante, défini par $(x)_0=1$ et

$$(x)_n=x(x+1)\dots(x+n-1)=\frac{\Gamma(x+n)}{\Gamma(x)}\qquad\text{pour } n>0.$$

Si c est un entier négatif $-k$ les termes de la série ne sont pas définis à partir de $n=k+1$, car le dénominateur s'annule. De même si a ou b est un entier négatif, la série se réduit à un polynôme. On suppose donc que a, b et c sont des réels ou des complexes qui ne sont pas des entiers négatifs. Le critère de d'Alembert est le bon outil d'étude de la convergence car le terme général de la série s'écrit comme un produit. Pour z égal à $r > 0$ le quotient de deux termes consécutifs vaut

$$\frac{(a)_{n+1}(b)_{n+1}}{(c)_{n+1}(n+1)!}\frac{(c)_n n!}{(a)_n(b)_n}\frac{r^{n+1}}{r^n} = \frac{(a+n)(b+n)r}{(c+n)(n+1)} \underset{n\to+\infty}{\sim} r$$

et le rayon de convergence est 1. Quand la série converge sa somme est notée $F(a, b, c\,; z)$. Cette série recouvre beaucoup de développements classiques, comme les suivants valables pour x dans $]-1,1[$ [10, p. 556],

$$\begin{aligned}
F(1, 1, 2\,; x) &= x^{-1}\ln\frac{1}{1-x}\,;\\
F\left(\frac{1}{2}, 1, \frac{3}{2}\,; x^2\right) &= (2\,x)^{-1}\ln\frac{1+x}{1-x}\,;\\
F\left(\frac{1}{2}, \frac{1}{2}, \frac{3}{2}\,; x^2\right) &= x^{-1}\operatorname{Arcsin} x\,;\\
F\left(\frac{1}{2}, 1, \frac{3}{2}\,; -x^2\right) &= x^{-1}\operatorname{Arctg} x\,;\\
F\left(\frac{1}{2}, \frac{1}{2}, \frac{3}{2}\,; -x^2\right) &= x^{-1}\ln\left(x+\sqrt{1+x^2}\right)\,;\\
F\left(1, 1, \frac{3}{2}\,; -x^2\right) &= \frac{1}{\sqrt{1+x^2}}\ln\left(x+\sqrt{1+x^2}\right)\,;\\
F(a, b, b\,; x) &= (1-x)^{-a}.
\end{aligned}$$

Cette dernière égalité montre que pour a égal à 1 et b égal à c, la série hypergéométrique se réduit à la série géométrique, d'où son nom. La série hypergéométrique généralisée d'indice (p, q) est définie par l'égalité

$${}_pF_q\left(\begin{matrix} a_1, a_2, \ldots, a_p \\ b_1, b_2, \ldots, b_q \end{matrix}\,\middle|\, z\right) = \sum_{n=0}^{\infty}\frac{(a_1)_n(a_2)_n\cdots(a_p)_n}{(b_1)_n(b_2)_n\cdots(b_q)_n}\frac{z^n}{n!}$$

et la série de Gauss est donc le cas particulier ${}_2F_1$. Précisons que l'on lit les symboles dans l'ordre où ils se présentent ; ${}_2F_1$ se lit *deux f un*.

La série hypergéométrique est traitée à l'aide de la procédure **hypergeom**, qui dans certains cas donne une expression en termes de fonctions usuelles. Cette transformation peut parfois être obtenue par **simplify/hypergeom**.

```
hypergeom([1,1],[2],z);
```

$$-\frac{\ln(1-z)}{z}$$

```
hypergeom([2,2],[1],z);
```

$$\mathrm{hypergeom}([2, 2], [1], z)$$

```
simplify(hypergeom([2,2],[1],z),hypergeom);
```

$$\frac{1}{(z-1)^2} - 2\,\frac{z}{(z-1)^3}$$

Nous proposons ci-dessous une procédure **convert/Sum** qui dans un premier temps permet de se familiariser avec les séries hypergéométriques. La série est récrite sous forme d'une somme inerte et le rapport de produits de symboles de Pochhammer est simplifié à l'aide de **simplify/GAMMA**.

```
`convert/Sum`:=proc(expr,n::name)
  local L,u,Num,Den,tosubs;
  L:=indets(expr,specfunc(anything,hypergeom));
  for u in L do
    Num:=convert(map(pochhammer,op(1,u),n),`*`);
    Den:=convert(map(pochhammer,op(2,u),n),`*`);
    tosubs[u]:=Sum(simplify(Num/Den*op(3,u)^n/GAMMA(n+1),GAMMA),
                                                    n=0..infinity)
  od;
  subs({seq(u=tosubs[u],u=L)},expr)
end: # convert/Sum
```

Appliquons cette procédure à l'exemple précédent.

```
convert(hypergeom([2,2],[1],z),Sum,k);
```

$$\sum_{k=0}^{\infty} (k+1)^2\, z^k$$

```
value(");
```

$$-\frac{z+1}{(z-1)^3}$$

Tout ceci ne fournit pas nécessairement une expression élémentaire, même si la somme de la série est élémentaire. Il est alors nécessaire d'aider le système.

```
S:=convert(hypergeom([2, 2],[3],x),Sum,n);
```

$$\sum_{n=0}^{\infty} (2\,\frac{(n+1)\,x^n}{2+n})$$

Nous voyons clairement une décomposition naturelle, qui donne la somme de la série.

```
convert(op(1,subs(x=1,S)),parfrac,n):
map(Sum,expand("*x^n),op(2,S));
value(");
```

$$(\sum_{n=0}^{\infty} (2\,x^n)) + \left(\sum_{n=0}^{\infty} (-2\,\frac{x^n}{2+n})\right)$$

$$-\frac{2}{-1+x} - 2\,\frac{1-x}{(-1+x)\,x} + 2\,\frac{\ln(1-x)}{x^2}$$

EXERCICE **6.3.** Exprimez les fonctions hypergéométriques ci-après à l'aide des fonctions usuelles ,

$$ {}_1F_1\left(\begin{matrix}2\\1\end{matrix}\,\middle|\,x\right); \qquad {}_1F_1\left(\begin{matrix}1\\2\end{matrix}\,\middle|\,x\right); \qquad {}_2F_1\left(\begin{matrix}1,1\\3\end{matrix}\,\middle|\,x\right) $$

$$ {}_2F_1\left(\begin{matrix}1,2\\3\end{matrix}\,\middle|\,x\right); \qquad {}_2F_1\left(\begin{matrix}1/2,2\\3\end{matrix}\,\middle|\,x\right); \qquad {}_2F_1\left(\begin{matrix}1/2,1\\-1/2\end{matrix}\,\middle|\,x\right). $$

Recherche de développements. Considérons la fonction

$$ f : x \longmapsto \frac{\operatorname{Arcsin}\sqrt{x}}{\sqrt{x-x^2}}\,; $$

elle est définie sur l'intervalle ouvert $]0,1[$. Cependant elle admet un prolongement dérivable en 0 comme le montre le calcul suivant.

```
f:=arcsin(sqrt(x))/sqrt(x-x^2):
series(f,x);
```

$$ 1+\frac{2}{3}x+\frac{8}{15}x^2+\frac{16}{35}x^3+\frac{128}{315}x^4+\frac{256}{693}x^5+\mathrm{O}(x^{11/2}) $$

En fait elle est même développable en série entière au voisinage de 0 ; la présence des racines carrées est un peu troublante ; il vaut donc mieux considérer d'abord la fonction

$$ u \longmapsto \frac{\operatorname{Arcsin} u}{u\sqrt{1-u^2}}\,; $$

la fonction arc sinus est développable au voisinage de 0 et impaire, ce qui fait que $u \mapsto \operatorname{Arcsin}(u)/u$ est aussi développable au voisinage de 0 ; de plus $u \mapsto 1/\sqrt{1-u^2}$ est développable au voisinage de 0 d'après la formule du binôme. Le développement de la fonction ne comporte que des termes pairs puisqu'elle est paire ; il en résulte qu'on peut substituer $\sqrt{x}$ à u et la fonction obtenue est encore développable en série entière.

Le développement en série entière s'obtient efficacement par le *package* GFUN qui fait partie de la bibliothèque commune des utilisateurs [59].

```
with(share):
readshare(gfun,analysis):
with(gfun):

See ?share and ?share,contents for information about
the share library
```

On peut consulter l'aide avec des instructions comme

```
?gfun
?gfun[listtodiffeq]
```

La procédure **seriestodiffeq** fournit à partir d'un développement limité une possible équation différentielle linéaire homogène à coefficients polynomiaux satisfaite par la fonction. Nous écrivons d'abord un développement limité.

```
s:=series(f,x,10);
```

$$s := 1 + \frac{2}{3}x + \frac{8}{15}x^2 + \frac{16}{35}x^3 + \frac{128}{315}x^4 + \frac{256}{693}x^5 + \frac{1024}{3003}x^6 + \frac{2048}{6435}x^7 + \frac{32768}{109395}x^8 + \frac{65536}{230945}x^9 + O(x^{19/2})$$

La situation est un peu viciée car le résultat n'est pas de type **series** à cause de l'exposant non entier 19/2. Nous corrigeons d'abord ceci. Ensuite nous déterminons une possible équation différentielle pour la fonction. La réponse comporte la mention *ogf*, c'est-à-dire *ordinary generating function*, mais nous n'en avons pas besoin ici.

```
s:=series(s,x,9):
deq:=seriestodiffeq(s,y(x));
```

$$deq := [\{\frac{1}{2} + (x - \frac{1}{2})\,\mathrm{y}(x) + (x^2 - x)\,(\frac{\partial}{\partial x}\,\mathrm{y}(x)),\ \mathrm{y}(0) = 1\},\ ogf]$$

Comme la réponse n'est pas garantie, nous vérifions que la fonction satisfait bien l'équation différentielle.

```
subs(y(x)=f,deq[1]):
expand("):
collect(",arcsin,simplify);
```

$$\{\mathrm{y}(0) = 1,\ \frac{1}{2}\,\frac{\sqrt{1-x}\,\sqrt{-x\,(-1+x)} - \sqrt{x} + x^{3/2}}{\sqrt{1-x}\,\sqrt{-x\,(-1+x)}}\}$$

```
assume(x>0,x<1);
map(simplify,",radical);
x:='x':
```

$$\{0, y(0) = 1\}$$

Le dernier terme est bien 0 et l'équation différentielle est correcte.

Nous passons maintenant à la détermination des coefficients de la série entière de somme f,

$$f(x) = \sum_{n=0}^{+\infty} f_n x^n.$$

Pour cela nous transformons l'équation différentielle satisfaite par la fonction f en une récurrence sur les coefficients de son développement en série entière, grâce à la procédure **gfun/diffeqtorec**.

```
rec:=diffeqtorec(deq[1],y(x),u(n));
```

$$rec := \{(2\,n+2)\,\mathrm{u}(n) + (-3-2\,n)\,\mathrm{u}(n+1),\ \mathrm{u}(0) = 1\}$$

Ensuite nous résolvons la récurrence.

```
U:=rsolve(rec,u(n));
```

$$U := \frac{1}{2}\,\frac{\Gamma(n+1)\,\sqrt{\pi}}{\Gamma(n+\frac{3}{2})}$$

Nous pouvons vérifier le calcul.

```
sum(U*x^n,n=0..infinity);
```

$$\frac{\arcsin(\sqrt{x})}{\sqrt{x}\,\sqrt{1-x}}$$

D'après la relation fondamentale de la fonction gamma et la formule $\Gamma(1/2) = \sqrt{\pi}$, nous avons obtenu l'égalité

$$\begin{aligned} f_n &= \frac{n!}{(n+1/2)(n-1/2)\cdots(3/2)} \\ &= \frac{2^n\, n!}{(2n+1)(2n-1)\cdots 3} = \frac{2^{2n}\,(n!)^2}{(2n+1)!} = \frac{2^{2n}}{(2n+1)\binom{2n}{n}}. \end{aligned}$$

Le calcul effectué est formel. Nous savions que la fonction est développable en série entière ; sans cette information, le calcul du rayon de convergence est indispensable. Pour déterminer celui-ci, nous utilisons **asympt**.

```
asympt(U,n,2);
```

$$\frac{1}{2}\,\frac{\sqrt{\pi}\,e^{(-3/2)}\,e^{(3/2)}\,\sqrt{\frac{1}{n}}}{e^{(-1)}\,e} + O((\frac{1}{n})^{3/2})$$

L'équivalent obtenu montre que le rayon de convergence de la série est 1. On peut même préciser qu'il y a convergence pour $x = -1$ et divergence pour $x = 1$. Finalement, nous avons obtenu la formule

$$\forall x \in [-1, 1[, \qquad \frac{\operatorname{Arcsin}\sqrt{x}}{\sqrt{x-x^2}} = \sum_{n=0}^{+\infty} \frac{(4x)^n}{(2n+1)\binom{2n}{n}},$$

l'égalité en -1 résultant d'un argument de continuité.

La méthode employée conduit à un développement explicite dans la mesure où **rsolve** parvient à résoudre la récurrence. À l'occasion il faut l'aider à mener cette tâche à bien. Pour la fonction $x \mapsto \operatorname{Arcsin}^2 x$, la séquence de calcul est la suivante.

```
with(share):
readshare(gfun,analysis):
with(gfun):
f:=arcsin(x)^2:
s:=series(f,x,25):
deq:=seriestodiffeq(s,y(x)):
rec:=diffeqtorec(deq[1],y(x),u(n)):
rec1:=map(factor,op(select(has,rec,n)));
```

$$rec1 := n^2\,\mathrm{u}(n) - (n+1)\,(n+2)\,\mathrm{u}(n+2)$$

La récurrence va de 2 en 2 et se ramène à une récurrence d'ordre 1 pour la suite des termes d'indice pair, qui est la seule utile puisque la fonction est paire. Cependant MAPLE ne parvient pas à la résoudre. Nous arrivons au résultat comme suit.

```
newrec:=subs(n=2*k,seq(u(2*k+2*l)=v(k+l),l=0..1),rec1);
```

$$newrec := 4\,k^2\,\mathrm{v}(k) - (2\,k+1)\,(2\,k+2)\,\mathrm{v}(k+1)$$

```
V:=rsolve({newrec,v(1)=1},v(k));
```

$$V := \frac{1}{2}\,\frac{\Gamma(k)\,\sqrt{\pi}}{k\,\Gamma(k+\frac{1}{2})}$$

La technique de l'exemple précédent donne la formule

$$\forall x \in [-1,1], \qquad \operatorname{Arcsin}^2 x = \sum_{k=1}^{+\infty} \frac{1}{2}\,\frac{\Gamma(k)\,\sqrt{\pi}}{k\,\Gamma(k+\frac{1}{2})} x^{2k}.$$

EXERCICE **6.4.** Déterminez le développement en série entière au voisinage de 0 de la fonction f_a définie par

$$f_a(x) = \sin^2(a \operatorname{Arcsin} x),$$

où a est un réel.

Séries de Fourier. Nous voulons mettre en place une séquence de calculs qui permette de traiter d'une façon relativement uniforme la détermination et l'étude des séries de Fourier des signaux périodiques usuels. La variable utilisée dans les fonctions est nommée x et ces fonctions sont représentées par des expressions. Nous définissons la période T du signal puis le signal lui-même. Pour ce faire nous procédons en deux temps. Nous fixons d'abord un intervalle de longueur T par son extrémité gauche x_0, puis dans cette fenêtre $[x_0, x_0+T]$ nous donnons le motif baptisé `pattern` qui fournit par périodicité toute la fonction. Enfin nous effectuons ce prolongement par périodicité ce qui donne l'expression `signal` représentant la fonction. L'expression `pattern` permet de calculer les coefficients de Fourier alors que l'expression `signal` permet de calculer un graphique de la fonction.

Traitons un exemple avec le signal f de période 1 qui est défini dans la fenêtre $[-1/2, 1/2]$ par

$$f(x) = \begin{cases} -x^2-1 & \text{si } -1/2 < x < 0, \\ x^2+1 & \text{si } 0 < x < 1/2. \end{cases}$$

Les valeurs aux entiers et demi-entiers ne sont pas spécifiées et cela n'a pas d'importance; en effet les valeurs aux points de discontinuité d'un signal

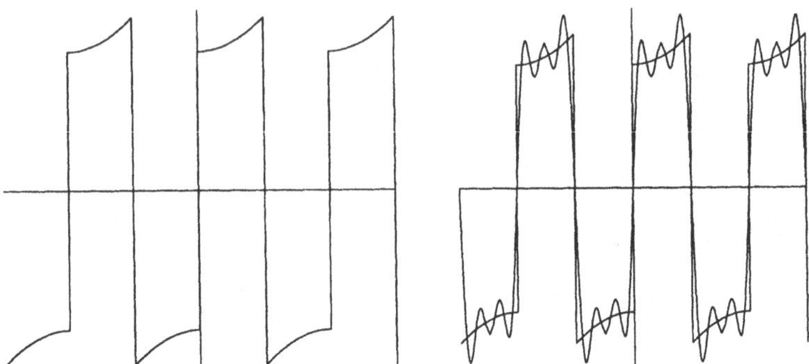

Figure 6.1.

périodique de classe C^1 par morceaux n'ont pas d'influence sur les coefficients de Fourier de ce signal. Il sera commode de considérer que tous les signaux traités satisfont l'hypothèse classique

$$f(x) = \frac{f(x+0) + f(x-0)}{2}$$

en tout point x. Pour ce qui est de MAPLE tout ceci nous conduit aux instructions suivantes. Notez l'emploi de **piecewise** bien adapté à ce contexte (**?piecewise**, **?floor**).

```
T:=1:
x0:=-1/2:
pattern:=piecewise(x<0,-x^2-1,x^2+1):
signal:=subs(x=x-floor((x-x0)/T)*T,pattern):
```

Nous pouvons tracer un graphique du signal (figure 6.1).

```
plot(signal,x=x0-T..x0+2*T,scaling=constrained);
```

La variable qui indexe les coefficients de Fourier est notée n. Évidemment n est pour nous un entier et **assume** permet de spécifier cette propriété utile dans les simplifications . Les coefficients de Fourier s'obtiennent comme suit.

```
assume(n,integer):
a0:=2/T*int(pattern,x=x0..x0+T);
```

$$a0 := 0$$

```
a:=2/T*int(pattern*cos(n*x*2*Pi/T),x=x0..x0+T);
```

$$a := 0$$

```
b:=2/T*int(pattern*sin(n*x*2*Pi/T),x=x0..x0+T);
```

$$b := -\frac{1}{4}\frac{5(-1)^{n^{\sim}}n^{\sim 2}\pi^2+4-2(-1)^{n^{\sim}}-8n^{\sim 2}\pi^2}{n^{\sim 3}\pi^3}-\frac{1}{4}\frac{(-1)^{n^{\sim}}(-2+5n^{\sim 2}\pi^2)}{n^{\sim 3}\pi^3}$$

```
b:=subs(eps=(-1)^n,collect(subs((-1)^n=eps,b),{n,eps},
                                                    distributed));
```

$$b := -\frac{5}{2}\frac{(-1)^{n^{\sim}}}{n^{\sim}\pi}+\frac{(-1)^{n^{\sim}}}{n^{\sim 3}\pi^3}+\frac{2}{n^{\sim}\pi}-\frac{1}{n^{\sim 3}\pi^3}$$

Dans ce cas particulier le signal est impair et les coefficients a_n sont nuls. Les résultats renvoyés doivent être simplifiés et nous utilisons un traitement spécifique à l'exemple avec **combine/trig** si l'expression comporte des fonctions trigonométriques ou **normal** si elle est rationnelle. Nous avons donc obtenu l'expression de la série de Fourier du signal f,

$$f(x) \sim \sum_{n=1}^{+\infty}\left(\frac{4-5(-1)^n}{2n\pi}+\frac{(-1)^n-1}{n^3\pi^3}\right)\sin(2n\pi x).$$

Le signe $\sim$ (tilde) exprime le fait que le terme de droite est la série de Fourier de la fonction ; ceci ne préjuge en rien de la convergence de la série.

Le signal est reconstruit en sommant N harmoniques (figure 6.1).

```
N:=5:
Fouriersum:=a0/2+add(subs(n=k,a)*cos(2*k*Pi*x/T)
                         +subs(n=k,b)*sin(2*k*Pi*x/T),k=1..N):
plot({signal,Fouriersum},x=x0-T..x0+2*T,
                                            scaling=constrained);
```

Nous testons l'inégalité de Bessel qui affirme que l'énergie du signal tronqué est plus petite que celle du signal complet.

```
Besselsum:=a0^2/2+add(subs(n=k,a^2+b^2) ,k=1..N):
energy:=2/T*int(pattern^2,x=x0..x0+T):
Besselinequality:=evalf(energy>Besselsum);
```

$$Besselinequality := 2.186514454 < 2.358333333$$

```
rate:=evalf(Besselsum/energy);
```

$$rate := .9271439384$$

Le signal est reconstitué à 92% pour ce qui concerne l'énergie.

Notre propos était d'écrire un code relativement générique qui permette de considérer les séries de Fourier de fonctions périodiques usuelles. Sur le plan théorique nous utilisons des fonctions de classe C^∞ par morceaux ce qui garantit que la synthèse de Fourier fonctionne sans problème. Sur le plan pratique la limitation essentielle vient de la capacité de MAPLE à calculer les coefficients de Fourier. Nous pouvons garantir le succès des instructions précédentes dans la classe des fonctions polynomiales par morceaux, ou encore dans la classe des fonctions trigonométriques par morceaux. Par contre la classe des fonctions rationnelles par morceaux est plus problématique. Notons aussi que pour la partie calcul les expressions peuvent comporter des paramètres, mais que pour la partie graphique elles ne doivent contenir que le symbole x. On trouve une approche complémentaire dans [2, pp. 210–211].

EXERCICE **6.5.** On demande d'étudier de la même façon les fonctions périodiques définies par les expressions ci-après, valables dans une fenêtre dont la longueur est exactement la période,

$$\begin{array}{llll} f_1(x) = x, & |x| < \pi\,; & f_2(x) = x, & |x| < T/2\,; \\ f_3(x) = x, & 0 < x < 2\pi\,; & f_4(x) = |x|, & |x| < \pi\,; \\ f_5(x) = \operatorname{sign}(x), & |x| < \pi\,; & f_6(x) = x^2, & |x| < \pi\,; \\ f_7(x) = \operatorname{sign}(x)\, x^2, & |x| < \pi\,; & f_8(x) = x^3, & |x| < \pi. \end{array}$$

2 Exercices

EXERCICE **6.6.** Étudiez la convergence des séries suivantes,

$$\sum_{n=2}^{+\infty} \frac{(-1)^n}{\sqrt{n} + (-1)^n}\,; \qquad \sum_{n=2}^{+\infty} \frac{(-1)^n}{\sqrt{n + (-1)^n}}\,;$$

$$\sum_{n=2}^{+\infty} \frac{(-1)^n}{\ln(n + (-1)^n)}\,; \qquad \sum_{n=0}^{+\infty} \sin\left(\pi\sqrt{n^4 + n^2 + 1}\right)\,;$$

$$\sum_{n=2}^{+\infty} \frac{(-1)^n n^{1/4} \sin(1/\sqrt{n})}{\sqrt{n} + (-1)^n}\,; \qquad \sum_{n=0}^{+\infty} \frac{\exp(i\pi/n) - 1}{(n^2+1)^\alpha}, \quad \alpha \in \mathbb{R}.$$

EXERCICE **6.7.** Déterminez la limite ℓ de la suite (u_n) définie par

$$\forall n > 0, \qquad u_n = (1 - \operatorname{th} n)^{\operatorname{th}(1/n)}.$$

La fonction th est la tangente hyperbolique, représentée par la procédure `tanh` ; de plus il est possible d'utiliser `limit`. On demande d'étudier ensuite la série de terme général $u_n - \ell$.

EXERCICE **6.8.** Déterminez le rayon de convergence des séries entières suivantes (la procédure `limit` peut être utilisée),

$$\sum_{n=1}^{+\infty} \frac{z^n}{n^n}\,; \qquad \sum_{n=2}^{+\infty} n^{\ln n} z^n\,; \qquad \sum_{n=2}^{+\infty} \ln^n n z^n\,;$$

$$\sum_{n=1}^{+\infty} \frac{n^n}{n!} z^n\,; \qquad \sum_{n=2}^{+\infty} \left(1 - \frac{1}{n}\right)^{n^2} z^n\,; \qquad \sum_{n=2}^{+\infty} n^{\ln^2 n} z^n.$$

Exercice 6.9. Déterminez le rayon de convergence et les fonctions sommes des séries entières suivantes,

$$\sum_{k=0}^{+\infty} \frac{(2k+2)!}{(k+2)!} \frac{x^k}{k!}\,; \qquad \sum_{k=0}^{+\infty} (k+1)^3 \frac{x^k}{k!}\,;$$
$$\sum_{n=1}^{+\infty} \frac{x^n}{n(n+2)}\,; \qquad \sum_{n=0}^{+\infty} \frac{z^{2n+1}}{2n+1}.$$

Exercice 6.10. Évaluez les sommes des séries convergentes suivantes,

$$\sum_{k=0}^{+\infty} \frac{(4k+3)!}{(2k+1)!(2k+3)!4^{2k+1}}\,; \qquad \sum_{k=0}^{+\infty} \frac{[(2k+6)!]^2}{[(k+3)!]^4(2k+1)16^{k+3}}.$$

Exercice 6.11. Les coniques usuelles admettent une équation polaire

$$\rho = f(\vartheta), \qquad \text{avec} \qquad f(\vartheta) = \frac{p}{1 + e\cos\vartheta}.$$

Plus précisément, on a affaire à une ellipse si $0 < e < 1$, à une parabole si $e = 1$ et à une hyperbole si $e > 1$. En tirant parti de l'encadrement $0 < e < 1$, montrez que dans le cas d'une ellipse, on peut trouver une suite de polynômes trigonométriques f_n qui converge uniformément vers f. Illustrez la situation en traçant les courbes d'équations polaires $\rho = f_n(\vartheta)$ pour $0 \leq n \leq 10$, par exemple dans le cas $p = 3$, $e = 1/2$. On pourra réaliser une animation en utilisant l'option `insequence=true` de la procédure `plots/display`. Étudiez de la même manière le cas d'une parabole ou d'une hyperbole.

Exercice 6.12. Nous considérons la suite (a_n) définie par les conditions initiales et la récurrence

$$a_0 = 1, \quad a_1 = 1, \qquad \forall n \geq 0, \quad a_{n+2} = a_{n+1} + (n+1)a_n.$$

À cette suite sont associées respectivement sa série génératrice ordinaire et sa série génératrice exponentielle,

$$\sum_{n=0}^{+\infty} a_n\, x^n, \qquad \sum_{n=0}^{+\infty} a_n \frac{x^n}{n!}.$$

Nous faisons l'hypothèse que ces séries convergent pour x proche de 0. Pour étudier la suite, nous affectons les noms du *package* GFUN et la récurrence.

L'aide pour la procédure `toto` de ce *package* s'obtient par `?gfun[toto]` ou `?gfun/toto`.

```
with(share):
readshare(gfun,analysis):
with(gfun):
orec:={u(0)=1,u(1)=1,u(n+2)=u(n+1)+(n+1)*u(n)}:
```

Nous calculons une équation différentielle satisfaite par la série génératrice ordinaire et nous essayons de résoudre le problème de Cauchy obtenu. Notez que `D(y)(x)` a le même sens que `diff(y(x),x)`.

```
odeq:=rectodiffeq(orec,u(n),y(x));
```

$$odeq := \{(x^2 + x - 1)\,y(x) + x^3\,D(y)(x) + 1,\; y(0) = 1,\; D(y)(0) = 1\}$$

```
dsolve(odeq,y(x));
```

La procédure **dsolve** ne fournit pas de réponse. Nous tentons donc notre chance avec la série génératrice exponentielle. Pour cela nous calculons la récurrence satisfaite par la suite $(a_n/n!)$. Ce calcul est fondé sur la transformation de Borel [62, p. 154], d'où le nom de la procédure. Ensuite nous passons à l'équation différentielle et nous tentons la résolution.

```
erec:=borel(orec,u(n));
```

$$erec := \{u(0) = 1,\; u(1) = 1,\; -u(n) - u(n+1) + (n+2)\,u(n+2)\}$$

```
edeq:=rectodiffeq(erec,u(n),y(x));
```

$$edeq := \{y(0) = 1,\; (x+1)\,y(x) - D(y)(x)\}$$

```
dsolve(edeq,y(x));
```

$$y(x) = e^{(1/2\,x\,(x+2))}$$

La solution fournie donne l'égalité

$$\sum_{n=0}^{+\infty} a_n \frac{x^n}{n!} = \exp\left(\frac{x^2}{2} + x\right),$$

à condition que les calculs précédents aient un sens. Cependant la fonction obtenue, le membre droit de l'égalité, est développable en série entière au voisinage de 0 avec un rayon de convergence infini ; elle est l'unique solution du problème de Cauchy

$$y' - (1+x)y = 0, \qquad y(0) = 1\,;$$

les coefficients de son développement en série entière satisfont donc la récurrence rencontrée plus haut. Nous revenons ainsi à la récurrence de départ qui possède une unique solution. Donc la série génératrice exponentielle a pour somme la fonction $x \mapsto \exp(x^2/2 + x)$.

En explicitant le produit de Cauchy de $\exp(x^2/2)$ par $\exp(x)$, on obtient les a_n exprimés par une somme. De l'égalité

$$\sum_{n=0}^{+\infty} \frac{a_n x^n}{n!} = \sum_{p=0}^{+\infty} \frac{x^{2p}}{2^p p!} \times \sum_{q=0}^{+\infty} \frac{x^q}{q!},$$

on tire

$$\frac{a_n}{n!} = \sum_{2p+q=n} \frac{1}{2^p p! q!} \qquad \text{c'est-à-dire} \qquad a_n = \sum_{0 \le p \le n/2} \frac{n!}{2^p p!(n-2p)!}.$$

Traitez de la même façon les récurrences suivantes, valables pour tout naturel n. On comparera les résultats obtenus avec ceux renvoyés par **`rsolve`**.

$$\begin{aligned}
&b(n+2) + b(n+1) + b(n) = n\,;\\
&(n+4)\,c(n+2) + c(n+1) - (n+1)\,c(n) = 0\,;\\
&4d_n + 5d_{n+2} + d_{n+4} = 0, \qquad d_0 = 1,\ d_1 = 1,\ d_2 = 2,\ d_3 = 6\,;\\
&(4+n)\,e(n) + (6+n)\,e(n+1) + e(n+2) = 0.
\end{aligned}$$

3 Problèmes

Méthode de Kummer. Nous considérons des séries convergentes dont le terme général $F(n)$ est une fonction rationnelle de l'indice n comme

$$\sum_{n=1}^{+\infty} \frac{1}{n^2} \qquad \text{ou} \qquad \sum_{n=0}^{+\infty} \frac{n}{n^4+1}.$$

La transformation de Kummer est une technique d'accélération de convergence qui s'applique à de telles séries [41, p. 247]. La méthode consiste à retrancher à $F(n)$ un terme $G(n)$ équivalent à $F(n)$ mais dont la somme est connue. On peut ensuite itérer le procédé sur la série de terme général $F(n) - G(n)$ qui converge plus vite. Dans le contexte des séries à termes rationnels, il est naturel de prendre pour $G(n)$ un multiple d'un $\nu_k(n)$ défini pour $k \ge 1$ par

$$\nu_k(n) = \frac{(k-1)!}{n(n+1)\cdots(n+k-1)} = \frac{\Gamma(n)\Gamma(k)}{\Gamma(n+k)}.$$

En effet l'égalité $\nu_k(n+1) - \nu_k(n) = -\nu_{k+1}(n)$ fournit la formule sommatoire

$$\sum_{n=1}^{N} \nu_{k+1}(n) = \nu_k(1) - \nu_k(N+1).$$

Par passage à la limite, on en tire pour $k \geq 1$

$$\sum_{n=1}^{+\infty} \nu_{k+1}(n) = \nu_k(1) \qquad \text{c'est-à-dire} \qquad \sum_{n=1}^{+\infty} \frac{k!}{n(n+1)\cdots(n+k)} = \frac{1}{k}.$$

a. On demande d'écrire une procédure **kummer** qui prend en entrée une fraction rationnelle $F(n)$, le nombre p d'itérations de la méthode de Kummer, le nom de la variable n et qui applique p fois la transformation de Kummer si $F(n)$ fournit une série convergente. La procédure renvoie la nouvelle expression du terme général de la série.

```
F:=1/n^2:
kummer(F,3,n);
```

$$\frac{1}{n\,(n+1)} + \frac{1}{n\,(n+1)\,(n+2)} + \frac{2}{n\,(n+1)\,(n+2)\,(n+3)} + \frac{6}{n^2\,(n+1)\,(n+2)\,(n+3)}$$

On pourrait utiliser **asympt**, mais on veut que la procédure fonctionne aussi dans le cas où la fraction rationnelle comporte des paramètres — on fait l'hypothèse que l'expression de F est rationnelle par rapport aux paramètres; on préférera donc un traitement plus algébrique. Précisons que le coefficient dominant d'un polynôme s'obtient par **lcoeff** (abréviation de *leading coefficient*). On testera les exemples suivants,

$$\sum_{k=1}^{+\infty} \left(\frac{1}{4k-3} - \frac{1}{4k-1}\right); \qquad \sum_{n=1}^{+\infty} \frac{1}{n(n+1)};$$

$$\sum_{n=1}^{+\infty} \left(\frac{1}{n} - \frac{1}{n+x}\right); \qquad \sum_{n=1}^{+\infty} \left(\frac{1}{x+ny} + \frac{1}{x-ny}\right).$$

b. La méthode de Kummer a perdu de son actualité dans la mesure où l'on dispose de systèmes de calcul performants qui effectuent automatiquement les calculs numériques. Nous voulons toutefois mesurer son intérêt. L'application de la méthode à l'ordre p fournit une égalité

$$F(n) = \alpha_d \frac{\Gamma(n)\Gamma(d)}{\Gamma(n+d)} + \alpha_{d+1} \frac{\Gamma(n)\Gamma(d+1)}{\Gamma(n+d+1)} + \cdots + \alpha_{d+p-1} \frac{\Gamma(n)\Gamma(d+p-1)}{\Gamma(n+d+p-1)} + F_p(n),$$

d'où par sommation

$$\sum_{n=1}^{+\infty} F(n) = \frac{\alpha_d}{d-1} + \frac{\alpha_{d+1}}{d} + \cdots + \frac{\alpha_{d+p-1}}{d+p-2} + \sum_{n=1}^{+\infty} F_p(n).$$

Il reste à évaluer la dernière somme; la nature du problème n'a pas été modifiée: il faut calculer la somme des $F_p(n)$ au lieu de la somme des $F(n)$.

Cependant cette suite des $F_p(n)$ converge plus vite vers 0 que la suite des $F(n)$ et la somme des $F_p(n)$ est donc plus facile à évaluer numériquement. Pratiquement, on fixe d'abord la marge d'erreur tolérée ε ; on détermine N tel que le reste

$$r_p(N) = \sum_{n=N+1}^{+\infty} F_p(n)$$

soit en valeur absolue plus petit que ε ; la somme est alors évaluée par la somme partielle d'indice N. On veut constater que plus p est grand et plus la valeur minimale ν que doit prendre N est petite. Pour évaluer ce ν on raisonne comme suit. La suite des $F_p(n)$ est monotone à partir d'un certain rang ν_1 ; en effet la fonction rationnelle F_p a une dérivée qui ne s'annule qu'en un nombre fini de points ; pour estimer ν_1 on utilise le résultat élémentaire suivant : si P est un polynôme qui s'écrit

$$P = c_0X^m + c_1X^{m-1} + \cdots + c_m$$

alors le module ρ d'une racine quelconque satisfait

$$\rho \leq 1 \qquad \text{ou} \qquad \rho \leq \frac{1}{|c_0|}\sum_{\ell=1}^{m} |c_{m-\ell}|.$$

En effet si ρ est supérieur à 1, on a la majoration

$$|c_0|\rho^m \leq \sum_{\ell=1}^{m} |c_{m-\ell}|\rho^{m-\ell} \leq \sum_{\ell=1}^{m} |c_{m-\ell}|\rho^{m-1}.$$

Ensuite si $F_p(n)$ est monotone entre N et $+\infty$, alors le reste de la série de terme général $F_p(n)$ se compare au reste de l'intégrale

$$\int_N^{+\infty} F_p(t)\,dt.$$

Nous pouvons calculer un ν_2 tel que le reste de l'intégrale soit en valeur absolue plus petit que ε pour N supérieur à ν_2 ; dans ce but nous déterminons d'abord une évaluation grossière de ν_2 en remplaçant la dernière intégrale par un équivalent, puis nous cherchons ν_2 à partir de cette évaluation. En fin de compte nous prenons pour ν le maximum de ν_1 et ν_2. On demande d'évaluer le nombre de termes nécessaires pour obtenir la somme de la série

$$\sum_{n=1}^{+\infty} \frac{1}{n^3+1}$$

à 10^{-20} près quand on applique directement la formule précédente, puis quand on utilise la méthode de Kummer une fois, deux fois, ...

Accélération de la convergence des séries alternées. Les formules suivantes

$$1-\frac{1}{2}+\frac{1}{3}-\frac{1}{4}+\frac{1}{5}-\cdots=\log 2$$
$$1-\frac{1}{3}+\frac{1}{5}-\frac{1}{7}+\frac{1}{9}-\cdots=\frac{\pi}{4}$$
$$1-\frac{1}{2^3}+\frac{1}{3^3}-\frac{1}{4^3}+\frac{1}{5^3}-\cdots=(1-2^{-3})\zeta(3)$$
$$\frac{\log 2}{2}-\frac{\log 3}{3}+\frac{\log 4}{4}-\frac{\log 5}{5}+\cdots=\ln(2)\left(\gamma-\frac{1}{2}\ln 2\right).$$

donnent la somme de séries alternées dont la convergence est très lente. Il est illusoire de vouloir calculer une bonne approximation de leur somme en utilisant directement les sommes partielles de ces séries. Par exemple, il est nécessaire de sommer environ dix milliards de termes pour obtenir dix chiffres significatifs des trois premières sommes.

Le but de ce problème est d'établir puis d'appliquer une technique efficace d'accélération de convergence pour une large classe de séries alternées [25]. La classe considérée correspond au séries alternées du type

$$\sum_{k=0}^{\infty}(-1)^k a_k, \qquad \text{avec} \qquad a_k=\int_0^1 x^k w(x)\,dx,$$

où w est une fonction positive et intégrable sur $[0,1]$.

1. Montrer que les séries listées plus haut font partie de la classe considérée.

2. Prouvez que sous les hypothèses décrites, la série alternée converge et que sa somme est égale à l'intégrale

$$S=\int_0^1 \frac{w(x)}{1+x}\,dx.$$

3. On considère une suite de polynômes (P_n), dont le degré égale l'indice, et on écrit ces polynômes sous la forme

$$P_n(x)=\sum_{k=0}^{n} p_{n,k}\,(-x)^k.$$

3.a. Montrez que l'intégrale

$$S_n=\int_0^1 \frac{P_n(-1)-P_n(x)}{P_n(-1)}\,\frac{w(x)}{1+x}\,dx$$

s'écrit en fonction des a_k et des coefficients $p_{n,k}$ sous la forme

$$S_n=\sum_{k=0}^{n-1}\frac{c_{k,n}}{d_n}\,(-1)^k a_k,$$

avec

$$c_{k,n} = \sum_{\ell=k+1}^{n} p_{n,\ell}, \qquad d_n = P_n(-1) = \sum_{k=0}^{n} p_{n,k}.$$

3.b. Prouvez la majoration

$$|S - S_n| \leq \frac{M_n}{|P_n(-1)|}, \qquad \text{avec} \qquad M_n = \sup_{x\in[0,1]} |P_n(x)|.$$

Ainsi, le choix d'une famille de polynômes (P_n) pour laquelle le quotient $M_n/P_n(-1)$ converge rapidement vers 0 fournit un moyen d'accélérer la convergence de la série alternée.

4.a. On considère ici la famille de polynômes $P_n(x) = (1-x)^n$. Quel est l'ordre de convergence obtenu ?

4.b. En utilisant cette famille, écrivez une procédure **altsum1** qui accélère la convergence des séries alternées. Précisément la procédure renvoie une évaluation de la somme S_N pour un certain N. On prendra soin d'écrire cette procédure de sorte que le temps de calcul soit proportionnel au nombre N de termes pris en compte. Calculez ainsi 500 décimales des sommes des séries listées au début du problème.

4.c. Pour toute suite (a_k), on note (Δa_k) la suite de ses *différences premières*

$$\Delta a_k = a_k - a_{k+1}.$$

Les *différences secondes* sont définies par $\Delta^2 a_k = \Delta a_k - \Delta a_{k+1}$ et plus généralement, les *différences d'ordre n* par

$$\Delta^n a_k = \Delta^{n-1} a_k - \Delta^{n-1} a_{k+1}.$$

Partant d'une série alternée $\sum (-1)^k a_k$, la nouvelle série

$$\sum_{k=0}^{+\infty} \frac{1}{2^{k+1}} \Delta^k a_0$$

est appelée *transformée d'Euler* de la série alternée.

Montrez que dans les hypothèses du problème, les sommes partielles de la transformée d'Euler coïncident avec les valeurs renvoyées par **altsum1**. La transformation d'Euler apparaît ainsi comme un cas particulier du procédé d'accélération de convergence décrit ici.

5. Déterminez le polynôme $A(x)$ de degré 1, défini à une constante multiplicative près, tel que la famille de polynômes $P_n(x) = A(x)^n$ fournisse l'accélération de convergence la meilleure. Quel est la vitesse de convergence obtenue ?

5.a. Écrivez une procédure **altsum2** qui accélère la convergence des séries alternées à partir d'un nombre donné N de termes en un temps proportionnel à N en employant cette nouvelle famille de polynômes. Comparez cette nouvelle procédure à **altsum1** sur le calcul des 500 premières décimales des sommes des séries listées en début de problème.

6. Nous allons maintenant considérer une famille de polynômes qui assure une convergence encore plus rapide.

6.a. Montrez que pour tout entier naturel n, il existe un unique polynôme $P_n(x)$ de degré n — lié au polynôme de Tchebychev d'indice n — vérifiant

$$P_n(\sin^2 t) = \cos 2nt.$$

Quel est la vitesse de convergence obtenue avec cette famille de polynômes?

6.b. Déterminez une relation de récurrence linéaire d'ordre 2 vérifiée par la suite de polynôme (P_n) puis montrez l'égalité

$$P_n(x) = \sum_{m=0}^{n} (-1)^m \frac{n}{n+m} \binom{n+m}{2m} 2^{2m} x^m.$$

6.c. Écrivez puis testez une procédure **altsum3** qui implante l'accélération de convergence de séries alternées avec cette famille de polynômes. Cette dernière méthode de calcul est intéressante lorsque le coût de calcul des a_k est élevé, comme pour la dernière série proposée.

Phénomène de Gibbs. Le signal carré peut être défini comme la fonction 2π-périodique $\square$ qui vaut 1 dans l'intervalle $]0, \pi[$, qui vaut 0 dans l'intervalle $]\pi, 2\pi[$ et qui vaut 1/2 en ses points de discontinuité. Sa série de Fourier converge en tout point et sa somme est le signal lui-même, d'après le théorème de Dirichlet,

$$\square(t) = \frac{1}{2} + \frac{2}{\pi} \sum_{\nu=1}^{+\infty} \frac{\sin(2\nu-1)t}{2\nu-1}, \qquad t \in \mathbb{R}.$$

De plus la convergence est uniforme sur tout segment qui ne contient pas de point de discontinuité du signal. Quand on trace le graphe du signal et une somme partielle de la série de Fourier, par exemple avec les instructions suivantes (figure 6.2),

```
T:=2*Pi:
t0:=0:
pattern:=piecewise(t<Pi,1,0):
signal:=subs(t=t-floor((t-t0)/T)*T,pattern):
a0:=1:
b:=(1-(-1)^n)/Pi/n:
N:=20:
signalapprox:=a0/2+add(b*sin(n*t),n=1..N):
plot([signal,signalapprox],t=-Pi..3*Pi);
```

on est frappé par les fortes oscillations qui apparaissent au voisinage des points de discontinuité. De plus l'augmentation du nombre d'harmoniques pris en compte dans la somme partielle n'empêche pas que la valeur maximale

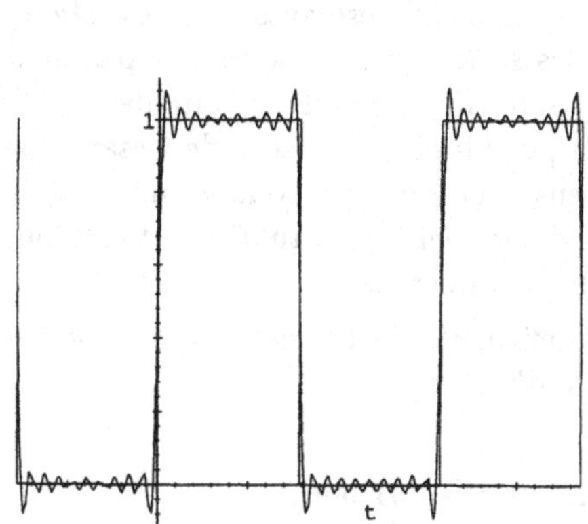

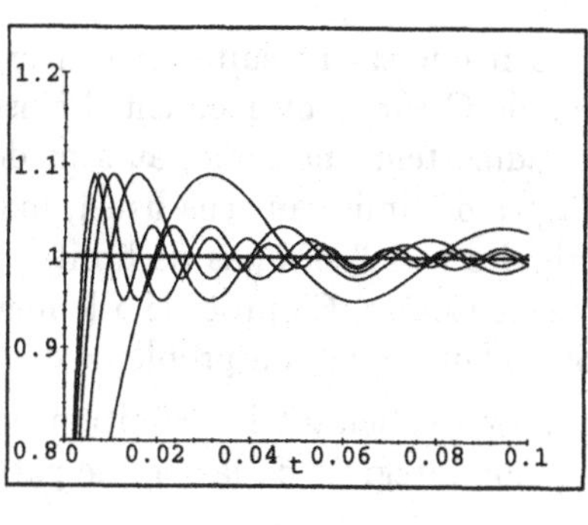

Figure 6.2.

atteinte soit nettement au dessus du maximum du signal ; il semble même que cette valeur maximale ait une valeur limite (cf. l'encart de la figure 6.2, où l'on a tracé les sommes partielles de rang 100, 200, ..., 500). Ceci est le *phénomène de Gibbs* et il se manifeste pour tout signal non continu.

Nous allons montrer l'existence et déterminer la valeur de cette limite, puis nous étudierons deux procédés qui permettent d'atténuer ou même de faire disparaître le phénomène [38, 64].

1. Nous considérons un signal 2π-périodique f continu par morceaux. Cette hypothèse assure l'existence des coefficients de Fourier de f. La somme partielle d'indice N de la série de Fourier de f est notée s_N.

1.a. Dans la suite de cette question, nous nous limitons au signal carré. En utilisant le fait que $\sin(nt)/n$ est une primitive de $\cos(nt)$, vérifiez que la somme partielle d'indice impair $s_{2N-1}(t)$ admet la représentation intégrale

$$s_{2N-1}(t) = \frac{1}{2} + \frac{1}{\pi} \int_0^t \frac{\sin 2Ns}{\sin s}\, ds.$$

1.b. Déterminez les points critiques de s_{2N-1} et la valeur de son maximum. Peut-être n'est il pas inutile de rappeler que le sinus est croissant sur $[0, \pi/2]$.

1.c. Montrez que ce maximum converge quand N tend vers l'infini vers le nombre

$$\frac{1}{2} + \frac{1}{\pi} \int_0^\pi \frac{\sin u}{u}\, du.$$

Calculez numériquement cette valeur et comparez la avec la valeur observée sur les graphes des sommes partielles.

2. Pour éliminer le phénomène de Gibbs, nous allons employer le *procédé de Cesàro.* Il consiste à remplacer une suite par la suite de ses moyennes ; si cette nouvelle suite converge on dit que la suite initiale converge au sens de Cesàro.

On sait que si une suite est convergente, alors elle est aussi convergente au sens de Cesàro. Inversement il existe des suites qui ne convergent pas mais qui admettent une limite au sens de Cesàro. Par exemple la suite des $(-1)^n$ n'a pas de limite au sens usuel, mais a pour limite 0 au sens de Cesàro ; la série des $(-1)^n$ n'a pas de limite au sens usuel, mais a pour somme 1/2 au sens de Cesàro. Ce procédé a le mérite d'éliminer les fluctuations et est donc tout à fait adapté au problème que nous considérons.

2.a. En explicitant la définition des coefficients de Fourier donnez une expression intégrale de la somme partielle d'indice N,

$$s_N(t) = \frac{a_0}{2} + \sum_{n=1}^{N} a_n \cos nt + b_n \sin nt.$$

Le résultat doit faire apparaître le *noyau de Dirichlet*

$$D_N(t) = \frac{1}{2} + \sum_{n=1}^{N} \cos nt = \frac{\sin((N+1/2)t)}{2\sin(t/2)}.$$

2.b. On applique le procédé de Cesàro à la suite des sommes partielles s_N, ce qui fait apparaître les

$$S_N(t) = \frac{1}{N+1} \sum_{\nu=0}^{N} s_\nu(t).$$

Donnez une représentation intégrale de S_N fondée sur le *noyau de Fejér*

$$K_N(t) = \frac{1}{N+1} \sum_{\nu=0}^{N} D_\nu(t) = \frac{1}{N+1} \sum_{\nu=0}^{N} \frac{\sin((\nu+1/2)t)}{2\sin(t/2)}.$$

2.c. Appelons *noyau* une suite de fonctions 2π-périodiques paires et continues k_N. Les propriétés suivantes s'avèrent utiles,

(A) pour chaque N la fonction k_N a pour moyenne 1 ;
(B) le noyau est positif — toutes les fonctions k_N sont positives ;
(C) le maximum $\mu_N(\delta)$ de $|k_N|$ entre δ et π a pour limite 0 quand N tend vers l'infini et ce pour tout δ dans $]0, \pi]$.

Parmi ces propriétés, quelles sont celles qui sont satisfaites par le noyau de Dirichlet ou par le noyau de Fejér ?

2.d. À un noyau k_N nous associons la suite σ_N définie par

$$\sigma_N(t) = \frac{1}{\pi} \int_{-\pi}^{\pi} f(s) k_N(t-s)\, ds,$$

où f est un signal 2π-périodique continu par morceaux.

La condition (C) a la conséquence suivante ; l'intégrale qui exprime $\sigma_N(t)$ se décompose en

$$\sigma_N(t) = \frac{1}{\pi}\int_{|s|\le\delta} f(t-s)k_N(s)\,ds + \frac{1}{\pi}\int_{\delta\le|s|\le\pi} f(t-s)k_N(s)\,ds.$$

La dernière intégrale se majore en valeur absolue par

$$\frac{\mu_N}{\pi}\int_{\delta\le|s|\le\pi} |f(t-s)|\,ds \le \frac{\mu_N}{\pi}\int_{-\pi}^{\pi} |f(s)|\,ds.$$

On constate que la suite $\sigma_N(t)$ ne dépend essentiellement que des valeurs du signal f au voisinage du point t, car la dernière quantité tend vers 0 quand N tend vers l'infini.

Montrez que si le noyau satisfait les conditions (A), (B) et (C) alors la suite des $\sigma_N(t)$ converge pour tout t et plus précisément on a

$$\lim_{N\to+\infty} \sigma_N(t) = \frac{f(t+0)+f(t-0)}{2}.$$

Montrez que de plus si le signal f est continu, alors la suite (σ_N) converge uniformément vers f. Pour cela on utilisera l'uniforme continuité du signal f. En quoi ce résultat est il une amélioration par rapport à la version du théorème de Dirichlet que vous connaissez ?

2.e. Montrez que si la suite des sommes partielles s_N converge, ce ne peut être que vers le signal normalisé $f^*(t) = (f(t+0)+f(t-0))/2$.

3. D'après la question précédente, la suite des moyennes S_N converge vers le signal et la convergence est uniforme si le signal est continu. Il est cependant intéressant d'envisager d'autres méthodes de régularisation. L'une d'entre d'elles consiste à associer à la suite des s_N la nouvelle suite obtenue par moyenne mobile

$$\overline{s}_N(t) = \frac{1}{2\pi/N}\int_{t-\pi/N}^{t+\pi/N} s_N(s)\,ds.$$

3.a. Montrez que la suite des $\overline{s}_N$ a une expression de la forme

$$\overline{s}_N(t) = \frac{a_0}{2} + \sum_{n=1}^{N} \lambda_{N,n}(a_n \cos nt + b_n \sin nt)$$

et donnez explicitement les *facteurs de convergence* $\lambda_{N,n}$.

3.b. Donnez une formule similaire pour les sommes de Fejér S_N. Pour ce qui est de la convergence, on pourrait montrer pour la suite des $\overline{s}_N$ un résultat similaire à celui obtenu pour les S_N.

4. Illustrez la situation pour différents signaux et en particulier le signal carré, en traçant conjointement le signal f, les sommes partielles s_N, les sommes de Fejér S_N et les $\overline{s}_N$ pour N multiple de 10.

4 Thèmes

Séries de Fourier des polygones. Un segment du plan complexe d'extrémités a et b se paramètre sous la forme

$$t \longmapsto (1-t)a + tb, \qquad 0 \leq t \leq 1,$$

ou plus généralement

$$t \longmapsto \frac{(t_1 - t)a + (t - t_0)b}{t_1 - t_0}, \qquad t_0 \leq t \leq t_1.$$

Ainsi un polygone peut être considéré comme un arc paramétré ; ici un polygone est vu comme l'image d'une fonction 2π-périodique continue et affine par morceaux à valeurs complexes. À titre d'exemple on pourrait tracer le polygone dont les sommets sont $z_0 = 1$, $z_1 = 1 + i$, $z_2 = -1 + i$, $z_3 = -i$ et, pour fermer le polygone, $z_4 = 1$ par les instructions suivantes.

```
z[0]:=1:z[1]:=1+I:z[2]:=-1+I:z[3]:=-I:z[4]:=1:
g:=piecewise(
   seq(op([t<=j/4,4*(z[j-1]*(j/4-t)+z[j]*(t-(j-1)/4))]),j=1..4));
plots[complexplot](g,t=0..1);
```

$$g := \begin{cases} -4\,t + 1 + (4 + 4\,I)\,t & t \leq 1/4 \\ (4 + 4\,I)\,(\frac{1}{2} - t) + (-4 + 4\,I)\,(t - \frac{1}{4}) & t \leq 1/2 \\ (-4 + 4\,I)\,(\frac{3}{4} - t) - 4\,I\,(t - \frac{1}{2}) & t \leq 3/4 \\ -4\,I\,(1 - t) + 4\,t - 3 & t \leq 1 \end{cases}$$

1.a. On considère un polygone f, c'est-à-dire une application continue, 2π-périodique, affine par morceaux ; il existe une subdivision

$$0 = t_0 \leq t_1 \leq \cdots \leq t_n = 2\pi$$

et f est affine sur $[t_j, t_{j+1}]$ avec $f(t_j) = z_j$ pour $j = 0, \ldots, n$. Par commodité les indices sont comptés modulo n et $z_n = z_0$. Déterminez la série de Fourier

$$\sum_{k=-\infty}^{+\infty} c_k e^{ikt}$$

de la fonction f.

1.b. Énoncez le théorème qui permet d'affirmer que la série de Fourier précédente converge vers le polygone f. Expliquez pourquoi la convergence est uniforme.

1.c. Mettez au point une séquence de calcul qui permette de visualiser le résultat obtenu sur le polygone défini précédemment ; on prendra le paramétrage f tel que $f(t_j) = z_j$ pour $0 \leq j \leq 4$ avec $t_j = j\pi/2$; notez que ceci n'est pas le même paramétrage que celui utilisé au début.

Le résultat peut s'énoncer sous la forme remarquable suivante [57] : tout polygone f s'écrit

$$f(t) = c_0 + \sum_{0 \leq j < n} a_j \varphi(t - t_j)$$

avec

$$a_j = \frac{1}{2\pi}(v_{j-1} - v_j), \quad v_j = \frac{z_{j+1} - z_j}{t_{j+1} - t_j}, \qquad 0 \leq j < n$$

et

$$\varphi(t) = \sum_{k \neq 0} \frac{e^{ikt}}{k^2}, \qquad t \in \mathbb{R}.$$

2.a. Disons que le polygone f présente une symétrie d'ordre n s'il satisfait

$$f(t + 2\pi/n) - c_0 = e^{2i\pi/n}(f(t) - c_0), \qquad t \in \mathbb{R},$$

où c_0 est la moyenne de f. Caractérisez les coefficients de Fourier d'un polygone qui admet une symétrie d'ordre $n \geq 2$.

2.b. Quelle est la série de Fourier associée au polygone régulier f_n défini par

$$f_n(2j\pi/n) = \zeta^j, \qquad 0 \leq j < n,$$

avec $\zeta = \exp(2i\pi/n)$?

5 Solution des exercices

EXERCICE **6.1.** La procédure **asympt** permet à chaque fois d'étudier la convergence. Traitons le troisième exemple.

```
u:=((4*n+1)!)^2/((2*n+1)!)^3:
DA:=asympt(u,n):
combine(DA,power,symbolic);
```

$$1024^n\, n^{(2n)} \left(\frac{1}{2} \frac{(\frac{1}{n})^{3/2} e^{(4\ln(4)-6\ln(2))}}{\sqrt{\pi}} - \frac{13}{24} \frac{(\frac{1}{n})^{5/2} e^{(4\ln(4)-6\ln(2))}}{\sqrt{\pi}} + \mathrm{O}((\frac{1}{n})^{7/2}) \right) e^{(-2n)}$$

Un équivalent apparaît,

$$\frac{(4n+1)!^2}{(2n+1)!^3} \underset{n\to+\infty}{\sim} \frac{2}{\sqrt{\pi}} \frac{n^{2n}2^{10n}e^{-2n}}{n^{3/2}},$$

qui montre que la série diverge très grossièrement.

Pour la quatrième série, il est maladroit de procéder directement car le paramètre formel α perturbe **series**. On commence par chercher un développement asymptotique de la somme qui figure en dénominateur ; on obtient un équivalent en $n\ln^2 n$ et la série est donc convergente si et seulement si α est négatif ou nul, par comparaison à une série de Riemann ou à une série de Bertrand.

EXERCICE **6.2.** La procédure **sum** fournit les réponses suivantes.

$$\sum_{k=0}^{+\infty} \frac{1}{(3k+2)(3k+5)} = \frac{1}{6},$$

$$\sum_{k=1}^{+\infty} \frac{1}{k(2k+1)(k+1)} = 3 - 4\ln 2,$$

$$\sum_{k=1}^{+\infty} \frac{1}{k^4(k+1)^4} = -35 + \frac{1}{45}\pi^4 + \frac{10}{3}\pi^2,$$

$$\sum_{k=0}^{+\infty} \frac{1}{(4k+1)^2(4k+3)^2} = \frac{1}{64}\Psi\left(1,\frac{1}{4}\right) - \frac{1}{16}\pi + \frac{1}{64}\Psi\left(1,\frac{3}{4}\right).$$

La dernière expression est simplifiée par un **combine/Psi**. La démonstration de ces formules repose sur une simple décomposition en éléments simples, encore qu'il faille faire preuve d'un peu d'habileté en ne passant pas directement à la limite pour ne pas introduire de série divergente. Dans cette décomposition, la somme des résidus est nulle puisque la fraction a un degré plus petit que -2 ; précisons que le *résidu* en un pôle α est le coefficient de $1/(n-\alpha)$ dans la décomposition. Dans le dernier exemple, les deux résidus sont $1/16$ et $-1/16$ de somme nulle.

```
u:=1/(4*k+1)^2/(4*k+3)^2:
convert(u,parfrac,k);
```

$$\frac{1}{4}\frac{1}{(4k+1)^2} - \frac{1}{4}\frac{1}{4k+1} + \frac{1}{4}\frac{1}{(4k+3)^2} + \frac{1}{4}\frac{1}{4k+3}$$

Le terme général de la série se récrit

$$\frac{1}{16}\left(-\frac{1}{k} + \frac{1}{k+1/4}\right) - \frac{1}{16}\left(-\frac{1}{k} + \frac{1}{k+3/4}\right) + \frac{1}{64}\frac{1}{(k+1/4)^2} + \frac{1}{64}\frac{1}{(k+3/4)^2}.$$

Les deux premiers termes sont liés à la fonction psi (page 259) et les deux autres s'expriment à l'aide de la dérivée de la fonction psi ou encore à l'aide de la fonction dzêta d'Hurwitz, généralisation de la fonction dzêta de Riemann, qui est définie par la formule [62, chap. XIII]

$$\zeta(s,a)=\sum_{n=0}^{+\infty}\frac{1}{(n+a)^s},\qquad 0<a\leq 1.$$

Exercice 6.3. En employant les techniques exposées dans le texte, on obtient les égalités suivantes,

$$\begin{aligned}
{}_1F_1\left(\begin{matrix}2\\1\end{matrix}\,\middle|\,x\right)&=e^x\,(1+x);\\
{}_1F_1\left(\begin{matrix}1\\2\end{matrix}\,\middle|\,x\right)&=\frac{e^x\,(1-e^{(-x)})}{x};\\
{}_2F_1\left(\begin{matrix}1,\,1\\3\end{matrix}\,\middle|\,x\right)&=-2\,\frac{\ln(1-x)\,(x-1)}{x^2}+\frac{2}{x};\\
{}_2F_1\left(\begin{matrix}1,\,2\\3\end{matrix}\,\middle|\,x\right)&=2\,\frac{1-x}{(x-1)\,x}-2\,\frac{\ln(1-x)}{x^2};\\
{}_2F_1\left(\begin{matrix}1/2,\,2\\3\end{matrix}\,\middle|\,x\right)&=-\frac{4}{3}\,\frac{\sqrt{1-x}}{x}+\frac{8}{3}\,\frac{1}{(1+\sqrt{1-x})\,x};\\
{}_2F_1\left(\begin{matrix}1/2,\,1\\-1/2\end{matrix}\,\middle|\,x\right)&=\frac{-3x+1}{(x-1)^2}.
\end{aligned}$$

Toutes les fonctions hypergéométriques ne s'expriment pas à l'aide des fonctions élémentaires. Par exemple la fonction $F(1/2,1/2,1\,;x)$ est liée aux intégrales elliptiques et n'est pas élémentaire.

Exercice 6.4. La séquence d'instructions vue dans l'exemple qui précède l'exercice fournit la solution sans effort. La vérification des deux dernières lignes n'est là que pour rassurer le calculateur anxieux.

```
with(share):
readshare(gfun,analysis):
with(gfun):
f:=sin(a*arcsin(x))^2;
s:=series(f,x,25);
deq:=seriestodiffeq(s,y(x));
rec:=diffeqtorec(deq[1],y(x),u(n));
rec1:=map(factor,op(select(has,rec,n)));
newrec:=subs(n=2*k,seq(u(2*k+2*l)=v(k+l),l=0..1),rec1);
V:=rsolve({newrec,v(1)=a^2},v(k));
F:=sum(V*x^(2*k),k=1..infinity);
series(f-F,x,20);
map(simplify,",GAMMA);
```

Le résultat obtenu s'écrit

$$\sin^2(a\,\mathrm{Arcsin}\,x) = \frac{a\sin\pi a}{2\pi}\sum_{k=1}^{+\infty}\frac{\Gamma(k+a)\Gamma(k-a)}{\Gamma(2k+1)}(2x)^{2k}.$$

Il est valable pour a non entier ; si a est entier la fonction est la restriction à $[-1,1]$ d'un polynôme. D'autre part l'application de la formule des compléments (page 231) par l'instruction

```
simplify(F,GAMMA);
```

$$\mathrm{hypergeom}([1,\,1+a,\,1-a],\,[\frac{3}{2},\,2],\,x^2)\,x^2a^2$$

montre que la série s'écrit comme une série hypergéométrique ${}_3F_2$ et a donc un rayon de convergence égal à 1.

EXERCICE **6.5.** Les instructions à employer ont été fournies dans le texte. Précisons que si l'on désire utiliser la fonction signe, c'est à **signum** qu'il faut se référer et non à **sign**.

EXERCICE **6.6.** Nous employons **asympt** pour calculer dans chaque cas un petit développement asymptotique ; à l'occasion nous faisons preuve d'un peu de doigté pour aider le système. De plus nous introduisons un symbole ε qui représente $(-1)^n$; en effet la présence d'un n en exposant ne peut que perturber **asympt**, car l'expression $(-1)^n$ n'est pas rationnelle en n.

```
DA:=asympt(epsilon/(sqrt(n)+epsilon),n,2);
```

$$DA := \varepsilon\sqrt{\frac{1}{n}} - \frac{\varepsilon^2}{n} + \varepsilon^3\,(\frac{1}{n})^{3/2} + \mathrm{O}(\frac{1}{n^2})$$

```
DA:=asympt(epsilon/sqrt(n+epsilon),n,2);
```

$$DA := \varepsilon\sqrt{\frac{1}{n}} - \frac{1}{2}\varepsilon^2\,(\frac{1}{n})^{3/2} + \mathrm{O}((\frac{1}{n})^{5/2})$$

On note que pour les deux exemples précédents, les termes généraux sont équivalents mais que l'une des séries converge alors que l'autre diverge. En effet, chacun des deux développements asymptotiques commence par un $(-1)^n/\sqrt{n}$ qui fournit une série convergente d'après le critère de Leibniz. Dans le premier cas le reste du développement est équivalent à $-1/n$ qui fournit une série divergente ; on a donc une série divergente. Par contre dans le second cas le reste est équivalent à $-1/(2n^{3/2})$ qui donne une série convergente ; on a donc globalement une série convergente.

L'exemple suivant donne une série convergente, puisque le premier terme du développement fournit une série convergente d'après le critère de Leibniz et le reste du développement est équivalent au terme général d'une série de Bertrand convergente.

```
DA:=asympt(epsilon/ln(n+epsilon),n,3);
```

$$DA := \frac{\varepsilon}{\ln(n)} - \frac{\varepsilon^2}{\ln(n)^2\,n} + \frac{\frac{1}{2}\frac{\varepsilon^3}{\ln(n)} + \frac{\varepsilon^3}{\ln(n)^2}}{\ln(n)\,n^2} + \mathrm{O}(\frac{1}{n^3})$$

Pour le cas suivant, nous développons d'abord la racine carrée.

```
asympt(2*Pi*sqrt(n^4+n^2+1),n,5);
```

$$2\pi n^2+\pi+\frac{3}{4}\frac{\pi}{n^2}-\frac{3}{8}\frac{\pi}{n^4}+O(\frac{1}{n^6})$$

Ensuite nous évacuons le $2\pi n^2$ car n est pour nous un entier et nous calculons le développement asymptotique qui permet de conclure à la convergence.

```
DA:=asympt(sin(subs(2*Pi*n^2=0,")),n,7);
```

$$DA:=-\frac{3}{4}\frac{\pi}{n^2}+\frac{3}{8}\frac{\pi}{n^4}+O(\frac{1}{n^6})$$

L'avant-dernier exemple proposé se traite comme le pénultième.

```
DA:=asympt(epsilon*n^(1/4)*sin(1/sqrt(n))/(sqrt(n)+epsilon),n,2);
```

$$DA:=\varepsilon\,(\frac{1}{n})^{3/4}-\varepsilon^2\,(\frac{1}{n})^{5/4}+(-\frac{1}{6}\,\varepsilon+\varepsilon^3)\,(\frac{1}{n})^{7/4}+O((\frac{1}{n})^{9/4})$$

Pour le dernier exemple, le symbole α empêche d'appliquer directement **asympt**, mais le calcul que voici suffit.

```
asympt((exp(I*Pi/n)-1),n,3);
```

$$\frac{I\,\pi}{n}-\frac{1}{2}\frac{\pi^2}{n^2}+O(\frac{1}{n^3})$$

Il fournit l'équivalence

$$\frac{\exp(i\pi/n)-1}{i(n^2+1)^\alpha}\underset{n\to+\infty}{\sim}\frac{\pi}{n^{1+2\alpha}}$$

et l'équivalent est à signe constant ; de plus cet équivalent nous montre que la série de terme général $(\exp(i\pi/n)-1)(i(n^2+1)^\alpha)^{-1}$ converge si et seulement si $\alpha>0$; il en est donc de même pour la série proposée.

EXERCICE **6.7.** Pour répondre à la première question, une application brutale de **limit** suffit.

```
u:=(1-tanh(n))^tanh(1/n):
limit(u,n=infinity);
```

$$e^{(-2)}$$

Par contre l'obtention d'un développement asymptotique demande plus de savoir-faire, parce qu'on a un mélange entre des termes en $1/n$ et des termes en e^{-n} qui ne sont pas du même ordre, ce qui empêche **series** de fonctionner. Regardons d'abord le terme $\mathrm{th}(1/n)$; il possède un développement suivant les puissances de $1/n$ à tout ordre.

```
asympt(tanh(1/n),n);
```

$$\frac{1}{n}-\frac{1}{3}\frac{1}{n^3}+\frac{2}{15}\frac{1}{n^5}+O(\frac{1}{n^6})$$

L'autre terme pose problème parce qu'il se développe suivant les puissances de e^{-2n} ce qui trouble **series** et donc **asympt**. Pour contourner le problème nous introduisons un symbole ε et nous utilisons un développement suivant les puissances de ε, fondé sur l'égalité

$$\operatorname{th} n = \frac{1-\varepsilon}{1+\varepsilon} \quad \text{avec} \quad \varepsilon = e^{-2n}.$$

```
series(ln(1-(1-epsilon)/(1+epsilon)),epsilon,3);
```

$$(\ln(2) + \ln(\varepsilon)) - \varepsilon + \frac{1}{2}\varepsilon^2 + O(\varepsilon^3)$$

```
subs(epsilon=exp(-2*n),");
```

$$\ln(2) + \ln(e^{(-2\,n)}) - e^{(-2\,n)} + \frac{1}{2}(e^{(-2\,n)})^2 + O((e^{(-2\,n)})^3)$$

Nous obtenons ainsi le développement

$$\ln(1 - \operatorname{th} n) \underset{n\to+\infty}{=} -2n + \ln 2 + O(e^{-2n}).$$

Le terme d'erreur $O(e^{-2n})$ introduit dans le produit $\operatorname{th}(1/n)\ln(1-\operatorname{th} n)$ un terme d'erreur $O(e^{-2n}/n)$ puisque $\operatorname{th}(1/n)$ est équivalent à $1/n$ au voisinage de $+\infty$; or ceci est négligeable devant toute puissance de $1/n$; il n'y a donc pas d'inconvénient à évacuer ce terme $O(e^{-2n})$ car le terme d'erreur qui en résulte sera absorbé dans le terme d'erreur qui va apparaître. Nous reprenons donc le calcul.

```
asympt(tanh(1/n)*(-2*n+ln(2)),n,3);
```

$$-2 + \frac{\ln(2)}{n} + O(\frac{1}{n^2})$$

```
DA:=asympt(exp("),n);
```

$$DA := e^{(-2)} + \frac{e^{(-2)}\ln(2)}{n} + O(\frac{1}{n^2})$$

Le développement asymptotique obtenu montre que la suite $u_n - \ell$ admet un équivalent à signe constant en $1/n$; la série étudiée est donc divergente.

EXERCICE **6.8.** La notion de rayon de convergence n'est qu'une question de convergence absolue ; dans chaque cas on est ramené à étudier une série $\sum a_n r^n$ avec $r > 0$ et ici $a_n > 0$ pour tout n. Autrement dit on considère une série à termes strictement positifs ; puisque les termes généraux sont des produits et des puissances le critère de d'Alembert est un bon outil. Pour chaque exemple on emploie une séquence de calcul similaire à ce qui suit et qui correspond au quatrième exemple.

```
u:=n!/n^n*r^n:
combine(subs(n=n+1,u)/u,power,symbolic):
limit(",n=infinity);
```

$$r\,e^{(-1)}$$

D'après le critère de d'Alembert, on peut affirmer qu'il y a convergence pour r/e strictement plus petit que 1 et divergence pour r/e strictement plus grand que 1 ; le rayon de convergence est donc $R = e$. En notant R le rayon de convergence, on peut résumer les résultats comme suit.

$$\sum_{n=1}^{+\infty} \frac{z^n}{n^n},\ R = 0\,; \qquad \sum_{n=2}^{+\infty} n^{\ln n} z^n,\ R = 1\,; \qquad \sum_{n=2}^{+\infty} \ln^n n z^n,\ R = \infty\,;$$

$$\sum_{n=1}^{+\infty} \frac{n!}{n^n} z^n,\ R = e\,; \qquad \sum_{n=2}^{+\infty} \left(1 - \frac{1}{n}\right)^{n^2} z^n,\ R = 1\,; \qquad \sum_{n=2}^{+\infty} n^{\ln^2 n} z^n,\ R = 1.$$

Exercice 6.9. Pour la première série, le coefficient est quasiment un binomial central $\binom{2m}{m}$, donc on attend un résultat en $\sqrt{1-4x}$. Le rayon de convergence est 1/4 et cela découle de la formule de Stirling à travers un **asympt**, ou du critère de d'Alembert.

```
sum((2*k+2)!/(k+2)!*x^k/k!,k=0..infinity);
```

$$\frac{4}{\sqrt{-4\,x+1}\,(1+\sqrt{-4\,x+1})^2}$$

L'exemple suivant porte sur les séries de la forme

$$\sum_{k=0}^{+\infty} P(k) \frac{x^k}{k!},$$

où P est un polynôme. En décomposant ce polynôme sur la base des factorielles descendantes

$$P(k) = c_0 + c_1 k + c_2 k(k-1) + \cdots + c_d k(k-1)\cdots(k-d+1),$$

on prouve que le rayon de convergence de la série est infini et que sa somme est une fonction polynôme multipliée par l'exponentielle. C'est bien ce que nous constatons.

```
sum((k+1)^3*x^k/k!,k=0..infinity):
factor(");
```

$$e^x\,(1+7\,x+6\,x^2+x^3)$$

La série suivante fait intervenir une série hypergéométrique ${}_2F_1$, que nous avons déjà rencontrée et que nous savons sommer (page 261).

```
F:=sum(x^n/n/(n+2),n=1..infinity):
F:=expand(F);
```

$$F := \frac{3}{2}\,\frac{x}{x-1} - \frac{5}{2}\,\frac{1}{x-1} + 2\,\frac{\ln(1-x)}{x} - \ln(1-x) + \frac{1}{(x-1)\,x} - \frac{\ln(1-x)}{x^2}$$
$$+ \frac{3}{2}\,\frac{x}{(x-1)^2} - \frac{3}{4}\,\frac{x^2}{(x-1)^2} - \frac{3}{4}\,\frac{1}{(x-1)^2} + \frac{3}{4}\,\mathrm{hypergeom}([2,2],[3],x)$$
$$- x\,\mathrm{hypergeom}([2,2],[3],x) + \frac{1}{4}\,x^2\,\mathrm{hypergeom}([2,2],[3],x)$$

```
U:=normal(remove(has,F,{ln,hypergeom})):
V:=factor(select(has,F,ln)):
W:=factor(select(has,F,hypergeom)):
S:=select(has,W,hypergeom):
T:=remove(has,W,hypergeom):
S:=convert(S,Sum,n):
convert(op(1,subs(x=1,S)),parfrac,n):
map(Sum,expand("*x^n),op(2,S)):
W:=value(")*T:
F:=collect(U+V+W,ln,normal);
```

$$F := -\frac{1}{2}\,\frac{(x-1)\,(x+1)\ln(1-x)}{x^2} + \frac{1}{4}\,\frac{x+2}{x}$$

Nous connaissons la formule, valable pour z dans $[-1,1[$,

$$\ln\frac{1}{1-z} = \sum_{n=1}^{+\infty}\frac{z^n}{n}$$

et la série considérée n'est que la partie impaire de la précédente. Nous n'avons pas besoin du logiciel pour affirmer l'égalité

$$\sum_{n=0}^{+\infty}\frac{z^{2n+1}}{2n+1} = \frac{1}{2}\left(\ln\frac{1}{1-z} - \ln\frac{1}{1+z}\right) = \frac{1}{2}\ln\frac{1+z}{1-z}.$$

Dans sa version actuelle, le logiciel ne fournit pas une réponse satisfaisante.

Exercice **6.10.** La procédure **sum** fournit les réponses suivantes.

$$\sum_{k=0}^{+\infty}\frac{(4k+3)!}{(2k+1)!(2k+3)!4^{2k+1}} = \frac{1}{4}\,\mathrm{hypergeom}\left(\left[1,\frac{7}{4},\frac{5}{4}\right],\left[2,\frac{5}{2}\right],1\right);$$

$$\sum_{k=0}^{+\infty}\frac{[(2k+6)!]^2}{[(k+3)!]^4(2k+1)16^{k+3}} = -\frac{178}{225}\,\frac{1}{\pi} + \frac{407}{960}.$$

La première réponse n'est qu'une récriture du terme général de la série. Nous pouvons faire mieux en considérant d'abord la série

$$\sum_{n=0}^{+\infty}\frac{(2n+3)!}{(n+1)!(n+3)!}\,x^{n+1};$$

le coefficient de x^n est presque un binomial central $\binom{2m}{m}$ ce qui fait espérer une sommation en $\sqrt{1-4x}$. Cette série se somme comme suit — la preuve que cette sommation est correcte pourrait se faire comme dans la section *Recherche de développements* à l'aide de GFUN.

```
term:=(2*n+3)!/(n+1)!/(n+3)!:
sum(term*x^(n+1),n=0..infinity):
S:=simplify(",radical);
```

$$S := 2\,\frac{x\,(-4\,x+1+3\,\sqrt{1-4\,x})}{\sqrt{1-4\,x}\,(1+\sqrt{1-4\,x})^3}$$

La série qui nous intéresse s'obtient en ne considérant que les termes d'indice pair de la précédente ; c'est la partie paire de la somme précédente et elle a donc pour somme $F(x)$ obtenue comme suit.

```
F:=simplify((S+subs(x=-x,S))/2,radical);
```

$$F := 8\,x(7\sqrt{1-4\,x}\,x + 12\sqrt{1-4\,x}\,x^2 + \sqrt{1-4\,x} - 16\,x^3 + 9\sqrt{4\,x+1}\sqrt{1-4\,x}\,x + 7\,x\sqrt{4\,x+1} - 12\sqrt{4\,x+1}\,x^2 - \sqrt{4\,x+1} + x) \Big/ (\sqrt{1-4\,x}\,(1+\sqrt{1-4\,x})^3\sqrt{4\,x+1}(1+\sqrt{4\,x+1})^3)$$

Nous désirons connaître la valeur de la fonction obtenue en $x = 1/4$. La série converge normalement sur le segment $[-1/4, 1/4]$ comme le montre l'équivalent $4^{n+3}n^{-3/2}/\sqrt{\pi}$ qui apparaît ci-après.

```
asympt(convert(term,GAMMA),n):
map(combine,",power,symbolic);
```

$$\left(8\,\frac{(\frac{1}{n})^{3/2}}{\sqrt{\pi}} - 33\,\frac{(\frac{1}{n})^{5/2}}{\sqrt{\pi}} + \mathrm{O}((\frac{1}{n})^{7/2})\right)4^n$$

Cependant une simple substitution ne convient pas à cause d'une singularité apparente ; la fonction somme se prolonge par continuité en $x = 1/4$ et sa valeur en $x = 1/4$ est la somme de la série. Nous l'obtenons comme suit.

```
series(F,x=1/4,1):
evalc(subs(x=1/4,O(0)=0,"));
```

$$\frac{(\frac{7}{2} + \frac{9}{4}\sqrt{2})\sqrt{2}}{(\sqrt{2}+1)^3}$$

Nous avons ainsi la formule

$$\sum_{k=0}^{+\infty} \frac{(4k+3)!}{(2k+1)!(2k+3)!4^{2k+1}} = \frac{(\frac{7}{2} + \frac{9}{4}\sqrt{2})\sqrt{2}}{(\sqrt{2}+1)^3}.$$

L'autre formule est plus intriguante ; pourtant le système lui même en fournit une preuve. En effet il nous donne une primitive discrète de la suite.

```
term:=((2*k+6)!)^2/((k+3)!)^4/16^(k+3)/(2*k+1):
s:=sum(term,k);
```

$$s := -\frac{4}{225}\,\frac{(k+3)^2\,(407 + 848\,k + 356\,k^2)\,((2\,k+6)!)^2}{(2\,k+5)\,(2\,k+3)\,((k+3)!)^4\,16^{(k+3)}\,(2\,k+1)}$$

Si nous appelons s_k la dernière expression, le résultat s'interprète par la formule.

$$\sum_{k=0}^{n} \frac{[(2k+6)!]^2}{[(k+3)!]^4(2k+1)16^{k+3}} = s_{n+1} - s_0.$$

Ceci constitue une preuve de la formule. Cette affirmation paraîtra plus naturelle, car plus usuelle, dans le cas continu : pour prouver que la valeur d'une intégrale est correcte, il suffit de donner une primitive de la fonction ; il ne reste plus alors qu'à établir deux points triviaux : il s'agit bien d'une primitive ; les valeurs de la primitive aux extrémités de l'intervalle fournissent la valeur attendue de l'intégrale. Ici il n'est pas difficile de vérifier que (s_k) est une primitive discrète par les instructions suivantes,

```
simplify((subs(k=k+1,s)-s)/term,GAMMA);
normal(expand("));
```

puis de calculer les valeurs aux extrémités de l'intervalle. Pour ce qui est de l'infini, l'évaluation est fondée sur la formule de Stirling, qui est avant tout un développement asymptotique du logarithme de la fonction gamma.

```
subs(k=0,s);
```

$$\frac{-407}{960}$$

```
asympt(expand(ln(convert(s,GAMMA))),k):
combine(",ln);
```

$$I\,\pi + \frac{225}{356}\,\frac{1}{k} - \frac{67725}{63368}\,\frac{1}{k^2} + \frac{48893775}{22559008}\,\frac{1}{k^3} - \frac{19122502725}{4015503424}\,\frac{1}{k^4} + \mathrm{O}(\frac{1}{k^5}) + \ln(\frac{178}{225}\,\frac{1}{\pi})$$

En prenant l'exponentielle de cette dernière expression nous obtenons bien la formule attendue.

Exercice **6.11.** Dans l'hypothèse $0 < e < 1$, on peut utiliser les troncatures du développement en série entière de $(1+eu)^{-1}$ au voisinage de 0, avec $u = \cos\vartheta$; d'ailleurs il ne s'agit que d'une progression géométrique. On a ainsi les approximations

$$\begin{aligned}
f_0(\vartheta) &= p,\\
f_1(\vartheta) &= p - pe\cos\vartheta,\\
f_2(\vartheta) &= p + \frac{pe^2}{2} - pe\cos\vartheta + \frac{pe^2}{2}\cos 2\vartheta,\\
f_3(\vartheta) &= p + \frac{pe^2}{2} - pe\cos\vartheta - \frac{3pe^4}{4}\cos\vartheta + \frac{pe^2}{2}\cos 2\vartheta - \frac{pe^3}{4}\cos 3\vartheta.
\end{aligned}$$

Ces approximations fournissent des arcs qui convergent uniformément vers l'ellipse donnée, par exemple au sens de la métrique euclidienne, car u reste dans un segment de l'intervalle de convergence de la série entière.

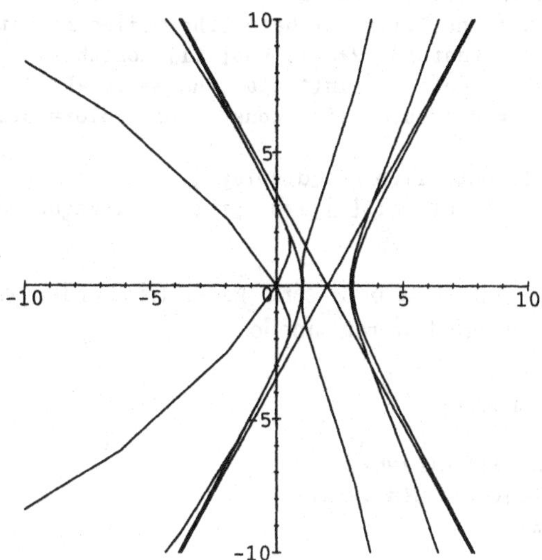

Figure 6.3.

Dans le cas d'une hyperbole on est amené à distinguer deux cas suivant la place de $\cos\vartheta$ par rapport à $1/e$. Avec $|u| < 1/e$ et $u = \cos\vartheta$, on peut employer la même suite que précédemment c'est-à-dire le développement de $1/(1+eu)$, dans l'intervalle $]\alpha, 2\pi - \alpha[$ avec $\alpha = \mathrm{Arccos}(1/e)$ et il y a convergence uniforme sur les segments inclus dans cet intervalle ouvert. Sur l'intervalle $]-\alpha, \alpha[$, on utilisera par contre le développement de $1/(1+e/u)$ valable pour $|u| < e$,

$$\frac{1}{1+e/u} = \frac{u}{e} - \frac{u^2}{e^2} + \frac{u^3}{e^3} + \cdots,$$

avec $u = 1/\cos\vartheta$. La séquence suivante produit le dessin de la figure 6.3. On y voit bien à la fois la bonne approximation de l'hyperbole sur la branche droite et sur deux parties de la branche gauche, mais aussi la convergence non uniforme au voisinage des points de coordonnées angulaires $\pm\alpha \mod 2\pi$.

```
p:=3:
e:=2:
Rho:=p/(1+e*cos(theta)):
prec:=20:
window:=[-10..10,-10..10]:
orbit[-1]:=plot([Rho*cos(theta),Rho*sin(theta),theta=0..2*Pi],
          view=window,scaling=constrained,color=red,thickness=2):
for i from 0 to prec-1 do
  P:=convert(series(subs(cos(theta)=x,Rho),x,i+1),polynom);
```

```
    rho[0,i]:=subs(x=cos(theta),P);
    Q:=convert(series(subs(cos(theta)=1/x,Rho),x,i+1),polynom);
    rho[1,i]:=subs(x=1/cos(theta),Q);
    orbit[i]:=plot([[rho[0,i]*cos(theta),rho[0,i]*sin(theta),
                     theta=0..2*Pi],[rho[1,i]*cos(theta),
                     rho[1,i]*sin(theta),theta=0..2*Pi]],
               view=window,scaling=constrained,color=[blue,green])
od:
plots[display]({orbit[-1],plots[display](
                 [seq(orbit[i],i=0..prec-1)],insequence=true)});
```

EXERCICE **6.12.** La suite b a pour série génératrice ordinaire (*ordinary generating function*) une fraction rationnelle.

```
with(share):
readshare(gfun,analysis):
with(gfun):
orec:={u(n+2)+u(n+1)+u(n)=n}:
odeq:=rectodiffeq(orec,u(n),y(x)):
dsolve(odeq,y(x)):
OGF:=op(2,");
```

$$OGF := \frac{-2+3\,x}{(-1+x)^2\,(x^2+x+1)} + \frac{\_C1}{x^2+x+1} + \frac{\_C2\;x}{x^2+x+1}$$

Une décomposition en éléments simples, jointe aux formules

$$\frac{1}{x-\alpha} = \frac{-1}{\alpha}\frac{1}{1-x/\alpha} = \frac{-1}{\alpha}\sum_{n=0}^{+\infty}\frac{x^n}{\alpha^n}, \qquad \frac{1}{(x-\alpha)^2} = \frac{1}{\alpha^2}\sum_{n=0}^{+\infty}(n+1)\,\frac{x^n}{\alpha^n},$$

fournirait l'expression du terme d'indice n de la suite. C'est exactement ce que renvoie **rsolve**.

```
rsolve(orec,u(n));
```

$$\frac{(\frac{1}{3}\,I\,\mathrm{u}(1)\,\sqrt{3}+\mathrm{u}(1)-\frac{1}{3}\,I\,\mathrm{u}(0)\,\sqrt{3}+\mathrm{u}(0))\,(-\frac{2}{1-I\,\sqrt{3}})^n}{1-I\,\sqrt{3}}$$
$$-\frac{1}{3}\,\frac{I\,\sqrt{3}\,(\mathrm{u}(1)+I\,\mathrm{u}(1)\,\sqrt{3}-\mathrm{u}(0)+I\,\mathrm{u}(0)\,\sqrt{3})\,(-\frac{2}{1+I\,\sqrt{3}})^n}{1+I\,\sqrt{3}}+\frac{1}{3}\,n-\frac{1}{3}$$
$$+\frac{(-\frac{1}{9}\,I\,\sqrt{3}+\frac{1}{3})\,(-\frac{2}{1-I\,\sqrt{3}})^n}{1-I\,\sqrt{3}}+\frac{(\frac{1}{3}+\frac{1}{9}\,I\,\sqrt{3})\,(-\frac{2}{1+I\,\sqrt{3}})^n}{1+I\,\sqrt{3}}$$

On pourrait aussi considérer la série génératrice exponentielle (*exponential generating function*), qui est une somme d'exponentielle-polynômes puisque la série génératrice ordinaire est rationnelle.

Pour la suite c, la série génératrice ordinaire a une expression un peu lourde. La série génératrice exponentielle est plus agréable.

```
orec:={(n+4)*u(n+2)+u(n+1)-(n+1)*u(n)}:
erec:=borel(orec,u(n)):
edeq:=rectodiffeq(erec,u(n),y(x)):
dsolve(edeq,y(x)):
EGF:=op(2,");
```

$$EGF := \frac{\_C1\,(x+1)}{x^2} + \frac{\_C2\,e^x}{x^2} + \frac{\_C3\,e^{(-x)}\,(1+2\,x)}{x^2}$$

Son expression n'est pas satisfaisante parce que les solutions attendues doivent être développables en série entière au voisinage de zéro et nous voyons ici des puissances négatives de la variable.

```
series(EGF,x,3);
```

$$(\_C1 + \_C2 + \_C3)\,x^{-2} + (\_C1 + \_C2 + \_C3)\,x^{-1} + (\frac{1}{2}\,\_C2 - \frac{3}{2}\,\_C3) + \mathrm{O}(x)$$

Nous imposons que la solution soit dans l'espace des fonctions développables en série entière en annulant la somme des constantes arbitraires.

```
K:=remove(has,remove(has,EGF,exp),x):
EGF:=subs(K=_C1+_C2+_C3-K,EGF);
```

$$EGF := \frac{(\_C2 + \_C3)\,(x+1)}{x^2} + \frac{\_C2\,e^x}{x^2} + \frac{\_C3\,e^{(-x)}\,(1+2\,x)}{x^2}$$

Il ne reste plus qu'à expliciter les développements en série des exponentielles et à identifier. On attend pour $c_n/n!$ une expression en $1/n!$. C'est bien ce que renvoie **rsolve**. Ces factorielles sont illusoires et on pourrait s'en débarrasser avec un **simplify/GAMMA**.

```
rsolve(orec,u(n));
```

$$2\,\frac{(-\frac{3}{4}\,\mathrm{u}(1) + \frac{1}{4}\,\mathrm{u}(0))\,(-1)^n\,(n+\frac{3}{2})\,\Gamma(n+1)}{\Gamma(3+n)} + 2\,\frac{(\frac{5}{8}\,\mathrm{u}(0) + \frac{9}{8}\,\mathrm{u}(1))\,\Gamma(n+1)}{\Gamma(3+n)}$$

La suite d a une série génératrice ordinaire rationnelle. Le calcul peut surprendre un instant car l'équation différentielle est dégénérée et ne comporte pas de dérivation.

```
orec:={u(n+4)+5*u(n+2)+u(n),u(0)=1,u(1)=1,u(2)=2,u(3)=6}:
odeq:=rectodiffeq(orec,u(n),y(x));
```

$$odeq := 66\,x^3 + 42\,x^2 + 6\,x + 6 + (-6\,x^4 - 30\,x^2 - 6)\,\mathrm{y}(x)$$

Une décomposition en éléments simples fournit alors le résultat.

```
OGF:=solve(odeq,y(x)):
DEC:=convert(OGF,fullparfrac,x);
```

$$DEC := \sum_{\_\alpha=\%1} \frac{\frac{3}{14}\,\_\alpha^3 - \frac{53}{42}\,\_\alpha^2 + \frac{2}{7}\,\_\alpha - \frac{17}{42}}{x - \_\alpha}$$

$$\%1 := \mathrm{RootOf}(\_Z^4 + 5\,\_Z^2 + 1)$$

On pourrait être plus explicite en procédant comme à la page 119. Le résultat qualitatif s'écrit comme une somme portant sur les racines du dénominateur.

$$d_n = -\sum_{\alpha} \left(\frac{3}{14}\alpha^3 - \frac{53}{42}\alpha^2 + \frac{2}{7}\alpha - \frac{17}{42}\right)\frac{1}{\alpha^{n+1}},$$

La série génératrice ordinaire de la suite e n'est pas explicite puisqu'elle comporte des quadratures non effectuées ; par contre la série génératrice exponentielle est simple et utilisable. La spécification des conditions initiales facilite la suite des calculs.

```
orec:={(4+n)*u(n)+(6+n)*u(n+1)+u(n+2),u(0)=alpha,u(1)=beta}:
erec:=borel(orec,u(n)):
edeq:=rectodiffeq(erec,u(n),y(x)):
dsolve(edeq,y(x)):
EGF:=op(2,"):
EGF:=combine(EGF,exp):
EGF:=collect(EGF,exp(-x),factor);
```

$$EGF := -\frac{(16+15\,x+6\,x^2+x^3)\,(\beta+4\,\alpha)\,e^{(-x)}}{(x+1)^4} + \frac{16\,\beta+65\,\alpha}{(x+1)^4}$$

La procédure **rsolve** échoue sur cette exemple, mais l'expression de la série génératrice exponentielle montre qu'il suffit maintenant d'appliquer un produit de Cauchy. Cependant l'usage d'un système de calcul formel amène une pratique nouvelle : nous ne rechignons pas à effectuer des calculs gigantesques dans la mesure où leur réussite est garantie. Nous allons donc d'abord établir un résultat qualitatif, puis un calcul, rebutant sans l'aide du logiciel, donnera une solution explicite. L'égalité connue

$$\frac{1}{(1+x)^4} = \sum_{n=0}^{+\infty}(-1)^n\binom{n+3}{3}x^n$$

fournit le développement du terme rationnel et aussi la formule

$$\frac{16+15x+6x^2+x^3}{(1+x)^4} = \sum_{n=0}^{+\infty}(-1)^n P_3(n)x^n,$$

où P_3 est un certain polynôme de degré 3 — cette affirmation ne repose pas sur le calcul, mais sur la forme de la fraction. Nous pouvons déterminer ce polynôme P_3 comme suit. Nous extrayons la partie EGF_1 de la série génératrice qui contient une exponentielle, puis la partie rationnelle R de EGF_1.

```
S:=solve({beta+4*alpha=1,16*beta+65*alpha=0},{alpha,beta}):
EGF1:=subs(S,EGF):
R:=remove(has,EGF1,exp):
```

Puisque nous connaissons la forme a priori du développement, une identification nous fournit les coefficients du polynôme.

```
d:=3:
```

```
PI:=add(pi[i]*n^i,i=0..d):
nnn:=20:
RTE:=convert(series(R,x,nnn+1),polynom):
sys:={seq(subs(n=nn,(-1)^n*PI)=coeff(RTE,x,nn),nn=0..nnn)}:
inc:={seq(pi[i],i=0..d)}:
solve(sys,inc):
P:=subs(",PI);
```

$$P := -16 - 23\,n - 9\,n^2 - n^3$$

Le même procédé donne les coefficients de la série EGF_1. Notons S_n la somme partielle d'indice n de la série de somme $e = \exp(1)$,

$$S_n = \sum_{p=1}^{n} \frac{1}{p!}.$$

Nous effectuons le produit de Cauchy des deux séries

$$e^{-x} = \sum_{p=0}^{+\infty} \frac{(-1)^p}{p!} x^p, \qquad R(x) = \sum_{q=0}^{+\infty} (-1)^q P_d(q) x^q,$$

avec $d = 3$. Le terme d'indice n du produit de Cauchy s'écrit

$$\sum_{p+q=n} \frac{(-1)^p}{p!} (-1)^q P_d(q) = (-1)^n \sum_{p=0}^{n} \frac{1}{p!} \sum_{k=0}^{d} n^k Q_{d-k}(p),$$

en notant Q_ℓ un certain polynôme de degré ℓ au plus. Ce polynôme s'exprime sur la base des factorielles descendantes (à comparer avec les factorielles montantes de la page 259 ; les notations sont concurrentes et doivent être précisées à chaque utilisation) définies par $(x)_0 = 1$ et

$$(x)_n = x(x-1)\ldots(x-n+1) = (-1)^n \frac{\Gamma(n-x)}{\Gamma(-x)} \qquad \text{pour } n > 0.$$

Par simplification avec la factorielle de p, on obtient la nouvelle expression

$$(-1)^n \sum_{k=0}^{d} n^k \sum_{j=0}^{d-k} c_{k,j} \sum_{p=j}^{n} \frac{1}{(p-j)!} = (-1)^n \sum_{0 \le k+j \le d} c_{k,j} n^k S_{n-j}.$$

Pour obtenir les coefficients $c_{k,j}$ nous identifions les développements. La factorielle n'est pas définie sur les entiers strictement négatifs, c'est pourquoi nous commençons au rang $d = 3$. La procédure SUM représente la suite (S_n).

```
PS:=Sum(1/factorial(p),p=0..n):
TE1:=convert(series(EGF1,x,nnn+1),polynom):
expr:=(-1)^n*add(add(c[k,j]*n^k*subs(n=n-j,PS),j=0..d-k),k=0..d):
sys:={seq(value(subs(n=nn,expr))=coeff(TE1,x,nn),nn=d..nnn)}:
inc:={seq(seq(c[k,j],j=0..k),k=0..d)}:
solve(sys,inc):
EXPR:=collect(subs(",(-1)^n*add(add(c[k,j]*n^k*
                    subs(n=n-j,SUM(n)),j=0..d-k),k=0..d)),SUM);
```

$$\begin{aligned}EXPR := &(-1)^n (3 + c_{1,1} + 2\,c_{1,2} + c_{2,1} + c_{2,1}\,n^2 + c_{1,1}\,n)\,\mathrm{SUM}(n-1)\\ &+ (-1)^n (c_{1,2}\,n + 6 - c_{1,1} - c_{1,2})\,\mathrm{SUM}(n-2)\\ &+ (-1)^n (1 - c_{1,2} - c_{2,1})\,\mathrm{SUM}(n-3)\\ &+ (-1)^n (-16 - n^3 + (-6 - c_{2,1})\,n^2 + (-11 - c_{1,1} - c_{1,2})\,n)\,\mathrm{SUM}(n)\end{aligned}$$

Il reste des coefficients indéterminés car les suites $n^k S_{n-j}$ ne forment pas une famille libre. Nous choisissons le jeu de coefficients $c_{1,1} = 6$, $c_{1,2} = 0$, $c_{2,1} = 1$ qui diminue la profondeur de la formule. Finalement nous avons obtenu

$$\begin{aligned}e_n = (16\beta + 65\alpha)\frac{(n+3)!}{6} + (\beta + 4\alpha)\big((-1)^n n!\,(10 + n^2 + 6n)\,S_{n-1}\\ +(-1)^n n!\,(-16 - n^3 - 7n^2 - 17n)\,S_n\big)\,.\end{aligned}$$

Chapitre 7. Équations différentielles

1 Domaine et outils

L'étude des équations différentielles peut être scindée en trois activités : la manipulation des équations, leur résolution, l'étude qualitative des solutions. La manipulation d'équations est un champ naturel d'application du calcul formel et sera abondamment illustrée dans ce chapitre. La résolution est plus problématique : même si elle a été l'objectif des mathématiciens pendant deux bons siècles, on sait maintenant qu'il y a peu d'espoir de ce côté et que l'étude qualitative est plus fructueuse. Cependant sur des types simples d'équation, le logiciel fournit des solutions qui permettent de se familiariser avec les équations différentielles. Enfin il est une aide précieuse pour l'étude qualitative des équations différentielles car il fournit des outils numériques et graphiques qui guident l'intuition.

Une solution d'équation différentielle est une fonction définie sur un intervalle ; un système de calcul formel manipule des expressions. Or une expression de fonction n'est pas une fonction car il lui manque un ensemble de définition. Cette opposition empêche d'accepter naïvement les réponses fournies par le système, mais impose une analyse scrupuleuse pour traduire les expressions obtenues en solutions du problème. Comme toujours en calcul formel, il importe de définir clairement la classe d'objets traités. Une classe bien définie d'équations se prête à un traitement automatique dans lequel on peut garantir les résultats obtenus, quitte à préciser les faiblesses de la méthode ; par exemple on sait que l'étude des équations différentielles à coefficients constants est fondée sur la résolution des équations algébriques qui forme le seul obstacle à la réussite de la méthode. Les classes d'équations mal définies, du point de vue du calcul formel, ne peuvent amener que des traitements partiels ; le logiciel apparaît alors comme une boîte noire fournissant une réponse douteuse. Dans de tels cas, chaque exemple nécessite un traitement adapté pour lequel le logiciel apporte une aide au calcul.

Équations du premier ordre. L'équation différentielle la plus basique qui soit s'écrit

$$y' = f(x)$$

où f est donné ; il s'agit simplement de la recherche d'une primitive, plus précisément de la recherche d'une primitive sur un intervalle, car une solution d'équation différentielle est définie sur un intervalle. Pendant longtemps l'étude des équations différentielles a eu pour objet de ramener toute équation à ce cas de base. Dans cette optique, on rencontre d'abord les *équations à variables séparables*, que l'on peut écrire

$$a(y)y' = b(x).$$

La relation se primitive sous la forme

$$A(y) = B(x) + C,$$

en notant A et B des primitives de a et b respectivement, et C une constante. La résolution est fondée sur l'existence d'une hypothétique fonction réciproque pour A ; en supposant qu'elle existe on obtient une solution sous la forme $y = A^{-1}(B(x) + C)$. Traitons par exemple l'équation

$$\frac{yy'}{\sqrt{1+y^2}} = \sin x.$$

Nous définissons les expressions des deux fonctions a et b et l'équation ; après quoi nous appliquons le *solveur* d'équations différentielles, **dsolve**.

```
a:=Y/sqrt(1+Y^2):
b:=sin(X):
deq:=subs(Y=y(x),a)*diff(y(x),x)=subs(X=x,b);
deqsol:=dsolve(deq,y(x));
```

$$deqsol := \sqrt{1+\mathrm{y}(x)^2} + \cos(x) = \_C1$$

Le nom de la constante introduite par la résolution est rangé dans la variable **constantname**, en faisant l'hypothèse qu'il n'y a qu'une constante. Ensuite la relation obtenue est résolue par rapport à la fonction inconnue. Si **solve** échoue, il est inutile d'aller plus loin.

```
constantname:=op(indets(deqsol,name)  minus indets(deq)):
Sol:=[solve(deqsol,y(x))];
```

$$Sol := [\sqrt{-1+\cos(x)^2 - 2\cos(x)\,\_C1 + \_C1^2},$$
$$-\sqrt{-1+\cos(x)^2 - 2\cos(x)\,\_C1 + \_C1^2}]$$

Ensuite nous traçons les courbes intégrales sur un certain intervalle en faisant varier la constante arbitraire (figure 7.1).

```
kmin:=-5:
kmax:=5:
xmin:=-5:
xmax:=5:
for i to nops(Sol) do
  picture[i]:=plot({seq(subs(constantname=k,Sol[i]),
                      k=kmin..kmax)},x=xmin..xmax,color=black);
od:
plots[display]({seq(picture[i],i=1..nops(Sol))});
```

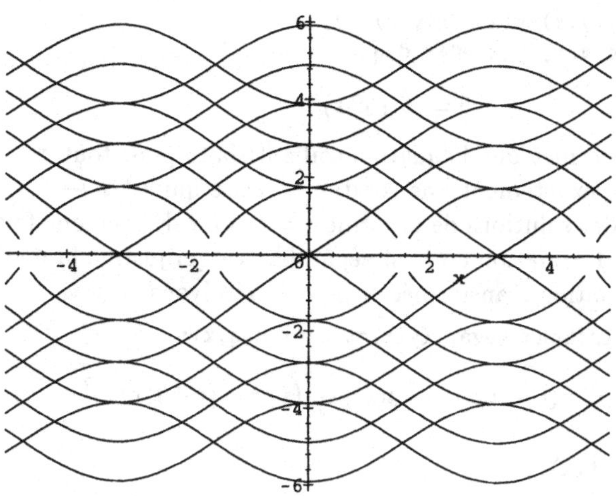

Figure 7.1.

L'étude de l'équation est à peine entamée. Clairement le signe de $\_C1 - \cos x$ et donc la place de $\_C1$ par rapport à -1 et 1 sont importants et la discussion de l'équation doit commencer par là.

EXERCICE **7.1.** Étudiez les équations à variables séparables suivantes,

$$
\begin{array}{ll}
y' = x(y + y^3)\,; & y' \ln y = y \sin(x)\,; \\
y' = \sqrt{1 + y^2} \ln x\,; & 2y'(2y^2 + (y^2 + 1)\ln(y^2 + 1)) + x(y^2 + 1) = 0\,; \\
y' \ln(y) = \dfrac{e^x}{1 + e^x}\,; & 2y'(y^2 - 1) + x(y^2 - y + 1) = 0.
\end{array}
$$

Les ***équations homogènes*** sont les équations $F(x, y, y') = 0$ pour lesquelles la fonction F est homogène par rapport au couple de variables (x, y), ce qui se traduit par la formule

$$F(\lambda x, \lambda y, y') = \lambda^d F(x, y, y')$$

pour un certain d et λ réel ou bien réel positif suivant le cas. Une telle équation se ramène à une équation séparable et ceci va nous permettre d'illustrer l'emploi de la procédure **DEtools/Dchangevar** du *package* **DEtools**. Considérons l'équation

$$xy' - y = (x - y)^2.$$

Pour résoudre cette équation homogène, on commence par chercher les solutions linéaires ; autrement dit on pose $y(x) = Cx$.

```
deq:=x*diff(y(x),x)-y(x)=(x+y(x))^2;
DEtools[Dchangevar](y(x)=C*x,deq,x);
```

$$0 = (x + C\,x)^2$$

La valeur $C = -1$ permet que l'équation soit satisfaite pour tout x et c'est la seule. Il y a donc exactement une solution linéaire qui est $x \mapsto -x$. Pour le reste on cherche des solutions de la forme $y = tx$ où t désigne une fonction dérivable inconnue. L'équation en t est séparable, ce qui justifie la méthode. Nous calculons l'équation transformée et nous la résolvons.

```
newdeq:=DEtools[Dchangevar](y(x)=t(x)*x,deq,x);
```

$$newdeq := x\,((\frac{\partial}{\partial x}\,\mathrm{t}(x))\,x + \mathrm{t}(x)) - \mathrm{t}(x)\,x = (x + \mathrm{t}(x)\,x)^2$$

```
dsolve(newdeq,t(x)):
T:=solve(",t(x));
```

$$T := -\frac{1 + x + \_C1}{x + \_C1}$$

L'emploi de **DEtools/Dchangevar** ne s'imposait pas car l'instruction

```
eval(subs(y(x)=t(x)*x,deq));
```

aurait produit le même effet. La procédure devient vraiment utile dans un changement de variable indépendante, ce que nous allons voir.

Une méthode usuelle pour aborder les équations homogènes consiste à employer les coordonnées polaires. Regardons cela en travaillant toujours avec la même équation.

```
polardeq:=DEtools[Dchangevar]({x=rho(theta)*cos(theta),
                               y(x)=rho(theta)*sin(theta)},
                                               deq,x,theta);
```

$$polardeq := \frac{\rho(\theta)\cos(\theta)\,((\frac{\partial}{\partial\theta}\,\rho(\theta))\sin(\theta) + \rho(\theta)\cos(\theta))}{(\frac{\partial}{\partial\theta}\,\rho(\theta))\cos(\theta) - \rho(\theta)\sin(\theta)} - \rho(\theta)\sin(\theta) = (\rho(\theta)\cos(\theta) + \rho(\theta)\sin(\theta))^2$$

```
polarsol:=dsolve(polardeq,rho(theta)):
Rho:=subs(polarsol,rho(theta));
```

$$\mathrm{P} := \frac{(1 + \tan(\frac{1}{2}\,\theta)^2)\,(2\tan(\frac{1}{2}\,\theta) + \_C1\,\tan(\frac{1}{2}\,\theta)^2 - 2\,\_C1\,\tan(\frac{1}{2}\,\theta) - \_C1)}{(-1 + \tan(\frac{1}{2}\,\theta)^2)\,(\tan(\frac{1}{2}\,\theta)^2 - 2\tan(\frac{1}{2}\,\theta) - 1)}$$

Le résultat obtenu n'est pas une solution à proprement parler (et ce indépendamment de l'emploi de MAPLE). En effet la réponse fournie n'est pas l'expression d'une fonction solution mais l'expression d'un arc paramétré en coordonnées polaires. On rencontre assez fréquemment dans les méthodes du XVIIIe siècle cet élargissement du problème qui consiste à remplacer la recherche d'une fonction $y(x)$ solution de $F(x, y, y') = 0$ par la recherche d'un arc $(x(t), y(t))$ solution de $F(x, y, y'/x') = 0$. Ici, au lieu de chercher y fonction de x, on cherche x et y fonctions de ϑ sous la forme $x = \rho(\vartheta)\cos(\vartheta)$, $y = \rho(\vartheta)\sin(\vartheta)$.

EXERCICE **7.2.** Vérifiez que l'équation

$$y' = \frac{3x + 4y + 5}{2x + 3y - 6}$$

se ramène à une équation homogène par un changement de variables et de fonctions inconnues $x = t + a$, $y = w + b$, avec a et b des réels bien choisis. Généralisez le résultat.

Les équations que nous avons rencontrées jusqu'ici ont le défaut suivant : on ne peut pas au vu de l'équation prédire les intervalles de définition des solutions. Il n'en est pas de même avec les équations linéaires et particulièrement les *équations linéaires du premier ordre*

$$a(x)y' + b(x)y = c(x),$$

à coefficients a, b, c continus sur un intervalle donné J. Si la fonction a ne s'annule pas dans J, alors une solution définie au voisinage d'un point de J se prolonge en une solution définie dans tout J. Autrement dit les solutions ne peuvent avoir d'autres singularités que celles qui viennent des coefficients de l'équation et ces singularités sont fixes. A contrario, les solutions d'une équation non linéaire peuvent avoir des singularités mobiles, c'est-à-dire des singularités dont la position dépend des conditions initiales.

Les solutions sur J de l'équation linéaire se décrivent complétement. D'abord les solutions sur J de l'équation linéaire homogène

$$a(x)y' + b(x)y = 0$$

forment une droite dans l'espace des fonctions de classe C^1 sur J et un vecteur directeur de cette droite est donné par la formule

$$y_h(x) = \exp\left(-\int_{x_0}^{x} \frac{b(t)}{a(t)}\, dt\right),$$

où x_0 est arbitrairement choisi dans J. Cette solution de l'équation homogène est celle qui vaut 1 en x_0. Les solutions de l'équation non homogène forment une droite affine, d'après la théorie générale des équations linéaires (page 149). Puisque la fonction y_h ne s'annule pas dans l'intervalle, il est légitime de chercher une solution de l'équation non homogène sous la forme $y_p(x) = C(x)y_h(x)$ où C est une fonction dérivable dans l'intervalle ; ceci est la ***méthode de variation de la constante.*** Elle amène à l'équation

$$a(x)\,C'(x)y_h(x) = c(x) \quad \text{d'où par exemple} \quad C(x) = \int_{x_0}^{x} \frac{c(t)}{a(t)y_h(t)}\,dt$$

et la solution de l'équation

$$y(x) = Ky_h(x) + y_h(x) \int_{x_0}^{x} \frac{c(t)}{a(t)y_h(t)}\,dt.$$

La constante K est à choisir dans $\mathbb{C}$; si les données sont réelles on obtient les solutions réelles en faisant varier K dans $\mathbb{R}$. Nous avons utilisé deux fois le fait que la fonction a ne s'annule pas dans l'intervalle J. De plus nous constatons que la recherche d'une forme explicite pour les solutions de l'équation repose sur deux ***quadratures***, deux calculs d'intégrale, et dépend donc fortement du calcul de primitive.

Étudions l'équation différentielle

$$\sin(x)y' - y = x.$$

Cette équation est linéaire du premier ordre ; ses coefficients sont des fonctions continues sur $\mathbb{R}$; le coefficient de y' s'annule en tous les multiples de π. D'après le résultat précédent, sur chacun des intervalles

$$J_n =]n\pi, (n+1)\pi[, \qquad n \in \mathbb{Z},$$

les solutions forment une droite affine. Nous les déterminons comme suit.

```
lambda:=1:
deq:=sin(x)*diff(y(x),x)-lambda*y(x)=x:
dsolve(deq,y(x)):
Y:=subs(",y(x)):
Y:=collect(Y,ln,factor);
```

$$Y := -\frac{\sin(x)\ln(2)}{\cos(x)+1} + 2\,\frac{\sin(x)\ln(\dfrac{\sin(x)}{\cos(x)+1})}{\cos(x)+1} - \frac{\sin(x)\ln(\dfrac{1}{\cos(x)+1})}{\cos(x)+1} - \frac{\cos(x)\,x + x - \sin(x)\,\_C1}{\cos(x)+1}$$

Bien sûr, les logarithmes, issus du dernier calcul de primitive, doivent être munis de valeurs absolues pour que cette expression s'interprète comme une fonction de variable réelle, mais nous n'introduisons pas explicitement ces valeurs absolues pour ne pas perturber les calculs, en particulier avec la procédure **series** que nous allons utiliser.

Une *solution maximale* d'équation différentielle est une solution qui ne peut pas être prolongée à un intervalle plus grand que celui où elle est définie. Pour déterminer les solutions maximales de l'équation précédente il est nécessaire d'étudier le comportement des solutions que nous avons obtenues au voisinage des multiples de π. Précisément si φ est une solution définie au voisinage de $n\pi$, alors dans un intervalle $]n\pi - \alpha, n\pi[$ elle coïncide avec une solution φ_- que nous venons d'obtenir ; de même dans un intervalle $]n\pi, n\pi + \alpha[$ elle coïncide avec une solution φ_+ ; nécessairement φ_+ et φ_- se prolongent par continuité en $n\pi$ et en les raccordant on obtient la fonction dérivable φ. Il est donc nécessaire de choisir à droite et à gauche de $n\pi$ des constantes C_+ et C_- qui vont permettre le raccord. Ceci suppose une étude locale des solutions obtenues précédemment.

L'absence de valeur absolue dans les logarithmes pose problème. Pour résoudre cet obstacle nous procédons comme suit : si nous voulons déterminer le comportement d'une solution dans un voisinage à droite de $x_0 = n\pi$, nous posons $x = x_0+\varepsilon$ et de même pour le côté gauche nous posons $x = x_0-\varepsilon$. Ceci ramène la question dans un voisinage à droite de zéro. Là nous changeons au besoin le signe des quantités qui figurent dans des logarithmes ; précisément pour un $\ln(f(\varepsilon))$ nous déterminons un développement suivant les puissances de ε, ce qui nous donne

$$f(\varepsilon) \underset{\varepsilon\to 0+}{\sim} c\varepsilon^{\ell}$$

et si c est strictement négatif, nous changeons $\ln(f(\varepsilon))$ en $\ln(-f(\varepsilon))$. L'utilisation de la procédure **mirror** qui effectue cette tâche suppose que $f(\varepsilon)$ possède effectivement un développement suivant les puissances de ε et que le test du signe sur le coefficient c soit garanti. On pourrait étendre cette procédure réservée aux logarithmes au cas des fonctions puissances.

```
mirror:=proc(expr::algebraic,eps::name)
  local body,bodyseries,tc;
  if type(expr,function) and op(0,expr)=ln
  then body:=op(1,expr);
    bodyseries:=series(body,eps);
    tc:=op(1,bodyseries);
    if tc<0 then ln(-body) else expr fi
  elif has(expr,ln) then map(mirror,expr,eps)
  else expr
  fi
end: # mirror
```

Pour l'exemple traité, il convient de distinguer suivant la parité de l'entier n pour l'étude en $n\pi$. Nous appliquons la procédure **mirror** dans les cas où elle est indispensable ; en fait nous pourrions l'appliquer dans tous les cas.

```
assume(k,integer):
x0:=2*k*Pi:
rY:=eval(subs(x=x0+epsilon,Y)):
rYseries:=series(rY,epsilon,4);
```

$$rYseries := -2\,k\tilde{}\,\pi + (-\ln(2) + \ln(\varepsilon) - 1 + \frac{1}{2}\_C1)\,\varepsilon + (-\frac{1}{24} + \frac{1}{12}\ln(\varepsilon) - \frac{1}{12}\ln(2) + \frac{1}{24}\_C1)\,\varepsilon^3 + O(\varepsilon^4)$$

```
lY:=mirror(eval(subs(x=x0-epsilon,Y)),epsilon):
lYseries:=series(lY,epsilon,4);
```

$$lYseries := -2\,k\tilde{}\,\pi + (\ln(2) - \ln(\varepsilon) + 1 - \frac{1}{2}\_C1)\,\varepsilon + (\frac{1}{24} - \frac{1}{12}\ln(\varepsilon) + \frac{1}{12}\ln(2) - \frac{1}{24}\_C1)\,\varepsilon^3 + O(\varepsilon^4)$$

Nous constatons que pour tout choix des constantes C_- et C_+, les solutions φ_- et φ_+ ont la même limite au point $2k\pi$; par contre nous voyons aussi que le prolongement par continuité que nous obtenons n'est pas dérivable à cause du terme en $\ln(\varepsilon)$. Ainsi d'un côté comme de l'autre, les solutions ne peuvent se prolonger au delà de $2k\pi$. Passons à l'étude en $(2k+1)\pi$.

```
x0:=(2*k+1)*Pi:
rY:=mirror(eval(subs(x=x0+epsilon,Y)),epsilon):
rYseries:=series(rY,epsilon,6);
```

$$rYseries := -2\,\_C1\,\varepsilon^{-1} - (2\,k\tilde{} + 1)\,\pi + (-\frac{1}{2} + \frac{1}{6}\_C1)\,\varepsilon + O(\varepsilon^3)$$

```
lY:=eval(subs(x=x0-epsilon,Y)):
lYseries:=series(lY,epsilon,6);
```

$$lYseries := 2\,\_C1\,\varepsilon^{-1} - (2\,k\tilde{} + 1)\,\pi + (\frac{1}{2} - \frac{1}{6}\_C1)\,\varepsilon + O(\varepsilon^3)$$

Le résultat nous montre qu'il est nécessaire de choisir C_- et C_+ égaux à 0 pour avoir des limites finies ; avec cette hypothèse les prolongements par continuité se raccordent et la fonction obtenue est dérivable en $(2k+1)\pi$ avec une dérivée qui vaut 1/2. De plus les développements montrent que l'équation différentielle est satisfaite en $(2k+1)\pi$. On aurait pu débrouiller la situation en exprimant d'abord les fonctions trigonométriques en fonction de $t = \mathrm{tg}(x/2)$ par un `convert/tan` suivi d'un `subs` pour obtenir une expression en t, puis en employant `series` et `asympt`.

Nous représentons enfin les courbes intégrables (figure 7.2). Pour cela il est utile d'introduire explicitement des valeurs absolues dans les logarithmes.

```
YY:=eval(subs(ln=proc(z) ln(abs(z)) end,Y)):
constantname:=op(indets(Y,name) minus indets(deq)):
nmin:=-2:
nmax:=3:
window:=[nmin*Pi..(nmax+1)*Pi,-20..20]:
cset:={seq(cc/2,cc=-3..3)}:
for n from nmin to nmax do
```

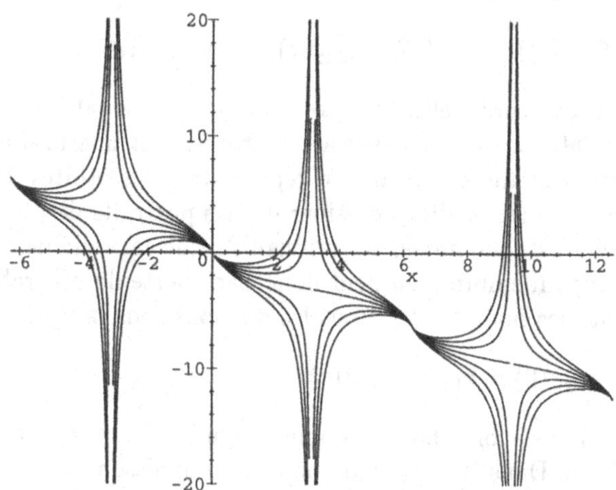

Figure 7.2.

```
    picture[n]:=plot({seq(subs(constantname=c,YY),c=cset)},
                                  x=n*Pi..(n+1)*Pi,view=window)
  od:
  plots[display]({seq(picture[n],n=nmin..nmax)});
```

Nous constatons comme attendu qu'il existe exactement une solution définie sur tout l'intervalle $]2k\pi, 2(k+1)\pi[$ avec k entier et cette solution est maximale. Il serait facile de décrire les solutions maximales de l'équation.

EXERCICE **7.3.** Avec λ successivement égal à 2, 3, 4, 5, étudiez de la même manière l'équation $\sin(x)y' - \lambda y = x$.

Portrait de phase. Nous considérons des systèmes différentiels de la forme

$$\frac{dx}{dt} = P(x,y), \qquad \frac{dy}{dt} = Q(x,y)$$

et plus particulièrement des systèmes différentiels linéaires

$$\frac{dx}{dt} = ax + by, \qquad \frac{dy}{dt} = cx + dy,$$

associés à des matrices

$$A = \begin{pmatrix} a & b \\ c & d \end{pmatrix}.$$

Une solution est un arc paramétré défini sur un intervalle I de $\mathbb{R}$ par

$$x = \varphi(t), \qquad y = \psi(t), \qquad t \in I,$$

où φ et ψ sont deux fonctions dérivables telles que

$$\varphi'(t) = P(\varphi(t), \psi(t)), \qquad \psi'(t) = Q(\varphi(t), \psi(t)), \qquad t \in I.$$

Ces deux fonctions sont à valeurs réelles et la solution est donc à valeurs dans $\mathbb{R}^2$, qui est l'*espace des phases*. L'image de l'arc paramétré est une *orbite* et un *portrait de phase* du système est un dessin représentant les orbites dans une certaine partie du plan. Nous allons dessiner de tels portraits de phase.

Le système considéré est *autonome*, ce qui signifie que la variable t ne figure pas dans les seconds membres. On peut donc, sans perte de généralité, fixer des conditions initiales pour $t = 0$; nous les donnons sous la forme

$$x(0) = x_0, \qquad y(0) = y_0.$$

Dans l'exemple qui suit nous avons choisi des points régulièrement répartis en un maillage rectangulaire. Dans la mesure où nous ne connaissons pas explicitement les solutions de ce système, nous employons la procédure **DEplot** du *package* **DEtools**. Précisément une liste de conditions initiales est choisie et la procédure trace les orbites associées à ces conditions initiales (figure 7.3). Cette procédure manque de finesse car l'intervalle de variation du paramètre est le même pour toutes les orbites.

```
sys:={diff(x(t),t)=y(t)+x(t)-1,
      diff(y(t),t)=x(t)+x(t)*y(t)};
vars:={x(t),y(t)}:
xmin:=-2: xmax:=3: ymin:=-2: ymax:=2:
xstep:=0.5: ystep:=0.5:
inits:=[seq(seq([x(0)=k*xstep,y(0)=l*ystep],
                          k=ceil(xmin/xstep)..floor(xmax/xstep)),
                          l=ceil(ymin/ystep)..floor(ymax/ystep))]:
trange:=-1..1:
DEtools[DEplot](sys,vars,trange,inits,stepsize=0.2,color=black,
        linecolor=black,axes=boxed,view=[xmin..xmax,ymin..ymax],
                                 arrows=NONE,scaling=constrained);
```

Le *champ de vecteurs* associés au système différentiel est l'application

$$(x, y) \mapsto (P(x, y), Q(x, y)).$$

En chaque point la tangente à une orbite est dirigée par le champ de vecteurs. Nous avons tracé le champ de vecteurs associé au système en utilisant la procédure **DEtools/dfieldplot** (figure 7.3).

```
DEtools[dfieldplot](sys,vars,t=trange,x=xmin..xmax,y=ymin..ymax,
                                  color=black, scaling=constrained);
```

On remarque dans le dessin le point de coordonnées $(0, 1)$; il constitue une orbite à lui seul, car le champ s'annule en ce point. C'est un *point d'équilibre* ou *point critique*. Le point $(2, 0)$ est aussi un point critique, mais le portrait

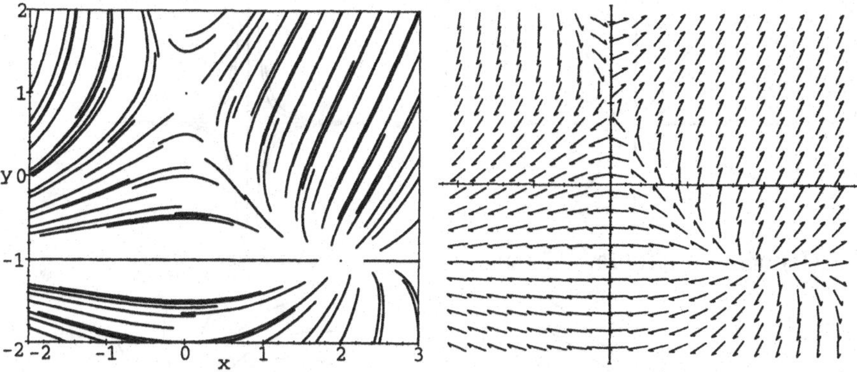

Figure 7.3.

de phase n'a pas la même allure au voisinage de ce point qu'au voisinage du point $(0,1)$.

Nous allons nous intéresser plus particulièrement aux orbites des systèmes différentiels linéaires car elles fournissent les éléments de base d'une taxinomie des portraits de phase en dimension 2. Pour cela nous montrons qu'une matrice réelle 2×2 inversible est semblable à une matrice prise parmi les six types suivants et à une seule.

(I)	$\begin{pmatrix} \lambda & 0 \\ 0 & \lambda \end{pmatrix}$	$\lambda{\neq}0$	(IV)	$\begin{pmatrix} \lambda & 0 \\ 0 & \mu \end{pmatrix}$	$\lambda{<}0{<}\mu$
(II)	$\begin{pmatrix} \lambda & 1 \\ 0 & \lambda \end{pmatrix}$	$\lambda{\neq}0$	(V)	$\begin{pmatrix} \alpha & -\beta \\ \beta & \alpha \end{pmatrix}$	$\alpha{\neq}0, \beta{\neq}0$
(III)	$\begin{pmatrix} \lambda & 0 \\ 0 & \mu \end{pmatrix}$	$\lambda\mu{>}0, \lambda{<}\mu$	(VI)	$\begin{pmatrix} 0 & -\beta \\ \beta & 0 \end{pmatrix}$	$\beta{\neq}0$

Considérons en effet une matrice réelle 2×2 inversible et u l'automorphisme de $\mathbb{R}^2$ associé ; elle peut avoir une, deux ou zéro valeurs propres réelles. Dans le premier cas, ou bien elle est diagonalisable et s'écrit λI_2, $\lambda \neq 0$, ce qui fournit le cas (I), ou bien elle ne l'est pas mais on peut trouver un vecteur propre e_1 que l'on complète en une base (e_1, e_2) ; on a alors $u(e_2) = \nu e_1 + \lambda e_2$ pour un certain $\nu \neq 0$; quitte à changer e_1 en e_1/ν, on a $\nu = 1$ et le cas (II). Dans le second cas, les valeurs propres sont distinctes et la matrice est diagonalisable; suivant la place des deux valeurs propres par rapport à 0, on a les cas (III) ou (IV). Enfin les valeurs propres peuvent être complexes non réelles ; elles sont alors distinctes et conjuguées ; elles s'écrivent $\alpha \pm i\beta$. Si α est non nul on a le cas (V) et sinon le cas (VI).

Nous voulons voir les portraits de phase associés à chacun des types de la classification introduite. Pour cela nous définissons les notations correspondant à chaque cas (**#1**), nous résolvons chacune des équations (**#2**) puis nous fixons un jeu de paramètres (**#3**). Ensuite nous traçons les or-

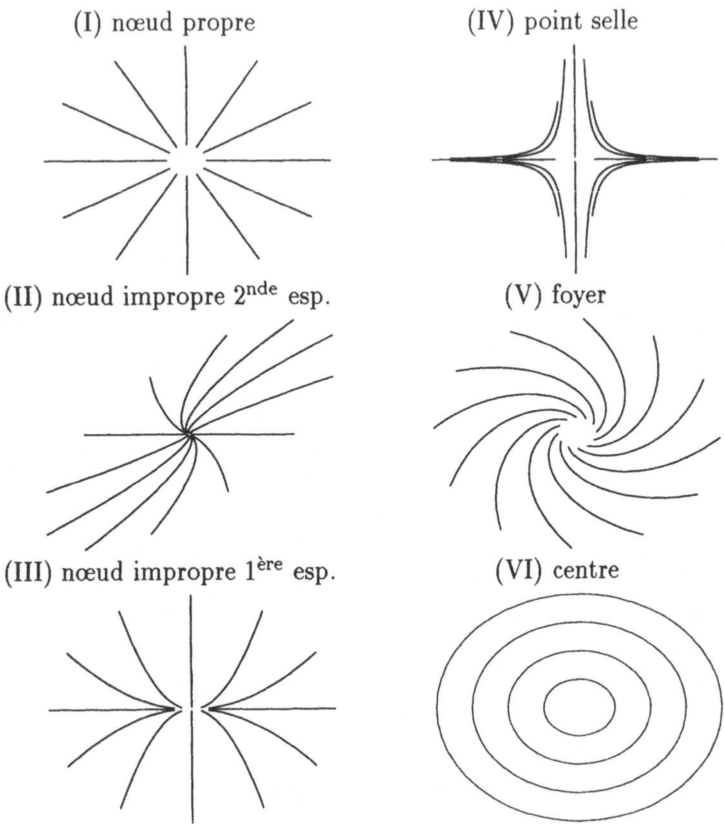

Figure 7.4.

bites pour différentes conditions initiales (**#4**). Ici **DEtools/DEplot** n'est pas utile puisque nous disposons de formules explicites. Notez qu'il n'y a pas de différence entre les cas (III) et (IV) du point de vue formel.

```
A[I]:=array(1..2,1..2,[[lambda,0],[0,lambda]]);                    #1
A[II]:=array(1..2,1..2,[[lambda,1],[0,lambda]]);
A[III]:=array(1..2,1..2,[[lambda,0],[0,mu]]);
A[IV]:=array(1..2,1..2,[[lambda,0],[0,mu]]);
A[V]:=array(1..2,1..2,[[alpha,-beta],[beta,alpha]]);
A[VI]:=array(1..2,1..2,[[0,-beta],[beta,0]]);
cases:=[I,II,III,IV,V,VI];
for i in cases do
  sys[i]:={diff(x(t),t)=A[i][1,1]*x(t)+A[i][1,2]*y(t),
           diff(y(t),t)=A[i][2,1]*x(t)+A[i][2,2]*y(t)}
od:
vars:={x(t),y(t)};
init:={x(0)=x0,y(0)=y0};
for i in cases do                                                  #2
S[i]:=dsolve(sys[i] union init,vars) od;
```

```
n:=12;
trange:=-1..1;
nber[I]:=2;                                                        #3
SUBS[I,1]:={lambda=1}; SUBS[I,2]:={lambda=-1};
nber[II]:=2;
SUBS[II,1]:={lambda=-2}; SUBS[II,2]:={lambda=2};
nber[III]:=2;
SUBS[III,1]:={lambda=-2,mu=-1}; SUBS[III,2]:={lambda=1,mu=2};
nber[IV]:=1;
SUBS[IV,1]:={lambda=-1,mu=2};
nber[V]:=2;
SUBS[V,1]:={alpha=-1,beta=1}; SUBS[V,2]:={alpha=1,beta=1};
nber[VI]:=2;
SUBS[VI,1]:={beta=1}; SUBS[VI,2]:={beta=-1};
printlevel:=2:                                                     #4
for i in cases do for j to nber[i] do
  X:=subs(S[i],SUBS[i,j],x(t));
  Y:=subs(S[i],SUBS[i,j],y(t));
  plot([seq(subs(x0=cos(2*k*Pi/n),y0=sin(2*k*Pi/n),
            [X,Y,t=trange]),k=0..n-1)], color=black,thickness=3,
             axes=boxed,title=cat(`case `,convert(i,string),` `,
                                          convert(SUBS[i,j],string)));
od od;
```

Comme le système est linéaire le point $(0,0)$ est un point d'équilibre et la solution nulle est une solution remarquable. Ce point d'équilibre porte un nom qui spécifie l'allure du portrait de phase. Ces noms sont indiqués sur la figure 7.4 où nous avons tracé un portrait de phase pour chacun des six cas de base. Le cas (II) fournit les nœuds impropres de seconde espèce et le cas (III) donne les nœuds impropres de première espèce. Pour un nœud de première espèce toutes les solutions se prolongent par continuité au point critique et tous les prolongements admettent la direction propre associée à la valeur propre de plus petite valeur absolue, sauf deux qui correspondent à l'autre direction propre. C'est ce que l'on constate assez bien sur le dessin. Pour un nœud impropre de second espèce les prolongements admettent tous comme tangente l'unique direction propre.

Les solutions de deux systèmes différentiels associés à des matrices semblables A et B sont liées. Si B égale $P^{-1}AP$ avec P inversible et si V satisfait $dV/dt = AV$ alors $W = P^{-1}V$ satisfait

$$\frac{dW}{dt} = P^{-1}\frac{dV}{dt} = P^{-1}APP^{-1}V = BW.$$

Le passage de W à V est similaire. Ainsi les portraits de phase associés aux deux systèmes ont qualitativement la même allure. La classification vue plus haut suffit donc pour donner l'allure des portraits de phase, quand on se limite au systèmes différentiels linéaires 2×2 dont la matrice est inversible.

EXERCICE **7.4.** On demande de donner le type du point d'équilibre qu'est l'origine pour chacune des matrices suivantes. On utilisera d'une part un argument algébrique et d'autre part un argument graphique.

$$A_1 = \begin{pmatrix} 3 & 1 \\ -2 & 1 \end{pmatrix}, \quad A_2 = \begin{pmatrix} -1 & 2 \\ 1 & 1 \end{pmatrix}, \quad A_3 = \begin{pmatrix} -1 & 3 \\ -1 & 1 \end{pmatrix},$$
$$A_4 = \begin{pmatrix} -2 & -1 \\ 3 & -1 \end{pmatrix}, \quad A_5 = \begin{pmatrix} -2 & 5/7 \\ 7 & -3 \end{pmatrix}, \quad A_6 = \begin{pmatrix} 3 & -1 \\ 1 & 1 \end{pmatrix}.$$

Équations linéaires du second ordre. Les équations linéaires du second ordre modélisent de nombreux phénomènes et sont la source de nombreuses fonctions classiques. Par exemple la fonction hypergéométrique de Gauss $F(a, b, c\,; x)$ (page 259) est une solution de l'équation différentielle

$$x(1-x)w'' + (c - (a+b+1)x)w' - abw = 0.$$

Les fonctions d'Airy Ai et Bi, prises en compte par le système sous les noms **`AiryAi`** et **`AiryBi`** (**`?Airy`**) forment une base de l'espace des solutions sur $\mathbb{R}$ de l'équation d'Airy

$$y'' = xy.$$

L'équation de Bessel

$$x^2w'' + xw' + (x^2 - \nu^2)w = 0,$$

dans laquelle le paramètre ν est entier, réel ou complexe, suivant le degré de généralité que l'on s'autorise, admet pour solutions les fonctions de Bessel de première espèce J_ν et de seconde espèce Y_ν, notées ici **`BesselJ`** et **`BesselY`** (**`?Bessel`**). Ces équations sont liées car les fonctions d'Airy peuvent s'exprimer par des fonctions de Bessel d'indice $\nu = 1/3$ et les fonctions de Bessel sont des cas limites de fonctions hypergéométriques.

Pour chacun de ces exemples, on sait donner des développements en série des solutions. Cependant les deux dernières équations ont des propriétés différentes. L'équation d'Airy est sous forme résolue et le théorème de Cauchy-Lipschitz pour les équations linéaires s'y applique sans problème. Qui plus est, les coefficients de l'équation sont des fonctions développables en série entière au voisinage de l'origine et les rayons de convergence sont positifs strictement, puisque ce sont des fonctions polynômes. On traduit cette propriété en disant que l'origine est un *point ordinaire*. Elle implique que les solutions de l'équation sont elles-mêmes développables en série entière au voisinage de l'origine avec un rayon de convergence strictement positif, ce que nous pourrons vérifier sur chaque exemple. Nous pourrions déterminer ce développement à l'aide de GFUN comme nous l'avons déjà fait dans le chapitre précédent (page 262). Ceci ferait apparaître les développements des deux fonctions d'Airy

$$\mathrm{Ai}(x) = c_1 f(x) - c_2 g(x), \qquad \mathrm{Bi}(x) = \sqrt{3}\,(c_1 f(x) + c_2 g(x)),$$

avec

$$f(x) = \sum_{k=0}^{+\infty} 3^k \left(\frac{1}{3}\right)_k \frac{x^{3k+1}}{(3k)!}, \qquad g(x) = \sum_{k=0}^{+\infty} 3^k \left(\frac{2}{3}\right)_k \frac{x^{3k+1}}{(3k+1)!},$$

et

$$c_1 = \frac{3^{-2/3}}{\Gamma(2/3)}, \qquad c_2 = \frac{3^{-1/3}}{\Gamma(1/3)}.$$

Rappelons que $(x)_k$ désigne le symbole de Pochhamer (page 259). Les séries entières précédentes ont toutes les deux un rayon de convergence infini.

L'équation de Bessel est plus subtile ; en effet l'origine est un *point singulier* à cause du coefficient x^2 en facteur de w'' dans l'équation. Cependant ce point singulier $x_0 = 0$ est un *point singulier régulier*; cette locution signifie que l'équation s'écrit

$$w'' + \frac{p(x)}{x - x_0} w' + \frac{q(x)}{(x - x_0)^2} w = 0$$

avec des fonctions p et q développables en série entière au voisinage du point singulier et ces séries ont un rayon de convergence strictement positif. Dans ce cas, le comportement des solutions au voisinage du point singulier ne se réduit pas nécessairement à celui d'une série entière. Pour l'équation de Bessel, le comportement local des solutions est donné par **dsolve/series** (mais la forme des solutions fait sentir que le cas où ν est entier pose problème).

```
Besseldeq:=x^2*diff(w(x),x,x)+x*diff(w(x),x)+(x^2-nu^2)*w(x):
dsolve(Besseldeq,w(x),type=series);
```

$$\mathrm{w}(x) = \_C1\, x^{(-\nu)} \left(1 + \frac{1}{4\,\nu - 4}\, x^2 + \frac{1}{(8\,\nu - 16)\,(4\,\nu - 4)}\, x^4 + \mathrm{O}(x^6)\right)$$
$$+ \_C2\, x^{\nu} \left(1 + \frac{1}{-4\,\nu - 4}\, x^2 + \frac{1}{(-8\,\nu - 16)\,(-4\,\nu - 4)}\, x^4 + \mathrm{O}(x^6)\right)$$

La présence des $x^{\pm\nu}$ montre qu'il faut élargir le type d'expressions utilisé. La *méthode de Frobenius* consiste à rechercher des solutions qui s'écrivent au voisinage de x_0 comme le produit d'une puissance $(x - x_0)^\alpha$ et d'une série entière en $x - x_0$. La substitution d'une telle expression dans l'équation différentielle, puis une simplification pour revenir à des séries entières permettent une identification grâce à l'unicité de l'écriture des séries entières.

```
normal(subs(w(x)=x^alpha*(1+add(c(n)*x^n,n=1..Order)),
            Besseldeq)/x^alpha,expanded):
series(",x):
map(collect,",c);
```

$$(\alpha^2 - \nu^2) + (\alpha^2 + 1 + 2\,\alpha - \nu^2)\,\mathrm{c}(1)\,x + ((4 - \nu^2 + 4\,\alpha + \alpha^2)\,\mathrm{c}(2) + 1)\,x^2 +$$
$$(\mathrm{c}(1) + (\alpha^2 + 6\,\alpha - \nu^2 + 9)\,\mathrm{c}(3))\,x^3 + (\mathrm{c}(2) + (\alpha^2 + 16 + 8\,\alpha - \nu^2)\,\mathrm{c}(4))\,x^4 +$$
$$(\mathrm{c}(3) + (-\nu^2 + 25 + 10\,\alpha + \alpha^2)\,\mathrm{c}(5))\,x^5 + \mathrm{O}(x^6)$$

L'identification à zéro fournit le début d'un système infini, une récurrence. La première équation $\alpha^2 - \nu^2 = 0$ est l'*équation indicielle* ; elle détermine les valeurs possibles de α. Ici elle est du second degré, car l'équation différentielle est du second ordre, et ses racines sont $\pm\nu$. Il y a deux cas à considérer. Le premier est celui où les deux racines ne différent pas d'un entier ; chacune fournit alors une solution et les deux solutions vont donner une base de l'espace des solutions, au moins à droite de la singularité x_0 car les exposants $\pm\nu$ peuvent être réels ou complexes. Ici on trouve comme base de l'espace des solutions sur $]0, +\infty[$ — cette affirmation suppose que l'on ait calculé les rayons de convergence pour justifier la méthode — le couple constitué de J_ν et $J_{-\nu}$ définies par

$$J_\nu(x) = \left(\frac{x}{2}\right)^\nu \sum_{k=0}^{+\infty} \frac{(-1)^k \left(\frac{x}{2}\right)^{2k}}{k!\Gamma(\nu + k + 1)}.$$

Si les deux racines diffèrent d'un entier, la plus grande racine donne une solution, mais la plus petite fournit une solution proportionnelle à la précédente ou aucune solution. Dans ce cas on attend un terme logarithmique. On le constate dans le cas où ν est entier n, par exemple 0, avec **dsolve/series**.

```
Bessel0deq:=subs(nu=0,Besseldeq);
dsolve(Bessel0deq,w(x),type=series);
```

$$\mathrm{w}(x) = \_C1\,(1 - \frac{1}{4}x^2 + \frac{1}{64}x^4 + \mathrm{O}(x^6))$$
$$+ \_C2\,(\ln(x)\,(1 - \frac{1}{4}x^2 + \frac{1}{64}x^4 + \mathrm{O}(x^6)) + (\frac{1}{4}x^2 - \frac{3}{128}x^4 + \mathrm{O}(x^6)))$$

EXERCICE **7.5.** On demande d'étudier le comportement des solutions de l'équation différentielle

$$x^2(9x+4)w'' + (2x+1)w = 0$$

au voisinage de 0 et de $+\infty$. On utilisera **dsolve/series** et le changement de variable $x = 1/t$ pour ce qui est de l'infini.

2 Exercices

EXERCICE **7.6.** Considérons une matrice carrée A complexe de taille d. Le problème de Cauchy

$$\frac{dX}{dt} = AX, \qquad X(0) = I_d,$$

où I_d désigne la matrice identique de taille d, possède une unique solution définie sur $\mathbb{R}$ à valeurs dans l'espace des matrices carrées complexes de taille d, d'après le théorème de Cauchy-Lipschitz pour les systèmes linéaires. Cette unique solution Φ_A est notée

$$t \mapsto \exp(tA) \qquad \text{ou} \qquad t \mapsto e^{tA}$$

et la valeur pour $t = 1$ de cette solution est l'*exponentielle* de la matrice A.

Il est utile de remarquer qu'une matrice commute avec son exponentielle. Notons Δ la différence $A\Phi_A - \Phi_A A$; alors Δ est solution du problème de Cauchy

$$\frac{dZ}{dt} = AZ, \qquad Z(0) = 0.$$

C'est donc la matrice nulle par unicité de la solution du problème de Cauchy, d'où la formule attendue avec $t = 1$.

a. Le nom d'exponentielle fait attendre la formule

$$\exp(A + B) = \exp(A)\exp(B).$$

Introduisons l'application $\Delta = \Phi_{A+B} - \Phi_A\Phi_B$. Calculez les valeurs en 0 de Δ ainsi que de ses dérivées première et seconde ; de là tirez une condition nécessaire et suffisante pour que Δ soit la fonction nulle. En particulier donnez une condition suffisante pour que l'exponentielle de la somme soit le produit des exponentielles. Donnez des contre-exemples pour lesquels $\exp(A + B)$ n'est pas $\exp(A)\exp(B)$ en employant la procédure `linalg/exponential` et des matrices 2×2.

b. Dans chacun des six cas de base qui apparaissent dans la classification des matrices réelles 2×2 inversibles (page 307), résolvez explicitement le système différentiel de matrice A avec les conditions initiales $x(0) = x_0$, $y(0) = y_0$ et déterminez la matrice $\Phi(t)$ telle que, pour tout t,

$$\begin{pmatrix} x(t) \\ y(t) \end{pmatrix} = \Phi(t) \begin{pmatrix} x_0 \\ y_0 \end{pmatrix}.$$

Puisque cette matrice dépend de t, c'est en fait une fonction définie sur $\mathbb{R}$ à valeurs dans $\mathrm{M}_2(\mathbb{R})$. Elle satisfait le problème de Cauchy

$$\begin{cases} \Phi'(t) = A\Phi(t), \\ \Phi(0) = I_2 \end{cases}$$

et c'est donc $\Phi_A(t) = \exp(tA)$.

c. Calculez le déterminant de $\Phi_A(t)$ en utilisant la définition du déterminant. Fabriquez une matrice de taille 10×10 dont le déterminant vaut 1 et qui ne soit ni triangulaire ni creuse ; on demande une matrice à coefficients flottants.

EXERCICE **7.7.** Le calcul de l'exponentielle d'une matrice (notion définie dans l'exercice précédent) est délicat car il est lié à la réduction de la matrice et en dernier ressort à la résolution d'une équation algébrique. Le calcul numérique est moins coûteux que le calcul exact, mais il souffre de problèmes d'instabilité [36, p. 396]. Nous allons ici nous contenter d'une approche naïve.

a. Prouvez la formule valable pour tout réel t,

$$\exp(tA) = \sum_{n=1}^{+\infty} A^n \frac{t^n}{n!}.$$

b. L'égalité précédente fait considérer des séries entières évaluées en une matrice

$$\sum_{n=0}^{+\infty} u_n A^n.$$

Notons R le rayon de convergence de la série entière et ρ le rayon spectral de la matrice, c'est-à-dire le maximum des modules des valeurs propres de la matrice. On veut montrer que la série précédente converge dès que ρ est strictement plus petit que R. Pour cela on définit le module d'une matrice comme la matrice des modules des coefficients ; autrement dit le module de la matrice A est la matrice $|A|$ dont le coefficient d'indice (i,j) est le module du coefficient d'indice (i,j) de A. De plus on définit une relation d'ordre sur les matrices à coefficients réels : l'inégalité $A \leq B$ signifie que pour chaque indice (i,j) le coefficient d'indice (i,j) de A est plus petit que le coefficient d'indice (i,j) de B. Il n'est pas difficile de vérifier les formules

$$|A+B| \leq |A| + |B|, \qquad |AB| \leq |A||B|, \qquad |I_d| = I_d.$$

Admettons que toute matrice carrée complexe est triangulable et notons B une matrice triangulaire semblable à A. En utilisant une inégalité de la forme

$$|B| \leq \rho I_d + \nu T_+,$$

où T_+ est la matrice triangulaire strictement supérieure dont tous les coefficients strictement au dessus de la diagonale sont égaux à 1, montrez la convergence annoncée.

c. On demande d'écrire une procédure `matseries` qui prend en entrée une matrice, une expression de fonction et le nom de la variable utilisée pour décrire la fonction. On suppose que la fonction est développable en série entière au voisinage de 0. Si p est la troncature du développement fournie par `series`, la procédure renvoie l'évaluation de p en la matrice. On ne demande pas de vérifier les arguments ; par contre on utilisera `convert/horner` pour améliorer l'efficacité du calcul. On attend les exécutions suivantes.

```
J:=linalg[JordanBlock](lambda,5);
```

$$J := \begin{bmatrix} \lambda & 1 & 0 & 0 & 0 \\ 0 & \lambda & 1 & 0 & 0 \\ 0 & 0 & \lambda & 1 & 0 \\ 0 & 0 & 0 & \lambda & 1 \\ 0 & 0 & 0 & 0 & \lambda \end{bmatrix}$$

```
matseries(J,cos(alpha*x),x);
```

$$\begin{bmatrix} \%1\,\lambda^2+1 & \%2 & \frac{1}{4}\alpha^4\lambda^2-\frac{1}{2}\alpha^2 & \frac{1}{6}\alpha^4\lambda & \frac{1}{24}\alpha^4 \\ 0 & \%1\,\lambda^2+1 & \%2 & \frac{1}{4}\alpha^4\lambda^2-\frac{1}{2}\alpha^2 & \frac{1}{6}\alpha^4\lambda \\ 0 & 0 & \%1\,\lambda^2+1 & \%2 & \frac{1}{4}\alpha^4\lambda^2-\frac{1}{2}\alpha^2 \\ 0 & 0 & 0 & \%1\,\lambda^2+1 & \%2 \\ 0 & 0 & 0 & 0 & \%1\,\lambda^2+1 \end{bmatrix}$$

$$\%1 := \frac{1}{24}\alpha^4\lambda^2 - \frac{1}{2}\alpha^2$$
$$\%2 := 2\,\%1\,\lambda + \frac{1}{12}\alpha^4\lambda^3$$

d. Soit A la matrice carrée de taille 4 dont tous les coefficients sont égaux à 0.1. Calculez une matrice B solution de l'équation $B^2 = (I_4 + A)^{-1}$. On demande une matrice à coefficients flottants.

EXERCICE **7.8.** Étant donnée une matrice carrée A existe-t-il un chemin dérivable qui va de la matrice identique à A ? Évidemment il suffit de parcourir le segment qui va de la matrice identique à A. Cependant nous ajoutons une contrainte : la matrice A est inversible et nous voulons que le chemin soit tracé dans le groupe des matrices inversibles. Cet exercice va donner une réponse partielle à la question.

a. Si z est un nombre complexe qui n'est pas un réel négatif, nous posons

$$\ln z = \int_0^1 \frac{z-1}{1-s+sz}\,ds.$$

Montrez que l'emploi de la notation ln est justifié en ce sens que l'égalité

$$\exp(\ln z) = z$$

est satisfaite pour tout z qui n'est pas un réel négatif.

b. Soit M une matrice carrée complexe de taille d ; nous posons

$$\ln M = \int_0^1 (M - I_d)\left((1-s)I_d + sM\right)^{-1}\,ds.$$

Quel est l'ensemble de définition de cette fonction ln ?

c. Pour tout M tel que $\ln M$ soit défini, prouvez la formule

$$\exp(\ln M) = M,$$

qui justifie l'emploi de la notation ln et fait que nous parlerons de logarithme d'une matrice. On commencera par le cas où M est diagonalisable.

d. Calculez les logarithmes des matrices suivantes,

$$\begin{pmatrix} 1 & 0 & 0 & 0 \\ 0 & 2 & 0 & 0 \\ 0 & 0 & 3 & 0 \\ 0 & 0 & 0 & 4 \end{pmatrix}; \quad \begin{pmatrix} 0 & 0 & 0 & -24 \\ 1 & 0 & 0 & 50 \\ 0 & 1 & 0 & -35 \\ 0 & 0 & 1 & 10 \end{pmatrix};$$

$$\begin{pmatrix} \frac{\sqrt{6}}{4} - \frac{\sqrt{2}}{4} & \frac{3\sqrt{6}}{20} + \frac{3\sqrt{2}}{20} & 0 & \frac{\sqrt{6}}{5} + \frac{\sqrt{2}}{5} \\ -\frac{3\sqrt{6}}{20} - \frac{3\sqrt{2}}{20} & \frac{16}{25} + \frac{9\sqrt{6}}{100} - \frac{9\sqrt{2}}{100} & 0 & \frac{3\sqrt{6}}{25} - \frac{3\sqrt{2}}{25} - \frac{12}{25} \\ 0 & 0 & 1 & 0 \\ -\frac{\sqrt{6}}{5} - \frac{\sqrt{2}}{5} & \frac{3\sqrt{6}}{25} - \frac{3\sqrt{2}}{25} - \frac{12}{25} & 0 & \frac{9}{25} + \frac{4\sqrt{6}}{25} - \frac{4\sqrt{2}}{25} \end{pmatrix}.$$

La deuxième matrice est la matrice compagne du polynôme $\prod_{i=1}^{4}(x - i)$ (**?linag/companion**) et la dernière est antisymétrique. On tentera de vérifier le résultat avec **linalg/exponential**.

e. On considère une matrice A carrée complexe de taille d et inversible. Discutez la possibilité de trouver un chemin dérivable

$$t \mapsto \Gamma(t), \qquad 0 \leq t \leq 1,$$

de I_d à A et tel que pour tout t la matrice $\Gamma(t)$ soit inversible.

f. Les deux matrices suivantes définissent respectivement deux bases orthonormées de $\mathbb{R}^3$ et $\mathbb{R}^4$,

$$\frac{1}{4}\begin{pmatrix} 3 & -1 & -\sqrt{6} \\ 1 & 3 & -\sqrt{6} \\ \sqrt{6} & \sqrt{6} & 2 \end{pmatrix}; \quad \frac{1}{6}\begin{pmatrix} 3 & 1 & -5 & -1 \\ 3 & 1 & 1 & 5 \\ -3 & -3 & -3 & 3 \\ -3 & 5 & -1 & 1 \end{pmatrix}.$$

On demande de passer continûment de la base canonique de $\mathbb{R}^3$ ou $\mathbb{R}^4$ à chacune de ces bases tout en préservant cette propriété métrique remarquable. On illustrera les deux situations.

3 Problèmes

Stabilité. Nous considérons un système différentiel autonome dont l'espace des phases (page 306) est de dimension 2, ou plus explicitement un système

$$\frac{dx}{dt} = P(x,y), \qquad \frac{dy}{dt} = Q(x,y).$$

Nous supposons que $V = (x, y)$ est une solution définie sur $[0, +\infty[$. Cette solution est dite *stable* si elle satisfait la condition suivante : pour tout $\varepsilon >$, on peut trouver un $\delta > 0$ tel que si W est une autre solution, alors la condition

$$||W(0) - V(0)|| < \delta$$

implique

$$||W(t) - V(t)|| < \varepsilon, \qquad \text{pour } t \geq 0.$$

Autrement dit, si les conditions initiales sont suffisamment proches, alors la distance entre les solutions reste bornée. Cette définition suppose que toute solution W associée à une condition initiale proche de $V(0)$ se prolonge en une solution définie sur tout $[0, +\infty[$. De plus la norme utilisée est n'importe quelle norme de $\mathbb{R}^2$.

La solution V est dite *asymptotiquement stable* si en plus des conditions précédentes on a

$$\lim_{t \to +\infty} W(t) - V(t) = 0.$$

1. On demande de fournir deux critères simples qui assurent respectivement la stabilité et la stabilité asymptotique pour l'ensemble de *toutes* les solutions d'un système différentiel linéaire homogène à coefficients constants $dV/dt = AV$, associé à une matrice A inversible 2×2. Pour cela on examinera chacun des cas de base présentés page 307.

2. La classification des systèmes différentiels suivant le comportement qualitatif des solutions n'est pas limitée au cadre linéaire. Il est naturel de considérer des systèmes plus généraux

$$\frac{dx}{dt} = ax + by + f(x,y), \qquad \frac{dy}{dt} = cx + dy + g(x,y),$$

qui apparaissent comme des perturbations des systèmes linéaires dans la mesure où les deux fonctions f et g satisfont

$$f(x,y) \underset{(x,y)\to(0,0)}{=} o(r), \quad g(x,y) \underset{(x,y)\to(0,0)}{=} o(r), \qquad r = \sqrt{x^2+y^2}.$$

Pour un tel système l'origine est un point critique et il est légitime de penser que les orbites ont localement l'allure de celles du système linéaire

$$\frac{dx}{dt} = ax + by, \qquad \frac{dy}{dt} = cx + dy.$$

Cette situation apparaît naturellement quand on linéarise un système associé à un champ de vecteur de classe C^1,

$$\frac{dx}{dt} = P(x, y), \qquad \frac{dy}{dt} = Q(x, y),$$

au voisinage d'un point critique (x_0, y_0). En posant $x = x_0 + u$, $y = y_0 + v$, on a alors le système linéarisé

$$\frac{du}{dt} = \frac{\partial P}{\partial x}(x_0, y_0)u + \frac{\partial P}{\partial y}(x_0, y_0)v, \quad \frac{dv}{dt} = \frac{\partial Q}{\partial x}(x_0, y_0)u + \frac{\partial Q}{\partial y}(x_0, y_0)v.$$

En effet la première équation du système donne par substitution

$$\begin{aligned}\frac{du}{dt} = \frac{dx}{dt} &= P(x_0 + u, y_0 + v)\\ &= P(x_0, y_0) + \frac{\partial P}{\partial x}(x_0, y_0)u + \frac{\partial P}{\partial y}(x_0, y_0)v + o(\sqrt{u^2 + v^2}),\end{aligned}$$

ce qui fournit la première équation du système linéarisé en négligeant le terme d'erreur. La seconde se traite de même.

2.a. On demande d'étudier le système

$$\frac{dx}{dt} = x + y + 1, \qquad \frac{dy}{dt} = x + xy$$

au voisinage de ses points critiques. Le type de chaque point critique rentre-t-il dans la même classe que le type de l'origine pour le système linéarisé correspondant ? On peut utiliser `linalg/jacobian` pour alléger le calcul.

2.b. L'équation du pendule simple

$$\ddot{\vartheta} + \omega^2 \sin \vartheta = 0$$

se récrit comme un système du premier ordre

$$\frac{dx}{dt} = y, \qquad \frac{dy}{dt} = -\omega^2 \sin x.$$

Étudiez le comportement au voisinage des points critiques et pour chacun d'eux effectuez la comparaison avec le comportement du système linéarisé.

2.c. Étudiez au voisinage de l'origine le système

$$\frac{dx}{dt} = -y - x\sqrt{x^2 + y^2}, \qquad \frac{dy}{dt} = x - y\sqrt{x^2 + y^2}$$

et comparez son comportement à celui du système linéarisé. On prendra soin de prouver que le champ de vecteurs est de classe C^1.

3. Nous voulons établir un critère simple permettant d'affirmer que le système a le même comportement au voisinage d'un point critique que son système linéarisé [24, 30].

3.a. Pour cela nous avons besoin d'un résultat technique, le *lemme de Gronwall.* On considère trois fonctions continues f, u, v qui sur un intervalle I satisfont l'inégalité

$$f(t) \leq v(t) + \int_{t_0}^{t} u(s)f(s)\,ds, \qquad t_0, t \in I.$$

En supposant u positive, montrez qu'elles satisfont alors l'inégalité

$$f(t) \leq v(t) + \int_{t_0}^{t} u(s)v(s)\exp\left(\int_{s}^{t} u(r)\,dr\right)\,ds.$$

Pour cela on peut utiliser la fonction

$$F(t) = \int_{t_0}^{t} u(s)f(s)\,ds.$$

3.b. Soit A une matrice carrée réelle. Montrez que les solutions φ définies à droite de 0 du système différentiel

$$\frac{dV}{dt} = AV + E(t,V),$$

où E est continue, s'écrivent

$$\varphi(t) = e^{tA}\varphi(0) + \int_{0}^{t} e^{(t-s)A}E(s,\varphi(s))\,ds.$$

Pour l'exponentielle de matrice, on peut se référer à l'exercice 7.6. Il est utile de connaître le résultat que voici pour traiter la question suivante : Notons σ la plus grande des parties réelles des valeurs propres de la matrice A ; alors pour tout σ' strictement plus grand que σ on peut trouver une constante K qui permet d'assurer l'inégalité

$$\|\exp(tA)\| \leq K\exp(t\sigma')$$

pout réel t positif. Dans cet énoncé, on suppose que la norme employée est une norme d'algèbre.

3.c. On suppose que la fonction E satisfait l'inégalité asymptotique

$$E(t,V) \underset{V\to 0}{=} o(V)$$

et que toutes les valeurs propres de A ont une partie réelle strictement négative. Montrez que la solution nulle est asymptotiquement stable. Dans cette hypothèse, le système et le système linéarisé ont donc le même comportement au voisinage du point critique qu'est l'origine.

4 Thèmes

Holonomie des fonctions algébriques. On dit qu'une fonction est *holonome* si elle satisfait une équation différentielle linéaire à coefficients polynomiaux. Beaucoup de fonctions usuelles sont holonomes ; c'est par exemple le cas des fonctions rationnelles, de l'exponentielle et des fonctions trigonométriques, du logarithme ou des fonctions de Bessel.

Nous nous intéressons à une catégorie particulière de fonctions holonomes, les fonctions algébriques. Une fonction φ est *algébrique* si elle vérifie une équation algébrique

$$P(x, \varphi(x)) = 0$$

pour un certain polynôme P en deux indéterminées X et Y, qui ne se réduit pas au polynôme nul. Notre but est de montrer que toute fonction algébrique est effectivement une fonction holonome et aussi de fournir un algorithme qui fait passer d'une équation algébrique satisfaite par la fonction à une équation différentielle satisfaite par la fonction. L'existence de l'algorithme établira la véracité de nos dires.

Nous supposons donc que φ est une fonction algébrique liée à un polynôme P, vu comme polynôme en Y à coefficients des fractions rationnelles en X. Nous pourrions supposer que P est aussi un polynôme en X ; il suffit de réduire tous les coefficients des puissances de Y au même dénominateur, puis d'évacuer ce dénominateur pour se ramener au cas d'un polynôme. L'hypothèse que nous faisons permet un peu plus de souplesse.

L'idée de l'algorithme est la suivante. Supposons que la fonction

$$x \mapsto \frac{\partial P}{\partial y}(x, \varphi(x))$$

ne soit pas la fonction nulle. Ceci est garanti si P est un polynôme en Y irréductible sur le corps des fractions rationnelles en X. Nous ajoutons donc cette hypothèse. Alors il existe un point x_0 au voisinage duquel le théorème des fonctions implicites s'applique et montre d'une part que la fonction φ est de classe C^∞, d'autre part que sa dérivée première est donnée par la formule

$$\varphi'(x) = -\frac{\partial P/\partial X(x, \varphi(x))}{\partial P/\partial Y(x, \varphi(x))}.$$

L'hypothèse que P est irréductible fait que les deux polynômes P et $\partial P/\partial Y$ sont premiers entre eux dans l'anneau de polynômes $\mathbb{R}(X)[Y]$. On peut donc trouver une relation de Bézout, précisément une relation de la forme

$$U(X,Y)\frac{\partial P}{\partial Y}(X,Y) + V(X,Y)P(X,Y) = G(X).$$

Tous les termes de cette relation sont des polynômes en Y à coefficients des fractions rationnelles en X. En particulier la fraction rationnelle $G(X)$ est un inversible dans l'anneau $\mathbb{R}(X)[Y]$. Cette relation de Bézout fournit un inverse modulo P pour $\partial P/\partial Y$, grâce à la relation

$$U(X,Y)\,\frac{\partial P}{\partial Y}(X,Y) \equiv G(X) \bmod P(X,Y)\,;$$

par substitution de la fonction φ à Y, on a donc la formule

$$U(x,\varphi(x))\frac{\partial P}{\partial Y}(x,\varphi(x)) = G(x)$$

et ceci conduit à l'égalité

$$\varphi'(x) = -\frac{\partial P}{\partial X}(x,\varphi(x))\frac{U(x,\varphi(x))}{G(x)}.$$

Celle-ci montre que la dérivée φ' s'écrit comme un polynôme en φ, de degré moindre que le degré de P en Y, à coefficients des fonctions rationnelles en X. En effet il suffit d'opérer une division euclidienne par P, vu comme un polynôme en Y, pour satisfaire la contrainte de degré et ceci fournit une égalité

$$\varphi'(x) = T_1(x,\varphi(x)), \qquad \deg_Y T_1 < d = \deg_Y P.$$

Testons ces idées sur l'exemple suivant. Le polynôme P est donné par

$$P(X,Y) = Y - 1 - XY^3$$

et nous abrégeons $\varphi(x)$ et $\varphi'(x)$ en y et y'. Nous explicitons les quantités que nous venons de définir.

```
P:=Y-1-X*Y^3:
A:=-diff(P,X):
B:=diff(P,Y):
gcdex(B,P,Y,'U','V'):
G:=collect(U*B+V*P,Y,normal):
normal(rem(A*U/G,P,Y));
```

$$\frac{-2 - 9\,Y\,X + 2\,Y + 3\,X\,Y^2}{(27\,X - 4)\,X}$$

Le résultat du calcul est $T_1(X,Y)$, polynôme en Y de degré au plus $d-1=2$. L'expression de $T_1(X,Y)$ prouve la formule

$$y' = \frac{-2 - 9xy + 2y + 3xy^2}{x(27x-4)}.$$

Disposant de φ' sous cette forme, nous pouvons calculer les dérivées successives de φ par simple dérivation de fonctions composées. En effet la formule au rang k,

$$\varphi^{(k)}(x) = T_k(x, \varphi(x)),$$

fournit par dérivation

$$\begin{aligned}\varphi^{(k+1)}(x) &= \frac{\partial T_k}{\partial X}(x, \varphi(x)) + \frac{\partial T_k}{\partial Y}(x, \varphi(x))\, \varphi'(x) \\ &= \frac{\partial T_k}{\partial X}(x, \varphi(x)) + \frac{\partial T_k}{\partial Y}(x, \varphi(x))\, T_1(x, \varphi(x)).\end{aligned}$$

Il suffit de réduire les expressions obtenues modulo P pour exprimer toutes les dérivées de φ comme des polynômes en φ dont le degré ne surpasse pas celui de P. Dans l'exemple on obtient d'abord

$$y'' = 6\,\frac{3\,x^2y^3 - 27\,x^2y^2 + 3\,xy^2 + 54\,x^2y - 26\,xy + 2\,y + 21\,x - 2}{x^2(27\,x - 4)^2},$$

puis en réduisant le numérateur modulo P, on a l'expression suivante de la dérivée seconde.

$$y'' = -6\,\frac{27\,x^2y^2 - 3\,xy^2 - 2\,y - 54\,x^2y + 23\,xy - 18\,x + 2}{x^2(27\,x - 4)^2}.$$

Comme le polynôme P est de degré 3 en Y, il suffit d'éliminer y^2 dans les expressions de y' et de y'' pour obtenir une équation différentielle linéaire satisfaite par la fonction φ. On remarque que dans la combinaison linéaire

$$6(9x - 1)y' + x(27x - 4)y''$$

il n'y a plus de puissance de y dont l'exposant soit plus grand que 2. L'équation recherchée s'obtient donc en calculant $6(9x-1)y' + x(27x-4)y''$. Compte tenu des relations trouvées pour y' et y'', et après réduction au même dénominateur on trouve finalement l'équation différentielle

$$\left(27\,x^2 - 4\,x\right) y'' + (54\,x - 6)\, y' + 6\,y = 0.$$

Plus généralement, on exprimerait les dérivées successives de φ comme des polynômes T_k en φ de degré en Y moindre que le degré de P. Si le nombre de dérivées surpasse ce degré une relation de dépendance apparaît et ceci fournit l'équation différentielle cherchée. En pratique, on obtient l'équation différentielle en explicitant les polynômes $T_k(X, Y)$,

$$T_k(X, Y) = \sum_{\ell=0}^{d-1} c_{k,\ell}(X) Y^\ell\,;$$

en rangeant les coordonnées sur la base canonique de ces polynômes dans une matrice

$$\begin{pmatrix} 0 & c_{1,0}(X) & c_{2,0}(X) & \dots \\ 1 & c_{1,1}(X) & c_{2,1}(X) & \dots \\ 0 & c_{1,2}(X) & c_{2,2}(X) & \dots \\ & \vdots & \vdots & \\ 0 & c_{1,d-1}(X) & c_{2,d-1}(X) & \dots \end{pmatrix}$$

et en cherchant une relation de dépendance entre les colonnes de cette matrice. On obtient ainsi une équation différentielle linéaire homogène. On peut cependant limiter un peu les calculs en cherchant une équation différentielle linéaire non homogène, qui sera d'un ordre moins élevé que la précédente. Pour cela if suffit de ne pas tenir compte des degrés 0 ou 1 dans la recherche de cette relation de dépendance, c'est-à-dire de se limiter à la matrice

$$\begin{pmatrix} c_{1,2}(X) & c_{2,2}(X) & \dots \\ \vdots & \vdots & \\ c_{1,d-1}(X) & c_{2,d-1}(X) & \dots \end{pmatrix}.$$

On demande d'écrire une procédure **algtodiffeq** qui prend en entrée un polynôme irréductible P ainsi que le nom de la fonction et renvoie l'équation différentielle linéaire à coefficients polynomiaux vérifiée par la fonction algébrique. Suivant les capacités dont on dispose on supposera que les arguments passés en paramètre sont corrects ou on effectuera une vérification complète de la spécification. On attend une exécution comme suit.

```
algtodiffeq(1+y+x*y^2,y(x));
```

$$\left(\frac{\partial}{\partial x}\,\mathrm{y}(x)\right)x\,(4\,x-1)+(2\,x-1)\,\mathrm{y}(x)-1$$

Équations de Riccati. Une équation de Riccati est une équation différentielle de la forme

$$y' = a(x)y^2 + b(x)y + c(x)\,;$$

l'inconnue est une fonction φ dont la dérivée s'écrit comme un trinôme du second degré en φ. Les coefficients $a(x)$ et $c(x)$ ne sont pas la fonction nulle, pour que l'équation ne soit pas dégénérée. De plus nous faisons l'hypothèse que ces coefficients sont des fonctions continues sur un intervalle donné.

1. Supposons qu'une équation différentielle linéaire homogène du second ordre

$$z'' + p(x)z' + q(x)z = 0$$

possède une solution z qui ne s'annule pas dans un certain intervalle I. Dans cet intervalle on peut considérer la fonction $y = -z'/z$ et celle-ci est dérivable dans I avec une dérivée donnée par

$$y' = -\frac{z''}{z} + \frac{z'^2}{z^2}.$$

Le fait que z soit solution de l'équation différentielle ci-dessus permet d'écrire

$$y' = \frac{p(x)z' + q(x)y}{z} + \frac{z'^2}{z^2}$$

c'est-à-dire

$$y' = y^2 - p(x)y + q(x).$$

Ainsi y est solution sur I d'une équation de Riccati.

Supposons inversement qu'une fonction y soit solution sur un intervalle I d'une équation de Riccati

$$y' = a(x)y^2 + b(x)y + c(x).$$

Supposons de plus que la fonction a ne s'annule pas dans I et soit dérivable ; nous pouvons alors définir une fonction w sur I par la formule

$$y = -\frac{w'}{w}\frac{1}{a}$$

ou plus explicitement

$$\forall x \in I, \qquad w(x) = C \exp\left(-\int_{x_0}^{x} a(t)y(t)\,dt\right)$$

avec C une constante arbitraire. On demande de montrer que la fonction w est solution d'une équation différentielle linéaire du second ordre.

2. Mettez au point deux séquences de calcul, l'une qui fait passer de l'équation linéaire du second ordre à l'équation de Riccati et l'autre qui réalise la transformation inverse. La variable indépendante et les deux fonctions inconnues seront notées x, $y(x)$ et $w(x)$ comme dans les calculs précédents. On n'oubliera pas de traiter les conditions initiales. Voici quelques exemples à tester,

$$\begin{cases} y^2 + y' = 2y, \\ y(1) = 0\,; \end{cases} \qquad \begin{cases} y' = x^2 + 2y^2, \\ y(0) = 0\,; \end{cases}$$

$$\begin{cases} y' = y^2 + y + 1, \\ y(0) = \eta\,; \end{cases} \qquad \begin{cases} w'' + xw = 0, \\ w(0) = w_0,\ w'(0) = w_1. \end{cases}$$

3. D'après le théorème de Cauchy-Lipschitz, le problème de Cauchy

$$\begin{cases} y' = y^2 + y + 1, \\ y(0) = \eta. \end{cases}$$

possède une unique solution maximale que nous obtenons comme suit. Le problème linéaire associé s'écrit

$$\begin{cases} w'' - w' + w = 0, \\ w(0) = 1,\ w'(0) = -\eta \end{cases}$$

et sa résolution fournit la solution du problème considéré.

```
dsolve({diff(diff(w(x),x),x)-diff(w(x),x)+w(x),
                                  w(0)=1,D(w)(0)=-eta},w(x));
Y:=collect(normal(eval(subs(",-diff(w(x),x)/w(x)))),
                                        {sin,cos},factor);
```

$$Y := -\frac{3\cos(\frac{1}{2}\sqrt{3}\,x)\,\eta + \sqrt{3}\,(2+\eta)\sin(\frac{1}{2}\sqrt{3}\,x)}{-3\cos(\frac{1}{2}\sqrt{3}\,x) + (1+2\,\eta)\sqrt{3}\sin(\frac{1}{2}\sqrt{3}\,x)}$$

L'intervalle de définition de la solution maximale dépend de la place des zéros du dénominateur, c'est-à-dire des zéros de la solution du problème linéaire. Ici cela amènerait à discuter l'équation $(2\eta+1)\mathrm{tg}(x\sqrt{3}/2) = \sqrt{3}$.

On demande d'étudier l'intervalle de définition de la solution maximale du problème de Cauchy

$$\begin{cases} y' = 1/x^4 - y^2, \\ y(1) = \eta. \end{cases}$$

On illustrera la situation d'un graphique.

4. Étudiez d'une manière similaire les problèmes de Cauchy suivants,

$$\begin{cases} y' = y^2 - 3/(4x^2), \\ y(1) = 1/2\,; \end{cases} \qquad \begin{cases} y' = y^2 + x, \\ y(0) = 1\,; \end{cases}$$

$$\begin{cases} y' = y^2 + y/(2x) + 1/(4x), \\ y(0) = 1/2\,; \end{cases} \qquad \begin{cases} y' = y^2 + x^2, \\ y(0) = \sqrt{2}/\Gamma(1/4). \end{cases}$$

On notera que les solutions renvoyées par MAPLE peuvent faire croire à l'existence de singularités ; pour s'affranchir de cette illusion on pourra utiliser **series** ainsi que GFUN (page 262).

5 Réponses aux exercices

EXERCICE **7.1.** La séquence de calcul donnée dans le texte fournit l'allure des courbes intégrales pour tous les exemples sauf le dernier. Pour celui-ci on peut utiliser le fait que la relation se résout en x, ce qui permet de tracer le graphe de la figure 7.5.

Dans chaque cas, il est intéressant de regarder le graphique en pensant au théorème de Cauchy-Lipschitz. Par exemple l'équation liée au graphique de la figure 7.5 s'écrit sous forme résolue

$$y' = -\frac{x}{2}\,\frac{y^2 - y + 1}{y^2 - 1}.$$

Le membre droit est une fonction de classe C^∞ dans l'ouvert

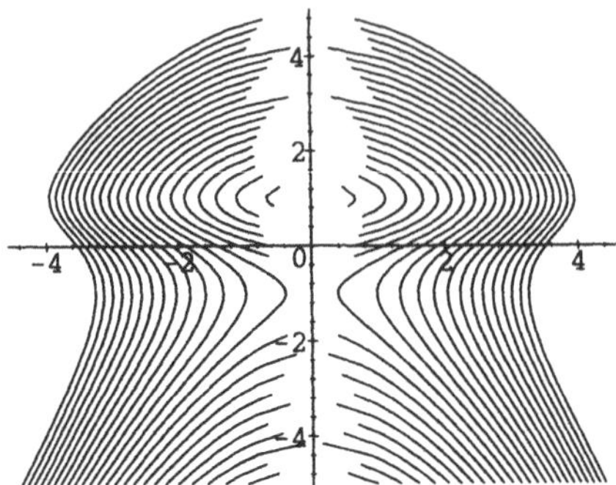

Figure 7.5.

$$\Omega = \mathbb{R} \times (]-\infty, -1[\cup]-1, 1[\cup]1, +\infty[) .$$

On voit bien que dans cet ouvert il passe par chaque point une courbe intégrale et une seule. Par contre pour les points d'ordonnée ± 1, il semble ne pas y avoir de solution. Une étude est nécessaire, par exemple en $(0, \pm 1)$.

EXERCICE **7.2.** L'équation

$$y' = \frac{n_1 x + n_2 y + n_3}{d_1 x + d_2 y + d_3}$$

est homogène dès que n_3 et d_3 sont nuls. On effectue donc le changement de variables et de fonctions $x = t + a$, $y = w + b$ de façon à annuler ces termes dans l'équation transformée qui est du même type.

```
deq:=diff(y(x),x)=(3*x+4*y(x)+5)/(2*x+3*y(x)-6):
newdeq:=DEtools[Dchangevar]({x=t+a,y(x)=w(t)+b},deq,x,t);
```

$$newdeq := \frac{\partial}{\partial t}\,\mathrm{w}(t) = \frac{3\,t + 3\,a + 4\,\mathrm{w}(t) + 4\,b + 5}{2\,t + 2\,a + 3\,\mathrm{w}(t) + 3\,b - 6}$$

```
rightterm:=op(remove(has,[op(newdeq)],diff));
equ1:=remove(has,numer(rightterm),{t,w(t)});
equ2:=remove(has,denom(rightterm),{t,w(t)});
sol:=solve({equ1,equ2},{a,b});
```

$$sol := \{a = -39,\ b = 28\}$$

Nous résolvons la nouvelle équation.

```
dsolve(subs(sol,newdeq),w(t));
```

$$t = \frac{\_C1\; t\, e^{(-3/10\,\sqrt{10}\,\mathrm{arctanh}(1/10\,\frac{(t-3\,\mathrm{w}(t))\,\sqrt{10}}{t}))}}{\sqrt{-2\,t\,\mathrm{w}(t) + 3\,\mathrm{w}(t)^2 - 3\,t^2}}$$

On peut vérifier que la solution fournie par MAPLE a la même allure. Notons que la solution n'est pas explicite, mais que l'expression obtenue permet de tracer l'allure des courbes intégrales en travaillant avec t et $1-3w/t$. Pour ce qui est de la généralisation du procédé, la seule question qui subsiste est de savoir si le système qui détermine a et b est de Cramer.

EXERCICE **7.3.** Au voisinage de $2k\pi$ avec k entier, les solutions définies à droite et les solutions définies à gauche se raccordent indépendamment des constantes choisies. Les fonctions obtenues sont dérivables et fournissent des solutions de l'équation. Au voisinage de $(2k+1)\pi$ la situation est plus subtile ; les solutions se raccordent si l'on choisit la même constante à droite et à gauche avec respectivement comme valeur $(2k+1)\pi/2$, $-1/3$, $(2k+1)\pi/4$, $3/10$ pour λ égal à 2, 3, 4, 5 ; les fonctions obtenues sont alors des solutions. Il existe exactement une solution maximale définie sur tout $\mathbb{R}$.

EXERCICE **7.4.** Avec **linalg/eigenvals** ou l'une des séquences de calcul fournies dans le texte, on arrive aux conclusions suivantes pour les six matrices proposées : foyer, point selle, centre, foyer, foyer, nœud impropre de première espèce respectivement.

EXERCICE **7.5.** On définit l'équation différentielle et sa transformée par le changement de variable $x = 1/t$; celle-ci admet 0 comme point singulier régulier, ce que l'on traduit en disant que l'infini est un point singulier régulier pour la première équation. On note que le théorème de Cauchy-Lipschitz s'applique sur l'intervalle $]0,+\infty[$ et l'espace des solutions est donc de dimension 2 sur cet intervalle.

```
deq0:=(9*x+4)*x^2*diff(w(x),x,x)+(2*x+1)*w(x):
deqi:=DEtools[Dchangevar]({x=1/t,w(x)=y(t)},deq0,x,t);
```

$$deqi := \left(\frac{9}{t}+4\right)t^2\left(\frac{\partial^2}{\partial t^2}\,\mathrm{y}(t)\right)+\left(\frac{2}{t}+1\right)\mathrm{y}(t)$$

On obtient les solutions locales comme suit.

```
Order:=5:
dsolve(deq0,w(x),type=series);
```

$$\begin{aligned}\mathrm{w}(x) = {}&\_C1\,\sqrt{x}\,\left(1+\frac{1}{16}\,x-\frac{35}{1024}\,x^2+\frac{5005}{147456}\,x^3-\frac{1616615}{37748736}\,x^4+\mathrm{O}(x^5)\right)\\ &+\_C2\Big(\sqrt{x}\ln(x)\left(1+\frac{1}{16}\,x-\frac{35}{1024}\,x^2+\frac{5005}{147456}\,x^3-\frac{1616615}{37748736}\,x^4+\mathrm{O}(x^5)\right)\\ &+\sqrt{x}\left(-\frac{1}{8}\,x+\frac{33}{1024}\,x^2-\frac{9047}{442368}\,x^3+\frac{4207727}{226492416}\,x^4+\mathrm{O}(x^5)\right)\Big)\end{aligned}$$

```
dsolve(deqi,y(t),type=series);
```

$$\begin{aligned}\mathrm{y}(t) = {}&\_C1\,t^{2/3}\left(1-\frac{1}{108}\,t+\frac{7}{5832}\,t^2-\frac{1183}{4723920}\,t^3+\frac{32851}{510183360}\,t^4+\mathrm{O}(t^5)\right)\\ &+\_C2\,t^{1/3}\left(1-\frac{1}{54}\,t+\frac{5}{2916}\,t^2-\frac{605}{1889568}\,t^3+\frac{15895}{204073344}\,t^4+\mathrm{O}(t^5)\right)\end{aligned}$$

Pour ce qui est de 0, l'exposant 1/2 est racine double de l'équation indicielle et la présence d'un logarithme n'est pas surprenante. En affinant la méthode, on peut montrer que les développements en série qui interviennent dans les solutions sont liés à la série hypergéométrique et ont un rayon de convergence égal à 1 ; on a donc des expressions sur chacun des intervalles $]0,1[$ et $]1,+\infty[$ mais rien ne permet de raccorder ces solutions.

EXERCICE **7.6.** **a.** L'équation différentielle qui définit l'exponentielle montre que Φ_A est de classe C^∞. Il en est de même de Δ et les règles de dérivation usuelle fournissent les formules

$$\begin{aligned}\Delta &= e^{t(A+B)} - e^{tA}e^{tB},\\ \frac{d\Delta}{dt} &= (A+B)e^{t(A+B)} - Ae^{tA}e^{tB} - e^{tA}Be^{tB},\\ \frac{d^2\Delta}{dt^2} &= (A+B)^2e^{t(A+B)} - A^2e^{tA}e^{tB} - 2Ae^{tA}Be^{tB} - e^{tA}B^2e^{tB}.\end{aligned}$$

En particulier pour $t=0$ on a

$$\Delta(0)=0, \qquad \frac{d\Delta}{dt}(0)=0, \qquad \frac{d^2\Delta}{dt^2}(0)=BA-AB.$$

Si Δ est l'application nulle alors A et B commutent.

Inversement supposons que les deux matrices A et B commutent et considérons les deux applications

$$\Phi_A : t \mapsto \exp(tA), \qquad \Phi_B : t \mapsto \exp(tB).$$

Leur produit Ψ est dérivable et a pour dérivée

$$\frac{d\Psi}{dt} = \frac{d\Phi_A}{dt}\Phi_B + \Phi_A\frac{d\Phi_B}{dt} = A\Phi_A\Phi_B + \Phi_A B\Phi_B.$$

Ceci nous pousse à considérer les deux produits $\Phi_A B$ et $B\Phi_A$; la différence $B\Phi_A - \Phi_A B$ est solution sur $\mathbb{R}$ du problème de Cauchy

$$\frac{dZ}{dt} = AZ, \qquad Z(0)=0,$$

car A et B commutent ; d'après l'unicité de cette solution, l'égalité $\Phi_A B = B\Phi_A$ est satisfaite, ce qui fait que le produit Ψ est solution du problème de Cauchy qui définit l'application Φ_{A+B}. On a ainsi l'égalité $\Phi_{A+B} = \Phi_A\Phi_B$. En particulier avec $t=1$ on arrive à la formule attendue sur l'exponentielle.

Il n'est pas besoin d'aller chercher loin pour obtenir un contre-exemple qui montre que la formule n'est généralement pas satisfaite.

```
A:=matrix(2,2,[1,1,0,0]):
B:=matrix(2,2,[0,0,0,1]):
expA:=linalg[exponential](A):
expB:=linalg[exponential](B):
evalm(expA &* expB),evalm(expB &* expA),linalg[exponential](A+B);
```

$$\begin{bmatrix} e & (e-1)\,e \\ 0 & e \end{bmatrix}, \begin{bmatrix} e & e-1 \\ 0 & e \end{bmatrix}, \begin{bmatrix} e & e \\ 0 & e \end{bmatrix}$$

b. On reprend la séquence de calcul vue dans le texte et on y adjoint la détermination de Φ.

```
for i in cases do
  sys[i]:={diff(x(t),t)=A[i][1,1]*x(t)+A[i][1,2]*y(t),
           diff(y(t),t)=A[i][2,1]*x(t)+A[i][2,2]*y(t)};
  S[i]:=dsolve(sys[i] union init,vars);
  Phi[i]:=array(1..2,1..2);
  X:=subs(S[i],x(t));
  Y:=subs(S[i],y(t));
  Phi[i][1,1]:=coeff(X,x0);
  Phi[i][1,2]:=coeff(X,y0);
  Phi[i][2,1]:=coeff(Y,x0);
  Phi[i][2,2]:=coeff(Y,y0);
od:
seq(eval(Phi[i]),i=cases);
```

$$\begin{bmatrix} e^{(\lambda t)} & 0 \\ 0 & e^{(\lambda t)} \end{bmatrix}, \begin{bmatrix} e^{(\lambda t)} & \nu\, t\, e^{(\lambda t)} \\ 0 & e^{(\lambda t)} \end{bmatrix}, \begin{bmatrix} e^{(\lambda t)} & 0 \\ 0 & e^{(\mu t)} \end{bmatrix},$$

$$\begin{bmatrix} e^{(\lambda t)} & 0 \\ 0 & e^{(\mu t)} \end{bmatrix}, \begin{bmatrix} e^{(t\,\alpha)}\cos(t\,\beta) & -e^{(t\,\alpha)}\sin(t\,\beta) \\ e^{(t\,\alpha)}\sin(t\,\beta) & e^{(t\,\alpha)}\cos(t\,\beta) \end{bmatrix},$$

$$\begin{bmatrix} \cos(t\,\beta) & -\sin(t\,\beta) \\ \sin(t\,\beta) & \cos(t\,\beta) \end{bmatrix}$$

c. Considérons la base canonique $x_1, x_2, \ldots, x_d$ de $\mathbb{C}^d$ et la forme multilinéaire alternée f qu'est le déterminant dans cette base. La définition de la multilinéarité donne l'égalité

$$f(e^{tA}x_1, e^{tA}x_2, \ldots, e^{tA}x_d) = \text{dét}(e^{tA})f(x_1, x_2, \ldots, x_d),$$

c'est-à-dire

$$\text{dét}(e^{tA}) = f(e^{tA}x_1, e^{tA}x_2, \ldots, e^{tA}x_d)$$

d'après la définition du déterminant dans une base donnée. Notons $\varphi(t)$ cette quantité. Par dérivation nous obtenons

$$\begin{aligned} \varphi'(t) &= \sum_{i=1}^{d} f(e^{tA}x_1, e^{tA}x_2, \ldots, Ae^{tA}x_i, \ldots, e^{tA}x_d) \\ &= \text{dét}(e^{tA})\sum_{i=1}^{d} f(x_1, x_2, \ldots, Ax_i, \ldots, x_d). \end{aligned}$$

Le terme d'indice i de cette somme n'est rien d'autre que le coefficient d'indice (i, i) de la matrice A. Ainsi φ satisfait le problème de Cauchy

$$y' = y\,\mathrm{Tr}(A), \qquad y(0) = 1,$$

et sa résolution fournit la formule

$$\mathrm{dét}(e^{tA}) = e^{\mathrm{Tr}(A)}.$$

Pour construire une matrice non triviale de déterminant 1, il suffit de calculer l'exponentielle d'une matrice de trace nulle. Nous tirons donc une matrice au hasard ; nous soustrayons à chaque terme de la diagonale la moyenne de la trace, ce qui annule la trace ; nous calculons l'exponentielle.

```
d:=10:
r:=10:
haphazard:=rand(-r..r):
A:=matrix(d,d,[seq(1.*haphazard(),i=1..d^2)]):
tr:=linalg[trace](A):
for i to d do A[i,i]:=A[i,i]-tr/d od:
Digits:=20:
E:=linalg[exponential](A):
linalg[det](E);
```

$$.99929625342341048591$$

La qualité du résultat est fortement liée à la précision des calculs.

EXERCICE **7.7. a.** La formule de Taylor montre que le développement en série entière au point 0 du membre gauche ne peut être que le membre droit. Introduisons une structure d'algèbre normée sur l'algèbre des matrices carrées, par exemple en utilisant une norme subordonnée à une norme de $\mathbb{C}^d$. L'étude de la convergence absolue de la série repose sur l'étude de la série

$$\sum_{n=0}^{+\infty} \|A^n\| \frac{|t|^n}{n!} ;$$

puisque la norme est une norme d'algèbre, l'inégalité $\|A^n\| \leq \|A\|^n$ est satisfaite pour tout n et ceci ramène à étudier la série de l'exponentielle dans $\mathbb{R}_+$; le critère de d'Alembert suffit alors. On obtient ainsi la convergence normale de la série quand t reste dans un segment de $\mathbb{R}$. Ceci montre la convergence de la série et la continuité de sa somme par rapport à t. La série dérivée formellement étant du même type on n'a pas de mal à prouver que la somme est dérivable et même de classe C^∞. Il suffit alors de vérifier que la somme satisfait le même problème de Cauchy que $t \mapsto \exp(tA)$ pour obtenir l'égalité.

b. On remarque d'abord l'égalité

$$\exp(P^{-1}BP) = P^{-1}\exp(B)P,$$

justifiée par le fait que la conjugaison est continue. Il suffit donc de travailler avec la matrice B. Si le nombre ν majore les modules des coefficients de B situés au dessus de la diagonale, on a

$$|B| \leq \rho I_d + \nu T_+$$

et donc pour tout naturel n

$$|B^n| \leq \sum_{k=0}^{d-1} \binom{n}{k} \rho^{n-k} \nu^k T_+^k$$

car T_+ est nilpotente d'indice d. Appelons M un majorant de tous les coefficients des puissances de T_+. En notant T la matrice triangulaire supérieure $I_d + T_+$, nous avons la majoration

$$|B^n| \leq M \sum_{k=0}^{d-1} \binom{n}{k} \rho^{n-k} \nu^k T = \rho^{n-d+1} \left(M \sum_{k=0}^{d-1} \binom{n}{k} \rho^{d-k-1} \nu^k T \right).$$

La matrice qui figure dans la dernière parenthèse est indépendante de n. La convergence en découle.

c. Sans aucune finesse, nous arrivons à la procédure suivante.

```
matseries:=proc(A,t,x)
  local s,n,p;
  s:=series(t,x);
  p:=convert(convert(s,polynom),horner,x);
  evalm(subs(x=A,p))
end:
```

Le système comporte une procédure `linalg/matfunc` qui réalise l'évaluation des fonctions matricielles. Elle est fondée sur un calcul exact et une méthode d'interpolation en les valeurs propres de la matrice. Son champ d'application est plus étendu que celui de `matseries` mais son coût est élevé et sa réussite n'est pas garantie puisqu'elle suppose de déterminer les valeurs propres. On l'emploie comme suit (J a été définie dans l'énoncé).

```
readlib(`linalg/matfunc`)(J,cos(alpha*x),x);
```

$$\begin{bmatrix} \cos(\lambda\,\alpha) & \%1 & -\frac{1}{2}\cos(\lambda\,\alpha)\,\alpha^2 & \frac{1}{6}\sin(\lambda\,\alpha)\,\alpha^3 & \frac{1}{24}\cos(\lambda\,\alpha)\,\alpha^4 \\ 0 & \cos(\lambda\,\alpha) & \%1 & -\frac{1}{2}\cos(\lambda\,\alpha)\,\alpha^2 & \frac{1}{6}\sin(\lambda\,\alpha)\,\alpha^3 \\ 0 & 0 & \cos(\lambda\,\alpha) & \%1 & -\frac{1}{2}\cos(\lambda\,\alpha)\,\alpha^2 \\ 0 & 0 & 0 & \cos(\lambda\,\alpha) & \%1 \\ 0 & 0 & 0 & 0 & \cos(\lambda\,\alpha) \end{bmatrix}$$

$$\%1 := -\sin(\lambda\,\alpha)\,\alpha$$

d. La séquence suivante fournit la réponse attendue et une vérification.

```
Order:=20:
Digits:=5:
A:=matrix(4,4,0.1);
matseries(A,1/(1+x)^(1/2),x);
evalm("^(-2)-1);
```

EXERCICE **7.8. a.** Nous attendons que $\ln z$ se dérive en $1/z$; ceci amène à poser

$$\ln z = \int_\gamma \frac{dz}{z},$$

où γ est un chemin de classe C^1 par morceaux qui va de 1 à z dans le plan complexe, en évitant 0. Ce pseudo-logarithme est donc défini par une intégrale curviligne. Ici nous avons arbitrairement choisi comme chemin le segment qui va de 1 à z avec le paramétrage

$$z_t = 1 - t + tz, \qquad 0 \leq t \leq 1.$$

Par construction, ln est défini sur $\mathbb{C}$ privé de tous les réels négatifs.

Il reste à vérifier la formule demandée. Pour cela nous introduisons la fonction φ de classe C^1

$$\varphi(t) = \int_0^t \frac{z-1}{1-s+sz}\,ds.$$

Cette fonction a pour dérivée

$$\varphi'(t) = \frac{z-1}{1-t+tz}$$

Considérons d'autre part la fonction ψ définie par $\psi(t) = \exp(\varphi(t))$. Elle est solution du problème de Cauchy

$$y' = \frac{z-1}{1-t+tz}y, \qquad y(0) = 1.$$

Ce problème de Cauchy linéaire possède une unique solution maximale; la fonction $t \mapsto 1 - t + tz$ est évidemment cette solution, donc nous avons $\psi(t) = 1 - t + tz$ et en particulier avec $t = 1$

$$\exp(\ln(z)) = z.$$

Cette formule signifie que la partie réelle de $\ln z$ est $\ln |z|$ et que sa partie imaginaire est un argument de z ; avec le choix que nous avons fait, il s'agit de l'argument principal de z.

b. La formule qui donne l'inverse d'une matrice montre que l'intégrande est une fonction rationnelle de s. Les pôles de cette fraction rationnelle sont les s tels que la matrice $(1-s)I_d + sM$ ne soit pas inversible, c'est-à-dire admette la valeur propre 0. Or les valeurs propres de $(1-s)I_d + sM$ décrivent les segments du plan complexe qui vont de 1 aux valeurs propres de M. Pour que l'intégrale existe il est nécessaire et suffisant qu'aucun de ces segments ne passe par 0. Ceci revient à dire que la matrice M n'a pas de valeur propre réelle négative. Cette condition décrit l'ensemble de définition de ln.

c. Commençons par supposer la matrice M diagonale ; il suffit alors de vérifier la formule sur les valeurs propres de M, ce qui a fait l'objet de la question précédente. Ensuite si M est diagonalisable, nous employons les propriétés de la conjugaison pour nous ramener au cas précédent. Enfin pour le cas général nous utilisons le fait que les deux membres de l'égalité sont des fonctions continues de M et la densité de l'ouvert des matrices diagonalisables dans l'espace des matrices (il faut un peu de soin à cause des matrices ayant une valeur propre réelle négative). La formule est ainsi prouvée pour tous les éléments de l'ensemble de définition de ln.

d. Les deux premiers exemples se traitent sans problème avec les trois lignes suivantes marquées d'un dièse (#). Voici pour le troisième.

```
A:=array(1..4,1..4,sparse):
s2:=2^(1/2):
s3:=3^(1/3):
s6:=6^(1/2):
A[1,1]:=s6/4-s2/4:
A[1,2]:=3*s6/20+3*s2/20:
A[1,4]:=s6/5+s2/5:
A[2,1]:=-3*s6/20-3*s2/20:
A[2,2]:=16/25+9*s6/100-9*s2/100:
A[2,4]:=3*s6/25-3*s2/25-12/25:
A[3,3]:=1:
A[4,1]:=-s6/5-s2/5:
A[4,2]:=3*s6/25-3*s2/25-12/25:
A[4,4]:=9/25+4*s6/25-4*s2/25:
evalm((A-1)&*((1-t)+t*A)^(-1)):                          #
map(normal,"):                                           #
L:=map(int,",t=0..1):                                    #
L:=map(radnormal,eval(L));
```

$$L := \begin{bmatrix} 0 & \frac{6}{5}\%1 & 0 & \frac{8}{5}\%1 \\ -\frac{6}{5}\%1 & 0 & 0 & 0 \\ 0 & 0 & 0 & 0 \\ -\frac{8}{5}\%1 & 0 & 0 & 0 \end{bmatrix}$$

$$\%1 := \arctan(\sqrt{3}\,\sqrt{2} + \sqrt{3} - \sqrt{2} - 2)$$

L'arc tangente vaut $5\pi/24$ comme peut le faire penser le calcul suivant (page 203 et remarque de la page 205 sur les grands quotients partiels).

```
evalf(arctan(3^(1/2)*2^(1/2)+3^(1/2)-2^(1/2)-2)/Pi):
convert(",confrac,red);
```

$$[0, 4, 1, 3, 1, 10416665]$$

```
red;
```

$$[0, \frac{1}{4}, \frac{1}{5}, \frac{4}{19}, \frac{5}{24}, \frac{52083329}{249999979}]$$

Sur cet exemple, la procédure **linalg/exponential** échoue, mais le calcul en flottants, certes moins satisfaisant, est concluant. On pourrait vérifier certains des calculs en employant la procédure **linalg/matfunc** (exercice précédent) avec une instruction comme la suivante.

```
readlib(`linalg/matfunc`)(A,ln(x),x);
```

Comme nous l'avons déjà dit cette procédure est fondée sur le calcul des valeurs propres ; ceci limite sa puissance. D'un autre côté elle est définie même si la matrice a des valeurs propres négatives. Le logarithme que nous utilisons souffre de ne pas avoir de sens pour ces matrices ; cependant il emploie le calcul de primitives qui n'est pas fondé sur la factorisation mais sur des calculs de pgcd ; ceci le rend plus efficace que **linalg/matfunc/ln**.

e. Supposons que la matrice A n'admette pas de valeur propre réelle négative ; alors nous posons

$$L = \ln A, \qquad \Gamma(t) = \exp(tL), \quad 0 \leq t \leq 1.$$

D'après la formule sur le déterminant de l'exponentielle vue dans l'exercice 7.6, l'égalité

$$\text{dét}\exp(tL) = \exp(t\,\text{Tr}L)$$

est satisfaite pour tout t. L'arc Γ est donc tracé dans l'ouvert des matrices inversibles ; de plus il est de classe C^∞ et va de I_d à A.

Il reste le cas où la matrice A possède une valeur propre réelle strictement négative. Le logarithme que nous avons défini ne permet pas de répondre à la question. Une extension de la définition fournirait une chemin acceptable.

Il y a lieu de faire une remarque si l'on se limite aux matrices réelles. Les matrices inversibles se séparent alors en matrices à déterminant strictement positif, qui forment le groupe $\text{GL}_+(d, \mathbb{R})$, et matrices à déterminant strictement négatif. Ces dernières ne sont pas joignables par un chemin continu qui part de la matrice identique et reste dans les matrices inversibles réelles ; en effet le déterminant varierait continûment le long de ce chemin tout en passant de la valeur 1 à une valeur strictement négative sans s'annuler.

f. Nous ne traitons que le second exemple qui est le plus compliqué. Nous définissons la matrice A puis nous calculons son logarithme L et la fonction

$\Gamma : t \mapsto \exp(tL)$, après avoir vérifié numériquement que la matrice n'a pas de valeur propre réelle négative. Comme la matrice A est orthogonale, la matrice L est antisymétrique et Γ est à valeurs dans les matrices orthogonales. Le lecteur n'aura pas de mal à vérifier ceci.

```
A:=matrix(4,4,[3,1,-5,-1,3,1,1,5,-3,-3,-3,3,-3,5,-1,1]):
A:=evalm(1/6*A):
evalf(Eigenvals(A));
```

$$[.999999997, -.8333333337 + .5527708000\,I, \\ -.8333333337 - .5527708000\,I, 1.000000000]$$

```
evalm((A-1)&*((1-t)+t*A)^(-1)):
map(normal,"):
L:=map(int,",t=0..1);
```

$$L := \begin{bmatrix} 0 & -\frac{2}{11}\%1 & -\frac{2}{11}\%1 & \frac{2}{11}\%1 \\ \frac{2}{11}\%1 & 0 & \frac{4}{11}\%1 & 0 \\ \frac{2}{11}\%1 & -\frac{4}{11}\%1 & 0 & \frac{4}{11}\%1 \\ -\frac{2}{11}\%1 & 0 & -\frac{4}{11}\%1 & 0 \end{bmatrix}$$

$$\%1 := \sqrt{11}\arctan(\sqrt{11})$$

```
Gamma:=linalg[exponential](L,t);
```

$$\Gamma :=$$

$$\left[\frac{3}{11}\cos(\%1) + \frac{8}{11}, -\frac{1}{11}\sqrt{11}\sin(\%1) - \frac{2}{11}\cos(\%1) + \frac{2}{11}, \right.$$
$$\left. -\frac{1}{11}\sqrt{11}\sin(\%1) + \frac{4}{11}\cos(\%1) - \frac{4}{11}, \frac{1}{11}\sqrt{11}\sin(\%1) + \frac{2}{11}\cos(\%1) - \frac{2}{11}\right]$$
$$\left[\frac{1}{11}\sqrt{11}\sin(\%1) - \frac{2}{11}\cos(\%1) + \frac{2}{11}, \frac{5}{11}\cos(\%1) + \frac{6}{11}, \right.$$
$$\left. \frac{1}{11}\cos(\%1) + \frac{2}{11}\sqrt{11}\sin(\%1) - \frac{1}{11}, -\frac{5}{11}\cos(\%1) + \frac{5}{11}\right]$$
$$\left[\frac{1}{11}\sqrt{11}\sin(\%1) - \frac{4}{11} + \frac{4}{11}\cos(\%1), \frac{1}{11}\cos(\%1) - \frac{1}{11} - \frac{2}{11}\sqrt{11}\sin(\%1), \right.$$
$$\left. \frac{9}{11}\cos(\%1) + \frac{2}{11}, -\frac{1}{11}\cos(\%1) + \frac{2}{11}\sqrt{11}\sin(\%1) + \frac{1}{11}\right]$$
$$\left[-\frac{1}{11}\sqrt{11}\sin(\%1) + \frac{2}{11}\cos(\%1) - \frac{2}{11}, -\frac{5}{11}\cos(\%1) + \frac{5}{11}, \right.$$
$$\left. -\frac{1}{11}\cos(\%1) - \frac{2}{11}\sqrt{11}\sin(\%1) + \frac{1}{11}, \frac{5}{11}\cos(\%1) + \frac{6}{11}\right]$$

$$\%1 := 2\arctan(\sqrt{11})\,t$$

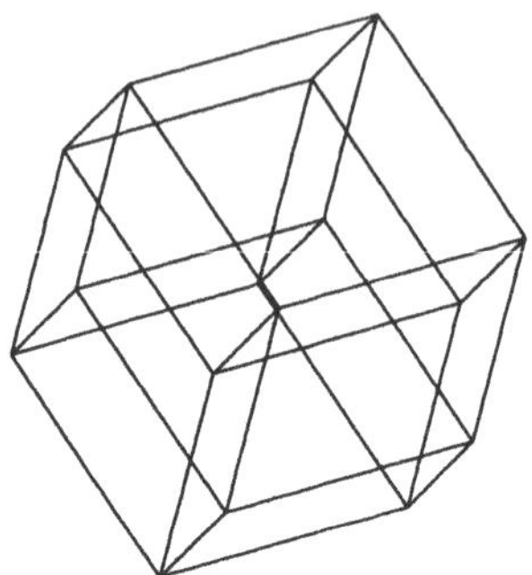

Figure 7.6.

Pour réaliser un dessin, nous indexons les sommets du cube par les parties de l'ensemble $\{1,2,3,4\}$; si $(e_1,\ldots,e_4)$ est la base canonique, le vecteur e_1+e_2 est associé à $\{1,2\}$, le vecteur $e_1+e_2+e_3+e_4$ est associé à la partie pleine et le vecteur nul est associé à la partie vide. Nous construisons à partir de la matrice $\Gamma(t)$ les segments du cube pour le paramètre t. Il convient ensuite de projeter sur un sous-espace de dimension 3 ; dans un souci de simplicité, nous avons choisi le sous-espace défini par les trois premiers vecteurs de base. Nous traçons le cube pour quelques valeurs de t. Ensuite nous réunissons les dessins ; avec l'option **insequence=true** dans le **plots/display** nous obtenons une animation. La figure 7.6 montre l'une des positions de l'hypercube.

```
Proj:=array(1..3,1..4,sparse):
for i to 3 do Proj[i,i]:=1 od:
ps:=combinat[powerset](4) minus {{}}:
for ss in ps do
  for e in ss do
    ss1:=ss minus {e};
    if ss1={} then spt:=[0,0,0]
    else spt:=evalm((Proj&*add(linalg[col](Gamma,f),f=ss1)))
    fi;
    ept:=evalm(spt+Proj&*linalg[col](Gamma,e));
    segment[ss,e]:=[convert(spt,list),convert(ept,list)];
  od
od;
cube:={seq(seq(segment[ss,e],e=ss),ss=ps)}:
fnb:=10:
for n from 0 to fnb do
  pic[n]:=plots[spacecurve](subs(t=n/fnb,cube),color=black)
od:
plots[display]([seq(pic[n],n=0..fnb)],scaling=constrained,
                                              insequence=true);
```

Chapitre 8. Géométrie

1 Domaine et outils

Un système de calcul formel pousse à voir toute la géométrie à travers la géométrie cartésienne. Cependant la classification usuelle des problèmes en géométrie ne correspond pas à la classification des problèmes du point de vue du calcul formel. Par exemple les paramétrages usuels des quadriques, les surfaces du second degré, peuvent s'exprimer par des fonctions rationnelles ou par des fonctions de la trigonométrie circulaire ou hyperbolique. Ces quantités ne donnent pas lieu au même traitement. Il convient donc de repenser les problèmes géométriques en terme de classes d'expressions. Par exemple toutes les quadriques admettent un paramétrage par des fonctions rationnelles.

Nous allons aborder deux questions pour lesquelles la classe d'objets est bien délimitée. D'abord nous étudierons la notion de courbe unicursale et ceci nous amènera à mettre au point quelques idées élémentaires sur les courbes algébriques. Ensuite nous étudierons la notion d'enveloppe dans un cadre où les calculs sont garantis et nous emploierons quelques notions de géométrie différentielle.

Courbes unicursales. Une courbe est *unicursale* si elle admet un paramétrage rationnel. Le cercle d'équation

$$x^2 + y^2 = 1$$

admet le paramétrage

$$x = \frac{1-t^2}{1+t^2}, \quad y = \frac{2t}{1+t^2}, \qquad t \in \mathbb{R}\,;$$

les fonctions qui apparaissent dans le paramétrage sont des fonctions rationnels du paramètre ; le cercle est une courbe unicursale. Nous allons développer quelques notions qui permettent de déterminer des paramétrages rationnels de courbes unicursales.

Le paramétrage précédent ne recouvre pas tout le cercle ; il manque le point $(-1, 0)$ qui apparaît comme limite pour t tendant vers l'infini. On peut déclarer que le paramétrage est satisfaisant s'il n'y a qu'un nombre fini de valeurs exceptionnelles de t pour lesquelles les fonctions rationnelles ne sont pas définies et un nombre fini de points qui ne sont atteints que par un passage à la limite. Par exemple l'hyperbole d'équation

$$x^2 + xy - y^2 = 1$$

admet le paramétrage

$$x = \frac{t^2+1}{t^2-t-1}, \quad y = \frac{t^2+2t}{t^2-t-1}, \qquad t \neq \frac{1 \pm \sqrt{5}}{2}.$$

Deux valeurs de t sont exclues et le point $(1,1)$ n'est pas atteint. On pourrait aussi considérer que l'hyperbole possède deux points à l'infini dans des directions qui sont celles des asymptotes et que ces deux points à l'infini correspondent aux deux valeurs exclues du paramètre.

Considérons une conique donnée par une équation cartésienne

$$Ax^2 + 2Bxy + Cy^2 + 2Dx + 2Ey + F = 0,$$

ce qui suppose que le triplet (A, B, C) n'est pas le triplet nul, et un point (x_0, y_0) de cette conique. La droite d'équation $y - y_0 = t(x - x_0)$ coupe la conique en ce point (x_0, y_0) et en un autre d'abscisse

$$x = \frac{Cx_0t^2 + 2(Cy_0 + E)t + Ax_0 + 2By_0 + 2D}{Ct^2 + 2Bt + A}.$$

Par report ceci fournit un paramétrage rationnel de la conique. Illustrons ceci sur un exemple et sans chercher à produire un code générique. Nous considérons la conique d'équation

$$4x^2 + 2xy + 9y^2 + 2x - 10y - 9 = 0.$$

Pour trouver un point de cette conique, nous regardons son équation comme une équation du second degré en y, dont nous calculons le discriminant.

```
conic:=4*x^2+2*x*y+9*y^2+2*x-10*y-9:
Disc:=discrim(conic,y);
```

$$Disc := -140\,x^2 + 424 - 112\,x$$

Si x est tel que ce discriminant soit positif alors la conique possède des points sur la droite d'abscisse x ; par contre s'il est strictement négatif, il n'y a pas de points de la conique sur cette droite.

```
x0:=op(1,{solve(Disc,x)});
```

$$x0 := -\frac{2}{5} + \frac{3}{35}\sqrt{434}$$

Pour la valeur x_0 que nous venons de déterminer la droite d'abscisse x_0 rencontre la conique en un point qui apparaît comme une solution double de l'équation en y, ce qui revient à dire que la verticale d'abscisse x_0 est tangente à la conique. Nous déterminons maintenant l'ordonnée du point de contact.

```
subs(x=x0,conic):
y0:=op(1,{solve(",y)});
```

$$y0 := \frac{3}{5} - \frac{1}{105}\sqrt{434}$$

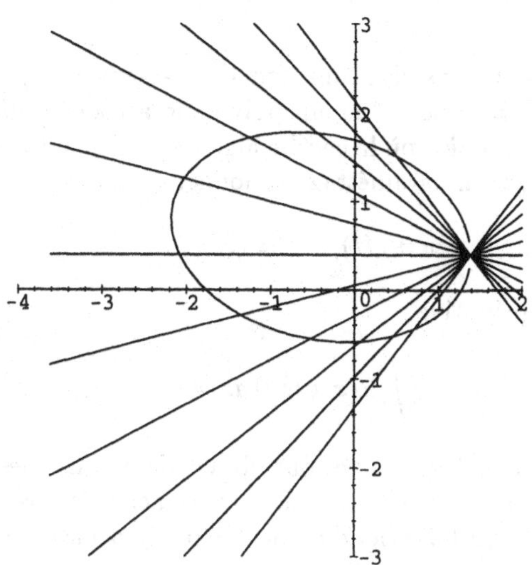

Figure 8.1.

Enfin nous utilisons le point (x_0, y_0) obtenu pour déterminer l'intersection de la conique et de la droite de pente t passant par ce point. Le calcul donne le point (x_0, y_0), que nous évacuons, et un autre point qui nous fournit le paramétrage cherché.

```
sys:={conic,y-y0=t*(x-x0)};
```

$$sys := \{4\,x^2 + 2\,x\,y + 9\,y^2 + 2\,x - 10\,y - 9,\quad y - \frac{3}{5} + \frac{1}{105}\sqrt{434} = t\,(x + \frac{2}{5} - \frac{3}{35}\sqrt{434})\}$$

```
{solve(sys,{x,y})}:
param:=op(select(has,",t));
```

$$param := \{x = \frac{1}{105}\,\frac{-378\,t^2 + 81\,t^2\sqrt{434} - 84\,t + 18\,t\sqrt{434} - 168 - 34\sqrt{434}}{4 + 9\,t^2 + 2\,t},$$
$$y = -\frac{1}{105}\,\frac{-252 - 567\,t^2 - 126\,t + 4\sqrt{434} + 9\,t^2\sqrt{434} + 72\,t\sqrt{434}}{4 + 9\,t^2 + 2\,t}\}$$

La séquence suivante permet de tracer le dessin de la figure 8.1.

```
trange:=-10..10:
krange:=-5..5:
window:=[-4..2,-3..3]:
conicplot:=plot(subs(param,[x,y,t=trange]),color=red):
linesetplot:=plot({seq([x0+lambda,y0+k/4*lambda,lambda=-5..5],
                                    k=krange)},view=window,color=blue):
plots[display]({conicplot,linesetplot},scaling=constrained);
```

Le dessin fait sentir que le point (x_0, y_0) n'est pas atteint ; en effet il correspond à $t = \infty$.

EXERCICE **8.1. a.** On considère une fonction algébrique φ solution de l'équation $F(x, \varphi(x)) = 0$ où F est un polynôme à coefficients rationnels. Montrez que dans l'hypothèse où la courbe algébrique d'équation $F(x, y) = 0$ est unicursale et admet un paramétrage rationnel

$$x = \xi(t), \quad y = \eta(t),$$

alors le calcul d'une primitive

$$\int R(x, \varphi(x))\, dx$$

dans laquelle R est une fraction rationnelle en deux variables, se ramène à l'évaluation d'une primitive de fraction rationnelle. Précisons qu'on ne s'intéresse ici qu'à l'aspect formel du calcul ; il n'y a pas lieu de chercher des ensembles de définition.

b. Ramener explicitement le calcul de la primitive

$$\int \frac{dx}{x^2 + 3x + 3 + \sqrt{-3x^2 + 10x - 3}}$$

au calcul d'une primitive de fraction rationnelle.

Nous avons évoqué plus haut la notion de point à l'infini. Pour rendre effectif ce qui n'est qu'une intuition, nous plongeons le plan affine $\mathbb{R}^2$ dans l'espace vectoriel $\mathbb{R}^3$ de la manière suivante. Un point (x, y) du plan affine est identifié au triplet $(x, y, 1)$ de $\mathbb{R}^3$. Inversement chaque point (X, Y, T), qui n'est pas le triplet nul, définit une droite vectorielle. Deux cas se présentent. Ou bien la dernière coordonnée T n'est pas nulle, et la droite perce le plan d'équation $T = 1$ en le point de coordonnées

$$x = \frac{X}{T}, \qquad y = \frac{Y}{T};$$

on dit alors que le triplet (X, Y, T) est un triplet de *coordonnées homogènes* du point $(X/T, Y/T)$. Ou bien la coordonnée T est nulle et la droite vectorielle donne une direction du plan affine qui s'interprète comme un point à l'infini.

Pour illustrer la définition des coordonnées homogènes, considérons une hyperbole d'équation $f(x, y) = 0$, précisément

$$Ax^2 + 2Bxy + Cy^2 + 2Dx + 2Ey + F = 0$$

avec $AC - B^2 < 0$. L'*équation homogène* $F(X, Y, T) = 0$ de la conique,

$$AX^2 + 2BXY + CY^2 + 2DXT + 2EYT + FT^2 = 0,$$

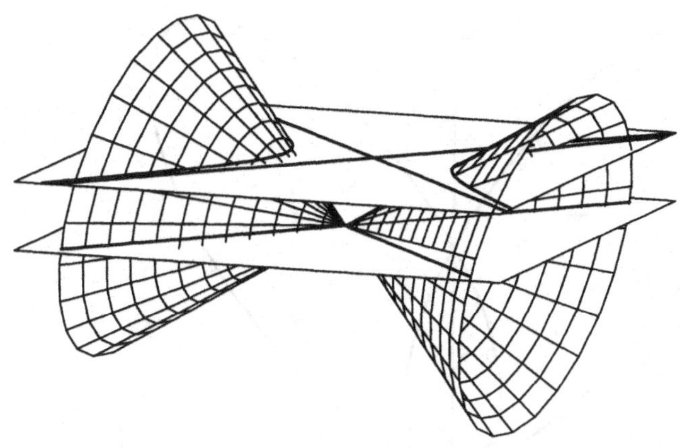

Figure 8.2.

s'obtient en substituant X/T à x et Y/T à y, puis en évacuant le dénominateur T^2. Cette équation homogène définit un cône — un sous-ensemble de $\mathbb{R}^3$ invariant par les homothéties vectorielles — et l'hyperbole apparaît comme l'intersection de ce cône et du plan affine d'équation $T = 1$. Sur la figure 8.2, le plan d'équation $T = 1$ est le plan supérieur, alors que le plan inférieur est le plan d'équation $T = 0$. On y voit l'hyperbole intersection du cône et du plan d'équation $T = 1$ ainsi que sa paire d'asymptotes. Les points à l'infini de la conique s'obtiennent en substituant 0 à T dans l'équation homogène, autrement dit en cherchant l'intersection du cône et du plan d'équation $T = 0$. Cette intersection est dessinée sur la figure 8.2 ; elle est constituée des deux droites définies par le système

$$Ax^2 + 2Bxy + Cy^2 = 0, \qquad T = 0$$

et ces deux droites donnent les directions des deux asymptotes.

Une courbe algébrique de degré d est définie par une équation $f(x, y) = 0$ dans laquelle f est un polynôme de degré d. Les *points singuliers* de la courbe sont les couples (x, y) qui annulent f et les deux dérivées partielles f'_x et f'_y ; du point de vue de l'analyse ce sont les points où le théorème des fonctions implicites ne s'applique pas. L'*équation homogène* de la courbe est $F(X, Y, T) = 0$ où F est le polynôme homogène de degré d

$$F(X, Y, T) = T^m f\left(\frac{X}{T}, \frac{Y}{T}\right).$$

Un simple calcul de dérivée montre que le système

$$f(x, y) = 0, \qquad f'_x(x, y) = 0, \qquad f'_y(x, y) = 0$$

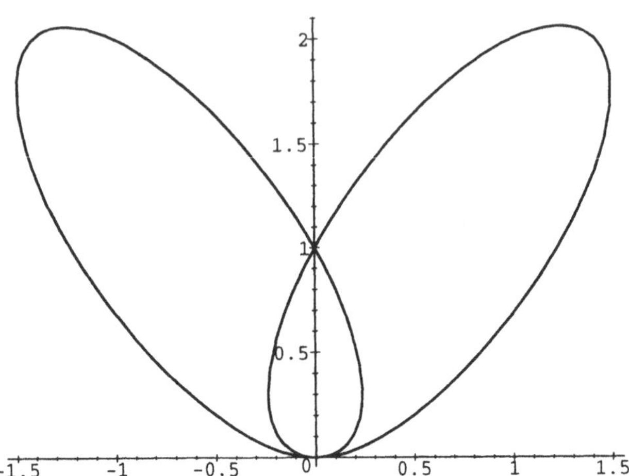

Figure 8.3.

se récrit

$$F(X,Y,T)=0, \qquad F'_X(X,Y,T)=0, \qquad F'_Y(X,Y,T)=0,$$

en supposant T différent de 0. Cependant une fonction homogène de degré d comme F satisfait l'*équation d'Euler*

$$XF'_X(X,Y,T)+YF'_Y(X,Y,T)+TF'_T(X,Y,T)=dF(X,Y,T)$$

et le système qui définit les points singuliers est donc équivalent au système

$$F'_X(X,Y,T)=0, \qquad F'_Y(X,Y,T)=0, \qquad F'_T(X,Y,T)=0.$$

Cherchons par exemple les points singuliers du pétale d'équation

$$2x^4+y^4-3x^2y-2y^3+y^2=0.$$

Cette courbe est une quartique, c'est-à-dire une courbe du quatrième degré. De plus elle est unicursale et la technique que nous présentons va bientôt permettre d'obtenir le paramétrage rationnel

$$x=\sqrt{3}\frac{t(t^2-1)}{3t^4-8t^2+6}, \qquad y=\frac{t^2}{3t^4-8t^2+6}$$

et le tracé de la figure 8.3. La séquence d'instruction suivante donnent les deux points singuliers $(0,0)$ et $(0,1)$.

```
f:=2*x^4+y^4-3*x^2*y-2*y^3+y^2:
d:=degree(f,{x,y}):
F:=collect(T^d*subs(x=X/T,y=Y/T,f),{X,Y,T},distributed):
sys:={seq(diff(F,i),i={X,Y,T})}:
solve(sys,{X,Y,T});
```

$$\{Y=0,\, X=0,\, T=T\},\ \{X=0,\, T=Y,\, Y=Y\}$$

Étudions le second par une translation du repère.

```
f1:=collect(subs(x=x1,y=1+y1,f),{x1,y1},distributed):
seq(select(proc(expr) degree(expr,{x1,y1})=k end,f1),k=0..d);
```

$$0,\ 0,\ -3\,x1^2+y1^2,\ -3\,y1\,x1^2+2\,y1^3,\ 2\,x1^4+y1^4$$

Les composantes homogènes de degré 0 et 1 de l'équation centrée au point singulier sont nulles ; par contre la composante homogène de degré 2 n'est pas nulle. On dit alors que le *point* est *double*. Plus généralement le point singulier est de *multiplicité k* si le polynôme f et ses dérivées partielles jusqu'à l'ordre $k-1$ sont nulles en le point mais au moins une des dérivées partielles d'ordre k n'est pas nulle en le point. Pour le pétale, les deux points singuliers sont des points doubles. De plus le calcul donne la paire de tangentes en le point double $(0,1)$; elle a pour équation

$$-3x^2+(y-1)^2=0.$$

Une courbe algébrique de degré m est définie par une équation de degré m

$$\sum_{i+j\leq m} c_{i,j}x^iy^j=0.$$

Les coefficients sont au nombre de $(m+1)(m+2)/2$. Cependant la multiplication de l'équation par une constante non nulle ne modifie pas essentiellement l'équation et ceci diminue le nombre de paramètres indépendants d'une unité ; il reste donc $m(m+3)/2$ degrés de liberté. Si nous obligeons la courbe à passer par $m(m+3)/2-1$ points, il va — en général — rester un degré de liberté ; autrement dit on aura ainsi défini un *faisceau* de courbes de degré m dont l'équation sera de la forme

$$F_m(x,y)+t\,G_m(x,y)=0.$$

Par exemple, on définit un faisceau de coniques en considérant les coniques qui passent par quatre points (page 91). Cette remarque fournit un moyen de trouver un paramétrage rationnel d'une courbe unicursale Γ de degré $d\geq 3$. On fixe le nombre m à la valeur $d-2$ et on considère les courbes C_m de degré m qui passent par $m(m+3)/2-1$ points de la courbe Γ. En général l'intersection d'une courbe de degré d et d'une courbe de degré m comporte md points. Si la contrainte imposée fait que l'intersection comporte $md-1$ points en comptant les multiplicités, il restera un point dépendant du paramètre t qui figure dans l'équation du faisceau et ce point donnera le paramétrage cherché. Bien sûr le fait que C_m passe par $m(m+3)/2-1$ points de Γ n'impose pas en général $md-1$ points d'intersection ; c'est ici qu'intervient l'hypothèse que Γ est unicursale.

Prenons la lemniscate de Bernoulli qui est la quartique d'équation

$$(x^2+y^2)^2=a^2(x^2-y^2).$$

Cette courbe admet trois points doubles : l'origine et les deux directions asymptotiques définies par l'équation $y = \pm ix$. Une conique qui passe par ces trois points rencontre la lemniscate en six points puisque chacun compte double. Si nous imposons à la conique d'avoir une tangente commune en l'origine avec la lemniscate l'intersection comportera sept points ; le huitième point donnera le paramétrage cherché. Les tangentes en l'origine s'obtiennent en annulant la partie homogène de plus bas degré, $x^2 - y^2$. Une conique qui contient les deux points à l'infini que sont les directions asymptotiques d'équation $y = \pm ix$ a une équation dont la partie homogène de degré 2 est essentiellement x^2+y^2 ; autrement dit c'est un cercle. Prenons donc la famille des cercles passant par l'origine et tangents en l'origine à la droite d'équation $y = x$; ces cercles ont pour équation

$$x^2 + y^2 - 2tx - 2ty = 0.$$

On obtient l'intersection comme suit.

```
lemniscate:=(x^2+y^2)^2-a^2*(x^2-y^2):
circle:=x^2+y^2-2*t*(x-y):
solve({lemniscate,circle},{x,y});
```

$$\{y = 0,\, x = 0\},\, \{y = 2\,\frac{t\,a^2\,(-a^2+4\,t^2)}{a^4+16\,t^4},\, x = 2\,\frac{t\,a^2\,(4\,t^2+a^2)}{a^4+16\,t^4}\}$$

On pourrait objecter que l'on ne voit pas figurer les points à l'infini. Pour les obtenir explicitement, il suffit de passer en coordonnées homogènes.

```
Lemniscate:=numer(subs(x=X/T,y=Y/T,lemniscate)):
Circle:=numer(subs(x=X/T,y=Y/T,circle)):
solve({Lemniscate,Circle},{X,Y,T});
```

$$\{X = \frac{(4\,t^2+a^2)\,Y}{-a^2+4\,t^2},\, T = \frac{1}{2}\,\frac{Y\,(a^4+16\,t^4)}{a^2\,t\,(-a^2+4\,t^2)},\, Y = Y\},$$
$$\{Y = 0,\, X = 0,\, T = T\},\, \{X = \mathrm{RootOf}(\_Z^2+1)\,Y,\, T = 0,\, Y = Y\}$$

On a ainsi explicitement les points de coordonnées $(1, \pm i, 0)$, baptisés *points cycliques* puisque tout cercle passe par ces points. Quoi qu'il en soit on a obtenu le paramétrage promis

$$x = 2a^2t\,\frac{4t^2+a^2}{16t^4+a^4}, \quad y = 2a^2t\,\frac{4t^2-a^2}{16t^4+a^4}.$$

EXERCICE **8.2.** La quartique d'équation

$$x^2y^2 - xy(x+y) + x^2 - y^2 = 0$$

possède trois points singuliers dont l'origine. En utilisant celle-ci déterminez un paramétrage rationnel de la quartique.

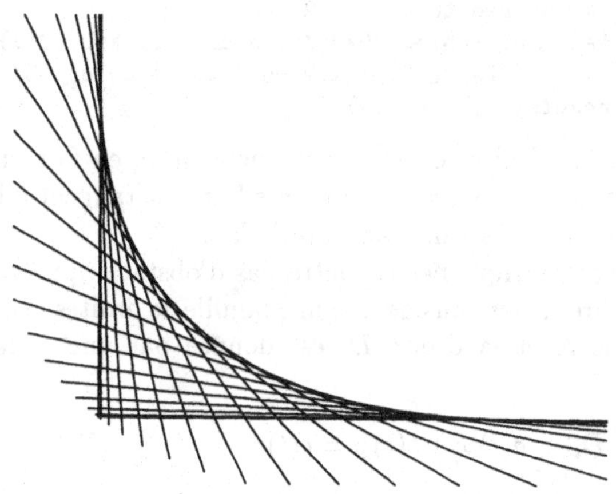

Figure 8.4.

Enveloppes. Nous considérons les droites qui satisfont la condition suivante : le segment de la droite intercepté par les axes a une longueur constante, disons ℓ. Si une droite a pour équation

$$\frac{x}{a} + \frac{y}{b} = 1,$$

avec a et b non nuls, alors elle rencontre les axes aux points de coordonnées $(a, 0)$ et $(0, b)$; la longueur du segment intercepté est donc $\sqrt{a^2 + b^2}$, en supposant le repère orthonormé. Prenons

$$a = \ell \cos^2 \varphi, \quad b = \ell \sin^2 \varphi, \qquad \text{avec } 0 < \varphi < \pi/2.$$

Ainsi la longueur du segment intercepté sera constante. La famille de droites que nous considérons s'écrit donc

$$D_\varphi \ : \frac{x}{\ell \cos^2 \varphi} + \frac{y}{\ell \sin^2 \varphi} = 1, \qquad 0 < \varphi < \pi/2,$$

ou encore

$$D_\varphi \ : x \sin^2 \varphi + y \cos^2 \varphi = \ell \sin^2 \varphi \cos^2 \varphi, \qquad 0 < \varphi < \pi/2.$$

La séquence d'instructions suivante produit le dessin de la figure 8.4. Nous y voyons quelques droites de la famille.

```
l:=1:
line:=x*sin(phi)^2+y*cos(phi)^2-l*cos(phi)^2*sin(phi)^2:
diffline:=diff(line,phi):
sol:=combine(solve({line,diffline},{x,y}),trig):
```

```
arc:=subs(sol,[x,y,phi=0..Pi/2]):
paramline:=[arc[1]+t*cos(phi)^2,arc[2]-t*sin(phi)^2,t=-1..1]:
arcplot:=plot(arc,colour=red,thickness=2):
linesetplot:=plot({seq(subs(phi=k/20*Pi/2,paramline),k=0..20)},
                        view=[-0.2..1.2,-0.2..1.2],colour=blue):
plots[display]({linesetplot,arcplot});
```

On voit sur la figure que ces droites enveloppent une courbe, en fait un arc de parabole. Cela signifie qu'en chacun de ses points l'arc est tangent à l'une des droites et que chaque droite est une tangente à l'arc.

Pour que l'intuition géométrique ne rencontre pas d'obstacle, une condition technique est nécessaire. Nous considérons une famille de droites $(D_t)_{t\in I}$, où I est un intervalle de $\mathbb{R}$ et la droite D_t est donnée par une équation cartésienne

$$D_t \ : \ a(t)\,x + b(t)\,y = c(t).$$

Les trois fonctions a, b et c sont de classe C^1 et la fonction $t \mapsto (a(t), b(t))$ à valeurs dans $\mathbb{R}^2$ ne s'annule pas ; ainsi on a bien affaire à une équation de droite pour tout t. La condition technique que nous évoquions est la suivante. La *famille de droites* $(D_t)_{t\in I}$ est dite *régulière* si le déterminant

$$\begin{vmatrix} a(t) & b(t) \\ a'(t) & b'(t) \end{vmatrix}$$

est non nul pour toute valeur du paramètre t. Avec cette hypothèse on obtient le résultat suivant : Soit $(D_t)_{t\in I}$ une famille régulière de droites. Pour $t_0, t \in I$, avec t suffisamment proche de t_0 mais différent de t_0, l'intersection des deux droites D_{t_0} et D_t est réduite à un point $M_{t_0,t}$. De plus la limite du point $M_{t_0,t}$ quand t tend vers t_0 existe et c'est l'unique point commun à la droite

$$D_{t_0} \ : \ a(t_0)x + b(t_0)y + c(t_0) = 0$$

et à la droite

$$D'_{t_0} \ : \ a'(t_0)x + b'(t_0)y + c'(t_0) = 0.$$

La preuve est fort simple. On pose $t = t_0 + h$ avec h proche de 0 mais différent de 0 ; le système qui détermine l'intersection de D_{t_0} et D_{t_0+h} s'écrit

$$\begin{aligned} a(t_0)\,x + b(t_0)\,y + c(t_0) &= 0, \\ a(t_0+h)\,x + b(t_0+h)\,y + c(t_0+h) &= 0. \end{aligned}$$

Un développement limité à l'ordre 1 fournit le système équivalent

$$\begin{aligned} a(t_0)\,x + b(t_0)\,y + c(t_0) = 0, \\ [a(t_0) + a'(t_0)\,h + o(h)]\,x + [b(t_0) + b'(t_0)\,h) + o(h)]\,y \\ +[c(t_0) + c'(t_0)\,h + o(h)] = 0. \end{aligned}$$

Une soustraction et une simplification par h, qui est non nul, fournissent le système, lui-aussi équivalent,

$$a(t_0)\,x + b(t_0)\,y + c(t_0) = 0,$$
$$a'(t_0)\,x + b'(t_0)\,y + c'(t_0) = o(1).$$

Le déterminant de ce système est non nul par hypothèse, puisque la famille est supposée régulière. Les formules de Cramer fournissent la solution et les expressions obtenues montrent clairement que le point d'intersection de D_{t_0} et D_{t_0+h} a une limite quand h tend vers 0.

Pour une famille régulière (D_t), l'unique point commun aux droites D_t et D'_t est le *point caractéristique* d'indice t et l'arc paramétré qui à t associe ce point est l'*enveloppe* de la famille.

EXERCICE **8.3.** Dans un plan euclidien muni d'un repère orthonormé, on se donne deux points F et F' de coordonnées $(c, 0)$ et $(-c, 0)$ avec $c > 0$. On considère le cercle (F') de centre F' de rayon $2a$ avec $a > 0$ et $a \neq c$. On demande de déterminer l'enveloppe des médiatrices de F et P où P décrit le cercle (F'). On illustrera et on donnera la nature de l'enveloppe.

On définit souvent une courbe comme un arc paramétré et ceci donne une manière explicite de l'appréhender. Pourtant il est des cas où une courbe est donnée implicitement et l'on pourrait penser que ses propriétés sont plus difficiles à dégager. Il n'en est rien : si une courbe apparaît comme l'enveloppe d'une famille de droites données par leur équation d'Euler les propriétés métriques de l'enveloppe sont immédiates et les calculs suivent étroitement la géométrie.

Dans la suite nous utilisons un plan euclidien orienté et un repère orthonormé direct $\mathcal{R} = (O, \overrightarrow{\imath}, \overrightarrow{\jmath})$. ; nous considérons une famille de droites $(D_\varphi)_{\varphi \in I}$ données par une *équation d'Euler* ou *équation normale*

$$D_\varphi \;:\; x\cos\varphi + y\sin\varphi - p(\varphi) = 0,$$

dans laquelle p est une fonction de classe C^1, définie sur un certain intervalle I. Rappelons qu'avec une telle équation la projection orthogonale H de l'origine sur la droite D_φ est donnée par

$$\overrightarrow{OH} = p(\varphi)\overrightarrow{u},$$

si nous notons comme on le fait souvent $\overrightarrow{u} = \cos\varphi\,\overrightarrow{\imath} + \sin\varphi\,\overrightarrow{\jmath}$.

Pour déterminer l'enveloppe de la famille de droites on doit dériver les deux membres de l'équation par rapport au paramètre φ, ce qui ne pose pas problème puisque p est supposé C^1. Nous trouvons tout de suite

$$D'_\varphi \;:\; -x\sin\varphi + y\cos\varphi - p'(\varphi) = 0$$

et les deux droites D_φ et D'_φ sont perpendiculaires ; ainsi la famille est régulière. Rappelons que cette locution signifie que les deux droites se coupent

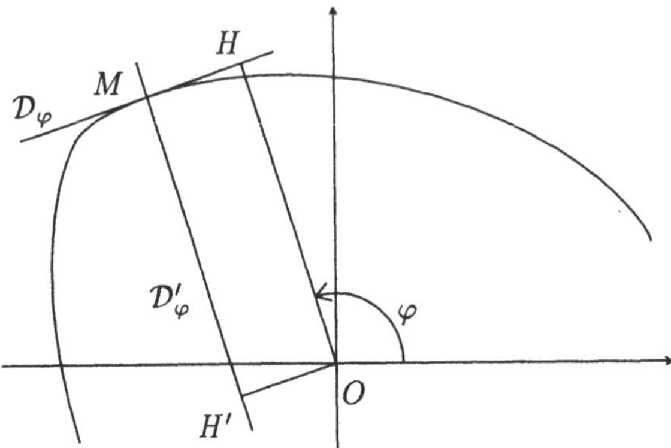

Figure 8.5.

en exactement un point pour toute valeur du paramètre. De plus le point caractéristique M est géométriquement évident (figure 8.5) ; il est donné par

$$\overrightarrow{OM} = \overrightarrow{OH} + \overrightarrow{OH'} = p(\varphi)\vec{u} + p'(\varphi)\vec{u}'$$

en affectant d'un prime les éléments correspondants à $\mathcal{D}'_\varphi$. Notez que le vecteur unitaire $\vec{u}'$, directement orthogonal à $\vec{u}$, est la dérivée de $\vec{u}$ par rapport à φ.

Exercice **8.4.** Voici quelques exemples classiques d'enveloppes. Dans chaque cas la famille de droites est donnée sous la forme précédente.

$p(\varphi)$	courbe	$p(\varphi)$	courbe
a	cercle	$a\cos(3\varphi)$	deltoïde
$a/\cos(\varphi)$	parabole	$a\cos(\varphi/2+\pi/4)$	néphroïde
$a\cos(\varphi)$	point	$a\cos(\varphi/3+\pi/3)$	cardioïde
$a\cos(2\varphi)$	astroïde	$a\exp(\lambda\phi)$	spirale logarithmique

On demande de déterminer pour chaque exemple les coordonnées du point caractéristique de l'enveloppe en fonction de φ, puis de tracer l'enveloppe et quelques droites de la famille.

Exercice **8.5.** Si la famille de droites

$$D_\varphi \; : \; x\cos\varphi + y\sin\varphi - p(\varphi) = 0.$$

est modifiée en

$$\widetilde{D}_\varphi \; : \; x\cos\varphi + y\sin\varphi - a\,p(\varphi-\varphi_0) = 0,$$

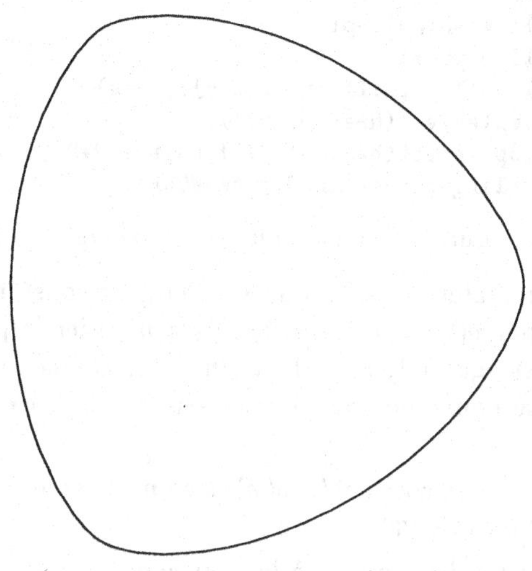

Figure 8.6.

avec a réel non nul et φ_0 réel, comment est modifiée l'enveloppe ? On pourra tester la transformation avec des exemples de l'exercice précédent et $a = 2$, 3 ou -1 ainsi que $\varphi_0 = \pi/2$, $\pi/3$ ou π.

Supposons que la fonction p soit 2π-périodique et de plus satisfasse

$$p(\varphi + \pi) = \lambda - p(\varphi), \qquad \varphi \in \mathbb{R},$$

pour une certaine constante λ. Alors la courbe possède aux points de paramètres φ et $\varphi + \pi$ deux tangentes parallèles dont la distance est $\ell = |\lambda|$ et ceci est indépendant de φ. La courbe a une *largeur constante* ; nous voulons dire par là que dans toutes les directions la courbe a la même largeur. À dire vrai ceci ne correspond à l'intuition que si la courbe délimite une partie convexe du plan [15, § 12.10.5].

Pour que p satisfasse la condition ci-dessus, il suffit de prendre un polynôme trigonométrique qui hormis son terme constant ne comporte que des harmoniques de rang impair,

$$p(\varphi) = r + \sum_{k=1}^{K} (u_k \cos((2k+1)\varphi) + v_k \sin((2k+1)\varphi)), \qquad \varphi \in \mathbb{R}.$$

Si p se réduit à la constante $r > 0$, nous obtenons comme courbe un cercle de rayon r, qui est l'exemple naturel et immédiat de courbe à largeur constante. Donnons un exemple moins naturel avec la fonction p définie par $p(\varphi) = 10 + \cos(3\varphi)$. Les instructions suivantes fournissent l'enveloppe.

```
p:=10+cos(3*phi):
line:=x*cos(phi)+y*sin(phi)=p:
diffline:=diff(line,phi):
sol:=combine(solve({line,diffline},{x,y}),trig):
envelope:=[op(2,op(select(has,sol,x))),
          op(2,op(select(has,sol,y))),phi=0..2*Pi]:
plot(envelope,scaling=constrained,axes=NONE);
```

La figure 8.6 montre la courbe obtenue, qui est un *triangle de Reulaux.*

EXERCICE **8.6. a.** On s'intéresse à la courbe de largeur constante associée à la fonction p définie par $p(\varphi) = r + \cos(n\varphi)$ avec n entier impair et $r > 0$. Testez les cas où r est égal à 1, $n^2 - 1$, n^2, $n^2 + 1$. Donnez une condition nécessaire et suffisante pour que l'arc obtenu soit régulier, c'est-à-dire sans point stationnaire.

b. Testez les cas $p(\varphi) = r + \cos(n\varphi)/\cos(\varphi)$ avec n entier pair. À dire vrai, p n'est plus défini sur un intervalle.

c. Toujours dans le cadre des courbes à largeur constante, on prend pour p un polynôme trigonométrique ne comportant que des harmoniques impairs. Quelle est la longueur de la courbe fermée image de l'arc ?

2 Exercices

EXERCICE **8.7.** Une cubique à point double est unicursale. Pour la paramétrer rationnellement on la coupe par une droite variable passant par le point double. Trouvez un paramétrage rationnel pour les cubiques

$$\begin{aligned}
C_1 &: \; x^3 + y^3 - 3ax^2 = 0\,;\\
C_2 &: \; x(x^2 + y^2) + Ax^2 + 2Bxy + Cy^2 = 0\,;\\
C_3 &: \; x(x - y)^2 + y^2 - x^2 - 3x = 0.
\end{aligned}$$

EXERCICE **8.8.** On peut montrer qu'une courbe qui admet un paramétrage rationnel de la forme

$$x = \frac{a't^2 + b't + c'}{at^2 + bt + c}, \qquad y = \frac{a''t^2 + b''t + c''}{at^2 + bt + c}$$

est une conique (si l'on élimine les cas dégénérés où les trois trinômes du second degré sont dépendants). Prenons par exemple le paramétrage

$$x = \frac{t + 1}{1 + 2t + 2t^2}, \qquad y = \frac{t^2 + 1}{1 + 2t + 2t^2}.$$

Nous voulons obtenir une équation cartésienne de la conique. Pour cela nous employons la procédure **grobner/gbasis**.

```
X:=(t+1)/(1+2*t+2*t^2):
Y:=(t^2+1)/(1+2*t+2*t^2):
sys:={numer(x-X),numer(y-Y)};
GB:=grobner[gbasis](sys,[t,x,y],plex);
equ:=op(nops("),");
```

$$sys := \{x + 2\,x\,t + 2\,x\,t^2 - t - 1,\ y + 2\,y\,t + 2\,y\,t^2 - t^2 - 1\}$$

$$GB := [y - 2 + x + 3\,x\,t,\ -5\,x - 3\,t + 1 + 6\,y\,t + 4\,y,\\ -2\,x + 2 - 5\,y - 2\,y\,x + 2\,y^2 + 5\,x^2]$$

$$equ := -2\,x + 2 - 5\,y - 2\,y\,x + 2\,y^2 + 5\,x^2$$

Le premier argument de **grobner/gbasis** est un ensemble de polynômes, que nous voyons comme le système

$$\begin{cases} x + 2xt + 2xt^2 - t - 1 &= 0,\\ y + 2yt + 2yt^2 - t^2 - 1 &= 0. \end{cases}$$

Le second argument est la liste des indéterminées qui figurent dans ces polynômes et le dernier est l'option **plex**, qui abrège *pure lexicographic order* c'est-à-dire *ordre purement lexicographique.* Le résultat est une liste de polynômes que nous voyons comme le système

$$\begin{cases} y - 2 + x + 3xt &= 0,\\ -5x - 3t + 1 + 6yt + 4y &= 0,\\ -2x + 2 - 5y - 2yx + 2y^2 + 5x^2 &= 0. \end{cases}$$

Entre l'ensemble de polynômes donné en entrée et la liste de polynômes fournie en sortie le lien est le suivant : les polynômes de l'un s'expriment comme des combinaisons linéaires des polynômes de l'autre avec comme coefficients des polynômes. Il en résulte que les deux systèmes d'équations sont équivalents. D'autre part le fait d'avoir donné un ordre sur les indéterminées avec l'option **plex** fait que la procédure a appliqué un algorithme similaire à la méthode de Gauss pour trianguler le système. La situation est plus compliquée que pour un système linéaire et le système obtenu n'est pas vraiment triangulaire. Cependant la dernière équation ne contient pas t et c'est elle que nous cherchons ; la procédure a donc fourni une équation de la conique par élimination. On trouvera dans [2, chap. VI] une présentation plus complète de cette procédure et de son champ d'application.

On demande de trouver une équation cartésienne pour les courbes paramétrées suivantes,

$$C_1 : x = 1 + \frac{1}{t^2}, \qquad y = \frac{1-t^2}{t^3}\,;$$
$$C_2 : x = \frac{(t^2+1)^2}{t^4+3t^2+1}, \qquad y = \frac{at(t^2+1)}{t^4+3t^2+1}\,;$$
$$C_3 : x = \frac{3}{4}\cos\vartheta + \frac{1}{4}\cos 3\vartheta, \qquad y = \frac{3}{4}\sin\vartheta - \frac{1}{4}\sin 3\vartheta.$$

Dans le deuxième exemple apparaît un paramètre a ; on ne le fera pas figurer dans la liste des indéterminées. Le troisième exemple est un paramétrage d'astroïde ; clairement les expressions ne sont pas rationnelles.

EXERCICE **8.9.** Nous considérons une conique définie par une équation cartésienne à coefficients rationnels, de manière à garantir la réussite des calculs. Dans les quelques exemples traités de recherche d'un paramétrage rationnel, nous avons jusqu'ici utilisé un point de la conique disons à distance finie. Cependant nous pouvons aussi employer un point à l'infini de la conique, c'est-à-dire une direction asymptotique. Ces directions asymptotiques s'obtiennent en annulant la partie homogène du second degré de l'équation.

```
conic:=x^2+4*x*y-9*y^2+3*x-5*y-1:
S:=[solve(select(proc(z) degree(z,{x,y})=2 end,conic),{x,y})];
```

$$S := [\{y = y,\, x = (-2+\sqrt{13})\,y\},\ \{y = y,\, x = (-2-\sqrt{13})\,y\}]$$

Nous avons obtenu des solutions réelles qui fournissent les deux directions asymptotiques de la conique, qui est ici une hyperbole. Choisissons une des deux directions par exemple celle définie par l'équation $x = (-2+\sqrt{13})y$ et considérons les droites affines d'équation

$$x = (-2+\sqrt{13})y + t.$$

Ces droites rencontrent la conique en le point à l'infini de l'asymptote choisie et en un autre ; plus calculatoirement, en substituant $(-2+\sqrt{13})y+t$ à x l'équation de la conique devient du premier degré en y et au plus du second en t. Sa résolution donne y puis x en fonction de t. On demande de mettre ceci en pratique pour déterminer un paramétrage rationnel des coniques d'équation

$$C_1 : x^2 + 4xy - 9y^2 + 3x - 5y - 1 = 0\,;$$
$$C_2 : x^2 + 4xy + 4y^2 - x + y - 3 = 0\,;$$
$$C_3 : 3x^2 + 3xy + y^2 - 2x + 6y + 1 = 0.$$

EXERCICE **8.10.** Si (I, f) est un arc de classe C^1 régulier et Ω un point fixé, la *podaire* de l'arc par rapport à Ω est le lieu du projeté de Ω sur la tangente à l'arc. Si l'arc est défini comme enveloppe d'une famille de droites sous forme normale

$$D_\varphi \ : \ x\cos\varphi + y\sin\varphi - p(\varphi) = 0$$

le lieu de H (figure 8.5), la podaire de l'arc par rapport à l'origine O, a pour équation polaire $\rho = p(\varphi)$.

a. Avec r et a strictement positifs et la famille de droites donnée par

$$D_\varphi \ : \ x\cos\varphi + y\sin\varphi = r + a\cos\varphi,$$

l'enveloppe n'est rien d'autre que le cercle de rayon r centré sur Ox au point d'abscisse a. La podaire de O a pour équation polaire $\rho = r + a\cos\varphi$ et c'est un *limaçon de Pascal*. On obtient des formes différentes suivant la place de r par rapport aux nombres a et $2a$. En particulier pour $r = a$ le limaçon est une cardioïde. On demande de tracer les différentes formes de limaçon.

b. On prend $p(\varphi) = \cos(3\varphi)$ pour $\varphi \in \mathbb{R}$. Déterminez l'arc enveloppe et sa podaire par rapport à l'origine. Tracez les deux sur le même dessin. Traitez de la même manière les cas $p(\varphi) = 4\cos^3(\varphi)$ et $p(\varphi) = \cos(3\varphi) - \cos(\varphi)$.

Exercice **8.11.** L'espace est affine euclidien de dimension 3. On considère un cône de révolution C de demi-angle au sommet ϑ et un plan P dont l'angle avec l'axe du cône est φ. Précisons que ces deux angles sont des angles non orientés de droites, c'est-à-dire des réels de $[0, \pi/2]$. Nous supposons que ϑ et φ sont strictement entre 0 et $\pi/2$ et que le plan ne passe pas par le sommet O du cône pour éliminer les cas dégénérés. Le repère est orthonormé et placé de manière que le cône et le plan aient pour équation

$$C : x^2 + y^2 = \operatorname{tg}^2\vartheta\,(z-h)^2, \qquad P : z\sin\varphi = x\cos\varphi.$$

a. On demande d'étudier la nature de l'intersection du cône et du plan. Pour cela on procédera à une rotation autour de l'axe Oy du repère de manière que le plan ait pour nouvelle équation $Z = 0$. On verra ainsi apparaître une conique et on demande de fournir explicitement son excentricité.

b. Illustrez la situation.

3 Problèmes

Méthode d'exclusion. La méthode d'exclusion est un procédé récursif qui généralise la méthode de dichotomie sur l'axe réel à des espaces de dimension supérieure. Nous allons l'utiliser pour dessiner des courbes algébriques définies par leur équation cartésienne, c'est-à-dire implicitement. La méthode est fondée sur un critère simple qui permet d'éliminer successivement des régions du plan ne contenant pas de point de la courbe.

1. Soit $P(X, Y)$ un polynôme réel en deux indéterminées X et Y, et $\mathcal{Z}$ l'ensemble algébrique défini par l'équation cartésienne $P(x, y) = 0$. Pour un point du plan $M = (x_0, y_0)$, on définit les nombres $b_{i,j}$ et $m(M, R)$ par les formules

$$P(x_0+u, y_0+v) = \sum_{i,j} b_{i,j} u^i v^j ,$$

$$m(M,r) = |b_{0,0}| - \sum_{(i,j)\neq(0,0)} |b_{i,j}|\, r^{i+j} .$$

Montrez que dans l'hypothèse $m(M,r) > 0$, le carré $C(M,r)$ de centre M et de demi-côté r à côtés parallèles aux axes ne contient aucun point de $\mathcal{Z}$.

2. Le tracé de la courbe $\mathcal{Z}$ dans le carré $C(O,R)$ de centre l'origine, de demi-côté R s'effectue comme suit. Si le nombre $m(O,R)$ est strictement positif, il n'y a aucun point dans le carré, ce qui termine la question. Sinon, le carré est subdivisé en quatre sous-carrés, de taille moitié, et le procédé est itéré récursivement sur chacun des sous-carrés. Il s'arrête lorsque le demi-côté des carrés qui restent devient inférieur à une certaine valeur $\varepsilon > 0$. Le dessin est constitué des carrés non-exclus.

Écrivez une procédure qui prend en entrée un polynôme P, des paramètres $R > 0$ et $\varepsilon > 0$ et qui dessine la courbe $\mathcal{Z}$ dans le carré $C(O,R)$ suivant ce procédé. Testez la procédure sur les courbes définies par les équations suivantes,

$$\begin{aligned}
p_1 &:= x^3 + y^3 - 2xy = 0\,;\\
p_2 &:= y^4 - 2xy^3 - x^2y^2 + y^2 + 2x^3y + x^2 - 2 = 0\,;\\
p_3 &:= y^2(y^2-2) + x^2(x-1) = 0\,;\\
p_4 &:= -7 + 9y^8 - 204y^6 + 70y^4 - 7x^8 + 28x^6 - 42x^4 + 28x^2 - 52x^2y^2\\
&\quad + 68x^2y^4 + 20x^2y^6 + 44x^4y^2 + 6x^4y^4 - 12x^6y^2 + 20y^2 = 0.
\end{aligned}$$

Ces courbes sont respectivement le folium de Descartes, une première quartique, une seconde quartique et la courbe de Gergueb ; on utilisera respectivement les valeurs $R = 2$, $\varepsilon = 0.02$; $R = 5$, $\varepsilon = 0.05$; $R = 2.5$, $\varepsilon = 0.01$; $R = 5$, $\varepsilon = 0.05$.

Pour dessiner l'ensemble des petits carrés, une solution naturelle consiste à stocker indépendamment les dessins de ces petits carrés puis à utiliser **`plots/display`**, mais le nombre important de carrés mis en jeu rend cette technique inutilisable. Il convient donc de construire directement des objets de type `PLOT` (**`?plot/structure`**).

4 Thèmes

Courbure de Gauss. La courbure de Gauss traduit une propriété métrique des surfaces. Le cadre métrique sera fourni par un espace euclidien orienté de dimension 3, en pratique l'espace $\mathbb{R}^3$ muni du produit scalaire usuel qui fait de sa base canonique une base orthonormée. La surface considérée est définie comme une nappe paramétrée Φ définie dans un ouvert Ω à valeurs dans $\mathbb{R}^3$; au paramètre $p = (u, v)$ de Ω est associé le point $P = (x, y, z)$ de $\mathbb{R}^3$. Dans toute la suite l'application Φ est supposée de classe C^2. Pour illustrer les notions développées, nous nous appuierons sur l'exemple d'un tore de révolution.

Un tore de révolution s'obtient en faisant tourner un cercle autour d'une droite qui est dans le plan du cercle. Si le cercle est dans le plan xOz avec un centre à l'abscisse a et un rayon égal à r, il est paramétré par

$$x = a + r\cos v, \quad y = 0, \quad z = r\sin v.$$

Par rotation autour de l'axe Oz on obtient le tore et le paramétrage

$$x = (a + r\cos v)\cos u, \quad y = (a + r\cos v)\sin u, \quad z = r\sin v.$$

L'ouvert Ω est tout $\mathbb{R}^2$ mais il suffit de prendre le carré $[-\pi, \pi]^2$ pour obtenir toute la surface. De plus nous supposons que a est strictement plus grand que r pour que le tore ait l'aspect usuel d'un beignet.

Pour ce qui est de MAPLE, la nappe est définie sur un rectangle ; cette hypothèse est restrictive mais permet déjà de traiter de nombreux exemples.

```
P:=[(a+r*cos(v))*cos(u),(a+r*cos(v))*sin(u),r*sin(v)];
domain:=u=-Pi..Pi,v=-Pi..Pi;
normalizer:=readlib(`combine/trig`):
illustration:=a=2,r=1:
PP:=subs(illustration,P):
surface:=plot3d(PP,domain,scaling=constrained,color=blue):
```

L'affectation à la variable `normalizer` est faite en prévision des calculs ; ici les composantes de la nappe sont des fonctions trigonométriques d'où notre choix ; si elles avaient été rationnelles nous aurions employé `normal`. Ensuite quelques dessins demanderont des valeurs numériques et un choix de valeurs est rangé dans `illustration`. La dernière instruction permettrait de tracer le tore mais la figure est trop connue (page 18).

1. La nappe Φ est dérivable et sa dérivée en un point $p = (u, v)$ est l'application linéaire $\Phi'(p)$ de $\mathbb{R}^2$ dans $\mathbb{R}^3$ dont la matrice s'écrit

$$J_\Phi(p) = \begin{pmatrix} \partial x/\partial u & \partial x/\partial v \\ \partial y/\partial u & \partial y/\partial v \\ \partial z/\partial u & \partial z/\partial v \end{pmatrix}(p).$$

Nous noterons P'_u et P'_v, les deux vecteurs colonnes de cette matrice. Ce sont les images par la dérivée en p de la base canonique (e_u, e_v) de $\mathbb{R}^2$. Si le paramètre p est régulier, ces deux vecteurs sont linéairement indépendants et forment une base du plan tangent T_p au point de paramètre p. Dans la suite nous supposons que la surface est régulière c'est-à-dire que la matrice $J_\Phi(p)$

est de rang 2 en tout paramètre p de Ω. Précisons que le plan tangent T_p est un plan vectoriel ; bien sûr nous le pensons comme le plan affine attaché au point de paramètre p de direction T_p.

1.a. Dans le cadre de l'exemple, calculez cette matrice jacobienne et les deux vecteurs P'_u et P'_v (`?linalg/jacobian`).

1.b. On trace une courbe sur la surface en se donnant un arc γ de classe C^1 défini sur un intervalle I à valeurs dans Ω. Par composition avec Φ on a ainsi un arc de classe C^1 défini sur I à valeurs dans la surface. Montrez que cet arc $(I, \Phi \circ \gamma)$ est de classe C^1 et exprimez sa dérivée en fonction de P'_u et P'_v. Pour simplifier, on notera $u(t)$ et $v(t)$ les composantes de $\gamma(t)$.

L'*espace tangent* à la nappe est constitué des couples (P, τ) où P est un point de la nappe et τ un vecteur tangent en P à la nappe c'est-à-dire un vecteur de T_p. L'ouvert Ω a lui aussi un espace tangent ; c'est le produit cartésien $\Omega \times \mathbb{R}^2$. Un élément (p, h) de l'espace tangent à Ω est pensé comme le point p auquel est attaché un déplacement infinitésimal h à partir de p. La dérivée Φ' permet d'associer à ce couple (p, h) un couple $(P, \Phi'(p)h)$; le point P est l'image de p et le vecteur $\Phi'(p)h$ est le déplacement infinitésimal à partir de P qui résulte du déplacement infinitésimal h à partir de p.

2. Le plan vectoriel tangent au point de paramètre p est plongé dans l'espace euclidien $\mathbb{R}^3$; il hérite donc du produit scalaire de $\mathbb{R}^3$. On a ainsi une application définie dans l'ouvert Ω qui à chaque paramètre p associe une forme quadratique sur le plan T_p ; c'est la *première forme fondamentale* de la nappe Φ. La matrice du produit scalaire dans la base (P'_u, P'_v) est une matrice symétrique

$$\mathcal{G} = \begin{pmatrix} E & F \\ F & G \end{pmatrix}.$$

Cette matrice exprime en fonction de p la métrique locale de la surface.

2.a. Calculez cette matrice dans le cas du tore (`?linalg/dotprod`).

2.b. Pour un arc de classe C^1 tracé sur la surface, comme dans la question 1.b, calculer l'élément de longueur de l'arc.

2.c. Sur la sphère de rayon R définie par le paramétrage

$$x = R \sin u \cos v, \quad y = R \sin u \sin v, \quad z = R \cos u,$$

les deux arcs définis par

$$u = \frac{\pi}{2}(2 - t), \qquad v = \frac{\pi}{2} t, \qquad 0 \leq t \leq 1 ;$$

$$u = t, \qquad v = \pi \cos^2 t, \qquad \frac{\pi}{4} \leq t \leq \frac{\pi}{2},$$

joignent les points $(1, 0, 0)$ et $(1/2, 1/2, 1/\sqrt{2})$. Lequel est le plus court ?

3.a. Montrez que la matrice $\mathcal{G}$ a un déterminant strictement positif.

Par définition l'*aire* de la nappe obtenue en restreignant Φ a une partie compacte K de $\mathbb{R}^2$ est le nombre

$$\iint_K \sqrt{EG - F^2}\, dudv.$$

Cette définition doit être comprise comme suit. Nous prenons un point p de Ω et nous lui attachons les deux vecteurs e_u et e_v qui forment la base de $\mathbb{R}^2$. Nous les voyons comme deux vecteurs tangents en p à Ω qui définissent un petit carré d'aire unité. Par l'application Φ le point p devient le point P de la nappe et les deux vecteurs sont envoyés sur P'_u et P'_v par la dérivée $\Phi'(p)$. Ces deux vecteurs définissent un parallélogramme dans le plan tangent dont l'aire est $\sqrt{EG - F^2}$. En sommant par intégration les aires de ces parallélogrammes infinitésimaux, on obtient l'aire du bout de nappe.

3.b. Calculez l'aire du tore de révolution (`?student/Doubleint`).

4. Le produit vectoriel $P'_u \wedge P'_v$ est orthogonal aux deux vecteurs tangents P'_u et P'_v. Dans la mesure où la surface est régulière, ce produit vectoriel est non nul et dirige la normale. Notons au passage que sa norme est $\sqrt{EG - F^2}$ ce qui fournit une autre formulation de la notion d'aire. Ce vecteur est normalisé pour donner le vecteur normal unitaire associé à la nappe,

$$N = \frac{P'_u \wedge P'_v}{||P'_u \wedge P'_v||}.$$

4.a. Calculez ce vecteur normal dans le cas du tore.

En associant à chaque paramètre p le vecteur normal unitaire N, on définit une nouvelle nappe paramétrée à valeurs dans la sphère unité. Cette nouvelle nappe est l'*application de Gauss* associée à la nappe d'origine.

4.b. On demande de calculer la métrique associée à cette nouvelle nappe dans le cas du tore. Nous noterons e, f et g les composantes de la matrice bilinéaire symétrique qui fournit la métrique.

5. La *courbure de Gauss* d'une nappe de classe C^2 régulière peut être définie comme le quotient

$$\frac{\sqrt{eg - f^2}}{\sqrt{EG - F^2}}.$$

5.a. Expliquez en quoi cette définition est similaire à la définition de la courbure d'un arc paramétré.

5.b. Calculez la courbure de Gauss pour le tore.

5.c. On veut illustrer la définition de la courbure de Gauss. Pour cela on considère différents paramètres $p_0 = (u_0, v_0)$, un nombre ε strictement positif et le carré de centre p_0 à côtés parallèles aux axes de demi-côté ε. On demande de représenter le tore de révolution et sur ce tore l'image par la nappe Φ du carré que l'on vient de définir. De même on représentera l'image par l'application de Gauss du rectangle baptisé `domain` et du petit carré précédent. On prendra u_0 nul et v_0 échantillonné entre 0 et $\pi/2$. Pour éviter que la gestion des parties cachées n'empêche de voir le petit bout de la nappe il convient d'employer l'option **style=wireframe**. Ensuite on calculera numériquement les aires des deux bouts de nappe et leur quotient ; on le comparera avec la valeur de la courbure de Gauss au point indiqué.

6. On demande de calculer la courbure de Gauss des nappes paramétrées suivantes,

$$x = R\sin u\cos v, \qquad y = R\sin u\sin v, \qquad z = R\cos u\,;$$
$$x = R\sin v\cos u, \qquad y = R\sin v\sin u, \qquad z = R\left(\cos v + \ln \operatorname{tg}\frac{v}{2}\right)\,;$$
$$x = u, \qquad y = v, \qquad z = au^2 - bv^2\,;$$
$$x = v\cos u, \qquad y = v\sin u, \qquad z = hv.$$

Ces nappes sont dans l'ordre une sphère, une pseudo-sphère, un paraboloïde hyperbolique, un cône de révolution. Les paramètres R, a, b, h sont strictement positifs. Hormis la racine carrée, toutes les opérations employées sont rationnelles ; on cherche donc à donner une forme normale aux expressions rationnelles en les données. On utilisera les procédures de normalisation suivantes pour simplifier les expressions rencontrées.

```
normalizer:=readlib(`combine/trig`):        # sphere
normalizer:=proc(expr)                       # pseudo-sphere
  normal(convert(expr,tan),expanded)
end:
normalizer:=proc(expr)                       # hyperbolic paraboloid
  collect(expr,{u,v},normal)
end:
normalizer:=proc(expr)                       # circular cone
  collect(expr,v,readlib(`combine/trig`))
end:
```

On justifiera l'appellation *pseudo-sphère.*

5 Réponses aux exercices

EXERCICE **8.1. a.** Le changement de variable

$$x = \xi(t), \quad y = \eta(t),$$

fournit l'égalité

$$\int R(x,\varphi(x))\,dx = \int R(\xi(t),\eta(t))\,\xi'(t)\,dt$$

et l'intégrande est maintenant rationnelle.

b. Nous définissons la fraction rationnelle R, puis l'intégrande.

```
R:=1/(x^2+y):
poly:=-3*x^2+10*x-3:
yy:=poly^(1/2):
RR:=subs(y=yy,R);
```

$$RR := \frac{1}{x^2+3\,x+3+\sqrt{-3\,x^2+10\,x-3}}$$

Pour obtenir un paramétrage rationnel de la conique, nous reprenons la séquence de calcul vue dans le texte. Dans ce cas particulier l'ordonnée y_0 du point distingué vaut 0.

```
conic:=y^2-poly:
Disc:=discrim(conic,y):
x0:=op(1,{solve(Disc,x)}):
subs(x=x0,conic):
y0:=op(1,{solve(",y)}):
sys:={conic,y-y0=t*(x-x0)}:
{solve(sys,{x,y})}:
param:=op(select(has,",t));
```

$$param := \{y = 8\,\frac{t}{3+t^2},\ x = \frac{1}{3}\,\frac{27+t^2}{3+t^2}\}$$

Ayant trouvé le paramétrage, nous procédons au changement de variable.

```
student[changevar](op(select(has,param,x)),Int(RR,x),t):
map(simplify,",radical,symbolic);
```

$$\int -144\,\frac{t}{37\,t^4+72\,t^3+486\,t^2+216\,t+1701}\,dt$$

Nous sommes bien ramenés au calcul d'une primitive de fonction rationnelle.

Exercice **8.2.** On cherche un faisceau de coniques qui passent par ses points doubles et ont une tangente commune avec la quartique en l'un des points doubles. Cette démarche est cohérente dans la mesure où la quartique a trois points doubles. Déterminons d'abord les points singuliers.

```
eq:=x^2*y^2-x*y*(x+y)+x^2-y^2:
Eq:=numer(subs(x=X/T,y=Y/T,eq));
singular:=[solve({seq(diff(Eq,i),i={X,Y,T})},{X,Y,T})];
```

$$singular := [\{Y=0,\ X=0,\ T=T\},\ \{X=0,\ T=0,\ Y=Y\},\ \{Y=0,\ X=X,\ T=0\}]$$

```
conic:=A*x^2+2*B*x*y+C*y^2+2*D*x+2*E*y+F:
Conic:=numer(subs(x=X/T,y=Y/T,conic)):
sys:={seq(subs(i,Conic),i=singular)}:
inc:={A,B,C,D,E,F}:
subs(solve(sys,inc),Conic);
```

$$2\,B\,X\,Y+2\,D\,X\,T+2\,E\,Y\,T$$

On obtient une famille d'hyperboles dépendant essentiellement deux paramètres. Les tangentes à l'origine sont définies par l'équations $x^2 - y^2 = 0$; on choisit la tangente d'équation $x + y = 0$ et on spécifie le faisceau de coniques, puis on calcule l'intersection qui donne le paramétrage.

```
hyperbola:=subs(T=1,X=x,Y=y,E=D,B=1/2,D=t/2,"):
solve({eq,hyperbola},{x,y});
```

$$\{y = 0,\ x = 0\},\ \{y = 2\,\frac{t}{t^2+t-1},\ x = -2\,\frac{t}{1+t^2+t}\}$$

On notera que les deux dénominateurs ne sont pas égaux, contrairement à ce que l'on obtient pour les paramétrages de coniques.

EXERCICE **8.3.** Les points F et P ont pour coordonnées naturelles

$$F\begin{pmatrix} c \\ 0 \end{pmatrix},\qquad P\begin{pmatrix} -c+2a\cos t \\ 2a\sin t \end{pmatrix},\qquad t\in\mathbb{R}.$$

Nous en tirons l'équation de la médiatrice en fonction du paramètre t, puis le point courant de l'enveloppe. On peut vérifier que le déterminant du système linéaire qui détermine x et y vaut $16a(a - c\cos t)$. Si a est strictement plus grand que c, la famille est donc régulière ; par contre si a est strictement plus petit que c, il faut évacuer les t tels que $\cos t = a/c$. Le calcul se conduit comme suit.

```
line:=collect((x+c-2*a*cos(t))^2+(y-2*a*sin(t))^2
               -(x-c)^2-y^2,{x,y}):
diffline:=diff(line,t):
sol:=solve({line,diffline},{x,y});
```

$$sol := \{x = \frac{a\,(-c + a\cos(t))}{-c\cos(t)+a},\ y = \frac{\sin(t)\,(-c^2+a^2)}{-c\cos(t)+a}\}$$

On a ainsi une équation paramétrique du lieu. Pour déterminer une équation cartésienne, on élimine t en utilisant la relation $\cos^2 t + \sin^2 t = 1$.

```
solve(subs(cos(t)=C,sin(t)=S,sol),{C,S});
collect(numer(subs(",C^2+S^2-1)),{x,y},factor);
```

$$(a-c)\,(a+c)\,x^2 + a^2\,y^2 - a^2\,(a-c)\,(a+c)$$

On voit apparaître une équation du second degré, c'est-à-dire une conique. On a prouvé que l'enveloppe est incluse dans cette conique. Inversement on utilise le fait que deux réels C et S qui satisfont $C^2 + S^2 = 1$ peuvent s'écrire $C = \cos t$, $S = \sin t$ pour un certain t. D'autre part on constate que cette conique est une ellipse dans le cas $c < a$ et une hyperbole dans le cas $c > a$, l'excentricité étant $e = c/a$. Ce mode de définition est la *génération tangentielle* des coniques.

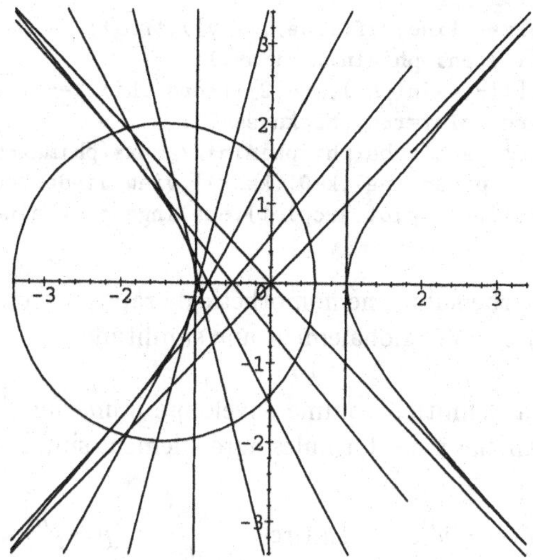

Figure 8.7.

Pour obtenir le dessin de la figure 8.7, on peut procéder comme suit. Le choix de la valeur $e = c/a = \sqrt{2}$ donne une hyperbole équilatère.

```
aa:=1:
cc:=2^(1/2):
curve:=subs(sol,a=aa,c=cc,[x,y,t=0..2*Pi]):
r:=-cc-2*aa..cc+2*aa:
window:=[r,r]:
kmax:=10:
curveplot:=plot(curve,view=window,color=red):
circleplot:=plot([-cc+2*aa*cos(t),2*aa*sin(t)
,t=0..2*Pi],view=window,color=blue):
paramline:=subs(a=aa,c=cc,[curve[1]+coeff(line,y)*u,
                          curve[2]-coeff(line,x)*u,u=-1..1]):
lineplot:=plot({seq(subs(t=2*Pi*k/kmax,paramline),k=0..kmax)},
                                    view=window,color=green):
plots[display]({curveplot,circleplot,lineplot},
                                      scaling=constrained);
```

EXERCICE **8.4.** Il suffit de modifier comme suit la séquence d'instructions fournie en exemple.

```
p:=cos(phi/3+Pi/3);
phimin:=0:
phimax:=3*Pi:
kmax:=40:
window:=[-2..2,-2..2]:
line:=x*cos(phi)+y*sin(phi)-p;
```

```
diffline:=diff(line,phi):
sol:=combine(solve({line,diffline},{x,y}),trig);
arc:=subs(sol,[x,y,phi=phimin..phimax]):
paramline:=[arc[1]-t*sin(phi),arc[2]+t*cos(phi),t=-1..1]:
arcplot:=plot(arc,color=red,thickness=2):
linesetplot:=plot({seq(subs(phi=phimin+k/kmax*(phimax-phimin),
                    paramline),k=0..kmax)},view=window,color=blue):
plots[display]({linesetplot,arcplot},scaling=constrained);
```

EXERCICE **8.5.** La courbe subit une homothétie de rapport a et une rotation d'angle de mesure φ_0 et donc globalement une similitude.

EXERCICE **8.6. a.** La définition comme enveloppe d'une famille de droites sous forme normale amène à des formules agréablement simples. En effet de

$$\overrightarrow{OM} = p\overrightarrow{u} + p'\overrightarrow{u}', \qquad \text{on tire} \qquad \frac{\overrightarrow{dM}}{d\varphi} = (p + p'')\overrightarrow{u}',$$

en utilisant d'une part le fait que p est deux fois dérivable et d'autre part le fait que la dérivée de $\overrightarrow{u}'$ est $-\overrightarrow{u}$. On voit tout de suite que l'arc est régulier si et seulement si $p + p''$ ne s'annule pas ; dans ce cas un vecteur unitaire tangent est $\overrightarrow{u}'$, ce qui est évident géométriquement puisque $\overrightarrow{u}$ donne la normale à la tangente par définition des équations d'Euler.

Dans le cas particulier proposé, on a

$$p(\varphi) + p''(\varphi) = r + (1 - n^2)\cos(n\varphi), \qquad \varphi \in \mathbb{R}.$$

L'arc est donc régulier si et seulement si r est strictement plus grand en valeur absolue que $n^2 - 1$.

c. Nous avons vu la formule $\overrightarrow{dM/d\varphi} = (p + p'')\overrightarrow{u}'$ dans l'hypothèse où p est C^2, ce qui est évidemment le cas ici. Ayant pris $\overrightarrow{u}'$ comme vecteur unitaire tangent, une abscisse curviligne s satisfait $ds/d\varphi = p + p''$. Pour obtenir la longueur de la courbe il suffit donc d'intégrer $p+p''$ de 0 à 2π. Comme on peut le constater toutes les quantités rencontrées dépendent linéairement de p. On peut donc traiter chaque terme du polynôme trigonométrique séparément. Le terme constant r donne par intégration $2\pi r$ et les autres donnent 0 car leur moyenne est nulle. La longueur cherchée L est donc $2\pi r$, ce qui s'écrit aussi $\pi\ell$ en notant ℓ la largeur. On montre que les convexes à largeur constante ℓ ont un périmètre égal à $\pi\ell$, ce qui généralise bien sûr le cas du disque.

EXERCICE **8.7.** Pour les deux premières cubiques, l'origine est point double et on utilise la droite d'équation $y = tx$. Pour la troisième le point à l'infini $(1, 1, 0)$ associé à la direction asymptotique $y = x$ est point double et on utilise la droite d'équation $y = x + t$. On obtient ainsi les paramétrages

$$C_1: \; x = \frac{-3a}{1+t^3}, \qquad y = \frac{-3at}{1+t^3};$$
$$C_2: \; x = -\frac{A+2Bt+Ct^2}{1+t^2}, \qquad y = -\frac{t(A+2Bt+Ct^2)}{1+t^2};$$
$$C_3: \; x = -\frac{t^2}{t^2+2t-3}, \qquad y = \frac{t(t+t^2-3)}{t^2+2t-3}.$$

Le chemin suivi est conforme à la méthode générale que nous avons décrite : la cubique est de degré 3 et nous utilisons un faisceau de courbes de degré 1, c'est-à-dire un faisceau de droites ; on attend trois points d'intersection ; en faisant passer les droites par le point double de la cubique, il reste un point variable qui donne le paramétrage.

EXERCICE **8.8.** La séquence d'instructions proposée dans l'énoncé permet de traiter les deux premiers exemples ; les deux courbes sont respectivement une cubique et une conique,

$$C_1: \; -4+8x-5x^2+x^3-y^2=0,$$
$$C_2: \; y^2+a^2x^2-a^2x=0.$$

Le paramètre a est une indéterminée donc n'est pas zéro. Le cas particulier où 0 est substitué à a doit être traité à part. On pourrait s'étonner que la courbe C_2 soit une conique alors que le paramétrage n'est pas de la forme indiqué au début de l'énoncé. En fait ce paramétrage est *impropre*, ce qui signifie qu'il apparaît comme composé d'un paramétrage et d'une changement de paramètre non bijectif ; plus concrètement chaque point de la courbe est atteint plusieurs fois. On peut le vérifier par la séquence d'instructions suivante, dont on peut extraire un paramétrage *propre*.

```
X:=(t^2+1)^2/(t^4+3*t^2+1):
Y:=a*t*(t^2+1)/(t^4+3*t^2+1):
Tau:=-(t^2+1)/t:
sys:={numer(x-X),numer(y-Y),numer(tau-Tau)}:
grobner[gbasis](sys,[t,tau,x,y],plex);
```

$$[\tau\, t+t^2+1,\; -y+a\,x\,\tau-a\,\tau,\; \tau\, y+a\,x,\; y^2+a^2\,x^2-a^2\,x]$$

Le dernier exemple peut être ramené à la manipulation de polynômes et de deux façons. La première consiste à utiliser les formules

$$\cos\vartheta = \frac{1-t^2}{1+t^2}, \quad \sin\vartheta = \frac{2t}{1+t^2}, \qquad t = \operatorname{tg}\frac{\vartheta}{2},$$

qui fournissent un paramétrage rationnel.

```
XX:=3/4*cos(theta)+1/4*cos(3*theta):
YY:=3/4*sin(theta)-1/4*sin(3*theta):
X:=subs(tan(theta/2)=t,convert(expand(XX),tan)):
Y:=subs(tan(theta/2)=t,convert(expand(YY),tan)):
X,Y;
```

$$\frac{(1-t^2)^3}{(t^2+1)^3},\; 2\,\frac{t}{t^2+1} - 2\,\frac{t\,(1-t^2)^2}{(t^2+1)^3}$$

On peut alors procéder comme pour les premiers exemples, mais le temps de calcul est un peu long car les polynômes sont de degré 7 et l'algorithme a une complexité dans le cas le pire en $O(d^{n^2})$ où d est le maximum des degrés et n le nombre d'indéterminées.

Une autre approche consiste à voir $\cos\vartheta$ et $\sin\vartheta$ comme des indéterminées c et s liées par la relation $c^2+s^2=1$ (exercice 8.3). Les polynômes sont de degré moindre et le calcul est plus rapide.

```
XX:=3/4*cos(theta)+1/4*cos(3*theta):
YY:=3/4*sin(theta)-1/4*sin(3*theta):
X:=subs(cos(theta)=c,sin(theta)=s,expand(XX)):
Y:=subs(cos(theta)=c,sin(theta)=s,expand(YY)):
X,Y;
```

$$c^3,\ s-s\,c^2$$

```
sys:={numer(x-X),numer(y-Y),c^2+s^2-1};
GB:=grobner[gbasis](sys,[c,s,x,y],plex):
equ:=op(nops(GB),GB);
```

$$sys:=\{y-s+s\,c^2,\ c^2+s^2-1,\ x-c^3\}$$

$$equ:=-1+3\,y^2+3\,x^2-3\,y^4+y^6+21\,y^2\,x^2+3\,y^4\,x^2+x^6+3\,y^2\,x^4-3\,x^4$$

L'astroïde est une sextique, c'est-à-dire une courbe du sixième degré.

Exercice **8.9.** Le premier exemple est une hyperbole et on obtient un paramétrage comme suit.

```
conic:=x^2+4*x*y-9*y^2+3*x-5*y-1:
S:=[solve(select(proc(z) degree(z,{x,y})=2 end,conic),{x,y})]:
s:=S[1]:
s1:=map(proc(z) op(1,z)-op(2,z) end,s):
s2:=select(has,s1,{x,y}):
s3:=op(s2):
sys:={conic,s3=t};
param:=solve(sys,{x,y});
```

$$sys:=\{x^2+4\,x\,y-9\,y^2+3\,x-5\,y-1,\ x-(-2+\sqrt{13})\,y=t\}$$

$$param:=\{x=\frac{2\,t^2-5\,t-2+\sqrt{13}\,t^2+\sqrt{13}}{2\sqrt{13}\,t-11+3\sqrt{13}},\ y=-\frac{t^2+3\,t-1}{2\sqrt{13}\,t-11+3\sqrt{13}}\}$$

Le second exemple est une parabole ; il n'y a qu'une direction asymptotique. On obtient le paramétrage suivant,

$$x=\frac{2}{3}t^2+\frac{1}{3}t-2,\qquad y=-\frac{1}{3}t^2+\frac{1}{3}t+1.$$

Dans le troisième cas la conique est une ellipse ; les points à l'infini sont imaginaires. Ceci n'empêche pas de mener le calcul.

```
conic:=3*x^2+3*x*y+y^2-2*x+6*y+1:
S:=[solve(select(proc(z) degree(z,{x,y})=2 end,conic),{x,y})]:
s:=S[1]:
s1:=map(proc(z) op(1,z)-op(2,z) end,s):
s2:=select(has,s1,{x,y}):
s3:=op(s2):
sys:={conic,s3=t};
param:=solve(sys,{x,y});
```

$$sys := \{x - (-\frac{1}{2} + \frac{1}{6} I \sqrt{3})\, y = t,\ 3\,x^2 + 3\,x\,y + y^2 - 2\,x + 6\,y + 1\}$$

$$param := \{y = -3\,\frac{3\,t^2 - 2\,t + 1}{3\,I\sqrt{3}\,t + 21 - I\sqrt{3}},\ x = \frac{1}{2}\,\frac{9\,t^2 + 36\,t + 3 + 3\,I\sqrt{3}\,t^2 - I\sqrt{3}}{3\,I\sqrt{3}\,t + 21 - I\sqrt{3}}\}$$

Le paramétrage obtenu n'est pas un paramétrage de la conique réelle à laquelle nous pensions, mais d'une conique complexe qui contient la conique réelle. Les paramètres complexes t qui fournissent les points réels de cette conique forment une conique réelle dans le plan complexe. Pour mener les calculs sans obstacle on est amené à adjoindre non seulement des points à l'infini mais aussi des points à coordonnées complexes.

Exercice **8.10. a.** On utilise la séquence d'instructions suivante. Comme seul compte le rapport r/a, on fixe a à 1. La variable n contrôle la finesse de l'échantillonnage. De plus on a mis en valeur les deux cas critiques $r = a$ et $r = 2a$.

```
p:=r+a*cos(phi):
a:=1:
n:=3;
plot([seq(subs(r=k/n,p),k=1..floor(2.5*n))],phi=0..2*Pi,
      thickness=map(proc(expr)
                          if member(expr,{1,2}) then 3 else 0 fi
                        end,[seq(k/n,k=1..floor(2.5*n))]),
                                  coords=polar,scaling=constrained);
```

b. Les courbes enveloppes sont toutes les trois des deltoïdes ; on s'est contenté de déplacer le point O. On obtient les paramétrages

$$x = x_0 - \cos(4\varphi) + 2\cos(2\varphi), \qquad y = -2\sin(2\varphi) - \sin(4\varphi),$$

avec x_0 successivement égal à 0, 3 et -1. Quand le point O est au centre du deltoïde la podaire est un *trifolium* ; s'il est en une pointe la podaire est un *folium simple* et enfin quand O est en un sommet on obtient un *bifolium*. Les

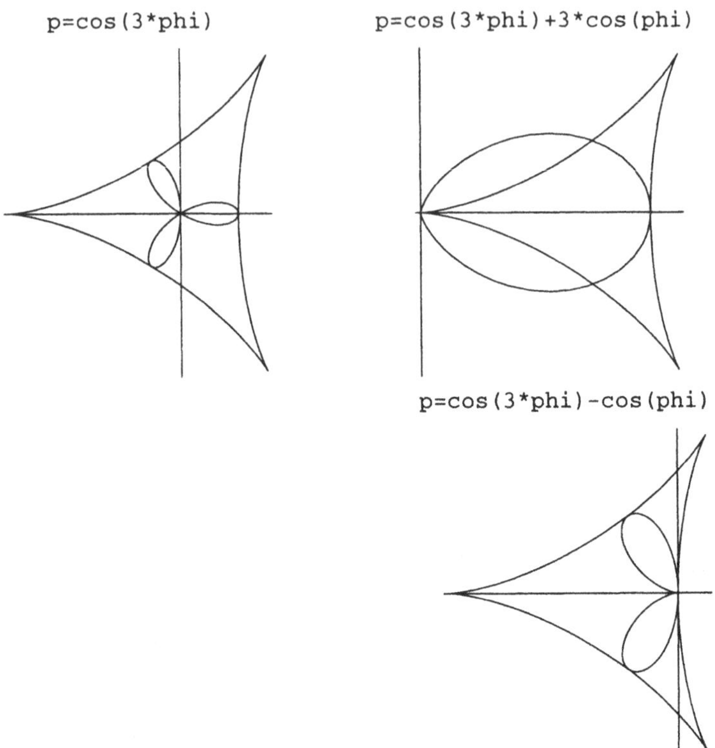

Figure 8.8.

dessins de la figure 8.8 ont été obtenus par la séquence de calcul fournie dans le texte suivie des trois instructions que voici.

```
pic[deltoid]:=plot(envelope,title=cat(`p=`,convert(p,string)),
                                    scaling=constrained,thickness=2):
pic[folium]:=plot(p,phi=0..2*Pi,coords=polar,
                                    scaling=constrained,thickness=0):
plots[display]({pic[deltoid],pic[folium]});
```

EXERCICE **8.11. a.** Nous explicitons les équations du cône et du plan et le changement de coordonnées ; puis nous vérifions que la nouvelle équation du plan a bien la forme attendue.

```
eq[cone]:=x^2+y^2-tan(theta)^2*(z-h)^2:
eq[plane]:=z*sin(phi)-x*cos(phi):
coordchange:=x=sin(phi)*X-cos(phi)*Z,
             y=Y,
             z=cos(phi)*X+sin(phi)*Z:
neweq[plane]:=collect(subs(coordchange,eq[plane]),{X,Y,Z},
                                        readlib(`combine/trig`));
```

$$neweq_{plane} := Z$$

Nous calculons la nouvelle équation du cône et nous spécifions son intersection avec le plan.

```
neweq[cone]:=collect(subs(coordchange,eq[cone]),{X,Y,Z});
```

$$
\begin{aligned}
neweq_{cone} := {} & (\sin(\phi)^2 - \tan(\theta)^2 \cos(\phi)^2)\, X^2 \\
& + ((-2\cos(\phi)\sin(\phi) - 2\tan(\theta)^2 \sin(\phi)\cos(\phi))\, Z + 2\tan(\theta)^2\, h\cos(\phi))\, X \\
& + (\cos(\phi)^2 - \tan(\theta)^2 \sin(\phi)^2)\, Z^2 + 2\tan(\theta)^2\, h\sin(\phi)\, Z + Y^2 - \tan(\theta)^2\, h^2
\end{aligned}
$$

```
neweq[conic]:=collect(subs(Z=0,neweq[cone]),{X,Y});
```

$$
\begin{aligned}
neweq_{conic} := {} & (\sin(\phi)^2 - \tan(\theta)^2 \cos(\phi)^2)\, X^2 + 2\tan(\theta)^2\, h\cos(\phi)\, X + Y^2 \\
& - \tan(\theta)^2\, h^2
\end{aligned}
$$

Il s'agit d'une conique puisque l'équation est du second degré. Nous cherchons si cette conique est à centre en écrivant le système qui détermine les centres.

```
centersys:={diff(neweq[conic],X),diff(neweq[conic],Y)};
```

$$
centersys := \{2\,(\sin(\phi)^2 - \tan(\theta)^2 \cos(\phi)^2)\, X + 2\tan(\theta)^2\, h\cos(\phi),\ 2\,Y\}
$$

Deux cas sont à distinguer. Si φ et ϑ sont égaux le système n'a pas de solution et la conique n'est pas à centre. En y regardant de plus près, on constate qu'il s'agit d'une parabole. Si φ et ϑ sont distincts le système a une unique solution ; la conique a un unique centre ; c'est une conique à centre. Nous cherchons l'équation au centre.

```
centersol:=solve(centersys,{X,Y});
center:=subs(centersol,{X0=X,Y0=Y});
newneweq[conic]:=collect(subs(subs(center,{X=X0+xi,Y=Y0+eta}),
                                   neweq[conic]),{xi,eta},normal);
```

$$
newneweq_{conic} := \eta^2 + (\sin(\phi)^2 - \tan(\theta)^2 \cos(\phi)^2)\, \xi^2 - \frac{\tan(\theta)^2\, h^2 \sin(\phi)^2}{\sin(\phi)^2 - \tan(\theta)^2 \cos(\phi)^2}
$$

La nouvelle équation est de la forme

$$
A\xi^2 + B\eta^2 = C,
$$

avec A, B, C non nuls ; nous avons donc affaire à une ellipse ou une hyperbole et l'excentricité est ici donnée par la formule

$$
e^2 = 1 - \frac{A}{B}, \qquad \text{c'est-à-dire} \qquad e = \frac{\cos\varphi}{\cos\vartheta}.
$$

La formule est encore valable dans le cas particulier $\vartheta = \varphi$. Il resterait à étudier les cas dégénérés. Le bilan est le *théorème de Dandelin* : l'intersection d'un cône de révolution et d'un plan est une conique et dans les cas non dégénérés l'excentricité est donnée par la formule $e = \cos\varphi/\cos\vartheta$.

b. Pour fabriquer un dessin, nous avons besoin d'une équation paramétrique de la conique et d'abord du cône. Les coordonnées cylindriques sont naturelles dans le contexte utilisé et ceci conduit au paramétrage

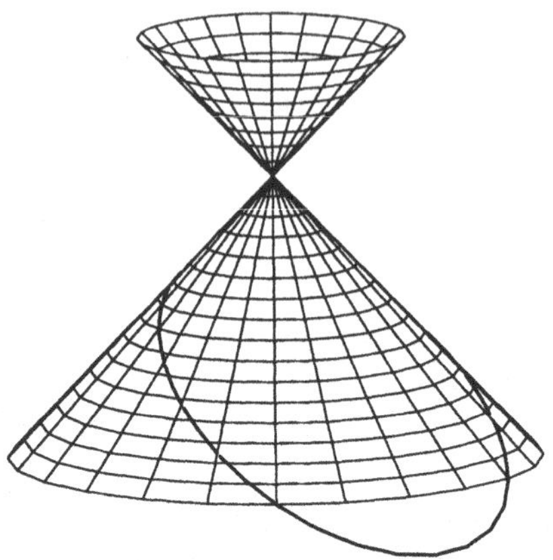

Figure 8.9.

$$C : x = \rho \cos \omega, \quad y = \rho \sin \omega, \quad z = h + \frac{\rho}{\mathrm{tg}\vartheta}, \qquad \rho, \omega \in \mathbb{R}.$$

Nous en tirons un paramétrage de la conique.

```
conesubs:={x=rho*cos(omega),y=rho*sin(omega),z=h+rho/tan(theta)}:
param[cone]:=subs(conesubs,[x,y,z]):
conicsubs:=solve({subs(conesubs,eq[plane])},rho);
param[conic]:=subs(subs(conicsubs,conesubs),[x,y,z]):
```

$$\mathit{conicsubs} := \{\rho = \frac{\sin(\phi)\,h}{-\sin(\phi) + \cos(\omega)\cos(\phi)}\}$$

Pour le dessin (figure 8.9), il est indispensable de spécifier des valeurs numériques.

```
examplesubs:={phi=Pi/3,theta=Pi/4,h=1}:
r:=-3..3:
window:=[r,r,r]:
picture[cone]:=plot3d(subs(examplesubs,param[cone]),
                          rho=-2..1,omega=0..2*Pi,color=blue):
picture[conic]:=plots[spacecurve](subs(examplesubs,param[conic]),
               omega=0..2*Pi,thickness=3,color=red,view=window):
plots[display]({seq(picture[i],i={cone,conic})},
                    scaling=constrained,orientation=[150,80]);
```

Appendice

Chapitre A. Réponses aux problèmes et thèmes

1 Arithmétique

Développement décimal d'un rationnel. **1.a.** On détermine d'abord (#1) la partie fractionnaire du rationnel ; ensuite (#2) on exprime le fait que le décalage qui intervient dans l'écriture de la séquence des restes correspond à une multiplication par 10.

```
decimalexpansion:=proc(r::rational,l::nonnegint)
  local p,q,pp,k,de;
  p:=numer(r);                                                    #1
  q:=denom(r);
  pp:=irem(p,q);
  if pp<0 then pp:=pp+q fi;
  for k to l do de[k]:=iquo(10*pp,q,'pp') od;                     #2
  [seq(de[k],k=1..l)]
end: # decimalexpansion
```

1.b. On reprend la même démarche que dans la procédure précédente, mais on garde en mémoire dans la table `history` les restes rencontrés (#1) ; à chaque pas on regarde si le reste a déjà été visité (#2).

```
nicedecimalexpansion:=proc(r::rational)
  local p,q,pp,history,k,j,de,i;
  p:=numer(r);
  q:=denom(r);
  pp:=irem(p,q);
  if pp<0 then pp:=pp+q fi;
  history[pp]:=0;                                                 #1
  for k do
    de[k]:=iquo(10*pp,q,'pp');
    if assigned(history[pp]) then                                 #2
      RETURN([seq(de[i],i=1..history[pp])],
             [seq(de[i],i=history[pp]+1..k)])
    else  history[pp]:=k;                                         #1
    fi
  od
end: # nicedecimalexpansion
```

On applique la procédure aux fractions proposées, après quoi on regarde les tailles des motifs.

```
for i to 6 do
  NDE:=nicedecimalexpansion(xx[i]);
  patternsize[i]:=nops(NDE[2])
od:
seq(patternsize[i],i=1..6);
```

$$1,\ 6,\ 13,\ 112,\ 51,\ 24$$

1.c. On comprend assez rapidement que la longueur de la partie initiale est $\mu = \max(\alpha, \beta)$ si 2^α est la plus grande puissance de 2 qui divise q et 5^β est la plus grande puissance de 5 qui divise q. Par contre la longueur de la période est plus intriguante. La notion d'ordre d'un élément dans un groupe va permettre d'éclairer cette question.

2.a. Il s'agit essentiellement de sommer des progressions géométriques.

```
1+4/10+sum(142857/10^(6*k+1),k=1..infinity);
```

$$\frac{99}{70}$$

2.b. Avec les notations employées dans le texte on a

$$\frac{p}{q} = \sum_{k=1}^{+\infty} \frac{m}{10^{kt}} = \frac{m}{1 - 10^{-t}}$$

et donc

$$p(10^t - 1) = 10^t mq.$$

Comme q est premier avec p, le théorème de Gauss dit que q divise $10^t - 1$; ainsi 10 et q sont premiers entre eux et l'ordre de 10 modulo q est un diviseur de la période t.

3.a. Notons μ le maximum de α et β si $2^\alpha 5^\beta$ figure dans la décomposition en facteurs premiers de q. On peut écrire

$$10^\mu \frac{p}{q} = n + \frac{\tilde{p}}{\tilde{q}},$$

en notant n la partie entière du membre gauche et $q = 2^\alpha 5^\beta \tilde{q}$, ce qui fait que $\tilde{p}$ et $\tilde{q}$ sont premiers entre eux et $0 < \tilde{p} < \tilde{q}$. L'entier $\tilde{q}$ est premier avec 10, donc l'ordre t de 10 modulo $\tilde{q}$ existe ; écrivons donc pour un certain entier m

$$10^t - 1 = m\tilde{q}\,;$$

ceci fournit l'égalité

$$\frac{\tilde{p}}{\tilde{q}} = \frac{m\tilde{p}}{10^t - 1} = m\tilde{p} \sum_{k=1}^{+\infty} \frac{1}{10^{kt}}.$$

D'après l'encadrement $0 < m\tilde{p} < m\tilde{q} < 10^t$ et l'égalité

$$\frac{p}{q} = \frac{n}{10^\mu} + \sum_{k=1}^{+\infty} \frac{m\tilde{p}}{10^{kt+\mu}},$$

le rationnel p/q admet une écriture décimale qui comporte une partie initiale de μ chiffres, suivie d'un motif de longueur t répété indéfiniment.

3.b. On détermine α et β (#1) ; on traite à part le cas où $\tilde{q}$ vaut 1 (#2) ; enfin on calcule exactement le nombre de chiffres nécessaires (#3).

```
pleasantdecimalexpansion:=proc(r::rational)
  local p,q,pp,qq,qqq,alpha,beta,mu,t,k,de;
  p:=numer(r);
  q:=denom(r);
  pp:=irem(p,q);
  if pp<0 then pp:=pp+q fi;
  qq:=q;
  for alpha from 0 while irem(qq,2,'qqq')=0 do qq:=qqq od;      #1
  for beta from 0 while irem(qq,5,'qqq')=0 do qq:=qqq od;
  mu:=max(alpha,beta);
  if qq=1 then t:=1 else t:=nu(10,qq) fi;                        #2
  for k to mu+t do                                               #3
    de[k]:=iquo(10*pp,q,'pp')
  od;
  [seq(de[k],k=1..mu)],[seq(de[k+mu],k=1..t)]
end: # pleasantdecimalexpansion
```

3.c. Il suffit de modifier la procédure précédente en renvoyant le couple (μ, t) sans calculer le développement décimal. On obtient les trois couples (0, 15088), (2, 12284), (0, 88460).

Nombres de Carmichael. **1.a.** Soit a un entier premier avec N. Notons $p_1, \ldots, p_r$ les facteurs premiers de N. Pour chaque i, on a $a^{p_i-1} \equiv 1 \mod p_i$, et comme $p_i - 1$ divise $N-1$, on en tire $a^{N-1} \equiv 1 \mod p_i$. Ceci est vrai pour chaque i donc d'après le théorème chinois, $a^{N-1} \equiv 1 \mod p_1 \cdots p_r$.

1.b. La procédure `ifactors` fournit la factorisation d'un entier comme `ifactor` mais renvoie une structure plus facilement utilisable. On définit une procédure `carmichael` qui prend en entrée un entier N et renvoie vrai si N est de Carmichael et faux sinon. Pour cela on factorise N (#1), ce qui est d'ailleurs irréaliste pour de grandes valeurs de N ; si N possède un seul facteur premier (#2) il n'est pas de Carmichael, car il est premier ou ses facteurs premiers ne sont pas distincts ; de même si un nombre premier apparaît avec une multiplicité au moins égale à 2 (#3), alors N n'est pas de Carmichael. On termine enfin de vérifier la condition (#4).

```
carmichael:=proc(N::integer)
  local NN,f,p;
  if N<2 then RETURN(false) fi;
  NN:=op(2,readlib(ifactors)(N));                                #1
  if nops(NN)=1 then RETURN(false) fi;                           #2
  for f in NN do                                                 #3
```

```
    if op(2,f)>1 then RETURN(false) fi
  od;
  for f in NN do                                                    #4
    p:=op(1,f);
    if irem(N-1,p-1)<>0 then RETURN(false) fi
  od;
  true;
end: # carmichael
```

Pour déterminer tous les nombres de Carmichael inférieurs à 10^5 [55, p. 84], il suffit d'écrire une boucle qui teste tous les entiers de 1 à 10^5. Ceci est coûteux et on peut être un peu plus efficace en éliminant tout de suite les multiples de 4, 9, 25 et plus généralement les nombres divisibles par un carré de nombre premier. Comme on le voit ci-dessous, éliminer les multiples de 4 et 9 diminue le travail d'un tiers ; ensuite le gain est trop faible pour être réellement utile. Le lecteur pourra s'en convaincre en augmentant la valeur de b, le nombre de nombres premiers pris en compte.

```
b:=2:
p[0]:=1: B:=1:
for i to b do
  p[i]:=nextprime(p[i-1]);
  p2[i]:=p[i]^2;
  B:=p2[i]*B
od:
S:={seq(j,j=1..B)} minus
                     {seq(seq(p2[i]*k,k=0..iquo(B,p2[i])),i=1..b)}:
evalf(nops(S)/B);
```

$$.6666666667$$

Nous fixons la borne maximale à 10^5 comme demandé, puis nous criblons l'intervalle de 0 à 10^5 par tranches de trente-six éléments, mais en ne tenant compte que de ceux qui ne sont pas multiples de 4 ou 9.

```
BB:=10^5:
counter:=0:
for k to iquo(BB,B) do
  for s in S do
    n:=B*k+s;
    if carmichael(n) then
      counter:=counter+1;
      T[counter]:=n
    fi
  od
od:
[seq(T[i],i=1..counter)];
```

$$[561, 1105, 1729, 2465, 2821, 6601, 8911, 10585, 15841, 29341,$$
$$41041, 46657, 52633, 62745, 63973, 75361]$$

2.a. Si $N = pq$ est un nombre de Carmichael, avec p et q premiers et $p < q$, alors $q-1$ divise $N-1$, mais ce dernier nombre s'écrit aussi $(p-1)(q-1)+(p-1)+(q-1)$ et $q-1$ divise $p-1$, ce qui est absurde car q est strictement plus grand que p.

2.b. Puisque $q-1$ divise $N-1$, il divise aussi $(N-1)-(q-1) = q(pr-1)$ et comme q et $q-1$ sont premiers entre eux, $q-1$ divise $pr-1$. De même, $r-1$ divise $pq-1$. Il existe donc deux entiers x et y tels que

$$pq = 1 + (r-1)x, \qquad pr = 1 + (q-1)y,$$

ce qui donne

$$q = 1 + \frac{(p-1)(p+x)}{xy - p^2}, \qquad r = \frac{1+(q-1)y}{p}.$$

De $q < r$, nous tirons $1 \leq x \leq p$ et même $x < p$. La formule qui exprime q, donne l'inégalité $xy > p^2$. Par ailleurs, la condition $p < q$ permet de majorer y. En définitive, on trouve

$$2 \leq x \leq p-1 \quad \text{et} \quad \frac{p^2}{x} < y < 1 + \frac{p(p+1)}{x}.$$

2.c. Nous en déduisons une procédure de calcul des nombres de Carmichael à trois facteurs premiers, le plus petit facteur p étant fixé. Plus précisément la procédure **threefactors** renvoie un ensemble d'ensembles à trois éléments.

```
threefactors:=proc(p::integer)
  local q,r,x,y,aux,counter,T,i;
  if not isprime(p) then ERROR(`threefactors expects its
                        argument to be a prime number`) fi;
  counter:=0;
  for x from 2 to p-1 do
    for y from iquo(p^2,x)+1 to iquo(p*(p+1),x)+1 do
      q:=1+(p-1)*(p+x)/(x*y-p^2);
      if (type(q,integer) and q>p and isprime(q)) then
        r:=(1+(q-1)*y)/p;
        if type(r,integer) then
          if r>p and isprime(r) and irem(q*r-1,p-1)=0 then
           counter:=counter+1;
           T[counter]:={p,q,r}
          fi
        fi
      fi
    od
  od;
  {seq(T[i],i=1..counter)}
end: # threefactors
```

2.d. Il suffit maintenant d'utiliser la procédure **threefactors**.

```
threefactors(ithprime(10));
```

$$\{\{29, 113, 1093\}, \{29, 197, 953\}\}$$

Il n'existe pas de nombres de Carmichael à trois facteurs dont le plus petit facteur est 11.

2.e. Si un entier plus petit que 10^6 a trois facteurs premiers, l'un au moins est plus petit que 10^2. La séquence

```
[seq(op(select(proc(s) evalb(convert(s,`*`)<10^6) end,
                        threefactors(ithprime(i)))),i=1..25)];
map(proc(s) convert(s,`*`) end,");
```

produit d'abord la liste des ensembles à trois éléments satisfaisant la condition imposée, puis la liste des vingt-trois nombres de Carmichael à trois facteurs plus petits que 10^6.

3.a. Les égalités

$$pC - 1 = (FL + 1)(1 + DL) - 1 = L(FDL + F + D)$$

montrent que L divise $pC - 1$; donc pour tout i, $p_i - 1$ divise $pC - 1$. Par ailleurs, F divise D donc F divise $FDL + F + D$ et $p - 1 = FL$ divise $pC - 1$. Ainsi, pC est un nombre de Carmichael.

3.b. Partant d'un ensemble d'ensembles de nombres premiers dont le produit est un nombre de Carmichael, la procédure **largecarmichael** utilise le principe précédent pour construire un ensemble du même type en tentant d'augmenter les ensembles composants d'un facteur premier [37]. Une variable globale est utilisée pour limiter la taille des facteurs F cherchés.

```
largecarmichael:=proc(primesetset)
  local primeset,p,C,L,D,F,i,T,counter,opprimeset,TT;
  global globalB;
  for primeset in primesetset do
    C:=mul(p,p=primeset);
    L:=ilcm(seq(p-1,p=primeset));
    if irem(C-1,L,'D')<>0 then
      ERROR(`largecarmichael expects its argument to be
             a set of primes whose product is
             a Carmichael number`)
    fi;
    counter:=0;
    for F from 2 to D while F<globalB do
      if (irem(D,F)=0 and isprime(F*L+1)) then
        counter:=counter+1;
        T[counter]:=F*L+1
      fi
    od;
    opprimeset:=op(primeset);
    TT[primeset]:=seq({opprimeset,T[i]},i=1..counter)
  od;
  {seq(TT[primeset],primeset=primesetset)}
end: # largecarmichael
```

On utilise ensuite la procédure en démarrant avec un ensemble fourni par la procédure **threefactors**.

```
globalB:=1000:
SS[0]:=threefactors(ithprime(100)):
for k to 5 do SS[k]:=largecarmichael(SS[k-1]) od:
map(convert,",'*'):
max(op(map(length,")));
```

77

On voit que l'on a obtenu ainsi au moins un nombre de Carmichael à soixante-dix-sept chiffres décimaux. La structure de données utilisée n'est pas réellement adaptée ; une structure arborescente conviendrait mieux. On s'en convainc en regardant les **SS[k]** dans lesquels l'information est redondante.

2 Algèbre linéaire

Matrices et récurrences linéaires. 1. La matrice A annule un polynôme p non nul et même unitaire, d'après le théorème de Cayley-Hamilton ou encore suivant le raisonnement qui a conduit à la notion de polynôme minimal. Notons ce polynôme

$$p = X^\ell - p_1 X^{\ell-1} - \cdots - p_\ell.$$

En multipliant l'égalité $p(A) = 0$ d'abord par A^n, puis à gauche par Λ et à droite par Γ, nous obtenons

$$\forall n \geq 0, \quad u_{n+\ell} = p_1 u_{n+\ell-1} + \cdots + p_\ell u_n.$$

2. La relation de récurrence

$$\forall n \geq 0, \quad u_{n+d} = a_1 u_{n+d-1} + a_2 u_{n+d-2} + \cdots a_d u_n,$$

se récrit

$$T^d u = a_1 T^{d-1} u + a_2 T^{d-2} + \cdots + a_d u,$$

autrement dit

$$p(T)u = 0 \qquad \text{avec} \qquad p = X^d - a_1 X^{d-1} - \cdots - a_d.$$

Pour tout k, la division euclidienne de X^k par p donne

$$X^k = pq_k + r_k \qquad \text{avec} \qquad r_k = 0 \quad \text{ou} \quad \deg r_k < \deg p\,;$$

en substituant T à l'indéterminée et en appliquant l'endomorphisme obtenu à la suite u, nous obtenons d'abord

$$T^k = q_k(T) \circ p(T) + r_k(T), \qquad \text{puis} \qquad T_k u = r_k(T)u$$

car $p(T)u = 0$. Ainsi tous les $T^k u$ vivent dans l'espace de dimension finie engendré par u, Tu, ..., $T^{d-1}u$. Si la récurrence est minimale, c'est-à-dire si la suite ne satisfait pas une récurrence plus courte, la famille précédente est libre et forme donc une base du plus petit sous-espace stable par T contenant u. Dans cette base la matrice de T est la matrice A introduite au début et le vecteur colonne Γ donne les coordonnées de u dans la base.

Inversement, si la famille des $T^k u$ engendre un espace de dimension finie, alors il existe un premier indice d tel que la famille $(T^k u)_{0 \leq k \leq d}$ soit liée et ceci se traduit par le fait que u vérifie une relation de récurrence linéaire homogène à coefficients constants.

3.a. Nous définissons les trois matrices Λ, A et Γ, en utilisant les formules rencontrées dans la démonstration. Ensuite nous fixons la valeur de n et nous notons l'instant de départ. Nous écrivons le développement en base 2 de n, qui est écrit à l'envers comme d'habitude; puis nous calculons conjointement les A^{2^k} et A^n en prenant garde au fait que dans une liste les indices commencent à 1 et non à 0. Enfin nous évaluons F_n et nous notons le temps écoulé.

```
Lambda:=array(1..2,[1,1]):
A:=array(1..2,1..2,[[0,1],[1,1]]):
Gamma:=array(1..2,[1,0]):
n:=10^5:
start:=time():
L:=convert(n,base,2):
AA:=A:
M:=&*():
for i to nops(L) do
  if L[i]=1 then M:=evalm(M&*AA) fi;
  AA:=evalm(AA&*AA)
od:
evalm(Lambda &* M &* Gamma):
T[n]:=time()-start:
```

Il est intéressant de tester cette séquence de calcul sur des valeurs de plus en plus grandes de n de la forme $2^k - 1$ et de comparer les temps de calcul obtenus, à l'aide d'une instruction comme la suivante.

```
seq(evalf(T[2^k-1]/log(2^k-1),3),k=2..10);
```

3.b. Supposons que l'entier n ait pour représentation binaire

$$n = (n_\ell n_{\ell-1} \dots n_1 n_0)_2,$$

avec les n_i égaux à 0 ou 1, sauf n_ℓ qui vaut 1. Alors nous devons calculer A^2, A^4, ..., A^{2^ℓ} et ceci demande ℓ multiplications matricielles. Ensuite l'écriture binaire de n comporte au pire $\ell + 1$ chiffres 1 et donc il faut encore au pire ℓ multiplications matricielles. Chaque multiplication matricielle a un coût qui est de l'ordre de d^3 si la récurrence est de longueur d. Ainsi nous avons globalement un coût de l'ordre de $2\,d^3\log_2 n$, car ℓ est la partie entière de $\log_2 n$. Pour n faible, la méthode naïve qui a un coût de l'ordre de dn est plus avantage à cause de la constante d^3, mais pour n grand l'exponentiation binaire est nettement plus performante.

Méthode de Gauss-Jordan. **1.a.** Nous commençons par une procédure qui calcule la forme échelonnée en ligne d'une matrice sans typage, sans vérification des arguments et dans une version facile utilisant les procédures de calcul matriciel. On initialise d'abord la variable locale `line` qui contient le numéro de la ligne courante (#1), puis on parcourt les colonnes de la matrice (#2). À chaque étape on cherche un pivot situé sous la ligne courante (#3). Si l'on trouve un pivot (#4), la colonne est distinguée ; la ligne contenant le pivot est ramenée à la ligne courante (#5) et les autres éléments de la colonne situés sous la ligne courante sont annulés (#6).

```
with(linalg):
echelon := proc(A)
local M,p,q,i,j,line;
  M:=A;
  p:=rowdim(M);
  q:=coldim(M);
  line:=1;                                                    #1
  for j from 1 to q do                                        #2
    for i from line to p while M[i,j]=0 do od;                #3
    if i <= p then                                            #4
      M:=swaprow(M,i,line);                                   #5
      M:=mulrow(M,line,1/M[line,j]);
      M:=pivot(M,line,j);                                     #6
      line:=line+1;
    fi
  od;
  eval(M)
end: # echelon
```

Reprenons en respectant la spécification demandée et en programmant à la Fortran, Pascal ou C.

```
echelon := proc(A::matrix(rational))
local M,p,q,i,j,line,tmp,jj,c;
  M:=copy(A);
  p:=linalg[rowdim](M);
  q:=linalg[coldim](M);
  line:=1;                                                    #1
  for j from 1 to q do                                        #2
    for i from line to p while M[i,j]=0 do od;                #3
    if  i<=p then                                             #4
      for jj from j to q do                                   #5
        tmp:=M[line,jj];
        M[line,jj]:=M[i,jj];
        M[i,jj]:=tmp
      od;
      c:=M[line,j];
```

```
        for jj from j to q do
          M[line,jj]:=M[line,jj]/c
        od;
        for i from 1 to p do                                #6
          if i <> line then
            c:=M[i,j];
            for jj from j to q do
              M[i,jj]:=M[i,jj]-M[line,jj]*c
            od
          fi
        od;
        line:=line+1;
      fi
    od;
    eval(M)
  end: # echelon
```

On note que les opérations utilisées sont toutes des opérations rationnelles (addition, soustraction, multiplication, division).

1.b. Dans le cas le pire, les q colonnes sont distinguées ; pour chacune on divise la ligne du pivot par le pivot, ce qui représente q divisions. (Le code est optimisé car il est inutile de diviser les coefficients nuls qui figurent à gauche de la colonne.) Ensuite on annule tous les autres coefficients de la colonne, ce qui représente q multiplications et pq additions. Globalement on a donc de l'ordre de pq^2 opérations élémentaires. En notant n le maximum de p et q, on peut donc dire que le coût de l'algorithme est en $O(n^3)$.

2.a. Il y a trois types de transformations élémentaires et trois types de matrices élémentaires. L'application d'une transformation élémentaire équivaut à la multiplication par une matrice élémentaire. La méthode de Gauss-Jordan fournit implicitement une égalité

$$E_A = E_\ell \cdots E_1 A,$$

où E_A est la forme échelonnée de la matrice A et $E_1, \ldots, E_\ell$ sont des matrices élémentaires. Si A est carrée inversible de taille n alors sa forme échelonnée est I_n et en multipliant à droite par A^{-1} les deux membres de l'égalité précédente on a

$$A^{-1} = E_\ell \cdots E_1 = E_\ell \cdots E_1 I_n ;$$

ainsi la même séquence de transformations élémentaires fait passer de A à I_n et de I_n à A^{-1}.

2.b. Pour mettre ceci en pratique, il suffit d'appliquer la méthode de Gauss-Jordan à la matrice doublée (A, I_n) comme suit.

```
n:=10:
H:=matrix(n,n,proc(i,j) 1/(i+j-1) end);
In:=array(1..n,1..n,identity);
M:=linalg[augment](H,In);
```

```
N:=echelon(M);
K:=linalg[submatrix](N,1..n,n+1..2*n);
evalm(H &* K);
```

Si la matrice carrée n'est pas inversible le calcul précédent ne produit pas d'erreur mais ne fournit évidemment pas l'inverse. On pourra tester la matrice

```
n:=10:
A:=matrix(n,n,proc(i,j) i+j-1 end);
```

Avec quelques modifications la méthode de Gauss-Jordan appliquée à une matrice A permet de calculer le rang de A ; permet de résoudre un système linéaire $Ax = b$; permet de calculer le déterminant de A, si A est carrée ; permet de calculer l'inverse de A, si A est carrée et inversible. Tous ces calculs ont une complexité en $O(n^3)$ si l'on note n la taille de la matrice. Ainsi le calcul d'un inverse est du même ordre de complexité que le calcul d'un produit par la méthode usuelle.

Lemme des noyaux. **1.a.** Puisque a et b sont premiers entre eux, on peut trouver une relation de Bézout

$$ua + vb = 1.$$

Substituons à l'indéterminée l'endomorphisme L ; nous obtenons l'égalité

$$u(L) \circ a(L) + v(L) \circ b(L) = \mathrm{Id}_S .$$

L'égalité précédente appliquée à un vecteur quelconque z de S donne

$$z = u(L)a(L)z + v(L)b(L)z.$$

Le premier terme de la somme est dans $\operatorname{Ker} b(L)$ et le second dans $\operatorname{Ker} a(L)$:

$$\begin{aligned} b(L)\,(u(L)a(L)z) &= u(L)b(L)a(L)z = u(L)p(L)z = 0, \\ a(L)\,(v(L)b(L)z) &= v(L)a(L)b(L)z = v(L)p(L)z = 0. \end{aligned}$$

Nous avons utilisé le fait que les polynômes en L commutent et le fait que $p(L)$ est l'endomorphisme nul. L'expression du vecteur z montre que l'espace S est somme des deux noyaux. De plus, en supposant que z est dans l'intersection des deux noyaux, la même égalité montre que z est le vecteur nul. Ainsi la somme est directe.

1.b. Le calcul a fourni les deux projecteurs cherchés. Ce sont

$$\pi_A = v(L)b(L), \qquad \pi_B = u(L)a(L).$$

Il est remarquable qu'ils s'énoncent comme des polynômes en L.

2. On reprend la séquence de calculs indiqués dans le texte et on la poursuit. Nous définissons d'abord les deux matrices π_A et π_B.

```
gcdex(a,b,x,'u','v'):
pi[A]:=evalm(subs(x=L,collect(v*b,x))):
pi[B]:=evalm(subs(x=L,collect(u*a,x))):
```

Nous vérifions ensuite les relations qui montrent que π_A et π_B sont des projecteurs, que l'image de l'un est dans le noyau de l'autre et que leur somme est l'identité.

```
linalg[iszero](evalm(pi[A]^2-pi[A])),
  linalg[iszero](evalm(pi[B]^2-pi[B]));
```

$$true,\ true$$

```
linalg[iszero](evalm(pi[A]&*pi[B])),
  linalg[iszero](evalm(pi[B]&*pi[A])),
  linalg[iszero](evalm(pi[A]+pi[B]-&*()));
```

$$true,\ true,\ true$$

Ensuite nous utilisons les matrices $A = a(L)$ et $B = b(L)$ associées aux polynômes a et b.

```
A:=evalm(subs(x=L,a)):
B:=evalm(subs(x=L,b)):
```

Nous vérifions que l'image de π_A est dans le noyau de A et l'image de π_B est dans le noyau de B.

```
linalg[iszero](evalm(A &* pi[A])),
  linalg[iszero](evalm(B &* pi[B]));
```

$$true,\ true$$

Enfin nous déterminons les noyaux de A et B et nous vérifions qu'ils sont respectivement dans l'image de π_A et π_B. Pour cela, nous utilisons le fait que l'image d'un projecteur est l'ensemble de ses vecteurs invariants.

```
linalg[nullspace](A);
```

$$\left\{\left[\frac{518}{191}, \frac{-48}{191}, 1, 0, 0\right], \left[\frac{-436}{191}, \frac{64}{191}, 0, 0, 1\right], \left[\frac{-280}{191}, \frac{-36}{191}, 0, 1, 0\right]\right\}$$

```
map(proc(z) evalm(pi[A]&*z-z) end,");
```

$$\{[0, 0, 0, 0, 0]\}$$

```
linalg[nullspace](B);
```

$$\left\{\left[\frac{47591}{2840}, 1, 0, \frac{5831}{1420}, \frac{-3988}{355}\right], \left[\frac{-167}{71}, 0, 1, \frac{-319}{284}, \frac{447}{284}\right]\right\}$$

```
map(proc(z) evalm(pi[B]&*z-z) end,");
```

$$\{[0, 0, 0, 0, 0]\}$$

Ainsi nous constatons bien que $\pi_A = v(L)b(L)$ et $\pi_B = u(L)a(L)$ fournissent les projections associées à la décomposition en somme directe annoncée dans le lemme des noyaux.

3.a. Passons aux opérateurs différentiels linéaires. Nous suivons le même chemin que précédemment. Nous exprimons d'abord les deux projecteurs, puis nous calculons l'élément générique du noyau et nous lui appliquons les deux projecteurs.

```
gcdex(a,b,x,'u','v'):
pi[A]:=polytodiffop(v*b,x,t):
pi[B]:=polytodiffop(u*a,x,t):
sol:=dsolve(P(z(t)),z(t));
```

$$sol := z(t) = \_C1\, e^{(-t)} + \_C2\, e^{(2\,t)} + \_C3\, e^{(-t)}\, t + \_C4\, e^{(2\,t)}\, t + \_C5\, e^{(2\,t)}\, t^2$$

```
eval(subs(sol,pi[A](z(t))));
```

$$\_C5\, e^{(2\,t)}\, t^2 + \_C4\, e^{(2\,t)}\, t + \_C2\, e^{(2\,t)}$$

```
eval(subs(sol,pi[B](z(t))));
```

$$\_C3\, e^{(-t)}\, t + \_C1\, e^{(-t)}$$

Nous avons bien extrait les composantes relatives à chacun des deux polynômes a et b.

3.b. La stratégie précédente fonctionne pour tous les opérateurs différentiels linéaires à coefficients constants. Un problème surgit pour les opérateurs à coefficients non constants. En effet un point fondamental de la preuve du lemme des noyaux est l'utilisation de l'homomorphisme d'algèbres qui fait passer des polynômes en x aux opérateurs linéaires en ∂_t. En particulier le fait que l'algèbre des polynômes soit commutative implique que l'algèbre image soit aussi commutative, puisque toutes les relations algébriques valables dans les polynômes sont transportées dans les opérateurs linéaires. Or l'algèbre des polynômes différentiels à coefficients des fractions rationnelles en la variable courante n'est pas commutative, puisqu'on a par exemple

$$t\partial_t z - \partial_t(tz) = z,$$

pour toute fonction z de classe C^∞ . Ceci explique que le dernier exemple fourni ne fonctionne pas.

```
a:=t^2*x^2+1:
b:=t*x-1:
p:=a*b;
```

$$p := (t^2\, x^2 + 1)\,(t\, x - 1)$$

```
A:=polytodiffop(a,x,t):
B:=polytodiffop(b,x,t):
P:=polytodiffop(p,x,t):
dsolve(P(z(t)),z(t));
```

$$z(t) = \_C1\, t + \_C2\, t^{(3/2+1/2\,\sqrt{5})} + \_C3\, t^{(3/2-1/2\,\sqrt{5})}$$

```
dsolve(A(z(t)),z(t));
```

$$z(t) = \_C1\,\sqrt{t}\sin(\frac{1}{2}\sqrt{3}\ln(t)) + \_C2\,\sqrt{t}\cos(\frac{1}{2}\sqrt{3}\ln(t))$$

```
dsolve(B(z(t)),z(t));
```

$$z(t) = \_C1\,t$$

On voit clairement que le sous-espace $\mathrm{Ker}(p(\partial_t))$ ne saurait être somme des deux noyaux $\mathrm{Ker}(a(\partial_t))$ et $\mathrm{Ker}(b(\partial_t))$ puisque $\mathrm{Ker}(a(\partial_t))$ n'est pas inclus dans $\mathrm{Ker}(p(\partial_t))$.

3 Algèbre bilinéaire

Méthode de Jacobi. 1.a. La matrice R a la forme suivante,

$$R = \begin{pmatrix} 1 & & & & & & & \\ & \ddots & & & & & & \\ & & \cos\vartheta & & & -\sin\vartheta & & \\ & & & 1 & & & & \\ & & & & \ddots & & & \\ & & & & & 1 & & \\ & & \sin\vartheta & & & \cos\vartheta & & \\ & & & & & & \ddots & \\ & & & & & & & 1 \end{pmatrix},$$

les cosinus et sinus étant dans les lignes et colonnes d'indice p et q. En aidant au besoin l'intuition par une séquence de calculs comme la suivante

```
d:=6:
p:=3:q:=5:
A:=matrix(d,d):
R:=array(1..d,1..d,sparse):
for i to d do R[i,i]:=1 od:
R[p,p]:=cos(theta):
R[q,q]:=cos(theta):
R[p,q]:=sin(theta):
R[q,p]:=-sin(theta):
B:=evalm(transpose(R) &* A &* R):
B:=map(collect,map(combine,B,trig),{sin,cos});
B[p,q];
```

on trouve d'abord que le coefficient $b_{p,q}$ est donné par

$$b_{p,q} = a_{p,q}\cos 2\vartheta + \frac{a_{p,p} - a_{q,q}}{2}\sin 2\vartheta.$$

L'annulation de $b_{p,q}$ demande donc que ϑ satisfasse

$$\operatorname{cotg} 2\vartheta = \frac{a_{p,p} - a_{q,q}}{2\, a_{p,q}} = \kappa.$$

Le nombre $t = \operatorname{tg} \vartheta$ est lié à $\kappa = \operatorname{cotg} 2\vartheta$ par la relation $t^2 + 2\kappa t - 1 = 0$. Cette équation du second degré admet deux racines t_1 et t_2 vérifiant $t_1 t_2 = -1$. On prend celle qui est dans l'intervalle $]-1, 1]$, autrement dit on pose

$$t = -\kappa + \operatorname{sgn}(\kappa)\sqrt{1+\kappa^2}.$$

Puisque ϑ est dans l'intervalle $]-\pi/4, \pi/4]$, son cosinus et son sinus sont positifs et on a donc

$$c = \frac{1}{\sqrt{1+t^2}}, \qquad s = \frac{t}{\sqrt{1+t^2}}.$$

Il n'est pas difficile d'écrire les formules qui donnent les $b_{i,j}$ en fonction des $a_{i,j}$ avec ces notations.

1.b. On applique les formules précédentes, qui apparaissent clairement dans la procédure : on détermine d'abord (#1) la taille de la matrice, puis κ, t, c et s ; ensuite (#2) on construit B en n'hésitant pas à affecter plusieurs fois une valeur au même coefficient.

```
rotation:=proc(A,p,q)
  local d,kappa,t,c,s,B,i,j;
  d:=linalg[coldim](A);                                    #1
  kappa:=(A[q,q]-A[p,p])/2/A[p,q];
  if kappa>=0 then t:=evalf(-kappa+sqrt(1+kappa^2))
             else t:=evalf(-kappa-sqrt(1+kappa^2))
  fi;
  c:=evalf(1/sqrt(1+t^2));
  s:=c*t;
  B:=array(1..d,1..d,symmetric);                           #2
  for i to d do for j to i do B[i,j]:=A[i,j] od;
  for j to d do
    B[p,j]:=c*A[p,j]-s*A[q,j];
    B[q,j]:=s*A[p,j]+c*A[q,j];
  od
  od;
  B[p,q]:=0;
  B[p,p]:=A[p,p]-t*A[p,q];
  B[q,q]:=A[q,q]+t*A[p,q];
  eval(B)
end: # rotation
```

2.a. Les coefficients hors des lignes ou colonnes d'indices p ou q ne sont pas modifiés. De plus, si j reste distinct de p et q, on a

$$b_{p,j}^2 + b_{q,j}^2 = (ca_{p,j} - sa_{q,j})^2 + (ca_{q,j} + sa_{p,j})^2 = a_{p,j}^2 + a_{q,j}^2.$$

Il en résulte que la différence $\mathit{off}(B) - \mathit{off}(A)$ est donnée par la formule

$$\mathit{off}(B) - \mathit{off}(A) = 2\,b_{p,q}^2 - 2\,a_{p,q}^2 = -2\,a_{p,q}^2 < 0.$$

Nous pouvons d'ailleurs remarquer que la somme des carrés des coefficients de B est exactement la somme des carrés des coefficients de A. Autrement dit la norme de Schur, qui est la racine carrée de la somme des carrés des coefficients, est concentrée sur la diagonale par la transformation.

2.b. Le choix du couple (p, q) fait que $a_{p,q}^2$ est le plus grand des carrés des coefficients hors diagonale ; il est donc certainement plus grand que la moyenne de ces carrés ; cela s'écrit

$$a_{p,q}^2 \geq \frac{\mathit{off}(A)}{d(d-1)}$$

et fournit la majoration demandée

$$\mathit{off}(B) = \mathit{off}(A) - 2\,a_{p,q}^2 \leq \mathit{off}(A)\left(1 - \frac{2}{d(d-1)}\right).$$

Si l'on itère la transformation, cette inégalité donne à la k^{e} étape

$$\mathit{off}(A^{(k)}) \leq \left(1 - \frac{1}{N}\right)^k \mathit{off}(A)$$

et ceci montre que $\mathit{off}(A^{(k)})$ tend vers 0 quand k tend vers l'infini, c'est-à-dire que tous les coefficients hors diagonale ont pour limite 0.

3.a. La quantité $\mathit{off}(A)$ se calcule suivant sa définition.

```
off:=proc(A)
local d,i,j;
  d:=linalg[coldim](A);
  add(add(evalf(A[i,((i+j-1) mod d)+1]^2),j=1..d-1),i=1..d)
end: # off
```

3.b. Plutôt que de répondre strictement à la question, nous préférons en donner une illustration. Bien sûr les calculs sous-jacents fournissent la réponse demandée ; nous avons simplement ajouté des instructions graphiques. Pour éviter des répétitions de code nous commençons par définir une procédure auxiliaire qui a peu d'intérêt en elle-même.

```
nicematrixplot:=proc(B,p,q,h)
  plots[display](plots[matrixplot](map(abs,B),heights=histogram,
                              axes=frame,gap=0.25,style=patch),
                 plottools[sphere]([p+1/2,q+1/2,h],1/4,color=red),
                                          scaling=constrained);
end: # nicematrixplot
```

Ensuite nous traitons la question. Nous vérifions d'abord la correction des arguments (#1). Nous entamons le calcul (#2) en déterminant le seuil et en nous protégeant un peu des erreurs d'arrondi par une augmentation de la variable d'environnement **Digits**. Après quoi (**#3**), nous balayons la matrice et chaque coefficient dont la valeur absolue est plus grande que le seuil provoque l'utilisation d'une rotation. Nous continuons jusqu'à l'épuisement du nombre permis de balayages ou jusqu'à ce que tous les termes hors diagonale aient une valeur absolue plus petite que la borne. En sortie (**#4**), nous pourrions renvoyer la matrice transformée ; ici nous donnons un peu d'information à l'utilisateur et nous produisons le dessin annoncé, qui donne à chaque étape les valeurs absolues des coefficients de la matrice sous forme d'histogramme.

```
visualjacobithreshold:=proc(A::matrix(realcons,square),
                           epsilon::realcons,maxsweepnb::posint)
  local d,B,threshold,sweepnb,p,q,iternb,counter,pic;
  d:=linalg[coldim](A);                                          #1
  if not (evalb(linalg['indexfunc'](A)='symmetric')
    or convert([seq(seq(evalb(A[i,j]=A[j,i]),
                          j=i+1..d),i=1..d)],'and'))
  then
    ERROR('expected a symmetric matrix, but received',eval(A))
  fi;
  B:=map(evalf,A);                                               #2
  counter:=0:
  pic[counter]:=nicematrixplot(B,-1,-1,0);
  threshold:=evalf(sqrt(off(B,d)/d/(d-1)));
  Digits:=Digits+5;
  threshold:=evalf(sqrt(off(B,d)/d/(d-1)));
  iternb:=0;
  for sweepnb to maxsweepnb while threshold>=epsilon do          #3
    for p to d-1 do
      for q from p+1 to d do
        counter:=counter+1;
        pic[counter]:=nicematrixplot(B,p,q,abs(B[p,q])+1);
        if abs(B[p,q])>=threshold then
          iternb:=iternb+1;
          counter:=counter+1;
          B:=rotation(B,p,q);
          pic[counter]:=nicematrixplot(B,p,q,abs(B[p,q])+1);
        fi
      od
    od;
    threshold:=evalf(sqrt(off(B,d)/d/(d-1)));
  od;
  if threshold>=epsilon then                                     #4
    userinfo(2,'visualjacobithreshold','process stopped
             after',sweepnb-1,'sweepings and',iternb,'iterations')
  else userinfo(2,'visualjacobithreshold','result obtained
           after',sweepnb-1,'sweepings and',iternb,'iterations')
  fi;
  plots[display]([seq(pic[i],i=0..counter)],
                        insequence=true,orientation=[-20,80]);
```

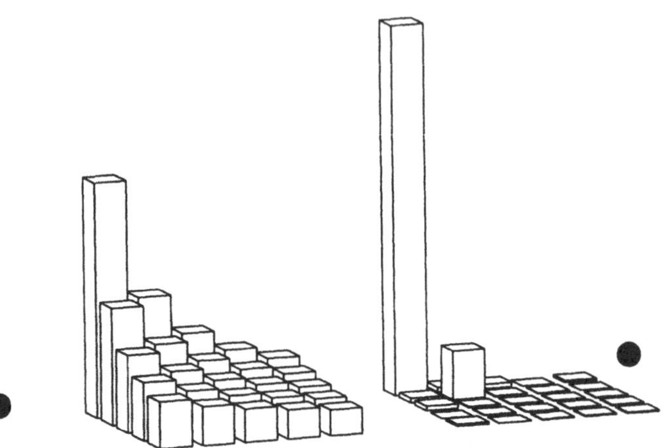

Figure A.1.

```
end: # visualjacobithreshold
```

Nous testons ensuite la procédure.

```
d:=5:
A:=matrix(d,d,proc(i,j) d/(i+j-1) end):
infolevel[visualjacobithreshold]:=2:
visualjacobithreshold(A,10^(-1),10);

visualjacobithreshold:   result obtained after
2   sweepings and   8   iterations
```

Le premier et le dernier dessin font l'objet de la figure A.1. On constate bien l'écrasement des coefficients hors diagonale.

Méthode de réduction en carrés de Gauss. **1.a.** Voici une version possible de **gauss1**.

```
gauss1:=proc(Q,x,Q1)
  local QQ,a,b;
  QQ:=collect(Q,x);
  a:=coeff(QQ,x,2);
  b:=coeff(QQ,x,1);
  Q1:=expand(QQ-a*(x+b/2/a)^2);
  a*(x+b/2/a)^2
end: # gauss1
```

1.b. À nouveau on se contente d'utiliser les formules fournies.

```
gauss2:=proc(Q,x,y,Q1)
```

```
    local QQ,a,b,c,u,v;
    QQ:=collect(Q,{x,y});
    a:=coeff(coeff(QQ,x,1),y,1);
    b:=coeff(coeff(QQ,x,1),y,0);
    c:=coeff(coeff(QQ,y,1),x,0);
    u:=x+c/a;
    v:=y+b/a;
    Q1:=expand(QQ-a/4*(u+v)^2+a/4*(u-v)^2);
    a/4*(u+v)^2-a/4*(u-v)^2
  end: # gauss2
```

1.c. On obtient par exemple les égalités

$$Q_5 = (x_1 - x_2 + 2\,x_3)^2 + (x_2 + 2\,x_3)^2\,,$$

$$Q_6 = \left(x_1 - \frac{3}{2}x_4 + \frac{5}{2}x_2\right)^2 - \frac{21}{4}\left(x_2 - \frac{19}{21}x_4\right)^2 - \frac{20}{21}\left(x_4 + \frac{147}{40}x_3\right)^2 + \frac{1029}{80}{x_3}^2.$$

1.d. À chaque pas de la méthode le nombre d'indéterminées qui interviennent dans le polynôme Q' diminue d'au moins une unité, donc l'algorithme termine. À chaque pas la somme des termes carrés déjà calculés et du polynôme restant est constante donc l'algorithme fournit une somme de termes carrés qui vaut bien le polynôme donné au départ. La matrice dont les lignes sont constituées des coordonnées des formes linéaires utilisées est échelonnée par construction donc les formes linéaires sont indépendantes.

2.a. On transvase l'information contenue dans les deux premières composantes d'un objet vers les deux dernières composantes en appliquant la méthode de Gauss de toutes les façons possibles. La procédure **gauss** qui suit prend en entrée un objet et renvoie la séquence des objets obtenus en appliquant un pas de la méthode de toutes les manières possibles.

```
gauss:=proc(P)
  local Q,ind,decomposition,path,n,counter,i,x,QQ,a,b,
                                         result,j,y,c,u,v,k;
  Q:=op(1,P);
  if Q=0 then RETURN(P) fi;
  ind:=op(2,P);
  n:=nops(ind);
  decomposition:=op(3,P);
  path:=op(4,P);
  counter:=0;
  for i to n do
    x:=ind[i];
    QQ:=collect(Q,x,normal);                                #
    if degree(QQ,x)=2 then
      counter:=counter+1;
```

```
      a:=coeff(QQ,x,2);
      b:=coeff(QQ,x,1);
      result[counter]:=[normal(QQ-a*(x+b/2/a)^2),              #
                        [seq(ind[j],j=1..i-1),seq(ind[j],j=i+1..n)],
                         decomposition+a*(x+b/2/a)^2,[op(path),x^2]]
    fi
  od;
  for i to n-1 do
    for j from i+1 to n do
      x:=ind[i];
      y:=ind[j];
      QQ:=collect(Q,{x,y},distributed,normal);                  #
      if has(QQ,x*y) and degree(QQ,x)=1
         and degree(QQ,y)=1 then
        counter:=counter+1;
        a:=coeff(coeff(QQ,x,1),y,1);
        b:=coeff(coeff(QQ,x,1),y,0);
        c:=coeff(coeff(QQ,y,1),x,0);
        u:=x+c/a;
        v:=y+b/a;
        result[counter]:=[normal(QQ-a/4*(u+v)^2+a/4*(u-v)^2),  #
                  [seq(ind[k],k=1..i-1),seq(ind[k],k=i+1..j-1),
                                           seq(ind[k],k=j+1..n)],
            decomposition+a/4*(u+v)^2-a/4*(u-v)^2,[op(path),x*y]]
      fi
    od
  od;
  seq(result[i],i=1..counter)
end: # gauss
```

La procédure **gauss** est utilisée interactivement. À chaque pas on applique la méthode et on met de côté les décompositions terminées. À la fin on ne conserve que les deux dernières composantes de chaque objet, ce qui donne toutes les décompositions possibles par la méthode de Gauss et les chemins qui y conduisent.

```
Q:=x^2-y^2+y*z+z*t;
ind:=[x,y,z,t]:
P:=[Q,ind,0,[]]:
n:=nops(ind):
PP:=[P]:
for i to n while PP<>[] do
  AAA:=map(gauss,PP);
  QQ[i]:=select(proc(expr) op(1,expr)=0 end,AAA);
  PP:=remove(proc(expr) op(1,expr)=0 end,AAA);
od:
map(proc(expr) [op(3,expr),op(4,expr)] end,
                                      [seq(op(QQ[i]),i=1..n)]);
```

$$Q := x^2 - y^2 + yz + zt$$

$$[[\%2,[x^2,zt,y^2]],[\%2,[zt,x^2,y^2]],[\%2,[zt,y^2,x^2]],$$
$$[\%1,[x^2,y^2,z^2,t^2]],[\%1,[y^2,x^2,z^2,t^2]],$$
$$[\%1,[y^2,z^2,x^2,t^2]],[\%1,[y^2,z^2,t^2,x^2]]]$$

$$\%1 = x^2 - (y - 1/2\,z)^2 + 1/4\,(z + 2\,t)^2 - t^2$$
$$\%2 = x^2 + 1/4\,(z + y + t)^2 - 1/4\,(z - y - t)^2 - y^2$$

Pour le cas proposé on voit que l'on peut obtenir deux décompositions ; de plus la forme est de rang 4 et la signature est (2, 2).

La reconnaissance du zéro intervient de plusieurs façons dans l'algorithme mis en place ; d'abord à chaque pas puisque le coefficient baptisé a doit être non nul, ensuite parce que le cas d'arrêt de l'algorithme est celui où le polynôme est le polynôme nul. Parmi les réponses que fournit l'algorithme pour la forme quadratique représentée par Q_{10}, on obtient celle-ci :

$$[(1-\cos(\theta))\left(x_1 + 1/2\,\frac{-2\,\cos(\theta)x_3 + 2\,\sin(\theta)x_2}{1-\cos(\theta)}\right)^2$$
$$+\frac{\cos^2(\theta)+\sin^2(\theta)-1}{-1+\cos(\theta)}\left(x_2 - \frac{\sin(\theta)x_3}{\cos^2(\theta)+\sin^2(\theta)-1}\right)^2$$
$$+\frac{{x_3}^2}{\cos^2(\theta)+\sin^2(\theta)-1}$$
$$\times\left(\cos^3(\theta)+\sin(\theta)\cos^2(\theta)+\cos^2(\theta)+\sin^2(\theta)\cos(\theta)-\sin(\theta)+\sin^3(\theta)+\sin^2(\theta)\right),$$
$$[{x_1}^2,{x_2}^2,{x_3}^2]]$$

Le système n'a pas reconnu que $\cos^2(\vartheta) + \sin^2(\vartheta) - 1$ est 0. Reprenons les calculs en suivant le chemin $[{x_1}^2, {x_2}^2, {x_3}^2]$ indiqué.

```
Q:=(1-cos(theta))*x[1]^2+2*sin(theta)*x[1]*x[2]+
   (1+cos(theta))*x[2]^2-2*cos(theta)*x[1]*x[3]+
   2*sin(theta)*x[2]*x[3]+sin(theta)*x[3]^2:
gauss1(Q,x[1],'Q1'):
collect(Q1,x[2],normal);
```

$$\frac{\left(\cos^2(\theta)+\sin^2(\theta)-1\right){x_2}^2}{-1+\cos(\theta)} - 2\,\frac{\sin(\theta)x_2x_3}{-1+\cos(\theta)}$$
$$+\frac{{x_3}^2\left(-\sin(\theta)+\sin(\theta)\cos(\theta)+\cos^2(\theta)\right)}{-1+\cos(\theta)}$$

La commande **normal** n'a pas réduit à 0 le coefficient de ${x_2}^2$, ce qui explique que dans **gauss** le système ait suivi la branche du **if** correspondant à un terme du second degré. Chaque classe de coefficients demande une procédure de normalisation (page 67). Dans la procédure **gauss** nous avons utilisé **normal** (cf. les lignes marquées du caractère dièse **#**) ; ceci permet de traiter le cas où les coefficients sont des fractions rationnelles à coefficients rationnels. Si l'on veut traiter une classe plus large de coefficients il faut modifier la procédure. Une solution consiste à remplacer **normal** par **Normalizer** et l'utilisateur pourra ainsi choisir la procédure de normalisation qui convient (?**Normalizer**). L'exemple suivant donne une idée de ce procédé.

```
gaussall:= proc(P)
local PP,QQ,n,AAA,i;
    n := nops(op(2,P));
    PP := [P];
    for i to n while PP <> [] do
        AAA := map(gauss,PP);
        QQ[i] := select(proc(expr) op(1,expr)=0 end, AAA);
        PP := remove(proc(expr) op(1,expr)=0 end, AAA)
    od;
    map(proc(expr) [op(3,expr),op(4,expr)] end,
        [seq(op(QQ[j]), j = 1 .. i - 1)])
end: # gaussall
Q:=(cos(theta)^2+sin(theta)^2-1)*x*y+y*z-z*x:
ind:=[x, y, z]:
gaussall([Q,ind,0,[]]);
```

$$[[-1/4\ (-y+x+z-\%1y)^2+1/4\ (-y+x-z+\%1y)^2+\%1y^2,[zx,y^2]],\\ [1/4\ (y-x+\%1x+z)^2-1/4\ (y-x-\%1x-z)^2+\%1x^2,[yz,x^2]]]$$

$$\%1 := \cos^2(\theta)+\sin^2(\theta)-1$$

```
Normalizer:=proc(expr) combine(normal(expr),trig) end:
gaussall([Q,ind,0,[]]);
```

$$[[-1/4\ (-y+x+z)^2+1/4\ (-y+x-z)^2,[zx]],\\ [1/4\ (y-x+z)^2-1/4\ (y-x-z)^2,[yz]]]$$

La modification de **Normalizer** fait passer d'un résultat faux à un résultat correct.

4 Approximation

Polynômes de Bernstein. **1.** La procédure suivante répond à la question. La vérification de l'argument f est laissée à l'utilisateur.

```
bernstein:=proc(n::posint,f,x::name)
  local i;
  add(binomial(n,i)*x^i*(1-x)^(n-i)*subs(x=i/n,f),i = 0 .. n)
end: # bernstein
```

On emploie cette procédure comme suit.

```
a:=abs(x-1/2):
for i in {5,10,20} do Ba[i]:=bernstein(i,a,x) od:
plot([a,Ba[5],Ba[10],Ba[20]],x=0..1,
                              color=[black,red,green,blue]);
```

Traitons le cas de l'arc paramétré d'image un carré. On définit d'abord les deux fonctions composantes, puis on calcule les polynômes de Bernstein associés, disons, à l'ordre 20. Ensuite on trace les deux arcs ainsi obtenus.

```
f:=piecewise(t<1/2,-4*(t-1/4),4*(t-3/4)):
g:=piecewise(t<1/4,4*t,t<3/4,-4*(t-1/2),4*(t-1)):
Bf:=bernstein(20,f,t):
Bg:=bernstein(20,g,t):
plot([[f,g,t=0..1],[Bf,Bg,t=0..1]],thickness=[2,1],
                              color=black,scaling=constrained);
```

Les courbes obtenues par ce procédé à partir d'une ligne polygonale sont des *courbes de Bézier* [40].

2.a. Les procédures **sum** puis **simplify** fournissent l'égalité

$$\sum_{k=0}^{n}\left(x-\frac{k}{n}\right)^2\beta_n^k(x)=\frac{x(1-x)}{n}.$$

On en déduit, pour tout $\varepsilon>0$,

$$\sum_{|x-k/n|\geq\varepsilon}\beta_n^k(x)\leq\sum_{|x-k/n|\geq\varepsilon}\frac{1}{\varepsilon^2}\left(x-\frac{k}{n}\right)^2\beta_n^k(x)$$
$$\leq\frac{1}{\varepsilon^2}\sum_{k=0}^{n}\left(x-\frac{k}{n}\right)^2\beta_n^k(x)=\frac{x(1-x)}{n\varepsilon^2}\leq\frac{1}{4n\varepsilon^2}.$$

2.b. Soit $\varepsilon=n^{-1/3}$ et M un majorant de $|f|$ sur $[0,1]$. Pour évaluer la norme uniforme de B_n^f-f on écrit

$$\begin{aligned}|B_n^f(x)-f(x)|&\leq\left|\sum_{k=0}^{n}\left(f\left(\frac{k}{n}\right)-f(x)\right)\beta_n^k(x)\right|\\&\leq\sum_{k=0}^{n}\left|f\left(\frac{k}{n}\right)-f(x)\right|\beta_n^k(x)\\&=\sum_{|x-k/n|<\varepsilon}\left|f\left(\frac{k}{n}\right)-f(x)\right|\beta_n^k(x)\\&\qquad+\sum_{|x-k/n|\geq\varepsilon}\left|f\left(\frac{k}{n}\right)-f(x)\right|\beta_n^k(x)\end{aligned}$$

L'hypothèse que la fonction f est λ-lipschitzienne permet de majorer le premier terme de cette dernière somme :

$$\sum_{|x-k/n|<\varepsilon}\left|f\left(\frac{k}{n}\right)-f(x)\right|\beta_n^k(x)\leq\lambda\varepsilon\left(\sum_{k=0}^{n}\beta_n^k(x)\right)=\frac{\lambda}{n^{1/3}}.$$

Quant à l'autre terme, la majoration de la question précédente fournit la chaîne d'inégalités

$$\sum_{|x-k/n|\geq\varepsilon}\left|f\left(\frac{k}{n}\right)-f(x)\right|\beta_n^k(x)$$
$$\leq 2M\sum_{|x-k/n|\geq\varepsilon}\beta_n^k(x)\leq\frac{2M}{4n\varepsilon^2}=O\left(\frac{1}{n^{1/3}}\right).$$

On a donc obtenu l'encadrement asymptotique

$$\|B_n^f-f\|\underset{n\to+\infty}{=}O\left(\frac{1}{n^{1/3}}\right).$$

3.a. Le polynôme B_n^f et sa dérivée ont respectivement pour expression

$$\frac{1}{n}\sum_{n/2<k\leq n}\binom{n}{k}\left(k-\frac{n}{2}\right)x^k(1-x)^{n-k},$$

$$\frac{1}{n}\sum_{n/2<k\leq n}\binom{n}{k}\left(k-\frac{n}{2}\right)x^{k-1}(1-x)^{n-k-1}[k(1-x)-(n-k)x].$$

Pour $x<1/2$ et $k>n/2$, le terme $k(1-x)-(n-k)x$ est strictement positif donc la dérivée de B_n^f est positive sur $[0,1/2]$, ce qui fait que B_n^f est croissante et positive sur $[0,1/2]$.

Le changement de k en $n-k$ dans l'indice de sommation fournit

$$B_n^f(1-x)=\frac{1}{n}\sum_{0\leq k<n/2}\binom{n}{k}\left(\frac{n}{2}-k\right)x^k(1-x)^{n-k}.$$

On en déduit la formule

$$B_n^f(x)-B_n(1-x)=\frac{1}{n}\sum_{k=0}^{n}\binom{n}{k}\left(k-\frac{n}{2}\right)x^k(1-x)^{n-k}.$$

Les procédures **sum** puis **simplify** montrent que cette dernière expression a une forme close, précisément $x-1/2$. L'égalité $f(x)-f(1-x)=x-1/2$ donne alors $\Delta_n(x)=\Delta_n(1-x)$.

La symétrie de $\Delta_n=B_n^f-f$ par rapport à $1/2$ entraîne que le supremum de $|B_n^f-f|$ est atteint sur $[0,1/2]$. Par ailleurs, la fonction f est nulle sur $[0,1/2]$ et B_n^f est positive et croissante sur $[0,1/2]$; finalement on a l'égalité $\|B_n^f-f\|_\infty=B_n^f(1/2)$.

3.b. La procédure **bernstein** permet de tracer les graphes demandés (figure A.2). Le calcul des valeurs de $u_n=B_n^f(1/2)$ suggère empiriquement une convergence de $\|B_n^f-f\|_\infty$ vers 0 en $n^{-1/2}$. Ceci est meilleur que la borne en $O(n^{-1/3})$ obtenue précédemment par une majoration violente. Pour faire apparaître ce $n^{-1/2}$ on peut raisonner comme suit ; l'approximation $u_n\simeq C/n^\alpha$

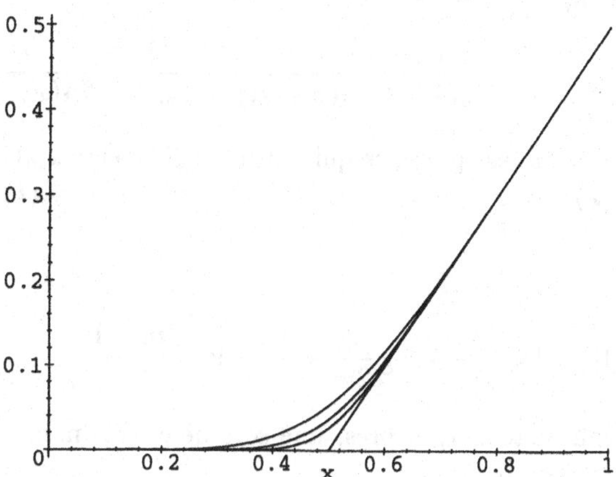

Figure A.2.

donne $\ln(u_n)/\ln(n) \simeq -\alpha + C/\ln(n)$ pour les logarithmes et il est donc naturel d'évaluer le quotient $\ln(u_n)/\ln(n)$.

```
f:=piecewise(x<1/2,0,x-1/2):
for k to 10 do B[k]:=evalf(subs(x=0.5,bernstein(10*k,f,x))) od:
seq(evalf(ln(B[k])/ln(10*k)),k=1..10);
```

$$-1.210959407, -1.042298300, -.9764256009, -.9387064103,$$
$$-.9133629529, -.8947523621, -.8802892388,$$
$$-.8685989991, -.8588737195, -.8506028239$$

Le résultat n'est pas bien convaincant ; ceci est dû au fait que $C/\ln(n)$ tend lentement vers 0. Pour se débarrasser de l'hypothétique constante C, il vaut mieux considérer les $\ln(u_{2n}/u_n)/\ln(2)$.

```
seq(evalf(ln(B[2*k]/B[k])/ln(2)),k=1..5);
```

$$-.4820182321, -.4909897089, -.4939907153, -.4954923984, -.4963936823$$

4. Si f est lipschitzienne de rapport λ, on écrit

$$\left|f(x) - f\left(\frac{k}{n}\right)\right| \leq (\nu+1)\lambda\varepsilon \leq \left(\frac{1}{\varepsilon^2}\left(x - \frac{k}{n}\right)^2 + 1\right)\lambda\varepsilon$$

et on reporte ceci dans la somme.

Phénomène de Runge. **1.a.** Le point de départ est la décomposition en éléments simples de la fraction f_α/ω_m,

$$\frac{f_\alpha(x)}{\omega_m(x)} = \sum_{j=-m}^{m-1} \frac{f_\alpha(a_j)}{(x-a_j)\,\omega_n'(a_j)} + \frac{1}{\omega_m(-i\alpha)}\,\frac{i}{2\alpha(x+i\alpha)} - \frac{1}{\omega_m(i\alpha)}\,\frac{i}{2\alpha(x-i\alpha)}.$$

La fonction polynôme $\omega_m(x)$ est paire, ce qui fournit $\omega_m(-i\alpha) = \omega_m(i\alpha)$. On en déduit l'égalité $f_\alpha(x)/\omega_m(x) = Q_m(x)/\omega_m(x) + 1/(x^2+\alpha^2)/\omega_m(i\alpha)$, d'où le résultat.

1.b. Dans l'égalité

$$\log|\omega_n(1)| = \log\frac{1}{2m} + \log\frac{3}{2m} + \cdots + \log\frac{4m-1}{2m},$$

le membre droit est, au facteur $1/m$ près, une somme de Riemann; on en déduit l'estimation (**?asympt**)

$$\log|\omega_n(1)| \underset{m\to+\infty}{\sim} m\int_0^2 \log x\,dx = m(2\log 2 - 2).$$

De la même manière, on trouve

$$\log|\omega_m(i\alpha)| = \sum_{j=1}^{m} \log\left(\alpha^2 + \frac{(2j-1)^2}{4m^2}\right)$$
$$\underset{m\to+\infty}{\sim} m\int_0^1 \log(\alpha^2+t^2) = m\left(\log(1+\alpha^2) - 2 + 2\alpha\arctan\frac{1}{\alpha}\right).$$

Le résultat désiré en découle, compte tenu de la formule établie dans la question précédente.

2. Afin de déterminer les valeurs de α pour lesquelles β est strictement positif, nous étudions les variations de β en fonction de α.

```
beta:=2*log(2)-log(1+alpha^2)-2*alpha*arctan(1/alpha):
normal(diff(beta,alpha)):
```

$$-2\arctan(\alpha^{-1})$$

Ainsi, β est une fonction strictement décroissante de α. Elle converge vers $2\log 2$ en 0^+ et vers $-\infty$ en $+\infty$. Déterminons une valeur numérique approchée de la valeur α_0 de α qui annule β:

```
alpha0:=fsolve(beta=0,alpha=0..infinity);
```

$$\alpha 0 := 0.5255249146$$

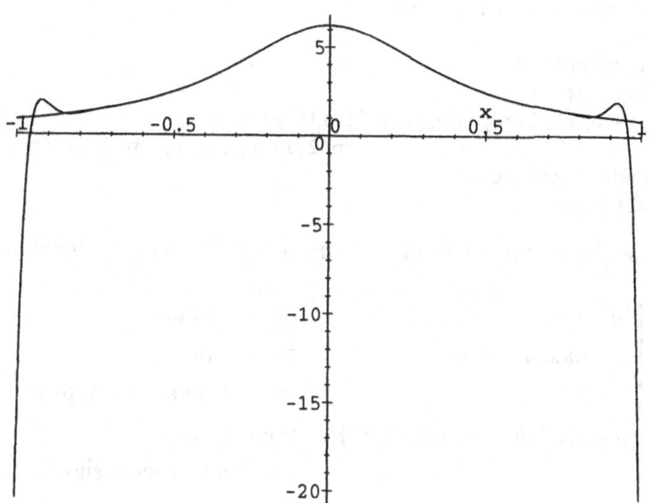

Figure A.3.

Lorsque α est dans l'intervalle $]0, \alpha_0[$, la différence $f_\alpha(1) - P_m(1)$ diverge ; sur l'intervalle $]\alpha_0, +\infty[$, elle tend vers 0. Pour visualiser le phénomène, nous construisons la procédure **runge** qui prend α et m en paramètre et renvoie le graphe des fonctions f_α et Q_m sur $[-1, 1]$. Celle-ci utilise la procédure **interp** qui renvoie le polynôme d'interpolation de Lagrange.

```
runge:=proc(alpha,m)
local abscissae,k,f,q;
  f:=1/(x^2+alpha^2);
  abscissae:=[seq((2*k+1)/(2*m),k=-m..m-1)];
  q:=interp(abscissae,[seq(subs(x=k,f),k=abscissae)],x);
  plot({f,q},x=-1..1);
end: # runge
runge(2/5,10);
```

Le dessin associé à $\alpha = 2/5$ fait l'objet de la figure A.3.

5 Fonctions de variable réelle

Arithmétique d'intervalles. **1.a.** On obtient facilement les formules suivantes, où P est l'ensemble $\{ac, ad, bc, bd\}$,

$$[a, b] + [c, d] = [a + c, b + d], \qquad [a, b] \times [c, d] = [\min P, \max P].$$

Les procédures pour la somme et le produit s'en déduisent.

```
addI:=proc(I,J)
```

```
    op(1,I)+op(1,J)..op(2,I)+op(2,J);
  end: # addI
  multiplyI:=proc(I,J)
    local bounds;
    bounds := op(1,I)*op(1,J), op(1,I)*op(2,J),
                                  op(2,I)*op(1,J), op(2,I)*op(2,J);
    min(bounds)..max(bounds);
  end: # multiplyI
```

Si maintenant n est un entier et $[a,b]$ un intervalle, on a les formules

$$[a,b]^n = \begin{cases} [a^n, b^n], & \text{pour } n \text{ impair};\\ [0, \max\{a^n, b^n\}], & \text{pour } n \text{ pair}\\ & \quad \text{et } a,\, b \text{ de signes opposés};\\ [\min\{a^n, b^n\}, \max\{a^n, b^n\}], & \text{pour } n \text{ pair}\\ & \quad \text{et } a,\, b \text{ de même signe.} \end{cases}$$

Ce résultat conduit à la procédure que voici.

```
  powerI:=proc(I,n)
    local an,bn;
    an:=op(1,I)^n;
    bn:=op(2,I)^n;
    if type(n,odd) then an..bn
    else
      if op(1,I)*op(2,I)<=0 then 0..max(an,bn)
      else min(an,bn)..max(an,bn)
      fi
    fi
  end: # powerI
```

1.b. Le calcul est récursif : un encadrement est déterminé pour chacune des sous-expressions et ces encadrements sont recombinés selon le type de l'expression.

```
  imageI:=proc(f,x,I)
    local k,image;
    if op(0,f)=`*` then
      image := imageI(op(1,f),x,I);
      for k from 2 to nops(f) do
        image := multiplyI(image, imageI(op(k,f),x,I));
      od;
    elif op(0,f)=`+` then
      image := imageI(op(1,f),x,I);
      for k from 2 to nops(f) do
        image := addI(image, imageI(op(k,f),x,I));
      od;
    elif op(0,f)=`^` then
      image := powerI(imageI(op(1,f),x,I),op(2,f));
    elif f=x then
      image := I;
```

```
    elif type(f,rational) then
      image := f..f;
    else ERROR(`input expression is not polynomial in `,x)
    fi;
    image;
  end: # imageI
```

1.c. La boucle suivante permet d'expérimenter le calcul par intervalles sur la famille des polynômes de Tchebychev.

```
  for i to 4 do p:=orthopoly[T](i,x):
    imageI(p,x,0..1);
    imageI(convert(p,horner,x),x,0..1)
  od;
```

On s'aperçoit rapidement que la forme de Hörner donne un majorant de l'image d'un intervalle qui est toujours inclus dans celui obtenu à partir de la forme développée. Ceci est la conséquence de la propriété immédiate de sous-distributivité des intervalles

$$I \times (J + K) \subset I \times J + I \times K.$$

2.a. La procédure **easyrsolveI** (la présence du **r** rappelle que la procédure est récursive) est appelée par la procédure **easysolveI** avec la forme de Hörner de l'expression polynomiale. Comme cette dernière sert d'interface avec l'utilisateur, ses arguments sont typés.

```
  easysolveI:=proc(f::polynom(rational),x::name,I::range,
                                              epsilon::positive)
    easyrsolveI(convert(f,horner),x,I,epsilon);
  end: # easysolveI
  easyrsolveI:=proc(f,x,I,epsilon)
    local fI,middle;
    fI:=imageI(f,x,I);
    if (op(1,fI)>0 or op(2,fI)<0) then RETURN([]); fi;
    if op(2,I)-op(1,I)<epsilon then RETURN([I]) fi;
    middle:=(op(1,I)+op(2,I))/2;
    [op(easyrsolveI(f,x,op(1,I)..middle,epsilon)),
                      op(easyrsolveI(f,x,middle..op(2,I),epsilon))]
  end: # easyrsolveI
```

Les exemples proposés donnent les sorties suivantes.

```
  map(easysolveI,[2*x^2-1,x-x^2,x^5+x-1],x,0..1,1/100);
```

$$[[\frac{45}{64}..\frac{91}{128}], [0..\frac{1}{128}, \frac{127}{128}..1], [\frac{3}{4}..\frac{97}{128}]]$$

2.b. Notons x_0 le zéro potentiel de f sur I. L'égalité des accroissements finis montre l'existence d'un ξ dans I vérifiant

$$f(m(I)) = f(m(I)) - f(x_0) = (m(I) - x_0)f'(\xi),$$

ce qui s'écrit encore

$$x_0 = m(I) + \frac{f(m(I))}{f'(\xi)} \in N$$

Ceci prouve la formule de Newton sur les intervalles.

La procédure **solveI** appelle la procédure **rsolveI** dont les deux premiers arguments sont l'expression f et celle de sa dérivée f', toutes deux sous forme de Hörner. La seule modification par rapport à la procédure **easyrsolveI** est le test $0 \notin f'\{I\}$ (**#1**). S'il est vérifié la procédure **newtonI** est appelée et elle itère récursivement la méthode de Newton sur les intervalles.

```
solveI:=proc(f::polynom(rational),x::name,I::range,
                                       epsilon::positive)
  rsolveI(convert(f,horner),convert(diff(f,x),horner),
          x, I, epsilon);
end: # solveI
rsolveI:=proc(f,df,x,I,epsilon)
  local fI, DfI, middle;
  fI:=imageI(f,x,I);
  if (op(1,fI)>0  or op(2,fI)<0) then RETURN([]) fi;
  if op(2,I)-op(1,I)<epsilon then
    RETURN([[I,'Suspect']]) fi;
  DfI:=imageI(df,x,I);
  if (op(1,DfI)>0  or op(2,DfI)<0) then                        #1
    RETURN([newtonI(f,df,x,I,epsilon)])
  fi;
  middle:= (op(1,I)+op(2,I))/2;
  [op(rsolveI(f,df,x,op(1,I)..middle,epsilon)),
   op(rsolveI(f,df,x,middle..op(2,I),epsilon))]
end: # rsolveI
```

Quand la longueur de l'intervalle I passé en argument à la procédure **newtonI** est inférieure à ε (**#2**), la procédure renvoie cet intervalle si la fonction change de signe dans l'intervalle et la liste vide sinon, car cette procédure n'est appelée que sur des intervalles où la fonction est monotone. Quand la longueur de l'intervalle est supérieure à ε , la procédure calcule l'image N de l'intervalle I par Newton (**#3**), puis l'intersecte avec I et rappelle récursivement **newtonI**.

```
newtonI:=proc(f,df,x,I,epsilon)
  local middle, fmiddle, DfI, bounds, boundmin, boundmax;
  if op(2,I)-op(1,I)<epsilon then                               #2
    if subs(x=op(1,I),f)*subs(x=op(2,I),f)<=0 then RETURN([I])
    else RETURN(NULL)
    fi
  fi;
  middle:=(op(1,I)+op(2,I))/2;
  fmiddle:=subs(x=middle,f);
  DfI:=imageI(df,x,I);
  bounds:=fmiddle/op(1,DfI),fmiddle/op(2,DfI);
  boundmin:=middle-max(bounds);
  boundmax:=middle-min(bounds);                                 #3
  if (boundmax<op(1,I) or boundmin>op(2,I)) then RETURN(NULL) fi;
```

```
    boundmin:=max(boundmin,op(1,I));
    boundmax:=min(boundmax,op(2,I));
    newtonI(f,df,x,boundmin..boundmax,epsilon)
  end: # newtonI
```

Quelques tests sur des familles de polynômes classiques, même de bas degré, montrent que l'on obtient plus efficacement qu'avec **easysolveI** des intervalles qui contiennent les zéros. On remarque cependant que dès qu'**epsilon** devient petit (ce qui est en fait le cas intéressant pour obtenir de bonnes approximations des zéros), on obtient des nombres rationnels de grande taille qui rendent difficilement interprétables les sorties retournées. Il semble donc souhaitable de travailler sur des nombres flottants, ce qui impose cependant une programmation délicate car les erreurs d'arrondis au cours du calcul de l'image d'un intervalle peuvent faire rejeter d'emblée des intervalles qui contiennent en fait des zéros. De plus nous avons profité du fait que la comparaison à zéro est garantie pour les nombres rationnels. Notons également que le passage aux flottants permet d'étendre le champ d'application de **solveI** à d'autres classes de fonctions que les polynômes, puisqu'il suffit de traiter d'autres types de fonctions dans la procédure **imageI**. Il est par exemple facile de calculer l'image de l'exponentielle d'un intervalle, ce qui permettrait de traiter la classe des polynômes en x et e^x. Notons enfin que la méthode que nous avons présentée se généralise agréablement en dimension deux ou supérieure pour la résolution de systèmes non linéaires [12, 49, 50].

Intégration par parties. **1.** Nous traitons le cas où l'intégrale est divergente. Par hypothèse on peut trouver A et C satisfaisant la formule

$$\forall t \geq A, \qquad |f(t)| \leq Cg(t).$$

Par intégration, cela donne

$$\forall x \geq A, \qquad \left|\int_A^x f(t)\,dt\right| \leq C\int_a^x g(t)\,dt.$$

Par ailleurs la divergence de l'intégrale impropre de g fait que l'intégrale partielle tend vers l'infini ; en particulier on peut trouver B satisfaisant

$$\forall x \geq B, \qquad \left|\int_a^A f(t)\,dt\right| \leq \int_a^x g(t)\,dt.$$

On a ainsi

$$\forall x \geq \max(A,B), \qquad \left|\int_a^x f(t)\,dt\right| \leq (C+1)\int_a^x g(t)\,dt,$$

ce qui est le résultat attendu.

2.a. La fonction g s'écrit $g(x) = x^\alpha \ln^\beta x$. Il y a convergence si et seulement si α est strictement plus petit que -1 ou égal à -1 avec β strictement plus petit que -1. Pour α strictement supérieur à -1, on intègre par parties en voyant $g(t)$ comme $1 \times g(t)$,

$$\int_a^x t^\alpha \ln^\beta t\,dt = -a^{\alpha+1}\ln^\beta a + x^{\alpha+1}\ln^\beta x - \int_a^x \left(\alpha t^\alpha \ln^\beta t + \beta t^\alpha \ln^{\beta-1} t\right) dt,$$

ce qui fournit, puisque g réapparaît dans la nouvelle intégrale,

$$\int_a^x g(t)\,dt = \frac{-ag(a)}{\alpha+1} + \frac{xg(x)}{\alpha+1} - \frac{\beta}{\alpha+1}\int_a^x \frac{g(t)}{\ln t}\,dt.$$

Comme $g(t)/\ln t$ est négligeable devant $g(t)$ à l'infini, il en est de même de la dernière intégrale par rapport à la première ; de plus les termes constants sont négligeables puisque l'intégrale diverge. On a ainsi l'équivalent annoncé. Dans le cas où α est strictement inférieur à -1, on travaille avec le reste de l'intégrale pour fournir la formule demandée et pour ce qui est de l'intégrale partielle, elle s'écrit

$$\int_a^x g(t)\,dt = \int_a^{+\infty} g(t)\,dt + \frac{xg(x)}{\alpha+1} - \frac{\beta}{\alpha+1}\int_{+\infty}^x \frac{g(t)}{\ln t}\,dt.$$

Enfin dans le cas où α est égal à -1, l'intégrale partielle s'exprime exactement.

2.b. Ce point se traite comme le précédent, en remarquant que h' tend vers 0 à l'infini. L'introduction de la fonction h permet l'application de la formule d'intégration par parties et le calcul d'une primitive dans cette formule alors que la version simplette que nous avons utilisée jusqu'ici ne donne pas de résultat utile ; en effet $g(t)$ et $tg'(t)$ sont du même ordre de grandeur.

3.a. On écrit d'abord un développement asymptotique de g'/g sous forme développée (**#1**) ; ensuite on repère le terme $\beta/(x\ln x)$ à son logarithme (**#2**) ; on détermine le terme α/x par le fait qu'il est, dans ceux qui restent, le seul terme t pour lequel la limite de $1/(tx)$ est non nulle (les éventuels γ sont tous strictement positifs) ; la dernière partie s'obtient par différence.

```
crack:=proc(g,x)
  local g1,g1da,`1/x/ln(x) part`,`non 1/x/ln(x) part`,
                          `1/x part`,`non (1/x/ln(x) or 1/x) part`;
  g1:=normal(diff(g,x)/g);                                          #1
  g1da:=expand(asympt(g1,x));
  if type(g1da,`+`) then `1/x/ln(x) part`:=select(has,g1da,ln(x))
  elif has(g1da,ln(x)) then `1/x/ln(x) part`:=g1da                  #2
  else `1/x/ln(x) part`:=0
  fi;
  `non 1/x/ln(x) part`:=g1da-`1/x/ln(x) part`;                      #3
  if `non 1/x/ln(x) part`=0 then `1/x part`:=0                      #4
  elif type(`non 1/x/ln(x) part`,`+`) then
    `1/x part`:=select(auxiliary1,`non 1/x/ln(x) part`,x)
  elif limit(1/(`non 1/x/ln(x) part`*x),x=infinity)<>0 then
      `1/x part`:= `non 1/x/ln(x) part`
  else `1/x part`:=0
```

```
    fi;
    `non (1/x/ln(x) or 1/x) part`:=                              #5
                                  g1da-`1/x/ln(x) part`-`1/x part`;
    g1,`non (1/x/ln(x) or 1/x) part`,`1/x part`,`1/x/ln(x) part`
  end: # crack
  auxiliary1:=proc(z,x)
       evalb(limit(1/(z*x),x=infinity)<>0)
  end: # auxiliary1
```

3.b. On applique directement les formules obtenues dans la question 2. On traite d'abord le cas où des γ sont présents (#1); ensuite le cas où α n'est pas nul (#2) en distinguant le cas où α vaut -1 (#3); enfin le cas où g ne comporte qu'un terme logarithmique (#4).

```
  integrationbyparts:=proc(g,x,g1,`non (1/x/ln(x) or 1/x) part`,
                              `1/x part`,`1/x/ln(x) part`)
    local dominantterm,h,c,alpha,beta;
    if `non (1/x/ln(x) or 1/x) part`<>0 then                     #1
      h:=1/g1;
      [g*h,expand(asympt(-g*diff(h,x),x))]
    elif `1/x part`<>0 then
      alpha:=normal(x*`1/x part`);                               #2
      if `1/x/ln(x) part`<>0 then
        beta:=normal(x*ln(x)*`1/x/ln(x) part`)
      else
        beta:=0
      fi;
      if alpha<>-1 then                                          #3
        [x*g/(alpha+1),expand(asympt(-beta/(alpha+1)*g/ln(x),x))]
      else
        [int(g,x),0]
      fi
    else                                                         #4
      [x*g,expand(asympt(-x*diff(g,x),x))]
    fi;
  end: # integrationbyparts
```

4. Le point délicat est de gérer correctement la précision. On commence par tenir compte de l'éventuel troisième argument en modifiant la variable d'environnement `Order` (#1). On calcule un développement asymptotique de la fonction (#2); on met les termes de ce développement dans une liste (#3). Les termes du développement cherché vont être rangés au fur et à mesure dans la variable `result` (#4). Ensuite on lance le processus de calcul (#5) en notant que le développement ne contient pas nécessairement de terme de reste, par exemple parce que la fonction est dans l'échelle. Si un grand o apparaît on modifie la technique de calcul (#6); ce terme d'erreur va déterminer la précision du calcul; précisément on trouve un équivalent de sa primitive en utilisant l'intégration par parties (#7). Ensuite on redémarre le processus mais en ne traitant plus que les termes qui n'ont pas une contribution négligeable (#8). Si aucun terme comportant un grand o n'est apparu, il reste peut être des calculs pendants et il faut déterminer parmi tous ces termes celui qui va donner le terme de reste (#9). Cependant le calcul pourrait être exact, sans terme d'erreur (#10). Nous réduisons enfin le terme d'erreur pour qu'il soit dans l'échelle (#11) et nous renvoyons le résultat (#12) sous une forme qui laisse espérer qu'**asympt** s'y applique avec succès.

```
intasympt:=proc(f,x,omega)
  local F,G,k,g,prec,Prec,result,thingummy,todo,newPrec;
  if nargs>2 then                                                   #1
    Order:=omega
  fi;
  F:=expand(asympt(f,x));                                           #2
  if type(F,'+') then G:=[op(F)] else G:=[F] fi;                    #3
  result:=0;                                                        #4
  for k to Order while not has(G,O) do                              #5
    for g in G do
      thingummy:=integrationbyparts(g,x,crack(g,x));
      result:=result+thingummy[1];
      todo[g]:=thingummy[2]
    od;
    G:=[seq(flatten(todo[g]),g=G)];
  od;
  g:=select(has,G,O);
  if g<>[] then                                                     #6
    g:=op(g);
    prec:=eval(subs(O=Identity,g));
    Prec:=integrationbyparts(prec,x,crack(prec,x))[1];              #7
    G:=remove(has,G,O);
    while G<>[] do
      for g in G do
        if limit(prec/g,x=infinity)=0 then                          #8
          thingummy:=integrationbyparts(g,x,crack(g,x));
          result:=result+thingummy[1];
          todo[g]:=thingummy[2]
        else todo[g]:=0
      fi
      od:
      G:=[seq(flatten(todo[g]),g=G)];
    od;
  else
    if nops(G)>0 then                                               #9
      Prec:=integrationbyparts(G[1],x,crack(G[1],x))[1];
      for k from 2 to nops(G) do
        newPrec:=integrationbyparts(G[k],x,crack(G[k],x))[1];
        if limit(Prec/newPrec,x=infinity)=0 then Prec:=newPrec fi
      od
    else                                                            #10
      Prec:=0
    fi
  fi;
  Prec:=expand(asympt(Prec,x));                                     #11
  if type(Prec,'+') then Prec:=remove(auxiliary2,Prec,Prec,x) fi;
```

```
    Prec:=eval(subs(O=Identity,Prec));
    result+O(1)*Prec                                                  #12
  end: # intasympt
  flatten:=proc(term)
            if term=0 then NULL
            elif type(term,'+') then op(term)
            else term fi
  end: # flatten
  Identity:=proc(z) z end:
  auxiliary2:=proc(z,y,x)
     evalb(limit(z/y,x=infinity)=0)
  end: # auxiliary2
```

Les problèmes qui demeurent tiennent à l'absence d'une bonne structure de données en MAPLE pour représenter les développements asymptotiques.

6 Séries

Méthode de Kummer. **a.** Voici une procédure qui répond à la question. On teste d'abord la convergence de la série (**#1**). Ensuite on applique itérativement la méthode en déterminant à chaque pas le coefficient dominant de la différence $F(n) - G(n)$ et en choisissant α pour l'annuler. Le `factor` qui figure en **#3** a pour objet d'éviter une recombinaison des termes, ce qui aurait pour effet de redonner en sortie le $F(n)$ donné en entrée.

```
kummer:=proc(F::ratpoly,p::posint,n::name)
  local FF,N,D,d,u,i,G,alpha,j,delta,term;
  FF:=normal(F,expanded);
  N:=numer(FF);                                                  #1
  D:=denom(FF);
  d:=degree(N,n)-degree(D,n);
  if d>-2 then
    ERROR('kummer expects its first argument to be the
          term of a convergent series, but received',F)
  fi;
  u:=0;                                                          #2
  for i from -d to p-d-1 do
    G:=alpha/mul(n+j,j=0..i-1);
    delta:=normal(FF-G,expanded);
    N:=numer(delta);
    term:= subs(alpha=solve(lcoeff(N,n),alpha),G);
    u:=u+term;
    FF:=FF-term
  od;
  FF:=factor(FF);                                                #3
  u+FF
end: # kummer
```

On a par exemple pour la série dont la somme est $\Psi(x)$ le résultat suivant.

```
F:=1/n-1/(n+x):
kummer(F,3,n):
map(factor,");
```

$$\frac{x}{n\,(n+1)} - \frac{x\,(-1+x)}{n\,(n+1)\,(n+2)} + \frac{(x-2)\,x\,(-1+x)}{n\,(n+1)\,(n+2)\,(n+3)} - \frac{x\,(-1+x)\,(x-2)\,(x-3)}{n\,(n+x)\,(n+1)\,(n+2)\,(n+3)}$$

b. Pour la série indiquée, on obtient les bornes suivantes. Précisons qu'il ne s'agit que d'estimations et non des meilleures valeurs possibles ; nous fournissons un majorant de ν pour chaque p. Pour de plus grandes valeurs de p la borne sur les racines d'un polynôme est trop simpliste pour être efficace ; il serait nécessaire de la raffiner pour aller plus loin.

p	0	1	2	3	4	5
$\hat{\nu}$	7071067873	4641589	128776	15786	4036	1563

Il apparaît clairement que le nombre de termes à calculer pour évaluer la somme de la série diminue fortement quand p augmente.

Séries de Fourier des polygones. **a.** Les coefficients de Fourier c_k sont les

$$c_k = \frac{1}{2\pi}\int_0^{2\pi} f(t)e^{-ikt}\,dt$$

et leur existence ne pose pas de problème puisque f est continue. La fonction f est donnée par

$$f(t) = \frac{(t_{j+1}-t)z_j + (t-t_j)z_{j+1}}{t_{j+1}-t_j}, \quad t_j \le t \le t_{j+1},\ j=0,\dots,n-1$$

et on est naturellement conduit à subdiviser l'intervalle d'intégration. Le coefficient c_0 se calcule comme suit,

$$\begin{aligned}
c_0 &= \frac{1}{2\pi}\sum_{0\le j<n}\int_{t_j}^{t_{j+1}} f(t)\,dt \\
&= \frac{1}{2\pi}\sum_{0\le j<n}\left[\frac{-(t_{j+1}-t)^2 z_j + (t-t_j)^2 z_{j+1}}{2(t_{j+1}-t_j)}\right]_{t_j}^{t_{j+1}} \\
&= \frac{1}{2\pi}\sum_{0\le j<n}\frac{(t_{j+1}-t_j)^2 z_j + (t_{j+1}-t_j)^2 z_{j+1}}{2(t_{j+1}-t_j)} \\
&= \frac{1}{2\pi}\sum_{0\le j<n}\frac{z_j+z_{j+1}}{2}(t_{j+1}-t_j).
\end{aligned}$$

Pour c_k avec $k \neq 0$ une intégration par parties donne

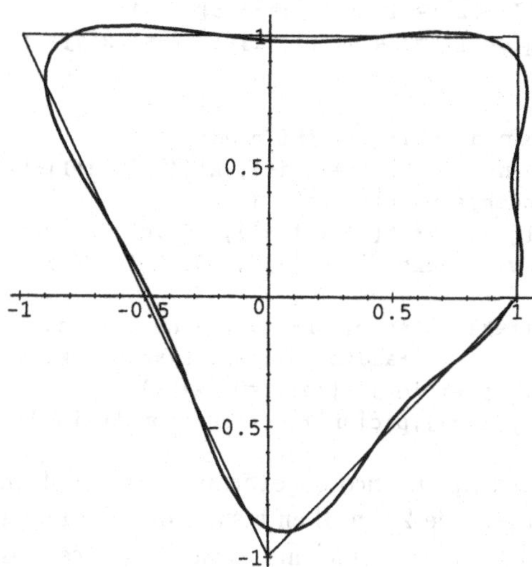

Figure A.4.

$$\int_{t_j}^{t_{j+1}} f(t)\, e^{-kt}\, dt = \left[f(t) \frac{e^{-ikt}}{-ik} \right]_{t_j}^{t_{j+1}} - \int_{t_j}^{t_{j+1}} v_j \frac{e^{-ikt}}{-ik}\, dt,$$

en notant $v_j = (z_{j+1} - z_j)/(t_{j+1} - t_j)$. Ceci conduit à l'expression

$$c_k = \frac{1}{2\pi k^2} \sum_{0 \leq j < n} v_j \left(e^{-ikt_{j+1}} - e^{-ikt_j} \right),$$

car la somme des termes entre crochets est nulle grâce à la continuité et à la périodicité de la fonction. On peut regrouper les termes suivant les exponentielles, ce qui donne

$$c_k = \frac{1}{2\pi k^2} \sum_{0 \leq j < n} (v_{j-1} - v_j) e^{-ikt_j}, \qquad k \neq 0,$$

en comptant les indices modulo n ce qui permet d'avoir $v_{-1} = v_{n-1}$.

1.b. La fonction f est 2π-périodique, continue et C^∞ par morceaux. Selon le théorème de Dirichlet, la série de Fourier converge simplement vers f. La continuité de la fonction permet même d'affirmer que la convergence est normale. Ceci est confirmé par le fait que c_k est clairement un $O(1/k^2)$.

1.c. La variable **n** contient le nombre de sommets du polygone et la variable **nn** contient la borne de sommation de la série de Fourier. À titre de comparaison on trace conjointement le polygone tel qu'il a été défini au début et la somme partielle de la série (figure A.4).

```
n:=4:
```

```
z[0]:=1:z[1]:=1+I:z[2]:=-1+I:z[3]:=-I:z[4]:=1:
g:=piecewise(seq(op([t<=j/4,4*(z[j-1]*(j/4-t)+z[j]*(t-(j-1)/4))])
                                                        ,j=1..4)):
z[-1]:=z[n-1]:
for j from -1 to n do t[j]:=j*2*Pi/n od:
for j from -1 to n-1 do v[j]:=(z[j+1]-z[j])/(t[j+1]-t[j]) od:
pic[-1]:=plots[complexplot](g,t=0..1):
c0:=add((z[j]+z[j+1])/2*(t[j+1]-t[j]),j=0..n-1)/2/Pi:
ck:=add((v[j-1]-v[j])*exp(-I*k*t[j]),j=0..n-1)/2/Pi/k^2:
nn:=5:
s[nn]:=add(subs(k=kk,ck)*exp(I*kk*t),kk=-nn..-1)+c0
                    +add(subs(k=kk,ck)*exp(I*kk*t),kk=1..nn):
pic[nn]:=plots[complexplot](s[nn],t=0..2*Pi):
plots[display]({pic[-1],pic[nn]},scaling=constrained);
```

1.d. La propriété énoncée peut encore s'exprimer par le fait que la fonction $t \mapsto e^{-it}f(t)$ admet la période $2\pi/n$. Il en résulte que f a un développement de Fourier dans lequel tous les coefficients c_k dont l'indice n'est pas congru à 1 modulo n sont nuls, sauf peut être celui d'indice 0. Inversement cette condition est suffisante pour obtenir la propriété demandée.

1.e. D'après la question précédente on voit que la série de Fourier ne comporte que des termes d'indice congru à 1 modulo n. Plus rigoureusement, il suffit d'appliquer les formules générales qui donnent $c_0 = 0$ et

$$\begin{aligned} v_j &= \frac{\zeta^{j+1} - \zeta^j}{2\pi/n} = \frac{\zeta - 1}{2\pi/n}\zeta^j, \\ v_{j-1} - v_j &= -\frac{(1-\zeta)^2}{2\pi/n}\zeta^{j-1}, \\ c_k &= \frac{1}{2\pi k^2}\frac{-(1-\zeta)^2\zeta^{-1}}{2\pi/n}\sum_{0\le j<n}\zeta^{j(1-k)} \\ &= \begin{cases} 0 & \text{si } k \not\equiv 1 \mod n, \\ 1/k^2 \times 1/(4\pi^2 n^2) \times (-(1-\zeta)^2\zeta^{-1}) & \text{si } k \equiv 1 \mod n. \end{cases} \end{aligned}$$

Les simplifications proviennent du fait que la somme des racines n^e de l'unité élevées à la puissance ℓ est nulle sauf si ℓ est un multiple de n. Le dernier terme se simplifie comme suit.

```
zeta:=exp(2*I*Pi/n):
simplify(evalc(-(1-zeta)^2/zeta),trig);
```

On en tire la série de Fourier cherchée et la convergence est normale comme dans le cas général, ce qui fournit l'égalité

$$f_n(t) = \left(\frac{\sin(\pi/n)}{\pi/n}\right)^2 \sum_{k\equiv 1 \bmod n} \frac{e^{ikt}}{k^2}, \qquad t \in \mathbb{R}.$$

On pourra se convaincre de la véracité du résultat avec la séquence de commandes suivante.

```
n:=5:
ll:=4:
s:=(sin(Pi/n)/(Pi/n))^2
                    *add(subs(k=1+l*n,exp(I*k*t)/k^2),l=-ll..ll);
plots[complexplot](s,t=0..2*Pi,scaling=constrained);
```

Le lecteur pourra aussi tester la séquence que voici.

```
n:=11:
ll:=4:
for r to 5 do
  s:=add(subs(k=r+l*n,exp(I*k*t)/k^2),l=-ll..ll);
  plots[complexplot](s,t=0..2*Pi,scaling=constrained);
od;
```

7 Équations différentielles

Stabilité. **1.** La conjugaison par une matrice inversible est continue ; on peut donc se limiter à considérer les cas de base. Toutes les solutions s'expriment à l'aide d'exponentielles ; la remarque cruciale est que le comportement d'une exponentielle $t \mapsto e^{zt}$ en $+\infty$ dépend de la partie réelle de z. Si cette partie réelle est strictement négative alors l'exponentielle a une limite nulle ; si elle est nulle alors l'exponentielle reste bornée et si elle est strictement positive alors l'exponentielle diverge. De plus la linéarité du problème fait que la stabilité d'une solution équivaut à la stabilité de toutes les solutions et il suffit donc d'étudier la stabilité de la solution nulle. Il en résulte que la stabilité de toutes les solutions nécessite que les valeurs propres aient une partie réelle négative ou nulle. On a supposé que la matrice est inversible et le seul cas où la partie réelle des valeurs propres peut être nulle est le cas (VI) ; en examinant la solution dont nous disposons explicitement nous voyons que la solution nulle est stable puisque la distance à l'origine est conservée sur une orbite dans ce cas. D'autre part si les valeurs propres sont toutes à partie réelle strictement négative, alors la stabilité asymptotique est assurée, à cause des exponentielles qui figurent dans tous les termes pour les cas (I) à (V). Finalement il y a stabilité si et seulement si les valeurs propres ont toutes une partie réelle négative ou nulle et stabilité asymptotique si et seulement si les valeurs propres ont toutes une partie réelle strictement négative.

2.a. On définit le champ de vecteurs et on détermine les points critiques. Pour chacun d'eux, on calcule la jacobienne du champ au point critique, puis on regarde ses valeurs propres et on compare le portrait de phase (page 307) avec celui qui correspond au cas de base dans lequel rentre la jacobienne.

```
VX:=X+Y+1:
VY:=X+X*Y:
```

```
criticallist:=[solve({VX,VY},{X,Y})];
```

$$criticallist := [\{Y = 1, X = 0\}, \{Y = -1, X = 2\}]$$

```
Jac:=linalg[jacobian]([VX,VY],[X,Y]);
```

$$Jac := \begin{bmatrix} 1 & 1 \\ 1+Y & X \end{bmatrix}$$

```
for i to nops(criticallist) do
  J[i]:=subs(criticallist[i],eval(Jac));
  V[i]:=linalg[eigenvects](J[i])
od:
seq({V[i]},i=1..nops(criticallist));
```

$$\{[-1, 1, \{[1, -2]\}], [2, 1, \{[1, 1]\}]\}, \{[2, 1, \{[1, 1]\}], [1, 1, \{[1, 0]\}]\}$$

Pour le premier point critique $(0, 1)$, le portrait de phase montre un point col et la jacobienne rentre dans le cas (IV). La jacobienne au point $(2, -1)$ tombe dans le cas (III) d'un nœud impropre de première espèce. Dans les deux cas, le comportement local est le même que le comportement du système linéarisé.

2.b. La question est laissée au lecteur. On notera cependant que le résultat justifie l'approximation usuelle de l'équation du pendule simple par l'équation linéarisée $\ddot{\vartheta} + \omega^2\vartheta = 0$ au voisinage du point d'équilibre stable.

2.c. Nous définissons le système à partir du champ de vecteur.

```
VX:=-Y-X*sqrt(X^2+Y^2):
VY:=X-Y*sqrt(X^2+Y^2):
criticallist:=[solve({VX,VY},{X,Y})]:
Jac:=linalg[jacobian]([VX,VY],[X,Y]);
```

$$Jac := \begin{bmatrix} -\sqrt{X^2+Y^2} - \dfrac{X^2}{\sqrt{X^2+Y^2}} & -1 - \dfrac{X\,Y}{\sqrt{X^2+Y^2}} \\ 1 - \dfrac{X\,Y}{\sqrt{X^2+Y^2}} & -\sqrt{X^2+Y^2} - \dfrac{Y^2}{\sqrt{X^2+Y^2}} \end{bmatrix}$$

```
sys:=subs(X=x(t),Y=y(t),{'diff'(X,t)=VX,'diff'(Y,t)=VY}):
vars:={x(t),y(t)}:
n:=6:
for i to nops(criticallist) do
  inits:=subs(criticallist[i],[seq([x(0)=X+1/10*cos(2*k*Pi/n),
                              y(0)=Y+1/10*sin(2*k*Pi/n)],k=0..n-1)]);
  trange:=-2..2;
  pict[i]:=DEtools[phaseportrait](sys,vars,trange,inits,
                              color=black,linecolor=black,
                              axes=boxed,scaling=constrained)
od:
for i to nops(criticallist) do pict[i] od;
```

Le dessin (figure A.5) fait clairement apparaître un foyer (ou *point spirale*). Regardons maintenant le système linéarisé. Le calcul de la jacobienne a

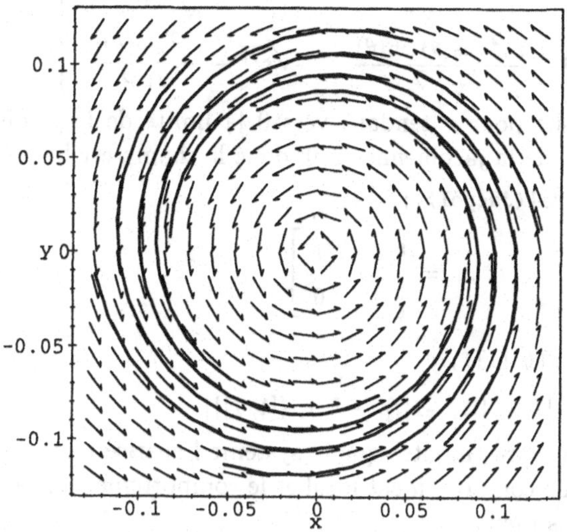

Figure A.5.

été effectué en appliquant les formules générales de dérivation mais ceci n'est valable qu'en dehors de l'origine, où le champ s'écrit effectivement comme somme et produit de fonctions de classe C^∞. L'étude de la dérivabilité en l'origine est fondée sur la considération des fonctions partielles en $(0,0)$,

$$x \longmapsto (-x|x|, x) \qquad \text{et} \qquad y \longmapsto (-y, -y|y|)\,.$$

En prenant les taux de variations et en passant à la limite on trouve que les dérivées partielles existent et que la jacobienne en $(0,0)$ vaut

$$\begin{pmatrix} 0 & 1 \\ -1 & 0 \end{pmatrix}.$$

Les limites utilisées sont les suivantes,

$$0 = \lim_{x \to 0} (-x|x|)/x\,; \qquad 1 = \lim_{x \to 0} (x)/x\,;$$
$$-1 = \lim_{y \to 0} (-y)/y\,; \qquad 0 = \lim_{y \to 0} (-y|y|)/y.$$

Pour montrer que le champ est de classe C^1 dans le plan il suffit de vérifier que la jacobienne est continue en $(0,0)$. Le passage en coordonnées polaires est naturel.

```
assume(r>0):
subs(X^2+Y^2=r^2,X=r*cos(theta),Y=r*sin(theta),eval(Jac)):
Jacpol:=map(normal,");
```

$$Jacpol := \begin{bmatrix} -\sqrt{r^{\sim 2}} - \dfrac{r^{\sim 2}\cos(\theta)^2}{\sqrt{r^{\sim 2}}} & -1 - \dfrac{r^{\sim 2}\cos(\theta)\sin(\theta)}{\sqrt{r^{\sim 2}}} \\ 1 - \dfrac{r^{\sim 2}\cos(\theta)\sin(\theta)}{\sqrt{r^{\sim 2}}} & -\sqrt{r^{\sim 2}} - \dfrac{r^{\sim 2}\sin(\theta)^2}{\sqrt{r^{\sim 2}}} \end{bmatrix}$$

L'expression montre que pour r tendant vers 0 la limite de la jacobienne existe et vaut la valeur de la jacobienne en 0, donc le champ est bien C^1.

```
J[1]:=subs(r=0,eval(Jacpol));
```

$$J_1 := \begin{bmatrix} 0 & -1 \\ 1 & 0 \end{bmatrix}$$

```
linalg[eigenvects](J[1]);
```

$$[I, 1, \{[1, -I]\}], [-I, 1, \{[1, I]\}]$$

Le calcul des valeurs propres montre que le système linéarisé rentre dans le cas (VI) d'un centre. Le comportement local et le comportement du système linéarisé ne sont pas les mêmes.

3.a. La fonction F est dérivable et sa dérivée est uf; cette dérivée est majorée comme suit

$$F'(t) \leq u(t)v(t) + u(t)\int_{t_0}^{t} u(s)f(s)\,ds = u(t)v(t) + u(t)F(t).$$

Si l'inégalité était remplacée par une égalité, la fonction F satisferait une équation linéaire du premier ordre. Par analogie avec la méthode de variation de la constante, nous posons

$$C(t) = F(t)\exp\left(\int_{t_0}^{t} u(s)ds\right).$$

Par simple report, nous trouvons que C' satisfait une inégalité qui se transmet à C et donne le résultat attendu. Ce calcul est valable tant que la solution existe, c'est-à-dire dans un intervalle $[0, t_+[$ avec $0 < t_+ \leq +\infty$.

3.b. Une solution de l'équation $dV/dt = AV$ s'écrit $V = \exp(tA)C$ où C est un vecteur. La méthode de variation de la constante fait chercher une solution de l'équation sous la forme $V(t) = \exp(tA)C(t)$ où C est une fonction vectorielle dérivable. L'équation se traduit alors par la relation $dC/dt = \exp(-tA)E(t, V)$, ce qui donne la formule.

3.c. Puisque toutes les valeurs propres de A ont une partie réelle strictement négative, nous pouvons choisir un nombre strictement négatif $-\rho$ et trouver une constante K pour laquelle est satisfaite l'inégalité

$$\|\exp(tA)\| \leq K\exp(-\rho t), \qquad t \geq 0.$$

En reportant ceci dans l'expression intégrale de la solution φ, nous obtenons l'inégalité

$$\|\varphi(t)\| \leq K\|\varphi(0)\| \exp(-\rho t) + K \int_0^t e^{-\rho(t-s)} \|E(s, \varphi(s))\| \, ds.$$

Fixons un $\varepsilon > 0$; d'après l'hypothèse sur E il est possible de trouver un $\delta > 0$ pour lequel on a $\|E(t, V)\| \leq \varepsilon\|V\|/K$ si V satisfait la condition $\|V\| \leq \delta$. Il existe un intervalle J d'origine 0 dans lequel est vérifié l'inégalité $\|\varphi(s)\| \leq \delta$. Pour t dans cet intervalle, on a l'inégalité

$$\exp(\rho t)\|\varphi(t)\| \leq K\|\varphi(0)\| + \varepsilon \int_0^t \exp(\rho t)\|\varphi(s)\| \, ds.$$

Le lemme de Gronwall fournit alors la majoration

$$\|\varphi(t)\| \leq K\|\varphi(0)\| \exp(-(\rho - \varepsilon)t).$$

En choisissant ε assez petit et $\varphi(0)$ assez proche de 0 on peut garantir que l'intervalle J est $[0, +\infty[$.

On peut montrer que la solution nulle n'est pas stable si A possède une valeur propre de partie réelle strictement positive. Dans ce cas, on a donc le même comportement pour le système d'origine et le système linéarisé. Le cas douteux est donc celui où les valeurs propres sont à partie réelle négative, l'une au moins des valeurs propres étant imaginaire pure.

Holonomie des fonctions algébriques. La procédure débute par une vérification des données (#1). Cette phase permet de récupérer le nom de la fonction et le nom de la variable, y et x. On se ramène à une situation purement algébrique en considérant le polynôme Q (#2) ; on vérifie qu'il a bien les qualités requises. Après toutes ces vérifications, on peut enfin entamer le calcul lui-même (#3). On calcule les deux polynômes A et B qui permettent d'exprimer la dérivée de la fonction comme une fraction rationnelle en x et y ; on détermine l'inverse de B modulo le polynôme P (#4). On a ainsi l'expression T_1 de la dérivée première sous forme d'un polynôme en y à coefficients en x. Dans le cas particulier où le polynôme P est de degré 2 en y (#5), le calcul est terminé puisque les expressions sont au plus de degré 1 en y. Dans le cas général (#6), on exprime les dérivées successives de la fonction comme des polynômes T_k en y. En pratique on range les coordonnées de ces dérivées sur la base canonique des puissances de y jusqu'à obtenir une relation de dépendance. Cette circonstance se produira nécessairement puisque l'espace des polynômes en y de degré strictement plus petit que celui de P est de dimension finie. La relation obtenue (#7) fournit alors l'équation différentielle.

```
algtodiffeq:=proc(P,expr::function)
  local x,y,Q,factorizedQ,d,A,B,U,V,G,elim,degy,T,i,k,sol,K;
  y:=op(0,expr);
  x:=op(1,expr);
  if nops(expr)>1 or not type(x,name)  then
    ERROR(`algtodiffeq expects its second argument
```

```
                    to be a univariate function, but received`,expr)
   fi;
   Q:=subs(y(x)=Y,y=Y,x=X,P);                                          #2
   if not type(Q,polynom(ratpoly(rational,X),Y)) then
     ERROR(`algtodiffeq expects its first argument to be
        a polynomial with respect to`,expr,`whose coefficients are
           rational fractions with respect to`,x,`but received`,P)
   fi;
   factorizedQ:=factor(Q);
   if type(factorizedQ,`*`) and
     nops(select(has,{op(factorizedQ)},Y))>1 then
     ERROR(`algtodiffeq expects its first argument to be an
            irreducible polynomial, but received`,
                                      subs(Y=y(x),X=x,factor(Q)))
   fi;
   d:=degree(Q,Y);                                                     #3
   A:=-diff(Q,X); B:=diff(Q,Y);
   G:=gcdex(B,Q,Y,'U','V');                                            #4
   T[1]:=collect(rem(A*U,Q,Y)/G,Y,normal);
   if d=2 then                                                         #5
     sol:=diff(y(x),x)*subs(X=x,Y=y(x),denom(T[1]))
                                  -subs(X=x,Y=y(x),numer(T[1]));
     RETURN(collect(sol,[diff(y(x),x),y(x)]))
   fi;
   elim:=matrix(d-2,1,[seq(coeff(T[1],Y,i),i=2..d-1)]);                #6
   K:=linalg[kernel](elim);
   for k from 2 while nops(K)=0 do
     T[k]:=collect(rem(T[1]*diff(T[k-1],Y)+diff(T[k-1],X),Q,Y),
                                                          Y,normal);
     elim:=linalg[concat](elim,
                     vector([seq(coeff(T[k],Y,i),i=2..d-1)]));
     K:=linalg[kernel](elim);
   od;
   K:=op(1,K);                                                         #7
   sol:=subs(X=x,Y=y(x),add(K[i]*(diff(y(x),x$i)-T[i]),i=1..k-1));
   collect(numer(normal(sol)),
                     [seq(diff(y(x),x$(d-i)),i=1..d-1),y(x)]);
end: # algtodiffeq
```

Testons la procédure sur la fonction $x \mapsto 1/\sqrt{x^2-1}$.

```
algtodiffeq((x^2-1)*y(x)^2-1,y(x));
```

$$\left(\frac{\partial}{\partial x}\,\mathrm{y}(x)\right)(x^2-1)+\mathrm{y}(x)\,x$$

```
dsolve(",y(x));
```

$$\mathrm{y}(x)=\frac{\_C1}{\sqrt{-1+x}\,\sqrt{1+x}}$$

Prenons l'exemple que nous avons déjà cité [26].

```
algtodiffeq(y-1-x*y^3,y(x));
```

$$(27\,x^2-4\,x)\left(\frac{\partial^2}{\partial x^2}\,\mathrm{y}(x)\right)+(54\,x-6)\left(\frac{\partial}{\partial x}\,\mathrm{y}(x)\right)+6\,\mathrm{y}(x)$$

La procédure **algfuntodiffeq** du *package* GFUN de la bibliothèque commune des utilisateurs (*share library*) réalise déjà le passage des fonctions algébriques aux fonctions holonomes. On peut l'utiliser comme suit. La syntaxe pour la demande d'aide est un peu particulière, car il faut obligatoirement utiliser les noms longs des procédures.

```
with(share):
readshare(gfun,analysis):
with(gfun):
?gfun[algeqtodiffeq]
algeqtodiffeq(y-1-x*y^3,y(x));
```

$$\left\{6\,\mathrm{y}(x) + (-6 + 54\,x)\,\mathrm{D}(y)(x) + (27\,x^2 - 4\,x)\,(D^{(2)})(y)(x),\right.$$
$$\left.\mathrm{y}(0) = 1,\ \mathrm{D}(y)(0) = 1\right\}$$

Une fonction holonome développable en série entière au voisinage de l'origine fournit une suite de coefficients qui satisfait une récurrence linéaire à coefficients polynomiaux. C'est pourquoi on passe fréquemment par une équation différentielle pour déterminer le développement en série entière d'une fonction algébrique.

Équations de Riccati. **1.** Par hypothèse a, y et w sont dérivables et $w' = -ayw$ est aussi dérivable. La fonction w est donc deux fois dérivable et la dérivée de y satisfait

$$y' = \frac{w''}{w}\frac{1}{a} + \frac{w'^2}{w^2}\frac{1}{a} + \frac{w'}{w}\frac{a'}{a^2}.$$

D'autre part l'équation de Riccati donne

$$y' = a\frac{w'^2}{w^2}\frac{1}{a^2} - b\frac{w'}{w}\frac{1}{a} + c.$$

La fusion de ces deux écritures fournit l'égalité

$$w'' - w'\left(\frac{a'}{a} + b\right) + acw = 0$$

et w est solution d'une équation différentielle linéaire homogène du second ordre.

2. Nous traitons les cas génériques. Les lignes marquées d'un dièse sont à modifier pour définir un exemple.

```
lindeq:=alpha(x)*diff(w(x),x,x)
                        +beta(x)*diff(w(x),x)+gamma(x)*w(x):#
x0:=x0:                                                     #
w0:=w0:                                                     #
w1:=w1:                                                     #
lininitcond:=w(x0)=w0,D(w)(x0)=w1:                          #
if type(lindeq,'=') then lindeq:=op(1,lindeq)-op(2,lindeq) fi;
```

```
eval(subs(w(x)=exp(-int(y(t),t=x0..x)),lindeq)):
ricdeq:=select(has,factor("),diff);
ricinitcond:=y(x0)=subs(lininitcond,-D(w)(x0)/w(x0));
```

$$ricdeq := -\alpha(x)\,(\frac{\partial}{\partial x}\,\mathrm{y}(x)) + \alpha(x)\,\mathrm{y}(x)^2 - \mathrm{y}(x)\,\beta(x) + \gamma(x)$$

$$ricinitcond := \mathrm{y}(x0) = -\frac{w1}{w0}$$

```
ricdeq:=diff(y(x),x)=a(x)*y(x)^2+b(x)*y(x)+c(x);                  #
x0:=x0;                                                            #
y0:=y0;                                                            #
ricinitcond:=y(x0)=y0;                                             #
if type(ricdeq,'=') then ricdeq:=op(1,ricdeq)-op(2,ricdeq) fi;
redricdeq:=subs(diff(y(x),x)=Y1,y(x)=Y,ricdeq);
redricdeq:=collect(redricdeq,{Y,Y1});
aa:=-coeff(redricdeq,Y,2)/coeff(redricdeq,Y1,1);
eval(subs(y(x)=-diff(w(x),x)/w(x)/aa,ricdeq));
lindeq:=numer(normal(w(x)*"))
lininitcond:=w(x0)=1,subs(ricinitcond,D(w)(x0)=-y(x0));
```

$$lindeq := -(\frac{\partial^2}{\partial x^2}\,\mathrm{w}(x))\,\mathrm{a}(x) + (\frac{\partial}{\partial x}\,\mathrm{w}(x))\,(\frac{\partial}{\partial x}\,\mathrm{a}(x)) \\ + \mathrm{b}(x)\,(\frac{\partial}{\partial x}\,\mathrm{w}(x))\,\mathrm{a}(x) - \mathrm{c}(x)\,\mathrm{w}(x)\,\mathrm{a}(x)^2$$

$$lininitcond := \mathrm{w}(x0) = 1,\ \mathrm{D}(w)(x0) = -y0$$

Notons t_{LR} et t_{RL} respectivement la transformation qui fait passer de l'équation linéaire à l'équation de Riccati et la transformation inverse. Avec le codage ci-dessus, les deux transformations

$$t_{RL} \circ t_{LR}, \qquad t_{LR} \circ t_{RL} \circ t_{LR} \circ t_{RL}$$

sont respectivement l'identité sur les équations de Riccati et sur les équations linéaires homogènes du second ordre.

3. D'après le théorème de Cauchy-Lipschitz, le système proposé possède exactement une solution maximale. Nous déterminons son expression en utilisant **dsolve**. Pour alléger l'écriture, $\exp(1/x)$ est abrégé en E.

```
dsolve({diff(y(x),x)=1/x^4-y(x)^2,y(1)=eta},y(x)):
Y:=collect(normal(convert(subs(",y(x)),exp)),exp):
YY:=subs(exp(1/x)=E,Y);
```

$$YY := \frac{(-2\,x^{\sim} + \eta\,x^{\sim} + 2 - \eta)\,E^2 + (-\eta\,x^{\sim} - \eta)\,e^2}{((\eta - 2)\,E^2 - \eta\,e^2)\,x^{\sim 2}}$$

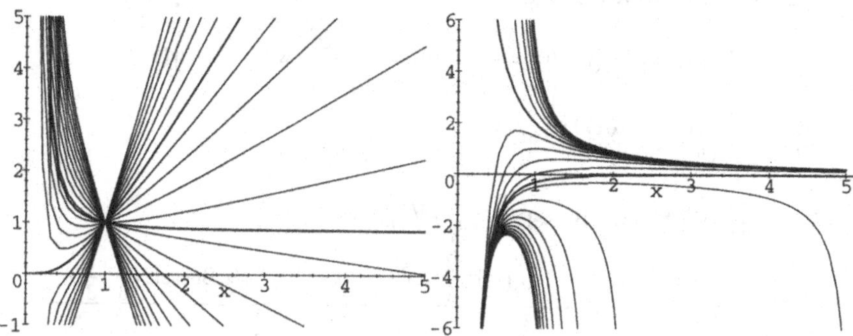

Figure A.6.

Nous pourrions aussi passer par le problème linéaire associé. La recherche des zéros de la solution de l'équation linéaire revient à discuter l'équation

$$(\eta - 2)\exp(2/x) = \eta e^2.$$

Clairement cette équation n'a pas de solution pour η dans l'intervalle $[0,2]$. Sinon on a tout de suite une solution, unique,

$$x_\eta = \frac{2}{2 + \ln\left(\dfrac{\eta}{\eta - 2}\right)}.$$

Mais cette solution n'a de sens dans le problème que si elle est strictement positive ; cette condition fait apparaître la valeur limite

$$\eta_c = \frac{2}{1 - e^2} \simeq 0.313.$$

Précisément pour η strictement plus grand que 2, le nombre x_η est entre 0 et 1 et la solution de l'équation de Riccati est définie sur $]x_\eta, 1[$; pour η entre 2 et η_c, la solution est définie sur tout $]0, +\infty[$; pour η strictement plus petit que η_c, le nombre x_η est plus grand que 1 et la solution est définie sur $]0, x_\eta[$.

Pour illustrer la situation, nous avons tracé quelques courbes intégrales de l'équation linéaire (figure A.6, côté gauche) en distinguant les deux courbes d'indice η_c et 2, qui ont un comportement particulier en l'infini pour l'une, en 0 pour l'autre. Par ailleurs nous avons représenté les courbes intégrales de l'équation de Riccati associées aux solutions maximales du problème de Cauchy, à nouveau en distinguant les deux cas particuliers.

4. Traitons le deuxième exemple. Nous déterminons le problème linéaire associé par la séquence vue plus haut, que nous avons insérée dans une procédure `rictolin`, puis la solution de ce problème.

```
ricdeq:={diff(y(x),x)=y(x)^2+x,y(0)=1}:
lindeq:=rictolin(ricdeq);
```

$$lindeq := \{\mathrm{D}(w)(0) = -1,\ \mathrm{w}(0) = 1,\ (\frac{\partial^2}{\partial x^2}\,\mathrm{w}(x)) + x\,\mathrm{w}(x)\}$$

```
dsolve(lindeq,w(x));
W:=subs(",w(x));
```

$$\mathrm{W} := -\frac{1}{2}\,\Gamma(\frac{2}{3})\,3^{1/6}\,\sqrt{x}\,\mathrm{BesselY}(\frac{1}{3},\ \frac{2}{3}\,x^{3/2}) - \frac{1}{18}\,\frac{(-\Gamma(\frac{2}{3})^2\,3^{5/6} + 4\,\pi)\,3^{5/6}\,\sqrt{x}\,\mathrm{BesselJ}(\frac{1}{3},\ \frac{2}{3}\,x^{3/2})}{\Gamma(\frac{2}{3})}$$

La réponse est surprenante ; en effet le théorème de Cauchy-Lipschitz pour les équations linéaires prédit une solution sur tout $\mathbb{R}$ et nous obtenons une solution qui ne semble définie que sur $\mathbb{R}_+^*$. Ceci est illusoire et on peut s'en convaincre de plusieurs façons. D'abord un développement limité de la solution montre qu'il n'y a pas de racine carrée.

```
WS:=map(simplify,series(W,x,20),GAMMA);
```

$$WS := 1 - x - \frac{1}{6}\,x^3 + \frac{1}{12}\,x^4 + \frac{1}{180}\,x^6 - \frac{1}{504}\,x^7 - \frac{1}{12960}\,x^9 + \frac{1}{45360}\,x^{10} + \frac{1}{1710720}\,x^{12} - \frac{1}{7076160}\,x^{13} - \frac{1}{359251200}\,x^{15} + \frac{1}{1698278400}\,x^{16} + \frac{1}{109930867200}\,x^{18} - \frac{1}{580811212800}\,x^{19} + \mathrm{O}(x^{41/2})$$

Ensuite à l'aide de GFUN, nous pouvons déterminer la récurrence satisfaite par les coefficients d'une éventuelle solution développable en série entière.

```
with(share):
readshare(gfun,analysis):
with(gfun):
seriestorec(WS,u(n));
```

$$\{\mathrm{u}(1) = -1,\ \mathrm{u}(0) = 1,\ \mathrm{u}(2) = 0,\ \mathrm{u}(n) + (n^2 + 5\,n + 6)\,\mathrm{u}(n+3)\}$$

La forme du résultat confirme que les coefficients dépendent de l'indice modulo 3. De plus le critère de d'Alembert montre que les deux séries qui émergent du calcul ont un rayon de convergence infini. Il en résulte que l'unique solution annoncée par le théorème de Cauchy-Lipschitz est développable en série entière avec un rayon de convergence infini. Un autre argument pourrait être employé : nous connaissons la forme des développements en série des fonctions de Bessel et par substitution il s'avère que la solution est développable en série entière.

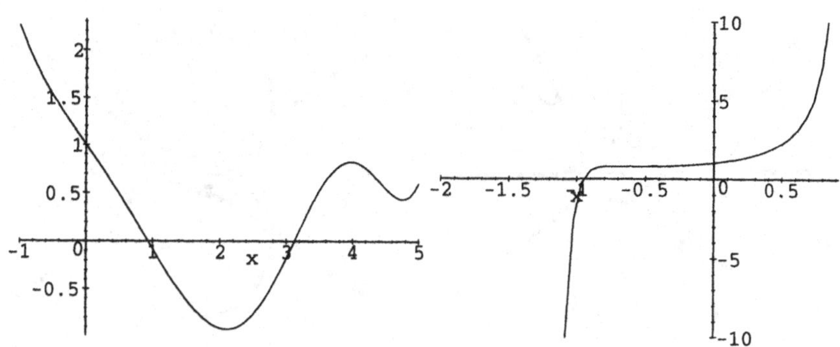

Figure A.7.

La forme du développement montre que la solution ne peut pas s'annuler sur $\mathbb{R}_-$. Pour étudier le comportement sur $\mathbb{R}_+$, nous regardons le graphe de la solution (figure A.7, côté gauche)).

```
WP:=convert(WS,polynom):
plot(WP,x=-1..5);
```

On pourrait arguer du fait que nous n'avons pas regardé le graphe de la fonction elle-même, mais d'une troncature de sa série de Taylor. Cependant la série converge extrêmement vite et nous avons limité la variable à rester près de 0. Nous voyons clairement un zéro un peu en dessous de 1.

```
x_max:=fsolve(W,x=0.9..1);
```

$$x\_max := .9305645085$$

L'emploi de l'équation différentielle linéaire associée à l'équation de Riccati montre que l'unique solution maximale du problème de Cauchy est définie sur l'intervalle $]-\infty, x_{\max}[$. Maintenant nous résolvons l'équation de Riccati et nous traçons le graphe de la solution (figure A.7, côté droit).

```
dsolve(ricdeq,y(x));
Y:=subs(",y(x)):
YS:=map(simplify,series(Y,x,20),GAMMA):
YP:=convert(YS,polynom):
eps:=10^(-2):
plot(YP,x=-2..x_max-eps,view=[-2..1,-10..10]);
```

$$\mathrm{y}(x) = -\frac{\sqrt{x}\left(-3\,\dfrac{\Gamma(\frac{2}{3})^2\,3^{1/3}\,\mathrm{BesselY}(\frac{-2}{3},\,\frac{2}{3}\,x^{3/2})}{\Gamma(\frac{2}{3})^2\,3^{5/6}-4\,\pi}+\mathrm{BesselJ}(\frac{-2}{3},\,\frac{2}{3}\,x^{3/2})\right)}{-3\,\dfrac{\Gamma(\frac{2}{3})^2\,3^{1/3}\,\mathrm{BesselY}(\frac{1}{3},\,\frac{2}{3}\,x^{3/2})}{\Gamma(\frac{2}{3})^2\,3^{5/6}-4\,\pi}+\mathrm{BesselJ}(\frac{1}{3},\,\frac{2}{3}\,x^{3/2})}$$

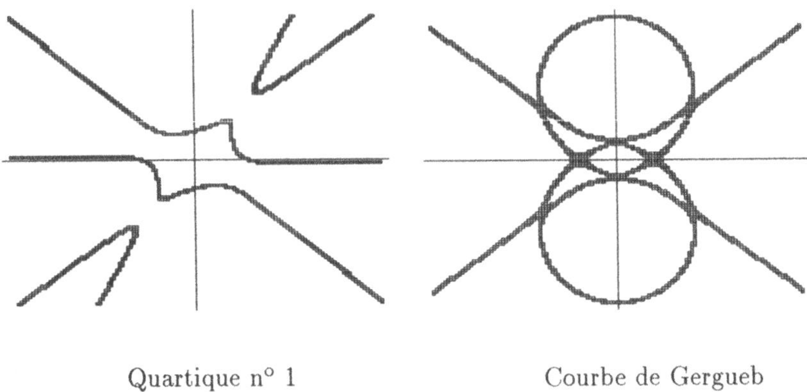

Quartique n° 1 Courbe de Gergueb

Figure A.8.

8 Géométrie

Méthode d'exclusion. **1.** Comme conséquence de l'inégalité triangulaire, on a la minoration

$$|P(x_0+u, y_0+v)| \geq |b_{0,0}| - \sum_{(i,j)\neq(0,0)} |b_{i,j}|\,|u|^i |v|^j$$

Les conditions $|u| \leq r$ et $|v| \leq r$ impliquent alors immédiatement l'inégalité $|P(x_0+u, y_0+v) \geq C(M,r)$, et l'hypothèse $C(M,r) > 0$ montre que le nombre $P(x_0+u, y_0+v)$ n'est pas nul.

2. La procédure `exclusiontest` réalise la fonction m pour l'équation polynomiale donnée en premier argument. La ligne `#1` calcule un polynôme dont les coefficients sont les valeurs absolues des coefficients du polynôme développé.

Un carré du plan est représenté par une liste de trois éléments, qui sont respectivement l'abscisse puis l'ordonnée du centre du carré, et le demi-côté du carré. La procédure `dichotomy` utilise la procédure `exclusiontest` pour exclure éventuellement le carré `Square` donné en entrée (`#2`). Sinon, elle subdivise `Square` en quatre sous-carrés et traite chacun d'eux. Le cas d'arrêt est celui où le demi-côté du carré est inférieur ou égal à `eps`. La procédure `do_plot` prend en entrée une séquence de carrés donnés par la représentation en liste de trois éléments et construit un objet de type `PLOT`. La procédure `squaretransform` est utilisée par `do_plot` pour transformer la représentation des carrés par des listes de trois éléments en une représentation utilisable par `PLOT`. Enfin, la procédure principale `exclusionplot` passe le résultat de l'appel à `dichotomy` à la procédure `do_plot` pour dessiner la courbe définie par l'équation `eqn`.

```
exclusiontest:=proc(eqn,x,y,r)
local p;
  p:=collect(eqn,{x,y},abs);                                        #1
  2*coeff(coeff(p,x,0),y,0)-subs(x=r,y=r,p);
end: # exclusiontest
dichotomy:=proc(eqn,x,y,Square,eps)
local p,d1,d2,d3;
  p:=expand(subs(x=x+Square[1],y=y+Square[2],eqn));
  if exclusiontest(p,x,y,Square[3])>0 then RETURN() fi;             #2
  if Square[3]<=eps then RETURN(Square) fi;
  d3:=Square[3]*.5; d1:=Square[1]-d3; d2:=Square[2]-d3;
  dichotomy(eqn,x,y,[d1,d2,d3],eps),
  dichotomy(eqn,x,y,[d1+Square[3],d2,d3],eps),
  dichotomy(eqn,x,y,[d1+Square[3],d2+Square[3],d3],eps),
  dichotomy(eqn,x,y,[d1,d2+Square[3],d3],eps);
end: # dichotomy
do_plot:=proc(l)
  PLOT(POLYGONS(op(map(squaretransform,l)),STYLE(LINE)))
end: # do_plot
squaretransform:=proc(l)
  [ [l[1]-l[3],l[2]-l[3]], [l[1]+l[3],l[2]-l[3]],
    [l[1]+l[3],l[2]+l[3]], [l[1]-l[3],l[2]+l[3]] ];
end: # squaretransform
exclusionplot:=proc(eqn::polynom,x,y,R::{numeric,positive},
                                          eps::{numeric,positive})
  do_plot([dichotomy(eqn,x,y,[0,0,R],eps)]);
end: # exclusionplot
exclusionplot(p2,x,y,2.5,0.01);
exclusionplot(p4,x,y,5,0.05);
```

L'application de **exclusionplot** aux polynômes p_2 et p_4 fournit les dessins de la figure A.8. Il est intéressant de comparer ce que nous avons obtenu avec ce que fournit la procédure **plots/implicit**. Cette dernière est plus rapide mais donne des tracés de moins bonne qualité.

Courbure de Gauss. 1.a. Nous calculons la jacobienne et nous en extrayons les deux vecteurs tangents.

```
JP:=linalg[jacobian](P,[u,v]);
tu:=linalg[col](JP,1):
tv:=linalg[col](JP,2):
```

$$JP := \begin{bmatrix} -(r\cos(v)+a)\sin(u) & -r\sin(v)\cos(u) \\ (r\cos(v)+a)\cos(u) & -r\sin(v)\sin(u) \\ 0 & r\cos(v) \end{bmatrix}$$

1.b. Il suffit d'appliquer les règles de dérivation pour conclure que $\Phi\circ\gamma$ est de classe C^1 et obtenir sa dérivée :

$$(\Phi\circ\gamma)'(t) = \Phi'(\gamma(t))\,\gamma'(t).$$

Avec des notations abrégées ceci s'écrit

$$\begin{pmatrix} x'(t) \\ y'(t) \\ z'(t) \end{pmatrix} = \begin{pmatrix} \partial x/\partial u & \partial x/\partial v \\ \partial y/\partial u & \partial y/\partial v \\ \partial z/\partial u & \partial z/\partial v \end{pmatrix} \begin{pmatrix} u'(t) \\ v'(t) \end{pmatrix}$$

c'est-à-dire

$$(\Phi \circ \gamma)'(t) = u'(t)P'_u(\gamma(t)) + v'(t)P'_v(\gamma(t)).$$

Ce calcul montre que la tangente à un arc de classe C^1 tracée sur la nappe est dans le plan tangent de la nappe.

2. La matrice du produit scalaire est la matrice de Gram de la base, c'est-à-dire la matrice des produits scalaires deux à deux des vecteurs de la base. On calcule donc ces produits scalaires.

```
E:=normalizer(linalg[dotprod](tu,tu)):
F:=normalizer(linalg[dotprod](tu,tv)):
G:=normalizer(linalg[dotprod](tv,tv)):
metric:=matrix(2,2,[E,F,F,G]);
```

$$metric := \begin{bmatrix} \frac{1}{2}r^2\cos(2v) + \frac{1}{2}r^2 + 2r\cos(v)a + a^2 & 0 \\ 0 & r^2 \end{bmatrix}$$

On peut noter que la base (P'_u, P'_v) est orthogonale.

2.a. Nous avons vu que la dérivée de l'arc s'exprimait comme

$$u'(t)P'_u + v'(t)P'_v.$$

Le carré scalaire de ce vecteur est donc

$$u'(t)^2 {P'_u}^2 + 2u'(t)v'(t)\,(P'_u \mid P'_v) + v'(t)^2 {P'_v}^2,$$

ce qui donne la formule classique

$$ds^2 = E\,du^2 + 2F\,dudv + G\,dv^2.$$

2.b. Le traitement d'un nouvel exemple suppose de reparcourir la séquence qui donne la métrique de la nappe. Dans les exemples suivants nous ne récrirons pas la partie de code entre **#a** et **#z**.

```
P:=[R*sin(u)*cos(v),R*sin(u)*sin(v),R*cos(u)]:
domain:=u=0..Pi,v=-Pi..Pi:
normalizer:=readlib(`combine/trig`):
illustration:=R=1:                                          #a
JP:=array(1..3,1..2,[seq([seq(diff(P[i],j),j=[u,v])],i=1..3)]):
tu:=linalg[col](JP,1):
tv:=linalg[col](JP,2):
E:=normalizer(linalg[dotprod](tu,tu)):
F:=normalizer(linalg[dotprod](tu,tv)):
G:=normalizer(linalg[dotprod](tv,tv)):
metric:=matrix(2,2,[E,F,F,G]);                              #z
```

$$metric := \begin{bmatrix} R^2 & 0 \\ 0 & \frac{1}{2}R^2 - \frac{1}{2}R^2\cos(2u) \end{bmatrix}$$

```
arc:=[Pi/2*(2-t),t*Pi/2]:
arcdomain:=t=0..1:
Jarc:=vector(2,[seq(diff(arc[i],t),i=1..2)]):
dlength2:=evalm(transpose(Jarc)
                    &*subs(u=arc[1],v=arc[2],eval(metric))&*Jarc);
```

$$dlength2 := \frac{1}{16}R^2\pi^2 + \frac{1}{4}\pi^2\left(\frac{1}{2}R^2 - \frac{1}{2}R^2\cos((1-t)\pi + \frac{1}{2}t\pi)\right)$$

La dernière instruction traduit l'écriture ${}^tXBX$ du carré scalaire d'un vecteur X à l'aide de la matrice B du produit scalaire. Disposant du ds^2, il ne reste plus qu'à intégrer. On n'attend généralement pas de formule close et nous employons donc une intégrale inerte évaluée numériquement.

```
dlength:=normalizer(dlength2^(1/2));
evalf(subs(illustration,Int(dlength,arcdomain)));
```

$$1.619138840$$

Le second arc est légèrement plus court car on obtient la valeur 1.608957706. Avec quelques hypothèses de régularité le chemin le plus court entre les deux points $(1,0,0)$ et $(1/2,1/2,1/\sqrt{2})$ est l'arc de grand cercle de longueur $\mathrm{Arccos}(1/2)$, c'est-à-dire environ 1.047.

3.a. L'inégalité de Cauchy-Schwarz appliquée aux deux vecteurs P'_u et P'_v donne tout de suite la positivité annoncée. Plus généralement le déterminant de Gram, c'est-à-dire le déterminant de la matrice de Gram, est positif et même strictement positif pour une famille libre de vecteurs. Sa racine carrée est le volume euclidien de la famille de vecteurs [29].

3.b. On calcule d'abord le carré de l'élément d'aire puis l'aire du tore.

```
P:=[(a+r*cos(v))*cos(u),(a+r*cos(v))*sin(u),r*sin(v)];
domain:=u=-Pi..Pi,v=-Pi..Pi;
normalizer:=readlib(`combine/trig`):                            #a
                                                                #z
darea2:=normalizer(linalg[det](metric)):
area:=student[Doubleint](sqrt(darea2),domain);
```

$$area := \int_{-\pi}^{\pi}\int_{-\pi}^{\pi}\frac{1}{2}\sqrt{2\,r^4\cos(2\,v) + 2\,r^4 + 8\,r^3\cos(v)\,a + 4\,r^2\,a^2}\,du\,dv$$

```
value(area);
```

$$4\,\frac{a\,\pi^2\sqrt{(a-r)^2\,r^2}}{a-r}$$

L'hypothèse $a > r$ permet de simplifier l'expression en $4\pi^2 ra$.

4.a. Nous calculons d'abord le produit vectoriel des deux vecteurs tangents P'_u et P'_v, puis sa norme et enfin le quotient des deux. Ici le traitement est spécifique à l'exemple pour obtenir une expression simplifiée.

```
normalvector:=map(normalizer,linalg[crossprod](tu,tv)):
darea2:=map(normalizer,
                  linalg[dotprod](normalvector,normalvector));
darea:=simplify(factor(expand(darea2))^(1/2),power,symbolic);
```

$$darea := r\,(r\cos(v) + a)$$

```
N:=evalm(map(expand,normalvector)/darea):
N:=map(normal,N):
N:=map(readlib('simplify/trig'),N);
```

$$N := [\cos(u)\cos(v),\ \sin(u)\cos(v),\ \sin(v)]$$

4.b. Nous poursuivons le calcul avec les mêmes instructions que pour la nappe initiale, mais en accolant un `N` aux noms utilisés pour différencier les objets relatifs aux deux nappes.

```
JN:=linalg[jacobian](N,[u,v]);
```

$$JN := \begin{bmatrix} -\sin(u)\cos(v) & -\cos(u)\sin(v) \\ \cos(u)\cos(v) & -\sin(u)\sin(v) \\ 0 & \cos(v) \end{bmatrix}$$

```
Ntu:=linalg[col](JN,1):
Ntv:=linalg[col](JN,2):
NE:=normalizer(linalg[dotprod](Ntu,Ntu)):
NF:=normalizer(linalg[dotprod](Ntu,Ntv)):
NG:=normalizer(linalg[dotprod](Ntv,Ntv)):
Nmetric:=matrix(2,2,[NE,NF,NF,NG]);
```

$$Nmetric := \begin{bmatrix} \frac{1}{2}\cos(2\,v) + \frac{1}{2} & 0 \\ 0 & 1 \end{bmatrix}$$

5.a. La formule classique $K = d\alpha/ds$ qui donne la courbure orientée d'un arc paramétré de classe C^2 régulier d'un plan euclidien orienté peut se comprendre comme suit. Le vecteur unitaire tangent à l'arc définit un arc à valeurs dans le cercle unité. Le relèvement continu α de l'angle entre une direction fixe et le vecteur unitaire tangent donne la longueur d'arc de cercle balayé par le vecteur unitaire tangent. La courbure mesure le rapport entre la longueur de cet arc et la longueur de l'arc de départ. Plus la courbure est grande et plus le vecteur unitaire tangent tourne. Pour les nappes paramétrées on emploie une idée similaire en comparant les aires.

5.b. Le calcul de la courbure suppose de calculer l'élément d'aire pour l'application de Gauss. Ici encore le traitement est spécifique à l'exemple pour parvenir à une forme simplifiée.

```
Ndarea2:=normalizer(linalg[det](Nmetric)):
Gcurvature2:=Ndarea2/darea2:
factor(expand(Gcurvature2)):
Gcurvature:=simplify("^(1/2),power,symbolic);
```

$$Gcurvature := \frac{\cos(v)}{r\,(r\cos(v) + a)}$$

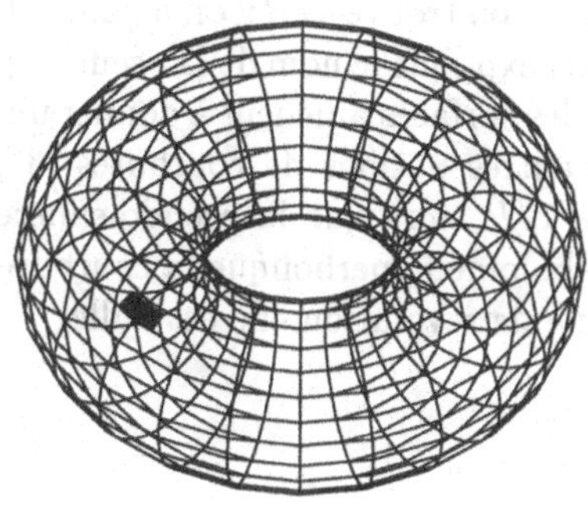
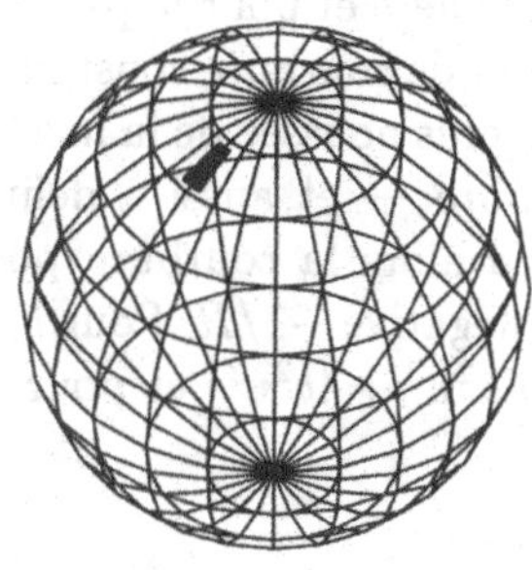

Figure A.9.

5.c. Pour obtenir les dessins de la figure A.9, nous dessinons les deux nappes en style *fil de fer*, puis les deux portions en style patchwork et nous assemblons les dessins.

```
PP:=subs(illustration,P):
surface:=plot3d(PP,domain,scaling=constrained,
                                color=blue,style=wireframe):
NN:=subs(illustration,N):
Nsphere:=plot3d(NN,domain,scaling=constrained,
                                color=blue,style=wireframe):
eps:=0.1:
u0:=0:v0:=3*Pi/8:
littledomain:=u=u0-eps..u0+eps,v=v0-eps..v0+eps:
pieceofsurface:=plot3d(PP,littledomain,scaling=constrained,
                                    color=red,style=patch):
plots[display]({surface,pieceofsurface},orientation=[45,45]);
pieceofNsphere:=plot3d(NN,littledomain,scaling=constrained,
                                    color=red,style=patch):
plots[display]({Nsphere,pieceofNsphere},orientation=[45,45]);
```

Nous voyons les deux morceaux correspondants de surface. Pour v égal à $\pi/2$, le rectangle curviligne tracé sur la sphère se réduit à un segment et la courbure est nulle. Pour ce qui est du calcul nous avons besoin de l'élément d'aire de l'application de Gauss.

```
ddarea:=subs(illustration,sqrt(darea2));
Nddarea:=subs(illustration,sqrt(Ndarea2));
littlearea:=value(student[Doubleint](ddarea,littledomain));
Nlittlearea:=value(student[Doubleint](Nddarea,littledomain));
Nlittlearea/littlearea,
  evalf(subs(illustration,subs(u=u0,v=v0,Gcurvature)));
```

$$.1603856305,\ .1606102713$$

Il est clair que l'accord est parfait.

6. Pour la sphère et pour la pseudo-sphère on trouve $1/R$; on a donc affaire à deux nappes de courbure constante. Ceci explique le nom de la pseudo-sphère. Une étude plus poussée de la métrique des surfaces amènent à donner un signe à la courbure — et aussi à définir d'autres notions de courbures [31, 46] ; la sphère a alors la courbure positive $1/R$ alors que la pseudo-sphère a la courbure négative $-1/R$. Pour le paraboloïde hyperbolique la courbure vaut $4ab/(1+4a^2u^2+4b^2v^2)$ et pour le cône de révolution elle est nulle.

Chapitre B. Préalables aux sujets d'étude

Nous listons ci-après les notions mathématiques employées dans les sujets d'étude. Le sous-langage MicroMaple est supposé connu ; les autres procédures utiles sont indiquées dans les énoncés.

Développement décimal d'un rationnel. Algorithme élémentaire de calcul du développement décimal d'un rationnel ; arithmétique des entiers ; ordre d'un entier modulo un entier.

Nombres de Carmichael. Arithmétique des entiers ; théorème chinois.

Matrices et récurrences linéaires. Notions élémentaires de calcul matriciel ; écriture d'un entier en base 2.

Méthode de Gauss-Jordan. Matrices comme tableaux de nombres ; transformations élémentaires sur les matrices ; rang d'une matrice ; produit matriciel ; inverse d'une matrice.

Lemme des noyaux. Arithmétique des polynômes ; algèbre des matrices carrées ; équation différentielle linéaire à coefficients constants.

Technique de Sœur Céline. Récurrence pour une suite double ; notion de dimension d'un espace vectoriel.

Méthode de Jacobi. Espace euclidien ; matrice symétrique ; rotation plane ; norme sur les matrices.

Méthode de réduction en carrés de Gauss. Forme quadratique.

Fractions continuées. Arithmétique des entiers ; critère de Leibniz pour les séries alternées ou notion de suites adjacentes.

Polynômes de Bernstein. Convergence uniforme ; fonction lipschitzienne ; relation de comparaison.

Phénomène de Runge. Interpolation ; convergence uniforme.

Solutions asymptotiques. Théorème des valeurs intermédiaires ; relations de comparaison ; développement asymptotique ; nombres complexes.

Polynômes à puissances creuses. Polynôme ; développement limité.

Arithmétique d'intervalles. Inégalités élémentaires ; méthode de Newton ; formule des accroissements finis.

Intégration par parties. Règles élémentaires du calcul intégral ; intégrale impropre ; échelle asymptotique et développement asymptotique.

Méthode de Kummer. Convergence des séries à termes rationnels ; arithmétique des fractions rationnelles ; comparaison entre série et intégrale.

Accélération de la convergence des séries alternées. Série alternée ; manipulation de série ; intégrale d'une série de fonctions sur un segment ; algèbre des polynômes.

Phénomène de Gibbs. Série de Fourier ; moyenne de Cesàro ; convergence d'une série de fonctions ; manipulation d'intégrales.

Séries de Fourier des polygones. Série de Fourier à coefficients complexes ; fonctions complexes continues de classe C^∞ par morceaux ; racines de l'unité.

Stabilité. Système différentiel ; norme ; système différentiel linéaire 2×2 ; matrice jacobienne ; inégalités et intégrale.

Holonomie des fonctions algébriques. Équation algébrique ; équation différentielle ; arithmétique des polynômes.

Équations de Riccati. Équation différentielle ; équation différentielle linéaire du second ordre ; série entière.

Méthode d'exclusion. Inégalités élémentaires.

Courbure de Gauss. Calcul différentiel ; nappe paramétrée ; arc paramétré ; espace euclidien de dimension deux ou trois ; étude métrique des arcs paramétrés ; intégrale double.

Chapitre C. Compatibilité V.3–V.4

Tous les exemples présentés dans cet ouvrage ont été écrits en employant MAPLE V.4, l'édition numéro 4 de la version V du logiciel MAPLE. Si vous disposez de MAPLE V.3 des modifications doivent être apportées, mais qui restent d'une ampleur limitée. Nous allons indiquer les traits les plus saillants qui marquent le passage de MAPLE V.3 à MAPLE V.4. Pour en savoir plus, il convient de consulter l'aide `?updatesR4` sous la version V.4.

Syntaxe

Certains noms trop brefs ont été modifiés ou supprimés ; la base des logarithmes népériens n'a plus de nom propre et la fonction de Lambert ne s'appelle plus `W` mais `LambertW`.

```
evalf(E);                                  #V3
```

$$2.718281828$$

```
evalf(exp(1));                             #V4
```

$$2.718281828$$

La procédure `select` a trouvé un compagnon `remove`.

```
F:=int(1/(x^2+1)^2,x);                     #V3
select(proc(expr,subexpr)
       not(has(expr,subexpr))
       end,F,arctan);
```

$$F := \frac{1}{2}\,\frac{x}{x^2+1}+\frac{1}{2}\arctan(x)$$

$$\frac{1}{2}\,\frac{x}{x^2+1}$$

```
F:=int(1/(x^2+1)^2,x);                     #V4
remove(has,F,arctan);
```

$$F := \frac{1}{2}\,\frac{x}{x^2+1}+\frac{1}{2}\arctan(x)$$

$$\frac{1}{2}\,\frac{x}{x^2+1}$$

Des procédures `add` et `mul` ont été crées qui marquent bien la différence entre la sommation ou la multiplication numérique et la sommation ou la multiplication formelle fournie par `sum` et `product`. En MAPLE V.3, il convient d'employer `convert/+` ou `convert/*`, ou encore une boucle.

```
convert([seq(evalf(1/n!), #V3
         n=0..100)],`+`);
```

2.718281830

```
add(evalf(1/n!),n=0..100);#V4
```

2.718281830

Les procédures **vector** et **matrix** du *package* **linalg** sont directement accessibles en MAPLE V.4.

```
V:=linalg[vector](         #V3
             [u,v,w]);
A:=linalg[matrix](2,3,
          [1,2,2,4,5,6]);
```

$$V := [u\,v\,w]$$

$$A := \begin{bmatrix} 1 & 2 & 2 \\ 4 & 5 & 6 \end{bmatrix}$$

```
V:=vector([u,v,w]);        #V4
A:=matrix(2,3,[1,2,2,4,5,6]);
```

$$V := [u\,v\,w]$$

$$A := \begin{bmatrix} 1 & 2 & 2 \\ 4 & 5 & 6 \end{bmatrix}$$

Le typage dans les procédures est effectué par le double deux-points et non plus le deux-points, déjà employé pour marquer la fin d'instruction.

```
pollard:=proc(               #V3
      P:polynom(rational,n),
                   N:posint)
  local Q,u,v;
  Q:=subs(n=P,P);
  u:=subs(n=0,P);
  v:=subs(n=0,Q);
  while igcd(v-u,N)=1 do
    u:=subs(n=u,P) mod N;
    v:=subs(n=v,Q) mod N;
  od;
  igcd(u-v,N)
end:
pollard(n^2+1,2^41-1);
```

13367

```
pollard:=proc(               #V4
      P::polynom(rational,n),
                   N::posint)
  local Q,u,v;
  Q:=subs(n=P,P);
  u:=subs(n=0,P);
  v:=subs(n=0,Q);
  while igcd(v-u,N)=1 do
    u:=subs(n=u,P) mod N;
    v:=subs(n=v,Q) mod N;
  od;
  igcd(u-v,N)
end:
pollard(n^2+1,2^41-1);
```

13367

La procédure **radnormal** n'existe pas en MAPLE V.3 ; on peut se tourner vers **simplify/radical** mais on n'a pas la garantie d'obtenir une forme normale.

```
alpha:=(2^(1/3)-1)^(1/3): #V3
beta:=(1/9)^(1/3)
    -(2/9)^(1/3)+(4/9)^(1/3):
simplify(alpha-beta,radical);
```

$$(2^{1/3}-1)^{1/3}$$
$$-\frac{1}{3}3^{1/3}+\frac{1}{3}2^{1/3}3^{1/3}-\frac{1}{3}2^{2/3}3^{1/3}$$

```
alpha:=(2^(1/3)-1)^(1/3): #V4
beta:=(1/9)^(1/3)
    -(2/9)^(1/3)+(4/9)^(1/3):
radnormal(alpha-beta);
```

0

Fonctionnalité

Seule une boucle explicite affecte le compteur de boucle en MAPLE V.4. Les boucles implicites contenues dans **seq**, **map** ou **add** n'ont pas cet effet de bord.

```
seq(k,k=1..5):                   #V3
k;
```

$$6$$

```
seq(k,k=1..5):                   #V4
k;
```

$$k$$

Même si la syntaxe de la majorité des procédures n'est pas modifiée, leur fonctionnalité est améliorée d'une version à l'autre. Par exemple `plot` accepte en MAPLE V.4 une liste ou une ensemble d'expressions alors qu'il n'accepte qu'un ensemble d'expressions en MAPLE V.3, la structure de liste n'étant employée que pour les arcs paramétré. Voici un autre exemple avec **combine/trig**.

```
diff(ln(sin(x)+cos(x)),     #V3
                      x,x):
normal("):
combine(",trig);
```

$$-2\,\frac{1}{(\sin(x)+\cos(x))^2}$$

```
diff(ln(sin(x)+cos(x)),     #V4
                      x,x):
normal("):
combine(",trig);
```

$$-\frac{2}{1+\sin(2x)}$$

On observe le même phénomène pour **simplify/GAMMA**.

```
P:=k!/product(x+n+j,        #V3
                    j=0..k);
Delta:=normal(
          P-subs(n=n+1,P)):
simplify(",GAMMA);
```

$$P := \frac{k!\,\Gamma(x+n)}{\Gamma(x+n+k+1)}$$

$$\Gamma(k+1)\,(\Gamma(x+n)\,\Gamma(x+n+2+k) \\ -\Gamma(x+n+1)\,\Gamma(x+n+k+1))/ \\ (\Gamma(x+n+k+1)\,\Gamma(x+n+2+k))$$

```
P:=k!/product(x+n+j,        #V4
                    j=0..k);
Delta:=normal(
          P-subs(n=n+1,P)):
simplify(",GAMMA);
```

$$P := \frac{k!\,\Gamma(x+n)}{\Gamma(x+n+k+1)}$$

$$\frac{\Gamma(k+2)\,\Gamma(x+n)}{\Gamma(x+n+2+k)}$$

En MAPLE V.3 les recombinaisons sont effectuées symboliquement ; en MAPLE V.4 compte est tenu des ensembles de définition des fonctions de variable complexe associées aux expressions et une recombinaison symbolique doit être demandée explicitement.

```
ln(1-x^2)-2*ln(1+x):          #V3
combine(",ln);
```

$$\ln\left(\frac{1-x^2}{(1+x)^2}\right)$$

```
ln(1-x^2)-2*ln(1+x):          #V4
combine(",ln);
combine(",ln,symbolic);
```

$$\ln(1-x^2)-2\ln(1+x)$$

$$\ln(\frac{1-x^2}{(1+x)^2})$$

On observe la même démarche pour la simplification.

```
simplify(ln((x+1)^2),ln); #V3
```

$$2\ln(x+1)$$

```
simplify(ln((x+1)^2),ln); #V4
simplify(ln((x+1)^2),ln,
                        symbolic);
```

$$\ln((x+1)^2)$$

$$2\ln(x+1)$$

L'utilisation d'hypothèses est mieux intégrée au système en MAPLE V.4.

```
assume(n,integer);            #V3
sin(n*Pi);
```

$$\sin(n\tilde{}\ \pi)$$

```
assume(n,integer);            #V4
sin(n*Pi);
```

$$0$$

Interface

Une feuille de travail MAPLE V.3 peut être lue par MAPLE V.4. Il suffit que dans le filtre visible après que l'on ait cliqué sur *File* et *Open* figure `*.ms`.

Inversement, il est possible d'adapter une feuille de travail MAPLE V.4 en une feuille de travail MAPLE V.3. Sous MAPLE V.4, la feuille est sauvée dans un fichier **toto.txt** en employant dans le menu *File*, *Export As* et *Plain text* ou *Maple text*. Ensuite sous MAPLE V.3, on lit ce fichier avec *File* et *Import text*. On retrouve les instructions de la feuille MAPLE V.4 ; par contre on a perdu les résultats des calculs, les commentaires et les dessins. Il reste alors à modifier si nécessaire la syntaxe pour l'adapter à MAPLE V.3.

Gfun

Le *package* GFUN est constamment mis à jour. Il est disponible gratuitement à l'adresse Web **http: //www-rocq.inria.fr/algo/libraries/**. La version actuelle est plus performante que celle qui est proposée dans MAPLE V.4. Il est possible de poser des questions ou d'envoyer des commentaires à l'adresse électronique **gfun@inria.fr**.

Chapitre D. MicroMaple ou la syntaxe de base

Nous décrivons ici de manière brève une centaine d'unités syntaxiques ou de fonctions du système dont la connaissance nous semble nécessaire pour utiliser le logiciel. Nous indiquons dans les exercices, les problèmes ou les thèmes les procédures utiles qui ne figurent pas ici.

Ce chapitre est protégé par le copyright sauf pour la photocopie et à la condition expresse d'être photocopié dans son entier.

Caractères spéciaux

aide `?`

L'instruction la plus importante de tout le système. La commande ci-contre fournit l'aide sur l'aide.

```
??
?help
```

délimiteur de fin d'instruction `;, :`

Le point-virgule fait voir le résultat de l'évaluation alors que le deux-points ne le montre pas. Cette différence est sans importance à l'intérieur d'une procédure.

```
for i to 2 do x:=i od:
for i to 2 do y:=i od;
```

$$y := 1$$

$$y := 2$$

dernier résultat `"`

Le guillemet " contient le résultat de la dernière évaluation qui n'a pas renvoyé `NULL`. Est déconseillé dans les procédures car totalement évalué.

```
diff(exp(x),x):
";
```

$$\exp(x)$$

commentaire `#`

Toute fin de ligne après le caractère dièse est ignorée.

délimiteur de chaîne de caractères `` ` ``

L'accent grave n'est utile que si la chaîne contient des caractères spéciaux.

```
`a``.#&+-*/^%!"' z`:=toto_1;
```

a`.#&+-*/^%!"' z := toto_1

Interface

écriture — `print`

Utile pour voir le corps d'une procédure ou d'une table, ou pour la recherche d'erreur dans une procédure.

```
T[1]:=b,a: T[2]:=ba:
print(T);
```

table([
1 = (b, a)
2 = ba
])

profondeur de l'affichage — `printlevel`

`printlevel` a pour valeur 1 par défaut. Est utile pour les boucles imbriquées et pour la recherche d'erreurs.

```
printlevel:=10:
```

Structure des objets

démontage d'une expression — `op`

op fournit la séquence des opérandes d'une expression ou une opérande de numéro donné.

```
op(2,Int(exp(x),x=0..1));
```

$$x = 0..1$$

nombre d'opérandes — `nops`

nops fournit le nombre d'opérandes d'une expression.

```
nops(Int(exp(x),x=0..1));
```

$$2$$

objet vide — `NULL`

Permet que toute procédure renvoie un objet. C'est le neutre de la mise en séquence fournie par `seq`.

```
fsolve(x^2+1,x,
        x=-infinity..infinity);
```

substitution syntaxique — `subs`

subs remplace chaque occurrence d'une sous-expression donnée par une expression donnée. C'est le procédé standard pour évaluer une expression de fonction en un point.

```
f:=cos(x)+sin(x):
eval(subs(x=Pi/4,f));
```

$$\sqrt{2}$$

analyse syntaxique — `has`

Recherche d'une expression dans une expression. S'utilise en conjonction avec `select` ou `remove`.

```
S:=series(sin(x),x);
has(S,x^3);
```

$$S := x - \frac{1}{6}x^3 + \frac{1}{120}x^5 + O(x^6)$$

false

Évaluation

retard de l'évaluation
La paire d'accents aigus permet de retarder l'évaluation. Utile pour passer certaines variables en argument, là où un nom est attendu, ou pour redonner son statut de nom à une variable qui a été affectée (mais evaln est plus puissant).

`'`

```
for n to 100 do
S:=evalf(n!/(n/exp(1))^n
        /sqrt(2*Pi*n),20)
od:
n:='n':
asympt(n!/(n/exp(1))^n
        /sqrt(2*Pi*n),n,3);
```

$$1 + \frac{1}{12}\frac{1}{n} + \frac{1}{288}\frac{1}{n^2} + O(\frac{1}{n^3})$$

évaluation complète des tables et des procédures
La procédure a une portée plus générale, mais il est inutile de l'employer explicitement, sauf dans certains cas avec subs.

`eval`

```
interface(verboseproc=2):
eval(expand);
```

proc()
option*builtin*, *remember*; 92
end

évaluation numérique
La précision de l'évaluation peut être contrôlée par Digits.

`evalf`

```
evalf(subs(x=10^(-1),tan(x)));
```

.1003346721

évaluation des nombres complexes
Associées à cette procédure on trouve aussi Re et Im pour les parties réelles et imaginaires.

`evalc`

```
evalc(I^I);
```

$$e^{(-1/2\,\pi)}$$

activation des formes inertes
Les formes inertes les plus usuelles sont Int et Sum.

`value`

Structures de contrôle

boucle
Il existe deux syntaxes ; l'une utilise un compteur, l'autre consiste à parcourir les opérandes d'une expression. Presque tout est optionnel.

for *c* from c_0 to c_1
    while *cond* do od ,
for *i* in *I* while *cond* do od

```
x:=0:
for k to 5 do x:=cos(x) od:
x;
```

cos(cos(cos(cos(1))))

conditionnement

Les `elif` et `else` sont optionnels. Le conditionnement n'est guère utilisé que dans les procédures.

```
if cond1 then task1
elif cond2 ... then task2
...
else taskn fi
```

création d'une séquence

`seq` possède deux syntaxes, comme les boucles. Le dollar est commode pour répéter un objet. Les crochets et les accolades permettent d'obtenir les listes et les ensembles.

`seq`, `$`

```
seq(ithprime(i),i=1..10);
```

$$2, 3, 5, 7, 11, 13, 17, 19, 23, 29$$

calcul en séquence

`map` applique une procédure à chaque opérande d'une expression.

`map`

```
map(op,[[1,2,3],[4,5,6]]);
```

$$[1, 2, 3, 4, 5, 6]$$

addition ou multiplication d'une famille

`sum` et `product` ont un autre but.

`add`, `mul`

```
add(evalf(1/n!),n=0..100);
```

$$2.718281830$$

sélection d'opérandes

`select` et `remove` trient les opérandes d'une expression suivant un critère donné par une procédure à valeurs booléennes.

`select`, `remove`

```
F:=int(1/(x^2+1)^2,x);
remove(has,F,arctan);
```

$$F := \frac{1}{2}\frac{x}{x^2+1} + \frac{1}{2}\arctan(x)$$

$$\frac{1}{2}\frac{x}{x^2+1}$$

Fonctions de base

égalité, inégalité

On note l'expression `<>` qui signifie *différent de*.

`=`, `<`, `>`, `<>`, `<=`, `>=`

```
equ:=x^y=y^x;
```

$$equ := x^y = y^x$$

opérations booléennes

`not`, `and`, `or`

constantes booléennes

La valeur *FAIL* pourrait être renvoyée par une procédure ; dans un `if then else fi` elle se comporte comme *false*.

`true`, `false`, `FAIL`

```
degree((x^2-1)/(x+1),x);
```

$$FAIL$$

constantes numériques

Ces noms globaux sont protégés. L'*alias* `I` représente le i des nombres complexes. La base des logarithmes népériens s'obtient par `exp(1)`.

`Pi, gamma, I`

```
evalf(gamma);
```

$$.5772156649$$

opérations arithmétiques

`+, -, *, /, ^ , **`

fonctions sur les entiers

La factorielle se note avec `factorial` ou avec le point d'exclamation et s'étend aux complexes par la fonction gamma.

`binomial, factorial, ! , GAMMA`

```
seq(binomial(4,k),k=0..4);
```

$$1, 4, 6, 4, 1$$

fonctions mathématiques de base

On note les abréviations américaines employées.

`floor, ceil, abs, max, min,`
`sqrt, exp, ln,`
`sin, cos, tan, sec,`
`sinh, cosh, tanh,`
`arcsin, arctan`

```
diff(tan(x),x),int(tan(x),x);
```

$$1 + \tan(x)^2, \ -\ln(\cos(x))$$

fonctions définies par morceaux

`Heaviside` est mieux intégré au système, mais `piecewise` est plus aisément compréhensible.

`piecewise, Heaviside`

```
f:=piecewise(
        x-floor(x)<1/2,x,-x);
```

$$f := \begin{cases} x & x - \operatorname{floor}(x) < \frac{1}{2} \\ -x & \mathit{otherwise} \end{cases}$$

Procédures

définition d'une procédure

Le typage des arguments est introduit par le double deux-points. L'en-tête de procédure comprend la liste des variables locales introduite par `local`, l'éventuelle liste des variables globales introduite par `global`, l'éventuelle option `remember`. Le dernier résultat évalué est renvoyé par la procédure.

`proc() end`

```
syracuse:=proc(n::posint)
  local x,k;
  k:=0;
  x:=n;
  while x<>1 do
    if irem(x,2)=0
    then x:=iquo(x,2)
    else
      k:=k+1;
      x:=3*x+1
    fi
  od;
  k
end: # syracuse
```

traitement des exceptions
En cas de données incorrectes, on provoque une sortie de la procédure et un message d'erreur avec ERROR. Les cas exceptionnels sont traités par une sortie explicite à l'aide de RETURN.

ERROR, RETURN

```
involutive:=proc(h::
                ratpoly(rational))
  local H,x,message;
  H:=normal(h,expanded);
  x:=indets(H);
  message:=`involutive expects
    its argument to be a
    univariate expression,
    but received`;
  if nops(x)>1 then
    ERROR(message,h) fi;
  x:=op(x);
  evalb(normal(subs(x=H,H)-x)=0)
end: # involutive
```

Conversion

passage d'un objet de type *series* à un objet de type *polynom*

convert/polynom

```
convert(series(sin(x),x),
                polynom);
```

$$x - \frac{1}{6}x^3 + \frac{1}{120}x^5$$

application des formules d'Euler

convert/exp

```
convert(1/cos(x),exp):
normal(combine(",exp));
```

$$2\,\frac{e^{(I\,x)}}{e^{(2\,I\,x)}+1}$$

expression des binomiaux ou de la factorielle à l'aide de la fonction gamma
Les simplifications se font mieux avec la fonction gamma qu'avec les binomiaux ou la factorielle.

convert/GAMMA

```
convert(binomial(2*n,n),GAMMA);
```

$$\frac{\Gamma(2\,n+1)}{\Gamma(n+1)^2}$$

Normalisation

normalisation des fractions rationnelles
La procédure simplifie les facteurs communs au numérateur et au dénominateur. On a une forme canonique avec l'option expanded.

normal

```
normal((x^10-y^10)/(x^6-y^6));
```

$$\frac{x^8+y^2\,x^6+y^4\,x^4+y^6\,x^2+y^8}{x^4+y^2\,x^2+y^4}$$

normalisation des nombres algébriques
`radnormal` s'applique aux nombres algébriques exprimés par radicaux. `evala` demande la forme `RootOf` et fonctionne de façon satisfaisante quand un seul `RootOf` est en cause.

`radnormal`, `evala`

```
radnormal(1/(sqrt(2)+sqrt(3))
        -1/sqrt(2)-1/sqrt(3));
```

$$-\frac{1}{6}\,\frac{6+5\,\sqrt{2}\,\sqrt{3}}{\sqrt{2}+\sqrt{3}}$$

normalisation des fractions rationnelles en les fonctions trigonométriques
La procédure applique la linéarisation.

`combine/trig`

```
f:=1/cos(x):
convert(f,exp):
evalc(combine(",trig));
```

$$2\,\frac{\cos(x)}{\cos(2\,x)+1}$$

Expressions pseudo-rationnelles

représentation rationnelle
`indets` fournit les sous-expressions en lesquelles l'expression et ses sous-expressions s'écrivent comme une fraction rationnelle.

`indets`

```
u:=x+exp(x):
v:=u^3:
w:=sqrt(u):
indets(v),indets(w);
```

$$\{x,\,e^x\},\ \{x,\,e^x,\,\sqrt{x+e^x}\}$$

factorisation d'une expression
L'expression est vue comme un polynôme ou une fraction rationnelle en les expressions fournies par `indets`.

`factor`

```
f:=expand(cos(3*x)-cos(x)):
factor(f);
```

$$4\cos(x)\,(\cos(x)-1)\,(\cos(x)+1)$$

extraction du numérateur et du dénominateur d'une expression

`numer`, `denom`

```
g:=convert(sin(2*x),tan):
numer(g),denom(g);
```

$$2\tan(x),\ 1+\tan(x)^2$$

structuration d'une expression en pseudo-polynôme
`collect` accepte en dernier argument une procédure qui s'applique à chaque coefficient.

`collect`

```
n:=5:
collect(mul(
        x-cos((2*k+1)*Pi/2/n),
        k=0..n-1),x,radnormal);
```

$$x^5-\frac{5}{4}\,x^3+\frac{5}{16}\,x$$

développement brutal
Développe tout ce qui peut l'être.

`expand`

```
n:=3:
expand(mul(x-cos(k*theta),
                   k=0..n-1));
```

$$x^3 - 2\,x^2\cos(\theta)^2 - x^2\cos(\theta) + 2\,x\cos(\theta)^3 + 2\,x\cos(\theta)^2 - x - 2\cos(\theta)^3 + \cos(\theta)$$

regroupement subtil
`combine` s'utilise avec une option, comme `exp`, `ln`, `power`, `trig`, qui indique le type de recombinaison attendue. De plus on dispose de l'option `symbolic` pour une recombinaison syntaxique.

`combine`

```
combine((ln(1-x)+ln(1+x))/2,
                   ln,symbolic):
map(combine,",radical,symbolic);
```

$$\ln(\sqrt{-x^2+1})$$

Solveurs

résolution d'une équation ou d'un système d'équations
Une expression `f` est vue comme l'équation `f=0`.

`solve`

```
f:=(2*x^2-x+1)/(x^2+x+1):
solve(diff(f,x),x);
```

$$-\frac{1}{3}+\frac{1}{3}\sqrt{7},\ -\frac{1}{3}-\frac{1}{3}\sqrt{7}$$

résolution numérique
Les options permettent de préciser un intervalle, ou de demander des solutions complexes. La précision peut être passée en paramètre ou réglée par la variable d'environnement `Digits`.

`fsolve`

```
equ:=sin(x+I*y)-(x+I*y):
fsolve({Re(equ),Im(equ)},{x,y},
        x=5*Pi/2-1..5*Pi/2+1,
        y=ln(5*Pi)-1..ln(5*Pi)+1);
```

$$\{x = 7.497676278,\ y = 2.768678283\}$$

résolution d'équation différentielle
Les conditions initiales doivent obligatoirement être exprimées à l'aide de `D`.

`dsolve`

```
dsolve({x^2*diff(y(x),x$2)
                -6*y(x)=0,
        y(1)=1,D(y)(1)=0},y(x));
```

$$\mathrm{y}(x) = \frac{\frac{3}{5}+\frac{2}{5}x^5}{x^2}$$

résolution de récurrence
`rsolve` est utile pour les systèmes de récurrences linéaires à coefficients constants et les récurrences d'ordre 1.

`rsolve`

```
rsolve({W0(n+1)-W0(n)=
        -W0(n+1)/2/(n+1),
            W0(0)=Pi/2},W0(n));
```

$$\frac{1}{4}\,\frac{\Gamma(n+1)\,\pi^{3/2}}{\Gamma(n+\frac{3}{2})}$$

Analyse

dérivation
L'opérateur `D` est indispensable pour spécifier les conditions initiales dans les équations différentielles. Pour le reste on peut s'en passer.

`diff`, `D`

```
diff(ln(sin(x)+cos(x)),x,x):
normal("):
combine(",trig);
```

$$-\frac{2}{1+\sin(2\,x)}$$

intégration
La forme inerte est utile pour le changement de variable, l'intégration par parties, l'évaluation numérique.

`int`, `Int`

```
int(1/cos(x),x);
```

$$\ln(\sec(x)+\tan(x))$$

manipulation d'intégrales
L'intégrale doit être définie sous forme inerte.

`student/changevar`, `student/intparts`

```
J:=Int(1/(1+t^2)/(1+2*t^2),t):
student[changevar]
        (t=tan(theta),J,theta);
```

$$\int\frac{1}{1+2\tan(\theta)^2}\,d\theta$$

sommation
La procédure `sum` est l'équivalent discret de `int` ; elle n'a pas pour but de réaliser des additions. La forme inerte est utile pour l'évaluation numérique.

`sum`, `Sum`

```
sum(k^3,k):
factor(");
```

$$\frac{1}{4}\,k^2\,(k-1)^2$$

calcul de développements limités ou asymptotiques
La précision des développements peut être gouvernée par la variable d'environnement `Order`.

`series`, `asympt`

```
series((1-x)^(1/2),x,5);
```

$$1-\frac{1}{2}\,x-\frac{1}{8}\,x^2-\frac{1}{16}\,x^3-\frac{5}{128}\,x^4-\frac{7}{256}\,x^5-\frac{21}{1024}\,x^6+\mathrm{O}(x^7)$$

simplification

La simplification n'a de sens que par rapport au contexte ; la boîte noire `simplify` vous donnera le résultat attendu ou un autre ; à éviter dans la version sans option. Pour les options `ln`, `power`, `radical` on dispose d'une option supplémentaire `symbolic` qui permet un traitement syntaxique.

`simplify`, `simplify/GAMMA`, `simplify/exp`, `simplify/log`, `ln`, `simplify/power`, `simplify/radical`, `simplify/trig`

```
simplify(binomial(2*n+1,n)
        /binomial(2*n,n),GAMMA),
simplify(ln((x+1)^2),ln,
                    symbolic);
```

$$\frac{2n+1}{n+1},\ 2\ln(x+1)$$

hypothèse

Utile pour obtenir des simplifications ou permettre un calcul dépendant d'un paramètre.

`assume`

```
assume(n,integer);
sin(n*Pi);
```

$$0$$

Arithmétique des entiers

calcul modulaire

L'exponentiation se fait par `&^` pour être efficace.

`mod`

```
n:=10:
2&^(2^n) mod (n+1);
```

$$5$$

obtention des nombres premiers

`nextprime` est plus efficace que `ithprime`

`nextprime`, `ithprime`

```
p:=1:
for i to 10 do
  p:=nextprime(p);
  G[i]:=add(x&^(p-1) mod p,
             x=1..p-1)+1 mod p
od:
seq(G[i],i=1..10);
```

$$0,\ 0,\ 0,\ 0,\ 0,\ 0,\ 0,\ 0,\ 0,\ 0$$

division euclidienne et algorithme d'Euclide

Ces fonctions sont préfixées du i de *integer*. `iquo` et `irem` fournissent respectivement le quotient et le reste dans une division euclidienne Le pgcd se calcule par `igcd` et une relation de Bézout s'obtient par l'algorithme du pgcd étendu `igcdex`.

`iquo`, `irem`, `igcd`, `igcdex`

```
P:=mul(ithprime(i),i=1..100):
k:=77:
p:=ithprime(k):
q:=nextprime(p):
n:=2^q+3^p:
igcd(n,P);
```

$$22715$$

factorisation `ifactor, readlib(ifactors)`

La structure renvoyée par `ifactors` est plus simple à utiliser que celle fournie par `ifactor`.

```
n:=-10!:
ifactor(n);
```

$$-(2)^8\,(3)^4\,(5)^2\,(7)$$

Arithmétique des polynômes

degré et coefficients d'un polynôme `degree, coeff`

Le polynôme doit avoir la forme d'une somme de monômes en les variables utilisées pour que le résultat fourni par `degree` soit garanti.

```
f:=exp(-1/x^2):
nmax:=10:
for n to nmax do
  fn:=diff(f,x$n);
  p:=normal(subs(x=1/z,fn/f));
  deg[n]:=degree(p,z)
od:
seq(deg[n],n=1..nmax);
```

$$3,\ 6,\ 9,\ 12,\ 15,\ 18,\ 21,\ 24,\ 27,\ 30$$

division euclidienne et algorithme d'Euclide `quo, rem, gcd, gcdex`

`quo` et `rem` fournissent respectivement le quotient et le reste dans une division euclidienne. Le pgcd se calcule par `gcd` et une relation de Bézout s'obtient par l'algorithme du pgcd étendu `gcdex`.

```
f:=1-x-x^9+x^10:
gcd(f,diff(f,x));
```

$$x-1$$

factorisation `factor`

`factor` est essentiellement adapté à la factorisation sur $\mathbb{Q}$; on étend son domaine par un argument optionnel.

```
p:=x^4+x^2-1:
factor(p,sqrt(5));
```

$$\frac{1}{4}\,(2\,x^2+1-\sqrt{5})\,(2\,x^2+1+\sqrt{5})$$

représentation des racines d'un polynôme `RootOf, allvalues`

Pour un fonctionnement correct, le polynôme passé en paramètre dans `RootOf` doit être irréductible. `allvalues` n'est qu'un pis-aller.

```
p:=x^4+x^2-1:
q:=factor(p,RootOf(p,x)):
subs(RootOf(p,x)=alpha,q);
```

$$(x^2+1+\alpha^2)\,(x+\alpha)\,(x-\alpha)$$

décomposition en éléments simples `convert/parfrac , convert/fullparfrac`

À éviter dans la mesure où la décomposition suppose la résolution d'une équation algébrique.

```
convert(1/x^2/(x^2-x-1),
                         parfrac,x);
```

$$-\frac{1}{x^2}+\frac{1}{x}-\frac{-2+x}{x^2-x-1}$$

Calcul matriciel

création d'un vecteur

`vector`, `array`

Les vecteurs lignes et les vecteurs colonnes sont du même type *array*.

```
V:=vector([u,v,w]);
V:=array(1..3,[u,v,w]);
```

$$V := [u, v, w]$$

création d'une matrice

`matrix`, `array`

`matrix` permet de décrire les coefficients par une procédure. `array` permet une fonction d'indexation `sparse`, `diagonal`, `identity`, `symmetric` ou `antisymmetric`. Cette fonction d'indexation reste attachée à la matrice. Pour une matrice dont la fonction d'indexation est `sparse`, les coefficients non affectés explicitement sont nuls.

```
A:=matrix(2,3,[1,2,2,4,5,6]);
```

$$A := \begin{pmatrix} 1 & 2 & 2 \\ 4 & 5 & 6 \end{pmatrix}$$

```
B:=array(1..2,1..2,[[1,2],[3,4]],
                        symmetric);
```

$$B := \begin{bmatrix} 1 & 3 \\ 3 & 4 \end{bmatrix}$$

accès aux éléments d'une matrice, d'un vecteur ou d'une liste

`[]`

```
A[2,3],V[1];
```

$$6, u$$

dimensions d'une matrice ou d'un vecteur

`linalg/rowdim`, `linalg/coldim`, `linalg/vectdim`

```
linalg[rowdim](A),
                linalg[coldim](A);
```

$$2, 3$$

manipulation de matrices vues comme des tableaux de coefficients

`linalg/transpose`, `transpose`, `linalg/augment`, `linalg/stack`, `linalg/submatrix`, `linalg/row`, `linalg/col`, `linalg/iszero`

`transpose` fournit la transposition au sens mathématique. `augment` place côte à côte deux matrices et `stack` les place l'une au dessus de l'autre. `submatrix` permet d'extraire une sous-matrice ; `row` et `col` donnent respectivement une ligne et une colonne d'une matrice. La procédure `linalg/iszero` est le test à zéro ; son emploi suppose que les coefficients de la matrice sont sous une forme normale.

```
X:=matrix(2,2,[1,x,0,1]):
Y:=linalg[transpose](X):
W:=linalg[augment](X,Y);
```

$$W := \begin{bmatrix} 1 & x & 1 & 0 \\ 0 & 1 & x & 1 \end{bmatrix}$$

évaluation d'une expression matricielle
L'addition des matrices s'écrit avec le symbole usuel `+` mais le produit emploie `&*`; la multiplication `*` est réservée à la multiplication externe par un scalaire. L'inverse s'obtient avec `^(-1)`.

`evalm`

```
evalm(B&*A);
```

$$\begin{bmatrix} 9 & 12 & 14 \\ 19 & 26 & 30 \end{bmatrix}$$

matrice unité
Les formes `&*()` et `1` nécessitent un contexte.

`array/identity`, `&*()`, `1`

```
evalm(array(1..3,1..3,
      identity)+&*()+lambda);
```

$$\begin{bmatrix} 2+\lambda & 0 & 0 \\ 0 & 2+\lambda & 0 \\ 0 & 0 & 2+\lambda \end{bmatrix}$$

trace et déterminant

`linalg/trace`, `linalg/det`

```
linalg[trace](B),linalg[det](B);
```

$$5, \ -2$$

évaluation du rang et du noyau

`linalg/rank`, `linalg/nullspace`

```
linalg[rank](A),
          linalg[nullspace](A);
```

$$2, \ \left\{\left[1, \ 1, \ \frac{-3}{2}\right]\right\}$$

réduction des endomorphismes
Les procédures de calcul de valeurs propres et de vecteurs propres sont à éviter puisqu'elles supposent la résolution d'une équation algébrique. La procédure inerte `Eigenvals` est à utiliser en conjonction avec `evalf`.

`linalg/charpoly`, `linalg/eigenvals`, `Eigenvals`, `linalg/eigenvects`

```
M:=evalm(transpose(A) &* A);
linalg[eigenvals](M);
```

$$0, \ 43 + 2\sqrt{458}, \ 43 - 2\sqrt{458}$$

Graphiques

dessin de courbes en dimension 2

On peut tracer une liste de points, le graphe d'une fonction, les graphes d'un ensemble ou liste de fonctions, l'image d'un arc paramétré, les images d'un ensemble ou liste d'arcs paramétrés. Les options sont nombreuses. Il vaut mieux ne pas utiliser d'option au premier essai.

```
plot
plot([cos(t),sin(t),t=0..Pi],
            scaling=constrained);
```

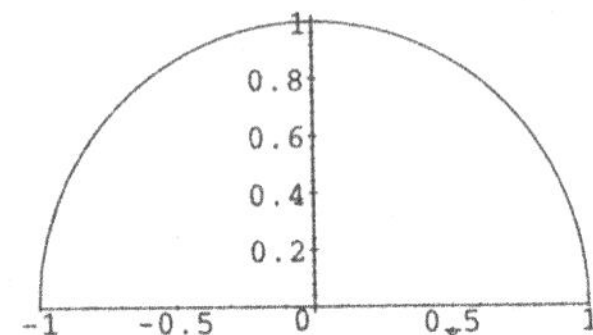

dessin de surfaces en dimension 3

On peut tracer un ou des graphes de fonctions, une ou des nappes paramétrées. Les options de plot sont aussi valables pour plot3d.

```
plot3d
theta:=Pi/3:
K:=plot3d([cos(t),sin(t),lambda],
        t=0..2*Pi,lambda=-1..1):
P:=plot3d(cot(theta)*y,
       x=-1.5..1.5,y=-1.5..1.5):
```

dessin de courbes en dimension 3

La procédure accepte un ensemble d'arcs mais pas une liste d'arcs.

```
plots/spacecurve
E:=plots[spacecurve](
        [cos(t),sin(t),
            cot(theta)*sin(t)],
         t=0..2*Pi,thickness=3):
```

fusion de dessins

Indispensable pour produire de jolis dessins.

```
plots/display
plots[display]({K,P,E},
          scaling=constrained,
          color=black,
          orientation=[-40,60]);
```

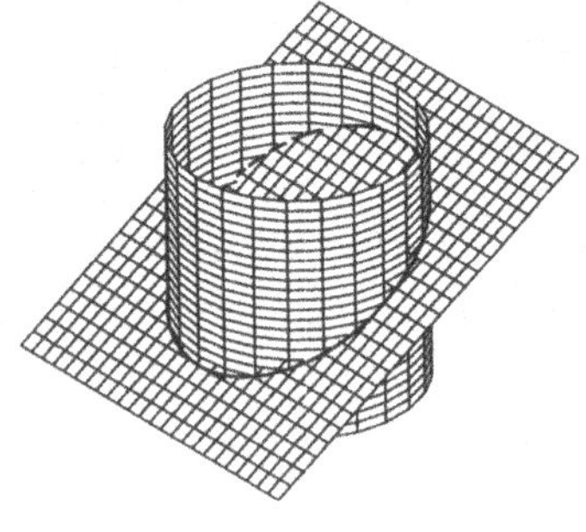

Bibliographie

Ouvrages sur MAPLE

Il existe une abondante bibliographie portant sur le système de calcul formel MAPLE. Il ne faut cependant pas oublier qu'un document fondamental est à disposition dès qu'une fenêtre MAPLE est ouverte ; il s'agit de l'*aide en ligne*. Ces pages d'aide constituent le manuel de référence du logiciel. Par ailleurs, trois ouvrages nous semblent particulièrement dignes d'intérêt.

[1] CORLESS, R. M. *Essential MAPLE, An Introduction for Scientific Programmers*. Springer-Verlag, 1995.

[2] GOMEZ, C., SALVY, B., AND ZIMMERMANN, P. *Calcul formel : mode d'emploi. Exemples en Maple.* Logique Mathématiques Informatique. Masson, 1995.

[3] REDFERN, D. *The Maple Handbook, Maple V Release 4*. Springer, 1996.

Le livre de Gomez, Salvy et Zimmermann comporte plusieurs centaines d'exemples de problèmes traités à l'aide de MAPLE et de nombreux exercices. Il montre bien à la fois les possibilités du système et ses limites. Nous ne saurions trop recommander sa lecture comme suite logique à l'ouvrage que nous présentons ici. Quant au livre de Corless il prodigue en un faible volume une quantité d'information étonnante. Enfin l'abrégé de Redfern a le mérite de lister toutes les procédures existantes et est le seul ouvrage qui offre cette information.

Ouvrages sur le calcul formel

Le livre de Davenport, Siret et Tournier est une introduction particulièrement agréable au calcul formel ; il montre de manière claire avec des exemples simples les problèmes fondamentaux du domaine. L'ouvrage de Geddes, Czapor et Labahn décrit les algorithmes du calcul formel ; de nombreux passages sont tout à fait élémentaires. Les livres de Cox, Little et O'Shea d'une part et Knuth d'autre part touchent à des domaines particuliers ; le premier est tourné vers la géométrie et le deuxième proposent, entre autres choses, les algorithmes de base sur les séries. Enfin le livre de Winkler offre une illustration plaisante des applications du calcul formel.

[4] COX, D., LITTLE, J., AND O'SHEA, D. *Ideals, Varieties, and Algorithms.* Springer-Verlag, 1992.

[5] DAVENPORT, J. H., SIRET, Y., AND TOURNIER, E. *Calcul formel.* Masson, Paris, 1986.

[6] GEDDES, K. O., CZAPOR, S. R., AND LABAHN, G. *Algorithms for computer algebra.* Kluwer Academic Publishers, 1992.

[7] KNUTH, D. E. *The Art of Computer Programming,* 2nd ed., vol. 2: Seminumerical Algorithms. Addison-Wesley, 1981.

[8] WINKLER, F. *Polynomial algorithms in computer algebra.* Texts and monographs in symbolic computation. Springer-Verlag, 1996.

Ouvrages ou articles mathématiques

Si vous êtes étudiant, n'hésitez pas à consulter votre professeur de mathématiques qui saura vous aider dans la recherche et la lecture de ces textes.

[9] ABRAMOV, S. A. Rational solutions of linear difference and q-difference equations with polynomial coefficients. In *Symbolic and algebraic computation* (New York, 1995), A. Levelt, Ed., ACM Press, pp. 285–289. Proceedings of ISSAC'95, July 1995, Montreal, Canada.

[10] ABRAMOWITZ, M., AND STEGUN, I. A. *Handbook of Mathematical Functions.* Dover, 1973. A reprint of the tenth National Bureau of Standards edition, 1964.

[11] AKKAR, M., AKKAR, M.-T., AND EL MOSSADEQ, A. I. *Les mathématiques par les problèmes. Olympiades nationales et internationales, Rallyes, concours divertissements.* Sochepress, Casablanca, 1985. Distribué par les Éditions Ellipses.

[12] ALEFELD, G., AND HERZBERGER, J. *Introduction to interval computations.* Computer science and applied mathematics. Academic Press, 1983.

[13] ANDREWS, G. E. *The Theory of Partitions,* vol. 2 of *Encyclopedia of Mathematics and its Applications.* Addison–Wesley, 1976.

[14] BARIAND, P., CESBRON, F., AND GEFFROY, J. *Les minéraux, leurs gisements, leurs associations.* Minéraux et fossiles, 1977.

[15] BERGER, M. *Géométrie.* Cedic/Fernand Nathan, 1977. Nouvelle édition : Nathan, 1990.

[16] BORWEIN, J. M., AND BORWEIN, P. B. *Pi and the AGM.* John Wiley, 1987.

[17] BOURBAKI, N. *Éléments de mathématique Fonctions d'une variable réelle Théorie élémentaire.* Hermann, 1976.

[18] BRENT, R. P., AND KUNG, H. T. Fast algorithms for manipulating formal power series. *Journal of the ACM 25* (1978), 581–595.

[19] CARREGA, J.-C. *Théorie des corps, la règle et le compas.* Hermann, 1981.

[20] CARTAN, H. *Théorie élémentaire des fonctions analytiques d'une ou plusieurs variables complexes.* Enseignement des sciences. Hermann, 1961.

[21] CHABERT, J.-L., BARBIN, É., GUILLEMOT, M., MICHEL-PAJUS, A., BOROWCZYK, J., DJEBBAR, A., AND MARTZLOFF, J.-C. *Histoire d'algorithmes Du caillou à la puce.* Regards sur la science. Belin, 1994.

[22] CIARLET, P. *Introduction à l'analyse numérique matricielle et à l'optimisation.* Mathématiques appliquées pour la maîtrise. Masson, 1982.

[23] CODDINGTON, E. A., AND LEVINSON, N. *Theory of Ordinary Differential Equations.* McGraw-Hill, 1955.

[24] COHEN, H., VILLEGAS, F. R., AND ZAGIER, D. Convergence acceleration of alternating series. To appear in Mathematics of Computation.

[25] COMTET, L. Calcul pratique des coefficients de Taylor d'une fonction algébrique. *Enseignement Math. 10* (1964), 267–270.

[26] COMTET, L. *Analyse Combinatoire.* PUF, Paris, 1970. 2 volumes.

[27] COPPERSMITH, D., AND DAVENPORT, J. Polynomials whose power are sparse. *Acta Arithmetica LVIII*, 1 (1991), 79–87.

[28] DE BRUIJN, N. G. *Asymptotic Methods in Analysis.* Dover, 1981. A reprint of the third North Holland edition, 1970 (first edition, 1958).

[29] DEHEUVELS, R. *Formes quadratiques et groupes classiques.* Presses Universitaires de France, 1981.

[30] DIEUDONNÉ, J. *Calcul infinitésimal.* Collection Méthodes. Hermann, Paris, 1968.

[31] DO CARMO, M. P. *Differential geometry of curves and surfaces.* Prentice-Hall, 1976.

[32] EISENSTEIN, G. Entwicklung von $\alpha^{\alpha^{\alpha^{\cdot^{\cdot^{\cdot}}}}}$. *Journal für die reine und angewandte Mathematik 28* (1844), 49–52. Reproduit dans *Mathematische Werke*, Gotthold Eisenstein, Chelsea, 1975.

[33] ERDÖS, P. On the number of terms of the square of a polynomial. *Nieuw Archief voor Wiskunde XXIII* (1949), 63–65.

[34] FAISANT, A. *L'équation diophantienne du second degré*, vol. 1430 of *Actualités scientifiques et industrielles, Formation des enseignants et formation continue.* Hermann, 1991.

[35] GAUSS, C. F. *Recherches Arithmétiques.* Courcier, 1807. Traduction Poullet-Delisle. Réédition Librairie Scientifique et Technique A. Blanchard, 1953.

[36] GOLUB, G. H., AND VAN LOAN, C. F. *Matrix computations*, vol. 3 of *Johns Hopkins series in the mathematical sciences.* Johns Hopkins University press, 1985.

[37] GUILLAUME, D., AND MORAIN, F. Building pseudoprimes with a large number of prime factors. *Applicable Algebra in Engineering, Communication and Computing 7*, 4 (1996), 263–277.

[38] HAMMING, R. *Numerical methods for scientists and engineers*, 2nd ed. Dover, 1986. First published by McGraw Hill, 1962.

[39] HARDY, G. H., AND WRIGHT, E. M. *An Introduction to the Theory of Numbers*, fifth ed. Oxford University Press, 1979.

[40] HEARN, D., AND BAKER, M. P. *Computer graphics.* Prentice-Hall, 1986.

[41] KNOPP, K. *Theory and Application of Infinite Series.* Dover Publications, New York, 1990. Republication of the second English edition, 1951.

[42] KUNG, H. T. On computing reciprocals of power series. *Numerische Mathematik 22* (1974), 341–348.

[43] LAGARIAS, J. C., MILLER, V. S., AND ODLYZKO, A. M. Computing $\pi(x)$: The Meissel-Lehmer Method. *Mathematics of Computation 44*, 170 (Apr. 1985), 537–560.

[44] LANDAU, S. How to tangle with a nested radical. *Mathematical Intelligencer 16*, 2 (1994), 49–55.

[45] LASCAUX, P., AND THEODOR, R. *Analyse numérique matricielle appliquée à l'art de l'ingénieur*, vol. 1. Masson, 1986.

[46] LELONG-FERRAND, J., AND ARNAUDIÈS, J.-M. *Cours de Mathématiques Algèbre*, 3e ed. Dunod Bordas, Paris, 1978.

[47] LINDELÖF, E. *Le calcul des résidus et ses applications à la théorie des fonctions.* Éditions Jacques Gabay, 1989. Réimpression de l'édition originale publiée par Gauthier-Villars en 1905.

[48] MINORSKY, N. *Selected papers on Mathematical trends in Control theory.* Edited by Richard Bellman and Robert Kalaba. Dover Publications, 1964, ch. 8, *Self-excited oscillations in dynamical systems possessing retarded action.*

[49] MOORE, R. E. *Interval analysis.* Prentice Hall series in automatic computation. Prentice Hall, 1966.

[50] NEUMAIER, A. *Interval methods for systems of equations*, vol. 37 of *Encyclopedia of mathematics and its applications.* Cambridge university press, 1990.

[51] PERRON, O. *Die Lehre von den Kettenbrüchen - vol. 1: elementäre Kettenbruche.* B.G. Teubner, 1954.

[52] PETKOVŠEK, M., WILF, H. S., AND ZEILBERGER, D. *A=B.* A K Peters, 1996.

[53] RAINVILLE, E. D. *Special functions.* Chelsea Publishing Company, 1960.

[54] RÉNYI, A. On the minimal number of terms of the square of a polynomial. *Hungarica Acta Math. 1*, 2 (1946/49), 30–34. Reprinted in *Selected Papers of Alfred Rényi*, vol. 1, 1948–1956, Budapest 1976.

[55] RIBENBOIM, P. *The Little Book of Big Primes.* Springer–Verlag, 1991.

[56] RIESEL, H. *Prime Numbers and Computer Methods for Factorization*, vol. 57 of *Progress in Mathematics.* Birkhäuser, 1985.

[57] ROBERT, A. Fourier Series of Polygons. *American Mathematical Monthly* (May 1994).

[58] ROCKETT, A. M., AND SZÜSZ, P. *Continued Fractions.* World Scientific, 1992.

[59] SALVY, B., AND ZIMMERMANN, P. GFUN: a Maple package for the manipulation of generating and holonomic functions in one variable. *ACM Transactions on Mathematical Software 20*, 2 (1994), 163–177.

[60] SLADE, G. Self-Avoiding Walks. *Mathematical Intelligencer 16*, 1 (1994), 29–35.

[61] WALL, H. S. *Analytic theory of Continued Fractions.* D. Van Nostrand Company, 1948. Reprinted, 1973, by Chelsea Publishing Company.

[62] WHITTAKER, E. T., AND WATSON, G. N. *A Course of Modern Analysis*, fourth ed. Cambridge University Press, 1927. Reprinted 1973.

[63] ZWILLINGER, D. *Handbook of Differential Equations.* Academic Press, 1989.

[64] ZYGMUND, A. *Trigonometric Series.* Cambridge University Press, Cambridge, 1959.

Index